石油化工设备维护检修规程

第二册

炼油设备

2019版

中国石油化工集团有限公司
中国石油化工股份有限公司 组织编写

中国石化出版社

图书在版编目（CIP）数据

石油化工设备维护检修规程：2019 版 . 第二册，炼油设备 / 中国石油化工集团有限公司，中国石油化工股份有限公司组织编写 . —北京：中国石化出版社，2021.5
ISBN 978-7-5114-6108-7

Ⅰ. ①石… Ⅱ. ①中…②中… Ⅲ. ①石油化工设备 - 检修 - 技术操作规程 - 中国②石油炼制 - 化工设备 - 检修 - 技术操作规程 Ⅳ. ① TE960.7-65

中国版本图书馆 CIP 数据核字（2021）第 094894 号

中国石化出版社出版发行
地址：北京市东城区安定门外大街 58 号
邮编：100011　电话：(010)57512500
发行部电话：(010)57512575
http://www.sinopec-press.com
E-mail：press@sinopec.com
北京富泰印刷有限责任公司印刷
全国各地新华书店经销
*
787×1092 毫米 16 开本 57 印张 1238 千字
2021 年 6 月第 1 版　2021 年 6 月第 1 次印刷
定价：360.00 元

《石油化工设备维护检修规程》
修编指导委员会

《石油化工设备维护检修规程》修编专家库

（以姓氏笔画为序）

于晓鹏	王建军	王　群	方紫咪	叶国庆	白　桦
邢　勐	吕　伟	吕建成	朱有志	朱　哲	朱晓明
朱瑞松	任　刚	任名晨	刘子英	刘训书	刘国帅
刘　昕	刘　栋	刘振宁	刘海春	刘　骏	安永明
孙新文	麦郁穗	杜博华	李　江	李江平	李志远
李　晖	李海根	吴尚兵	岑奇顺	何承厚	佘东升
邹吉翼	汪剑波	沈顺弟	张可伟	张庆河	张如俊
张继兵	张森林	张锁有	陈立义	陈立群	陈永忠
陈志雄	陈金林	陈董清	邰爱民	金　强	周　卫
周文鹏	郑显伟	赵宝成	赵　勇	胡　佳	姜　琳
袁代红	袁红斌	栗雪勇	顾雪冬	钱青松	侯言超
徐文广	徐旺喜	徐继斌	黄绍硕	黄夏林	黄　强
黄勤卫	常培挺	康宝惠	章　文	彭学群	董玉波
董雪林	蒋利军	韩建宇	游碧龙	谢小强	谢道雄
蔡培源	黎德初	潘地培	潘向阳		

炼油设备专业组

组长单位： 中国石油化工股份有限公司茂名分公司

组员单位： 中国石油化工股份有限公司长岭分公司

中国石油化工股份有限公司金陵分公司

中国石油化工股份有限公司武汉分公司

中国石油化工股份有限公司燕山分公司

中国石化上海扬子石油化工有限公司

中国石化上海高桥石油化工有限公司

天华化工机械及自动化研究设计院有限公司

炼油设备专业审查专家组

组　长： 林昌基

成　员： 郑显伟　陈董清　方紫咪　吴尚兵　王　晨

储昭松　朱晓明　范根芳　任名晨　岑奇顺

陈　兵　李海根　赵师敏　华迪冠

《石油化工设备维护检修规程》编辑部

主　任： 白　桦

副主任： 潘向阳

成　员： 李跃进　龚志民　孙立泉　蒋　璐　吕芳蕾　赵子萱

《石油化工设备维护检修规程》(2019)修订编制说明

《石油化工设备维护检修规程》(以下简称《规程》),自2004年出版发行以来,作为石化设备完整性管理的支持性文件,在加强石化企业设备完整性管理,提高设备维护检修水平,确保装置安全、稳定、长周期运行等方面发挥了积极作用,受到了广大石油化工设备管理及维护检修人员的欢迎。

随着新装置、新设备的增加,石油化工设备维护检修技术得到了较大的发展,同时,新工艺、新技术、新工具在设备的检维修方面逐步得到应用,装置检修周期已逐步提高到三年、四年或者更长的时间,对设备的正常维护、科学检修提出了更高的要求;随着特种设备、安全环保等方面新的法规、标准颁布,2004版《规程》部分内容已经不能满足石化企业目前设备维护检修工作的需要。

为进一步完善规程,更科学地指导企业石油化工设备的维护检修工作,不断提高设备维护检修质量和设备管理水平,以便适应装置长周期运行的要求,实现企业效益的最大化,中国石化总部决定对2004版《规程》进行修订编制。

为加强对《规程》修编工作的领导,2017年8月中国石化总部组织成立了《规程》修编指导委员会,时任集团公司总经理戴厚良任指导委员会主任,化工事业部牵头,徐钢任副主任,承担了具体领导和组织工作,炼油事业部、资本运营部、生产经营管理部、能源管理与环境保护部和石化出版社的有关领导任副主任,石化企业的设备经理任委员。委员会下设通用设备组、炼油设备组、化工设备组、化纤设备组、碳一化工设备组、电气设备组、仪表组、热电联产设备组、环保设备组、空分设备组、储运设备组等11个专业组,具体负责各专业规程的修编工作。为确保《规程》修编质量,成立了《规程》修编专家库,由国内石化设备相关领域的专家组成;特别邀请了沈鼓集团、陕鼓集团、大橡塑、杭汽集团、杭氧股份、浙江中控、天华院、中密控股、哈博时、吴忠仪表、南防集团、时林公司等优秀石化设备供应商、服务商直接参与规程的修编工作；中国石油、中国海油和中国中化各相关单位及石油石化建安检维修专业协会下属各检维修单位参与了规程审查工作。在石化出版社设立《规程》编辑部，负责规程修编的具体组织以及稿件编辑和出版技术工作。

本次修编工作，新增了48项装置维护检修规程，规定了各装置的主要设备和专用设备的检修周期、检修项目及质量要求、检修过程管理和日常维护等相关内容，同时结合装置的工艺路线，介绍了装置的工艺特性和危害特性，可为编制装置设备检修计划提供指导；新编和调整了部分设备维护检修规程，原部分按照工艺名称命名的设备按照结构进行合并调整；删除了原《规程》中已经淘汰的设备和技术陈旧或经过试行证明不合实际甚至错误的内容，调整后共计286项设备维护检修规程。

2019版《规程》按照GB/T 1.1要求，对规程进行规范，增加了前言、规范性引用文件、附录等内容；对规程中术语进行了统一，力求语言表述规范化；对设备检修周期进行了调整，删除了小修与中修的提法，将小修和中修的部分内容并入大修，日常维护的内容并入了维护章节中，同时将检修项目分解成拆卸程序与要求、回装程序与要求，进一步细化了检修工序，使规程更具可操作性；故障处理章节按照RCM的分析方法重新编制。

在《规程》修编过程中，力图按照信息化、数字化的要求，将维护检修的内容尽量工序化、条目化，为今后石油化工设备维护检修建立统一的信息化管理平台奠定良好的基础。

本次修订编制工作，中国石化各相关企业领导、设备管理人员给予了大力支持，同时得到了中国石油、中国海油、中国中化等兄弟企业以及设备供应商、服务商、检维修单位的大力支持，在此表示衷心感谢。

新编的规程，特别是装置维护检修规程，是新的尝试，还有一个试用的过程；即使是修订的设备规程，由于修订量较大，也难免会有疏漏甚至错误，敬请广大读者提出宝贵意见和建议，以便修订时补充更正。

《石油化工设备维护检修规程》修编指导委员会
2019年11月18日

《石油化工设备维护检修规程》(2004)
修订编制说明

由原中国石油化工总公司生产部1992年组织编制完成、中国石化出版社1993年出版印发各石化企业试行的《石油化工设备维护检修规程》(以下简称《规程》),在加强石化企业设备管理、搞好维护和科学检修、提高设备的可靠度、延长装置运行周期、确保"安、稳、长、满、优"生产方面起到了一定的作用,深受石化企业的好评。

该《规程》出版试行以来,迄今已有十个年头。十年来,随着石油化工技术的进步,石油化工设备维护检修技术得到了较大的发展;随着新装置、新设备的不断增加,原《规程》需要扩大它的涵盖面;随着新工艺、新技术的应用,装置检修由原来的"一年一修"提高到目前的两年、三年甚至更长的检修周期,对设备的正常维护、科学检修提出了更高的要求;随着我国有关压力容器、计量管理、劳动安全等方面新法规和条例的颁布,原《规程》部分内容已不适应新的要求。因此,无论在涵盖面还是技术内容上,原《规程》已不能满足石化企业目前设备维护检修工作的需要。

为进一步完善《规程》,更科学地指导企业石油化工设备的维护检修工作、不断提高设备维护检修质量和设备管理水平、适应装置长周期运行的要求,以实现企业效益的最大化,中国石油化工集团公司和股份公司总部决定对原《规程》组织有关企业进行一次修订。

为了加强对《规程》修订工作的领导,石化集团公司及股份公司于2003年6月组成了以股份公司高级副总裁曹湘洪为主任、炼油事业部、化工事业部、炼化企业经营管理部和中国石化出版社有关领导为副主任、总部有关部门和石化企业有关同志参加的《规程》修订编制委员会,负责修订编制工作的领导。委员会下设炼油、化工、系统三个专业委员会,负责具体组织各专业规程的修订编制工作,并在石化出版社设立《规程》修订编辑部,负责具体的文字编辑和出版技术工作。

本次修订编制工作,按专业进行了分工,将原《规程》10个专业(408个单项规程)划分为三大部分,分别由炼油、化工、系统三个专业委员会负责组织修订、编制及审查工作。炼油专业委员会由炼油事业部牵头,负责通用设备、炼油设备、电气设备和仪表4个专业;化工专业委员会由化工事业部牵头,负责化工设备、化纤设备和化肥设备3

个专业；系统专业委员会由炼化企业经营管理部牵头，负责电站设备、供排水设备和空分设备3个专业。每个专业成立修订编制专业组，分别由中国石油化工集团公司和股份公司下属有关企业担任专业组组长单位，石化企业上千人参与了修订编制工作。

本次修订编制工作，主要遵循了以下几个基本原则：

(1)应反映出石油化工设备维护检修技术的最新发展，以及对设备维护、检修在工艺、技术上的更高要求。

(2)根据目前新颁布的有关法规、条例，对原《规程》的相关内容进行更新。

(3)删减及修改原《规程》中涉及的已经淘汰的设备和技术陈旧或经过试行证明不切合实际甚至错误的内容。

(4)增补《规程》中未涉及的新装置、新设备，编制增加有关内容，扩大《规程》的涵盖面。

(5)修订和改进原《规程》中的排版、印刷方面的错误等。

本次修订编制工作的范围，主要针对中国石化系统涵盖面广、大多数企业共有的普遍性设备；对数量极少或某个企业独有的设备未列入本次修订的范围，可由设备所在企业根据情况，进行修订编制，作为本企业的规程。

由于中国石化集团公司和股份公司领导的重视，炼油事业部、化工事业部、炼化企业经营管理部、石化出版社和各有关企业的大力支持，以及全体参加修订编制人员的共同努力，整个修订编制工作进行得比较顺利。由2003年6月总部以中国石化社〔2003〕7号文“关于组织修订《石油化工设备维护检修规程》的通知”下达，整个修订编制工作正式开始起动，到2004年6月底全部修订编制工作完成，总共用了1年的时间。修订编制后的《规程》，经过删减和增补，最终共有395个单项规程，分为159个单行本，10个合订本，由中国石化出版社出版发行。

本次修订编制，除了对原《规程》进行修订外，还增补制订了一些新的单项规程。新编的规程，还有一个试行的过程；即使修订的规程，由于修订人的水平不一，也难免会有一些不适应的内容，因而各企业在执行过程中，希望能积极反馈宝贵意见。有问题和不足之处，请及时向总部有关部门提出，总部将汇总研究，于今后适当时刻给予进一步修订，使之更加完善。

本《规程》在修订编制过程中，各石化企业领导、有关设备管理、维护、检修的工程技术人员和广大职工给予了热情的帮助和大力支持，在此谨表衷心的感谢。

《石油化工设备维护检修规程》修订编制委员会

2004年6月1日

《石油化工设备维护检修规程》(1992)编制说明

随着我国石油化学工业的迅速发展，近年来一大批新装置、新设备陆续投产，并由此推动了设备维护检修技术的不断发展。总公司成立以来，设备维修一直沿用及参照十几年前有关行业部门颁发的维护检修规程进行。这些规程无论在覆盖面上，还是在技术内容上已不能满足目前设备维护检修工作的需要，且部分内容已不符合我国新颁布的有关法规或规定的要求。因此，不少企业多次要求总公司发挥石化集团的整体优势，统一编制出一整套能满足我国现代石油化工生产、指导设备维护检修工作的《石油化工设备维护检修规程》(以下简称《规程》)。

为搞好设备的精心维护和科学检修，不断提高维护检修质量，向设备的可靠度深化，总公司生产部于1990年开始组织有关石化企业着手进行《规程》的编制筹备工作，并于1991年4月正式成立编委会，以大连石油化工公司、抚顺石油化工公司、北京燕山石油化工公司、辽阳石油化纤公司、大庆石油化工总厂、齐鲁石油化工公司、上海石油化工总厂、安庆石油化工总厂、金陵石油化工公司及扬子石油化工公司等10家直属石化企业为专业编制组组长单位，分别负责牵头，全面开展通用、炼油、化工、化纤、化肥、电气、仪表、电站、锅炉、供排水和空分等设备维护检修规程的编制工作。总公司系统有35家生产企业1000余人参加了《规程》的资料收集、调研、编写、修改和审查工作。由于总公司领导的重视，各有关企业的大力支持和全体参编人员的共同努力，整个编制工作进展顺利，至1992年10月全部编制完成。全套《规程》共有500个单项规程，约600万字，分168个单行本，9个合订本，由中国石化出版社负责出版发行。

这套《规程》在参考原有有关规程、标准的基础上，总结并采用石化企业长期实践中积累的成熟经验，吸收国内外石化设备维护检修方面的先进技术，贯彻国家现行的有关法规，力图做到反映先进的维护检修技术，有利于加强设备管理，有利于搞好设备的精心维护和科学检修，对提高设备的维修质量，保证装置“安、稳、长、满、优”生产将起到积极作用。

总公司系统生产企业现有近千套装置、100万台设备，门类品种繁多。由于受调研范围、时间和篇幅的限制，本《规程》只编制了主要的和量大面广的设备。由于水平有限，内容和深度也不尽完善，希望各单位在试行中不断总结、积累经验，提出修改意见，待意见汇总后，再行修订补充，使之更加完善。

在编制本《规程》过程中，得到了有关单位领导、工程技术人员和广大职工的大力支持，在此一并表示衷心感谢。

《石油化工设备维护检修规程》编制委员会

1992年10月20日

关于《石油化工设备维护检修规程》第二册《炼油设备》修订编制说明

本规程是由中国石油化工股份有限公司茂名分公司、长岭分公司、金陵分公司和武汉分公司等多家分公司，以及天华化工机械及自动化研究设计院有限公司的相关专业技术人员修订编制，由各企业选派优秀的专业技术人员和集团公司特邀专家经过两次评审修改后通过。修订编制后的规程更具有适应性、代表性、实用性和前瞻性。

针对炼油设备逐步大型化、专业化的发展趋势，编委会和全体参加编制的专业技术人员结合2004版《石油化工设备维护检修规程》第一册《通用设备》、第二册《炼油设备》、第三册《化工设备》的编制情况，对炼油设备中SHS 02005《M系列主风机组维护检修规程》、SHS 02008《EI系列、D系列主风机组维护检修规程》、SHS 02010《MCL系列主风机组维护检修规程》，以及通用设备中SHS 01018《离心式空气压缩机维护检修规程》、SHS 01019《离心式氨气压缩机维护检修规程》、SHS 01022《离心式风机维护检修规程》等结构相似、名称类同、主要检修内容相似的规程进行了合并，按照结构特点重新整合为三项规程，分别是SHS 01018《垂直剖分离心式压缩机维护检修规程》、SHS 01019《水平剖分离心式压缩机维护检修规程》和SHS 01020《齿轮式离心式压缩机维护检修规程》，纳入《石油化工设备维护检修规程》第一册《通用设备》中出版。增加了SHS 02029《催化油浆泵维护检修规程》、SHS 02030《加氢进料泵维护检修规程》、SHS 02031《焦化除焦水泵维护检修规程》、SHS 02032《焦化辐射进料泵维护检修规程》。经过对规程合并、取消、删除及增加后，本册最终规程编制数量为装置维护检修规程14项，设备维护检修规程数量17项。

相关规程修订情况如下：

一、规程编写规范性引用文件增加了新的国家、行业标准、规范及厂家使用维护说明书等。另外，对规程中技术的专用术语进行了统一，力求语言表述规范化。同时明确了规程适用各类设备的型号。

二、在规程“检修周期与内容”章节中，对设备检修周期进行了调整，删除了小修与中修的提法；检修内容为大修项目，除了机身，还包括诸如出入口阀门、单向阀、油冷却器、油过滤器、高位油箱、电器、仪表和其他辅助设施等内容，这些辅助系统的设备，在检修内容里提及，但在“检修程序与质量标准”里不一定再出现，或者只用一句话概括，目的是提醒在考虑检修内容时不要漏项。

三、规程对“检修前准备”进行了模块格式化，充分体现出检修以及检修过程中安全和环保的有关要求；“拆卸与检测”和“回装与质量标准”是本规程的重中之重，拆卸与回装程序要求按实际施工工序进行详细叙述，且对重点或难点的工序、容易犯的错误或易造成质量事故与安全事故的步骤进行了重点叙述。

四、对原规程“常见故障与处理表”进行了修改和必要的增补，采用 RCM 分析方法，明确设备故障的后果，制定维修策略和维修周期。

五、规程对检修质量控制提出了明确的表格化确认签字要求，增加了附录 A《检修质量控制确认表》，附录 B《试验（车）与验收数据记录表》。

目　录

1. 催化裂化装置维护检修规程

SHZ 02001—2019

目　　录

前　言

本规程按照GB/T 1.1—2009《标准化工作导则　第1部分：标准的结构和编写》给出的规则起草。

本规程由中国石油化工集团有限公司、中国石油化工股份有限公司提出。

本规程起草单位：中国石油化工股份有限公司金陵分公司。

本规程主要起草人：毛文华、谢新春、原栋文。

本规程2019年首次发布。

催化裂化装置维护检修规程

1 范围

1.1 本规程规定了催化裂化装置的检修周期、检修项目及质量要求、检修过程管理和日常维护的相关内容。
1.2 本规程适用于炼化催化裂化装置的检修维护管理。

2 规范性引用文件

下列文件对本文件的应用是必不可少的。凡是注日期的引用文件，仅注日期的版本适用于本文件。凡是不注日期的引用文件，其最新版本（包括所有的修改单）适用于本文件。

2.1 法律法规

中华人民共和国安全生产法
中华人民共和国特种设备安全法
特种设备安全监察条例

2.2 标准与规范

GB/T 151 热交换器
GB 50236 现场设备、工业管道焊接工程施工及验收规范
GB 50160 石油化工企业设计防火标准
TSG 21 固定式压力容器安全技术监察规程
TSG D0001 压力管道安全技术监察规程——工业管道
TSG D7005 压力管道定期检验规则——工业管道
TSG R7001 压力容器定期检验规则
GB/T 20801.1～5 压力管道规范——工业管道
GB/T 50484 石油化工建设工程施工安全技术规范
SHS 02001 催化裂化反应器、再生器维护检修规程
SHS 01013 离心泵维护检修规程
SHS 02019 特殊阀门维护检修规程
SHS 01022 离心式风机维护检修规程

SHS 01024　罗茨鼓风机维护检修规程
SHS 01016　螺杆泵维护检修规程
SHS 01017　齿轮泵维护检修规程
SHS 01025　小型工业汽轮机维护检修规程
SHS 01004　压力容器维护检修规程
SHS 01007　塔类设备维护检修规程
SHS 01009　管壳式换热器维护检修规程
SHS 01010　空气冷却器维护检修规程
SHS 01011　钢制圆筒形常压容器维护检修规程
SHS 01030　阀门维护检修规程
SHS 01005　工业管道维护检修规程
SHS 01002　石油化工设备润滑管理制度
SHS 01003　石油化工旋转机械振动标准

2.3　相关规定和文献

炼油企业检修管理指南（试行版）
石油化工施工安全技术规程
催化裂化装置工艺技术简介

3　术语与定义

下列术语和定义适用于本文件。

3.1　设备功能

设备功能指的是设备的生产效率和功能，衡量设备功能的指标随设备种类不同而异。

3.2　功能故障

设备、设施不能实现其设计功能时，称之为功能故障，定义为设备、设施不能满足期望的性能标准。一般指设备失去或降低其规定功能的事件或现象，表现为设备的某些零件失去原有的精度或性能，使设备不能正常运行、技术性能降低，致使设备中断生产或效率降低而影响生产。

3.3　A 类设备

本规程规定的 A 类设备是指经过 RCM 等风险评估方法得出的因设备的功能故障引起装置停车的该装置的关键设备。

3.4 B类设备

本规程规定的B类设备是指经过RCM等风险评估方法得出的设备功能故障，虽然不引起装置的停车，但对装置的负荷、质量及可靠性具有重大影响的主要设备。

4 装置特征

催化裂化装置是石油炼制过程中重要的二次加工装置，是重质油转化为丙烯、丙烷等烃类和高辛烷值汽油的重要手段，装置内有高温油浆、液态烃、汽油等高温、易燃、易爆介质。

催化裂化装置通常有：反应再生单元、分馏单元、吸收稳定单元、气体分离单元、主风和能量回收单元、产品精制单元和脱硫脱硝单元。

催化裂化装置的原则流程图见图1。

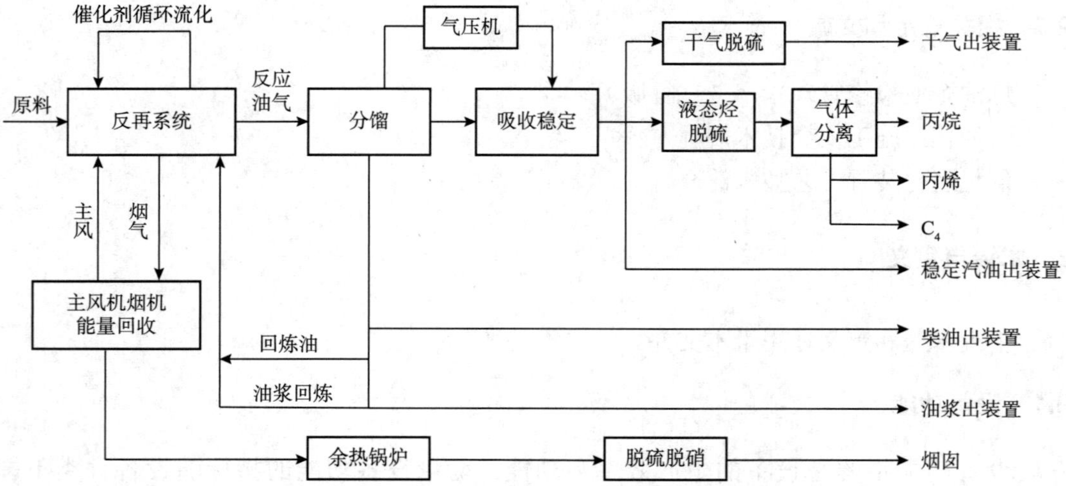

图1 催化裂化装置的原则流程总图

4.1 反应再生单元

4.1.1 反应再生单元的原则流程图

催化原料经过一系列换热后进入原料油喷嘴，以雾化状态喷入提升管反应器下部，与来自再生器的高温（约650～700℃）催化剂接触并立即汽化、裂解，产生的油气与携带着催化剂经沉降器旋风分离器分离后，油气进入分馏单元；积有焦炭的待生催化剂经待生斜管进入再生器，与来自再生器底部的空气（由主风机提供）接触，在再生器进行再生反应，同时放出大量燃烧热，再生后的催化剂经再生斜管返回提升管反应器循环使用；烧焦产生的高温再生烟气，经旋风分离器净化分离后，进入能量回收单元，做功、产汽。

工艺流程图（MIP）见图 2。

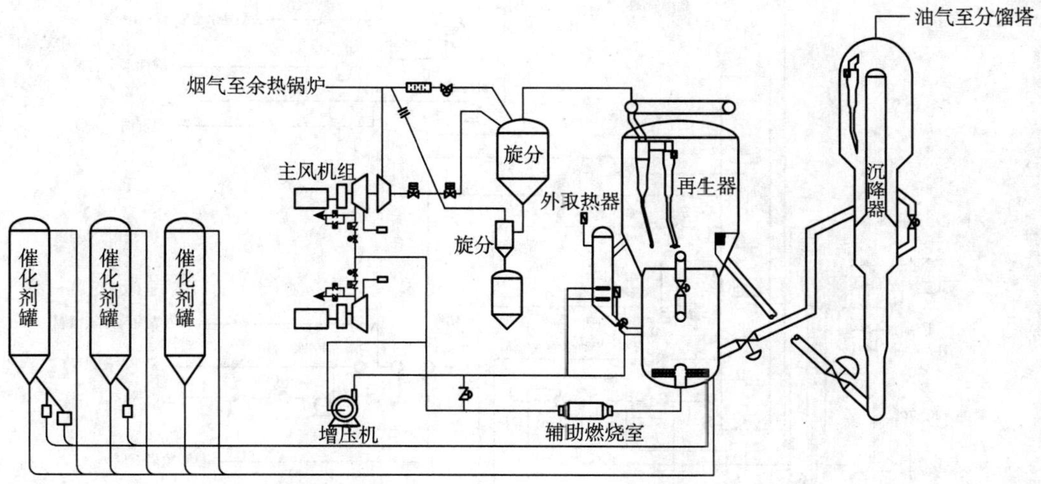

图 2　MIP 工艺催化裂化反再单元流程图

4.1.2　反应再生单元工艺特性参数

1）原料预热温度≥ 180℃；

2）反应温度 490～538℃；

3）再生温度≤740℃；

4）反应压力≤270kPa。

4.2　分馏单元

4.2.1　分馏单元的原则流程图

从反再单元来的高温油气进入分馏单元，在分馏塔底部进入，经分馏后，得到富气、粗汽油、柴油、回炼油和油浆，富气和粗汽油去吸收稳定单元，柴油经汽提后出装置。为了取走在分馏塔的过剩热量以使塔内气、液相负荷分布均匀，在塔的不同位置分别设有 4 个循环回流：顶循回流，一中回流，二中回流和油浆循环回流。

工艺流程图见图 3。

4.2.2　分馏单元工艺特性参数

1）油浆温度 310～350℃；

2）过热油气温度 450～510℃；

3）运行压力 100～240kPa；

4）油浆固含≤10g/L。

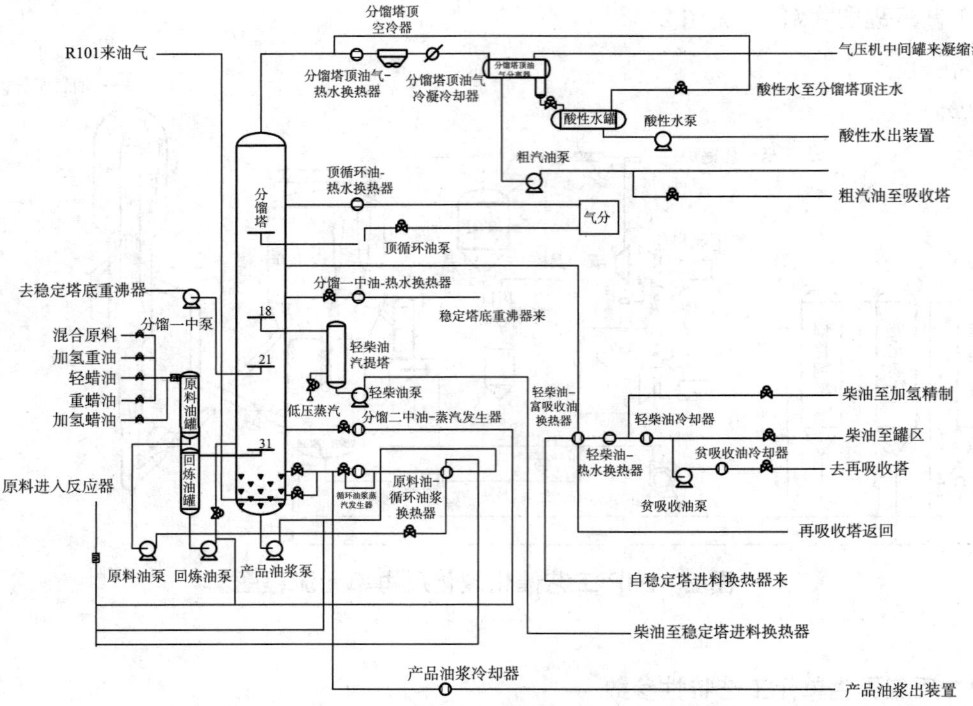

图 3　分馏单元典型的原则流程图

4.3　吸收稳定单元

4.3.1　吸收稳定单元的原则流程图

分馏塔顶富气经气压机压缩进入吸收塔，与分馏来的粗汽油及稳定汽油对富气中的 C_3、C_4 组分进行吸收；再吸收塔用轻柴油对贫气中的 C_3、C_4 及汽油组分进一步吸收；解吸塔将液化石油气中的 C_2 组分解吸出去；稳定塔分离液化石油气和稳定汽油。工艺流程图见图 4。

4.3.2　吸收稳定单元工艺特性参数

1）吸收温度 25～38℃；

2）解吸温度 100～145℃；

3）稳定塔温度 150～190℃；

4）稳定塔压力 800～1300kPa。

4.4　产品精制单元

4.4.1　产品精制单元的原则流程图

干气进入干气脱硫塔，通过 MDEA 溶剂胺洗脱除硫化氢，脱硫后干气进入高压瓦斯

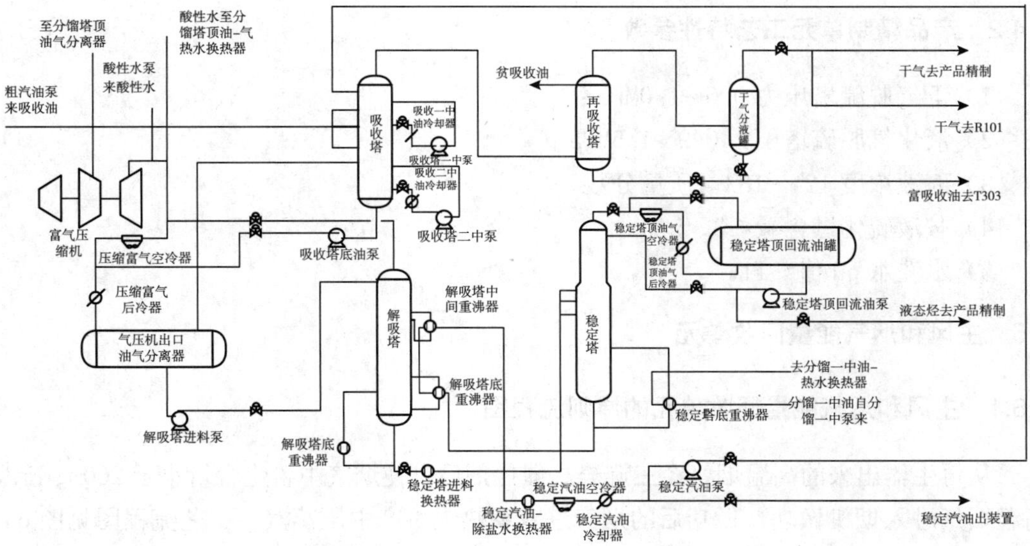

图 4　吸收稳定单元典型的原则流程图

系统作为加热炉燃料。液化气进入液化气脱硫塔，先通过 MDEA 溶剂胺洗脱除硫化氢，后通过 15% 浓度 NaOH 溶液进行碱洗脱除硫醇，再经过除盐水水洗控制液化气 pH 值 ≤11，作为气体分离单元原料。工艺流程图见图 5。

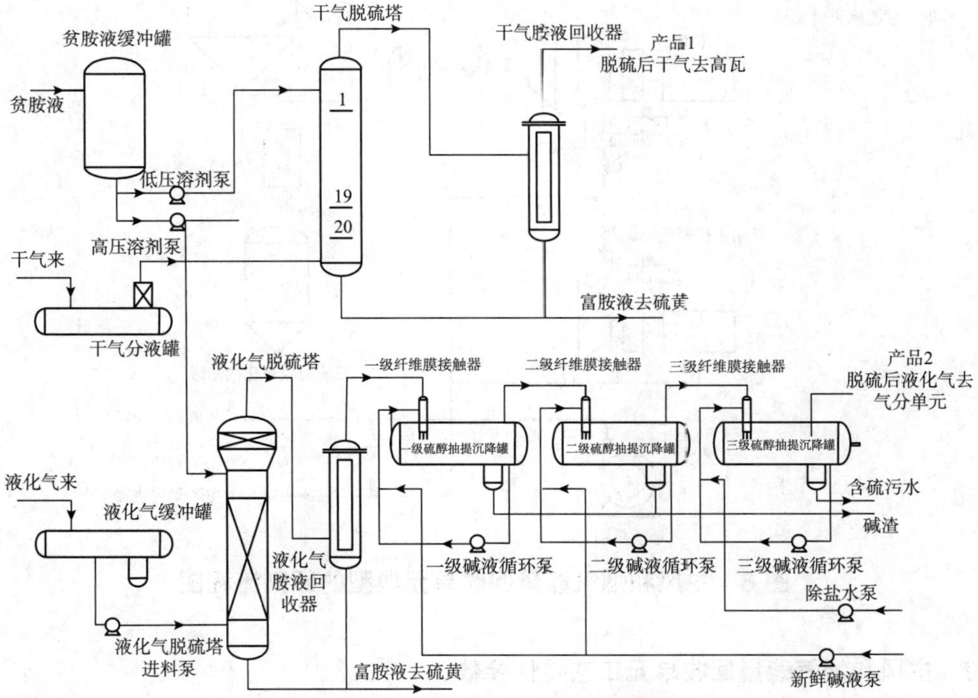

图 5　产品精制单元原则流程图

4.4.2 产品精制单元工艺特性参数

1）干气脱硫塔压力 0.6～1.0MPa；

2）液化气脱硫塔压力 0.9～1.5MPa；

3）碱液浓度 12%～18%（质量分数）；

4）胺液硫化氢含量≤3g/L；

5）水洗水 pH 值≤11。

4.5 主风和烟气能量回收单元

4.5.1 主风和烟气能量回收单元的原则流程图

从再生器出来的高温烟气经三旋分离催化剂后，使烟气中粉尘含量小于 200mg/Nm^3，高温烟气进入烟机做功，做功后的烟气进入余热锅炉产中压蒸汽。工艺流程图见图 6。

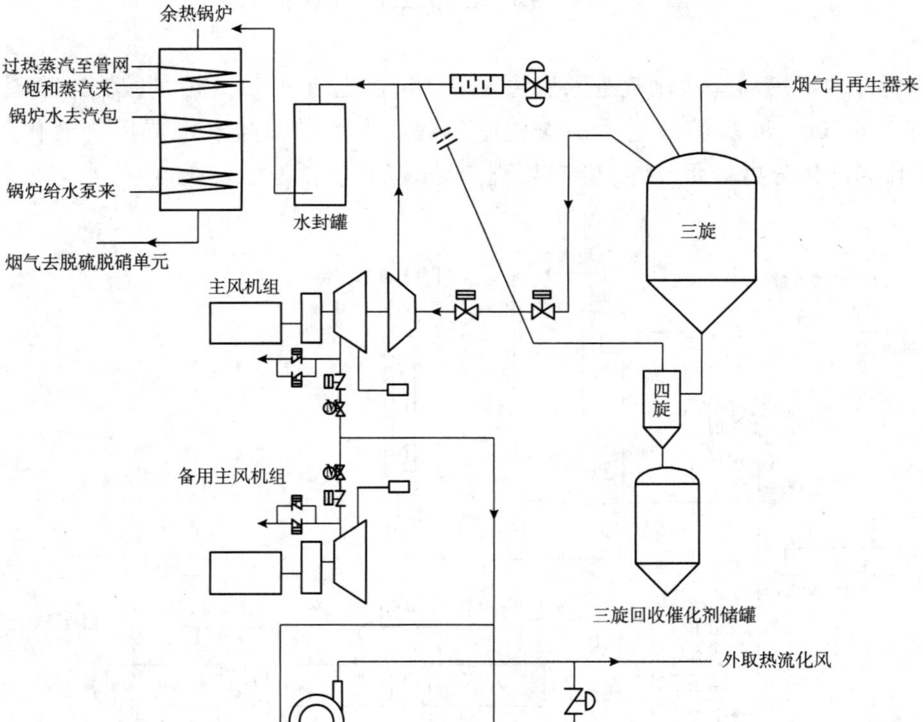

图 6 主风和烟气能量回收单元典型的原则流程图

4.5.2 主风和烟气能量回收单元工艺特性参数

1）烟气温度≤700℃；

2）烟气粉尘含量≤200mg/Nm^3；

3）过热蒸汽温度 380～450℃；

4）中压蒸汽压力 3.0～4.0MPa。

4.6 脱硫脱硝单元

4.6.1 脱硫脱硝单元的原则流程图

自催化裂化余热锅炉来的烟气首先进入脱硫脱硝塔下部，上升的烟气与冷却水逆向接触，洗涤出烟气中大部分二氧化硫、三氧化硫和颗粒物；为脱除 NO_x，脱硫脱硝塔下部注入臭氧，臭氧将烟气中的 NO_x 氧化为 N_2O_5，N_2O_5 可在脱硫脱硝塔下部被冷却水洗涤出来；脱硫脱硝塔需要注入碱液控制好 pH 值（6~9），塔底液体大部分循环返塔作为冷却水，少部分送至废液预处理部分，并补充外来水维持塔内液相平衡，冷却后烟气自塔底上升进入过滤模块，除去烟气中残余的细微颗粒和硫酸酸雾，过滤模块后的烟气经水珠分离器除去其中夹带的液滴，经脱硫塔顶部的烟囱高空排放。外送的废液注入絮凝剂沉淀和注入空气曝气，去除外排液中的悬浮物和降低化学需氧量（COD）。工艺流程图见图 7。

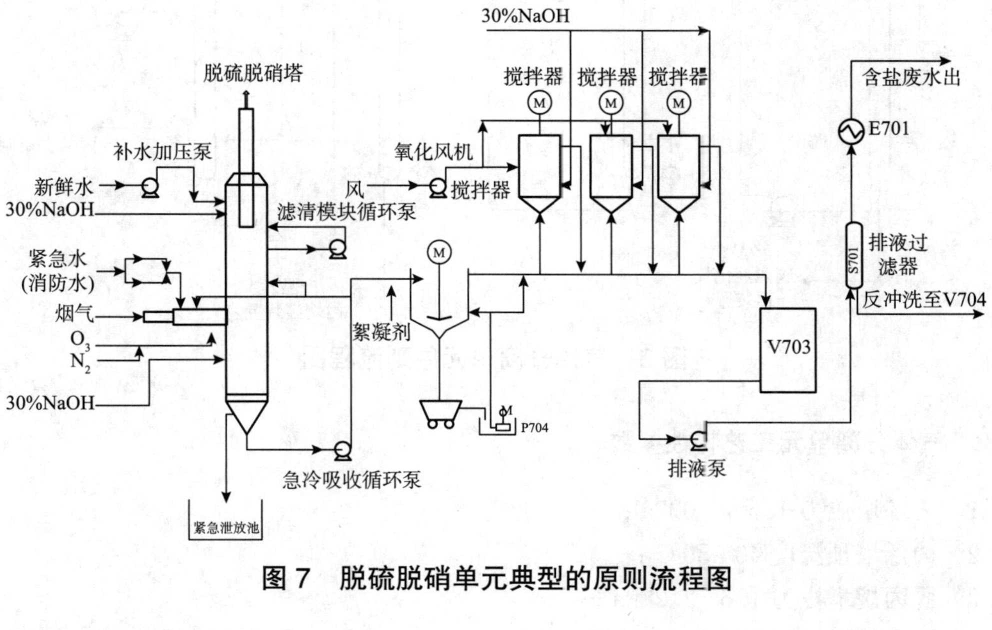

图 7 脱硫脱硝单元典型的原则流程图

4.6.2 脱硫脱硝单元工艺特性参数

1）脱硫塔温度≤ 70℃；

2）碱浓度≥ 10%（质量分数）。

4.7 气体分离单元

4.7.1 气体分离单元的原则流程图

精制后液化气经过脱丙烷塔，其中的乙烷、丙烷及丙烯组分由塔顶馏出，经脱丙烷塔回流泵，一部分作塔顶回流，另一部分进入脱乙烷塔，脱丙烷塔底产品碳四液化气冷却后送出装置。脱乙烷塔顶馏出物作塔顶回流，不凝气排放至瓦斯系统，脱乙烷塔塔底产品作为丙烯精馏塔的原料，丙烯精馏塔一般分为 A、B 两个塔并串联使用，A 塔顶汽相进入 B 塔底作为上升的汽相，B 塔顶馏出物丙烯一部分作为塔顶回流，另一部分作为产品出装置，B 塔底液相送至 A 塔顶作回流，A 塔底产物丙烷作为产品送出装置。工艺流程图见图 8。

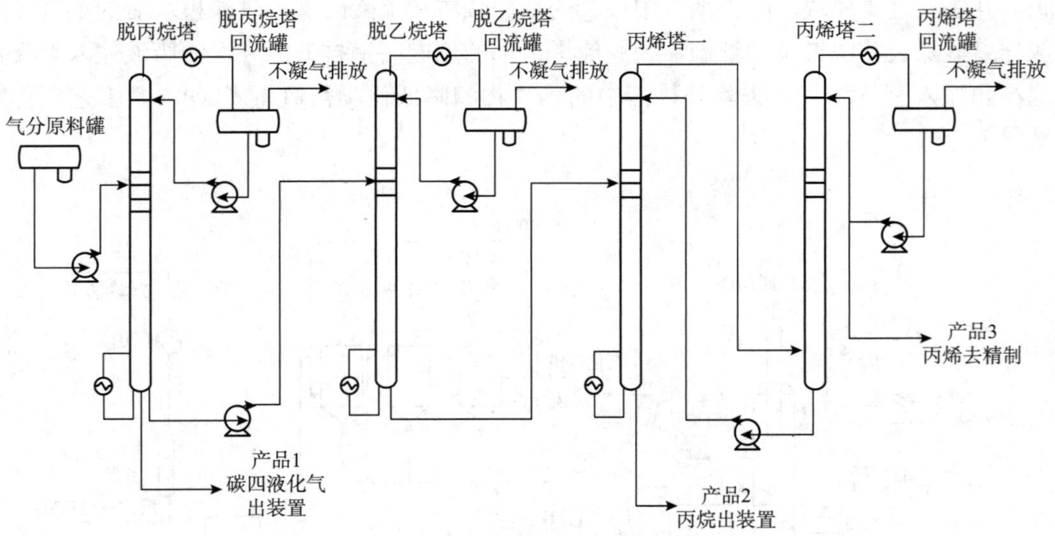

图 8　气体分离单元原则流程图

4.7.2 气体分离单元工艺特性参数

1）丙烯塔压力 1.6～2.0MPa；

2）丙烯塔顶温度 40～50℃；

3）脱丙烷塔压力 1.6～2.2MPa；

4）脱丙烷塔塔顶温度 40～55℃。

4.8 催化裂化危害特性

催化裂化装置的主要危害位置及防范措施见表 1。

表 1　主要危害位置及防范措施

危害类别	危害位置	防范措施
催化剂冲刷	1. 反再系统设备筒体； 2. 提升管喷嘴、主风分布管、旋风分离器等内构件； 3. 催化剂管线、油浆管线； 4. 烟机叶片、油浆泵叶轮等； 5. 高温闸阀、蝶阀、滑阀； 6. 热电偶套管、测压引线等； 7. 衬里、护板等； 8. 脱硫脱硝塔浆液循环系统	1. 定期测温检查； 2. 增加防冲板； 3. 提高耐磨衬里质量； 4. 平稳操作
结焦、堵塞	1. 沉降器器壁、集气室、旋风分离器、大油气线； 2. 提升管喷嘴、盘管等	1. 严格控制原料油指标； 2. 平稳操作； 3. 增加防焦措施
露点腐蚀	1. 反应器、再生器、三旋筒体； 2. 带衬里烟道、膨胀节； 3. 余热锅炉炉墙、省煤器管； 4. 脱硫脱硝塔	1. 设备材质升级； 2. 提高设备温度至露点之上； 3. 降低材料应力
高温氧化	1. 辅助燃烧室、再生器、外取热器、反应器、沉降器和再生器的器壁、烟道等； 2. 主风分布管、板，旋风系统等内构件； 3. 一氧化碳焚烧炉（如有）	1. 设备材质升级； 2. 保证隔热衬里效果
氯离子应力腐蚀和连多硫酸应力腐蚀	反应油气和再生烟气输送管道等不锈钢材质设备	1. 设备材质升级； 2. 消除应力
高温硫化物腐蚀	1. 分馏塔 240℃以上的高温部位； 2. 油浆、回炼油系统等	1. 定期测厚检查； 2. 增加防冲板； 3. 合理选材和消除应力； 4. 平稳操作
湿硫化氢应力腐蚀开裂	1. 分馏塔顶、顶循环系统； 2. 贫富吸收油换热器、解吸塔底重沸器和稳定塔底重沸器管束； 3. 气分精制系统的溶剂再生部分设备、管线	1. 严格控制原料油指标； 2. 平稳操作； 3. 合理选材和消除应力

5 检修周期及检修项目

5.1 主要设备

主要设备介绍见表2。

表2 主要设备介绍

<table>
<tr><th>名称</th><th colspan="2">设备种类</th><th>主要设备种类</th><th>适用规程</th></tr>
<tr><td rowspan="11">动设备</td><td rowspan="4">泵</td><td>离心泵</td><td>进料泵、回流泵、产品泵、浆液泵、碱液泵、水泵</td><td>SHS 01013</td></tr>
<tr><td>计量泵</td><td>注剂泵</td><td>SHS 01014</td></tr>
<tr><td>螺杆泵</td><td>润滑油泵、渣油泵</td><td>SHS 01016</td></tr>
<tr><td>齿轮泵</td><td>润滑油泵</td><td>SHS 01017</td></tr>
<tr><td rowspan="3">风机</td><td>轴流风机</td><td>主风机</td><td>SHS 01023</td></tr>
<tr><td>罗茨风机</td><td>氧化风机</td><td>SHS 01024</td></tr>
<tr><td>离心风机</td><td>主风机</td><td>SHS 01022</td></tr>
<tr><td rowspan="2">压缩机</td><td rowspan="2">离心压缩机</td><td>富气压缩机</td><td>SHS 01018</td></tr>
<tr><td>增压机</td><td>SHS 01018
SHS 01019
SHS 01041</td></tr>
<tr><td colspan="2" rowspan="2">膨胀机</td><td>汽轮机</td><td>SHS 01025</td></tr>
<tr><td>烟气轮机</td><td>SHS 01058</td></tr>
<tr><td colspan="3" rowspan="3">炉类</td><td>余热锅炉</td><td></td></tr>
<tr><td>一氧化碳焚烧炉</td><td></td></tr>
<tr><td>辅助燃烧炉</td><td></td></tr>
<tr><td rowspan="9">静设备</td><td>塔</td><td>填料塔、板式塔</td><td>汽提塔、分馏塔、稳定塔、解析塔、吸收塔、再吸收塔、脱硫塔、脱丙烷塔、脱乙烷塔、脱丙烯塔、丙烯精制塔、干气脱硫塔、液态烃脱硫塔、溶剂再生塔</td><td>SHS 01007</td></tr>
<tr><td rowspan="2">换热器</td><td>管壳式换热器</td><td>进料换热器、冷却器、中段回流换热器、重沸器</td><td>SHS 01009</td></tr>
<tr><td>空气冷却器</td><td>分馏、稳定空冷</td><td>SHS 01010</td></tr>
<tr><td colspan="2">压力容器</td><td>换热器、罐、塔、容器</td><td>SHS 01004</td></tr>
<tr><td colspan="2">常压容器、常压储罐</td><td>封油罐、碱罐</td><td>SHS 01011</td></tr>
<tr><td colspan="2">压力管道</td><td>GC1、GC2、GC3</td><td>SHS 01005</td></tr>
<tr><td colspan="2">阀门</td><td>安全阀、闸阀、截止阀</td><td>SHS 01030</td></tr>
<tr><td colspan="2">特阀</td><td>滑阀、塞阀、高温蝶阀、高温闸阀</td><td>SHS 02019</td></tr>
<tr><td colspan="2">反应器、再生器</td><td>衬里、旋风分离器、喷嘴</td><td>SHS 02001</td></tr>
</table>

表2 主要设备介绍（续）

名称		设备种类	主要设备种类	适用规程
仪表设备	现场仪表	检测仪表、显示或报警仪表、控制仪表、辅助单元、执行器及其附件	流量计、液位计、变送器	SHS 07002
	控制系统	集散控制系统（DCS）、可编程控制系统（PLC）、机组控制系统（CCS 或 ITCC）、工业控制计算机系统（IPC）、监控和数据采集系统（SCADA）	计算机操作调节系统、机组控制系统、监控系统	SHS 07008
	安全仪表系统（SIS）	安全联锁系统、紧急停车系统和可燃、有毒有害气体及火灾检测保护系统	紧急停车系统、可燃气体报警仪	SHS 07007
	在线分析仪表	工业气相色谱仪、氧分析仪、红外分析仪、质谱仪、pH 计、电导仪、水分仪		SHS 07006
	安全环保仪表	可燃气体检测报警仪、有毒有害气体检测报警仪、氨氮分析仪、化学需氧量分析仪（COD）、水质分析仪、烟气分析仪（CEMS）	烟气排放检测仪表、现场硫化氢报警器	SHS 07007
电气设备		电动机、变频器	机泵电机、空冷变频器、泵的变频器	SHS 06001

5.2 检修周期

5.2.1 催化裂化装置检修应根据实际运行情况进行定期停车检维修，检维修周期按36～48个月确定。

5.2.2 有备用设备的或日常可以进行检修的不列入大修项目。

5.3 检修内容

5.3.1 确定检修内容的依据

1）按法律法规要求的特种设备定期检验。

2）不符合国家安全与环境保护、节能要求的设备改造和更新。

3）对本次检修或下次检修之前已到法定检验时间的计量设施。

4）设备状况：

A. 静设备：

a）塔内部因塔盘结焦堵塞、内构件损坏、积垢腐蚀等原因造成运行状况恶化、性能降低等；

b）换热器因换热管腐蚀穿孔、结焦堵管、积垢腐蚀等原因造成运行状况恶化、性能降低等；

c）容器因内构件损坏、结焦、积垢腐蚀等原因造成运行状况恶化、性能降低等；

B. 转动设备：磨损、腐蚀、泄漏、振动等原因造成运行状况恶化、性能降低等；

C. 管道、阀门：腐蚀减薄、泄漏、失效等原因造成运行状况恶化、安全性降低等；

D. 电气设备：部件老化等原因造成运行状况恶化、性能降低等；

E. 仪表设备：测量点堵塞、部件老化等原因造成运行状况恶化、性能降低等；

F. 日常维护抢修中采用带压堵漏、带压开孔等方式进行临时的项目。

5）工艺催化剂（三剂）失效。

6）钢结构平台、设备基础、房屋等建构筑物老化、锈蚀等必须在停车检修期间内维修的项目。

7）安全防护设施失效。

5.3.2 检修具体内容

停车大修是对催化裂化装置安全环保、长周期运行及经济效益有重大影响的设备、管线、电气仪表系统、土建及基础设施等在运行周期内将要发生的功能故障进行全面检修。其他检修是除大修外对装置局部或设备本体有经济运行影响的功能故障而进行的检修。

主要设备检修内容见表 3。

表 3 主要设备检修内容

序号	设备名称	设备功能	功能故障	检修内容	专业类别
1	反应器	实现催化原料反应的设备	筒体内部衬里开裂、脱落，筒体外壁超温、腐蚀泄漏，内构件故障失效，油浆固含指标超，仪表故障	1. 衬里开裂、变形、脱落等检查、修补； 2. 原料喷嘴、旋流快分等内构件冲刷、磨损的检查、修复； 3. 松动点、仪表测点引压管的疏通	A类
2	再生器	通过主风烧去催化剂上的焦炭以恢复催化剂活性的设备	筒体内部衬里开裂、脱落，筒体外壁超温、腐蚀泄漏，内构件故障失效，烟气粉尘指标变化，烟气达不到工艺要求，仪表故障	1. 衬里开裂、变形、脱落等检查、修补； 2. 主风分布管、旋风分离器等内构件冲刷、磨损的检查、修复； 3. 松动点、仪表测点引压管的疏通	A类

表 3　主要设备检修内容（续）

序号	设备名称	设备功能	功能故障	检修内容	专业类别
3	三级旋风分离器	分离烟气中催化剂粉尘的设备	筒体内部衬里开裂、脱落，筒体外壁超温、腐蚀泄漏，分离器故障失效，烟气粉尘指标变化，烟气达不到工艺要求，仪表故障	1. 检查单管及导向叶片冲刷、磨损、堵塞情况； 2. 检查连接螺栓有无松动； 3. 检查壳体磨损、过热、裂纹情况； 4. 检查细粉收集盘孔有无堵塞情况； 5. 检查焊缝磨损； 6. 检查内部膨胀节变形情况、保护罩及导流管的完好情况； 7. 对于立管式三旋，检查上、下隔板的变形情况	A 类
4	辅助燃烧炉	装置开工提供热量的设备	筒体内部衬里开裂、脱落，筒体外壁超温、腐蚀泄漏，燃烧器故障失效	1. 检查一、二次风阀灵活好用； 2. 检查火盆，火嘴等正常，油、瓦斯、风管线畅通； 3. 检查点火器接电正确，点火设备完好； 4. 进行点火器点火试验，保证好用； 5. 连接好升温曲线记录仪	B 类
5	单、双动滑阀	控制反再系统催化剂循环量及再生系统压力	1. 阀体内部衬里开裂、脱落，阀板冲刷、内构件故障。 2. 传动部分、液压部分故障	1. 检查及维修阀体的导轨、阀座、阀座圈、阀杆、阀板、密封套表面腐蚀、冲刷情况等； 2. 检查和检修传动部分的轴承、涡轮蜗杆、开合螺母动作的灵活性； 3. 检查滑阀的表面质量、衬里脱落、金属件的变形和腐蚀情况； 4. 检查阀板与阀轨、阀座圈之间的间隙； 5. 检查阀板 T 形槽两侧与阀杆头部两侧是否平行； 6. 检查吹扫冷却风、蒸汽是否畅通； 7. 检查电液泵的机械性能及电液泵联轴器的磨损情况； 8. 检查电液伺服阀； 9. 蓄能器充电情况； 10. 油箱清洗换油； 11. 检查热交换器及管路畅通； 12. 全面检查执行机构的各种功能和各种操作方式准确可靠； 13. 校验压力表和温度计； 14. 液压元件、密封件检查更换； 15. 更换所有过滤器滤芯； 16. 检查油动机构各部件的磨损情况	A 类

表 3　主要设备检修内容（续）

序号	设备名称	设备功能	功能故障	检修内容	专业类别
6	高温闸阀	烟气能量回收机组隔离阀门	阀体故障，电动部件、传动机构故障	1. 检查与维修阀板、密封圈、阀杆、阀板接头、填料密封、垫片表面腐蚀、冲刷情况等； 2. 检查与维修传动部分、手动机构的轴承、大小伞齿轮、丝杆螺套灵活性等； 3. 检查与维修传动机构中轴承、丝杆、螺套的表面磨损情况； 4. 专用电机的检修按《电气设备维护检修规程》执行； 5. 控制箱的检修按《电气设备维护检修规程》执行	A类
7	高温蝶阀	烟气能量回收机组控制阀门	阀体冲刷、磨损，阀板变形等，液压部分故障、传动和电机部分故障	1. 检查与维修阀板、阀座密封圈、阀杆、推销、轴瓦、填料、滚动轴承表面腐蚀、冲刷情况等； 2. 检查执行机构的推拉杆、导杆、拨销、拨叉、轴承、蜗轮蜗杆、导向键、限位螺套、箱盖、密封圈等； 3. 检查蜗轮、蜗杆、螺套的齿形表面，不得有裂纹、毛刺、严重划痕等缺陷； 4. 检查蜗轮内孔螺纹是否有破裂损坏等现象； 5. 检查螺杆支撑轴承应无松动、损坏等现象； 6. 检查蜗轮上下侧应无沟痕、烧坏等现象； 7. 全面检查执行机构的各种功能和各种操作方式准确可靠	A类
8	单向阻尼阀	在事故状态下，能防止催化剂倒流，保护主风机	阀体故障、传动部分	1. 检查气缸、活塞环、活塞杆的磨损情况； 2. 检查传动机构的阀轴、摇杆、连杆等各连接部位的磨损情况； 3. 检查阀体和阀板的密封环； 4. 检查阀轴、气缸填料； 5. 检查电磁阀及阀位回讯器安全可靠	A类
9	分馏塔	提供热量交换场所，对不同温度区间各侧线产品进行分离，保证产品质量	产品分离效果达不到工艺要求，塔底结焦、塔盘积垢、设备腐蚀或静密封泄漏	1. 清理塔内壁和塔盘等构件； 2. 检查修理塔体和内衬的腐蚀、变形和各部焊缝； 3. 检查和修理塔体或更换塔盘板和鼓泡元件； 4. 检查修理或更换塔内构件；	A类

表3　主要设备检修内容（续）

序号	设备名称	设备功能	功能故障	检修内容	专业类别
9	分馏塔	提供热量交换场所，对不同温度区间各侧线产品进行分离，保证产品质量	产品分离效果达不到工艺要求，塔底结焦、塔盘积垢、设备腐蚀或静密封泄漏	5. 检查修理分配器、集油箱、喷淋装置和除沫器等部件； 6. 检查塔底人字挡板有无脱焊、松动等； 7. 检查校验安全附件； 8. 检查修理塔基础裂纹、破损、倾斜和下沉； 9. 检查和修理塔体油漆和保温	A类
10	汽提塔	汽提出柴油中轻组分，确保柴油质量合格	产品分离效果达不到工艺要求，设备腐蚀或静密封泄漏	1. 清理塔内壁和塔盘等构件； 2. 检查修理塔体和内衬的腐蚀、变形和各部焊缝； 3. 检查和修理塔体或更换塔盘板和鼓泡元件； 4. 检查修理或更换塔内构件； 5. 检查汽提蒸汽环畅通完好； 6. 检查修理塔基础裂纹、破损、倾斜和下沉； 7. 检查和修理塔体油漆和保温	A类
11	分馏塔顶回流罐	为介质提供分离场所，实现气液分离	产品分离效果达不到工艺要求，泡沫网松动、设备腐蚀泄漏或静密封泄漏	1. 定期校验时确定返修的项目； 2. 筒体、封头与对接焊缝； 3. 接管与角焊缝； 4. 内构件； 5. 防腐层与保温层； 6. 衬里层、堆焊层； 7. 密封面、密封元件及紧固螺栓； 8. 基础及地脚螺栓； 9. 支撑、支座及附属结构； 10. 安全附件； 11. 检修期间检查发现需要检修的其他项目	B类
12	封油罐	为介质提供分离场所，实现油水分离	设备腐蚀泄漏或静密封泄漏	1. 检查外部腐蚀或保温，保冷层以及铭牌等，修补损坏区域； 2. 检查容器变形、凹陷、鼓包及渗漏等，修理缺陷处； 3. 检查容器以及各接管连接焊缝的渗漏和裂缝等，修理缺陷处。对易产生应力腐蚀的容器焊缝应进行表面无损检测； 4. 检查容器内部衬里或防腐层的变形、腐蚀、裂纹和损坏，修理缺陷处；	B类

表 3　主要设备检修内容（续）

序号	设备名称	设备功能	功能故障	检修内容	专业类别
12	封油罐	为介质提供分离场所，实现油水分离	设备腐蚀泄漏或静密封泄漏	5. 检查安全附件； 6. 检查设备基础是否存在裂纹、破损、倾斜和下沉，修理缺陷区域	B 类
13	含硫污水灌	为含硫污水提供储存场所，实现集中排放	设备腐蚀泄漏或静密封泄漏	容器内构件检查、修复，检查安全附件	B 类
14	燃料气分液罐	为介质提供分离场所，实现气液分离	产品分离效果达不到工艺要求，设备腐蚀泄漏或静密封泄漏	容器内构件检查、修复，检查安全附件	B 类
15	原料换热器	为原料提供热交换场所	介质换热效果达不到工艺要求，设备内漏或外漏	1. 抽芯、清扫管束和壳体； 2. 进行管束焊口、胀口处理及单管更换； 3. 检查修理管箱及内附件，浮头盖、钩圈、外头盖、接管等及其密封面，更换垫片并试压； 4. 更换部分螺栓、螺母； 5. 壳体保温修补及防腐； 6. 更换管束或壳体	B 类
16	分馏塔顶冷却器	为塔顶油气提供热交换场所	介质换热效果达不到工艺要求，设备内漏或外漏	1. 抽芯、清扫管束和壳体； 2. 进行管束焊口、胀口处理及单管更换； 3. 检查修理管箱及内附件，浮头盖、钩圈、外头盖、接管等及其密封面，更换垫片并试压； 4. 更换部分螺栓、螺母； 5. 壳体保温修补及防腐； 6. 更换管束或壳体	B 类
17	分馏塔顶空冷器	冷却分馏塔顶油气	冷却温度指标达不到工艺要求	1. 清扫检查管箱、换热管及翅片； 2. 更换腐蚀严重的管箱丝堵、管箱法兰的连接螺栓及丝堵、法兰垫片； 3. 检查修复风筒、百叶窗及喷水设施； 4. 处理泄漏的管子； 5. 校验安全附件； 6. 整体更换管束； 7. 对管束进行试压； 8. 检查和修理轴流风机； 9. 检查修复大梁、侧板等受力件	B 类
18	油浆蒸汽发生器	带走油浆热量，产生中压蒸汽	介质换热效果达不到工艺要求，设备内漏或外漏	管束清扫、冲洗、堵漏，检查安全附件	A 类

表 3 主要设备检修内容（续）

序号	设备名称	设备功能	功能故障	检修内容	专业类别
19	原料泵	为原料加压，为原料输送提供密闭通道	出口压力不足，密封泄漏，不能正常运行	1. 更换填料密封； 2. 检查清洗轴承、轴承箱、挡油环、挡水环、油标等； 3. 检查和修理联轴器、驱动器和泵的对中情况； 4. 检查清理冷却水、封油和润滑等情况； 5. 检查和修理机械密封； 6. 解体检查各零部件的磨损、腐蚀和冲蚀情况； 7. 检查清理轴承、油封等，测量调整轴承、油封间隙； 8. 检查测量转子的各部圆跳动和间隙，必要时做动平衡校验； 9. 检查并校正轴的直线度； 10. 测量并调整转子的轴向窜动量； 11. 检查泵体、基础、地脚螺栓及进出口法兰的错位情况，消除附加应力	A类
20	油浆泵	为油浆加压，为介质输送提供密闭通道	出口压力不足，密封泄漏，不能正常运行	泵解体大修，检查机械密封、各零部件磨损和腐蚀情况，检查清理冷却水、封油和润滑情况，清洗轴承、挡油环，修理更换诱导轮等	A类
21	顶回流泵	为顶循环回流加压，为介质输送提供密闭通道	出口压力不足，密封泄漏，不能正常运行	1. 更换填料密封； 2. 检查清洗轴承、轴承箱、挡油环、挡水环、油标等； 3. 检查和修理联轴器、驱动器和泵的对中情况； 4. 检查清理冷却水、封油和润滑等情况； 5. 检查和修理机械密封； 6. 解体检查各零部件的磨损、腐蚀和冲蚀情况； 7. 检查清理轴承、油封等，测量调整轴承、油封间隙； 8. 检查测量转子的各部圆跳动和间隙，必要时做动平衡校验； 9. 检查并校正轴的直线度； 10. 测量并调整转子的轴向窜动量； 11. 检查泵体、基础、地脚螺栓及进出口法兰的错位情况，消除附加应力	B类

表 3　主要设备检修内容（续）

序号	设备名称	设备功能	功能故障	检修内容	专业类别
22	中段回流泵	为中段回流加压，为介质输送提供密闭通道	出口压力不足，密封泄漏，不能正常运行	1. 更换填料密封； 2. 检查清洗轴承、轴承箱、挡油环、挡水环、油标等； 3. 检查和修理联轴器、驱动器和泵的对中情况； 4. 检查清理冷却水、封油和润滑等情况； 5. 检查和修理机械密封； 6. 解体检查各零部件的磨损、腐蚀和冲蚀情况； 7. 检查清理轴承、油封等，测量调整轴承、油封间隙； 8. 检查测量转子的各部圆跳动和间隙，必要时做动平衡校验； 9. 检查并校正轴的直线度； 10. 测量并调整转子的轴向窜动量； 11. 检查泵体、基础、地脚螺栓及进出口法兰的错位情况，消除附加应力	B 类
23	产品泵	为产品加压，为介质输送提供密闭通道	出口压力不足，密封泄漏，不能正常运行	泵解体大修，检查机械密封、各零部件磨损和腐蚀情况，检查清理冷却水、封油和润滑情况，清洗轴承、挡油环等	B 类
24	中压给水泵	为汽包给水加压，为介质输送提供密闭通道	出口压力不足，密封泄漏，不能正常运行	泵解体大修，检查机械密封、各零部件磨损和腐蚀情况，检查清理冷却水、封油和润滑情况，清洗轴承、挡油环等	B 类
25	吸收塔	提供热量交换场所，利用汽油吸收 C_3、C_4 组分，保证产品质量	产品分离效果达不到工艺要求，塔盘积垢，设备腐蚀泄漏或静密封泄漏	1. 清理塔内壁和塔盘等构件； 2. 检查修理塔体和内衬的腐蚀、变形和各部焊缝； 3. 检查和修理塔体或更换塔盘板和鼓泡元件； 4. 检查修理或更换塔内构件； 5. 检查修理分配器、集油箱、喷淋装置和除沫器等部件； 6. 检查校验安全附件； 7. 检查修理塔基础裂纹、破损、倾斜和下沉； 8. 检查和修理塔体油漆和保温； 9. 检查、更换填料	A 类

表 3　主要设备检修内容（续）

序号	设备名称	设备功能	功能故障	检修内容	专业类别
26	再吸收塔	提供热量交换场所，利用柴油吸收贫气中携带汽油组分，保证产品质量	产品分离效果达不到工艺要求，塔盘积垢，设备腐蚀泄漏或静密封泄漏	1. 清理塔内壁和塔盘等构件； 2. 检查修理塔体和内衬的腐蚀、变形和各部焊缝； 3. 检查和修理塔体或更换塔盘板和鼓泡元件； 4. 检查修理或更换塔内构件； 5. 检查修理分配器、集油箱、喷淋装置和除沫器等部件； 6. 检查校验安全附件； 7. 检查修理塔基础裂纹、破损、倾斜和下沉； 8. 检查和修理塔体油漆和保温； 9. 检查、更换填料	A类
27	解吸塔	提供热量交换场所，实现气液分离，确保脱乙烷油不带 C_2，保证产品质量	产品分离效果达不到工艺要求，设备腐蚀泄漏或静密封泄漏	1. 清理塔内壁和塔盘等构件； 2. 检查修理塔体和内衬的腐蚀、变形和各部焊缝； 3. 检查和修理塔体或更换塔盘板和鼓泡元件； 4. 检查修理或更换塔内构件； 5. 检查修理分配器、集油箱、喷淋装置和除沫器等部件； 6. 检查校验安全附件； 7. 检查修理塔基础裂纹、破损、倾斜和下沉； 8. 检查和修理塔体油漆和保温	A类
28	稳定塔	提供热量交换场所，实现液态烃与汽油分离，保证汽油及液态烃质量合格	产品分离效果达不到工艺要求，设备腐蚀泄漏或静密封泄漏	1. 清理塔内壁和塔盘等构件； 2. 检查修理塔体和内衬的腐蚀、变形和各部焊缝； 3. 检查和修理塔体或更换塔盘板和鼓泡元件； 4. 检查修理或更换塔内构件； 5. 检查修理分配器、集油箱、喷淋装置和除沫器等部件； 6. 检查校验安全附件； 7. 检查修理塔基础裂纹、破损、倾斜和下沉； 8. 检查和修理塔体油漆和保温	A类

表3　主要设备检修内容（续）

序号	设备名称	设备功能	功能故障	检修内容	专业类别
29	稳定塔顶回流罐	为介质提供分离场所，实现气液分离，为介质输送提供密闭通道	产品分离效果达不到工艺要求，设备腐蚀泄漏或静密封泄漏	1. 定期校验时确定返修的项目； 2. 筒体、封头与对接焊缝； 3. 接管与角焊缝； 4. 内构件； 5. 防腐层与保温层； 6. 衬里层、堆焊层； 7. 密封面、密封元件及紧固螺栓； 8. 基础及地脚螺栓； 9. 支撑、支座及附属结构； 10. 安全附件； 11. 检修期间检查发现需要检修的其他项目	B类
30	富气分液罐	为介质提供分离场所，实现气液分离，为介质输送提供密闭通道	产品分离效果达不到工艺要求，设备腐蚀泄漏或静密封泄漏	1. 定期校验时确定返修的项目； 2. 筒体、封头与对接焊缝； 3. 接管与角焊缝； 4. 内构件； 5. 防腐层与保温层； 6. 衬里层、堆焊层； 7. 密封面、密封元件及紧固螺栓； 8. 基础及地脚螺栓； 9. 支撑、支座及附属结构； 10. 安全附件； 11. 检修期间检查发现需要检修的其他项目	B类
31	进料换热器	为原料提供热交换场所，为介质输送提供密闭通道	介质换热效果达不到工艺要求，设备内漏或外漏	1. 抽芯、清扫管束和壳体； 2. 进行管束焊口、胀口处理及单管更换； 3. 检查修理管箱及内附件，浮头盖、钩圈、外头盖、接管等及其密封面，更换垫片并试压； 4. 更换部分螺栓、螺母； 5. 壳体保温修补及防腐； 6. 更换管束或壳体	B类
32	塔顶冷却器	为塔顶油气提供热交换场所，为介质输送提供密闭通道	介质换热效果达不到工艺要求，设备内漏或外漏	1. 抽芯、清扫管束和壳体； 2. 进行管束焊口、胀口处理及单管更换； 3. 检查修理管箱及内附件，浮头盖、钩圈、外头盖、接管等及其密封面，更换垫片并试压； 4. 更换部分螺栓、螺母； 5. 更换管束或壳体	B类

表3 主要设备检修内容（续）

序号	设备名称	设备功能	功能故障	检修内容	专业类别
33	产品冷却器	为产品提供冷却器场所，为介质输送提供密闭通道	介质冷却效果达不到工艺要求，设备内漏或外漏	1. 抽芯、清扫管束和壳体； 2. 进行管束焊口、胀口处理及单管更换； 3. 检查修理管箱及内附件，浮头盖、钩圈、外头盖、接管等及其密封面，更换垫片并试压； 4. 更换部分螺栓、螺母； 5. 更换管束或壳体	B类
34	富气压缩机	将富气升压，为介质输送提供密闭通道	机出口流量达不到生产要求，干气密封泄漏，静密封泄漏，轴振动大，轴位移大，轴承温度高，错油门、油动机、速关阀、速关阀组件失效，设备条件联锁，仪表故障	1. 检查齿式联轴器应无毛刺、沟痕及裂纹等缺陷； 2. 检查地脚螺栓无松动； 3. 检查机壳外观、导向键及膨胀螺栓间隙、水平度等符合要求； 4. 检查转子外观应光洁无缺陷，轴颈圆度、圆柱度在允许偏差内，转子各部跳动数据在允许值内，校正转子动平衡，轴颈无划痕，止推盘端面无拉毛、腐蚀、偏磨等缺陷； 5. 检查轴承箱配合表面应平整无划痕，各油孔、油道畅通，轴承箱内表面涂料无缺损、起皮； 6. 径向可倾瓦轴承检查外观无伤痕等缺陷，轴承衬合金层无脱壳现象，检查轴承水平剖分面间隙、轴承壳背与轴承座孔接触面积、轴承衬与轴颈接触面积、轴承顶间隙和挡油环间隙、轴承壳背过盈量、瓦块厚度及瓦块摆动等符合规范要求； 7. 止推轴承检查外观无伤痕等缺陷，轴承衬合金层无脱壳现象，检查瓦块与止推盘接触面积、止推轴承间隙、瓦块厚度及瓦块摆动等符合规范要求； 8. 油封外观检查无缺陷，回油孔畅通，检查油封水平中分面间隙、油封与轴颈半径间隙符合规格要求； 9. 迷宫密封外观检查不得有毛刺、卷边、裂纹、变形和结垢等缺陷，密封体水平剖分面应平整，径向间隙符合要求； 10. 干气密封组件拆卸、清洗、检查和安装；	

表3　主要设备检修内容（续）

序号	设备名称	设备功能	功能故障	检修内容	专业类别
34	富气压缩机	将富气升压，为介质输送提供密闭通道	机出口流量达不到生产要求，干气密封泄漏，静密封泄漏，轴振动大，轴位移大，轴承温度高，错油门、油动机、速关阀、速关阀组件失效，设备条件联锁，仪表故障	11. 隔板的外观检查，定位键无松动，隔板装入机壳对号入座、确保位置，隔板与叶轮的间隙符合规范要求； 12. 在止推盘靠紧轴承主止推面时，转子的轴向位置应能保证各级叶轮出口和扩压器叶轮对中	A类
35	机组油冷器	为机组润滑油提供冷却场所，为介质输送提供密闭通道	介质冷却效果达不到工艺要求，设备内漏或外漏	1. 抽芯、清扫管束和壳体； 2. 进行管束焊口、胀口处理及单管更换； 3. 检查修理管箱及内附件，浮头盖、钩圈、外头盖、接管等及其密封面，更换垫片并试压； 4. 更换部分螺栓、螺母； 5. 更换管束或壳体	B类
36	轴流风机	将空气升压密闭输送至再生器	机出口流量达不到生产要求，静密封泄漏，轴振动大，轴位移大，轴承温度高，轴封失效，设备条件联锁，仪表故障	1. 消除漏点等缺陷； 2. 检查机组对中情况； 3. 检查并紧固各地脚螺栓； 4. 清扫机组积垢，特别是叶片上积垢清理干净； 5. 检查并紧固叶片组的背帽和各紧固螺栓，检查并调整叶片角度； 6. 检查联轴器状况； 7. 调校减速箱振动开关或振动，油温在线状态监测报警装置； 8. 查看减速箱齿轮磨损情况； 9. 检查各润滑部位的油位、油质情况，视情加油、加酯或更换； 10. 拆卸并检查叶片、轮毂；检查、调整叶顶与风筒的间隙；叶片称重、整个叶轮作静平衡校验； 11. 检查修理齿轮轴和传动轴并找正； 12. 检查轴承及O形橡胶圈等易损件； 13. 调校半自调、自调风机的操纵系统； 14. 检查、修补机座和基础，校验机体水平度； 15. 风机机组防腐处理	A类

表3 主要设备检修内容（续）

序号	设备名称	设备功能	功能故障	检修内容	专业类别
37	烟气轮机	回收烟气能量驱动主风机	机出口流量达不到生产要求，静密封泄漏，叶片结垢、轴振动大，轴位移大，轴承温度高，设备条件联锁，仪表故障	1. 检查地脚螺栓无松动，底座完好； 2. 检查机壳与进气锥无裂纹，排凝管畅通，检查动、静叶片、轮盘的磨损情况，转子动平衡精度等级不低于G2.5，转子跳动允许偏差应符合规范要求，叶顶与导流环间隙符合规范要求； 3. 检查轴承箱表面清洁无锈蚀和划痕、涂料完好，各油孔畅通，测温元件及连线合格； 4. 检查径向轴承衬应无裂纹、夹渣、气孔、重皮等缺陷，对轴承进行无损探伤，检查轴承衬有无脱壳现象，检查轴承壳背与轴承座孔接触面积、轴承衬与轴颈接触面积、轴承壳背过盈量、瓦块厚度及瓦块摆动等符合规范要求； 5. 检查止推轴承应无裂纹、夹渣、气孔、重皮等缺陷，止推间隙、止推瓦块与止推盘接触面积及止推瓦厚度应符合规范要求，各瓦块摆动灵活； 6. 检查迷宫密封齿镶嵌牢固、无裂纹倾斜等缺陷，迷宫密封套外观检查应无缺陷，迷宫密封套与座孔配合紧密不松动，测量迷宫密封的径向间隙，密封片的轴向间隙以及油封、气封、汽封的间隙符合要求，环状油封在槽内应转动灵活，弹簧的弹力应符合技术要求	A类
38	润滑油泵	为润滑油加压场所，为介质输送提供密闭通道	出口压力不足，密封泄漏，不能正常运行	1. 检查轴封泄漏情况，调整压盖与轴的间隙，更换填料或修理机械密封； 2. 检查轴承； 3. 检查各部位螺栓紧固情况； 4. 消除冷却水、封油和润滑系统在运行中出现的跑、冒、滴、漏等缺陷； 5. 检查联轴器及对中情况； 6. 解体检查各部件磨损情况，测量并调整各部件配合间隙； 7. 检查齿轮磨损情况，调整同步齿轮间隙； 8. 检查螺杆直线度及磨损情况； 9. 检查泵体内表面磨损情况； 10. 校验压力表、安全阀	B类

表3 主要设备检修内容（续）

序号	设备名称	设备功能	功能故障	检修内容	专业类别
39	除氧水罐	为介质提供分离场所，实现气液分离，为介质输送提供密闭通道	产品分离效果达不到工艺要求，设备腐蚀泄漏或静密封泄漏	1. 检查外部腐蚀或保温，保冷层以及铭牌等，修补损坏区域； 2. 检查容器变形、凹陷、鼓包及渗漏等，修理缺陷处； 3. 检查容器以及各接管连接焊缝的渗漏和裂缝等，修理缺陷处。对易产生应力腐蚀的容器焊缝应进行表面无损检测； 4. 检查容器内部衬里或防腐层的变形、腐蚀、裂纹和损坏，修理缺陷处； 5. 检查安全附件； 6. 检查设备基础是否存在裂纹、破损、倾斜和下沉，修理缺陷区域	B类
40	余热锅炉	回收烟气热能发汽	炉出口烟气温度达不到生产要求，烟气排放达不到环保要求，蒸汽品质不达标，烟气泄漏	换热管更换、衬里更换，炉体检查修复	B类
41	给水预热器	为锅炉上水提供热交换场所，为介质输送提供密闭通道	介质换热效果达不到工艺要求，设备内漏或外漏	管束清扫、堵漏	B类
42	干气脱硫塔	提供传质场所，降低干气中硫含量，保证产品质量	产品脱硫效果达不到工艺要求，塔盘积垢，设备腐蚀泄漏或静密封泄漏		A类
43	液态烃脱硫塔	提供传质场所，降低液态烃硫含量，保证产品质量	产品脱硫效果达不到工艺要求，设备腐蚀泄漏或静密封泄漏	1. 清理塔内壁和塔盘等构件； 2. 检查修理塔体和内衬的腐蚀、变形和各部焊缝； 3. 检查和修理塔体或更换塔盘板和鼓泡元件； 4. 检查修理或更换塔内构件； 5. 检查修理分配器、集油箱等部件； 6. 检查校验安全附件； 7. 检查修理塔基础裂纹、破损、倾斜和下沉； 8. 检查和修理塔体油漆和保温	B类

表3 主要设备检修内容（续）

序号	设备名称	设备功能	功能故障	检修内容	专业类别
44	溶剂再生塔	提供热量交换场所，实现气液分离，不同温度区间各侧线产品进行分离，保证产品质量及塔底加热炉进料量	产品分离效果达不到工艺要求，设备腐蚀泄漏或静密封泄漏		B类
45	溶剂再生塔顶回流罐	为介质提供分离场所，实现气液分离，为介质输送提供密闭通道	产品分离效果达不到工艺要求，设备腐蚀泄漏或静密封泄漏		B类
46	溶剂罐	为介质提供分离场所，实现气液分离，为介质输送提供密闭通道	产品分离效果达不到工艺要求，设备腐蚀泄漏或静密封泄漏		B类
47	闪蒸罐	为介质提供分离场所，实现气液分离，为介质输送提供密闭通道	产品分离效果达不到工艺要求，设备腐蚀泄漏或静密封泄漏		B类
48	溶剂冷却器	为溶剂提供热交换场所，为介质输送提供密闭通道	介质换热效果达不到工艺要求，设备内漏或外漏	管束清扫、堵漏	B类
49	脱硫脱硝塔	提供传质场所，实现脱硫脱硝作用，保证产品质量	产品脱硫脱硝效果达不到工艺要求，塔盘积垢，设备腐蚀泄漏或静密封泄漏		A类
50	氧化罐	为介质提供分离场所，实现气液分离，为介质输送提供密闭通道	产品分离效果达不到工艺要求，设备腐蚀泄漏或静密封泄漏		B类
51	渣浆罐	为介质提供分离场所	产品分离效果达不到工艺要求，设备腐蚀泄漏或静密封泄漏		B类

表 3　主要设备检修内容（续）

序号	设备名称	设备功能	功能故障	检修内容	专业类别
52	搅拌器	为介质均匀混合提供动力	转速慢，密封泄漏，不能正常运行		B类
53	脱丙烷塔	提供热量交换场所，实现气液分离，不同温度区间各侧线产品进行分离，保证产品质量	产品分离效果达不到工艺要求，设备腐蚀泄漏或静密封泄漏	1. 清理塔内壁和塔盘等构件； 2. 检查修理塔体和内衬的腐蚀、变形和各部焊缝； 3. 检查和修理塔体或更换塔盘板和鼓泡元件； 4. 检查修理或更换塔内构件； 5. 检查修理分配器、集油箱等部件； 6. 检查校验安全附件； 7. 检查修理塔基础裂纹、破损、倾斜和下沉； 8. 检查和修理塔体油漆和保温	A类
54	脱乙烷塔	提供热量交换场所，实现气液分离，不同温度区间各侧线产品进行分离，保证产品质量	产品分离效果达不到工艺要求，设备腐蚀泄漏或静密封泄漏	1. 清理塔内壁和塔盘等构件； 2. 检查修理塔体和内衬的腐蚀、变形和各部焊缝； 3. 检查和修理塔体或更换塔盘板和鼓泡元件； 4. 检查修理或更换塔内构件； 5. 检查修理分配器、集油箱等部件； 6. 检查校验安全附件； 7. 检查修理塔基础裂纹、破损、倾斜和下沉； 8. 检查和修理塔体油漆和保温	A类
55	脱丙烯塔	提供热量交换场所，实现气液分离，不同温度区间各侧线产品进行分离，保证产品质量	产品分离效果达不到工艺要求，设备腐蚀泄漏或静密封泄漏	1. 清理塔内壁和塔盘等构件； 2. 检查修理塔体和内衬的腐蚀、变形和各部焊缝； 3. 检查和修理塔体或更换塔盘板和鼓泡元件； 4. 检查修理或更换塔内构件； 5. 检查修理分配器、集油箱等部件； 6. 检查校验安全附件； 7. 检查修理塔基础裂纹、破损、倾斜和下沉； 8. 检查和修理塔体油漆和保温	A类

表3　主要设备检修内容（续）

序号	设备名称	设备功能	功能故障	检修内容	专业类别
56	丙烯精制塔	提供热量交换场所，实现气液分离，不同温度区间各侧线产品进行分离，保证产品质量	产品分离效果达不到工艺要求，设备腐蚀泄漏或静密封泄漏	1. 清理塔内壁和塔盘等构件； 2. 检查修理塔体和内衬的腐蚀、变形和各部焊缝； 3. 检查和修理塔体或更换塔盘板和鼓泡元件； 4. 检查修理或更换塔内构件； 5. 检查修理分配器、集油箱等部件； 6. 检查校验安全附件； 7. 检查修理塔基础裂纹、破损、倾斜和下沉； 8. 检查和修理塔体油漆和保温	A类
57	脱丙烷塔回流罐	为介质提供分离场所，实现气液分离，为介质输送提供密闭通道	产品分离效果达不到工艺要求，设备腐蚀泄漏或静密封泄漏	1. 定期校验时确定返修的项目； 2. 筒体、封头与对接焊缝； 3. 接管与角焊缝； 4. 内构件； 5. 防腐层与保温层； 6. 衬里层、堆焊层； 7. 密封面、密封元件及紧固螺栓； 8. 基础及地脚螺栓； 9. 支撑、支座及附属结构； 10 安全附件； 11 检修期间检查发现需要检修的其他项目	B类
58	脱乙烷塔回流罐	为介质提供分离场所，实现气液分离，为介质输送提供密闭通道	产品分离效果达不到工艺要求，设备腐蚀泄漏或静密封泄漏	1. 定期校验时确定返修的项目； 2. 筒体、封头与对接焊缝； 3. 接管与角焊缝； 4. 内构件； 5. 防腐层与保温层； 6. 衬里层、堆焊层； 7. 密封面、密封元件及紧固螺栓； 8. 基础及地脚螺栓； 9. 支撑、支座及附属结构； 10. 安全附件； 11. 检修期间检查发现需要检修的其他项目	B类

表 3　主要设备检修内容（续）

序号	设备名称	设备功能	功能故障	检修内容	专业类别
59	丙烯塔回流罐	为介质提供分离场所，实现气液分离，为介质输送提供密闭通道	产品分离效果达不到工艺要求，设备腐蚀泄漏或静密封泄漏	1. 定期校验时确定返修的项目； 2. 筒体、封头与对接焊缝； 3. 接管与角焊缝； 4. 内构件； 5. 防腐层与保温层； 6. 衬里层、堆焊层； 7. 密封面、密封元件及紧固螺栓； 8. 基础及地脚螺栓； 9. 支撑、支座及附属结构； 10. 安全附件； 11. 检修期间检查发现需要检修的其他项目	B 类

6　装置检修管理

6.1　装置检修前准备工作

6.1.1　装置检修前，参检单位要做好检修作业指导书、施工方案、检修图纸、现场施工平面布置图等各类资料的准备及审核，相关检修资料最终经业主方审批确认后方可实施。

6.1.2　进入检修现场的各类施工机具、器具，必须是合格的、适用的，必须有检定合格证和标记，并在有效期内使用，严禁使用未经校验的机具。进场前，所有自检合格并贴有自检合格证的施工机具，要列出汇总清单上交给业主方，并经业主方检验后方可使用。

6.1.3　进入现场的检修耗材、配件等，必须附有质量证明文件，并在指定的地点规范存放。在安装、使用各类检修材料前，应对材料的外观质量进行检查确认，参检单位要做到领用材料检验有见证、验收有记录。

6.1.4　参检单位的所有施工人员，必须具备相应的作业资质，检修前须做好检修方案、技能方面的培训，熟悉检修项目的特点，严格按检修方案进行施工。同时，施工人员必须进行业主方相关专业的教育培训，对无相应作业资质、未经教育培训或考核不合格的人员，一律不得上岗作业。

6.2　工艺交出检修条件

6.2.1　在装置交付检修前，由生产管理部门和安全环保部门组织相关单位召开安全验收会，检查确认设备容器人孔拆卸、盲板加装、容器内采样分析、停电、下水井封堵等工作，经相关部门签字确认后，由装置开具用火、用电、进入受限空间等相关票证，进入检修状态。工艺交出要具备以下条件：

1）装置所有盲板按照盲板图、表安装、编号、挂牌并经工艺员、设备员、安全员已签名确认；

2）PID 图上所有系统、管线得到置换处理并做好标识；

3）系统内设备、管线按规定进行吹扫和置换，取样分析合格；

4）下水井取样分析合格，存油清理干净，排水畅通，水封完好；

5）下水井和漏斗口用石棉布盖好，并用沙土封严；

6）系统内设备人孔打开前的确认；打开的设备人孔处挂上“未经许可，禁止入内”警示牌；

7）制定停工安全、环保措施和工作危害分析记录表（JSA）；

8）装置内分析不合格点挂标识，储存物料区标识、硬隔离；

9）制定检修中防硫化亚铁自燃方案；

10）指定具有监护人资格的人员负责动火、进设备等作业的监护。

装置交付检修确认表见附录 A。

6.2.2 装置单元交出检修特殊要求

无。

6.3 检修过程安全环保管理总体要求

6.3.1 安全管理总体要求

6.3.1.1 装置检修的安全管理，坚持“安全第一、预防为主、综合治理”的方针和“谁主管，谁负责”“谁签发，谁负责”的原则，坚持以人为本、落实责任、强化监管，按属地化管理原则。

对于人数少的新企业要求外聘第三方 HSSE 监管，对于人数多的老企业或自身能力能够满足要求的老企业，可根据需要由企业自行决定是否外聘第三方 HSSE 监管。第三方 HSSE 监管纳入 HSSE 管理体系。

6.3.1.2 各级指挥部的安全环保消防组应按指挥部管理体系要求承担相应的管理责任。

6.3.1.3 承包商应建立健全安全管理体系，分包商的安全管理工作由总承包商负总责。

6.3.1.4 安全监督管理部门对检修过程的安全管理工作进行监督检查，指挥部的安全环保消防组负责施工过程安全检查管理。运行部负责所在区域的施工项目配合和现场安全监督检查。

6.3.2 环保管理总体要求

装置停工检修改造环保管理总体要求是：密闭吹扫，有序排放，清洁停工，安全处置，达标排放。为做好停工和检修期间的环保工作，停工装置要落实密闭吹扫及除臭方案，对排放污水、吹扫尾气放空、工业废物处置应进行预申报，排放时必须做到先检测后排放，主管部门根据监测结果确定处理方式。对于化学清洗等产生的废水，项目管理部门在与清洗单位签订合同前要明确废水处理相关责任及要求。

6.4 检修质量管理

6.4.1 质量管理的总体要求：成立检修质量管理组织机构，明确管理职责，建立质量管理程序文件。

6.4.2 对承包商资质、人员、机具等进行审查。

6.4.3 通过组织设计审查，确保设计质量。

6.4.4 物资采购管理部门组织对采购物资进行入库检验并对重点物资进行监造。

6.4.5 在施工过程中组织对检验检测的质量进行抽查。

6.5 变更管理

6.5.1 检修过程要加强变更管理，建立健全变更管理制度和工作流程，采取措施减少变更数量。原则上没有经过各级部门同意的变更不允许在检修中执行。

6.5.2 项目变更控制主要内容

6.5.2.1 对于试用产品、设备备件结构形式改变、材质升级要充分识别，要有专门技术论证审批过程，审批时要加强相关专业沟通确认；

6.5.2.2 所有变更应事前发起，只有当变更得到批准后，才可组织实施。项目变更由变更提出单位发起申请并填写“变更申请单”，按照各企业相关制度规定的权限办理审批手续；

6.5.2.3 对于因材料价差导致的超费用计划（或工单预算），需要补办变更手续；

6.5.2.4 对于不涉及费用计划的变更，如项目名称、版本号、承包商、施工方案、施工进度等也需办理相应的变更手续；

6.5.2.5 对于结算费用高于非包干合同标的按各企业管理制度执行变更；

6.5.2.6 投资类项目的变更参照各企业“固定资产投资过程控制管理规定”执行。

6.6 装置检修交回条件

6.6.1 装置检修交回确认主要内容：

1）装置开工人员及开车保运人员配备落实；

2）技术、原辅材料、动力、备品备件等方面的准备；

3）队伍技术状态、开工方案学习落实情况；

4）现场规格化情况；

5）工艺和设备联锁仪表校验情况；

6）HSSE 措施落实情况；

7）盲板拆除清单、技术准备情况；

8）机、电、仪、公用工程、储运、质检等相关专业准备情况；

9）停工临设拆除、施工尾项整改情况等。

装置检修交回开工确认表见附录B。

6.7 检修后期管理

6.7.1 资料交付

承包商应在检修项目结束后30天内将竣工资料完整地交给使用单位，竣工资料交付参考SH/T 3503—2017。

6.7.2 检修总结

装置检修结束后，要对检修改造工作进行总结，对好的做法进行总结、提炼，固化这些经验，指导今后检修改造工作；对总结检修改造中存在的问题，分析原因，完善措施，不断提高管理水平。

大修总结模板见附录D。

7 装置日常维护

7.1 日常巡检

生产操作人员对装置区域日常巡检。

7.1.1 泵区日常巡检注意要点：

1）检查机泵密封及各法兰，丝堵，冷却水，封油接头是否泄漏；

2）检查润滑油质量，油箱油位，应保持在1/3～1/2；

3）检查机泵出口压力，流量，电流等，不超负荷运转；

4）听泵的运转声音，判断有无异常；

5）检查机泵，电机及泵座的振动情况；

6）检查电机外壳温度，机泵的轴承箱温度。

7.1.2 塔和压力容器区日常巡检注意要点：

1）检查塔和压力容器各人孔、法兰泄漏情况；

2）检查塔和压力容器安全附件完好情况，包括安全阀、液面计、压力表等；

3）检查塔和容器压力、温度、流量、液位等，严禁工艺参数超工艺卡片要求运行；

4）调节阀检查，动力源完好，无泄漏。

7.1.3 气压机区域日常巡检注意要点：

1）检查润滑油泵运行情况，润滑油箱液位、润滑油压力、调节油压力、各注油点压力、过滤器差压等参数在规定范围；

2）检查压缩机组泄漏、振动、声音等有无异常；

3）检查干气密封运行情况，密封气压力、流量等；

4）检查气压机各联锁阀气源压力是否正常，有无泄漏等；

5）检查压缩机中间分液罐液面是否正常；

6）检查汽轮机中压蒸汽温度、压力，背压蒸汽压力是否在工艺卡片控制范围。

7.1.4 冷换区域日常巡检注意要点：

1）检查换热器管箱、浮头、法兰介质泄漏情况；

2）检查换热器压力、温度是否正常；

3）检查换热器进、出口温差，判断换热器结垢情况。

7.1.5 反再区域日常巡检注意要点：

1）检查反再系统各人孔、装卸孔、法兰等泄漏情况；

2）反再区域热点检查、鼓包变形等情况；

3）检查再生、待生等各滑阀执行机构动力油温度、压力是否在规定指标内；

4）检查原料油喷嘴压力和法兰泄漏等；

5）检查外取热汽包安全附件完好情况，包括安全阀、液面计、压力表等；

6）检查外取热管压力及泄漏情况；

7）检查反再测量仪表、松动点泄漏情况；

8）检查联锁阀投用情况，仪表风气源压力，仪表风泄漏情况；

9）检查高温膨胀节运行情况。

7.1.6 烟气轮机区域日常巡检注意要点：

1）检查润滑油和动力油系统运行情况，油箱液位、润滑油压力、温度、动力油压力、温度、各注油点压力、过滤器差压等参数符合规定要求；

2）检查烟气轮机组密封、振动、声音等有无异常；

3）检查烟气轮机出、入口管线预拉伸、膨胀情况；

4）检查烟气轮机联锁阀投用情况，仪表风压力、仪表风泄漏情况；

5）检查电机冷却水温度、压力正常，冷却水无泄漏；

6）检查轮盘冷却蒸汽、密封蒸汽温度、压力；

7）检查高位油箱回油情况；

8）检查烟气轮机出口水封罐运行情况。

7.1.7 余热锅炉区域日常巡检注意要点：

1）检查烟气管道、锅炉腐蚀和泄漏情况；

2）检查余锅汽包安全附件完好情况，包括安全阀、液面计、压力表等；

3）检查锅炉连排、定排投用情况；

4）检查余锅中压蒸汽管路泄漏情况；

5）检查余锅入口水封罐运行情况；

6）检查除氧器温度、压力等运行情况；

7）检查锅炉入口膨胀节状况；

8）检查吹灰器有无故障和泄漏情况。

7.1.8 烟气脱硫区域日常巡检注意要点：

1）检查烟气脱硫塔设备腐蚀、泄漏情况；

2）检查脱硫塔底浆液泵、滤清模块循环泵运行情况；

3）检查澄清池泥耙运转情况，有无异常摩擦声；

4）检查氧化罐运行情况，旋转部件有无异常；

5）调节阀、联锁仪表运行情况。

电仪人员日常巡检注意要点：电仪控制间设备运行正常，继电器、变送器有无发热、声音异常，检查制冷系统运行正常，要求温度25℃ ±5℃、湿度≤ 70%，防鼠设施完好。

7.2 日常维护

装置日常维护的基本内容包括：设备维护保养、设备检查和设备修理。

7.2.1 设备维护保养

设备维护保养的内容是保持设备清洁、整齐、润滑良好、安全运行，包括及时紧固松动的紧固件、调整活动部分的间隙、更换润滑油、疏通冷却水、冲洗液面计、更换压力表、更换温度计等等。简言之，即“清洁、润滑、紧固、调整、防腐”十字作业法。维护保养依工作量大小和难易程度分为装置操作工保养、专职保养维修工的保养。

7.2.1.1 装置操作工保养

其主要内容是：进行清洁、润滑、紧固易松动的零件，检查零件、部件的完整。这类保养的项目和部位较少，大多数在设备的外部，一般由装置操作工人承担。

7.2.1.2 专职保养维修工的保养

主要内容包括对设备内部清洁、润滑、局部解体检查和调整，必要时对达到规定磨损限度的零件加以更换。此外，还要对主要零部件的磨损情况进行测量、鉴定和记录。

在两种维护保养中，装置操作工保养是基础，专职保养维修工的保养是关键。

7.2.2 设备检查和设备修理

设备检查按时间间隔分为日常检查和定期检查。

日常检查由操作人员执行，同操作工的保养结合起来，目的是及时发现不正常的技术状况，进行必要的维护保养工作。

定期检查是按照计划，在操作工参加下，定期由专职维修工执行，也就是预防性检查维修。目的是通过检查，全面准确地掌握零件磨损的实际情况，以便确定是否有进行修理的必要。

7.3 常见设备故障

由于催化裂化装置原料重、有催化剂和含有硫化氢等腐蚀性介质，设备容易出现的故障模式有：设备、管线被冲刷减薄、磨穿；设备、管线被腐蚀减薄穿孔；换热管容易堵塞、阀门腐蚀、冲刷内漏、机泵部件冲刷、腐蚀、过滤器堵塞等。

催化裂化置正常生产时，经常发生的设备故障通常有以下几种，见表4。

表4 设备故障

设备类型	故障类型	处理方法
提升管反应系统	内部衬里损坏或提升管反应器穿孔	定期热红外检查，发现减薄及时包套加强
催化剂再生系统	再生器内构件主风分布管或旋分器故障	修复或更换再生器内构件
烟气余热回收锅炉系统	炉体发生低温腐蚀	加强检查，定期测厚，及时修补
烟气轮机能量回收系统	断叶片或转子结垢	更换转子或停机清垢处理
烟气除尘脱硫系统	脱硫塔烟囱腐蚀	包套或更换烟囱
富气压缩机系统	压缩机或管道故障	修复压缩机或管道
油浆循环系统	油浆泵及管道冲刷穿孔	修复油浆泵或管道
液态烃冷却系统	液态烃冷却器腐蚀	堵管或更换冷却器芯
汽油冷却输送系统	汽油冷却器或管道腐蚀	堵管或更换冷却器芯以及修复管道
含硫污水罐系统	含硫污水罐或管道腐蚀	修复含硫污水罐或管道

附 录 A
（资料性附录）
装置停工交付检修确认表

<table>
<tr><td rowspan="2"></td><td colspan="7">装置停工交付检修确认表</td></tr>
<tr><td>记录编号</td><td></td><td>使用单位</td><td colspan="4"></td></tr>
<tr><td colspan="2">停工检修单位</td><td></td><td>装置</td><td></td><td>时间</td><td colspan="2">年　月　日</td></tr>
<tr><td>单位</td><td colspan="2">确认内容</td><td colspan="3">存在问题</td><td>确认意见</td><td>确认人</td></tr>
<tr><td>停工单位</td><td colspan="2">1. 装置与系统是否有效隔离并提供对应的盲板表？
2. 是否有专用氮气线，是否专用？
3. 管线及容器是否吹扫干净并提供吹扫作业确认表？
4. 容器及塔测爆及氧含量是否合格？
5. 风险系数较大的作业是否进行危害识别分析？
6. 对塔、容器仪表监控手段是否保留？
7. 动火作业项目是否上墙？
8. 对本单位、施工单位参加检修的人员安全教育并考试是否进行？
9. 明沟、地面上是否有油？清污分流设施是否投用？
10. 对装置内电缆沟是否作出明显标志？
11. 设备、容器、管道是否全部打开并在设备人孔处挂“危险空间！严禁入内”的警示牌？
12. 检修现场下水井、地漏、明沟等是否封闭，泵沟等是否建立水封？
13. 检修设备是否停电？</td><td colspan="3"></td><td></td><td></td></tr>
<tr><td>电气部</td><td colspan="2">1. 是否已按用电单位停送电要求实施停送电？
2. 参加大修的电气作业人员是否进行电工作业资格的确认和相应的安全教育？
3. 其他</td><td colspan="3"></td><td></td><td></td></tr>
<tr><td>仪控部</td><td colspan="2">1. 对本单位、施工单位参加检修的人员安全教育并考试是否进行？
2. 机柜间运行装置的机柜与检修的区域是否采用明显有效的隔离措施？
3. 仪表吹扫排放中相关安全环保措施是否明确落实？</td><td colspan="3"></td><td></td><td></td></tr>
</table>

装置停工交付检修确认表（续）

	装置停工交付检修确认表				
	记录编号		使用单位		
停工检修单位			装置	时间	年 月 日
单位	确认内容		存在问题	确认意见	确认人
仪控部	4. 放射线同位素仪表停工检修防护措施是否落实？ 5. 工器具是否进行相关安全检查？ 6. 重大作业项目是否编写施工作业方案和进行危害识别与评价？ 7. 高处作业的脚手架是否搭设妥当并验收合格？ 8. 每项作业施工是否具有合格的施工检修作业票？相关安全措施是否落实到位？ 9. 劳保用品穿戴是否符合要求？ 10. 检修质量和检修内容是否符合要求？				
消防部门	1. 现场消气防器材是否齐全、完好？ 2. 消防、疏散通道是否符合要求？ 3. 其他				
生产部门	技术科	1. 检查吹扫作业票的确认签名是否落实？ 2. 现场检查盲板是否按方案和盲板清单进行安装？ 3. 检查瓦斯、氮气和工艺介质等物料在装置边界是否进行有效隔离？ 4. 催化剂、保护剂、胺液或按方案不退的介质是否按方案要求进行了有效安全隔离？			
	管理科	1. 检查配合外系统的吹扫是否已满足要求可以停运？ 2. 其他			
机动部门	设备科	1. 已按停工方案要求抽堵盲板，且要做好明显标记，并指定专人统一编号登记，严防漏堵、漏拆，盲板的材质、厚度符合安全要求； 2. 与炉、塔、容器相连的蒸汽、氮气等有害介质的阀门，已加盲板隔离； 3. 未经吹扫处理的设备、容器、管道已与系统隔离，设置明显警示标志，并向职工和施工单位交底； 4. 冬季停工，装置要做好防冻防凝工作			

装置停工交付检修确认表（续）

<table>
<tr><td rowspan="2"></td><td colspan="6">装置停工交付检修确认表</td></tr>
<tr><td>记录编号</td><td></td><td>使用单位</td><td colspan="3"></td></tr>
<tr><td colspan="2">停工检修单位</td><td></td><td>装置</td><td></td><td>时间</td><td>年　月　日</td></tr>
<tr><td>单位</td><td colspan="2">确认内容</td><td colspan="2">存在问题</td><td>确认意见</td><td>确认人</td></tr>
<tr><td>机动部门</td><td>动力科</td><td>1. 变配电所内电气安全用具、消防器材已检查并在有效期限内；
2. 变配电所内的工器具已检查合格；
3. 电气现场检修动力箱（固定）、临时变已检查合格；
4. 配送电单位、施工单位参修人员已经安全教育并考试合格；
5. 外来人员已经安全教育并考试合格；
6. 工艺要提供装置停工后仍需使用的仪表清单；
7. 电气专业提供停工期间停电网络，仪表提前准备</td><td colspan="2"></td><td></td><td></td></tr>
<tr><td rowspan="3">安环部门</td><td>管理科</td><td>1. 对本单位、施工单位参加检修的人员安全教育并考试是否进行？
2. 其他</td><td colspan="2"></td><td></td><td></td></tr>
<tr><td>环保科</td><td>1. 明沟、地面上是否有油？清污分流设施是否投用？
2. 其他</td><td colspan="2"></td><td></td><td></td></tr>
<tr><td>安全科</td><td>1. 现场固定式可燃气体报警仪、H_2S 报警仪等探头是否进行妥善保护？
2. 对装置内电缆沟是否作出明显标志？
3. 设备、容器、管道是否全部打开并在设备人孔处挂“危险空间！严禁入内”的警示牌？
4. 检修现场下水井、地漏、明沟等是否封闭，泵沟等是否建立水封？
5. 打开的设备、容器、管道测爆分析是否合格？
6. 运行的装置与检修的区域必须采用明显有效的隔离措施？存在工艺介质的工艺管线是否作出标志？
7. 其他</td><td colspan="2"></td><td></td><td></td></tr>
<tr><td colspan="2">领导意见</td><td></td><td colspan="2"></td><td></td><td></td></tr>
</table>

附 录 B
（资料性附录）
装置检修交回开工确认

<table>
<tr><td rowspan="3"></td><td colspan="5">中国石油化工股份有限公司××××分公司管理体系</td></tr>
<tr><td colspan="5">装置检修交回开工确认表</td></tr>
<tr><td>记录编号</td><td></td><td>使用单位</td><td colspan="2"></td></tr>
<tr><td colspan="2">开工装置</td><td></td><td>时间</td><td colspan="2">年 月 日</td></tr>
<tr><td>单位</td><td colspan="2">要求</td><td>存在问题</td><td>确认意见</td><td>确认人</td></tr>
<tr><td>施工单位</td><td colspan="2">1. 检修项目以及改造项目已施工完成，并验收合格；
2. 施工用临时设施已全部拆除；现场清洁、无杂物；
3. 除用于开工查漏、热紧用的架子保留外，其他架子、跳板均拆除；
4. 设备、管线等保温复位；
5. 因检修拆除的劳动保护、照明设施已恢复；
6. 塔器设备、安全阀、现场仪表、管线等均已复位</td><td></td><td></td><td></td></tr>
<tr><td>项目所属单位</td><td colspan="2">1. 设备位号和管道介质名称、流向标示齐全；
2. 检查现场设备、管线、保温等安装符合规范，试用情况正常；
3. 机组等设备联锁试验正常；
4. 工艺联锁试验正常；
5. 盲板拆、装清单已确认；
6. 装置吹扫、试压通过；
7. 现场消防、气防器材及岗位工器具配齐、现场环保设施投用；
8. 开工化工原材料准备完毕；
9. 备品配件齐全</td><td></td><td></td><td></td></tr>
<tr><td>电气部</td><td colspan="2">1. 变电所已正常投用，高低压电送电正常；
2. 现场电气设备如电动阀、电加热器、电机等试运正常；
3. 现场照明等恢复正常</td><td></td><td></td><td></td></tr>
<tr><td>仪控部</td><td colspan="2">1. 现场仪表调试、DCS 调试、联校正常；
2. 配合工艺、设备的联锁调试已完成</td><td></td><td></td><td></td></tr>
<tr><td>公用工程部</td><td colspan="2">循环水、新鲜水、蒸汽、仪表风、工厂风、氮气等公用介质供应正常</td><td></td><td></td><td></td></tr>
<tr><td>储运部</td><td colspan="2">储运系统已具备正常供料以及接收产品条件</td><td></td><td></td><td></td></tr>
</table>

装置检修交回开工确认（续）

<table>
<tr><td rowspan="3"></td><td colspan="5">中国石油化工股份有限公司 ×××× 分公司管理体系</td></tr>
<tr><td colspan="5">装置检修交回开工确认表</td></tr>
<tr><td>记录编号</td><td></td><td>使用单位</td><td colspan="2"></td></tr>
<tr><td colspan="2">开工装置</td><td></td><td>时间</td><td colspan="2">年　月　日</td></tr>
<tr><td>单位</td><td colspan="2">要求</td><td>存在问题</td><td>确认意见</td><td>确认人</td></tr>
<tr><td>化验部门</td><td colspan="2">1. 现场采样器已复位正常；
2. 分析项目已具备分析条件</td><td></td><td></td><td></td></tr>
<tr><td>消防部门</td><td colspan="2">1. 现场消气防器材齐全、完好；
2. 消防、疏散通道符合要求</td><td></td><td></td><td></td></tr>
<tr><td rowspan="2">安环部门</td><td>环保</td><td>1. 现场环保设施，如清污分流设施等已投用；
2. 后续环保装置具备接收物料条件</td><td></td><td></td><td></td></tr>
<tr><td>安全</td><td>1. 现场固定式可燃气体报警仪、H_2S 报警仪等已投用；
2. 拟开工装置与临近的检修区域已采用明显有效的隔离措施；
3. 现场安全设施如平台围栏、护栏等符合要求，现场无容易坠落物品；
4. 如有零星动火项目，火票需升级</td><td></td><td></td><td></td></tr>
<tr><td>工程管理部门</td><td colspan="2">负责的改造项目已施工完成、并验收合格</td><td></td><td></td><td></td></tr>
<tr><td rowspan="2">机动部门</td><td>设备科</td><td>1. 检修项目已完成，并验收合格；
2. 保运工作已落实</td><td></td><td></td><td></td></tr>
<tr><td>动力科</td><td>1. 电气、仪表检修改造项目已完成，并投用正常；
2. 电气现场检修动力箱、临时变压器已拆除</td><td></td><td></td><td></td></tr>
<tr><td rowspan="2">生产部门</td><td>技术科</td><td>1. 开工方案已审批完成；
2. 盲板已按方案和盲板清单进行安装；
3. 开工用化工原材料已落实；
4. 其他专项方案已落实或审批</td><td></td><td></td><td></td></tr>
<tr><td>管理科</td><td>1. 外围的公用、储运系统以及相关装置已可支持装置开工；
2. 开工用原料已落实</td><td></td><td></td><td></td></tr>
<tr><td colspan="2">人教部门</td><td>操作人员已经过学习、培训，并考试合格</td><td></td><td></td><td></td></tr>
<tr><td colspan="2">项目所属单位领导意见</td><td>签名：</td><td>公司意见</td><td colspan="2">签名：</td></tr>
</table>

附 录 C
（资料性附录）
检修施工现场HSSE日检表

管理科	检查内容	存在问题	检查人员	整改情况	验证人	备注
1	临时用电					
1.1	配备合格的持证电工					
1.2	配电箱合格、有防雨措施，按要求标识并上锁					
1.3	配电系统执行“三相五线制”，符合“三级配电二级保护”要求，安装匹配的漏电保护器，漏保动作灵敏好用，并进行日常试验和记录					
1.4	电缆及接头无破损，绝缘良好；铺设规范，走向清晰，标识明确					
1.5	用电严格执行“一机一闸一保护”					
1.6	按要求配置保护零线和工作零线，工作接地和重复接地完好					
1.7	安全电压符合作业环境要求					
1.8	使用工业插头、插座					
2	施工机具					
2.1	各种机具设备安全要求进行定期检查，确保完好					
2.2	设有机械保护装置（如转动设备等）的设备，保护装置处于完好状态					
2.3	用电机具、设施接地完好					
2.4	配备与作业要求相匹配的劳动防护用品					
2.5	空气压缩机压力表、安全阀等在检验期内并处于完好状态，高压气管和软管固定连接可靠					
2.6	气瓶垂直放置，瓶体固定可靠；气瓶分类摆放并保持安全距离，防护措施到位，气瓶阻火器、压力表等安全附件完好，气管无老化破损，连接可靠					

检修施工现场 HSSE 日检表（续）

管理科	检查内容	存在问题	检查人员	整改情况	验证人	备注
3	脚手架					
3.1	脚手架搭设人员是专业架子工，并持证上岗。搭设人员按要求着装，配备五点双大钩安全带					
3.2	编制脚手架搭设方案，进行安全技术交底并有记录					
3.3	按规范要求搭设脚手架，且有良好的整体稳固性					
3.4	搭设和拆除过程必须有专人监督，周边设置警戒区					
3.5	连墙件设置可靠，各节点扣件扭矩力符合要求					
3.6	通道、护栏、腰杆、踢脚板等符合要求					
3.7	作业面满铺跳板，无孔洞，跳板可靠固定且无探头板					
3.8	作业面临时放置的材料等在允许荷载范围内，严禁超载荷；放置必须稳固，无坠物风险					
3.9	脚手架搭设完成验收合格挂牌使用					
3.10	消防设施保持完好，灭火器和消防水桶按要求配置					
3.11	消防安全通道保持畅通					
3.12	用火作业前，清理周边易燃物，采取接火措施					
4	起重					
4.1	编制了吊装方案、进行交底并有记录					
4.2	起重设备操作人员、司索、指挥持有效证件					
4.3	起重机械证照齐全有效					
4.4	起重机械安全设施、附件完好					
4.5	机索具检查完好，钢丝绳无磨损，连接可靠，绳卡数量和间距满足要求					
4.6	吊装作业半径设置了警戒区，禁止无关人员入内					

检修施工现场 HSSE 日检表（续）

管理科	检查内容	存在问题	检查人员	整改情况	验证人	备注
4.7	吊装前进行评估，确保在额定起升载荷范围内进行起重作业，不得超载					
4.8	吊车支腿符合要求					
4.9	吊物捆绑符合要求，使用溜绳					
4.10	吊装作业天气、环境、风力等符合要求					
5	焊接、气割					
5.1	设备接地完好					
5.2	焊把线无破损，连接器完好					
5.3	有专人监护，接火、防火措施到位					
5.4	可燃性气瓶与胶管连接完好，无漏气，气瓶有阻火器					
5.5	现场气瓶与明火源保持安全距离					
6	受限空间					
6.1	对所要进行作业的受限空间进行吹扫、蒸煮、置换，并分析合格。所有与受限空间相连接的管线、阀门应进行有效隔离，盲板处应挂标识牌，并经工艺技术人员签字确认					
6.2	出入口内外不得有障碍物，在受限空间入口处设置“危险！严禁入内”警告牌或采取其他封闭措施					
6.3	对有可能发生硫化亚铁自燃的设备、容器必须经充分的钝化脱臭处理，并在现场配置消防水带					
6.4	《进入受限空间作业许可证》实行一点一证					
6.5	进入受限空间作业实行“三不进入”原则，即：一、没有经批准有效的《进入受限空间作业许可证》不进入；二、安全措施未落实不进入；三、监护人不在场不进入					
6.6	作业现场配备必要的救护器具和灭火器材等					
6.7	进入受限空间作业应使用安全电压和安全行灯					

检修施工现场 HSSE 日检表（续）

管理科	检查内容	存在问题	检查人员	整改情况	验证人	备注
7	作业安全					
7.1	作业前进行班前安全教育和安全技术交底，作业人员清楚当天作业内容和安全风险及注意事项					
7.2	特殊工种持证上岗					
7.3	佩戴合格安全帽，并根据作业任务佩戴专用眼部、面部、手部等防护用品，高处作业人员系挂安全带					
8	收工检查					
8.1	配电系统一级箱断电，关闭气瓶角阀，能量上锁					
8.2	现场火种检查清理完毕					
8.3	清理各作业面材料和杂物等，做到工完料净场地清					
8.4	落实夜间值班、巡检人员，职责到位，检查内容明确					

附　录　D
（资料性附录）
装置停工检修工作总结模版
（设备专业）

根据公司《设备检修管理制度》规定，在装置停工检修结束后各相关单位应组织编写装置停工检修工作总结。为此，就进一步做好装置停工检修工作总结提出要求如下：

封面：

名称：××× 部 ××× 装置 ×××× 年 ×× 月停工检修工作总结

编写人：×××

审核人：×××

批准人：×××（运行部领导）

编写单位：中国石化 ××× 分公司 ××× 部

编写时间：×××× 年 ×× 月

正文

（一）装置停工检修过程概述

装置开、停工、检修过程简述，本周期装置运行起止时间。

本周期装置运行中出现的主要问题。

本次停工检修、改造内容简述，检修项目计划数（包括补充、追加），检修计划完成情况。重点检修项目情况。

开停工、检修网络执行情况。

（二）主要检修内容技术总结

反应器部分

塔、容器部分

加热炉部分

冷换设备、空冷器部分

阀门部分

管道部分

压缩机部分

泵部分

特殊阀门部分

输送机械部分

压力容器检验（包括缺陷返修处理）

压力管道检验（包括缺陷返修处理）

安全阀检验

其他检修方面

技术分析中要有以下内容：上次运行周期出现的问题，本次检修检查情况及采取措施；上次检修遗留问题处理情况；本周期与上周期设备隐蔽检查情况对照；重复发生问题处理方案有效性；装置系统问题；典型案例。

（三）检修计划准确性分析

（四）检修施工队伍评述

（五）材料供应评述

（六）设计质量评价

（七）检修质量评价

（八）本次检修遗留问题及预案

（九）检修管理亮点、存在的不足和下次检修需注意的问题

（十）附表

表 1　设备增加情况表

序号	位号	名称	规格型号	制造厂	数量	备注

表 2　设备拆除情况表

序号	原位号	名称	规格型号	制造厂	数量	备注

表 3　管线拆除情况表

序号	原编号	名称	规格	长度 /m	备注

表 4　设备更换情况表

序号	位号	名称	规格型号		制造厂		数量	备注
			更换前	更换后	更换前	更换后		

表 5　冷换设备检修情况表

序号	位号	名称	规格型号	抽芯清洗	试压换垫	堵管根数	管束更换

表 6　阀门检修、更换情况表（*DN*50 和 *DN*50 以上）

序号	规格型号	公称直径	检修数量	更换数量

表7 压力容器检验情况表

序号	计划检验台数	增加变更台数	减少变更台数	实际完成台数	缺陷返修台数

表8 压力管道检验情况表

序号	检验计划		增加变更		减少变更		实际完成	
	条数	米数	条数	米数	条数	米数	条数	米数

表9 安全阀门检验情况表

序号	计划检验台数	增加变更台数	减少变更台数	实际完成台数

2. 加氢裂化装置维护检修规程

SHZ 02002—2019

目　　录

前　言

本规程按照 GB/T　1.1—2009《标准化工作导则　第 1 部分：标准的结构和编写》给出的规则起草。

本规程由中国石油化工集团有限公司、中国石油化工有限公司提出。

本规程起草单位：中国石化扬子石油化工有限公司。

本规程主要起草人：罗利玮。

本规程 2019 年首次发布。

加氢裂化装置维护检修规程

1 范围

1.1 本规程规定了加氢裂化装置及其主要设备、专用设备的检修周期、检修项目及质量要求、检修过程管理和日常维护的相关内容。
1.2 本规程适用于石油化工加氢裂化装置的停工大修及日常维护的原则性指导。

2 规范性引用文件

下列文件对本文件的应用是必不可少的。凡是注日期的引用文件，仅注日期的版本适用于本文件。凡是不注日期的引用文件，其最新版本（包括所有的修改单）适用于本文件。

2.1 法律法规

中华人民共和国安全生产法
中华人民共和国特种设备安全法

2.2 特种设备安全技术规范

TSG 21 固定式压力容器安全技术监察规程
TSG D0001 压力管道安全技术监察规程——工业管道

2.3 标准与规范

GB/T 151 热交换器
GB/T 20801.1～5 压力管道规范——工业管道
GB/T 50484 石油化工建设工程施工安全技术规程

2.4 中国石化管理规定

炼油企业检修管理指南（2016 年）
炼油主要装置停工、开工指导意见股份工单炼技〔2017〕181 号
中国石化设备管理办法 中国石化生〔2015〕583 号

3 术语与定义

下列术语和定义适用于本文件。

3.1 设备功能

设备功能指的是设备的生产效率和功能，衡量设备功能的指标随设备种类不同而异。

3.2 功能故障

设备、设施不能实现其设计功能时，称之为功能故障，定义为设备、设施不能满足期望的性能标准。一般指设备失去或降低其规定功能的事件或现象，表现为设备的某些零件失去原有的精度或性能，使设备不能正常运行、技术性能降低，致使设备中断生产或效率降低而影响生产。

3.3 A 类设备

本规程规定的 A 类设备是指设备的功能故障引起装置停车的设备。

3.4 B、C 类设备

本规程规定的 B、C 类设备是指该设备的功能故障虽然不引起装置的停车，但对装置的负荷、质量及可靠性具有重大影响的设备。

4 装置简介

4.1 工艺简介及原则流程图

加氢裂化装置处于高温、高压、临氢、易燃、易爆、有毒介质操作环境，操作复杂，危险因素多，其强放热效应可能使反应变得不可控制，工艺物流中的氢气具有强爆炸危险性和穿透性；脱硫反应产生的 H_2S 为剧毒气体；高压串低压可能引起低压系统爆炸；高温高压设备设计、制造产生的问题可能引起火灾或爆炸；管线、阀门、仪表的泄漏可能产生严重的后果；设计方案的不合理、生产管理中的问题均可能引发事故。因此，加氢裂化装置是炼油装置中爆炸和火灾危险性最高的甲类装置。

加氢裂化工艺是将烃分子与氢气在催化剂表面进行裂解和加氢反应生成较小分子的转化过程。根据生产目的，分为轻油型、灵活型、中油型、尾油型等；根据工艺流程可分为两段、单段加氢裂化等。加氢裂化产品的特点是液收高、产品质量好、生产方案灵活。加氢裂化技术是目前唯一能直接生产符合清洁燃料标准的炼油工艺，现已成为石化工业油、化、纤有机结合的关键工艺。

以单系列单段串联一次通过流程为例，装置设置精制、裂化反应器各一台串联操作。新鲜原料与裂化催化剂接触前，首先经精制催化剂预处理，将其有机氮化物含量降到控制范围，然后进入裂化反应器。反应器出口的高温生成油经过一系列高压换热器换热后进入热高压分离器，热高分液相进入热低分，气相经冷凝后进入冷高分，进行气液分离后，液体进入冷低分，冷高分气体经脱硫后，由循环氢压缩机压缩后循环使用。冷低分液经过换热后和热低分液经不同位置进料口进入分馏系统主汽提塔。为了利用热高分、热低分之间的压差，特设置了能量回收液力透平来回收能量，可为进料泵提供部分驱动力。装置所需新氢由氢气管网提供，通过三级往复式新氢压缩机，将管网氢气升压后在循环氢压缩机出口与循环氢混合进入反应系统。分馏系统采用“先稳定后分馏”的流程，第一个塔为主汽提塔，部分轻石脑油及更轻组分汽提至塔顶后再进入脱丁烷塔，脱丁烷塔塔顶轻烃送至脱乙烷塔，再进入液化气脱硫塔处理后作为液化气产品送出装置。主汽提塔塔底物料经加热炉升温后进入分馏塔，轻、重石脑油组分被汽提至分馏塔塔顶与脱丁烷塔塔底物料混合后进入石脑油分馏塔，在此分离成轻、重石脑油产品，分馏塔侧线分别抽出航煤、柴油组分，经航煤侧线汽提塔、柴油侧线汽提塔汽提后作为产品送出，分馏塔塔底的加氢裂化尾油作为乙烯料送出装置。图1为装置方块流程图。

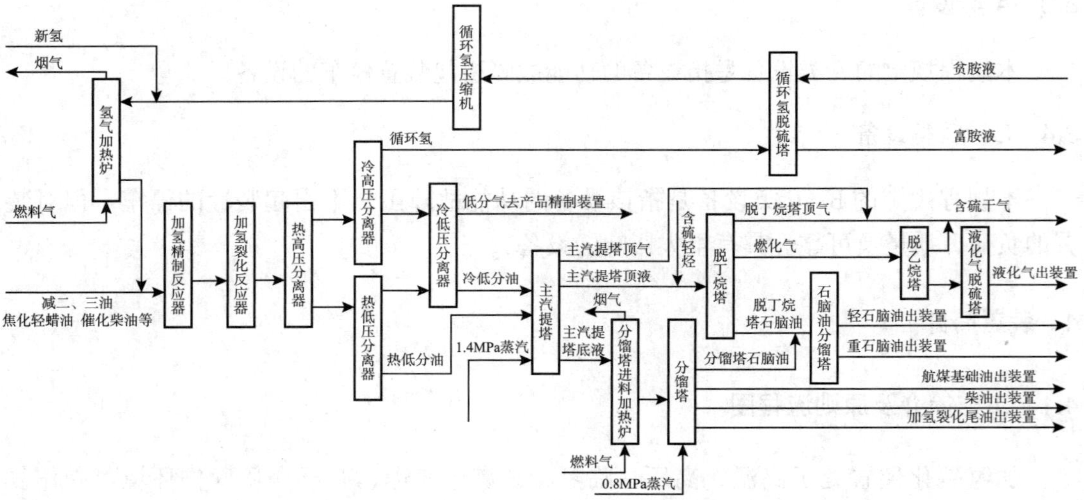

图1 装置方块流程图

4.2 主要设备简介

4.2.1 设备种类

动设备主要有：循环氢离心压缩机、新氢往复式压缩机、原料油泵、液压膨胀透平、加热炉风机等。

静设备主要有：精制反应器、裂化反应器、高压换热器、高压空冷器、循环氢加热炉、精馏加热炉、塔等。

仪表控制系统主要有：DCS集散控制系统，SIS安全仪表系统，CCS压缩机机组监控系统，Bently3500压缩机轴系仪表在线监视系统，HydroCOM气量无级调节控制系统。

4.2.2 主要典型设备及系统介绍（以扬子石化 2# 加氢裂化装置为例）

4.2.2.1 循环氢离心压缩机组

机组由 BCL406/A 型离心式压缩机和 NG32/25 型背压式汽轮机组成。设计参数：压缩机进 / 出口压力 15.23/17.53MPa，流量 350000Nm³/h，汽轮机进 / 排气压力 3.5/1.4MPa，耗气量 61.56t/h，额定转速 11688r/min。压缩机与汽轮机由膜片联轴器联接，压缩机和汽轮机安装采用联合底座，整个机组共用一套润滑油站，压缩机的轴端密封采用四川日机公司产 GCTL/C-100 QC2Y4R1E 型螺旋槽干气密封。

4.2.2.2 新氢往复式压缩机

往复式压缩机型号为 4M125-42/21.5-175.3-BX，产品代号 4M125（54A），一级进气压力 2.15MPa，三级排气压力 17.53MPa，流量 47000Nm³/h，电机功率 5000kW。压缩机为四列三级、水冷式、M 型有油润滑氢气压缩机，两开一备设计。

4.2.2.3 原料油泵

反应进料泵为 6×10.25 HDO-8stg 型离心式泵，电机驱动，设计温度 188℃，出口压力 17.52MPa，轴端密封型号为 BXRHW，冲洗方案为 PLAN53B，为降低能耗附加液力透平，设备布置方式为泵 + 齿轮箱 + 电机 + 耦合器 + 液力透平。

4.2.2.4 液压膨胀透平

液压膨胀透平为 3×6×13 HDO-9stg 型离心式，进 / 排液压力为 15.26/2.7MPa，液体流量 210t/h，额定转速 2983r/min，轴端密封型号为 QBW，冲洗方案为 PLAN32+53B，设备通过耦合器与电机相连。

4.2.2.5 精制反应器

精制反应器为立式固定床反应器，设计压力 17.75MPa，设计温度 454℃，设备规格：ϕ4000×35141×（226MIN+6.5）mm，主体材质：2-1/4Cr-1Mo-1/4V 锻，堆焊 TP309L+TP347，内件材质：06Cr18Ni11Ti（S32168），属于三类压力容器，设备由中石化洛阳工程公司设计，二重集团（德阳）重型装备股份有限公司制造，中石化第五建设有限公司安装，共有三个床层。

4.2.2.6 裂化反应器

裂化反应器为立式固定床反应器，设计压力 17.22MPa，设计温度 454℃，设备规格：ϕ4000×31166×（220MIN+6.5）mm，主体材质：2-1/4Cr-1Mo-1/4V 锻，堆焊 TP309L+TP347，内件材质：06Cr18Ni11Ti（S32168），属于三类压力容器，设备由中石化洛阳工程公司设计，二重集团（德阳）重型装备股份有限公司制造，中石化第五建设有限公司安装，共有四个床层。

4.2.2.7 高压换热器

高压换热器共 8 台，分别为反应流出物 / 热原料油换热器 1 台、反应流出物 / 热混合氢换热器 1 台、反应流出物 / 冷原料油换热器 2 台，壳体 / 管束材质均为 12Cr2Mo1R+ 堆焊 /08Cr18Ni10Ti；反应流出物 / 分馏塔进料换热器 1 台，壳体 / 管束材质为 Q345R/08Cr18Ni10Ti；反应流出物 / 混合氢换热器 1 台，壳体 / 管束材质为

12Cr2Mo1R/08Cr18Ni10Ti；热高分气/冷低分油换热器1台、热高分气/混合氢换热器1台，壳体/管束材质均为Q345R（R-HIC）/08Cr18Ni10Ti；设备均由兰州兰石重型装备股份有限公司制造，U形管束，管箱为螺纹锁紧环结构。

4.2.2.8 高压空冷器

高压空冷器共8台，1-2-4分布布置，管箱为丝堵式板焊结构型式，三管程，换热管 ϕ25×2.11，管箱、管束及丝堵材质为Incoloy825，设计压力18.0MPa，风机为V形皮带电机传动，高效扭曲型铝合金叶片。

4.2.2.9 循环氢加热炉

循环氢加热炉为方形炉，采用强制供风、与分馏炉联合排烟的方式操作，总热负荷14.71MW，设计热效率93%。辐射室炉管规格 ϕ127×14×8000mm，64根；对流室炉管规格 ϕ127×14×8000mm，40根，其中12根光管、28根翅片管，材质均为TP347H。燃烧器为低氮高效型，共18台，其中RC-GSL1.2型号6台，RC-GSL0.6型号12台。

4.2.2.10 仪表控制系统

DCS系统：采用浙江中控ECS-700系统，是浙江中控技术股份有限公司WebField系列控制系统之一，系统按照可靠性原则进行设计，充分保证系统安全可靠；系统所有部件都支持冗余，在任何单一部件故障情况下系统仍能正常工作。系统采用现场机柜间和远程机柜间，采用光纤通信的方式，共有四套控制站，系统点数2580。

SIS系统：采用Tricon系统，备有三重组合式冗余结构，三个完全相同的系统分支的每一个都能独立地执行控制程序。而且备有专用的硬件、软件机制，可对输入和输出进行“表决”。SIS系统对加热炉、进料泵、新氢压缩机等设备进行保护，具有事件记录、历史趋势记录、报警查询等功能。

CCS系统：采用Tricon系统，实现对机组联锁保护、转速控制、故障查询、在线监控等集中控制。

HydroCOM气量无级调节控制系统：通过压缩机接口部件CIU与DCS联接，实现完全自动控制，实现压缩机20%～100%负荷状态下的气量无级调节。

5 检修周期及内容

5.1 检修周期

加氢裂化装置停工检修一般考虑催化剂更换周期、装置改造、隐患缺陷处理、时常需求、法律法规等因素，主要围绕强化设备本质安全、优化装置运行指标、提升盈利能力这一目标来确定检修周期，根据检修时间的安排适时启动检修策划工作（见表1）。

表1 加氢裂化装置维修周期表

检修类型	日常维修	局部消缺	停工大修
检修周期	据单项设备维修策略	据设备失效情况	2～3年

5.2 装置停工大修内容

5.2.1 检修内容编制原则

5.2.1.1 装置长周期运行原则。
5.2.1.2 “应修必修不失修，修必修好不过修”原则。
5.2.1.3 三结合原则：大修装置与技术改造相结合、与安全环保隐患治理相结合、与产品质量升级达标相结合。
5.2.1.4 检修计划动态滚动优化原则。

5.2.2 检修内容编制要点

5.2.2.1 消除隐患缺陷。根据日常巡检、定期检查、状态监测和故障修理记录所积累的设备状态信息，结合年度设备检查、检验的结果，对技术状态劣化、存在缺陷的设备，列入检修内容。
5.2.2.2 使用寿命到期。按照预防性检修策略确定的使用寿命已到期时，应将需更换部件的设备列入检修内容。
5.2.2.3 政策法规规定。根据国家和有关主管部门的安全与环境保护、节能等要求，对安全防护装置不符合规定的设备，对因性能下降导致排放的气体、液体、粉尘等污染环境的设备，以及高能耗设备，列入检修内容。
5.2.2.4 法定检验要求。对本次检修或下次检修之前已到法定检验时间的设备和管道等特种设备及计量器具，列入检修检验内容。
5.2.2.5 恢复设备性能。对塔、换热器、反应器、容器等设备内部因内构件损坏、结焦、积垢等原因造成运行状况恶化，列入检修内容。
5.2.2.6 长周期运行需要。设备存在无法安全稳定运行到下一个检修周期的问题，列入检修内容。
5.2.2.7 注重检修前测评，科学降低开盖率。通过采用加热炉测评、机组状态监测、腐蚀监测、红外检测等状态监测手段和风险分析技术的应用，以降低开盖率。
5.2.2.8 对装置运行期间能检修的项目，原则上不列入停工检修内容。

5.3 停工大修必修设备

5.3.1 必修设备确定原则

5.3.1.1 使用寿命已到期或无法确保运行至下一个检修周期的设备及部件。
5.3.1.2 本次检修或下次检修之前已到法定检验时间的设备。

5.3.2 必修设备名称和检修内容

在停工期间奥氏体不锈钢设备暴露在空气和水分当中会存在发生应力腐蚀开裂的情况。对奥氏体不锈钢最好的保护就是使设备保持干燥、隔绝空气和温热，从而不会出现冷凝水。如果这个条件不能满足，那么在奥氏体不锈钢与空气和水分接触前，应用纯碱溶液进行中和清洗。对停工期间不开盖的设备则应密封在氮或氨环境中。如果要对奥氏体不锈钢换热器进行水洗，水洗液最好采用纯碱溶液，且氯离子应控制在 5×10^{-6}（5ppm）以下为宜。主要设备检修内容见表 2。

表 2　主要设备检修内容

序号	设备名称	设备功能	功能故障	主要检修内容	设备分级
1	循环氢压缩机	维持加氢反应器所需的循环氢流量	干气密封达到运行周期；透平各组件存在一定量的磨损情况；润滑油会出现变质可能等	干气密封更换及系统检查；抽芯检修；轴瓦检查、汽轮机检修；电气仪表检修、润滑油系统检修、管路阀门检修	A 类
2	反应器	原料油和氢气在催化剂的作用下进行反应，去除渣油中的杂质	反应器效果达不到工艺要求；催化剂到期更换；反应器到期检验等	催化剂更换；反应器内件检查更换；反应器检验；紧固件密封面检查、热电偶检查检修、外部防腐保温	A 类
3	往复式压缩机	主要为反应系统补充新氢，保持反应系统正常压力	气阀存在磨损；填料泄露；轴瓦磨损；运行状况不良；润滑油变质可能等	气阀更换；活塞环更换；气封更换；十字头、轴瓦及其余零部件检查	A 类
4	加热炉	为加氢反应、分馏提供反应热	炉膛温度达不到工艺要求；炉膛温度分布不均；燃烧不稳定；存在漏风点；预热器效果下降等	炉管碱洗、检验；内部耐火材料检查检修、炉管及支架检查检修；余热回收系统检修；快开门及烟囱挡板检修；鼓引风机检修	A 类
5	高压换热器	为高压介质提供热量交换场所，使满足工艺需求	介质换热效果达不到工艺要求；换热器存在漏点；到期检验检测等	管束抽芯清洗；容器检验检测、气密试验；检查更换内外圈螺栓、内部螺栓、螺纹块、密封盘及其密封面	A 类
6	低压换热器	为介质提供热量交换场所，优化热量利用	介质换热效果达不到工艺要求；换热器存在漏点；到期检验检测等	管束抽芯清洗；容器检验检测、压力试验；检查修复管箱、前后盖、大小浮头、折流板、接管等及其密封面	B 类
7	循环氢脱硫塔	提供气液交换场所，脱除循环氢中的部分硫化氢，使满足工艺需求	循环氢脱硫效果达不到工艺要求；设备腐蚀泄漏或静密封泄漏；检验到期	检查塔板各部件的结焦、污垢、堵塞情况；检查内构件和支撑结构的腐蚀变形及坚固情况；压力容器检验	B 类
8	汽提塔	提供气液分离场所，使产品满足工艺需求	汽提效果达不到工艺要求；设备腐蚀泄漏或静密封泄漏；检验到期	检查塔板各部件的结焦、污垢、堵塞情况；检查内构件和支撑结构的腐蚀变形及坚固情况；压力容器检验	B 类

表 2 主要设备检修内容（续）

序号	设备名称	设备功能	功能故障	主要检修内容	设备分级
9	分馏塔	提供气液交换场所，使侧线产品质量满足工艺需求	分馏塔介质分馏效果达不到工艺要求；设备腐蚀泄漏或静密封泄漏；检验到期	检查塔板各部件的结焦、污垢、堵塞情况；检查内构件和支撑结构的腐蚀变形及坚固情况；压力容器检验	B类
10	柴油汽提塔	提供气液分离场所，使产品满足工艺需求	汽提效果达不到工艺要求；设备腐蚀泄漏或静密封泄漏；检验到期	检查塔板各部件的结焦、污垢、堵塞情况；检查内构件和支撑结构的腐蚀变形及坚固情况；压力容器检验	B类
11	分离器	提供气液分离场所，实现各介质有效分离	分离效果达不到工艺需求；容器检验检测到期	检查清理分离器内构件；视情况更换丝网除沫器；器壁、焊缝检查修复；压力容器检验	B类
12	罐	为介质提供缓冲场所	设备腐蚀泄漏或静密封泄漏，容器堵塞	检查清理罐内杂物；更换内件；器壁、焊缝检查修复；压力容器检验	B类
13	空冷器	为介质提供冷却场所，使产品满足工艺需求	设备腐蚀泄漏或静密封泄漏，空冷管束堵塞	检查管箱内是否存在冲刷腐蚀；检查清理管束、管箱；清理管束内垢；焊缝、管道检验检测	B类
14	泵	为工艺输送流体或使流体增压	磨损、疲劳、泄漏、振动等原因造成运行状况恶化、性能降低等	视情况更换轴承、机封；机泵入口过滤器清理；叶轮、芯包抽出检查	B类

6 装置检修管理

6.1 装置检修前准备工作

6.1.1 人员、工机具准备

企业在建立检修改造组织机构后，总指挥部、分指挥部、专业组、攻关组等机构要确定成员名单，明确职责分工。承包商在与企业签订合同后，要建立本单位参与检修改造的组织体系，确定成员名单，明确职责分工后应将施工力量组织情况提交业主备验，确保符合要求的人员参与检修，并确保特殊工种人员所持许可项的资质在有效期内。业主 HSSE 管理部门、保卫等部门要加强对承包商进场人员资质进行严格检查。

6.1.1.1 检修企业人员培训

项目管理手册的培训。各部门对检修管理手册及策划书的内容进行宣贯和培训，使所有参加检修的管理人员熟悉相关管理制度、掌握所承担的任务、明确工作的标准和要求等内容。

外出调研和培训。各企业对首次停工检修或将进行重大改造的装置，应注重到有相关经验的单位去学习调研，对检修策划、计划编制、开停工方案编写、停开工操作、现场管理等各环节进行全面的学习、了解。

停开工方案的培训。由技术人员对岗位操作人员讲解装置停开工方案，让每个岗位人员掌握自己职责范围内的停开工方案内容，并组织考试，要求做到从事实际作业的人员必经考试合格。

安全、环保、消气防技能培训。检修前，由专业人员对本单位参加检修人员进行安全、环保、消气防技能培训，以确保参加检修人员在发生事故的时候能迅速有序地做出正确反应，并以最短的时间和最有效的方法使事故得到最有效的处理，保护人员和装置的安全。

应急预案演练。各计划检修装置的全体技能人员，应进行装置停工、开工应急预案的学习和演练，熟练掌握事故全过程的处理。

检修方案培训。项目管理部门、项目所在单位应对相关检修人员，特别是从事检查鉴定的人员，应开展检修方案培训，了解项目检修特点、难点、风险，使上述人员在项目管理中对安全、质量、进度有效控制。

现场培训。各运行部应利用装置停工检修的有利时机，开展新员工的现场培训工作，使年轻技术员充分了解熟悉设备性能构造，加深对设备运行、检修、维护保养、操作及相关管理知识的掌握，使检修工作不单单是机器设备的维修，更是新员工学本领、提技能的“培训大修”。

6.1.1.2　承包商人员培训

安全培训。使每位参与检修的人员了解石化装置的检修特点、所从事项目的作业风险，增强检修人员的安全意识和安全防护能力，杜绝伤亡事故的发生，需经过甲乙双方的安全培训合格后方可参加停工检修。

技能培训。注重检修人员技能培训，特别是特殊工种（焊工、电工、起重工等）专业技能的培训，提高检修技术水平。

管理培训。加强检修项目经理等管理人员的培训，使他们熟悉项目及现场情况、施工技术要求和安全技术要求。

检修方案培训。对参与检修人员进行检修方案培训，熟悉项目特点、难点、风险，使检修施工严格按照方案要求进行，确保检修质量，控制作业风险。

规章制度培训。学习业主检修改造管理手册并予以严格执行，确保检修过程安全、质量、廉洁等全方位受控。

外出调研培训。承包商应组织到有检修经验的单位学习，对人员、方案、机具等方面进行充分的准备和培训。

6.1.1.3　外聘专家

为抓好检修，可外聘专家。如动设备可聘制造厂专家，防腐管理可请防腐专家等。

为做好安全与质量管理，可邀请有经验的第三方的专业人员协助进行管理。

6.1.2 承包商人员、工机具管理

6.1.2.1 承包商在装置停工交付检修前 3 个月应编制好检修管理组织体系。组织体系中应明确每套装置的检修管理架构以及和业主的沟通渠道。检修管理组织体系中应按装置至少包含项目负责人、技术负责人、安全负责人、质量负责人等管理人员。

6.1.2.2 承包商在装置停工前 3 个月编制好施工人员及机具的进场计划表。

6.1.2.3 对焊工、起重工、电工、架子工等国家或行业规定的特殊工种人员，要按国家或行业的相关规定核对资质证书的许可项和有效期是否满足要求。

6.1.2.4 对厂（场）内机动车辆、各移动式起重机、履带式起重机、电梯、移动式压力容器等国家或行业规定的特种设备设施，要按国家或行业相关规定检查检验证书的有效期是否符合要求。

6.1.3 进场人员及设备的检查

承包商所有人员需提供身份证复印件、社保缴纳证明复印件等备案，进场人员必须在装置停工前完成业主的入厂安全教育及证件办理。

拟进场的人员和机具需要按程序向业主单位或其委托的第三方报验审查。

承包商应组织对进入作业现场的施工设备、机具进行检查，确保处于完好状态并进行标识，业主单位对承包商的设备机具管理情况进行核查。未经检查或不合格的设备、机具，不得进入施工现场。

有持证要求的施工机具，其操作人员必须持证上岗，严格执行设备操作规程。

进场施工机具及附件必须定置摆放，符合现场管理规定。

现场设备应落实防火、防水、防晒、防盗、防高空落物等相应的防护措施。

现场在用的检测设备及设备上计量仪表必须有检定合格证和标记，并在有效期内，可靠好用。

各承包商对本单位施工机具做好日常检查确保设备完好。

6.2 装置检修交出条件（表 3、表 4）

6.2.1 停开工准备及要求

6.2.1.1 装置停工方案

装置根据工艺技术管理制度编写装置停工方案，明确停工准备及确认要求，设备降量降温降压、停工操作步骤，设备（管线）置换、清洗、吹扫、防护、交出、环保要求。停工方案中一般包括以下内容：

（1）停工前期准备；

（2）停工步骤；

（3）特殊设备的停工处理及维护要求；

（4）停工安全环保健康注意事项；

（5）停工退料、吹扫安排；

（6）除臭钝化安排。鼓励使用清洗剂钝化剂，以给检修工作更好的环境，减少设备停工过程的损坏；

（7）停工网络；

（8）停工盲板拆装明细表；

（9）停开工关键步骤确认表；

（10）预危险性和环境因素分析。

6.2.1.2　装置开工方案

装置开工方案中一般包括以下内容：

（1）开工前的准备和检查；

（2）设备提量升温升压要求；

（3）开工步骤；

（4）设备管线置换、吹扫、气密、试压要求；

（5）HSSE注意事项；

（6）开工网络；

（7）开工关键步骤确认表；

（8）盲板确认登记表；

（9）危险性和环境因素分析。

6.2.1.3　开停工“三讲”

在装置开停工前，装置（运行部）组织做好对岗位人员的“三讲”工作，即开停工前宣讲“装置开停工方案”、装置开工前宣讲流程动改和新技术应用情况。

6.2.1.4　检修装置的总体停开工安排

生产部门制定检修装置的总体停开工安排和总体网络，经公司分管领导批准后组织实施。检修装置的总体停开工方案主要包括以下内容：

（1）装置停开工网络安排；

（2）装置检修改造主要内容介绍；

（3）物料平衡及安排；

（4）公用工程平衡及安排；

（5）停开工总体要求；

（6）停开工相关准备工作（物料准备、相关设施投用要求）；

（7）各装置停工和开工物料安排；

（8）系统管线处理方案；

（9）开停工重要操作明细；

（10）危害识别和环境因素分析。

表 3　装置检修改造停工条件确认表

确认单位	确认内容	检查意见和结论	签字
调度部门	1. 停工、吹扫方案编写并经审批，组织职工学习； 2. 按照方案要求实施停工吹扫。不得私自更改停工步骤、停工进度，及时、正确填写装置吹扫表，有效确认； 3. 装置设备塔、罐等容器及机泵、管线倒空置换干净，无存油、残余油气，经蒸煮、水冲洗，化验分析合格（见化验分析报告单）； 4. 停工、吹扫过程中未造成计量仪表、压力表的损坏； 5. 计量仪表、压力表检修、校验的准备工作已完成； 6. 测爆分析、氧含量分析工作准备就绪； 7. 停工过程中，做好操作记录、交接班记录并保存完好； 8. 所有物料退尽、扫净，管线、设备倒空、置换干净，高点放空、低点排凝全部打开； 9. 盲板拆、装完毕，标志正确明显、登记在册，盲板图表上墙； 10. 公用工程具备条件		
HSSE 部门	1. 停工、吹扫过程中，油、气按指定路线排放，严禁串油或直排下水井； 2. 关键污染物必须装桶、入罐，密封处理，不得露天排放、堆积； 3. 管线、设备排凝无存油，现场打扫干净、无油迹； 4. 所有消防通道畅通无阻，消防设施齐全、好用，摆放合理； 5. 含油污水井、地漏、明沟用石棉布封死、盖严； 6. 消防通信联络设施完好，火警、调度、行政电话完好、通畅； 7. 进塔、入罐，可燃气、氧含量分析合格； 8. 洗涤水排放按照指令进行，不得超量、乱排		
机动部门	1. 停用机泵电源都已切断，在用机泵、设备加挂警示牌（禁动牌），停、送电均有签字记录； 2. 临时电源装接完好，登记、签字在册； 3. 检修项目、方案和检修单位均已落实，需检修的塔、炉、容器人孔均已打开； 4. 现场机具、材料摆放合理，利于检修进行		
厂领导意见			

表 4　停工交付检修确认表

确认单位	确认内容	检查意见和结论	签字
机动部门	1. 检修方案、网络计划、检修组织落实，重要项目负责人确定； 2. 检修用材料、工具落实到位； 3. 现场机泵已停电，手续齐全，临时电源符合安全要求，检修设备电源切断挂牌并已按要求上锁挂铅； 4. 电气检修项目已落实、材料到位； 5. 控制系统（DCS、SIS 和 PLC 等）已备份，仪表检修项目已落实、材料到位		

表 4　停工交付检修确认表（续）

确认单位	确认内容	检查意见和结论	签字
安保部门	1. 检修有关安全方案已组织学习，参加检修人员已进行了安全教育，学习记录齐全； 2. 安全监护人员落实； 3. 进塔入罐等受限空间警示牌已安装、齐全； 4. 放射性场所有保护、警戒措施； 5. 成立了安全执法队		
能环部门	1. 检修方案中现场环保管理措施已落实，检修周围环境监测合格； 2. “三废”处置符合环保要求，异常排放已提前申报		
消防支队	1. 消防车道路畅通，消、气防器材和设施完好备用； 2. 编制消、气防监护方案并经厂级批准，监护申请已由消防支队批准，监护人员已落实； 3. 消防水系统水压、储量以及泡沫储备等符合应急要求； 4. 火灾报警系统、火警电话、可燃气报警系统已投用，运行正常		
质检中心	1. 氧、有机物分析仪完好，分析数据准确； 2. 分析人员已安排到位		
技术部	1. 装置已按停车方案进行停车、倒空、置换、洗涤、蒸煮； 2. 交出检修设备、管线倒空置换合格； 3. 拟交出检修的塔、罐等设备人孔已打开，温度已降到 40℃以下，并经多点采样分析，氧含量、有机物、H_2S 等有毒有害物质含量分析合格，无死角，分析单齐全并备案； 4. 对含硫物料运行的设备和易结焦设备的打开，已做好润湿和防自燃措施； 5. 盲板图表已编制，装置内盲板加装、挂牌、签字符合《盲板管理制度》要求； 6. 未倒空置换的设备、管线已进行标识，设警示栏，并采取了有效隔离措施		
调度部	1. 盲板负责人落实，界区盲板现场安装、挂牌、签字确认符合要求； 2. 停车交出装置已经厂内验收签字确认		
交出检修条件确认意见			

6.2.2　设备钝化清洗要求

随着原油加工的不断劣质化，且原油硫含量呈现不断上升趋势，严重威胁装置设备的寿命周期，尤其在装置检修期间，设备管线内部淤积的硫化亚铁等极易自燃，从而造成设备损坏，因此，在装置停工检修前，对含有硫化亚铁的塔、容器等设备必须进行钝化清洗。

6.2.2.1　装置钝化设备

装置所需钝化的主要设备：分馏塔、干气脱硫塔、脱硫化氢汽提塔、循环氢脱硫塔、脱硫化氢汽提塔回流罐、热高分、冷高分、热低分、冷低分、分馏塔回流罐、汽油塔回流罐、循环氢脱硫分液罐、含硫污水罐等涉硫部位（注：各企业可根据实际情况进行增减钝化部位或设备）。

6.2.2.2　钝化剂选型、剂用量

（1）钝化除臭化学剂用量根据除臭钝化范围，按照“效果好，用量少”的原则，科学测算后确定。

（2）对硫化亚铁较集中的设备（例如：循环氢脱硫塔、酸性气分液罐等），建议采用反应速度快、反应效果彻底、分散效果好的高效硫化亚铁钝化剂。

（3）塔及容器设备钝化清洗前，在装置停工时，要提前降低塔内各部位的操作温度（≤80℃），压轻油品，使用轻质油品对塔内填料及其他部件进行自清洗，同时塔及容器要按方案要求进行严格的吹扫、蒸洗，保证塔内件不存油。

6.2.2.3　钝化清洗注意事项

（1）对于规整填料的塔经过钝化清洗后，为避免洗涤不到位带来的影响，对钝化后的填料塔施工时仍要防范硫化亚铁的自燃。开人孔时，须事先建立水淋洗应急流程，甲乙双方需安排专人进行监护。开人孔后须继续监护 24h 以上。

（2）要求定期淋水，尽量安排避开施工时间进行，淋水时要求对塔内部件充分湿润。

（3）加强对塔内温度的监控，每 2h 记录一次温度。

（4）从钝化洗涤前开始，对钝化剂的浓度、颜色、pH 值等情况进行过程监控：每小时记录一次，包括：钝化剂的流量、浓度、颜色、pH 值和温度。

（5）钝化结束后，对设备无腐蚀损害现象，无硫化亚铁自燃现象进行开盖确认；设备内无明显恶臭气味，硫化氢$\leqslant 3\times10^{-6}$（3ppm）、氨$\leqslant 10\times10^{-6}$（10ppm）。

6.2.2.4　防硫化亚铁自燃的要求

（1）对于存在硫化亚铁自燃危险的设备和部位，装置停工检修前，应组织工艺、设备、安全相关人员进行风险评估，在制定工艺处理方案和检修施工方案时，编写防硫化亚铁自燃专项方案，并在方案中明确防硫化亚铁自燃给水、给蒸汽的具体位置；对易发生硫化亚铁自燃的塔、容器、换热器、反应器、管线等设备进行监控，制定内外操防硫化亚铁自燃测温记录表，在停工检修前告知全体职工和施工人员。应同时制定防止发生自燃的安全防范措施和应急预案。

（2）对于存在硫化亚铁的系统必须进行化学清洗（钝化），不得存留死角。特殊情况下，经企业有关部门讨论决定，可以不进行化学清洗，但必须加盲板与其他系统完全隔离，同时通入蒸汽（氮气）、注满水或持续水喷淋，使其与空气隔绝或保持足够的湿度。

6.2.2.5　钝化清洗承包商应具备的条件

（1）资质要求

已经通过 ISO 9001、ISO 14000 管理体系认证；

已经取得《安全生产许可证书》；

已经取得《石油化工工程施工总承包三级资质》。

（2）能力要求

必须具备液相钝化清洗、气相钝化清洗和重油清洗的综合能力；

必须具备清洗剂的生产和研发能力；

必须具备清洗终点的判断、废水排放监测监控能力。

6.2.3 交付检修条件确认

在装置交付检修前，组织相关单位召开安全验收会，检查确认设备容器人孔拆卸、盲板加装、容器内采样分析、停电、下水井封堵等工作，经相关部门签字确认后，由装置开具用火、用电、进入受限空间等相关票证，进入检修状态。

6.3 HSE管理要求

6.3.1 安全管理要求

6.3.1.1 装置检修改造的安全管理，坚持“安全第一、预防为主、综合治理”的方针和“谁主管，谁负责”“谁签发，谁负责”的原则，坚持以人为本、落实责任、强化监管，按属地化管理原则。

对于人数少的新企业要求外聘第三方 HSSE 监管，对于人数多的老企业或自身能力能够满足要求的老企业，可根据需要由企业自行决定是否外聘第三方 HSSE 监管。第三方 HSE 监管纳入 HSSE 管理体系。

6.3.1.2 各级指挥部的安全环保消防组应按指挥部管理体系要求承担相应的管理责任。

6.3.1.3 承包商应建立健全安全管理体系，分包商的安全管理工作由总承包商负总责。

6.3.1.4 安全监督管理部门对检修过程的安全管理工作进行监督检查，指挥部的安全环保消防组负责施工过程安全检查管理。运行部负责所在区域的施工项目配合和现场安全监督检查。

6.3.1.5 风险提醒

（1）检修施工作业存在起重、用火、登高、受限空间及交叉作业风险。

（2）施工设备、工器具不完好风险。现场施工气瓶、焊机、配电箱、葫芦、电动工具、电缆、起重机械、运输车辆等不完好，或安全防护装置缺陷，易导致人身伤害、火灾、触电、物体打击、起重伤害、车辆伤害等事故。

（3）劳动保护设施缺失风险。检修期间，部分平台、护栏需要临时割除，形成孔洞、临边作业，若不及时采取防护措施或防护措施不当，易发生人员高处坠落事故。

（4）作业人员安全素质不高的风险。加氢装置检修施工，作业人员素质参差不齐，加大了现场施工作业风险。

（5）个体防护装备配备不足风险。作业人员配备的劳动保护用品，特别是安全带、安全帽、防护面罩、防护手套等特殊防护用品，存在配备数量不足、破损、超过使用期限等情况，不能有效保护作业人员的个体安全。

（6）用火作业风险。用火作业遇装置内可燃物料，易导致火灾、爆炸事故，同时，用火作业过程使用的乙炔本身就是易燃易爆品。

（7）进入受限空间作业风险。进入装置内的炉、塔、罐、容器、井、池、设备裙座等内部作业，吹扫置换处理不干净、与之相连的工艺管线未彻底隔离，存在中毒窒息、火灾爆炸风险。

（8）高处作业风险。有高处作业禁忌证的人员从事高处作业，或高处作业不系安全带。高处作业材料摆放不稳，作业工具不系安全绳，上下抛物，存在物体打击风险。

（9）临时用电作业风险。各种施工用电设备、电动工具不完好，接地不规范，电缆、电线破损裸露，用电线路架设不规范、超负荷，存在人员触电和电气火灾风险。

（10）起重作业风险。检修期间，起重作业存在物体打击和起重伤害风险，影响人员安全。

（11）车辆作业风险。车辆进入装置区域不按指定路线行驶，驾驶人员观察不仔细，未配备阻火器，存在损坏装置设备管道、消防通道边消防栓炮、导致人身伤害事故等风险。

（12）环境污染风险。检修期间产生的废水、废气、废渣存在局部污染大气及水体风险。

（13）催化剂更换作业风险。催化剂更换作业持续时间长，作业量大，一共四台反应器需更换催化剂，整个卸剂工作必须始终在氮气环境下进行，卸出的催化剂直接与空气接触容易自燃着火，器内温度高、催化剂粉尘大，又值夏季高温，极易导致高温中暑、灼伤、缺氧、窒息、高处坠落等事故。催化剂更换辅助作业人员多，存在运输车辆、叉车、催化剂吊运作业交叉和车辆伤害风险。

6.3.2 环保管理要求

装置停工检修改造环保管理总体要求是：密闭吹扫，有序排放，清洁停工，安全处置，达标排放。为做好停工和检修期间的环保工作，停工装置要落实密闭吹扫及除臭方案，对排放污水、吹扫尾气放空、工业废物处置应进行预申报，排放时必须做到先检测后排放，主管部门根据监测结果确定处理方式。对于化学清洗等产生的废水，项目管理部门在与清洗单位签订合同前要明确废水处理相关责任及要求。

（1）严格执行“三废”排放申报制，填报异常排放申报表。

（2）装置检修产生的保温垃圾、含油废弃物等进行分类。

（3）清罐、清理设备过程中保持现场干净，要防止冲击含油污水系统和污染清净下水系统；清出的杂物、油泥要先装袋、装桶，置于围堰集中堆放，严禁用水冲入下水系统。含油废弃物办理厂内转移手续，送至厂内指定临时储存点。

（4）装置现场，接油盘、接油桶等残液回收设施齐全到位。

（5）管道、设备检修产生的残油承接回收倒入指定容器，杜绝乱排乱放。

（6）装置检修时拆卸或更换下来的设备如加热炉炉管、空气预热器、阀门等含有污染成分的设备或其他接油设施应置于围堰内，同时采取相应的防雨淋等防范措施，防止露天放置、受雨水冲刷后所造成的污染。

（7）装置停工检修期间，清静下水采用沙包封堵，装置内所有排放水排至含油污水

（8）检修期间破损围堰应及时修复，防止污染事故发生。

6.3.3 职业卫生管理

职业卫生管理总体要求：以人为本，健康至上，预防为主，全员参与。

6.3.3.1 停工装置所在运行部负责对装置检修期间可能存在的职业病危害因素进行识别、评价，并经主管部门确认后告知相关单位，各参加检修的单位应根据作业环境和内容对检修过程可能存在的职业病危害因素进行识别、评价，有针对性地提出防治方案、措施，并在检修期间落实。

6.3.3.2 严格射线探伤作业的管理，杜绝射线伤害事故的发生，避免射线对人体的伤害。

6.3.3.3 强化检修施工人员的个体防护意识，正确使用防护用品，防止急、慢性职业中毒的发生。

6.3.3.4 各参加检修的单位应严把施工人员入场关口，禁止职业禁忌证人员从事所禁忌的作业。

6.3.3.5 消气防管理总体要求：

（1）坚持“预防为主、防消结合”的方针，按照“谁主管、谁负责”“谁签发、谁负责”“四全”管理及属地化管理原则，全面落实消防安全责任。

（2）在消气防设施管理上，严格执行各项作业许可制度，加强信息沟通，确保消气防设施（道路）始终处于受控状态，切实保障消气防本质安全。

（3）在检修施工现场消气防管理上，狠抓承包商自主管理，强化现场监督检查、监护服务，对违章行为实行“零容忍”，实现现场消气防“零违章”“零事故”。

6.4 质量管理要求

6.4.1 质量管理总体要求

6.4.1.1 成立检修改造项目的检修质量管理组，各级质量管理组应有专业工程师、检修装置设备员、承包商质量管理员参加组成，由相应层级机动部门主管领导担任组长。大规模停工检修的单位可聘用第三方质量监理单位，由质量管理小组统一管理。业主、承包商质量检查员应佩戴统一标识。

6.4.1.2 质量控制关口尽量前移。如设备物资采购，要加强制造环节的监管，严格执行入库检验制度；设计项目要提高设计需求的准确性，严把基础设计、详细设计审查关，力求施工阶段无变更或少变更。

6.4.1.3 业主质量检查方式，应由重点检查现场转变为督促、引导各承包商自身质量体

系正常运行，督促承包商加大自身质量检查力度。对A级质量控制点的设置和执行应满足必要的履责检查和不可再现的内容检查要求，以及对B级和C级质量控制点的结果复核的要求。

6.4.2 检修准备阶段质量控制

6.4.2.1 承包商资质、施工机具等审查

（1）合同签订前，机动管理部门或项目管理部门应结合拟订合同范围审查承包商资质，确认资质符合合同范围对承包商作业资质要求时方可签订合同。

（2）各承包商人员进场前，质量管理组应根据法规和有关要求对承包商的项目经理、技术质量负责人、质检员、作业人员，尤其是特种作业人员的资质进行审查，审查合格方可进场。

（3）根据各承包商所承担的任务，由相关责任部门组织审查外来进厂施工人员与用工单位的关系，并记录备案。

（4）企业应组织对承包商质保体系、组织体系建立及运作情况进行检查确认。

6.4.2.2 设计质量管理

（1）设计单位必须确定项目设计经理，明确各设计人员的职责分工。

（2）在设计过程中，设计管理人员要积极与设计人员沟通，统一项目实施后需达到的目标，对工艺和设备的标准进行明确，协助设计人员了解现场状况和业主要求，提高设计文件质量。落实设计质量责任制，出现设计质量事故应对相关责任人员进行经济责任制考核。

（3）待业主、承包商收到图纸后，项目经理应及时组织召开图纸审查会，审查工程建设强制性标准和企业要求执行情况；审查设计文件中选用的材料、构配件、设备，其规格、型号、性能等技术指标是否符合规范、标准、导致等要求，设计院要对施工全过程进行设计意图验收检查；审查设计变更程序合规性。

6.4.2.3 物资采购质量管理

在编制采购预案、询价、谈判和签订合同时，要明确所需物资的质量检验标准、技术要求、相关备品备件、包装运输条件和质量违约责任。对于重要设备材料的采购，必须约定主要原材料和关键外协部件的外委单位资质、质量技术指标和验证方式。

6.4.3 检测/检验单位质量控制

6.4.3.1 检测/检验单位必须确定检测/检验负责人、工作人员，明确职责。

6.4.3.2 各种检测/检验所需的仪器、设备必须检定（校验）合格、运行状态良好。

6.4.3.3 从事检测/检验工作的单位和人员应具有由相应的政府主管部门颁发的与所从事作业任务相符合的有效的资质证书。

6.4.3.4 检测/检验单位在编制检测/检验方案之前，需认真查阅该装置相关工艺设备基础资料、运行状况等内容，并有针对性地编制检测/检验方案。

6.4.3.5　检测／检验单位在现场工作的人员和使用机具的数量必须符合投标文件的表述并满足法规的要求。

6.4.4　检修施工阶段质量控制

6.4.4.1　施工质量控制内容

（1）施工质量控制主要包括制定质量控制点，审查开工报告（改造项目），对施工质量进行监督、检查和验收等。

（2）施工质量控制分专业进行，一般分为：动设备、静设备、工艺配管、电气、仪表、防腐隔热等专业。

（3）施工质量控制技术准备：质量控制工程师、专业工程师必须熟悉本项目的质量计划，熟悉、了解设计意图，掌握有关施工规范、规程及验收标准，掌握有关的质量评定标准。

（4）检查和验收依据：已会审的施工图、施工方案等；制造厂的产品说明书、技术规定和检验报告；国家、石化集团公司或有关部委颁布的施工技术规范、规程；公司技术规定和标准；地方政府有关规定。

6.4.4.2　质量控制通用要求

（1）按照质量管理组的职责和分工，确定承包商、分指挥部、总指挥部三级检修质量控制体系，明确责任，按照质量管理办法、程序和考核标准进行质量管理。

（2）质量管理组按照专业和设备类别组织编制专项检修质量检查表，并安排专人负责检查和考核。

（3）企业应组织对承包商管理人员、特种作业人员（焊工、电工、起重工、架子工等）进行资质的核查，确认施工人员具备相应的资质。

（4）各参加检修的单位应组织对检修机具、检测仪器状况进行核查，确保合格、有效。

（5）各参加检修的单位应按自身程序文件的要求严格审核、审批各类施工方案，明确质量控制点、停检点及质量控制标准，并做好宣贯和培训工作。

（6）所有进入检修现场的设备、材料，承包商应按相关规定进行复检和验收，确保所采用的物资均符合法规和相关技术文件的要求。

（7）建立并严格执行统一的检修标识管理规定，确保对所采用材料的可追溯性。

（8）大机组的检修实行按工序验收。

（9）建立畅通的质量信息收集、传送通道，保证相关部门及领导及时掌握检修现场的质量信息，便于做出准确的判断、制定有效的决策。

（10）由质量管理组牵头，对各承包商的行为质量和实体质量进行监督检查，确保质量管理体系有效运行。

（11）按照检修质量总体方案的要求进行单个项目完工质量验收和单元检修完工最终质量验收。

（12）对于重点部位法兰要推行使用“零泄漏紧固”技术，对法兰平行度、力矩等过程参数进行测量、记录。

（13）将仪表三次确认范围由接线端子扩展到机柜内设备元器件。

（14）焊工的首件焊接实体必须进行检查。

6.4.4.3 原材料、设备进场验收

（1）检修所用材料、设备进入施工现场前，承包商必须按照有关技术文件或规范要求进行自检，检查验收不合格的材料、设备，不得进入施工现场。

（2）对材料标识不清、质量证明文件不齐全，怀疑或发现有质量问题的设备、材料，质量管理组可提出按一定比例进行抽样复试、复检的要求，承包商负责取样送检，并根据送检结果按规定进行处理。

（3）对于国家或地方政府对生产资格有认证要求的原材料、设备，物资供应部门除应提供满足进场检验所需的合格证书、鉴定证明外，必须提供其生产厂家持有的相应证书的证明文件供检验单位判定其是否具有国家或地方颁发的生产认证证书，否则不能使用。

（4）凡新材料、新产品、新技术所用材料应有鉴定证明、产品质量标准、使用说明和工艺要求，使用前必须按其质量标准进行抽样检验。

（5）对于材料代用的情况，原则上由设计确认，无设计确认时由专业主管部门确认。

6.4.4.4 施工过程质量检查

（1）质量管理组负责制定专业质量检查表，明确各专业检查项目、检查标准及控制级别并负责督促、检查、落实。控制级别一般分为A、B、C三级：

A级为企业公司级关注的质量控制点，主要包括对既定功能的变更内容、对最终检修质量有重大影响的内容等，必须在承包商和企业厂级确认合格后再由企业质量管理组检查确认，对于不可再现的过程或分别实施将影响到总体进度的检验项目可与分指挥部、承包商三方质检人员共同确认。

B级为企业厂级关注的质量控制点，除A级质量控制点规定的内容外主要包括法规要求进行检查的内容、对最终检修质量有较大影响的内容、验证承包商质量控制能力的内容等，必须在承包商确认合格后再由厂级质量管理组检查确认，对于不可再现的过程或分别实施将影响到总体进度的检验项目可由厂级质量管理组与承包商双方质检人员共同确认。

C级为承包商关注的一般质量控制点，除A级和B级质量控制点规定的内容外还应包括法规、设计文件和承包商体系文件中规定的其他内容，控制结果由承包商质检人员检查确认。

（2）承包商质量自控检查必须实行“三检制”，即：作业人员自检、班组交接检（也称互检）、质量检查员专职检查。质量管理组要对承包商的三检制进行监督检查。主要内容如下：

施工人员自检应满足以下要求：①检查自己是否按照施工技术人员的技术交底及自

检记录表所注明的质量要求等进行施工；②填写自检记录；③对无依据、交底不清的施工内容应立即予以停止，解决后方可继续施工。

班组交接检（也称互检）应满足以下要求：①包括工序交接或换班交接时交接双方施工人员和施工技术人员之间的互相检查；②上道工序的施工者在交出时不仅应认真交清施工质量情况而且要向接受方提交必要的技术资料（包括含有实测实量数据、机械故障情况的记录等资料）；③下一道工序施工者在接收时要按上道工序施工者提供的资料对实体的质量状况进行复检；④对于不符合质量要求的问题交出方应立即进行处理，不合格的工序不得交接；⑤经互检合格的工序应办理交接手续，交接双方的施工技术员、检查员应在相关记录上签字；⑥已办理好交接手续的施工内容，如再发现质量问题，由接收方负责处理。

质量检查员专职检查应满足以下要求：①承包商应设置相应的专职（含兼职）质量检查员；②专职质检员对自检、交接检的结果必须进行认真的核查；③符合质量要求的，专职质检员应在相应的质量检查表上签字，并对已核查的内容负责；④对不符合质量标准的内容，专职质检员有否决权并有权责令其返工。

(3)“动设备检修质量控制表”包括：

离心泵检修现场质量控制表（见附表A.1）；

离心压缩机检修现场质量控制表（见附表A.2）；

汽轮机检修现场质量控制表（见附表A.3）；

往复压缩机检修现场质量控制表（见附表A.4）；

轴系仪表探头、轴承温度检修质量控制表（见附表A.5）。

(4)“静设备检修质量控制表”包括：

反应器检修现场质量控制表（见附表A.6）；

加热炉检修现场质量控制表（见附表A.7）；

管壳式换热器检修现场质量控制表（见附表A.8）；

塔设备现场检修质量控制表（见附表A.9）；

通用阀门检修现场质量控制表（见附表A.10）；

管道安装组焊质量控制表（见附表A.11）；

高压系统法兰、螺栓、垫片现场检验检查质量控制表（见附表A.12）；

弹簧式安全阀现场检修检验质量控制表（见附表A.13）；

防腐质量控制表（见附表A.14）；

保温质量控制表（见附表A.15）。

6.5 验收要求

6.5.1 静设备验收要求

6.5.1.1 静设备检修项目完工后，竣工验收实行分级验收责任制。验收时，必须确认单项验收单（包括隐蔽工程及中间工序验收单）、检修技术记录、理化检验等资料。

6.5.1.2 特种设备的重大维修及改造，必须履行相应报检手续，完成相应的试验要求后方可验收。

6.5.1.3 设备投用运行一周，各项指标达到技术要求或能满足生产需要。

6.5.1.4 设备防腐、保温完整无损，达到完好标准。

6.5.2 动设备验收要求

6.5.2.1 动设备检修项目完工后，竣工验收实行分级验收责任制。验收时，必须确认单项验收单（包括隐蔽工程及中间工序验收单）、检修技术记录、理化检验等资料。

6.5.2.2 设备在额定工况下连续运行 24h 后，各项技术指标达到设计要求或能满足生产需要。

6.5.2.3 设备达到完好标准。

6.5.3 仪表和电气设备验收要求

6.5.3.1 仪表验收要求

（1）系统点检：系统除尘彻底，卡件状态灯指示正常，电源供电符合设计要求，接地试验完好，卡件精度达标。

（2）更换密封件：对更换的密封部件含导压管需要水压试验，试压压力为操作压力的 1.5 倍。

（3）更换仪表：更换前需要对更换的仪表进行单校，单校合格方可使用。

（4）法兰式仪表回装：要求回装的法兰式仪表使用的垫片压力等级、尺寸正确，螺栓等级正确，长度合适并处于满扣状态。

（5）电缆铺设：新铺设的电缆按照强电、弱电，本安、隔爆进行区分铺设，电缆铺设不能使电缆受力，必须将电缆放入桥架内。

6.5.3.2 电气设备验收要求

（1）变压器：运转正常，效能良好。持续地达到铭牌出力或上级批准的出力，温升符合设计要求，但上层油温最高不得超过 85℃。绕组、套管、绝缘油等的试验符合 SHS 06011《电力设备状态检测及预防性试验规程》的有关规定。

（2）一次回路设备：绝缘良好，运行中声音正常。差动、过流、短路、瓦斯、温度、防爆装置等主要保护和信号装置齐全完好，动作正常。部件和零件齐全完整，分接开关的电气性能和机械性能良好，无接触不良和卡涩现象。电压表、电流表、温度表等主要表计齐全无损，指示反映准确。油位正常符合要求，无假油位。变压器本身及周围环境整洁，照明良好，必要的标志、编号齐全。外壳不渗汩、套管不渗油，器身无油迹。冷却装置运行正常，散热器及风扇齐全好用。连接的组合导线、铜牌等排列规则整齐。硅胶不变色。

（3）高压断路器：运行正常，效能良好，运行中的高压断路器的各项参数（电流、电压、遮断容量）符合实际要求。高压断路器根据需要随时可在现场和开关柜上分、合，操作机构灵活可靠，声响正常，无闪放电现象，断路器本体、操作机构的支持瓷套和套管等试验结果应符合 SHS 06011《电力设备状态检测及预防性试验规程》的要求或制造厂规定的各种参数要求，真空断路器和六氟化硫断路器的质量和压力应满足制造厂要求。高压断路器的继电保护齐全，整定值正确，动作灵敏可靠。柜内辅助设置试验合格。柜内端子排列整齐，相序明显，柜内能防小动物。开关周围环境整洁，外观油漆完好无损，有铭牌，有编号，有名称，分合闸指示、储能指示、位置指示器清晰准确。断路器操作机构及零附件齐全无损。联锁装置、接地开关完好。设备档案符合设备管理制度要求。运行、检修和试验记录齐全。

（4）电动机：出力能持续达到铭牌要求或上级批准的出力，电流在允许范围内。温升按不同等级的绝缘材料，在允许范围内各部位振动应符合规程要求，声音正常。滑环、整流子运行中应无火花。预防性试验应合格，检修和试验记录齐全。线圈、铁芯、槽楔无松动。保护装置应符合设计要求，整定值准确，动作可靠。用于防爆区域的防爆电动机应符合防爆规程的要求。电动机周围环境整洁，外壳上铭牌清晰，有现场编号。电缆无损伤，敷设符合规范化，防水措施良好。空气冷却器效能良好，风扇转动方向正确，能满足电机温度的要求。防雨措施、风叶罩完好，加油润滑部位完好。电动机防腐良好。

7 装置日常维护与故障处理

7.1 设备维护要求

7.1.1 设备检查

设备检查，是指对设备的运行情况、工作精度、磨损或腐蚀程度进行测量和校验。通过检查全面掌握机器设备的技术状况和磨损情况，及时查明和消除设备的隐患，有目的地做好修理前的准备工作，以提高修理质量，缩短修理时间。检查按时间间隔分为日常检查和定期检查。

日常检查由操作人员与设备管理人员共同执行，同日常保养结合起来，目的是及时发现不正常的技术状况，进行必要的维护保养工作。

定期检查是按照计划，在设备管理人员指导下，定期由专业维修人员实施。目的是通过检查，全面准确地掌握零部件磨损、腐蚀等情况，以便确定是否有进行修理的必要。

7.1.2 设备维护保养

设备维护保养的内容是保持设备清洁、整齐、润滑良好、安全运行，包括及时紧固松动的紧固件，调整活动部分的间隙等。简言之，即“清洁、润滑、紧固、调整、防腐”十字作业法。维护保养依工作量大小和难易程度分为日常保养、一级保养、二级保养、三级保养等。

7.1.2.1　日常保养，又称例行保养。其主要内容是：进行清洁、润滑、紧固易松动的零件，检查零件、部件的完整。这类保养的项目和部位较少，大多数在设备的外部。

7.1.2.2　一级保养。主要内容是：普遍地进行拧紧、清洁、润滑、紧固，还要部分地进行调整。日常保养和一级保养一般由操作工人承担。

7.1.2.3　二级保养。主要内容包括内部清洁、润滑、局部解体检查和调整。

7.1.2.4　三级保养。主要是对设备主体部分进行解体检查和调整工作，必要时对达到规定磨损、腐蚀限度的零部件加以更换。此外，还要对主要零部件的磨损情况进行测量、鉴定和记录。二级保养、三级保养在操作工人参加下，一般由专职保养维修工人承担。

7.2　仪表维护要求

7.2.1　压力智能变送器

泄漏检查：检查压力表及导压管是否泄漏，假如有泄漏应及时处理。

密封检查：表盖、O 形密封圈、格兰头是否老化失效；表盖与接线盒是否拧紧；O 形密封圈根据环境和开盖次数进行定期更换。

接线检查：电线与端子压紧可靠，接线螺纹与螺孔要旋动良好，且紧固力要强。

清洁检查：及时将仪表上的灰尘及杂物清除，使仪表在使用过程中经常保持其干净和清洁。

定期对仪表进行检验，仪表检验周期一般为一年或装置的检修周期。

经常检查导压管保温伴热情况。

7.2.2　差压智能变送器

维护同 7.2.1。

7.2.3　温度测量仪表

测温元件安装的地点、深度、方向和接线应符合测量技术的要求，并便于维修检查。

根据被测介质的特性及操作条件，选择合适材质、厚度及结构的保护套管和垫片。

首次使用前，必须经过一定的技术检验，确认合格，方可使用。

定期对智能温度变送器进行检验，仪表检验周期一般为一年或装置的检修周期。

7.2.4　节流装置

导压管、阀门、附件确保无泄漏。

根据介质情况定期排污。

伴热情况符合设计要求。

7.2.5 转子流量计

投用前检查各部分连接螺钉有无松动，接线是否正确。检查“刻度盘示值”与“输出信号值”对应是否正确。

测量介质为液体的流量计，要注意把变送器壳体内气体排尽，以免影响测量精度。

7.2.6 电磁流量计

测量有附着沉淀物的流体，由于长期使用后，导管内壁有积垢层，电极表面受到污染，从而引起仪表零位漂移，因此定期清洗内壁和电极。

对于使用环境长期在酸碱较浓场所的仪表，必须加强防腐保养，避免仪表腐蚀。

流量计内部需要避免负压。

7.2.7 质量流量计

定期进行仪表清洁，清除污物。

在有条件的情况下，每三个月进行一次综合保养及零位调校。

每年对仪表内部插件连接进行检查。

流量计的检定周期根据使用情况确定。

7.2.8 超声波流量计

定期进行仪表清洁，清除污物。

在有条件的情况下，每三个月进行一次综合保养及零位调校。

每年对仪表内部插件连接进行检查。

外夹式超声波流量计，若测量点下次还使用，在探头四周涂刷防腐漆，取下探头后，在安装探头的位置上抹上黄油，并贴上塑料布，以供下次使用。

7.2.9 浮筒液（界）位计

浮筒液位计的检修和装置检修周期同步。

检查浮筒、扭力管、杠杆等零部件有无腐蚀磨损、变形和泄漏，情况严重的要及时更换。

检查浮筒重量，并修正至出厂时的数值。

组装时，中心轴穿过小轴承时要加润滑油。

7.2.10 气动薄膜调节阀

调节阀在投入运行前应做系统联校。

调节阀投用时，前后的切断阀应全开，副线阀应全关。

使用带手轮的调节阀应该注意手轮位置标示标记。

调节阀在运行中严禁调整阀杆和压缩弹簧的位置。

经常检查调节阀及定位器等附件。

气源及输入、输出信号是否正常。

阀杆动作是否平稳，行程与输出信号是否基本对应。

连接管路是否严密不漏。

填料及法兰连接处有无介质外漏；检查中发现的问题要及时处理。

定期进行清扫，保持阀门整洁干净，特别注意阀门阀杆、反馈等位置。

7.3 电气设备维护要求

主要巡检内容：

变压器的温度、油位、油色、声音、冷却风扇、呼吸器、防爆管、瓦斯继电器、接地线、分接开关、电流、电压是否正常以及是否有渗漏油现象。

高、低压开关柜各表计、位置指示、S10、开关位置、保护继电器是否正常及是否有异味。

联锁柜、监控柜、防误柜、纵差保护盘、各种信号是否正常及是否有保护动作。

计算机监控的各种信号是否正常。主控室各种音响、灯光、指示信号是否正常。

系统各部分连接点有无过热现象；系统三相负荷是否平衡，三相电压是否正常。

检查 UPS、直流屏是否运行正常。

配电装置和高、低压开关表面是否清洁，接地连接是否正常良好。

室内照明是否正常，开关位号及所处位置是否正常，备品备件是否齐全，符合要求。

安全用具、工作必需的工器具是否完好齐全，辖区内电缆桥架及电缆有无损坏，支撑不牢或其他异常情况；卫生状况是否良好。

高低压电机运行声音、温度、振动、运转、电流是否正常。

检查低压变频器、空调等是否运行正常。

现场照明状况（晚间检查）。

7.4 常见故障及排查方法

7.4.1 循环氢压缩机组的常见故障及排除方法

1. 振动

机组启动时发生剧烈的振动应停止升速，检查原因。正常运行时发生振动，则应减少负荷或停机，进行检查。具体情况见表 5。

表 5 振动的可能原因与处理方法

可能原因	处理方法
1. 暖机不足	延长暖机时间，直到机体排凝无液
2. 找正不良	1. 停机进行热态检查，复查不同轴度； 2. 检查基础是否变形； 3. 检查热膨胀是否引起管线产生力矩

表 5　振动的可能原因及处理方法（续）

可能原因	处理方法
3. 来自从动机振动	检查从动机
4. 轴承损坏	检查或更换轴承，必要时检查汽轮机内部
5. 叶片损坏	停机检修并进行更换
6. 转子不平衡	停机检查转子平衡情况，并做动平衡

2. 声响异常

在汽轮机低转速时，用听针仔细检查，可找出汽轮机内部的隐患。具体情况见表6。

表 6　声响异常的可能原因及处理方法

可能原因	处理方法
1. 汽封片摩擦	1. 启动时发现汽封片有摩擦，可停止启动，用盘车来纠正转子的挠曲； 2. 如上述方法无效则应解体检查、修理
2. 叶片和喷嘴相接触	1. 停机检查止推间隙； 2. 检查、调整动静叶间隙

3. 轴承温度升高

当轴承温度升高时，应加强监视，超过 90℃时，必须停机（回油温度为 71℃，必须停机）。具体情况见表 7。

表 7　轴承温度升高的可能原因及处理方法

可能原因	处理方法
1. 温度计失灵	校验、更换
2. 供油温度高	1. 加大油冷却器水量； 2. 检查油箱油位； 3. 清扫油冷却器
3. 油量减少	检查油系统
4. 轴承合金损坏	1. 解体检查、修理； 2. 查找损坏原因并消除

4. 压机组主要故障及处理方法：

具体情况见表 8。

表 8　压机组主要故障及处理方法

故障现象	产生原因	处理方法
1. 轴瓦温度高	1. 油管不畅通，过滤网堵，油量小； 2. 润滑油带水； 3. 轴瓦进口温高； 4. 轴瓦间隙太小	1. 检查、清洗油管油路，加大给油量； 2. 换油； 3. 增加油冷却器水量； 4. 调整轴瓦

表 8 压机组主要故障及处理方法（续）

故障现象	产生原因	处理方法
2. 振动	1. 机组找正不好； 2. 转子动平衡破坏； 3. 转子轴弯曲； 4. 轴瓦间隙太大； 5. 润滑油温度低； 6. 喘振； 7. 转子发生摩擦； 8. 轴瓦盖或地脚螺栓松动； 9. 轴承合金损坏； 10. 驱动机振动	1. 重新找正； 2. 重新找动平衡或清除叶轮内的污垢； 3. 校正； 4. 更换轴瓦； 5. 加热润滑油； 6. 加大吸放量或消除其他产生喘振原因； 7. 停车检查； 8. 紧固； 9. 更换轴瓦； 10. 检查消除
3. 润滑油压力降低	1. 主轴泵故障； 2. 油管路裂或严重泄漏； 3. 过滤网堵塞； 4. 油箱液位过低	1. 切换检查； 2. 检查处理； 3. 清扫； 4. 加油
4. 压缩机入口油温过高	1. 冷却水量不足； 2. 冷却器结垢； 3. 润滑油变质	1. 调整水量； 2. 清扫； 3. 换油

7.4.2 新氢压缩机组的常见故障及排除方法

为了在运转期间发现异常情况，仔细注意正常情况是非常重要的。定期记录数据并熟悉来自压缩机和辅助设备的每种声音。一般压缩机故障不是由于一种原因，而是几种复杂的原因造成，下面是一些不正常情况。

1. 压力不正常：

（1）吸入压力低的原因及处理方法见表 9。

表 9 吸入压力低的原因及处理方法

原因	处理
吸入管线阻力增加	检查管线和配件（阀门等）过滤器是否堵塞
压缩机能力过大	用控制装置降压缩机能力
前级气体冷却器过冷却	减少冷却水流量
吸入管线泄漏	检查管线接头法兰
工艺气体压力低	检查工艺方面

（2）吸入压力高的原因及处理方法见表 10。

表 10　吸入压力高的原因及处理方法

原因	处理
压缩机吸入阀故障	检查并更换阀门
活塞环泄漏增大	更换活塞环
气缸衬筒的后部泄漏	正确上紧气缸衬筒
压力表指示误差	及时更换压力表
高压气体流入吸入口	关闭并检查旁路阀
前级气体冷却器冷却不够	增加冷却水量，清理管线
压缩机能力不足	用控制装置提压缩机能力

（3）排出压力低的原因及处理方法见表 11。

表 11　排出压力低的原因及处理方法

原因	处理
吸入压力低	见表 9
活塞环和填料函泄漏大	检查活塞和填料函
排放管泄漏	检查阀门和其他零件的泄漏
压缩机吸入和排气阀故障	检查并更换阀门
次级压缩机能力过大	检查次级能力控制阀
旁路阀没有完全关闭	完全关闭阀

（4）排出压力高的原因及处理方法见表 12。

表 12　排出压力高的原因及处理方法

原因	处理
排出管阻力增大	检查管线和零件（阀门等）
次级压缩机吸入阀故障	检查并更换阀门
吸入压力高	见表 10
前级气体冷却器冷却不够	增加冷却水流量，清理管线
吸入温度低	注意超负荷
气体在吸入和排放管里振动	改变管线布置
压缩机排出阀阻力增大	检查阀提升高度和弹簧力

2. 温度不正常：

（1）吸入温度低的原因及处理方法见表 13。

表 13　吸入温度低的原因及处理方法

原因	处理
工艺气温度低	检查工艺方面
气体冷却器过冷却	降低冷却水流量
压缩机能力过大	用能力控制装置减小能力

（2）吸入温度高的原因及处理方法见表 14。

表 14　吸入温度高的原因及处理方法

原因	处理
压缩机吸入阀故障	检查并更换阀门
旁路阀没有全关	全关阀门

（3）排出温度低的原因及处理方法见表 15。

表 15　排出温度低的原因及处理方法

原因	处理
吸入温度低	见表 13
排出管泄漏	检查阀门及其他零件的泄漏
排出压力低	见表 11

（4）排出温度高的原因及处理方法见表 16。

表 16　排出温度高的原因及处理方法

原因	处理
吸入温度低	见表 13
排出管阻力增大	检查管线和零件（阀门等）

3. 异常噪声：

（1）曲轴箱里的敲击噪声产生的原因及处理方法见表 17。

表 17　曲轴箱里的敲出噪声产生的原因及处理方法

原因	处理
主轴承或曲柄销轴承松动	检查轴承间隙，更换或调节轴承
轴承的紧固螺栓松动	正确上紧螺栓
活塞中心和曲柄销、十字头销或曲轴之间角度有偏差	重新加工到 90℃

（2）十字导架处碰撞噪声产生的原因及处理方法见表 18。

表 18　十字导架处碰撞噪声产生的原因及处理方法

原因	处理
十字头销轴承松动	检查轴承间隙必要时更换
活塞杆和十字头的螺母松动	正确上紧并完全固定螺母
十字头和十字头导架之间间隙增大	检查间隙，需要时重新调节或更换
十字头导架或导瓦的不均匀磨损	重新调节或更换导瓦，必要时重镗导瓦

（3）气管里碰撞噪声产生的原因及处理方法见表 19。

表 19　气管里碰撞噪声产生的原因及处理方法

原因	处理
碎片掉进气缸	取出碎片并检查气缸内部
活塞碰到气缸的顶部或底部	检查并调节顶部间隙
活塞的紧固螺母松动	正确拉紧
余隙阀或活塞没有完全固定	检查并固定阀或活塞
活塞环和环槽之间的间隙增大	检查环套，如需要，更换活塞环或活塞
水锤现象	完全排水
压缩机吸入和排出阀断裂	更换断裂部件
吸入阀卸荷器工作不正常	检查并调节

4. 管线里的异常噪声：

（1）管线里的撞击噪声产生的原因及处理方法见表 20。

表 20　管线里的撞击噪声产生的原因及处理方法

原因	处理
气体在管道突然改变处的共振	拆除部件，改变管道布置
气体在管道的分支或连接处的共振	改变管线布置，使流体畅流过部件

（2）由于管线振动发出的异常噪声的原因及处理方法见表 21。

表 21　管线振动发出的异常噪声的原因及处理方法

原因	处理
管线振动	加强支撑，或改变和线布置
管线互相碰撞	加强支撑，或改变管线布置
管线支撑损坏	牢固地支撑管线

（3）止回阀的异常噪声产生的原因及处理方法见表 22。

表 22 止回阀的异常噪声产生的原因及处理方法

原因	处理
止回阀情况不好	需要时，检查并更换

（4）管壳或冷却器的异常噪声产生的原因及处理方法见表 23。

表 23 管壳或冷却器的异常噪声产生的原因及处理方法

原因	处理
挡板松动	加固挡板
管子和挡板的噪声	加固冷却器壳体，并紧固地脚螺栓

（5）管线接头的泄漏噪声产生的原因及处理方法见表 24。

表 24 管线接头的泄漏噪声产生的原因及处理方法

原因	处理
管子破裂	焊接修补或去掉部件
法兰螺栓没有完全上紧	充分上紧
垫片断裂	更换垫片
阀门泄漏	检查并重新研磨阀门

5. 异常振动：

（1）基础的振动的原因及处理方法见表 25。

表 25 基础的振动的原因及处理方法

原因	处理
地面和基础板之间的共振	设法避免共振

（2）压缩机的异常振动的原因及处理方法见表 26。

表 26 压缩机的异常振动的原因及处理方法

原因	处理
基础支撑力不足	加强基础
地脚螺栓松动	正确上紧
各部件的双头螺栓连接松动	正确上紧
因轴承间隙过大导致轴偏心	检查间隙，必要时调整并更换轴承

（3）冷却器的异常振动的原因及处理方法见表 27。

表 27 冷却器的异常振动的原因及处理方法

原因	处理
管线中气体振动	加强支架
管线的共振	设法避免共振
管线的振动	加强支架

6. 功率的异常损耗：

（1）试运转期间损耗过大的原因及处理方法见表 28。

表 28　试运转期间损耗过大的原因及处理方法

原因	处理
容量太大	按设计要求检查操作情况
管线阻力太大	检查阀门、配管
吸入和排出压力高	检查工艺方面
润滑油黏度过高	供给合适的油

（2）运转期间功耗增加的原因及处理方法见表 29。

表 29　运转期间功耗增加的原因及处理方法

原因	处理
吸入和排出压力高	见表 10、表 12
气体通道的阻力增大	检查管线和零件（阀门等）
压缩机阀门阻力增大	检查并调节阀门的提升高度
气体冷却器冷却不足	增加冷却水流量，清理管子
活动部件的摩擦损耗增大	检查活动部件，即轴承，十字头导架，检查润滑油压力

7. 润滑油压力低的原因及处理方法见表 30。

表 30　润滑油压力低的原因及处理方法法

原因	处理
过滤器堵塞	清理（检查内部）
润滑油泵故障	修理
管子破裂	修理
接头处油汇漏	修理

8. 润滑油温度高的原因及处理方法见表 31。

表 31　润滑油温度高的原因及处理方法

原因	处理
油冷却器壳程或管程的污物堵塞	清理
油冷却器却水通道堵塞或弄脏	清理
曲柄箱任何活动部件卡位	检查轴承和十字头滑瓦并修理

7.4.3 高压注水泵的常见故障与处理方法

高压注水泵的常见故障与处理方法见表32。

表32 高压注水泵的故障及处理方法

故障	原因	处理方法
启动后泵断流	1. 供液不足； 2. 泵汽蚀； 3. 介质中有空气或蒸汽	1. 保证入口阀全开； 2. 检查液位高度，增加入口压力，排除入口管和过滤器堵塞； 3. 检查并排除入口系统漏气点
流量不足，压力不够，或不出液体	1. 转速过低； 2. 泵吸入管内未灌满液体，留有空气； 3. 入口压力过低或吸程过高，超过规定； 4. 转向不对； 5. 吸入管、排气管、叶轮内积有异物； 6. 叶轮腐蚀或磨损严重	1. 检查电源电压； 2. 全开入口阀，向泵内灌满液体，放尽气体； 3. 检查液位高度，必要时降低安装高度，增加入口压力； 4. 按转向牌要求改正转向； 5. 清除异物； 6. 更换叶轮
流量扬程不符合要求	1. 泵汽蚀； 2. 流量太大，压力过低； 3. 流量太小液体过热而汽化； 4. 诱导轮、叶轮损坏； 5. 扩压器喉部堵塞	1. 同前； 2. 检查出口阀操作是否有误，有否虚扣，关小调节阀； 3. 开大调节阀增大流量； 4. 更换相应零件； 5. 清理异物
出口压力波动过大	1. 流量太小； 2. 泵汽蚀； 3. 调节阀故障	1. 增大流量，如必须在此流量下工作，可设旁路增大流量； 2. 同前； 3. 检查并修理
泵振动及噪声	1. 流量过小； 2. 泵汽蚀； 3. 吸入管路进气； 4. 零部件松动； 5. 泵和电机轴不同心； 6. 泵轴弯曲或磨损过多； 7. 轴承损坏； 8. 叶轮内异物造成不平衡； 9. 基础不完善； 10. 地脚螺钉松动	1. 加大流量及安装旁通管； 2. 同前； 3. 排除吸入管路漏气点，放尽气体； 4. 上紧螺母或更换零部件； 5. 检查对中性并处理； 6. 校直或更换； 7. 检查更换； 8. 去除异物； 9. 完善基础； 10. 拧紧螺钉
电机超载	1. 超载信号错误； 2. 转速太高； 3. 接线错误，两相运行，电路电压下降； 4. 介质密度和黏度过大；	1. 检查操作控制信号； 2. 按电机说明书检查； 3. 检查电机电源及接线状态； 4. 查额定条件；

表 32　高压注水泵的故障及处理方法（续）

故障	原因	处理方法
电机超载	5. 泵轴卡住或转动部件卡入异物，转动不灵； 6. 泵轴弯曲或泵轴与电机轴不同心	5. 检查转动部件有无异物，更换引起故障的部件； 6. 校正
润滑油泵不上压或压力偏低	1. 油泵有漏气处； 2. 油路中有气堵； 3. 系统管路装配不善有泄漏点； 4. 油泵损坏内部间隙过大； 5. 径向轴承间隙过大； 6. 油温过高	1. 检查排除； 2. 放气； 3. 检查各密封点排除漏点； 4. 排除或更换； 5. 更换； 6. 改善冷却
油温过高	1. 润滑油品牌不当； 2. 冷却水流量不足； 3. 冷却水脏； 4. 油污染； 5. 低油位过高	1. 换规定牌号润滑油； 2. 检查冷却器冷却水进出口两端压差，增大冷却水流量； 3. 检查水质，并排除； 4. 检查冷却器有否漏水，过滤器有无破损，换油、换过滤器、冷却器； 5. 调整低油位
润滑油泵压力偏高或运转中油压不断升高	1. 油脏，过滤器堵塞； 2. 油进水，油液乳化	1. 彻底清洗箱体，换油，换过滤器，清洗冷却器； 2. 检查冷却器漏点，机封损坏情况，更换受损部件
密封泄漏超标	1. 泵汽蚀振动； 2. 动、静环破裂； 3. 动、静环腐蚀； 4. 动、静环磨损严重或密封面划伤； 5. 弹簧腐蚀，弹力不够	1. 消除泵的汽蚀； 2. 更换； 3. 更换新材质； 4. 换新密封环或重新研磨； 5. 换新弹簧

7.4.4　反应进料泵抽空故障处理方法

反应进料泵抽空危害：泵抽空时气体会进入泵体，造成泵汲液能力下降，泵会发出噪声，泵体震动，扬程和流量均下降，叶片严重受损，损坏泵及密封，并造成反应进料低流量联锁。反应进料泵抽空故障处理方法见表 33。

表 33　反应进料泵抽空故障处理方法

序号	影响因素	现象	处理方法
1	原料罐液位过低	原料罐液位过低；反应进料流量低，甚至导致反应进料低流量联锁	提高原料油罐液位控制，如果原料波动或者回零，降低反应进料量、反应温度。如长时间不能恢复，则请示调度按原料中断事故处理

表 33 反应进料泵抽空故障处理方法（续）

序号	影响因素	现象	处理方法
2	原料罐压力过低	原料罐液位过高；反应进料泵入口压力低	提高原料罐顶压力
3	检修后的机泵没有灌泵排空气	出口压力大幅波动	启动备用泵，停运行泵；停运泵灌泵赶气后备用
4	原料油温度过高，轻组分过多发生汽蚀	泵体振动大，声音异常，电流波动大	及时联系调度和上游相关装置处理，并降低反应进料量、反应温度
5	泵体机械故障	泵体振动大，声音异常，电流波动大	切换至备用泵，联系钳工处理

7.4.5 反应系统超压故障处理方法

高压系统超高危害：反应系统超压易造成系统设备超压，冷高分安全阀起跳，反应系统波动。反应系统超压故障处理方法见表 34。

表 34 反应系统超压故障处理方法

序号	影响因素	现象	处理方法
1	新氢机补入的新氢量过大	新氢机出口流量增大，循环机入口压力超高，系统压力上升	调节新氢机负荷使补入的新氢量正常
2	反应进料量降低，但新氢补充量没减少	系统压力上升	通过调整排废氢控制阀调节
3	原料大量带水	反应进料波动，系统压力上升	原料油罐加强切水，联系调度和上游装置，加强新鲜原料的脱水或切罐

7.4.6 反应器床层超温故障处理方法

反应器床层超温危害：会损坏催化剂，导致催化剂烧结，甚至威胁反应器。反应器床层超温故障处理方法见表 35。

表 35 反应器床层超温故障处理方法

序号	影响因素	现象	处理方法
1	原料性质变化	在正常操作时，反应器床层任意点温度超过正常值且继续上升	加大超温床层入口冷氢，提高循环机转速
2	反应入口温度		降低反应器入口温度
3	注冷氢阀关闭		联系仪表处理注冷氢阀

7.4.7 高压法兰泄漏着火故障处理方法

高压法兰泄漏着火危害：会造成装置停车，泄漏严重时，危害到装置及人身安全。高压法兰泄漏着火故障处理方法见表 36。

表 36 高压法兰泄漏着火故障处理方法

序号	影响因素	现象	处理方法
1	开停工过程中升降温速度过快	泄漏轻微时有滴油或冒烟现象，泄漏量大时容易引火灾	按照工艺要求控制升降温速度
2	法兰或垫片质量存在问题		泄漏轻微时可通蒸汽保护，联系相关单位处理
3	开工过程中未热紧		泄漏严重或引发火灾时，装置紧急停工，报火警通知调度

7.4.8 加热炉冒黑烟故障处理方法

加热炉冒黑烟危害：浪费燃料，易使反应进料加热炉、分馏重沸炉对流段炉管和热管系统结焦粉，降低了这些部位设备传热系数，并且未充分燃烧的烟气易在对流段发生二次燃烧，损伤两炉的设备，未充分燃烧烟气排放大气后污染环境。加热炉冒黑烟故障处理方法见表 37。

表 37 加热炉冒黑烟故障处理方法

序号	影响因素	现象	处理方法
1	空气不足，燃料气燃烧不完全	烟囱冒黑烟，炉膛氧含量降低	降低燃料气流量，增加入炉风量
2	燃料气带油	烟囱冒黑烟，排烟温度上升，炉膛负压变正压	加强燃料气分液罐切液；若带液多时联系调度和有关单元调整操作
3	加热炉超负荷运行	烟囱冒黑烟	调整降低加热炉进料量或反应温度，关小高换旁路
4	供风量过小	烟囱冒黑烟	调整烟道挡板和风门开度，保持炉膛负压和氧含量合格，炉子燃烧正常
5	鼓风机、引风机故障	烟囱冒黑烟，炉膛氧含量降低	适当开大主挡板，维持炉膛负压；联系检修修理引风机
6	烟道挡板或风机挡板误动作	炉膛压力大幅波动	迅速调整稳定烟道挡板开度

7.4.9 循环压缩机喘振故障处理方法

循环压缩机喘振危害：压缩机震动强烈，机壳、轴承均有强烈振动，振动大时轴承液体润滑条件会遭到破坏，轴瓦会烧坏，甚至轴扭断，转子与定子会产生摩擦，碰撞，干气密封元件将严重破坏。循环压缩机喘振故障处理方法见表 38。

表 38 循环压缩机喘振故障处理方法

序号	影响因素	现象	处理方法
1	循环机入口流量低	压缩机振动强烈，并发出强烈的、周期性的气流声	开大防喘振阀开度
2	循环机入口压力低	循环机入口流量和出口压力大幅度变化，产生气体倒流现象	增加新氢补入量，关闭废氢排放，提高反应系统压力
3	循环机转速过低	压缩机出现一系列报警	提高汽轮机转速
4	防喘振阀门突然关闭	管网有周期性振荡，振幅大、频率低，并伴有周期性“吼叫”声	如果是误操作，则迅速打开防喘振阀。如果是仪表故障，则用手轮打开防喘振阀，联系仪表处理

7.4.10 循环氢脱硫塔胺液发泡故障处理方法

循环氢脱硫塔胺液发泡危害：循环氢压缩机入口分液罐带液频繁，带液大时易产生液击，损伤压缩机，同时脱硫效果变差、胺液跑损严重。循环氢脱硫塔胺液发泡故障处理方法见表 39。

表 39 循环氢脱硫塔胺液发泡故障处理方法

序号	影响因素	现象	处理方法
1	循环机转速过高	循环机流量过大；循环机入口分液罐液位上升较快	对循环氢压缩机入口分液罐进行切液，防止液位高联锁停机，调整循环机转速，降低循环氢量
2	贫胺液性质较差	循环氢中硫化氢浓度上升，氢纯度下降	调整好贫胺液浓度，同时打开旁路手操器，外操加强脱硫塔撇油
3	贫胺液温度太低	贫胺液和循环氢压缩机入口循环氢温差过小	调整贫胺液的温度，控制好贫胺液与循环氢温差
4	冷高分顶部温度高	冷高分顶部气体增大	调整出口温度，控制好循环氢温度
5	贫胺液注入量过小	循环氢纯度降低	提高贫胺液注入量
6	循环氢脱硫塔液位过高	循环氢压缩机出入口差压表指示上升	控制好循环氢脱硫塔的液位正常

7.4.11 高压空冷堵塞故障处理方法

高压空冷堵塞危害：造成系统差压升高，增加装置能耗，减少高压空冷的散热面积，严重时会导致垢下腐蚀泄漏。高压空冷堵塞故障处理方法见表 40。

表 40 高压空冷堵塞故障处理方法

序号	影响因素	现象	处理方法
1	注水量偏小	空冷差压上升	适当提高注水量
2	原料油中氯、硫含量高	空冷管束温度差异较大	联系调度优化原料

表 40　高压空冷堵塞故障处理方法（续）

序号	影响因素	现象	处理方法
3	缓蚀剂堵塞	局部管束弯曲变形	严格控制注入量；保证物料均匀分布；选择合适的注剂

7.4.12　硫化氢汽提塔冲塔故障处理方法

硫化氢汽提塔冲塔危害：使整个塔内液体不能正常流下，液体大量返混，严重影响塔的正常操作。会造成产品不合格，酸性水带油，轻烃带液。由于液体不能正常流下，会使塔内液体滞流量猛增，致使设备主体产生破坏性损伤，冲塔是操作中应该坚决杜绝的。硫化氢汽提塔冲塔故障处理方法见表 41。

表 41　硫化氢汽提塔冲塔故障处理方法

序号	影响因素	现象	处理方法
1	汽提塔顶回流系统故障	塔顶回流大幅波动或回零	检查回流泵运行状况，尽快启用备用泵或恢复运行泵正常运行
2	回流量过大，轻烃过多地压至塔底造成突沸	塔顶回流量大	减少回流注入量，尽量将轻烃送出装置
3	塔顶压力突然下降	塔顶温度迅速上升，塔顶压力下降	提高塔顶回流，避免塔顶温度过高而影响轻烃干点控制
4	汽提蒸汽流量过大，温度过高	汽提蒸汽流量过大，温度过高	降低汽提蒸汽流量，稳定汽提蒸汽温度
5	塔底液位过高	塔顶温度、压力上升	提高塔顶回流
6	脱气塔负荷过大	反应进料量大，塔液位上升	降低反应进料量
7	塔进料带水	全塔温度降低，压力上升	检查冷低分界控，并降低界位

7.4.13　硫化氢汽提塔顶回流泵抽空故障处理方法

硫化氢汽提塔顶回流泵抽空危害：泵抽空时气体会进入泵体，造成泵汲液能力下降，泵会发出噪声，泵体震动，扬程和流量均下降，叶片严重受损，损坏泵及密封，操作中严禁泵抽空。硫化氢汽提塔回流泵抽空故障处理方法见表 42。

表 42　硫化氢汽提塔顶回流泵抽空故障处理方法

序号	影响因素	现象	处理方法
1	硫化氢汽提塔顶回流罐液位过低	塔顶温度过低，回流罐液位下降	适当提高回流量
2	回流罐温度过高发生汽蚀	回流泵出口压力大幅波动	降低温度
3	回流泵入口过滤网堵	回流罐液位上升	切换至备用泵，联系清扫过滤网
4	泵体机械故障	泵体振动大，声音异常，电流波动	切换至备用泵，联系钳工处理

7.4.14 分馏塔顶回流泵抽空故障处理方法

分馏塔顶回流泵抽空危害：泵抽空时气体会进入泵体，造成泵汲液能力下降，泵会发出噪声，泵体震动，扬程和流量均下降，叶片严重受损，损坏泵及密封，操作中严禁泵抽空。分馏塔顶回流泵抽空故障处理方法见表43。

表43 分馏塔顶回流泵抽空故障处理方法

序号	影响因素	现象	处理方法
1	分馏塔顶回流罐液位过低	回流泵入口压力低	降低石脑油出装置流量
2	回流泵入口过滤网堵	回流罐液位上升	切换至备用泵，联系清扫过滤网
3	回流罐温度过高发生汽蚀	回流泵出口压力大幅波动	降低回流罐温度
4	泵体机械故障	泵体振动大，声音异常，电流波动	切换至备用泵，联系钳工处理

7.4.15 产品出装置泵抽空故障处理方法

产品出装置泵抽空危害：泵抽空时气体会进入泵体，造成泵汲液能力下降，泵会发出噪声，泵体震动，扬程和流量均下降，叶片严重受损，损坏泵及密封，操作中严禁泵抽空。产品出装置泵抽空故障处理方法见表44。

表44 产品出装置泵抽空故障处理方法

序号	影响因素	现象	处理方法
1	分馏塔液位过低	泵入口压力低	降低产品出装置流量；降低分馏塔压力
2	分馏塔进料带水	分馏塔温度下降，操作波动	联系调度和公用工程，提高脱气塔汽提蒸汽温度
3	产品泵入口过滤网堵	分馏塔液位上升	切换至备用泵，联系清扫过滤网
4	塔底、泵入口气缸阀未开或故障关闭	分馏塔液位上升；泵体振动大，声音异常，电流波动	查明故障阀门手动打开，联系仪表处理
5	检修后的机泵没有灌泵排空气	产品泵出口压力大幅波动	启动备用泵，停运行泵；停运泵灌泵赶气后备用

7.4.16 分馏塔冲塔故障处理方法

分馏塔冲塔危害：给分馏塔带来操作波动，影响产品质量，增加塔的操作费用。分馏塔冲塔故障处理方法见表45。

表45 分馏塔冲塔故障处理方法

序号	影响因素	现象	处理方法
1	分馏塔顶回流系统故障	塔顶回流大幅波动或回零	检查回流泵运行状况，尽快启用备用泵或恢复运行泵正常运行

表 45　分馏塔冲塔故障处理方法（续）

序号	影响因素	现象	处理方法
2	回流量过大，石脑油过多地压至塔底造成突沸	塔顶回流量大	减少回流注入量，尽量将石脑油送出装置
3	塔顶压力突然下降	塔顶温度迅速上升，塔顶压力下降	提高塔顶回流，避免塔顶温度过高而影响石脑油干点控制
4	分馏加热重沸炉温度过高	分馏重沸炉温度过高	稳定重沸炉出口温度
5	塔底液位过高	塔顶温度、压力上升	提高塔顶回流
6	分馏塔负荷过大	反应进料量大，塔液位上升	降低反应进料量
7	塔进料组分变轻	塔顶温度、压力上升	降低进料量
8	塔进料带水	全塔温度降低，压力上升	提高脱气塔汽提蒸汽温度

7.4.17　蒸汽发生器换热器内漏故障处理方法

蒸汽发生器换热器内漏危害：造成油水互串，影响柴油和蒸汽质量。蒸汽发生器换热器内漏故障处理方法见表 46。

表 46　蒸汽发生器换热器内漏故障处理方法

序号	影响因素	现象	处理方法
1	腐蚀导致管束穿孔	污水量增加，产汽减少	换热器改副线，控制好塔顶温度，联系处理
2	换热器进料温度大幅度波动	换热器出口温度波动	控制换热器进料温度和流量稳定
3	换热器单面受热	蒸汽和炉水中带油	防止汽水分离器干锅，造成换热器单面受热

7.4.18　燃料气带液故障处理方法

燃料气带液危害：会影响反应温度和分馏炉出口温度，导致产品质量不合格。如果两炉主火嘴及长明灯全部熄灭，将给操作带来较大波动。燃料气带液故障处理方法见表 47。

表 47　燃料气带液故障处理方法

序号	影响因素	现象	处理方法
1	燃料气分液罐液位过高	燃料气分液罐液位高，燃料气流量波动；烟囱冒黑烟，炉膛温度上升	加强燃料气分液罐排凝
2	燃料气管网大量带油或胺液	烟囱冒黑烟，炉膛温度上升；加热炉主火嘴和长明灯全部或部分熄灭，炉出口温度降低	联系调度和有关单元处理；加强燃料气分液罐排凝，尽快点燃熄灭的火嘴

7.4.19　汽水分离器干锅故障处理方法

汽水分离器干锅危害：汽水分离器干锅导致过热蒸汽温度超高，严重时造成汽水分离器应力损坏，注意汽水分离器干锅后严禁立即进水，防止水突沸汽水分离器加重损伤，损坏蒸汽发生器和汽水分离器，并且易使蒸汽发生器法兰泄漏发生着火及衍生事故。汽水分离器干锅故障处理方法见表48。

表48　汽水分离器干锅故障处理方法

序号	影响因素	现象	处理方法
1	外供给水系统故障	汽水分离器低水位报警或玻璃板液位计不见液位	判明汽水分离器是轻微缺水还是严重缺水；严重缺水时全关蒸汽发生器热源，改走副线，严禁向锅炉进水，防止汽水分离器膨胀爆炸
2	蒸汽发生器热源温度突然上升，而给水量不变	蒸汽发生器热源出口温度升高	如果热源流量突然大幅度增加，适当调整热源流量
3	上水阀故障	汽水分离器产汽量、压力下降	如果给水故障，应及时联系处理
4	排污阀没关或严重漏液	汽水分离器低水位报警或玻璃板液位计不见液位	汽水分离器缺水，判明汽水分离器是轻微缺水还是严重缺水；严重缺水时全关蒸汽发生器热源，改走副线，严禁向锅炉进水，防止汽水分离器膨胀爆炸
5	仪表故障	汽水分离器液位不准	及时联系仪表处理

7.4.20　汽水分离器满水故障处理方法

汽水分离器满水危害：蒸汽品质下降，严重满水时，主蒸汽管道会出现水击。汽水分离器满水故障处理方法见表49。

表49　汽水分离器满水故障处理方法

序号	影响因素	现象	处理方法
1	给水压力突然升高	炉水位高于正常水位，水位报警	判明是满水还是缺水
2	给水调节阀失灵或副线阀漏量大	水位计内满水，颜色灰暗	如属轻微满水应开启定期排污；严重满水时蒸汽切除系统，等水位恢复正常再并入系统
3	汽水分离器压力突然降低	产汽温度明显下降	如果给水压力突然升高，通知除氧水站降低除氧水泵出口压力
4	负荷骤变，蒸汽发生器热源温度突然下降，而给水量不变	给水流量不正常地大于蒸汽流量	如果给水调节阀失灵或副线阀漏量大，将给水控制阀改为手动，减少给水量
5	仪表故障	严重满水时，主蒸汽管道会出现水击声	如果外界负荷增大使蒸汽压力降低造成水位高是暂时现象，是虚假水位，操作人员应正确处理。如果仪表故障，联系仪表处理

7.4.21 汽水分离器共腾故障处理方法

汽水分离器汽水共腾危害：蒸汽温度急剧下降，蒸汽大量带水，严重时管道发生水击。汽水分离器共腾故障处理方法见表 50。

表 50 汽水分离器共腾故障处理方法

序号	影响因素	现象	处理方法
1	炉水质量不合格	产汽温度急剧下降	关注蒸汽温度和炉水位
2	炉水位过高，负荷增加过快	汽水分离器内水位无法控制，严重时蒸汽管道内有水击声	加强汽水分离器间排和连排排污，注意汽水分离器液位过低
3	长期不排污	炉水位和产气量波动大，水位高报警，汽水混合在一起	降低负荷，加强蒸汽管道低点的疏水。加强水质分析，寻找原因，采取措施改善炉水质量

附　录　A
（资料性附录）
设备现场检修质量控制表

表 A.1　离心泵现场检修质量控制表

装置名称：　　　　　　　设备名称：　　　　　　　位号：　　　　　　施工单位：

序号	检修工序内容	质量标准	检修记录		共检点		
			检修前	检修后	A	B	C
1	修复转子的检查					√	√
2	转子动平衡试验					√	√
3	推力轴承间隙及磨损情况					√	√
4	联轴节毂拆卸力矩确认						√
5	径向轴承间隙及磨损情况					√	√
6	径向轴承瓦背紧力					√	√
7	机械密封检查					√	√
8	转子窜量检查					√	√
9	叶轮口环间隙					√	√
10	大盖螺栓探伤检查						√
11	大盖复位力矩确认						√
12	进出管线法兰密封面检查						√
13	找正情况					√	√
14	辅助系统的检查及调整					√	√
15	试运转						√

注：A—机动部确认；B—设备管理科确认；C—车间确认。

表 A.2　离心压缩机现场检修质量控制表

装置名称：　　　　　　　设备名称：　　　　　　　位号：　　　　　　施工单位：

序号	检修工序内容	质量标准	检修记录		共检点		
			检修前	检修后	A	B	C
1	修复转子的检查				√	√	√
2	转子动平衡试验				√	√	√
3	推力轴承间隙及磨损情况				√	√	√
4	联轴节毂拆卸力矩确认						√
5	径向轴承间隙及磨损情况				√	√	√

表 A.2　离心压缩机现场检修质量控制表（续）

序号	检修工序内容	质量标准	检修记录		共检点					
			检修前	检修后	A		B		C	
6	径向轴承瓦背紧力				√		√		√	
7	浮环密封间隙及 O 形圈检查						√		√	
8	压缩机转子吊出前的跳动				√		√		√	
9	转子窜量检查				√		√		√	
10	疏齿密封、平衡鼓情况检查						√		√	
11	气缸内壁腐蚀情况检查								√	
12	回流器、弯道、隔板检查				√		√		√	
13	氮封情况检查								√	
14	大盖螺栓探伤检查								√	
15	大盖复位力矩确认								√	
16	进出管线法兰密封面检查								√	
17	汽轮机与压缩机找正情况				√		√		√	
18	辅助系统的检查及调整						√		√	
19	压缩机试运转								√	

注：A—机动部确认；B—设备管理科确认；C—车间确认。

表 A.3　汽轮机现场检修质量控制表

装置名称：　　　　　设备名称：　　　　　位号：　　　　　施工单位：

序号	检修工序内容	质量标准	检修记录		共检点					
			检修前	检修后	A		B		C	
1	联轴器轴向间隙						√		√	
2	对中偏差				√		√		√	
3	驱动端径向轴承间隙				√		√		√	
4	驱动端径向轴承瓦背紧力				√		√		√	
5	自由端径向轴承间隙				√		√		√	
6	自由端径向轴承瓦背紧力				√		√		√	
7	止推轴承间隙				√		√		√	
8	迷宫密封间隙						√		√	
9	油封间隙				√		√		√	
10	喷嘴间隙						√		√	
11	转子跳动								√	
12	叶轮瓢偏度				√		√		√	

表 A.3　汽轮机现场检修质量控制表（续）

序号	检修工序内容	质量标准	检修记录		共检点		
			检修前	检修后	A	B	C
13	检查对中数值				√		√
14	电调静态试验						√
15	盘车						

注：A—机动部确认；B—设备管理科确认；C—车间确认。

表 A.4　往复压缩机现场检修质量控制表

装置名称：　　　　　　设备名称：　　　　　　位号：　　　　　　施工单位：

序号	检修工序内容	质量标准	检修记录		共检点		
			检修前	检修后	A	B	C
1	检查气缸					√	√
2	检查活塞杆					√	√
3	活塞杆直线度					√	√
4	活塞螺母锁紧						√
5	测量上下死点					√	√
6	活塞杆填料回装					√	√
7	刮油环的回装					√	√
8	检查滑板与导轨接触					√	√
9	十字头与滑道间隙					√	√
10	导向轴承间隙					√	√
11	检查曲轴张合度						√
12	大头瓦间隙					√	√
13	主轴瓦径向间隙						√
14	反飞轮侧主轴瓦侧隙						√
15	中间主轴瓦反侧隙						√
16	装配连杆螺栓力矩						√
17	曲轴密封正确					√	√
18	回装气阀					√	√
19	其他螺栓回装力矩						√
20	检查飞轮跳动						
21	检查对中数值						
22	盘车						

注：A—机动部确认；B—设备管理科确认；C—车间确认。

表 A.5　轴系仪表探头、轴承温度检修质量控制表

装置名称：　　　　　设备名称：　　　　　位号：　　　　　施工单位：

序号	检修工序内容	质量标准	检修记录		共检点					
			检修前	检修后	A		B		C	
1	探头安装前检查								√	
2	探头的位置检查								√	
3	探头安装情况检查				√		√		√	
4	探头的校验						√		√	
5	跑润滑油检查						√		√	
6	机组轴承温度检测元件检查						√		√	
7	温度变送器检查								√	
8	室内温湿度仪检查								√	
9	接线盒引入口、接线及线号标识检查						√		√	
10	取源部件严密性检查						√		√	

注：A—机动部确认；B—检修管理科确认；C—车间确认。

表 A.6　反应器现场检修质量控制表

装置名称：　　　　　设备名称：　　　　　位号：　　　　　施工单位：

序号	检修工序内容	质量标准	检修记录		共检点					
			检修前	检修后	A		B		C	
1	内部宏观检查				√		√		√	
2	外部宏观检查								√	
3	接地和防静电装置检查						√		√	
4	热电偶等安全附件检查						√		√	
5	检验检测结果核查				√		√		√	
6	密封部件检查						√		√	
7	螺栓等连接件外观检查						√		√	
8	螺栓等连接件紧固检查				√		√		√	
9	反应器气密检查						√		√	

注：A—机动部确认；B—设备管理科确认；C—车间确认。

表 A.7 加热炉现场检修质量控制表

装置名称： 设备名称： 位号： 施工单位：

序号	检修工序内容	质量标准	检修记录		共检点		
			检修前	检修后	A	B	C
1	辐射段炉管宏观检查					√	√
2	辐射段炉管无损检测				√		√
3	辐射段炉管热电偶及套管						√
4	对流段炉管结构检查					√	√
5	对流段炉管衬里检查				√	√	√
6	对流段炉管弯头测厚					√	√
7	对流段炉管检查				√	√	√
8	炉顶保温、过渡段保温检查					√	√
9	辐射段炉墙检查				√		√
10	看火孔砖检查更换，盖板检查						√
11	底部烧嘴砖检查更换						√
12	底部烧嘴的结焦和烧损状况检查				√		√
13	底部烧嘴燃料气路管线、阀门检查					√	√
14	检查空预器有无泄漏点及灰垢清理等					√	√

注： A—机动部确认；B—设备管理科确认；C—车间确认。

表 A.8 管壳式换热器现场检修质量控制表

装置名称： 设备名称： 位号： 施工单位：

序号	检修工序内容	质量标准	检修记录		共检点		
			检修前	检修后	A	B	C
1	换热器内部结焦物检查					√	√
2	换热器管束检查					√	√
3	换热器壳体检查						√
4	换热器基础检查						√
5	换热器安全附件检查					√	√
6	换热器检验检测					√	
7	换热器螺栓及密封件检查						√
8	换热器回装检查					√	√
9	换热器耐压试验检查					√	√

注： A—机动部确认；B—设备管理科确认；C—车间确认。

表 A.9　塔设备现场检修质量控制表

装置名称：　　　　　　　　设备名称：　　　　　　　　位号：　　　　　施工单位：

序号	检修工序内容	质量标准	检修记录		共检点		
			检修前	检修后	A	B	C
1	塔筒体检查						√
2	塔内件检查					√	√
3	塔内件安装检查					√	√
4	塔体检验检测					√	√
5	安全附件检查						√
6	封塔检查					√	√
7	塔基础及平台、爬梯、支吊架检查					√	√
8	塔气密检查					√	√

注： A—机动部确认；B—设备管理科确认；C—车间确认。

表 A.10　通用阀门现场检修质量控制表

装置名称：　　　　　　　　设备名称：　　　　　　　　位号：　　　　　施工单位：

序号	检修工序内容	质量标准	检修记录		共检点		
			检修前	检修后	A	B	C
1	阀体检查						√
2	阀芯、阀座检查					√	√
3	阀杆检查						√
4	填料室检查						√
5	密封面检查修复					√	√
6	阀门组装						√
7	强度试验和严密性试验					√	√
8	安装调试					√	√

注： A—机动部确认；B—设备管理科确认；C—车间确认。

表 A.11　管道安装组焊质量控制表

装置名称：　　　　　　　　设备名称：　　　　　　　　位号：　　　　　施工单位：

序号	检修工序内容	质量标准	检修记录		共检点		
			检修前	检修后	A	B	C
1	焊接设备完好性检查						√
2	焊接材料检查						√
3	焊接工艺及焊接人员资质检查					√	√

表 A.11 管道安装组焊质量控制表（续）

序号	检修工序内容	质量标准	检修记录		共检点					
			检修前	检修后	A		B		C	
4	管道组对								√	
5	焊缝外观及无损检查						√		√	
6	焊缝返修检查						√		√	

注：A—机动部确认；B—设备管理科确认；C—车间确认。

表 A.12 高压系统法兰、螺栓、垫片现场检修检验质量控制表

装置名称：　　　　设备名称：　　　　位号：　　　　施工单位：

序号	检修工序内容	质量标准	检修记录		共检点					
			检修前	检修后	A		B		C	
1	密封面检查及保护								√	
2	螺栓尺寸及硬度检查								√	
3	环垫材质及硬度检查								√	
4	环垫密封面检查						√		√	
5	螺栓清洗及试装								√	
6	安装尺寸检查								√	
6	安装质量检查						√		√	

注：A—机动部确认；B—设备管理科确认；C—车间确认。

表 A.13 弹簧式安全阀现场检修检验质量控制表

装置名称：　　　　设备名称：　　　　位号：　　　　施工单位：

序号	检修工序内容	质量标准	检修记录		共检点					
			检修前	检修后	A		B		C	
1	安全阀外观检查								√	
2	阀瓣组件检查								√	
3	阀杆检查								√	
4	弹簧检查								√	
5	安全阀密封面								√	
6	安全阀回装								√	
7	安全阀定压						√		√	
8	安全阀标识								√	

注：A—机动部确认；B—设备管理科确认；C—车间确认。

表 A.14 防腐质量控制表

装置名称：　　　　　　设备名称：　　　　　　位号：　　　　施工单位：

序号	检修工序内容	质量标准	检修记录		共检点		
			检修前	检修后	A	B	C
1	防腐涂料合格检查				√	√	√
2	涂层颜色及标志						√
3	施工环境检查						√
4	表面处理符合等级要求					√	√
5	底漆涂装					√	√
6	中间漆涂装					√	√
7	面漆涂装					√	√
8	涂装质量要求与检查				√		√
9	涂层质量检查					√	√
10	漆膜实干后，用测厚仪对涂层测厚				√	√	√

注：A—机动部确认；B—设备管理科确认；C—车间确认。

表 A.15 保温质量控制表

装置名称：　　　　　　设备名称：　　　　　　位号：　　　　施工单位：

序号	检修工序内容	质量标准	检修记录		共检点		
			检修前	检修后	A	B	C
1	绝热材料合格检查				√	√	√
2	具备绝热施工条件						√
3	检测布点及测厚点布点					√	√
4	绝热层施工质量检查					√	√
5	保护层安装质量检查						√
6	热损测试				√	√	√

注：A—机动部确认；B—设备管理科确认；C—车间确认。

3. 常减压装置维护检修规程

SHZ 02003—2019

目　次

前　言

本规程按照 GB/T 1.1—2009《标准化工作导则　第 1 部分：标准的结构和编写》给出的规则起草。

本规程由中国石油化工集团有限公司、中国石油化工股份有限公司提出。

本规程起草单位：中国石油化工股份有限公司武汉分公司。

本规程主要起草人：龚自辉、张玉龙、刘畅、许帆、周锦巧、宋才华、陈宇哲、张威、龚海桥、石鑫、柳娜、李永强、汪铮。

本规程 2019 年首次发布。

常减压装置维护检修规程

1 范围

1.1 本规程规定了常减压装置（包括连续电脱盐、常压蒸馏、减压蒸馏 3 个单元）及其主要设备、专用设备的检修周期、检修项目及质量要求、检修过程管理和日常维护的相关内容。

1.2 本规程适用于炼油企业常减压装置的检修维护管理。

2 规范性引用文件

下列文件对本文件的应用是必不可少的。凡是注日期的引用文件，仅注日期的版本适用于本文件。凡是不注日期的引用文件，其最新版本（包括所有的修改单）适用于本文件。

2.1 法律法规

中华人民共和国安全生产法

中华人民共和国特种设备安全法

2.2 特种设备安全技术规范

TSG 21 固定式压力容器安全技术监察规程

TSG D0001 压力管道安全技术监察规程——工业管道

2.3 标准与规范

GB/T 151 热交换器

GB 50236 现场设备、工业管道焊接工程施工及验收规范

GB 50160 石油化工企业设计防火标准

TSG D7005 压力管道定期检验规则——工业管道

TSG R7001 压力容器定期检验规则

GB/T 20801.1～5 压力管道规范——工业管道

GB/T 50484 石油化工建设工程施工安全技术规范

SH/T 3416 石油化工用套管结晶器

SHS 01013 离心泵维护检修规程

SHS 01021　螺杆压缩机维护检修规程
SHS 01028　变速机维护检修规程
SHS 01033　设备及管道保温、保冷维护检修规程
SHS 01034　设备及管道涂层检修规程
SHS 01007　塔类设备维护检修规程
SHS 01009　管壳式换热器维护检修规程
SHS 01010　空气冷却器维护检修规程
SHS 01011　钢制圆筒形常压容器维护检修规程
SHS 01030　阀门维护检修规程
SHS 01005　工业管道维护检修规程
SHS 01002　石油化工设备润滑管理制度
SHS 01003　石油化工旋转机械振动标准

2.4　中国石化管理规定

炼油企业检修管理指南（试行版）
中国石化生产变更安全管理规定
炼油装置防腐蚀策略

3　术语与定义

下列术语和定义适用于本文件。

3.1　设备功能

设备功能指的是设备的生产效率和功能，衡量设备功能的指标随设备种类不同而异。

3.2　功能故障

设备、设施不能实现其设计功能时，称之为功能故障，定义为设备、设施不能满足期望的性能标准。一般指设备失去或降低其规定功能的事件或现象，表现为设备的某些零件失去原有的精度或性能，使设备不能正常运行、技术性能降低，致使设备中断生产或效率降低而影响生产。

3.3　故障模式

故障模式一般是对产品所发生的、能被观察或测量到的故障现象的规范描述。

3.4　A 类设备

本规程规定的 A 类设备是指经过 RCM 风险评估方法得出的因设备的功能故障引起装

置停车的该装置的关键设备。

3.5 B 类设备

本规程规定的 B 类设备是指经过 RCM 风险评估方法得出的设备的功能故障虽然不引起装置的停车，但对装置的负荷、质量及可靠性具有重大影响的该装置的主要设备。

4 装置特征

常减压装置在炼油加工总流程中具有重要作用，是炼化企业的“龙头”装置，是以加热炉和精馏塔为主体组成的蒸馏装置。以原油为原料，生产石脑油、航煤、柴油、轻蜡油、重蜡油、渣油等中间产品，为下游装置提供原料。

常减压装置通常由电脱盐、常压蒸馏、减压蒸馏三个单元部分组成。基本流程见图 1。

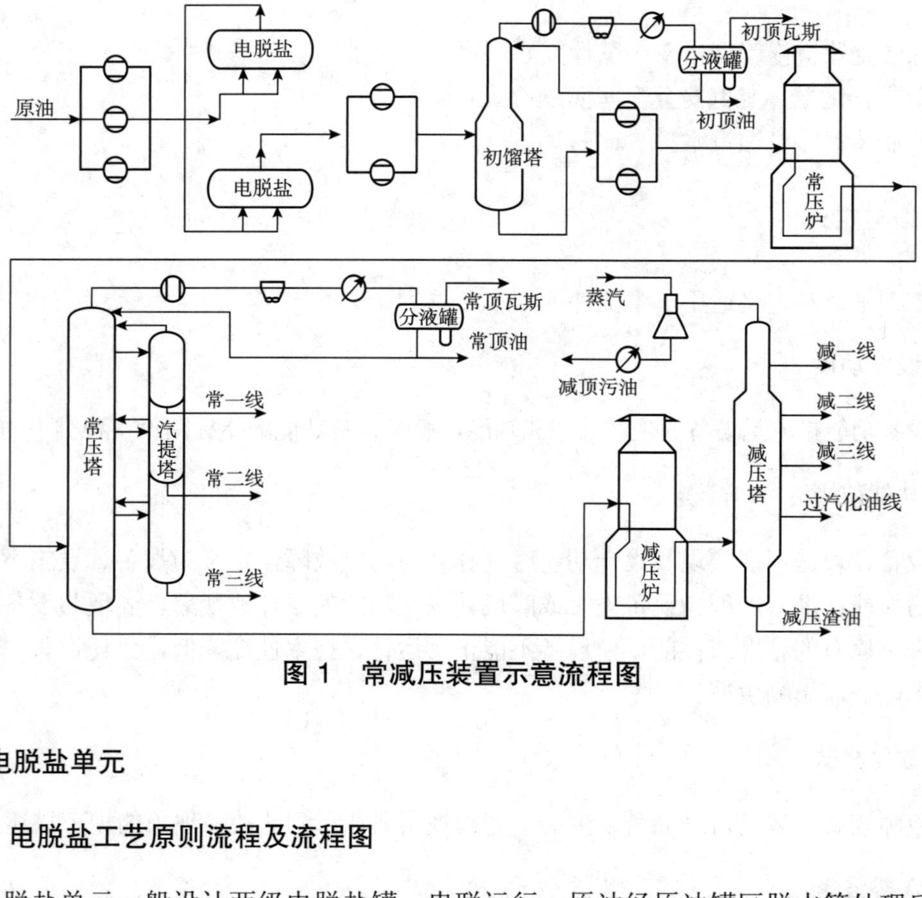

图 1　常减压装置示意流程图

4.1 电脱盐单元

4.1.1 电脱盐工艺原则流程及流程图

电脱盐单元一般设计两级电脱盐罐，串联运行。原油经原油罐区脱水等处理后，通过原油泵升压经一段换热后进入电脱盐单元。换热后的原油经注水、注破乳剂、油水混合器后进入一级电脱盐罐底部，在电场的作用下原油在电脱盐罐中油水分层，含盐污水经泵外送出装置，原油通过一级电脱盐罐顶进入二级电脱盐罐底部，同样在电脱盐罐中油水分层，含盐污水经泵外送出装置，原油通过二级电脱盐罐顶进入二段换热。工艺流程图见图2。

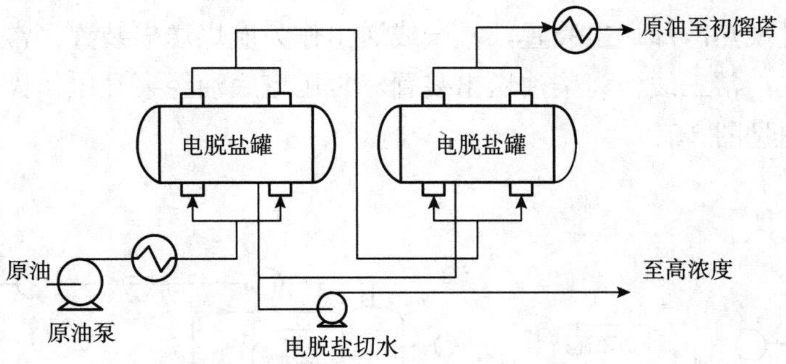

图2 电脱盐单元流程图

4.1.2 电脱盐工艺特性参数

在电脱盐单元中，通过在原油中注水，使原油中的盐分溶于水中，再通过注破乳剂，破坏油水界面和油中固体盐颗粒表面的吸附膜，然后借助高压电场的作用，使水滴感应极化而带电，通过高变电场的作用，带不同电荷的水滴互相吸引，融合成较大的水滴，借助油水密度差使油水分层，再通过电脱盐罐底的切水泵外排电脱盐切水，从而使得原油中的盐随水一起脱去，以达到盐含量满足下游装置的生产需求。

主要的工艺参数：

电脱盐平均入口温度125℃，电脱盐压力0.75～0.9MPa，混合阀压降0.055MPa。

4.1.3 电脱盐危害特性

电脱盐危害特性见表1。

表1 电脱盐危害特性

对人的主要危害	变压器异常造成人身电击伤害；原油硫含量高采样时造成硫化氢中毒
对环境的主要危害	存在原油、硫化氢等介质泄漏污染环境；原油乳化严重油水分层不明显造成切水带油的环保事故
对设备的主要危害	脱后含盐不合格造成装置结盐同时对下游装置生产造成危害；原油性质恶劣造成变压器及电极棒损坏；原油含硫较高对设备腐蚀

4.2 常压蒸馏单元

4.2.1 常压蒸馏工艺原则流程及流程图

常压蒸馏单元以电脱盐单元的脱后原油为原料，首先进入初馏塔，初馏塔顶轻组分经过冷却后进入回流罐，回流罐中气相送出装置；液相从罐底抽出，经回流泵后返回塔顶，多余部分作为石脑油送出装置。初馏塔底的初底油经泵升压经三段换热后进入加热炉，加热后进入常压塔下部，常压塔顶轻组分经过冷却后进入回流罐，回流罐中气相送出装置；液相从罐底抽出，经回流泵后返回塔顶，多余部分作为石脑油送出装置。常压塔设置三条侧线，对应设置三条回流来控制塔内气液相分布，三条侧线通过汽提塔后经泵升压，再通过换热冷却送出装置，常一线送出作为航煤送出装置；常二线作为溶剂油或柴油送出装置；常三线作为柴油送出装置。常压塔底油经泵升压作为减压蒸馏单元原料。工艺流程图见图 3。

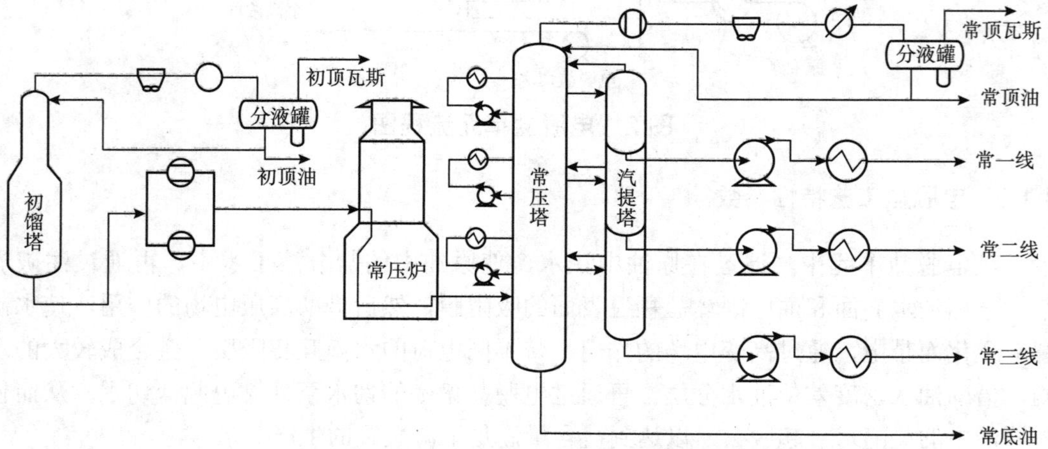

图 3　常压蒸馏单元流程图

4.2.2　常压蒸馏工艺特性参数

根据原油中各组分挥发度不同即它们之间的差异，通过加热，在塔的进料段处产生一次汽化，上升气体与塔内打入的回流液体通过塔盘逆流接触，以其温度差和相间浓度差为推动力进行双向传热传质，经过气体的逐次冷凝和液体的渐次汽化，使不平衡的汽液两相通过密切接触而趋近平衡，从而使轻重组分得到一定程度的分离。

主要的工艺参数：

初馏塔操作条件：塔顶压力≤0.1MPa，塔顶温度 120~140℃，塔底温度：185℃；

常压炉操作条件：加热炉出口温度 365℃ ±5℃，分支温度差≤10℃，分支流量差≤10t/h；

常压塔操作条件：塔顶压力≤0.1MPa，塔顶温度 120~140℃，塔底温度 350℃。

4.2.3　常压蒸馏危害特性

常压蒸馏危害特性见表 2。

表 2　常压蒸馏危害特性

对人的主要危害	加热炉闪爆对人员造成伤害；塔顶油气泄漏对人员造成伤害；高温介质泄漏对人员造成伤害；原油硫含量高采样时造成硫化氢中毒
对环境的主要危害	塔顶油气、介质泄漏造成环境污染
对设备的主要危害	硫化氢腐蚀、高温硫腐蚀造成泄漏；塔顶及常一线结盐；加热炉偏流造成炉管损坏

4.3　减压蒸馏单元

4.3.1　减压蒸馏工艺原则流程及流程图

减压蒸馏单元以常压塔底油作为原料，经加热炉加热后进入减压塔下部，减压塔顶轻组分经过抽空器和冷却器冷却后进入回流罐，回流罐中气相送出装置；液相从罐底抽出，打入原油泵入口进行回炼。减压塔设置四条侧线。其中减一线、减二线、减三线经泵升压进入换热器冷却后打回塔内对应填料上方，控制塔内气液相分布，多余部分作为产品送出装置；减四线先流入过汽化油罐，再经换热冷却后打回罐内，防止温度过高造成结焦，多余部分作为产品送出装置；减底油经泵升压后进换热器冷却后打回塔底，防止温度过高造成结焦，多余部分作为产品送出装置。工艺流程图见图 4。

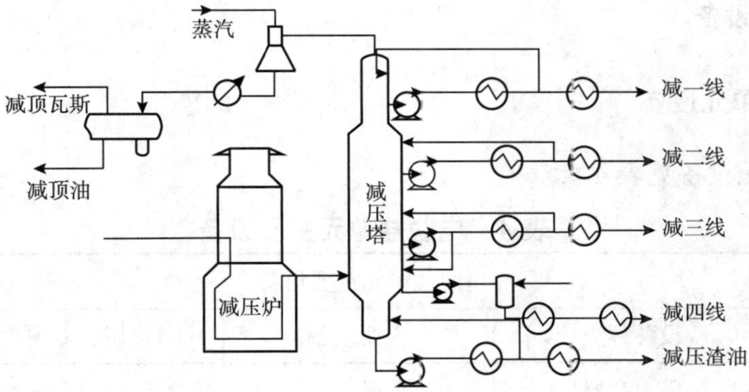

图 4　减压蒸馏单元流程图

4.3.2　减压蒸馏工艺特性参数

常底油继续在常压下蒸馏，则势必将温度提高到 400～500℃。此时，重油中的胶质、沥青质和一些对热不稳定组分会发生裂解等反应，这样一则降低了产品质量，二则加剧了设备结焦。因此，必须将常压重油在减压（真空）条件下进行蒸馏。降低外压可使物质的沸点下降，故而可以进一步从常压重油中馏出重质油料，故通过减压塔顶三级抽真空将减压塔操作压力控制在负压。同时减压塔一般采取填料塔，填料塔与板式塔相比具有更大的通量及效率，在相同的空间高度内，可提供更多的理论板，使馏分之间分离得更清晰，同时其压降又极低。

主要的工艺参数：

减压炉操作条件：加热炉出口温度397℃ ±5℃，分支温度差≤ 10℃，分支流量差≤ 10t/h；

减压塔操作条件：塔顶压力≤ 3.5kPa（绝压）；塔顶温度85~100℃；塔底温度360~365℃。

4.3.3 减压蒸馏危害特性

减压蒸馏危害特性见表3。

表3 减压蒸馏危害特性

对人的主要危害	加热炉闪爆对人员造成伤害；塔顶油气泄漏对人员造成伤害；高温介质泄漏对人员造成伤害；侧线采样温度较高造成烫伤；原油硫含量高采样时造成硫化氢中毒
对环境的主要危害	塔顶油气、介质泄漏造成环境污染
对设备的主要危害	环烷酸腐蚀、高温硫腐蚀、硫化氢腐蚀造成泄漏，严重时造成减压塔闪爆；减压塔顶及减一线结盐；加热炉偏流造成炉管损坏

5 检修周期及内容

5.1 装置主要设备

5.1.1 电脱盐单元设备

电脱盐单元设备见表4。

表4 电脱盐单元主要设备

电脱盐单元主要设备			
名称	设备种类	主要设备	通用、专用设备检修规程
静设备	压力容器	电脱盐罐	SHS 01004

5.1.2 常压蒸馏单元设备

常压蒸馏单元设备见表5。

表5 常压蒸馏单元主要设备

常压蒸馏单元主要设备				
名称	设备种类		主要设备	通用、专用设备检修规程
转动设备	泵	离心泵	原油泵、初底泵、常底泵	SHS 01013
	离心式风机		鼓风机、引风机	SHS 01022

表 5　常压蒸馏单元主要设备（续）

常压蒸馏单元主要设备				
名称	设备种类		主要设备	通用、专用设备检修规程
静设备	加热炉		常压炉	SHS 01006
	塔	板式塔	初馏塔、常压塔、汽提塔	SHS 01007
	换热器	管壳式换热器	初、常顶冷却器	SHS 01009
		板式换热器	湿空冷	
	压力容器		初顶回流罐、常顶回流罐	SHS 01004
	压力管道		初顶油气线、常顶油气线、常压炉转油线	SHS 01005
	安全阀		初顶安全阀、常顶安全阀、初顶回流罐安全阀、常顶回流罐安全阀	SHS 01030
	阀门		加热炉瓦斯系统手阀、初常顶安全阀手阀、初常顶回流罐安全阀手阀	SHS 01030

5.1.3　减压蒸馏单元设备

减压蒸馏单元设备见表 6。

表 6　减压蒸馏单元主要设备

减压蒸馏单元主要设备				
名称	设备种类		主要设备	通用、专用设备检修规程
动设备	泵	离心泵	减底泵、水环泵	SHS 01013
静设备	加热炉		减压炉	SHS 01006
	塔	填料塔	减压塔、吸收塔	SHS 01007
	换热器	管壳式换热器	减顶冷却器	SHS 01009
		板式换热器	湿空冷	
	压力容器		减顶回流罐、过汽化油罐	SHS 01004
	压力管道		减顶油气线及大气腿、减压炉进减压塔转油线、渣油线、减四线	SHS 01005
	安全阀		减顶回流罐顶安全阀、吸收塔顶安全阀	
	阀门		减一线、减二线、减三线、减四线、减底机泵入口阀	

5.2　检修周期

5.2.1　常减压装置检修应根据实际运行情况进行定期停车大检修，大修周期按 48～72 个月确定，主要设备的检修随大修周期进行，其他设备根据设备故障模式的特点进行预防性维修或状态维修。

5.2.2　有备用设备的或日常可以进行检修的设备一般不列入大修项目（除特殊情况外）。

5.3 检修内容

停车大修是对常减压装置安全环保、长周期运行及经济效益有重大影响的设备、管线、电气仪表系统、土建及基础设施等在运行周期内将要发生的功能故障进行全面检修。其他检修是除大修外对装置局部或设备本体有经济运行影响的功能故障而进行的检修。

装置长周期运行有重要影响的主要设备（A类、B类、系统功能）的功能故障见下列各单元主要设备功能故障分析表。

5.3.1 电脱盐单元主要检修内容

电脱盐单元主要检修内容见表7。

表7 电脱盐单元主要检修内容

序号	设备名称	设备功能	功能故障	故障周期/月	检修内容	专业类别
1	电脱盐罐（要考虑三级的情况）	将原油中的盐溶于水滴中，通过电场的作用实现油水分离聚结而脱除	工艺性能：变压器、电极棒及吊挂出现故障，导致电场强度不稳，影响电脱盐效果	48～60	清罐 容检 检查变压器 检查电极棒及吊挂 检查附件	A类（专用）
			机械性能：变压器及电极棒损坏； 容检不合格		更换电极、吊挂	

5.3.2 常压蒸馏单元主要检修内容

常压蒸馏单元主要检修内容见表8。

表8 常压蒸馏单元主要检修内容

序号	单元名称	装置功能	功能故障	故障周期/月	检修内容（依次列项）	专业类别
1	初馏塔	较低的温度下分离 C_1～C_4 组分，除去 HS^-、Cl^- 离子；提高装置处理量	工艺性能：塔盘故障或抽出口或回流口堵塞导致分离效果差、产品质量不合格、能耗高	48～60	塔盘 锅底 受液盘 分布管、抽出口清理 活动浮阀、浮阀补缺 容检 罐顶安全阀校验、阀门试压、接管检查；塔盘、内构件腐蚀、脱焊情况检查 塔顶封头、接管腐蚀检查	A类（通用）
			机械性能：塔盘故障； 抽出口或回流口堵塞； 分布器腐蚀减薄、穿孔； 容检不合格		进料口、进料分布器检查补板 安全阀更换手阀 更换塔盘	

表 8 常压蒸馏单元主要检修内容（续）

序号	单元名称	装置功能	功能故障	故障周期／月	检修内容（依次列项）	专业类别
2	常压塔	在一定温度下，常压下将原油分割成若干种馏分	工艺性能：塔盘故障或抽出口或回流口堵塞导致分离效果差、产品质量不合格、能耗高	48～60	塔盘、锅底、受液盘、分布管、抽出口清理 活动浮阀、浮阀补缺 容检 罐顶安全阀校验、阀门试压、接管检查；塔盘、内构件腐蚀、脱焊情况检查 塔顶封头、接管腐蚀检查	A类（通用）
			机械性能：塔盘故障；抽出口或回流口堵塞；分布器腐蚀减薄、穿孔；容检不合格		顶部筒体、封头、接管焊口补焊； 进料口、进料分布器检查补板； 安全阀更换手阀 更换塔盘	
3	汽提塔	对侧线产品通过蒸汽加热，气体带走液体中的轻组分，调整产品闪点和馏程	工艺性能：塔盘故障或抽出口或回流口堵塞导致分离效果差、产品质量不合格、能耗高	48～60	塔盘、锅底、受液盘、分布管、抽出口清理； 活动浮阀、浮阀补缺 容检 塔盘、内构件腐蚀、脱焊情况检查 塔顶封头、接管腐蚀检查	A类（通用）
		对侧线产品通过蒸汽加热，气体带走液体中的轻组分，调整产品闪点和馏程	机械性能：塔盘故障；抽出口或回流口堵塞；容检不合格		更换塔盘	
4	初、常顶回流罐	分离顶部汽油、脑油和瓦斯，切除水分	工艺性能：憋压、带水造成塔内操作混乱、产品不合格；产品抽出不畅	48～60	容检 罐顶安全阀校验及阀门试压 玻璃板液位计清洗，液位仪表调校 清罐	A类（通用）
			机械性能：抽出口堵塞；液位仪表失灵；罐顶安全阀手阀关不严、接管腐蚀；容检不合格		更换安全阀手阀、接管短节更换 更换玻璃板液位计	

表 8　常压蒸馏单元主要检修内容（续）

序号	单元名称	装置功能	功能故障	故障周期／月	检修内容（依次列项）	专业类别
5	初、常顶油气线	塔顶油气出口	工艺性能：结盐堵塞造成塔压及温度控制困难	48~60	管线全面检验 三注注剂口处管线检查	A 类（通用）
			机械性能：管线结盐堵塞；管线减薄或穿孔		管件、管线减薄更换 结盐部位水冲洗	
6	初、常顶油气空冷器	冷却油气	工艺性能：管束堵塞造成换热效果差，温度难以控制，影响塔压和产品质量	48~60	空冷内外部清洗 空冷常规检修	A 类（通用）
			机械性能：管束内漏、堵塞		堵管 更换管束	
7	初、常顶油气冷却器	冷却油气	工艺性能：管束堵塞造成换热效果差，温度难以控制，影响塔压和产品质量	48~60	换热器常规检修 容检	A 类（通用）
			机械性能：管束内漏、堵塞		堵管 更换管束 涂层修复	
8	常压炉	将常压塔进料加热至一定温度，达到分离效果	工艺性能：炉管结焦造成温度偏差大，压降大；燃烧器故障造成炉温烧不起来；热损大，能耗高	48~60	按加热炉专业检修标准检修	A 类（通用）
			机械性能：燃烧器故障；炉管积灰；炉管穿孔；炉管或拉钩、吊钩等内构件变形；衬里脱落		炉管清焦 炉管更换 炉管清灰 对流室炉管清洗 变形内构件校正或更换 衬里修复 燃烧器修复	
9	余热回收	回收烟气热量，加热进炉空气，节省能料	工艺性能：能耗增加；加热炉操作困难	48~60	挡板、蝶阀检查润滑，执行机构调试 预热器热管抽芯清洗 板式预热器清洗 烟道衬里检查修复 鼓、引风机大修	A 类（通用）
			机械性能：鼓引风机故障、挡板故障、预热器失效或内漏排烟温度过低，板换堵塞		烟道衬里修复 热管修复、更换	

表 8　常压蒸馏单元主要检修内容（续）

序号	单元名称	装置功能	功能故障	故障周期／月	检修内容（依次列项）	专业类别
10	初馏塔进料线	初馏塔进料分布	工艺性能：	48～60	管线全面检验 弹簧支吊架检查调整	A类（通用）
			机械性能：腐蚀穿孔；振动异常		更换管件或管线 更换弹簧支吊架	
11	常压炉出口转油线	减压塔进料	工艺性能：因泄漏故障造成装置降量或者停工	48～60	管线全面检验 弹簧支吊架检查调整	A类（通用）
			机械性能：腐蚀穿孔；振动异常		更换管件或管线 焊缝刨开重新焊接 更换弹簧支吊架	
12	瓦斯管线	加热炉燃料供给	工艺性能：管线油泥堵塞影响加热炉燃烧	48～60	管线全面检验 管线高压水冲洗 阻火器清洗	A类（通用）
			机械性能：堵塞、腐蚀		更换管件、管线	

5.3.3　减压蒸馏分馏单元主要设备功能故障分析

减压蒸馏分馏单元主要设备功能故障分析见表9。

表 9　减压蒸馏分馏单元主要设备功能故障分析

序号	单元名称	装置功能	功能故障	故障周期／月	故障后果	专业类别
1	减压塔	通过抽真空系统在负压和一定温度条件下，将原油按馏程分离	工艺性能：负压建立不成功；分离效果差；侧线抽出困难	48～60	FeS化学清洗 填料腐蚀、垮塌情况检查 支撑件变形、脱焊检查 集油箱清堵、试漏 抽出口、回流分布管分布器清堵 浮球液位计检查 容器检验	A类（通用）
			机械性能：管线结焦；填料减薄、坍塌；内构件腐蚀、脱焊、变形；集油箱泄漏；浮球液位计故障；进料分布器减薄穿孔；分布管、分布器堵塞、水平度不够		更换填料、内构件 进料分布器补板 更换浮球液位计 集油箱补焊	

表 9　减压蒸馏分馏单元主要设备功能故障分析（续）

序号	单元名称	装置功能	功能故障	故障周期／月	故障后果	专业类别
2	脱硫塔	通过化剂将减顶气中硫除去	工艺性能：填料效果不好，产品质量不合格	48～60	FeS 化学清洗 填料、内构件检查 清除油泥 容器检验	A 类（通用）
			机械性能：填料腐蚀减薄、垮塌；管线堵塞		更换填料、分布器等内构件	
3	减压炉	将减压塔进料加热炉至一定温度，达到分离效果	工艺性能：炉管结焦造成温度偏差大，压降大；燃烧器故障造成炉温偏低；热损大，能耗高	48	按加热炉专业检修标准检修	A 类（通用）
			机械性能：燃烧器故障；炉管积灰；炉管穿孔；炉管或拉钩、吊钩等内构件变形；衬里脱落		炉管更换 炉管清灰 对流室炉管清洗 变形内构件校正或更换 衬里修复 燃烧器修复	
4	减压炉出口转油线	减压塔进料	工艺性能：因泄漏故障造成装置降量或者停工	48	弹簧支吊架检查、调试 马鞍焊缝重点检查 管线全面检验 进料管内部复合板焊接处重点检查	A 类（通用）
			机械性能：腐蚀穿孔；振动异常		更换管件或管线 焊缝刨开重新焊接 坑蚀部位补焊 更换弹簧支吊架	
5	减顶回流罐	分离顶部汽油、脑油和瓦斯，切除水分；建立减压塔负压	工艺性能：因腐蚀造成隔板损坏，负压建立困难；堵塞引起产品抽出困难	48～60	容器检验 罐顶安全阀校验及阀门试压 玻璃板液位计清洗，液位仪表调校 内部隔板、大气腿腐蚀情况检查 清罐	A 类（通用）
			机械性能：抽出口堵塞；液位仪表失灵；罐顶安全阀手阀关不严、接管腐蚀；内部油水分离隔板腐蚀；容检不合格		大气腿更换、隔板更换 玻璃板液位计更换 安全阀手阀更换、罐顶短节更换	

表 9　减压蒸馏分馏单元主要设备功能故障分析（续）

序号	单元名称	装置功能	功能故障	故障周期／月	故障后果	专业类别
6	湿空冷	冷却油气	工艺性能：管束堵塞造成换热效果差，温度难以控制，影响塔压和产品质量	48～60	空冷外壁清洗 空冷常规检修 喷淋系统清污	A 类（通用）
			机械性能：板片泄漏、堵塞；外部翅片结垢；喷水系统堵塞		更换喷嘴	
7	减顶油气线	塔顶油气出口	工艺性能：因泄漏造成漏风，减压塔负压影响较大	48～60	管线全面检验 三注注剂口处管线检查	A 类（通用）
			机械系能：腐蚀穿孔；管线堵塞		更换管件、管线 堵塞部位水冲洗	

6　装置检修管理

6.1　装置检修前准备工作

（1）检修项目的记录和统计，在检修项目前，对于所有的检修项目，必须进行详细的记录和统计。

（2）分类详细，分工明确，责任到人。

（3）成立检修改造小组、监督验收小组、安全检查小组。

（4）制定出详细的检修计划，根据计划确定检修工机具，施工人员安排，画出施工图。

（5）各专业按各自规范和制度进行停工检查，并在《装置停工后条件确认单》上签字确认。

（6）电脱盐罐吹扫完泄压后，用净化水通过沉渣冲洗线或出口线进行水冲洗，冲至排水清白。

（7）各机泵、换热器、容器、工艺管线末端放空排凝见汽无油后泄压，排尽冷凝水。

（8）因炼制加工高含硫原油，为防止减压塔内硫化亚铁自燃，减压塔蒸塔洗塔按停工安排的要求进行 5 次。而后进行化学药剂清洗。分析合格后，开人孔后。装置检修期间每天早、中、晚三次对初馏塔、常压塔、减压塔打水，塔底放空见水即可。

（9）确认蒸塔干净，排水处干净无油，泄压。初馏塔、常压塔、常顶回流及产品罐压力和温度恢复常温常压后，联系检修拆人孔。进入受限空间前采样分析合格。

（10）封油系统主线扫完后拆开各泵注入点活接头、放空吹扫干净。

（11）轻质油水顶至装置边界处采样分析合格。

6.2 装置工艺交出检修条件

在装置交付检修前，由调度处和安全环保部门组织相关单位召开安全验收会，检查确认设备容器人孔拆卸、盲板加装、容器内采样分析、停电、下水井封堵等工作，经相关部门签字确认后，由装置开具用火、用电、进入受限空间等相关票证，进入检修状态。工艺交出要具备以下条件：

（1）系统内设备、管线按停工方案进行吹扫和置换，取样分析合格；

（2）装置停工盲板按照盲板图、表安装、编号、挂牌并经工艺员、设备员、安全员签名确认，装置指定盲板专项管理者最后检查确认；

（3）PID 图上所有系统、管线得到置换处理并做好标识；

（4）下水井取样分析合格，存油清理干净，排水畅通，水封完好；

（5）下水井和漏斗口用石棉布盖好，并用沙土封严；

（6）系统内设备人孔打开前的确认；打开的设备人孔处挂上“未经许可，禁止入内”警示牌；

（7）制定停工安全、环保措施和工作危害分析记录表（JHA）；

（8）装置内分析不合格点挂标识，储存物料区标识、硬隔离；

（9）调度处统一安排装置化学清洗，同时装置制定检修中防硫化亚铁自燃方案；

（10）指定具有监护人资格的人员负责动火、进设备等作业的监护。

6.3 检修过程安全环保管理总体要求

执行中国石化 HSSE 管理规定，大修全过程实现“三零一文明”的要求。

（1）安全管理规定具体参考《检修改造安全管理具体要求》。

（2）“三零一文明”要求：零排放、零余料、零事故、文明检修。

（3）检修确保质量、安全、环保、进度、费用、一次开车成功，做到 TnPM（全面规范化生产维护）文明施工。

（4）为防止硫化亚铁自燃，减压塔开人孔前确认上水流程，并通知消防车现场监护。

（5）减压塔化学药剂清洗要做到密闭循环清洗，并将清洗后的药剂水回收，严禁乱排乱放。

6.4 质量管理

6.4.1 总体目标

6.4.1.1 施工质量优良，检修改造项目质量必须达到国家和行业的工程施工竣工验收的规范与标准。

6.4.1.2 生产装置一次开车成功。

6.4.1.3 确保装置下一个运行周期 4 年。

6.4.2 分解目标

为保证质量管理总体目标的顺利实现，依照“谁主管谁负责、谁设计谁负责、谁施工谁负责、谁采购谁负责”的原则，结合本次检修项目特点，对质量管理总体目标进行分解、量化，明确各级质量控制主体职责和范围，通过对各车间（片区）项目质量的控制来确保质量管理总体目标的实现。各施工单位制定的质量管理目标不得低于以下要求。

6.4.2.1 详细设计满足《石油化工装置详细工程设计规定》，设计质量合格率 100%。

6.4.2.2 物资采购（指本次检修改造所需的所有材料及设备）的质量符合国家与行业的规范与标准，符合设计文件、技术协议要求，设备材料合格率达到 100%。

6.4.2.3 管道焊接射线检测拍片一次合格率＞96%。

6.4.2.4 冷换设备试压一次合格率＞90%，开工后冷换设备投用不合格率＜1%，临氢烃系统换热设备投用应无泄漏，静密封泄漏率＜0.5‰。

6.4.2.5 关键机泵投用一次成功率 100%，一般机泵投用一次成功率＞98%。

6.4.2.6 大机组试车和装置联动试车、投料试车一次成功。

6.4.2.7 电气设备检修合格率＞99%，开工时电气设备投用一次成功率＞99%。

6.4.2.8 仪表设备检修施工后，测量准确、控制灵敏、安全可靠，仪表设备检修合格率＞98%，开工时仪表设备投用一次成功率＞98%。

6.4.2.9 质量控制点检查率 100%。

6.4.3 质量保证体系

建立包括组织机构、质量管理标准、人员素质保证、施工质量保证、质量信息管理等体系要素在内的检修改造质量保证体系。通过建立层层分级负责制，明确分工，责任到人，把本次检修改造项目质量目标分解落实到各部门、各岗位和员工，形成全员、全方位、全过程的质量管理体系，保证质量体系有效运转。

6.5 变更管理

满足中国石化安〔2018〕95 号《中国石化生产变更安全管理规定》要求。

6.6 装置检修交回条件

（1）工艺设备符合设计规范和安装标准。

（2）所有保证工艺设备安全运行的技术文件准备就绪。

（3）相关操作与维护人员得到足够的培训，并取得相应的资质。

（4）所有工艺危害分析提出的改进建议得到落实和合理解决。

（5）所有工艺安全管理的相关要求已得到满足，所有必改项已整改完毕并通过确认。

（6）装置开工人员及开车保运人员配备落实。

（7）技术、原辅材料、动力、备品备件等方面的准备。

（8）队伍技术状态、开工方案学习落实。

（9）现场规格化。

（10）工艺和设备联锁仪表校验。

（11）HSSE 措施落实。

（12）盲板拆除清单、技术准备。

（13）机、电、仪、公用工程、储运、质检等相关专业准备。

（14）停工临设拆除、施工尾项整改完成等。

（15）各专业按各自规范和制度进行开工检查，并在《装置开工前条件确认单》上签字确认。

6.7 检修后期管理

6.7.1 资料交付

承包商应在检修项目结束后 30 天内将交工资料完整地交给使用单位，资料包含内容如下：

竣工图纸，施工技术方案，吊装方案，施工组织设计；施工技术记录，试压记录，中间工序验收单，隐蔽工程验收单，拆检回装记录，发现问题与修复记录，设备开箱资料，设备封闭记录；设备、材料、管道附件、配件的合格证明书及质量保证书，理化检验资料，衬里、防腐、保温施工技术记录及检验报告。

6.7.2 检修总结

装置检修结束后，要对检修改造工作进行总结，对好的做法进行总结、提炼，固化这些经验，指导今后检修改造工作；对总结检修改造中存在的问题，分析原因，完善措施，不断提高管理水平。

7 装置日常维护

贯彻“管设备要管设备运行”的理念，强“三基”，抓培训，落实各项管理制度，以设备完整性管理为基本，以 KPI 指标为导向，以预防预知性工作和风险管控为重点，开展设备全寿命周期的管理。

7.1 动设备

7.1.1 设备运行管理

（1）深入开展以主动“管设备操作、设备运行状态、设备运行环境”为主要内容的设备管理工作，强化设备运行管理，加强设备的“三检”“特护”。

（2）依靠设备完整性管理，加强设备环境和工艺变更管理。设备运行环境和工艺发生变更时要及时开展设备的运行评估，保证设备运行安全。

（3）制定巡检计划，开展机泵巡回检查，做好机泵运行状态的监测。或采取在线监测方式开展机泵设备状态监测。通过现场检查和设备异常状态的报警，预警、发现并消除设备缺陷，改善设备运行状况，降低设备故障率。除设备机械状态外，巡检还应包括高温油泵密封运行状态检查。按照 SHS 01002《石油化工旋转机械振动标准》做好转动设备振动管理。

（4）转动设备的使用操作应当遵循设备操作规程要求，严格按照工艺卡片运行参数范围运行，严禁设备超温、超压和超速以及远离设计工况区运行。设备发生超工艺卡片规定参数运行情况时，应当及时开展风险评估与管理，制定风险管控措施。转动设备变更后，应及时更新操作规程，并组织培训、学习。

（5）做好设备润滑管理。按照 SHS 01002—2018《石油化工设备润滑管理制度》，制定设备润滑“五定”计划，并严格实施，保证设备润滑充分。

（6）做好备用设备管理。制定备用设备管理方案，定期盘车、切换，保证备用设备完好可用。

（7）转动设备附属管线应根据介质标识不同颜色，其涂层符合 SHS 01034—2018《设备及管道涂层检修规程》相关要求。

7.1.2 优化维修策略

（1）开展转动设备 KPI 指标月度分析，对年度机泵重复检修台次、机封及轴承消耗水平和机泵机组能效等指标制定相应攻关措施并改进。

（2）利用可靠性评估手段，开展高故障检修率设备的 FMEA 分析和维修策略优化工作，提升转动设备可靠性水平。

（3）采用以可靠性为中心的维修方式，根据设备的可靠性状况，以最少的维修资源消耗，运用逻辑决断分析法来确定所需的维修内容，维修类型、维修间隔期和维修级别，制定出预防性维修大纲，从而达到优化维修的目的。及时根据设备最新状况实时调整设备预防性维修大纲，从而有效利用维修资源，实现设备长周期可靠运行。

7.1.3 加强风险管控

依托设备完整性管理的规范流程，定期开展转动设备隐患排查和风险评估工作。针对不同风险等级设备，制定相应风险管控措施，并监督完成；加强设备变更管理，按照设备完整性管理体系要求，完成转动设备关键性量化评价，对于不同等级设备，风险预评估合格，经过相应层级的专业人员确认方可实施变更。

7.1.4 高温油泵管理

（1）加强高温油泵的密封管理，根据装置实际情况，根据《关于切实做好高温油泵安全运行的指导意见》，对高温油泵及其设施实施改造，提高设备可靠性。

（2）高温油泵预热线采用双阀加孔板设置。泵预热时双阀全开，利用孔板调节预热油量，防止阀门节流冲刷。对高温油泵出口单向阀设置预热跨线，保证单项阀和出口阀间预热充分，防止冻凝。

（3）高温油泵预热线相关管线、管件的壁厚号应为Sch100，若主管的壁厚号大于Sch100，则壁厚号提高两级。预热线管件的材质应与主管的材质相同。

（4）确保高温油泵备用泵处于预热状态，泵体温度均匀，与介质温差＜60℃。泵不反转。

（5）高温油泵检修时，串级双端面密封需试压合格后方可回装。检修参照SHS 01052《机械密封检修维护规程》、SHS 01013《离心泵维护检修规程》进行。

（6）做好高温油泵各管线保温绝热工作，按SHS 01033《设备及管道绝热维护检修规程》执行。

7.2 静设备

（1）对常压炉、减压炉及常压塔底、减压塔底设备、管线等高温部位法兰做好防雨措施，防止高温法兰淋雨温度急剧变化，螺栓松弛，预紧力降低，产生泄漏。

（2）装置由于生产、设备原因发生较大幅度波动（紧急停车、安全阀起跳、关键设备检修完投用等），及时对现场泄漏情况进行检查并做好记录。

（3）定期对常压炉、减压炉燃烧器瓦斯金属软管进行检查，发现问题及时处理。

（4）对常压炉、减压炉炉管定期进行红外监测，检查炉管有无超温、结焦现象。

（5）开停工期间、生产波动导致温度变化时对弹簧支吊架进行检查，检查弹簧支吊架有无发生移动滑脱、腾空、压死现象。

（6）密切监控设备运行环境，关注原油性质变化，结合在线腐蚀探针、采样分析、关键部位定点测厚等监测手段，掌握“三顶”等高风险部位的腐蚀情况，及时调整防腐策略。

（7）对装置内与压力容器或压力管道相连的小接管、设备及管线的盲端、死角进行定期检查，检查内、外腐蚀情况，发现问题及时处理。

（8）建立带压堵漏台账，定期检查后进行风险评估，及时整改，实行动态管理。

（9）对重点阀门每年进行一次润滑保养，有条件的情况下每半年活动一次，防止阀门长期不动，阀杆润滑不良，造成开关不灵活。

（10）定期对冷却器循环水流速进行测定，对流速达不到要求的冷却器及时进行调整，防止流速低导致黏泥结垢腐蚀。

（11）当工艺介质、工艺流程、操作条件及生产方案发生变化时，进行变更风险评价，消除或减少由于变更引起的潜在事故隐患。

7.3 仪表设备

仪表设备的日常维护检查周期及检查项目和标准参照《石油化工设备维护检修规

程：2019 版，第七册，仪表》。

7.3.1 仪表停车注意事项

（1）根据化工设备检修进度，拆除安装在该设备上的仪表或检测元件，如热偶、热阻、浮筒液位计等，防止在检修化工设备时损坏仪表；在拆卸仪表前先听仪表电源或气源。

（2）根据仪表检修计划，及时拆卸仪表。拆卸储槽上的法兰差压变送器时，一定要注意确认储槽内物料已空才能进行，并注意保护变送器膜片。如物料倒空有困难，必须确保液面在安装仪表法兰口以下，待仪表卸载后，及时装上盲板。

（3）拆卸热电偶、热电阻、电动变送器等仪表后，电源电缆和信号电缆接头分别用绝缘胶带、黏胶带包好，妥善放置。同时，拆卸变送器必须先停电。

（4）拆卸压力表、压力变送器时，要注意取压口可能出现堵塞现象，造成局部憋压，物料冲出来伤害仪表工。正确操作是，先松动安装螺丝，排气、排残液，待气液排完后再卸下仪表。

（5）对于气动仪表、电气阀门定位器等，要关闭气源，并松动过滤器减压阀接头。

（6）拆卸环室空板时，一注意孔板方向；二防止工艺管道下沉，给安装带来困难。

（7）带联锁的仪表，切换至手动然后再拆卸。

（8）拆卸的仪表其位号要放在明显处，安装时对号入座，防止同类仪表量程不同安装混淆，造成仪表故障。

7.3.2 仪表开车注意事项

（1）检查仪表供电。

（2）气源排污，气动仪表信号试密。

（3）隔离液加以保护的差压变送器、压力变送器，重新开车时，要注意导管内装满隔离液。

（4）当用差压变送器测量流量时，应先关闭三阀组正负取压阀门，打开平衡阀，检查零位。待导压管内蒸汽全部冷凝成水后再开表。防止蒸汽未冷凝时开表出现震荡现象，有时会损坏仪表，也有一种安装方式，即环室取压阀后一个隔离罐，在开表前通过隔离罐往导压管内充冷水，这样在测量流量时就可以立即开表，不会引起震荡。

（5）热电偶补偿导线接线注意正负极性，不能接反。

（6）有联锁的仪表，在仪表运行正常后，工艺操作正常后再切换到自动（联锁）。

7.4 电气设备

电气设备的日常维护检查周期及检查项目和标准参照《石油化工设备维护检修规程：2019 版，第六册，电气设备》。

7.5 安全环保消防设施

安全环保消防设施见表 10。

表 10 安全环保消防设施

序号	消防设施类型	维护方式
1	高压消防水管线	（1）防腐、除锈刷漆，管线补漏，附件维护更换
2	消火栓	（1）检查时用消防扳手转动消防栓启闭杆，观察其灵活性，如开启困难需加注润滑油； （2）检查出水口闷盖是否密封，有无缺失、破损，开闭是否灵活； （3）检查栓体外表有无锈蚀情况，必要时除锈刷漆重新喷号； （4）进入冬季前，检查消火栓的防冻设施是否完好，破损更换保温； （5）修理、更换
3	消防水（泡沫）炮	（1）检查时用扳手转动消防水炮阀门，观察其灵活性，如开启困难需加注润滑油； （2）检查水炮上下左右是否能够转动，开花直流能否切换，出现不灵活现象及时处理； （3）检查炮体有无裂纹、腐蚀穿孔情况；炮体压力表、炮头零部件是否缺失，是否及时修理、更换、编号； （4）进入冬季前，检查消防水炮的防冻设施是否完好，破损应更换保温
4	遥控消防炮	（1）检查时用远程遥控系统控制开启消防炮阀门，观察其灵活性，如开启困难需加注润滑油，控制器失灵应及时处理； （2）检查水炮上下左右是否能够移动，开花直流能否切换，出现不灵活现象及时处理； (3)检查炮体有无裂纹，腐蚀穿孔情况;炮体压力表炮头、零部件是否缺失，及时修理、更换、编号； （4）进入冬季前，检查消防水炮的防冻设施是否完好，破损更换保温
5	消防竖管	（1）检查阀门开启灵活度，如开启困难需加注润滑油，无法开启及时更换； （2）检查阀门手柄缺失情况，缺失及时补充； （3）检查管牙接口和箱体破损情况，破损及时更换； （4）检查竖管固定情况，晃动较大及时处理； （5）检查竖管中渣子情况，定时清理
6	箱式消火栓	（1）检查阀门开启灵活度，如开启困难需加注润滑油； （2）检查减压稳压式消火栓（卷盘）泄漏情况，及时更换； （3）检查竖管栓箱体破损情况，及时更换
7	储罐消防水喷淋	（1）检查阀门完好情况，上油保养； （2）检查冬季防冻防凝低点排凝情况，堵塞及时处理； （3）检查喷头损坏堵塞情况，损坏更换，堵塞清理； （4）检查调压阀泄漏和调压状况，检查管线保温情况有问题及时更换处理

表 10 安全环保消防设施（续）

序号	消防设施类型	维护方式
8	固定、半固定泡沫系统	（1）泡沫产生器、阀门维护保养，修理、更换，泡沫产生器玻璃破损及时更换； （2）检查阀门开启灵活度，如开启困难需加注润滑油； （3）检查阀门手柄缺失情况，缺失及时补充； （4）检查管牙接口破损情况，破损及时更换； （5）检查竖管中渣子情况，定时清渣； （6）管线防腐、除锈刷漆
9	灭火器	（1）检查发现压力不足、附件损坏、保险脱落或使用后及时联系充装处理； （2）按中国石化消防达标管理规定要求每年进行一次校验（新灭火器未使用压力正常五年内不用每年校验）； （3）灭火器达到报废期限，及时报废更新； （4）每月检查两次，并在记录卡上做好记录
10	消防水系统泵房	按设备管理规定进行维护
11	泡沫系统泵房	按设备管理规定进行维护

7.6 日常防腐管理

7.6.1 加强原油硫、酸值监控，进装置原油硫含量和酸值原则上不能超过设防值，同时定期分析原油中氯、氮和金属元素。

7.6.2 加强常减压装置“一脱三注”工艺防腐蚀管理，加强工艺防腐操作和装置腐蚀监控。

7.6.3 加热炉燃料气硫含量和排烟温度控制。

7.6.4 日常腐蚀监检测措施

7.6.4.1 定点测厚

（1）初馏塔塔顶冷凝冷却系统：空冷器、冷却器壳体及出入口短节，塔顶挥发线及回流线。

（2）常压塔：塔顶封头、4 层以上塔壁、各侧线抽出口短节、进料段以下塔壁及塔底封头。

（3）常压塔塔顶冷凝冷却系统：空冷器、冷却器壳体及出入口短节，塔顶挥发线及回流线。

（4）常压塔高温侧线系统：温度大于220℃的换热器壳体、出入口短节及相关管线。

（5）减压塔：塔顶封头、各段填料和集油箱所对应的塔壁、各侧线抽出口短节、进料段以下塔壁及塔底封头。

（6）减压塔塔顶冷凝冷却系统：塔顶抽空冷却器出入口管线，塔顶挥发线及回流线。

（7）减压塔高温侧线系统：温度大于220℃的换热器壳体、出入口短节及相关管线。

（8）加热炉：对流段每路出口弯头。

（9）转油线：转油线直管及弯头。

（10）调节阀和截断阀后管线。

（11）高温油泵出口管线。

7.6.4.2　在线监测

（1）初馏塔、常压塔、减压塔塔顶冷凝冷却系统：在空冷器或换热器的进出口管线上安装电阻或电感探针；在回流罐的出口管线上安装pH在线检测探针。

（2）加工高酸原油时在减压侧线（减二线、减三线、减四线）上安装高温电阻或电感探针。

7.7　影响装置运行的典型故障及处理方法

影响装置运行的典型故障及处理方法见表11。

表11　影响装置运行的典型故障及处理方法

序号	设备类型	故障类型	处理方法
1	电脱盐罐	变压器、电极棒及吊挂出现故障，导致电场强度不稳，影响电脱盐效果	常规维修：更换变压器油 清罐底油泥
			预定视情维修：更换电极、吊挂
2	常压塔	塔盘腐蚀严重、变形，导致精馏效果变差，产品质量不合格	常规维修：塔盘、锅底、受液盘、分布管、抽出口清理 活动浮阀、浮阀补缺 容器检验 罐顶安全阀校验、阀门试压、接管检查
			预定视情维修：进料分布器检查补板 塔盘腐蚀减薄、变形更换 顶部筒体、封头、接管焊口补焊
3	减压塔	填料腐蚀、结盐堵塞偏流；集油箱泄漏严重；分布器堵塞偏流；FeS自燃	常规维修：FeS化学清洗；集油箱试漏 分布管、分布器、抽出口、集油箱清洗疏通 浮球调试 容器检验
			预定视情维修：进料分布器检查补板 更换填料 集油箱升气孔帽子补焊 更换浮球液位计 集油箱补焊

表 11　影响装置运行的典型故障及处理方法（续）

序号	设备类型	故障类型	处理方法
4	减压炉	炉壁温度超标，炉管壁温超标，炉膛温度超温炉出口介质温度达不到生产要求，烟气排放达不到环保要求	常规维修：火嘴、炉管清扫，炉管理化检验，对流炉管定期清洗。衬里修复，三门一板调试，仪表检定
			预定视情维修：炉管清焦 更换炉管 炉墙衬里修复 火盆砖修补
5	初、常顶油气线	腐蚀减薄穿孔	常规维修：管线全面检验
			预定视情维修：更换管线、管件
6	常压炉转油线	复合管焊缝泄漏、管线减薄	常规维修：焊缝监测，管线全面检验，支吊架检查调整
			预定视情维修：更换管线、管件 焊缝刨开重新焊接 更换支吊架
7	减压炉转油线	复合管焊缝泄漏、管线减薄、管线内部坑蚀	常规维修：焊缝检测，管线全面检验，支吊架检查调整
			预定视情维修：更换管线、管件 焊缝刨开重新焊接 更换支吊架
8	初、常顶油气冷却器	管束穿孔、堵塞	定期维修：压力容器定期检验，管束清洗
			预定视情维修：更换管束 管束做防腐涂层，安装在线除垢装置
9	湿空冷	堵塞、泄漏	定期维修：外部清洗；试压；喷水系统清洗疏通
			预定视情维修：更换空冷
10	余热回收	热管积灰、穿孔、失效；板式预热器积灰。挡板、蝶阀卡涩	定期维修：外部清洗 挡板、蝶阀轴润滑，执行机构调试
			预定视情维修：更换、修复热管；烟道衬里修复
11	初常顶气压缩机	介质气脏带液，入口缓冲罐内部沉积 FeS，阀片堵塞破损，FeS 自燃，不能正常运行	预定视情维修：温度、压力、振动、液位、填料泄漏量、油压、过滤器差压 润滑油指标
			定期维修详见《往复机检修规程》
12	水环真空泵	出口管路憋压不畅或入口负压过大，导致机组振动大、噪声大，密封泄漏，不能正常运行	预定视情维修：温度、进排气压力、振动、密封泄漏量、油位、润滑油指标
			定期维修详见《水环泵检修规程》

表 11　影响装置运行的典型故障及处理方法（续）

序号	设备类型	故障类型	处理方法
13	原油泵	原油罐位过低，设备本体问题导致出口压力不足，密封泄漏，不能正常运行	预定视情维修：温度、压力、振动、密封泄漏量、油位、润滑油指标
			定期维修详见《离心泵维护检修规程》
14	初馏塔底泵	出口压力不足，密封泄漏，不能正常运行	预定视情维修：温度、压力、振动、密封泄漏量、油位、润滑油指标
			定期维修详见《离心泵维护检修规程》
15	常压塔顶泵	出口压力不足，密封泄漏，不能正常运行	预定视情维修：温度、压力、振动、密封泄漏量、油位、润滑油指标
			定期维修详见《离心泵维护检修规程》
16	减压塔底泵	出口压力不足，密封泄漏，不能正常运行	预定视情维修：温度、压力、振动、密封泄漏量、油位、润滑油指标
			定期维修详见《离心泵维护检修规程》
17	减二线泵	出口压力不足，密封泄漏，不能正常运行	预定视情维修：温度、压力、振动、密封泄漏量、油位、润滑油指标
			定期维修详见《离心泵维护检修规程》

8　附录

8.1　装置检修依据

（1）减压塔普遍存在高温硫、环烷酸腐蚀与填料积盐腐蚀，检修前应进行 γ 射线对减压测线、集油箱、填料进行检测，确定腐蚀程度，做好检修前的准备。

（2）加热炉自控系统按照《中国石化炼油装置管式加热炉联锁保护系统设置指导意见》要求，做好检修准备。

（3）由于高温油泵入口阀门易结焦内漏，建议在泵前竖管上增设手阀。

（4）高温油泵根据《关于切实做好高温油泵安全运行的指导意见》的要求，做好检修准备。

（5）由于初、常顶油气线上冷却系统设备腐蚀情况严重，空冷器、冷却器管束为碳钢材质时，建议备芯更换。

8.2　装置的主要腐蚀部位

常减压装置的主要腐蚀部位包括：三顶冷凝冷却系统的 $HCl+H_2S+H_2O$ 腐蚀、高温部位（温度大于 220℃）的硫腐蚀和环烷酸腐蚀。

三顶冷凝冷却系统的 $HCl+H_2S+H_2O$ 腐蚀部位主要包括塔顶换热器、空冷器、水冷器及其管线。其中处于相变部位（初凝区）的换热器或空冷器入口腐蚀最为严重。

加工高硫低酸原油时常减压装置高温部位（温度大于 220℃）处于高温硫腐蚀环境，腐蚀部位主要包括塔器、管线、加热炉炉管、高温换热器、高温机泵、容器等。腐蚀严重的部位包括常压转油线、减压转油线、常压塔塔下部塔盘及抽出侧线的管道、换热器、机泵等、减压塔塔下部填料及抽出侧线的管道、换热器、机泵等、常压炉辐射室炉管、减压炉辐射室炉管等。

加工低硫高酸和高硫高酸原油时常减压装置高温部位（温度大于 220℃）以高温环烷酸腐蚀为主，腐蚀部位主要包括塔器、管线、加热炉炉管、高温换热器、高温机泵、容器等。腐蚀严重的部位主要集中在减压系统，特别是减压塔减二线、减三线、减四线填料及其抽出侧线的管道、换热器、机泵等，同时常压转油线、减压转油线由于流速高，腐蚀严重。图 5 标示出常减压装置的易腐蚀部位，表 12 列出了相应的腐蚀机理

表 12　常减压装置易腐蚀部位、腐蚀机理和主要腐蚀类型

部位编号	描述	材质	腐蚀形态
1、3、8	初馏塔、常压塔、和减压塔 （塔顶封头、塔壁及上层塔盘） $HCl-H_2S-H_2O$	碳钢	均匀减薄腐蚀
		0Cr13	点蚀
		奥氏体不锈钢	点蚀和应力腐蚀开裂
2、6、10	初馏塔、常压塔、和减压塔 （塔顶冷凝冷却系统） $HCl-H_2S-H_2O$	碳钢	酸露点减薄腐蚀
		奥氏体不锈钢	点蚀和应力腐蚀开裂
4、5、9	常压塔、减压塔（220℃以上的塔壁和塔内件） $S-H_2S-RSH-RCOOH$ 腐蚀	碳钢、合金钢	高温硫腐蚀的均匀腐蚀高温环烷酸腐蚀的点蚀和冲刷腐蚀
7、11	常压塔、减压塔（高温侧线系统温度大于 220℃的管线和换热器） $S-H_2S-RSH-RCOOH$ 腐蚀	碳钢、合金钢	高温硫腐蚀的均匀腐蚀高温环烷酸腐蚀的点蚀和冲刷腐蚀
12、14	常压炉、减压炉（炉管内壁） $S-H_2S-RSH-RCOOH$	碳钢、合金钢	高温硫腐蚀的均匀腐蚀高温环烷酸腐蚀的点蚀和冲刷腐蚀
	常压炉、减压炉（炉管外壁）	碳钢、合金钢	高温氧化均匀减薄、燃灰腐蚀表面积灰及热腐蚀蠕变
13、15	常压炉、减压炉（炉体、空气预热器）	碳钢、合金钢	烟气硫酸露点腐蚀，均匀腐蚀、点蚀
16、17	常压、减压转油线 $S-H_2S-RSH-RCOOH$ 腐蚀	合金钢	高温硫腐蚀的均匀腐蚀、高温环烷酸腐蚀的点蚀和冲刷腐蚀

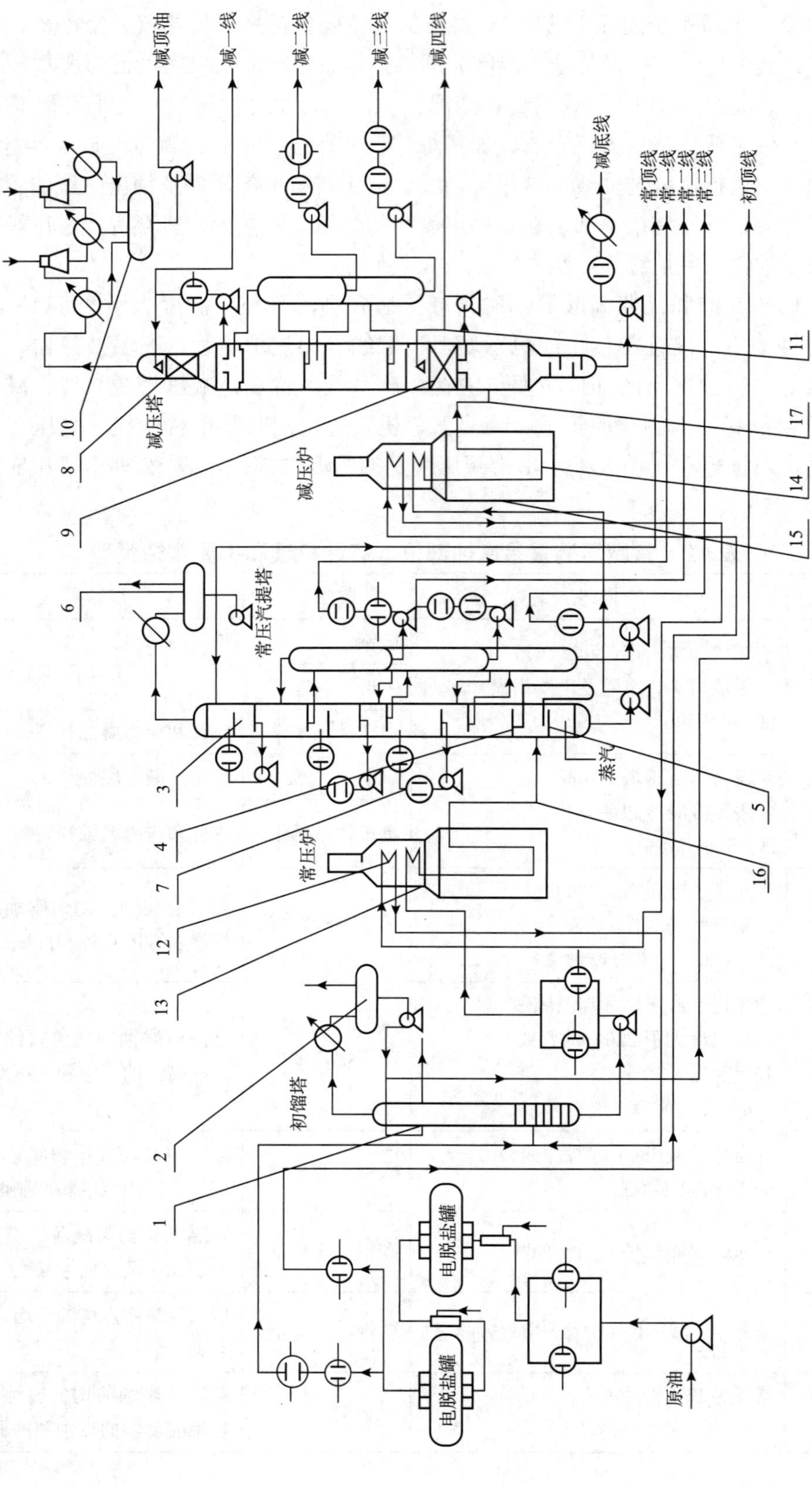

图5 常减压装置易腐蚀部位

8.3 常减压装置选材原则

（1）“三顶”冷凝冷却系统的选材以碳钢为主，主要靠完善工艺防腐措施来抑制腐蚀，若设备腐蚀严重，可以考虑使用双相钢、钛材和Monel等高等级材料，但设备材质应整体升级，避免出现薄弱环节，同时应注意异种金属接触引起的电偶腐蚀。亦可在冷却器管束、空冷器管束刷涂非金属涂层进行防腐蚀。

（2）加工高硫低酸原油高温部位的选材，主要依据侧线硫含量、侧线温度和欲用材质，采用McConomy曲线计算理论腐蚀速率，所选材料计算的理论腐蚀速率应小于0.25mm/a。同时应考虑SH/T 3096《高硫原油加工装置设备和管道选材导则》、SH/T 3129《高酸原油加工装置设备和管道选材导则》和《加工高含硫原油部分装置在用设备及管道选材指导意见》中有关材质的规定，最后应考虑加工高硫低酸原油企业的选材经验以及现场的腐蚀案例。综合以上几方面的内容，给出加工高硫低酸原油高温部位的合理用材。

（3）加工高硫高酸原油高温部位的选材，主要依据侧线酸值、侧线温度和欲用材质，采用API 581计算理论腐蚀速率，所选材料计算的理论腐蚀速率应小于0.25mm/a。同时应考虑SH/T 3096《高硫原油加工装置设备和管道选材导则》、SH/T 3129《高酸原油加工装置设备和管道选材导则》中有关材质的规定，最后应考虑加工高硫高酸原油企业的选材经验以及现场的腐蚀案例。综合以上几方面的内容，给出加工高硫高酸原油高温部位的合理用材。

（4）对于低硫高酸原油，其在高温下主要表现为环烷酸腐蚀，设备选材与高硫高酸值基本一致。

8.4 加工高硫低酸原油的选材经验

（1）塔类设备的选材以碳钢或碳钢+0Cr13为主，塔盘以碳钢或碳钢+0Cr13为主，填料以0Cr18Ni9和00Cr17Ni14Mo2为主。

（2）加热炉炉管以1Cr5Mo和1Cr9Mo为主。

（3）介质温度≥288℃换热器的壳体以碳钢+0Cr13为主，管程以碳钢、0Cr18Ni9为主。

（4）加工高硫低酸原油常减压装置管道的选材以碳钢和1Cr5Mo为主，介质温度＜240℃的部位选材以碳钢为主；介质温度在240～288℃之间时，可选用碳钢或1Cr5Mo钢；介质温度≥288℃的部位应选用1Cr5Mo。

（5）考虑到流速对腐蚀速率的影响，加工高硫低酸原油常减压装置常压转油线和减压转油线高速段推荐使用0Cr18Ni9，低速段推荐使用碳钢+00Cr19Ni10。

8.5 加工高硫高酸原油的选材经验

（1）初馏塔筒体的选材以碳钢+0Cr13为主，塔盘以0Cr13和0Cr18Ni9为主；常压塔和减压塔顶部以碳钢+0Cr13为主，中下部以碳钢+00Cr19Ni10和碳钢+

00Cr17Ni14Mo2 为主。

（2）加热炉辐射室炉管以 1Cr5Mo 和 0Cr17Ni14Mo2 为主；气化点后炉管的材质升高一级。

（3）介质温度≥240℃换热器的壳体以碳钢 +00Cr19Ni10 为主，管程以 00Cr19Ni10 为主。

（4）加工高硫低酸原油常减压装置高温管道的选材以 1Cr5Mo、00Cr19Ni10 和 00Cr17Ni14Mo2 为主，常压侧线以 1Cr5Mo 和 00Cr19Ni10 为主。减压侧线以 00Cr19Ni10 和 00Cr17Ni14Mo2 为主。

（5）考虑到流速对腐蚀速率的影响，加工高硫低酸原油常减压装置常压转油线和减压转油线高速段推荐使用 00Cr17Ni14Mo2，低速段推荐使用碳钢 +00Cr17Ni14Mo2。

（6）高温泵过流部件用 316L。

8.6 其他选材注意事项

（1）塔顶五层塔盘以上要选用耐盐酸材料：双相钢 2205 或蒙乃尔（包括筒体和封头用复合版）。

（2）塔顶冷凝系统禁用 300 系列不锈钢、慎用表面处理材料（渗铝、渗锌、镍磷镀和铝锌共渗）。

（3）在一脱三注正常情况下可用碳钢材料，从经济考虑慎用 08Cr2ALMo 和 09Cr2ALMoRe。

（4）渗铝钢在 200℃以上耐硫和环烷酸腐蚀，推荐塔盘采用。

---

4. 延迟焦化装置维护检修规程

SHZ 02004—2019

目　次

前　言

本规程按照GB/T 1.1—2009《标准化工作导则　第1部分：标准的结构和编写》给出的规则起草。

本规程由中国石油化工集团有限公司、中国石油化工股份有限公司提出。

本规程起草单位：中国石油化工股份有限公司武汉分公司。

本规程主要起草人：武文斌、孙卫华、刘嵩。

本规程2019年首次发布。

延迟焦化装置维护检修规程

1 范围

1.1 本规程规定了延迟焦化装置其主要设备、专用设备的检修周期、检修项目及质量要求、检修过程管理和日常维护的相关内容。
1.2 本规程适用于石油化工延迟焦化装置的检修维护管理。

2 规范性引用文件

下列文件对本文件的应用是必不可少的。凡是注日期的引用文件，仅注日期的版本适用于本文件。凡是不注日期的引用文件，其最新版本（包括所有的修改单）适用于本文件。

2.1 法律法规

中华人民共和国安全生产法
中华人民共和国特种设备安全法

2.2 标准规范

TSG 21 固定式压力容器安全技术监察规程
TSG D0001 压力管道安全技术监察规程——工业管道
GB/T 151 热交换器
GB/T 20801 压力管道规范——工业管道
石油化工施工安全技术规程
SHS 01013 离心泵维护检修规程
SHS 01033 设备及管道保温、保冷维护检修规程
SHS 01034 设备及管道涂层检修规程
SHS 01007 塔类设备维护检修规程
SHS 01009 管壳式换热器维护检修规程
SHS 01010 空气冷却器维护检修规程
SHS 01011 钢制圆筒形常压容器维护检修规程
SHS 01030 阀门维护检修规程
SHS 01005 工业管道维护检修规程
SHS 01002 石油化工设备润滑管理制度

2.3 相关规定和文献

炼油企业检修管理指南（试行版）
中国石化生产变更安全管理规定
炼油装置防腐蚀策略

3 术语与定义

下列术语和定义适用于本文件。

3.1 设备功能

设备功能指的是设备的生产效率和功能，衡量设备功能的指标随设备种类不同而异。

3.2 功能故障

设备、设施不能实现其设计功能时，称之为功能故障，定义为设备、设施不能满足期望的性能标准。一般指设备失去或降低其规定功能的事件或现象，表现为设备的某些零件失去原有的精度或性能，使设备不能正常运行、技术性能降低，致使设备中断生产或效率降低而影响生产。

3.3 故障模式

故障模式一般是对产品所发生的、能被观察或测量到的故障现象的规范描述。

3.4 A 类设备

本规程规定的 A 类设备是指经过 RCM 风险评估方法得出的因设备的功能故障引起装置停车的该装置的关键设备。

3.5 B 类设备

本规程规定的 B 类设备是指经过 RCM 风险评估方法得出的设备的功能故障虽然不引起装置的停车，但对装置的负荷、质量及可靠性具有重大影响的该装置的主要设备。

4 装置特征

延迟焦化工艺是一种重要的渣油热加工过程。它以渣油或类似渣油的污油、燃料油、原油为原料，通过加热炉快速加热到一定的温度（大约 500℃）后进入焦炭塔，在塔内适宜的温度、压力条件下发生裂解、缩合等一系列反应，生成气体、汽油、柴油、蜡油、循环油组分和焦炭的工艺过程。延迟焦化主要工艺流程主要由焦化、分馏和放空系统几个部分组成。

基本流程见图 1。

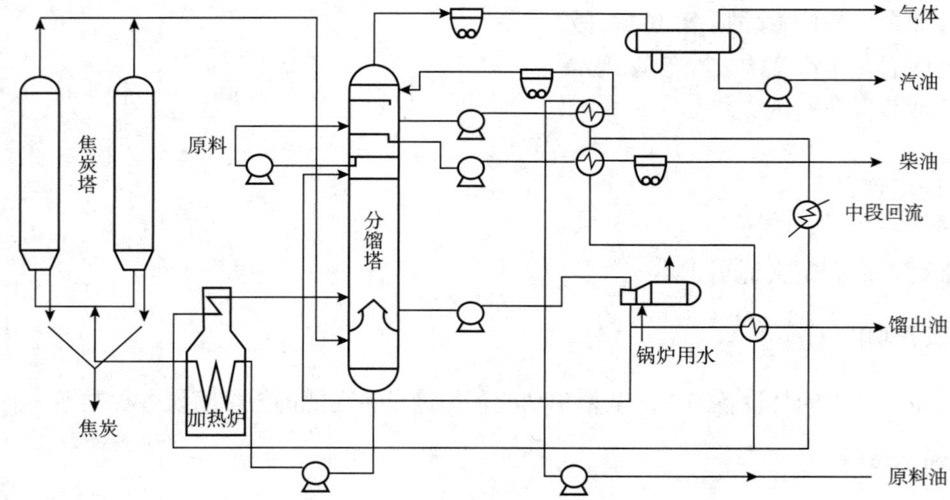

图 1　延迟焦化装置示意流程图

4.1　分馏单元

4.1.1　分馏单元工艺原则流程及流程图

焦炭塔顶出来的油气进入焦化分馏塔底部的缓冲段，用从上部洗涤段来的重瓦斯油冲洗和冷却，使循环油冷凝下来。循环油与新鲜原料油在塔底混合，用泵送入加热炉。焦化分馏塔下部设重瓦斯油循环回流段，从循环回流塔盘抽出重瓦斯油，取出的回流热量用于预热原料油。分馏塔上部为轻瓦斯油精馏段，从此抽出轻瓦斯油。塔顶产品为石脑油和焦化富气经过冷凝冷却和油水分离后，分出的富气经过焦化富气压缩机升压后送入气体回收部分，分离为液化石油气及燃料气。分离出的石脑油除了用作塔顶回流外，其余部分作为焦化石脑油产品送出装置。分离出的含硫污水送至污水处理场进行处理。

工艺流程图见图 2。

4.1.2　分馏单元的工艺特性

分馏单元根据焦化反应油气中各组分挥发度不同，上升油气与塔内回流液体通过塔盘逆流接触，以其温度差和相间浓度差为推动力进行双向传热传质，经过气体的逐次冷凝和液体的渐次汽化，使不平衡的汽液两相通过密切接触而趋近平衡，从而使轻重组分得到一定程度的分离。自焦化反应部分来的油气中会携带焦粉，经分馏塔底回流油的洗涤，大量焦粉被洗涤下来并随循环油一起进入反应部分，少量焦粉会携带至侧线泵过滤器和换热器导致堵塞，需频繁清理。随油气携带至塔顶的焦粉与顶部冷凝析出的盐易堵塞塔盘、浮阀，造成塔盘效果变差且塔内件腐蚀严重，顶部管线及设备易腐蚀泄漏。

主要工艺参数：

分馏塔塔顶压 0.08～0.12MPa，分馏塔顶温度 100～140℃。

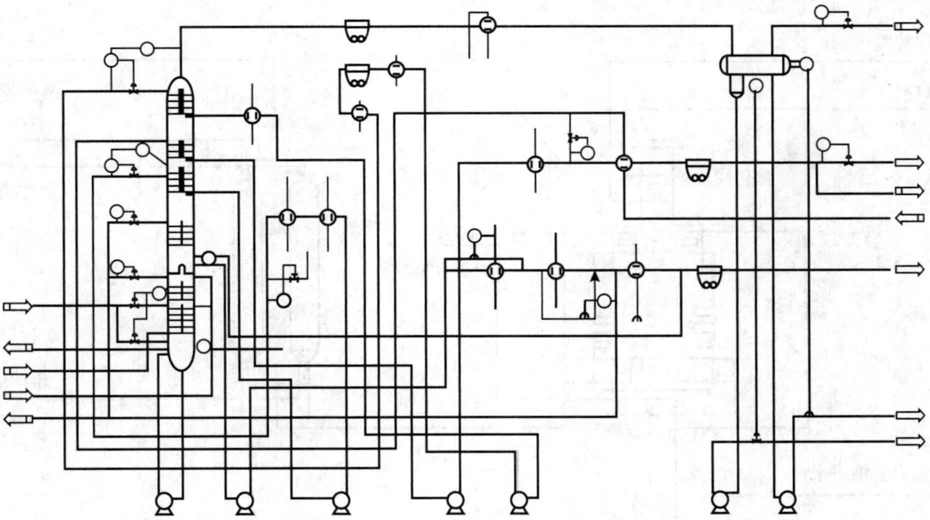

图 2　分馏单元流程图

4.1.3　分馏单元的危害特性

分馏单元的危害特性见表 1。

表 1　分馏单元的危害特性

对人的主要危害	分馏塔顶油气泄漏对人员造成伤害；高温介质泄漏对人员造成伤害；分馏高温管线造成烫伤；焦化富气泄漏着火爆炸伤害，焦化富气含硫化氢伤人
对环境的主要危害	塔顶油气、介质泄漏造成环境污染
对设备的主要危害	硫化氢腐蚀、高温硫腐蚀造成泄漏；分馏塔顶循环油线结盐腐蚀

4.2　焦化单元

4.2.1　焦化单元工艺原则流程及流程图

焦化单元主要设备为加热炉与焦炭塔。加热炉是延迟焦化装置的重要设备，它的作用是将油品加热，使油品迅速升温到生焦温度。为满足生产的需求，由于延迟焦化工艺的特殊性，对加热炉有苛刻的要求：热传递速度快、原料流速高、油品停留时间短、压降小、炉膛热分配合理、表面热强度均匀。为了减少加热炉阻力、减小热损失等要求，焦炭塔在平面布置上紧靠加热炉。通过在允许线速度情况下合理选择焦炭塔直径和高度，来保证焦化反应在塔内有充分的反应时间、温度和压力。

工艺流程图见图 3。

4.2.2　焦化单元的工艺特性

原料油在焦化单元加热炉中短时间加热至 490～505℃，少部分原料油气化发生轻度缓和的裂化反应，生成的焦炭会附着在炉管内壁。焦化原料油中的盐和掺炼油浆中携带

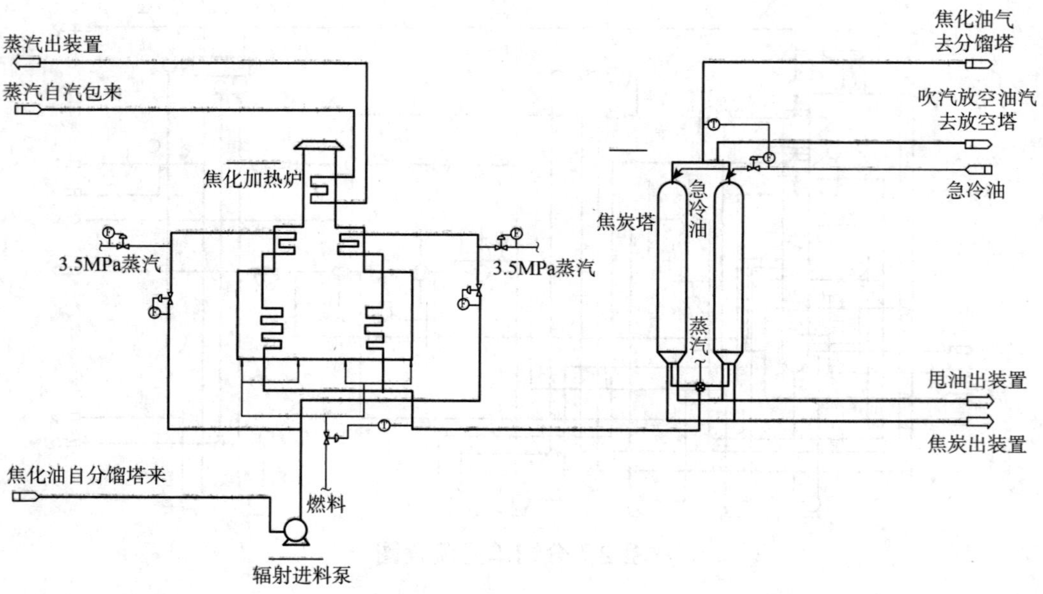

图 3　焦化单元流程图

固体颗粒，会诱导加快炉管的结焦，所以焦化加热炉运行一段时间后炉管结盐严重，炉管外壁温度明显升高，需切除进行机械清焦。焦化单元反应焦炭塔频繁进行高温生焦与冷焦除焦过程切换，焦炭塔相关油气阀门、塔附属管线、顶底盖机热胀冷缩容易泄漏。除焦设施每天除焦时运行且冷焦水中携带焦粉，造成除焦设备易损，需预防性定期更换以减少设备故障率。

4.2.3　焦化单元的危害特性

焦化单元的危害特性见表 2。

表 2　焦化单元的危害特性

对人的主要危害	加热炉闪爆对人员造成伤害；焦炭塔顶油气相关管线泄漏对人员造成伤害；高温渣油介质泄漏对人员造成伤害；高温管线人员烫伤危险
对环境的主要危害	焦炭塔顶油气、介质泄漏造成环境污染；加热炉、焦炭塔塔底相关管线泄漏造成环境污染
对设备的主要危害	加热炉结焦造成炉管外壁温度高、高温硫腐蚀造成泄漏；焦炭塔温度周期性变化造成法兰易泄漏

4.3　放空单元

4.3.1　放空单元工艺原则流程及流程图

焦炭塔吹汽、冷焦产生的大量高温（≥180℃）蒸汽及少量油气进入放空塔，从顶部打入蜡油馏分，洗涤下油气中的重油馏分。塔底重油用泵抽出，送经水箱冷却器冷却后，一部分作为塔顶回流，控制顶部气相温度，另一部分在液面控制下送出装置或回炼。塔顶水蒸气及少量轻烃经空冷器、后冷器冷到40℃进入塔顶汽液分离罐，分出的污水由泵送入冷焦水池，不凝气排入瓦斯放火炬系统。

工艺流程图见图4。

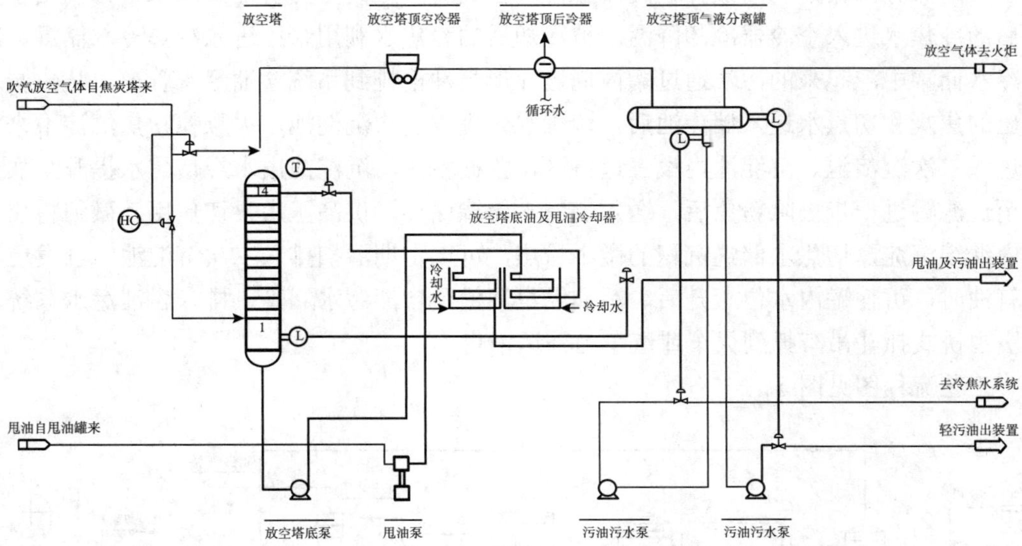

图4　放空单元流程图

4.3.2　放空单元的工艺特性

焦化单元焦炭塔冷焦吹汽和给水过程产生的高温油气在放空塔内经回流塔底油冷凝洗涤后，少量瓦斯气排至低压瓦斯，富含硫化氢的塔顶冷凝水排至冷焦水系统。周期性冷焦放空导致放空塔内温度周期性大幅波动，特别冷焦过程高温油气进入塔内，造成塔底污油携带的污水汽化，塔底泵冷焦过程易抽空，损修率高。

4.3.3　放空单元的危害特性

放空单元的危害特性见表3。

表3　放空单元的危害特性

对人的主要危害	放空塔塔顶油气泄漏对人员造成伤害；高温介质泄漏对人员造成伤害
对环境的主要危害	塔顶油气、介质泄漏造成环境污染
对设备的主要危害	放空塔塔底水箱冷却器管束腐蚀结垢严重；放空塔塔底温度周期变化易造成塔底回流泵抽空

4.4　冷切焦水单元

4.4.1　冷切焦水单元工艺原则流程及流程图

焦炭塔运行至冷焦时，开启冷焦冷水泵，冷焦水送往焦炭塔进行冷焦，冷却溢流水排入溢流水储罐，放空水排入放空水储罐。罐内的浮油浮至水面，通过罐内周边环形集油槽排出，排至污油罐，脱水后，再由污油泵送至全厂污油罐。焦粉沉至罐底，通过排泥阀排至储焦池。冷焦溢流水储罐和放空水储罐出水经冷焦热水泵加压，经过滤器后送入水力旋流分离器，利用液体在旋流管内高速旋转产生离心力将油滴从水中分离出来除油后的冷焦水进入空冷器冷却降温。被冷却后的冷焦水利用余压进入冷焦冷水储罐。冷焦冷水储罐中浮起来的污油通过罐内周边环形集油槽排到系统含油污水管道。从焦炭塔排出的焦炭和切焦水进入储焦池后，切焦水先进入一次沉淀池，大颗粒粉焦沉淀下来，再进入二次沉淀池。沉淀池内设三道格网，拦截粉焦。沉淀池出水经切焦水提升泵加压送至过滤罐进一步去除粉焦后，送入切焦水储罐储存，供高压水泵切焦用。微细粉焦在罐内继续沉淀，切焦水储罐沉积的微小粉焦，可以定期清扫排入二次沉淀池。当发现液面有油时，可使罐内水位上升后，污油经集油槽至含油污水立管，排入含油污水系统。焦炭由桥式抓斗吊车抓到火车或汽车上外运销售。

工艺流程图见图 5。

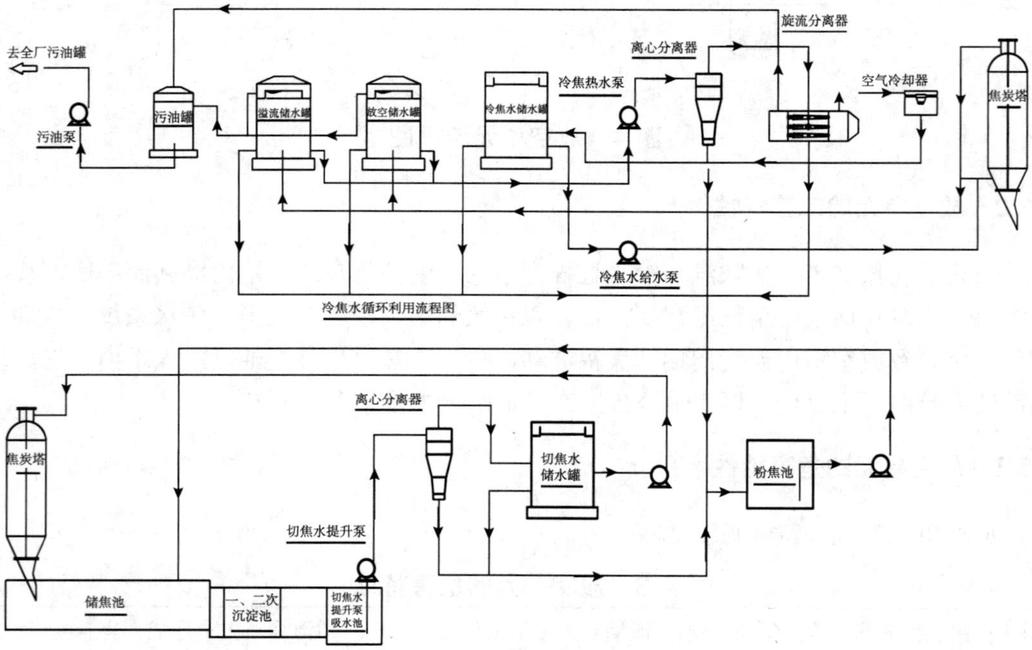

图 5　冷切焦水单元流程图

4.4.2　冷切焦水单元的工艺特性

携带焦粉的冷焦溢流水和冷焦放水在冷焦热水罐中沉降，携带的焦粉沉在罐底，少量污油浮在罐顶。热水罐中冷焦热水由热水泵抽出经分离器、除油器和湿冷器后进冷焦冷水罐中作为焦炭塔冷焦用水。因冷焦水中携带焦粉、含有硫化物且冷焦水循环利用，造成冷焦设备易腐蚀。

4.4.3 冷切焦水单元的危害特性

冷切焦水单元的危害特性见表 4。

表 4 冷切焦水单元的危害特性

对人的主要危害	冷切焦水异味对人员造成伤害；高压切焦水泄漏对人员造成伤害
对环境的主要危害	冷切焦水异味对环境污染
对设备的主要危害	无

5 装置主要设备

5.1 延迟焦化装置主要设备

延迟焦化装置主要设备见表 5。

表 5 延迟焦化装置主要设备

延迟焦化装置主要设备				
名称	设备种类		主要设备	通用、专用设备检修规程
转动设备	压缩机(含驱动机)	离心式压缩机	焦化富气压缩机	SHS 01022
		透平驱动机	气压机透平	SHS 01022
	泵	离心泵	加热炉进料泵，高压除焦水泵	SHS 01013
		螺杆泵	润滑油泵	SHS 01013
		往复泵	开停工循环泵	SHS 01014
	离心式风机		鼓风机、引风机	SHS 01022
静设备	加热炉		焦化加热炉	SHS 01006
	塔	填料塔、板式塔	分馏荅	SHS 01007
	反应器		焦炭荅	SHS 01007
	压力容器		分馏塔、放空塔	SHS 01004
	阀门		（特阀）加热炉出口隔断阀、四通阀、焦炭塔进料阀、油气隔断阀、高压水泵三位阀、切焦水塔阀	SHS 01030
仪表	现场仪表	检测仪表、显示或报警仪表、控制仪表、辅助单元、执行器及其附件	双法兰液位计、浮球液位计、单法兰液位计	SHS 07002
	控制系统	集散控制系统（DCS）、可编程控制系统（PLC）、机组控制系统（CCS 或 ITCC）、工业控制计算机系统（IPC）、监控和数据采集系统(SCADA)	DCS、除焦控制系统、延迟焦化顺序控制系统	SHS 07008

表 5　延迟焦化装置主要设备（续）

延迟焦化装置主要设备				
名称	设备种类		主要设备	通用、专用设备检修规程
仪表	安全仪表系统（SIS）	安全联锁系统、紧急停车系统和可燃、有毒有害气体及火灾检测保护系统	加热炉 SIS	SHS 07008
	特殊仪表	振动／位移检测仪表、转速控制仪表	核料位计	SHS 07008
电气设备			高压变频器	SHS 06001

5.2　检修周期

5.2.1　延迟焦化装置检修应根据实际运行情况进行定期停车大检修，大修周期按 36～60 个月确定，主要设备的检修随大修周期进行，其他设备根据设备故障模式的特点进行预防性维修或状态维修。

5.2.2　有备用设备的或日常可以进行检修的设备不列入大修项目（除特殊情况外）。

5.3　检修内容

5.3.1　确定检修内容的依据

1）按法律法规要求的特种设备定期检验。

2）不符合安全与环境保护、节能要求的设备改造和更新。

3）对本次检修或下次检修之前已到法定检验时间的计量设施。

4）设备状况：

A. 静设备：

a）加热炉炉管结焦堵、炉管腐蚀穿孔等原因造成运行状况恶化、性能降低或失效等；

b）塔内部因塔盘结焦堵、内构件损坏、积垢腐蚀等原因造成运行状况恶化、性能降低等；

c）换热器因换热管腐蚀穿孔、结焦堵管、积垢腐蚀等原因造成运行状况恶化、性能降低等；

d）容器因内构件损坏、结焦、积垢腐蚀等原因造成运行状况恶化、性能降低等；

e）空冷器因外腐蚀穿孔泄漏、管箱丝堵泄漏等原因造成运行状况恶化、性能降低等；

B. 转动设备：磨损、疲劳、泄漏、振动等原因造成运行状况恶化、性能降低等；

C. 管道、阀门因腐蚀减薄、失效等原因造成运行状况恶化、性能降低等；

D. 电气设备：部件老化等原因造成运行状况恶化、性能降低等；

E. 仪表设备：部件老化等原因造成运行状况恶化、性能降低等；

F. 日常维护抢修中采用带压堵漏、带压开孔等方式进行临时的项目。

5）钢结构平台、设备基础、房屋等建构筑物老化、锈蚀等必须在停车检修期间内维修的项目。

6）安全防护设施失效。

5.3.2 检修具体内容

停车大修是对基础油生产装置的安全环保、长周期运行及经济效益有重大影响的设备、管线、电气仪表系统、土建及基础设施等在运行周期内将要发生的功能故障进行全面检修。其他检修是除大修外对装置局部或设备本体有经济运行影响的功能故障而进行的检修。主要设备检修内容见表 6。

表 6 主要设备检修内容

序号	设备名称	设备功能	功能故障	检修内容	专业类别
1	分馏塔	分离焦化反应产物各组分，保证各侧线产品质量	产品分离效果达不到工艺要求、设备腐蚀泄漏或静密封泄漏、塔盘结焦	1. 检查塔板各部件的结焦、污垢、堵塞情况，检查塔板、鼓泡元件和支撑结构的腐蚀变形及坚固情况。塔盘、鼓泡元件和各构件等几何尺寸和材质应符合图纸规定； 2. 检查塔板上各部件（出口堰、受液盘、降液管）的尺寸是否符合图纸及标准要求，重点检查灵敏板所在塔盘； 3. 对于各种浮阀、条阀塔板应检查其浮阀、条阀的灵活性，是否有卡死、变形、冲蚀等现象，浮阀、条阀孔是否有堵塞等情况； 4. 检查分配盘、喷淋装置和涂沫器等部件的腐蚀、结垢、破损、堵塞情况； 5. 缺陷检查：内外表面缺陷检查（裂纹、疲劳、气泡）、衬里缺陷； 6. 设备材料的劣化检查，蠕变、脆化、氢脆、应力腐蚀裂纹、热应力开裂等； 7. 清理塔盘结焦	A 类
2	焦炭塔	焦化反应器，储存反应生成的焦炭	密封泄漏、塔接管泄漏、塔体变形	1. 缺陷检查：内外表面缺陷检查（裂纹、疲劳、气泡）、衬里缺陷； 2. 设备材料的劣化检查，蠕变、脆化、氢脆、应力腐蚀裂纹、热应力开裂等	A 类
3	放空塔	回收焦炭塔改放空操作期间的油气	塔顶温度无法满足工艺要求、设备腐蚀泄漏或静密封泄漏、塔盘损坏	1. 检查塔板各部件的结焦、污垢、堵塞情况，检查塔板、鼓泡元件和支撑结构的腐蚀变形及坚固情况，塔盘、鼓泡元件和各构件等几何尺寸和材质应符合图纸规定； 2. 缺陷检查：内外表面缺陷检查（裂纹、疲劳、气泡）、衬里缺陷； 3. 设备材料的劣化检查，蠕变、脆化、氢脆、应力腐蚀裂纹、热应力开裂等	A 类

表 6　主要设备检修内容（续）

序号	设备名称	设备功能	功能故障	检修内容	专业类别
4	焦化加热炉	为焦化反应提供热量	工艺性能：炉管结焦造成炉管外壁温度高，瓦斯耗量上升；燃烧器故障造成达不到反应温度；热损大，能耗高。 机械性能：燃烧器故障。炉管积灰；炉管穿孔；炉管或拉钩、吊钩等内构件变形；衬里脱落	1. 炉管机械清焦或烧焦； 2. 炉管清灰； 3. 对流室炉管清洗； 4. 变形内构件校正或更换； 5. 衬里修复； 6. 燃烧器清洗或更换； 7. 炉管检测	A类
5	焦化富气压缩机	为焦化分馏塔顶富气增压送下游装置	压缩机出口流量达不到生产要求、压缩机干气密封泄漏、轴振动大、轴承温度高、设备条件连锁、驱动机械故障、仪表故障	1. 转子检测； 2. 干气密封维修或更换； 3. 驱动机械检修； 4. 连锁仪表连锁调校； 5. 辅助系统检修	A类
6	原料缓冲罐	储存原料油	液位仪表失灵；设备腐蚀泄漏或静密封泄漏	1. 容器检验； 2. 容器内部及接管腐蚀检查； 3. 液位仪表调校	A类
7	甩油罐	储存焦炭塔预热甩油	液位仪表失灵；设备腐蚀泄漏或静密封泄漏	1. 容器检验； 2. 容器内部及接管腐蚀检查； 3. 液位仪表调校； 4. 清理焦粉	A类
8	分馏塔顶回流罐	分离分馏塔顶富气组分与汽油组分	液位、界位仪表失灵；设备腐蚀泄漏或静密封泄漏	1. 容器检验； 2. 容器内部及接管腐蚀检查； 3. 液位仪表调校； 4. 清理焦粉	A类
9	四通阀	切换焦炭塔进料	内漏、外漏、卡涩、无法动作、执行机构故障	1. 阀体解体检查； 2. 密封面修复； 3. 执行机构检修； 4. 更换法兰垫片螺栓	A类
10	焦炭塔进料阀	隔断生产塔与除焦塔底部进料线	内漏、外漏、卡涩、无法动作、执行机构故障	1. 阀体解体检查； 2. 密封面修复； 3. 执行机构检修； 4. 更换法兰垫片螺栓	A类
11	油气隔断阀	隔断生产塔与除焦塔顶部油气线	内漏、外漏、卡涩、无法动作、执行机构故障	1. 阀体解体检查； 2. 密封面修复； 3. 执行机构检修； 4. 更换法兰垫片螺栓	A类

表6　主要设备检修内容（续）

序号	设备名称	设备功能	功能故障	检修内容	专业类别
12	高压水泵三位阀	控制高压水泵开停机过程中的压力及出口	内漏、外漏、卡涩、无法动作、执行机构故障	1. 阀体解体检查； 2. 密封面修复； 3. 执行机构检修； 4. 更换法兰垫片螺栓	A类
13	切焦水塔阀	隔断生产塔与除焦塔高压水线	内漏、外漏、卡涩、无法动作、执行机构故障	1. 阀体解体检查； 2. 密封面修复； 3. 执行机构检修； 4. 更换法兰垫片螺栓	A类
14	分馏塔顶后冷器	冷却分馏塔顶汽油	管束内漏 外漏 静密封点泄漏	1. 清理壳程、管程及封头积垢； 2. 检查内构件有无变形、断裂、松动； 3. 内壁有无腐蚀、局部凹陷、沟槽等； 4. 检查管束、管板及管壳程连接部位； 5. 更换密封垫； 6. 检查更换部分螺栓、螺母； 7. 检查静电接地装置； 8. 检查更换管件、阀门及附件； 9. 修复外保温	B类
15	柴油原料油换热器	柴油与原料油换热	管束内漏 外漏 静密封点泄漏	1. 清理壳程、管程及封头积垢； 2. 检查内构件有无变形、断裂、松动； 3. 内壁有无腐蚀、局部凹陷、沟槽等； 4. 检查管束、管板及管壳程连接部位； 5. 更换密封垫； 6. 检查更换部分螺栓、螺母； 7. 检查静电接地装置； 8. 检查更换管件、阀门及附件； 9. 修复外保温	B类
16	中段回流原料油换热器	中段回流油与原料油换热	管束内漏 外漏 静密封点泄漏	1. 清理壳程、管程及封头积垢； 2. 检查内构件有无变形、断裂、松动； 3. 内壁有无腐蚀、局部凹陷、沟槽等； 4. 检查管束、管板及管壳程连接部位； 5. 更换密封垫； 6. 检查更换部分螺栓、螺母； 7. 检查静电接地装置； 8. 检查更换管件、阀门及附件； 9. 修复外保温	B类
17	蜡油原料油换热器	蜡油与原料油换热	管束内漏 外漏 静密封点泄漏	1. 清理壳程、管程及封头积垢； 2. 检查内构件有无变形、断裂、松动； 3. 内壁有无腐蚀、局部凹陷、沟槽等； 4. 检查管束、管板及管壳程连接部位；	B类

表6　主要设备检修内容（续）

序号	设备名称	设备功能	功能故障	检修内容	专业类别
17	蜡油原料油换热器	蜡油与原料油换热	管束内漏 外漏 静密封点泄漏	5．更换密封垫； 6．检查更换部分螺栓、螺母； 7．检查静电接地装置； 8．检查更换管件、阀门及附件； 9．修复外保温	B类
18	放空塔低水箱冷却器	冷却放空塔底循环油	管束内漏	1．清理水箱内污垢； 2．水箱盘管外表面清理； 3．水箱盘管测厚； 4．检查更换管件、阀门等	B类
19	甩油水箱冷却器	冷却焦炭塔预热冷凝甩油	管束内漏	1．清理水箱内污垢； 2．水箱盘管外表面清理； 3．水箱盘管测厚； 4．检查更换管件、阀门等	B类

6　装置检修管理

6.1　装置检修前准备工作

6.1.1　装置检修前，参检单位要做好检修作业指导书、施工方案、检修图纸、现场施工平面布置图等各类资料的准备及审核，相关检修资料最终经业主方审批确认后方可实施。大修主要工作统筹详见表7。

表7　大修主要工作统筹表

工作内容大修	大修前完成日期
成立大修组织机构	前14个月
确定大修时间及大修装置	前13个月
编制大修具体工作统筹	前12个月
确定大修主要项目	前12个月
下达大修工程长周期材料	前12个月
下达大修计划（含材料计划）	前11个月
投资项目立项	前16个月
投资项目委托设计	前15个月
下达投资项目长周期设备、材料订货	前14个月
完成投资项目施工图的设计，下达常规材料计划	前9个月
审定重大项目方案	前7个月

表 7　大修主要工作统筹表（续）

工作内容大修	大修前完成日期
审定通用设备检修方案	前 6 个月
审定装置开停车工艺方案	前 9 个月
审定质量控制方案	前 6 个月
制定大修安全管理方案	前 5 个月
大型机具调查	前 6 个月
专用工具清查	前 7 个月
审定施工统筹	前 6 个月
合同范围、大修标段的划分、招标方案的确定	前 10 个月
合同谈判、招标	前 8 个月
签订大修合同	前 6 个月
材料存放及预制地点设定	前 5 个月
大修材料领取	前 2 个月
现场搭脚手架	前 2 个月
施工单位人员、机具进场	前 1 个月
大修现场布置	前 1 个月
大修实施	正常检修
大修资料归档	后 1 个月
大修项目费用结算	后 3 个月
大修工作总结	后 1 个月

6.1.2　进入检修现场的各类施工机具、器具，必须是合格的、适用的，必须有检定合格证和标记，并在有效期内使用，严禁使用未经校验的机具。进场前，所有自检合格并贴有自检合格证的施工机具，要列出汇总清单上交给业主方，并经业主方检验后方可使用。

6.1.3　进入现场的检修耗材、配件等，必须附有质量证明文件，并在指定的地点规范存放。在安装、使用各类检修材料前，应对材料的外观质量进行检查确认，参检单位要做到领用材料检验有见证、验收有记录。

6.1.4　参检单位的所有施工人员，必须具备相应的作业资质，检修前须做好检修方案、技能方面的培训，熟悉检修项目的特点，严格按检修方案进行施工。同时，施工人员必须进行业主方相关专业条线的教育培训，对无相应作业资质、未经教育培训或考核不合格的人员，一律不得上岗作业。

6.2　工艺交出条件

6.2.1　装置工艺交出的主要要求

延迟焦化装置停工前，由车间编制《延迟焦化装置停工方案》，要考虑延迟焦化装置危害识别和风险评价的结果，有完善的风险控制措施，满足 HSE 的要求，《延迟焦化装置停工方案》需经生产、技术、安全、设备等有关部门审核批准后方可执行。

车间在延迟焦化装置停工前应进行技术交底和HSSE教育，准备好停工用的工具、材料。

6.2.2 在延迟焦化装置交付检修前，由调度处和安全环保部门组织相关单位召开安全验收会，检查确认设备容器人孔拆卸、盲板加装、容器内采样分析、停电、下水井封堵等工作，经相关部门签字确认后，由装置开具用火、用电、进入受限空间等相关票证，进入检修状态。工艺交出要具备以下条件：

（1）系统内设备、管线按停工方案进行吹扫和置换，取样分析合格；

（2）装置停工盲板按照盲板图、表安装、编号、挂牌并经工艺员、设备员、安全员签名确认，装置指定盲板专项管理者最后检查确认；

（3）PID图上所有系统、管线得到置换处理并做好标识；

（4）下水井取样分析合格，存油清理干净，排水畅通，水封完好；

（5）下水井和漏斗口用石棉布盖好，并用沙土封严；

（6）系统内设备人孔打开前的确认；打开的设备人孔处挂上“未经许可，禁止入内”警示牌；

（7）制定停工安全、环保措施和工作危害分析记录表（JHA）；

（8）装置内分析不合格点挂标识，储存物料区标识、硬隔离；

（9）调度处统一安排装置化学清洗，同时装置制定检修中防硫化亚铁自燃方案；

（10）指定具有监护人资格的人员负责动火、进设备等作业的监护；

（11）各专业按各自规范和制度进行停工检查，并在《装置停工后条件确认单》上签字确认

6.3 检修过程安全环保管理总体要求

执行中国石化HSSE管理规定，大修全过程实现“三零一文明”的要求。

（1）安全管理规定具体参考《检修改造安全管理具体要求》；

（2）“三零一文明”要求：零排放、零余料、零事故、文明检修；

（3）检修确保质量、安全、环保、进度、费用、一次开车成功，做到TnPM（全面规范化生产维护）文明施工。

6.4 质量管理

总体要求：成立检修质量管理组织机构，明确管理职责，建立质量管理程序文件。

（1）对承包商资质、人员、机具等进行审查；

（2）通过组织设计审查，确保设计质量；

（3）物资采购管理部门组织对采购物资进行入库检验并对重点物资进行监造；

（4）在施工过程中组织对检验检测的质量进行抽查；

（5）检修质量管理工作：

建立质量保证体系。检修质量管理网络应在检修项目部领导下由设备、施工、车间及施工承包商等有关人员组成。

实施质量保证金管理制度。

质量责任分配到人，编制质量控制计划，落实指标、方式、工具等，设置质量控制点，三级质量控制点、停监点和注意事项，验收、条件审核、见证、平行检验。

严格执行施工标准和验收规范。执行施工检修“三检制”，即自检、互检、专检。

施工单位及人员的资质。

任何外加工设备零配件、工程材料进厂均应有检查。组织质量检查，需要数据、照片、上榜。施工机具、人员的资格确认、检查，质量培训。

几个环节控制：焊接、密封、材质、试压、试车、阀门、各类小接管、电仪接头、油漆、保温、大机组、封闭设备等。

同一部位不同专业的要求是否一致；如冷换设备的清洗和试压质量。

（6）检修施工质量控制：按照设备及工业管道维护检修规程标准执行；

（7）作业指导书：

工序、步骤、技术验收数据、检查数据、检查方式、工具、检查点等；

专利设备按照相关维护标准执行；

重要或主要项目改造，严格按照审批的施工方案实施；

检修重要控制点：实施看板管理；

质量数据趋势图：统计、上墙、排序；

树立质量样板，事前确定、抓随机。

6.5 变更管理

满足中国石化安〔2018〕95 号《中国石化生产变更安全管理规定》要求。

6.6 装置检修交回条件

6.6.1 装置检修交回确认主要内容

（1）工艺设备符合设计规范和安装标准；

（2）所有保证工艺设备安全运行的技术文件准备就绪；

（3）相关操作与维护人员得到足够的培训，并取得相应的资质；

（4）所有工艺危害分析提出的改进建议得到落实和合理解决；

（5）所有工艺安全管理的相关要求已得到满足，所有必改项已整改完毕并通过确认；

（6）装置开工人员及开车保运人员配备落实；

（7）技术、原辅材料、动力、备品备件等方面的准备；

（8）队伍技术状态、开工方案学习落实情况；

（9）现场规格化情况；

（10）工艺和设备联锁仪表校验情况；

（11）HSSE 措施落实情况；

（12）盲板拆除清单、技术准备情况；

（13）机、电、仪、公用工程、储运、质检等相关专业准备情况；

（14）停工临设拆除、施工尾项整改情况等；

（15）各专业按各自规范和制度进行开工检查，并在《装置检修交回开工确认表》上签字确认。

6.6.2 该装置相关的工艺特性要求

执行装置检修交回开工确认表（见附录 B）。

6.7 检修后期管理

6.7.1 资料交付

承包商应在检修项目结束后 30 天内将交工资料完整地交给使用单位，资料包含内容如下：

竣工图纸，施工技术方案，吊装方案，施工组织设计；施工技术记录，试压记录，中间工序验收单，隐蔽工程验收单，拆检回装记录，发现问题与修复记录，设备开箱资料，设备封闭记录；设备、材料、管道附件、配件的合格证明书及质量保证书，理化检验资料，衬里、防腐、保温施工技术记录及检验报告。

6.7.2 检修总结

装置检修结束后，要对检修改造工作进行总结，对好的做法进行总结、提炼，固化这些经验，指导今后检修改造工作；对总结检修改造中存在的问题，分析原因，完善措施，不断提高管理水平。

大修总结模板见附录 D。

7 装置日常维护

贯彻“管设备要管设备运行”的理念，强“三基”，抓培训，落实各项管理制度，以设备完整性管理为基本，KPI 指标为导向，预防预知性工作和风险管控为重点，开展设备全寿命周期的管理。

7.1 动设备

7.1.1 设备运行管理

（1）深入开展以“管设备操作、设备运行状态、设备运行环境”为主要内容的设备管理工作，强化设备运行管理，加强设备的“三检”“特护”。

（2）依靠设备完整性管理，加强设备环境和工艺变更管理。设备运行环境和工艺发生变更时要及时开展设备的运行评估，保证设备运行安全。

（3）制定巡检计划，开展机泵巡回检查，做好机泵运行状态的监测。或采取在线监测方式开展机泵设备状态监测。通过现场检查和设备异常状态的报警，预警、发现并消除设备缺陷，改善设备运行状况，降低设备故障率。除设备机械状态外，巡检还应包括高温油泵密封运行状态检查。按照SHS 01002《石油化工旋转机械振动标准》做好转动设备振动管理。

（4）转动设备的使用操作应当遵循设备操作规程要求，严格按照工艺卡片运行参数运行，严禁设备超温、超压和超速以及远离设计工况区运行。设备发生超工艺卡片规定参数运行情况时，应当及时开展风险评估与管理，制定风险管控措施。转动设备变更后，应及时更新操作规程，并组织培训、学习。

（5）做好设备润滑管理。按照SHS 01002《石油化工设备润滑管理制度》，制定设备润滑“五定”计划，并严格实施，保证设备润滑充分。

（6）做好备用设备管理。制定备用设备管理方案，定期盘车、切换，保证备用设备完好可用。

（7）转动设备附属管线应根据介质标识不同颜色，其涂层符合SHS 01034《设备及管道涂层检修规程》的相关要求。

7.1.2 优化维修策略

（1）开展转动设备KPI指标月度分析，对年度机泵重复检修台次、机封及轴承消耗水平和机泵机组能效等指标制定相应攻关措施并改进。

（2）利用可靠性评估手段，开展高故障检修率设备的FMEA分析和维修策略优化工作，提升转动设备可靠性水平。

（3）采用以可靠性为中心的维修方式，根据设备的可靠性状况，以最少的维修资源消耗，运用逻辑决断分析法来确定所需的维修内容，维修类型、维修间隔期和维修级别，制定出预防性维修大纲，从而达到优化维修的目的。及时根据设备最新状况实时调整设备预防性维修大纲，从而有效利用维修资源，实现设备长周期可靠运行。

7.1.3 加强风险管控

依托设备完整性管理的规范流程，定期开展转动设备隐患排查和风险评估工作。针对不同风险等级设备，制定相应风险管控措施，并监督完成；加强设备变更管理，按照设备完整性管理体系要求，完成转动设备关键性量化评价，对于不同等级设备，风险预评估合格，经过相应层级的专业人员确认方可实施变更。

7.1.4 高温油泵管理

（1）加强高温油泵的密封管理，根据装置实际情况，根据《关于切实做好高温油泵安全运行的指导意见》，对高温油泵及其设施实施改造，提高设备可靠性。

（2）高温油泵预热线采用双阀加孔板设置。泵预热时双阀全开，利用孔板调节预热油量，防止阀门节流冲刷。对高温油泵出口单向阀设置预热跨线，保证单项阀和出口阀间预热充分，防止冻凝。

（3）高温油泵预热线相关管线、管件的壁厚号应为Sch100，若主管的壁厚号大于Sch100，则壁厚号提高两级。预热线管件的材质应与主管的材质相同。

（4）确保高温油泵备用泵处于预热状态，泵体温度均匀，与介质温差＜60℃。泵不反转。

（5）高温油泵检修时，串级双端面密封需试压合格后方可回装。检修参照SHS 01052《机械密封维护检修规程》、SHS 01013《离心泵维护检修规程》进行。

（6）做好高温油泵各管线保温绝热工作，按SHS 01033《设备及管道绝热维护检修规程》执行。

7.2 静设备

（1）对焦化炉、焦炭塔、分馏塔等区域设备、管线等高温部位法兰做好防雨措施，防止高温法兰淋雨温度急剧变化，螺栓松弛，预紧力降低，产生泄漏。

（2）当装置由于生产、设备原因发生较大幅度波动（紧急停车、安全阀起跳、关键设备检修完投用等），及时对现场泄漏情况进行检查并做好记录。

（3）定期对焦化炉燃烧器瓦斯金属软管进行检查，发现问题及时处理。

（4）对焦化炉炉管定期进行红外监测，检查炉管有无超温、结焦现象。

（5）开停工期间、生产波动导致温度变化时对弹簧支吊架进行检查，检查弹簧支吊架有无发生移动滑脱、腾空、压死现象。

（6）对装置内与压力容器或压力管道相连的小接管、设备及管线的盲端、死角进行定期检查，检查内、外腐蚀情况，发现问题及时处理。

（7）建立带压堵漏台账，定期检查后进行风险评估，及时整改，实行动态管理。

（8）对重点阀门每年进行一次润滑保养，有条件的情况下每半年活动一次，防止阀门长期不动，阀杆润滑不良，造成开关不灵活。

（9）定期对冷却器循环水流速进行测定，对流速达不到要求的冷却器及时进行调整，防止流速低导致黏泥结垢腐蚀。

（10）当工艺介质、工艺流程、操作条件及生产方案发生变化时，进行变更风险评价，消除或减少由于变更引起的潜在事故隐患。

7.3 仪表设备

仪表设备的日常维护检查周期及检查项目和标准参照《石油化工设备维护检修规程：2019版，第七册，仪表》。

7.3.1 检测仪表：包括压力仪表、温度仪表、流量仪表、物位仪表（参照SHS 07002）

7.3.2 单元组合仪表：包括基地式仪表、调节器、显示仪表、辅助单元（参照 SHS 07003）

7.3.3 执行器（参照 SHS 07005）

7.3.4 特殊仪表（参照 SHS 07007）

7.3.5 过程控制系统（参照 SHS 07008）

7.3.6 系统维护（参照 SHS 07009）

仪表停车注意事项：

（1）根据化工设备检修进度，拆除安装在该设备上的仪表或检测元件，如热偶、热阻、浮筒液位计等，防止在检修化工设备时损坏仪表；在拆卸仪表前先听仪表电源或气源。

（2）根据仪表检修计划，及时拆卸仪表。拆卸储槽上的法兰差压变送器时，一定要注意确认储槽内物料已空才能进行，并注意保护变送器膜片。如物料倒空有困难，必须确保液面在安装仪表法兰口以下，待仪表卸载后，及时装上盲板。

（3）拆卸热电偶、热电阻、电动变送器等仪表后，电源电缆和信号电缆接头分别用绝缘胶带、黏胶带包好，妥善放置。同时，拆卸变送器必须先停电。

（4）拆卸压力表、压力变送器时，要注意取压口可能出现堵塞现象，造成局部憋压，物料冲出来伤害仪表工。正确操作是，先松动安装螺丝，排气、排残液，待气液排完后再卸下仪表。

（5）对于气动仪表、电气阀门定位器等，要关闭气源，并松动过滤器减压阀接头。

（6）拆卸环室空板时，一注意孔板方向；二防止工艺管道下沉，给安装带来困难。

（7）带联锁的仪表，切换至手动然后再拆卸。

（8）拆卸的仪表其位号要放在明显处，安装时对号入座，防止同类仪表量程不同安装混淆，造成仪表故障。

仪表开车注意事项：

（1）检查仪表供电。

（2）气源排污，气动仪表信号试密。

（3）用隔离液加以保护的差压变送器、压力变送器，重新开车时，要注意导管内装满隔离液。

（4）当用差压变送器测量流量时，应先关闭三阀组正负取压阀门，打开平衡阀，检查零位。待导压管内蒸汽全部冷凝成水后再开表。防止蒸汽未冷凝时开表出现震荡现象，有时会损坏仪表，也有一种安装方式，即环室取压阀后一个隔离罐，在开表前通过隔离罐往导压管内充冷水，这样在测量流量时就可以立即开表，不会引起震荡。

（5）热电偶补偿导线接线要注意正负极，不能接反。

（6）有联锁的仪表，在仪表运行正常后，工艺操作正常后再切换到自动（联锁）。

7.4 电气设备

电气设备的日常维护检查周期及检查项目和标准参照《石油化工设备维护检修规程：2019 版，第六册，电气设备》。

7.4.1 同步电机（参照 SHS 06001）

7.4.2 异步电动机（参照 SHS 06001）

7.4.3 交流变频调速装置（参照 SHS 06001）

7.4.4 防爆电器（参照 SHS 06005）

7.4.5 UPS 装置（参照 SHS 06006）

7.4.6 电力电缆线路（参照 SHS 06007）

7.4.7 照明装置（参照 SHS 06008）

7.4.8 接地装置（参照 SHS 06009）

7.4.9 电动执行机构（参照 DL/T 641—2015 电站阀门电动执行机构）

7.5 主要设备典型故障

主要设备典型故障及处理方法见表 8。

表 8 设备故障

序号	设备类型	故障类型	处理方法
1	辐射进料泵	由于抽空导致泵机械密封泄漏	更换机械密封和轴承
2	富气压缩机	压缩机干气密封泄漏	更换干气密封
		压缩机运行状态异常导致联锁停机	机组解体大修
3	焦化加热炉	长周期运行导致炉管结焦	停炉烧焦或机械清焦
4	焦炭塔	焦炭塔顶盖、底盖法兰泄漏	热紧或除焦后更换密封垫
5	焦炭塔相关管线	焦炭塔进料线、油气线法兰泄漏	热紧或除焦后更换密封垫
		焦炭塔进料线、油气线各高温阀门故障	更换阀门
		焦炭塔进料线被焦粉堵塞	拆除相关管线阀门，高压水清洗
6	分馏塔顶循环油线	分馏塔顶循环油线腐蚀泄漏	带压堵漏或更换管线
7	切焦水线阀门	切焦水线阀门（除焦三位阀、切焦水塔阀）故障	阀门维修或更换阀门
8	高压胶管	除焦高压胶管破裂	更换除焦高压胶管

附　录　A
（资料性附录）
装置停工交付检修确认表

<table>
<tr><td rowspan="2"></td><td colspan="7">装置停工交付检修确认表</td></tr>
<tr><td>记录编号</td><td></td><td>使用单位</td><td colspan="4"></td></tr>
<tr><td colspan="2">停工检修单位</td><td></td><td>装置</td><td></td><td>时间</td><td colspan="2">年　月　日</td></tr>
<tr><td>单位</td><td colspan="2">确认内容</td><td colspan="3">存在问题</td><td>确认意见</td><td>确认人</td></tr>
<tr><td>停工单位</td><td colspan="2">1. 装置与系统是否有效隔离并提供对应的盲板表？
2. 是否有专用氮气线，是否专用？
3. 管线及容器是否吹扫干净并提供吹扫作业确认表？
4. 容器及塔测爆及氧含量是否合格？
5. 风险系数较大的作业是否进行危害识别分析？
6. 对塔、容器仪表监控手段是否保留？
7. 动火作业项目是否上墙？
8. 对本单位、施工单位参加检修的人员安全教育并考试是否进行？
9. 明沟、地面上是否有油？清污分流设施是否投用？
10. 对装置内电缆沟是否作出明显标志？
11. 设备、容器、管道是否全部打开并在设备人孔处挂“危险空间！严禁入内”的警示牌？
12. 检修现场下水井、地漏、明沟是否封闭，泵沟等是否建立水封？
13. 检修设备是否停电？</td><td colspan="3"></td><td></td><td></td></tr>
<tr><td>电气部</td><td colspan="2">1. 是否已按用电单位停送电要求实施停送电？
2. 参加大修的电气作业人员是否进行电工作业资格的确认和相应的安全教育？
3. 其他</td><td colspan="3"></td><td></td><td></td></tr>
<tr><td>仪控部</td><td colspan="2">1. 对本单位、施工单位参加检修的人员安全教育并考试是否进行？
2. 机柜间运行装置的机柜与检修的区域是否采用明显有效的隔离措施？
3. 仪表吹扫排放中相关安全环保措施是否明确落实？</td><td colspan="3"></td><td></td><td></td></tr>
</table>

装置停工交付检修确认表（续）

<table>
<tr><td rowspan="2"></td><td colspan="5">装置停工交付检修确认表</td></tr>
<tr><td>记录编号</td><td></td><td>使用单位</td><td colspan="2"></td></tr>
<tr><td colspan="2">停工检修单位</td><td></td><td>装置</td><td>时间</td><td>年　月　日</td></tr>
<tr><td>单位</td><td colspan="2">确认内容</td><td>存在问题</td><td>确认意见</td><td>确认人</td></tr>
<tr><td>仪控部</td><td colspan="2">4. 放射线同位素仪表停工检修防护措施是否落实？
5. 工器具是否进行相关安全检查？
6. 重大作业项目是否编写施工作业方案和进行危害识别与评价？
7. 高处作业的脚手架是否搭设妥当并验收合格？
8. 每项作业施工是否具有合格的施工检修作业票？相关安全措施是否落实到位？
9. 劳保用品穿戴是否符合要求？
10. 检修质量和检修内容是否符合要求？</td><td></td><td></td><td></td></tr>
<tr><td>消防部门</td><td colspan="2">1. 现场消气防器材是否齐全、完好？
2. 消防、疏散通道是否符合要求？
3. 其他</td><td></td><td></td><td></td></tr>
<tr><td rowspan="2">生产部门</td><td>技术科</td><td>1. 检查吹扫作业票的确认签名是否落实？
2. 现场检查盲板是否按方案和盲板清单进行安装？
3. 检查瓦斯、氮气和工艺介质等物料在装置边界是否进行有效隔离？
4. 催化剂、保护剂、胺液或按方案不退的介质是否按方案要求进行了有效安全隔离？</td><td></td><td></td><td></td></tr>
<tr><td>管理科</td><td>1. 检查配合外系统的吹扫是否已满足要求可以停运？
2. 其他</td><td></td><td></td><td></td></tr>
<tr><td>机动部门</td><td>设备科</td><td>1. 已按停工方案要求抽堵盲板，且要做好明显标记，并指定专人统一编号登记，严防漏堵、漏拆，盲板的材质、厚度符合安全要求；
2. 与炉、塔、容器相连的蒸汽、氮气等有害介质的阀门，已加盲板隔离；</td><td></td><td></td><td></td></tr>
</table>

装置停工交付检修确认表（续）

	装置停工交付检修确认表				
	记录编号		使用单位		
停工检修单位			装置	时间	年　月　日
单位		确认内容	存在问题	确认意见	确认人
机动部门	设备科	3. 未经吹扫处理的设备、容器、管道已与系统隔离，设置明显警示标志，并向职工和施工单位交底； 4. 冬季停工，装置要做好防冻防凝工作			
	动力科	1. 变配电所内电气安全用具、消防器材已检查并在有效期限内； 2. 变配电所内的工器具已检查合格； 3. 电气现场检修动力箱（固定）、临时变已检查合格； 4. 配送电单位、施工单位参修人员已经安全教育并考试合格； 5. 外来人员已经安全教育并考试合格； 6. 工艺要提供装置停工后仍需使用的仪表清单； 7. 电气专业提供停工期间停电网络，仪表提前准备			
安环部门	管理科	1. 对本单位、施工单位参加检修的人员安全教育并考试是否进行？ 2. 其他			
	环保科	1. 明沟、地面上是否有油？清污分流设施是否投用？ 2. 其他			
	安全科	1. 现场固定式可燃气体报警仪、H_2S 报警仪等探头是否进行妥善保护？ 2. 对装置内电缆沟是否作出明显标志？ 3. 设备、容器、管道是否全部打开并在设备人孔处挂“危险空间！严禁入内”的警示牌？ 4. 检修现场下水井、地漏、明沟是否封闭，泵沟等是否建立水封？			

装置停工交付检修确认表（续）

<table>
<tr><td rowspan="2"></td><td colspan="7">装置停工交付检修确认表</td></tr>
<tr><td>记录编号</td><td></td><td>使用单位</td><td colspan="4"></td></tr>
<tr><td colspan="2">停工检修单位</td><td></td><td>装置</td><td></td><td>时间</td><td colspan="2">年　月　日</td></tr>
<tr><td>单位</td><td colspan="2">确认内容</td><td colspan="3">存在问题</td><td>确认意见</td><td>确认人</td></tr>
<tr><td>安环部门</td><td>安全科</td><td>5. 打开的设备、容器、管道测爆分析是否合格？
6. 运行的装置与检修的区域必须采用明显有效的隔离措施？存在工艺介质的工艺管线是否作出标志？
7. 其他</td><td colspan="3"></td><td></td><td></td></tr>
<tr><td colspan="2">领导意见</td><td></td><td colspan="3"></td><td></td><td></td></tr>
</table>

附 录 B
（资料性附录）
装置检修交回开工确认表

中国石油化工股份有限公司 ×××× 分公司管理体系				
装置检修交回开工确认表				
记录编号		使用单位		
开工装置		时间	年 月 日	
单位	要求	存在问题	确认意见	确认人
施工单位	检修项目以及改造项目已施工完成，并验收合格； 施工用临时设施已全部拆除；现场清洁、无杂物； 除用于开工查漏、热紧用的架子保留外，其他架子、跳板均拆除； 设备、管线等保温复位； 因检修拆除的劳动保护、照明设施已恢复； 塔器设备、安全阀、现场仪表、管线等均已复位			
项目所属单位	设备位号和管道介质名称、流向标示齐全； 检查现场设备、管线、保温等安装符合规范，试用情况正常； 机组等设备联锁试验正常； 工艺联锁试验正常； 盲板拆、装清单已确认； 装置吹扫、试压通过； 现场消防、气防器材及岗位工器具配齐、现场环保设施投用； 开工化工原材料准备完毕； 备品配件齐全			
电气部	变电所已正常投用，高低压电送电正常； 现场电气设备如电动阀、电加热器、电机等试运正常； 现场照明等恢复正常			
仪控部	现场仪表调试、DCS 调试、联校正常； 配合工艺、设备的联锁调试已完成			
公用工程部	循环水、新鲜水、蒸汽、仪表风、工厂风、氮气等公用介质供应正常			

装置检修交回开工确认（续）

<table>
<tr><td rowspan="3"></td><td colspan="5">中国石油化工股份有限公司 ×××× 分公司管理体系</td></tr>
<tr><td colspan="5">装置检修交回开工确认表</td></tr>
<tr><td>记录编号</td><td></td><td>使用单位</td><td colspan="2"></td></tr>
<tr><td colspan="2">开工装置</td><td></td><td>时间</td><td colspan="2">年　月　日</td></tr>
<tr><td colspan="2">单位</td><td>要求</td><td>存在问题</td><td>确认意见</td><td>确认人</td></tr>
<tr><td colspan="2">储运部</td><td>储运系统已具备正常供料以及接收产品条件</td><td></td><td></td><td></td></tr>
<tr><td colspan="2">化验部门</td><td>现场采样器已复位正常；
分析项目已具备分析条件</td><td></td><td></td><td></td></tr>
<tr><td colspan="2">消防部门</td><td>现场消气防器材齐全、完好；
消防、疏散通道符合要求</td><td></td><td></td><td></td></tr>
<tr><td rowspan="2">安环部门</td><td>环保</td><td>现场环保设施，如清污分流设施等已投用；
后续环保装置具备接收物料条件</td><td></td><td></td><td></td></tr>
<tr><td>安全</td><td>现场固定式可燃气体报警仪、H_2S 报警仪等已投用；
拟开工装置与邻近的检修区域已采用明显有效的隔离措施；
现场安全设施如平台围栏、护栏等符合要求，现场无容易坠落物品；
如有零星动火项目，火票需升级</td><td></td><td></td><td></td></tr>
<tr><td colspan="2">工程管理部门</td><td>负责的改造项目已施工完成、并验收合格</td><td></td><td></td><td></td></tr>
<tr><td rowspan="2">机动部门</td><td>设备科</td><td>检修项目已完成，并验收合格；
保运工作已落实</td><td></td><td></td><td></td></tr>
<tr><td>动力科</td><td>电气、仪表检修改造项目已完成，并投用正常；
电气现场检修动力箱、临时变已拆除</td><td></td><td></td><td></td></tr>
<tr><td rowspan="2">生产部门</td><td>技术科</td><td>开工方案已审批完成；
盲板已按方案和盲板清单进行安装；
开工用化工原材料已落实；
其他专项方案已落实或审批</td><td></td><td></td><td></td></tr>
<tr><td>管理科</td><td>外围的公用、储运系统以及相关装置已可支持装置开工；
开工用原料已落实</td><td></td><td></td><td></td></tr>
<tr><td colspan="2">人教部门</td><td>操作人员已经过学习、培训，并考试合格</td><td></td><td></td><td></td></tr>
<tr><td colspan="2">项目所属单位领导意见</td><td>签名：</td><td>公司意见</td><td colspan="2">签名：</td></tr>
</table>

附 录 C
(资料性附录)
检修施工现场 HSSE 日检表

序号	检查内容	存在问题	检查人员	整改情况	验证人	备注
1	临时用电					
1.1	配备合格的持证电工					
1.2	配电箱合格、有防雨措施，按要求标识并上锁					
1.3	配电系统执行“三相五线制”，符合“三级配电二级保护”要求，安装匹配的漏电保护器，漏保动作灵敏好用，并进行日常试验和记录					
1.4	电缆及接头无破损，绝缘良好；铺设规范，走向清晰，标识明确					
1.5	用电严格执行“一机一闸一保护”					
1.6	按要求配置保护零线和工作零线，工作接地和重复接地完好					
1.7	安全电压符合作业环境要求					
1.8	使用工业插头、插座					
2	施工机具					
2.1	各种机具设备安全要求进行定期检查，确保完好					
2.2	设有机械保护装置（如转动设备等）的设备，保护装置处于完好状态					
2.3	用电机具、设施接地完好					
2.4	配备与作业要求相匹配的劳动防护用品					
2.5	空气压缩机压力表、安全阀等在检验期内并处于完好状态，高压气管和软管固定连接可靠					
2.6	气瓶垂直放置，瓶体固定可靠；气瓶分类摆放并保持安全距离，防护措施到位，气瓶阻火器、压力表等安全附件完好，气管无老化破损，连接可靠					
3	脚手架					

检修施工现场 HSSE 日检表（续）

序号	检查内容	存在问题	检查人员	整改情况	验证人	备注
3.1	脚手架搭设人员是专业架子工，并持证上岗。搭设人员按要求着装，配备五点双大钩安全带					
3.2	编制脚手架搭设方案，进行安全技术交底并有记录					
3.3	按规范要求搭设脚手架，且有良好的整体稳固性					
3.4	搭设和拆除过程必须有专人监督，周边设置警戒区					
3.5	连墙件设置可靠，各节点扣件扭矩力符合要求					
3.6	通道、护栏、腰杆、踢脚板等符合要求					
3.7	作业面满铺跳板，无孔洞，跳板可靠固定且无探头板					
3.8	作业面临时放置的材料等在允许荷载范围内，严禁超载荷；放置必须稳固，无坠物风险					
3.9	脚手架搭设完成验收合格挂牌使用					
3.10	消防设施保持完好，灭火器和消防水桶按要求配置					
3.11	消防安全通道保持畅通					
3.12	用火作业前，清理周边易燃物，采取接火措施					
4	起重					
4.1	编制了吊装方案、进行交底并有记录					
4.2	起重设备操作人员、司索、指挥持有效证件					
4.3	起重机械证照齐全有效					
4.4	起重机械安全设施、附件完好					
4.5	机索具检查完好，钢丝绳无磨损，连接可靠，绳卡数量和间距满足要求					
4.6	吊装作业半径设置了警戒区，禁止无关人员入内					
4.7	吊装前进行评估，确保在额定起升载荷范围内进行起重作业，不得超载					

检修施工现场 HSSE 日检表（续）

序号	检查内容	存在问题	检查人员	整改情况	验证人	备注
4.8	吊车支腿符合要求					
4.9	吊物捆绑符合要求，使用溜绳					
4.10	吊装作业天气、环境、风力等符合要求					
5	焊接、气割					
5.1	设备接地完好					
5.2	焊把线无破损，连接器完好					
5.3	有专人监护，接火、防火措施到位					
5.4	可燃性气瓶与胶管连接完好，无漏气，气瓶有阻火器					
5.5	现场气瓶与明火源保持安全距离					
6	受限空间					
6.1	对所要进行作业的受限空间进行吹扫、蒸煮、置换，并分析合格。所有与受限空间相连接的管线、阀门应进行有效隔离，盲板处应挂标识牌，并经工艺技术人员签字确认					
6.2	出入口内外不得有障碍物，在受限空间入口处设置“危险！严禁入内”警告牌或采取其他封闭措施					
6.3	对有可能发生硫化亚铁自燃的设备、容器必须经充分的钝化脱臭处理，并在现场配置消防水带					
6.4	“进入受限空间作业许可证”实行一点一证					
6.5	进入受限空间作业实行“三不进入”原则，即：一、没有经批准有效的“进入受限空间作业许可证”不进入；二、安全措施未落实不进入；三、监护人不在场不进入					
6.6	作业现场配备必要的救护器具和灭火器材等					
6.7	进入受限空间作业应使用安全电压和安全行灯					
7	作业安全					

检修施工现场 HSSE 日检表（续）

序号	检查内容	存在问题	检查人员	整改情况	验证人	备注
7.1	作业前进行班前安全教育和安全技术交底，作业人员清楚当天作业内容和安全风险及注意事项					
7.2	特殊工种持证上岗					
7.3	佩戴合格安全帽，并根据作业任务佩戴专用眼部、面部、手部等防护用品，高处作业人员系挂安全带					
8	收工检查					
8.1	配电系统一级箱断电，关闭气瓶角阀，能量上锁					
8.2	现场火种检查清理完毕					
8.3	清理各作业面材料和杂物等，做到工完料净场地清					
8.4	落实夜间值班、巡检人员，职责到位，检查内容明确					

附 录 D
（资料性附录）
装置停工检修工作总结模版
（设备专业）

根据公司《设备检修管理制度》规定，在装置停工检修结束后各相关单位应组织编写装置停工检修工作总结。为此，就进一步做好装置停工检修工作总结提出要求如下：

封面：

名称：××× 部 ××× 装置 ×××× 年 ×× 月停工检修工作总结

编写人：×××

审核人：×××

批准人：×××（运行部领导）

编写单位：中国石化 ××× 分公司 ××× 部

编写时间：×××× 年 ×× 月

正文

（一）装置停工检修过程概述

装置开、停工、检修过程简述，本周期装置运行起止时间。

本周期装置运行中出现的主要问题。

本次停工检修、改造内容简述，检修项目计划数（包括补充、追加），检修计划完成情况。重点检修项目情况。

开停工、检修网络执行情况。

（二）主要检修内容技术总结

反应器部分

塔、容器部分

加热炉部分

冷换设备、空冷器部分

阀门部分

管道部分

压缩机部分

泵部分

特殊阀门部分

输送机械部分

压力容器检验（包括缺陷返修处理）

压力管道检验（包括缺陷返修处理）

安全阀检验

其他检修方面

技术分析中要有以下内容：上次运行周期出现的问题，本次检修检查情况及采取措施；上次检修遗留问题处理情况；本周期与上周期设备隐蔽检查情况对照；重复发生问题处理方案有效性；装置系统问题；典型案例。

（三）检修计划准确性分析

（四）检修施工队伍评述

（五）材料供应评述

（六）设计质量评价

（七）检修质量评价

（八）本次检修遗留问题及预案

（九）检修管理亮点、存在的不足和下次检修需注意的问题

（十）附表

表 1　设备增加情况表

序号	位号	名称	规格型号	制造厂	数量	备注

表 2　设备拆除情况表

序号	原位号	名称	规格型号	制造厂	数量	备注

表 3　管线拆除情况表

序号	原编号	名称	规格	长度（m）	备注

表 4　设备更换情况表

序号	位号	名称	规格型号		制造厂		数量	备注
			更换前	更换后	更换前	更换后		

表 5　冷换设备检修情况表

序号	位号	名称	规格型号	抽芯清洗	试压换垫	堵管根数	管束更换

表 6　阀门检修、更换情况表（*DN*50 和 *DN*50 以上）

序号	规格型号	公称直径	检修数量	更换数量

表 7 压力容器检验情况表

序号	计划检验台数	增加变更台数	减少变更台数	实际完成台数	缺陷返修台数

表 8 压力管道检验情况表

序号	检验计划		增加变更		减少变更		实际完成	
	条数	米数	条数	米数	条数	米数	条数	米数

表 9 安全阀门检验情况表

序号	计划检验台数	增加变更台数	减少变更台数	实际完成台数

5. 溶剂脱沥青装置维护检修规程

SHZ 02005—2019

目　录

前　言

本规程按照 GB/T 1.1—2009《标准化工作导则　第 1 部分：标准的结构和编写》给出的规则起草。

本规程由中国石油化工集团有限公司、中国石油化工股份有限公司提出。

本规程起草单位：中国石油化工股份有限公司茂名分公司。

本规程主要起草人：王兴、莫李红。

本规程 2019 年首次发布。

溶剂脱沥青装置维护检修规程

1 范围

1.1 本规程规定了溶剂脱沥青装置及其主要设备、专用设备的检修周期、检修项目及质量要求、检修过程管理和日常维护的相关内容。
1.2 本规程适用于炼化企业溶剂脱沥青装置的检修维护管理。

2 规范性引用文件

下列文件对本文件的应用是必不可少的。凡是注日期的引用文件，仅注日期的版本适用于本文件。凡是不注日期的引用文件，其最新版本（包括所有的修改单）适用于本文件。

2.1 法律法规

中华人民共和国安全生产法
中华人民共和国特种设备安全法
压力容器安全技术监察规程
压力管道安全技术监察规程——工业管道
特种设备安全监察条例

2.2 标准规范

GB/T 151 热交换器
GB 50236 现场设备、工业管道焊接工程施工及验收规范
TSG D7005 压力管道定期检验规则——工业管道
TSG R7001 压力容器定期检验规则
GB/T 20801.1～1.5 压力管道规范——工业管道
GB 50484 石油化工建设工程施工安全技术规范
SHS 01013 离心泵维护检修规程
SHS 01020 活塞式压缩机维护检修规程
SHS 01016 螺杆泵维护检修规程
SHS 01014 蒸汽往复泵维护检修规程
SHS 01017 齿轮泵维护检修规程
SHS 01006 管式加热炉维护检修规程

SHS 01033　设备及管道保温、保冷维护检修规程
SHS 01034　设备及管道涂层检修规程
SHS 01007　塔类设备维护检修规程
SHS 01009　管壳式换热器维护检修规程
SHS 01010　空气冷却器维护检修规程
SHS 01011　钢制圆筒形常压容器维护检修规程
SHS 01030　阀门维护检修规程
SHS 01005　工业管道维护检修规程
SHS 01004　压力容器维护检修规程
SHS 01001　石油化工设备完好标准
SHS 01002　石油化工设备润滑管理制度
SHS 01003　石油化工旋转机械振动标准

2.3　相关规定和文献

炼油企业检修管理指南（试行版）
溶剂脱沥青装置工艺技术规程

3　术语与定义

下列术语和定义适用于本文件。

3.1　设备功能

设备功能指的是设备的生产效率和功能，衡量设备功能的指标随设备种类不同而异。

3.2　功能故障

设备、设施不能实现其设计功能时，称之为功能故障，定义为设备、设施不能满足期望的性能标准。一般指设备失去或降低其规定功能的事件或现象，表现为设备的某些零件失去原有的精度或性能，使设备不能正常运行、技术性能降低，致使设备中断生产或效率降低而影响生产。

3.3　A类设备

本规程规定的A类设备是指设备的功能故障引起装置停车的设备。

3.4　B类设备

本规程规定的B类设备是指该设备的功能故障虽然不引起装置的停车，但对装置的负荷、质量及可靠性具有重大影响的设备。

4 装置特征

溶剂脱沥青是以液态（丙烷、丁烷等）为溶剂，减压渣油为原料，利用溶剂对渣油中不同组分的选择性溶解的特性，将渣油中沥青与脱沥青油分离的物理萃取过程。

4.1 溶剂脱沥青原则流程及流程图

丙烷脱沥青原则流程：减压渣油与溶剂分别从萃取塔上部和下部进入，减压渣油和溶剂在萃取段内进行逆流流动萃取。萃取塔底沥青、溶剂液经加热炉加热后进入蒸发塔蒸发回收溶剂，塔底沥青进入汽提塔汽提回收残余溶剂后经产品泵送出装置；萃取塔顶脱沥青油进入沉降塔沉降，塔底重脱油、溶剂液经加热炉加热后进入蒸发塔蒸发回收溶剂，蒸发塔底重脱油进入汽提塔汽提回收残余溶剂后经产品泵送出装置；沉降塔顶轻脱油、溶剂液经加热器加热后进入临界塔进行溶剂、轻脱油分离回收溶剂，临界塔底轻脱油、溶剂液进入轻脱油蒸发器蒸发回收溶剂，蒸发器底轻脱油进入汽提塔汽提回收轻脱油中残余溶剂后经产品泵送出装置。汽提塔顶溶剂气经压缩机压缩升压回溶剂罐循环使用。流程图见图1。

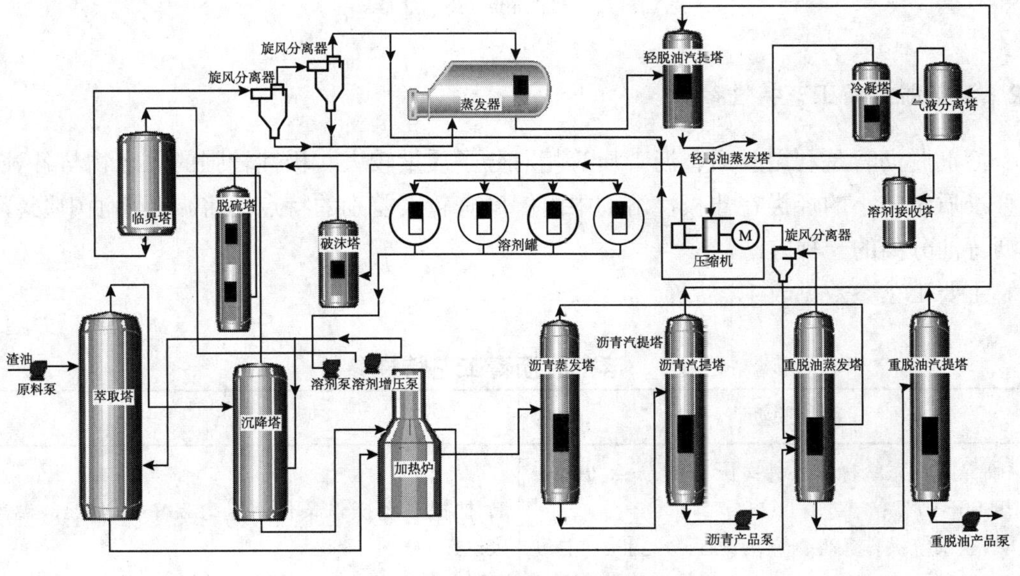

图1 丙烷脱沥青流程

丁烷脱沥青原则流程：常减压渣油进入原料缓冲罐，经原料泵抽出分别与循环胶质溶液、占总循环溶剂15%的溶剂、占总循环溶剂70%的溶剂分别进入静态混合器混合、稀释后进入抽提器。抽提器顶重脱沥青油溶剂与超临界溶剂换热升温后进入胶质沉降器，沉降器底部胶质经胶质溶液泵抽出送至一级静态混合器前与原料预稀释，沉降器顶部轻脱沥青油溶液经增压泵增压后进入脱沥青油溶液加热炉，加热到超临界温度进入溶剂分离器进行分离回收溶剂。溶剂分离器顶溶剂经冷却后循环使用，底部脱沥青油进入汽提塔回收溶剂，塔顶溶剂及蒸汽经冷却脱水后经溶剂泵加压送至高压溶剂罐混合循环使用，塔底脱沥青油由脱沥青油泵抽出送出装置。抽提器底部沥青溶液经沥青加热炉加热后进入沥青汽提塔回收溶剂，塔顶溶剂及蒸汽经冷却脱水后经溶剂泵加压送至高压溶剂罐混合循环使用，塔底沥青经沥青泵送出装置。流程图见图2。

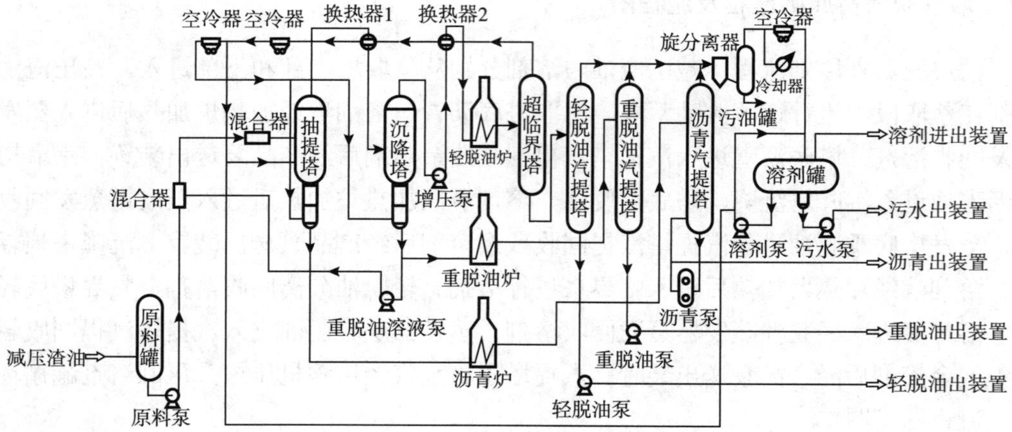

图2　丁烷脱沥青流程

4.2　溶剂脱沥青工艺特性参数

溶剂脱沥青是利用胶质、沥青质等相对分子质量较大、极性较强的化合物与各种相对分子质量较小的烃类在非极性溶剂中溶解度有较大差别的特点，将减压渣油中沥青与脱沥青油分离的一种方法。

主要工艺参数见表1。

表1　溶剂脱沥青工艺特性参数

丙烷脱沥青	丁烷脱沥青
1. 临界回收系统操作条件：压力4.1～4.2MPa、温度96～97℃； 2. 萃取系统操作条件：压力4.1～4.2MPa、温度65～80℃； 3. 蒸发回收系统操作条件：压力2.0MPa、温度200～285℃； 4. 汽提回收系统操作条件：压力0.1MPa、温度200～285℃	1. 抽提系统操作条件：压力3.8～4.4MPa、温度95～135℃； 2. 超临界回收系统操作条件：压力4.8～5.2MPa、温度195～210℃； 3. 汽提回收系统操作条件：压力0.4～0.78MPa、温度200～290℃

4.3　溶剂脱沥青装置的危害特性

溶剂脱沥青装置的主要危害及防范措施见表2。

表 2　主要危害及防范措施

危害种类	危害机理	存在部位	防范措施
溶剂中毒易燃易爆	高浓度溶剂对人有窒息和麻醉作用；溶剂属于易燃易爆介质	带溶剂的设备、管线	1. 现场可燃气报警监控； 2. 人员安排培训及应急措施学习； 3. 安全劳保穿戴
湿 H_2S 腐蚀	硫化氢易与水形成湿硫化氢腐蚀性环境，在常温下，大量的 H_2S 可与钢中的 Fe 作用生成原子态氢且被钢吸收，对设备产生腐蚀破坏	溶剂罐、低压丙烷水洗塔、丙烷气体进入压缩机一段入口	1. 溶剂罐做内防腐； 2. 注缓蚀剂； 3. 材质升级，选择耐 H_2S 腐蚀性较好的材质如含 Cr、Ti 的钢材； 4. 采取脱硫工艺除去溶剂系统中的 H_2S，如液相丙烷醇胺脱硫
高温硫腐蚀	H_2S、活性硫、低级硫醇在 200℃以上对金属产生的化学腐蚀作用	加热炉炉管、炉出口沥青系统管线	1. 材质升级，可升级为 Cr9Mo1、Cr12 钢、渗铝钢等； 2. 重新设计，增大管直径，降低流速； 3. 加强状态监测、定点测厚
管线、设备凝堵	渣油、重脱油、沥青黏度大、流动性差，易造成管线、设备凝堵	渣油、重脱油、沥青管线、设备	1. 按工艺指标控制好各部温度，不能过低影响流动性； 2. 停工时柴油循环时间要足够，确保冲洗干净
垢下腐蚀	水冷器水流速低、温度高时易形成水垢，造成垢下腐蚀	水冷器	1. 操作上冷却水温度不能过高； 2. 冷却水流速不能过低，如低于 0.9m/s，每月一次反冲洗； 3. 条件允许，可定期清理

5　检修周期及检修项目

5.1　主要设备介绍

主要设备介绍见表 3。

表 3　主要设备介绍

装置主要设备类型				
名称	设备种类		主要设备	适用规程
动设备	压缩机	活塞式压缩机	溶剂气压缩机	SHS 01020
	泵	离心泵	原料泵、溶剂泵、溶剂泵增压泵、空冷水泵、贫胺泵、循环水泵	SHS 01012
		螺杆泵	产品泵、封油泵	SHS 01016
		往复泵	消泡剂注入泵	SHS 01015
			沥青泵、重脱油泵	SHS 01014

表 3　主要设备介绍（续）

装置主要设备类型				
名称	设备种类		主要设备	适用规程
动设备	泵	齿轮泵	润滑油泵	SHS 01017
	轴流式风机		空冷器风机	SHS 01022
静设备	加热炉		圆筒式加热炉	SHS 01006
	塔	填料塔、板式塔	萃取塔、临界塔、沉降塔、汽提塔、蒸发塔、H_2S 吸收塔、破沫塔、冷凝塔	SHS 01007
	换热器	管壳式换热器	蒸汽加热器、水冷器、塔顶换热器、蒸发器	SHS 01009
		板式换热器	溶剂一脱油换热器	SHS 04521
		空冷器	溶剂空冷器	SHS 01010
	压力容器		换热器、罐、塔	SHS 01004
	常压容器		柴油罐、封油罐、消泡剂罐、煤油罐、喷淋水罐	SHS 01011
	压力管道		GC1、GC2、GC3	SHS 01005
	阀门		安全阀、闸阀、截止阀等	SHS 01030
仪表设备	现场仪表	检测仪表、显示或报警仪表、控制仪表、辅助单元、执行器及其附件	流量计、液位计、变送器	SHS 07002
	控制系统	集散控制系统（DCS）、可编程控制系统（PLC）、机组控制系统（CCS 或 ITCC）、工业控制计算机系统（IPC）、监控和数据采集系统（SCADA）	DCS 系统	SHS 07008
	在线分析仪表	工业气相色谱仪、氧分析仪、红外分析仪、质谱仪、pH 计、电导仪、水分仪	氧化锆在线分析仪	SHS 07006
	安全环保仪表	可燃气体检测报警仪、有毒有害气体检测报警仪、氨氮分析仪、化学需氧量分析仪（COD）、水质分析仪、烟气分析仪（CEMS）	可燃气体检测报警仪、有毒有害气体检测报警仪	SHS 07007
电气设备		电动机		SHS 06001

5.2 检修周期

5.2.1 溶剂脱沥青装置检修应根据实际运行情况进行定期停车大检修，大修周期按60～72个月确定。

5.2.2 有备用设备的或日常可以进行检修的不列入大修项目。

5.3 检修内容

5.3.1 确定检修内容的依据

（1）按法律法规要求的特种设备定期检验。

（2）不符合安全与环境保护、节能要求的设备改造和更新。

（3）对本次检修或下次检修之前已到法定检验时间的计量设施。

（4）设备状况：

A. 静设备：

a）加热炉炉管结焦堵、炉管腐蚀穿等原因造成运行状况恶化、性能降低或失效等；

b）塔内部因塔盘结焦堵、内构件损坏、积垢腐蚀等原因造成运行状况恶化、性能降低等；

c）换热器因换热管腐蚀穿孔、结焦堵管、积垢腐蚀等原因造成运行状况恶化、性能降低等；

d）容器因内构件损坏、结焦、积垢腐蚀等原因造成运行状况恶化、性能降低等；

e）空冷器因外腐蚀穿孔泄漏、管箱丝堵泄漏等原因造成运行状况恶化、性能降低等；

B. 转动设备：磨损、疲劳、泄漏、振动等原因造成运行状况恶化、性能降低等；

C. 管道、阀门因腐蚀减薄、失效等原因造成运行状况恶化、性能降低等；

D. 电气设备：部件老化等原因造成运行状况恶化、性能降低等；

E. 仪表设备：部件老化等原因造成运行状况恶化、性能降低等；

F. 日常维护抢修中采用带压堵漏、带压开孔等方式进行临时的项目。

（5）钢结构平台、设备基础、房屋等建构筑物老化、锈蚀等必须在停车检修期间内维修的项目。

（6）安全防护设施失效。

5.3.2 检修具体内容

停车大修是对溶剂脱沥青装置安全环保、长周期运行及经济效益有重大影响的设备、管线、电气仪表系统、土建及基础设施等在运行周期内将要发生的功能故障进行全面检修。其他检修是除大修外对装置局部或设备本体有经济运行影响的功能故障而进行的检修。

溶剂脱沥青装置主要设备检修内容见表4。

表 4　主要设备检修内容

序号	设备名称	设备功能	功能故障	检修内容	专业类别
1	加热炉	为溶剂回收和产品外送提供热能，确保加热炉出口温度达到工艺指标，环保数据达到环保指标要求	炉出口介质温度达不到生产要求，烟气排放达不到环保要求	1. 检查炉管、弯头（包括有无弯曲变形、氧化爆皮、裂纹、腐蚀等）； 2. 检查炉管、弯头测厚，必要时做无损检测； 3. 检查管板、吊挂件和导向杆（有无变形、断裂、腐蚀及卡死等损坏）； 4. 检查现场测量设备的腐蚀情况； 5. 检查炉墙、衬里、膨胀缝填充料、火盘砖的损坏情况； 6. 检查弯头箱内保温，弯头箱门应无损坏变形，密封可靠； 7. 检查空气预热器的换热管的腐蚀损坏及积灰结垢情况； 8. 检查烟道、风道腐蚀及破损情况，烟道挡板开关灵敏度调试； 9. 检查引风机、鼓风机系统是否完好； 10. 检查吹灰器系统检查是否完好，并调试正常； 11. 检查燃烧器、长明灯、阻火器清理	A类
2	萃取塔	提供萃取场所，在一定的温度梯度下确保渣油和丙烷的萃取效果	萃取效果达不到工艺要求，设备腐蚀泄漏或静密封泄漏	1. 拆修动力传动机构，吊出转盘。 2. 进料分配器拆装清洗； 3. 填料拆装清洗、腐蚀损坏情况检查； 4. 塔支撑构件、塔内壁腐蚀情况检查及结垢、结焦清理； 5. 压力容器全面检验	A类
3	临界塔	提供分离场所，确保在一定的温度、压力下实现分离回收溶剂	设备腐蚀泄漏或静密封泄漏	1. 塔内壁腐蚀情况检查及容器内清扫； 2. 压力容器全面检验	A类
4	沉降塔	提供沉降及再萃取场所，确保沉降效果	沉降效果达不到工艺要求，设备腐蚀泄漏或静密封泄漏	1. 进料分配器拆装清洗； 2. 填料拆装清洗、腐蚀损坏情况检查； 3. 塔支撑构件、塔内壁腐蚀情况检查及结垢、结焦清理； 4. 压力容器全面检验	A类

表4 主要设备检修内容（续）

序号	设备名称	设备功能	功能故障	检修内容	专业类别
5	汽提塔	提供汽提场所，保证介质溶剂回收效果	汽提回收效果达不到工艺要求，设备腐蚀泄漏或静密封泄漏	1. 进料分配器拆装清洗； 2. 塔盘、支撑构件结焦、堵塞及腐蚀情况检查； 3. 破沫网清洗及检查破损情况； 4. 塔内壁腐蚀情况检查及容器内清扫； 5. 压力容器全面检验	A类
6	蒸发塔	提供蒸发场所，保证介质溶剂回收效果	蒸发回收效果达不到工艺要求，设备腐蚀泄漏或静密封泄漏	1. 进料分配器拆装清洗； 2. 塔盘、支撑构件结焦、堵塞及腐蚀情况检查； 3. 破沫网清洗及检查破损情况； 4. 塔蒸汽加热盘管腐蚀检查、试压； 5. 塔内壁腐蚀情况检查及容器内清扫； 6. 压力容器全面检验	A类
7	水洗塔	提供水洗降温场所，确保压缩机入口介质温度及介质的干净	水洗、冷却效果达不到工艺要求，设备腐蚀泄漏或静密封泄漏	1. 填料拆装清洗、腐蚀损坏情况检查； 2. 塔支撑构件、塔内壁腐蚀情况检查； 3. 容器内清扫； 4. 压力容器全面检验	A类
8	蒸汽分液罐	提供蒸汽储存场所和密闭通道	设备腐蚀泄漏或静密封泄漏，容器进出口堵塞	1. 外腐蚀情况检查； 2. 压力容器全面检验	A类
9	瓦斯罐	提供瓦斯储存场所和密闭通道	设备腐蚀泄漏或静密封泄漏，容器进出口堵塞	1. 内壁腐蚀情况检查； 2. 容器内清扫； 3. 压力容器全面检验	A类
10	旋风分离器	提供分离场所，确保溶剂、油的有效分离	设备腐蚀泄漏或静密封泄漏，容器进出口堵塞	1. 外腐蚀情况检查； 2. 压力容器全面检验	A类
11	溶剂气、水分离罐	提供溶剂气、水分离场所和密闭通道	设备腐蚀泄漏或静密封泄漏，容器进出口堵塞	1. 内壁腐蚀情况检查； 2. 容器内清扫； 3. 破沫网清洗及检查破损情况； 4. 压力容器全面检验	A类
12	低压溶剂气接收罐	提供溶剂气储存场所和密闭通道	设备腐蚀泄漏或静密封泄漏，容器进出口堵塞	1. 内壁腐蚀情况检查； 2. 容器内清扫； 3. 压力容器全面检验	A类

表 4　主要设备检修内容（续）

序号	设备名称	设备功能	功能故障	检修内容	专业类别
13	重沸器	提供蒸发场所，保证介质溶剂回收效果	蒸发回收效果达不到工艺要求，设备腐蚀泄漏或静密封泄漏	1. 人孔、管箱拆装及管束抽装； 2. 管束和壳体清扫； 3. 管束、壳体腐蚀情况检查及处理； 4. 管箱螺栓腐蚀情况检查及更换； 5. 试压及堵漏； 6. 壳体保温修补及防腐	A类
14	轻脱油液加热器、沥青液、中压溶剂换热器、重脱油液、临界溶剂换热器（浮头式）	提供热交换场所	设备内漏或外漏	1. 管箱、浮头拆装及管束抽装； 2. 管束和壳体清扫； 3. 管束、壳体腐蚀情况检查及处理； 4. 小浮头、外头盖、管箱螺栓腐蚀情况检查及更换； 5. 试压及堵漏； 6. 壳体保温修补及防腐	A类
15	轻脱油液、临界溶剂换热器（U形管式）	提供热交换场所	设备内漏或外漏	1. 管箱拆装及管束抽装； 2. 管束和壳体清扫； 3. 管束、壳体腐蚀情况检查及处理； 4. 管箱螺栓腐蚀情况检查及更换； 5. 试压及堵漏； 6. 壳体保温修补及防腐	B类
16	溶剂罐	提供溶剂储存场所和密闭通道	设备腐蚀泄漏或静密封泄漏，容器进出口堵塞	1. 内防腐涂料破损检查； 2. 内壁腐蚀情况检查； 3. 容器内支撑构件腐蚀情况检查； 4. 容器内清扫； 5. 压力容器全面检验	B类
17	临界溶剂空冷器	降低溶剂温度	设备腐蚀泄漏或静密封泄漏	1. 管束外腐蚀的检查； 2. 管板丝堵泄漏检查； 3. 水泵、风机的检查	B类
18	中压溶剂空冷器	降低溶剂温度	设备腐蚀泄漏或静密封泄漏	1. 管束外腐蚀的检查； 2. 管板丝堵泄漏检查； 3. 水泵、风机的检查	B类
19	低压溶剂空冷器	降低溶剂温度	设备腐蚀泄漏或静密封泄漏	1. 管束外腐蚀的检查； 2. 管板丝堵泄漏检查； 3. 水泵、风机的检查	B类

6 装置检修管理

6.1 装置检修前准备工作

6.1.1 装置检修前，参检单位要做好检修作业指导书、施工方案、检修图纸、现场施工平面布置图等各类资料的准备及审核，相关检修资料最终经业主方审批确认后方可实施。

6.1.2 进入检修现场的各类施工机具、器具，必须是合格的、适用的，必须有检定合格证和标记，并在有效期内使用，严禁使用未经校验的机具。进场前，所有自检合格并贴有自检合格证的施工机具，要列出汇总清单上交给业主方，并经业主方检验后方可使用。

6.1.3 进入现场的检修耗材、配件等，必须附有质量证明文件，并在指定的地点规范存放。在安装、使用各类检修材料前，应对材料的外观质量进行检查确认，参检单位要做到领用材料检验有见证、验收有记录。

6.1.4 参检单位的所有施工人员，必须具备相应的作业资质，检修前须做好检修方案、技能方面的培训，熟悉检修项目的特点，严格按检修方案进行施工。同时，施工人员必须进行业主方相关专业条线的教育培训，对无相应作业资质、未经教育培训或考核不合格的人员，一律不得上岗作业。

6.2 工艺交出检修条件

6.2.1 在装置交付检修前，由生产管理部门和安全环保部门组织相关单位召开安全验收会，检查确认设备容器人孔拆卸、盲板加装、容器内采样分析、停电、下水井封堵等工作，经相关部门签字确认后，由装置开具用火、用电、进入受限空间等相关票证，进入检修状态。工艺交出要具备以下条件：

1）装置所有盲板按照盲板图、表安装、编号、挂牌并经工艺员、设备员、安全员已签名确认；

2）PID 图上所有系统、管线得到置换处理并做好标识；

3）系统内设备、管线按规定进行吹扫和置换，取样分析合格；

4）下水井取样分析合格，存油清理干净，排水畅通，水封完好；

5）下水井和漏斗口用防火布盖好，并用沙土封严；

6）系统内设备人孔打开前的确认，打开的设备人孔处挂上“未经许可，禁止入内”警示牌；

7）制定停工安全、环保措施和工作危害分析记录表（JSA）；

8）装置内分析不合格点挂标识，储存物料区标识、硬隔离；

9）制定检修中防硫化亚铁自燃方案；

10）指定具有监护人资格的人员负责动火、进设备等作业的监护。

装置交付检修确认表见附录 A。

6.3 检修过程安全环保管理总体要求

6.3.1 安全管理总体要求

1）装置检修的安全管理，坚持“安全第一、预防为主、综合治理”的方针和“谁主管，谁负责”“谁签发，谁负责”的原则，坚持以人为本、落实责任、强化监管，按属地化管理原则。

对于人数少的新企业要求外聘第三方 HSSE 监管，对于人数多的老企业或自身能力能够满足要求的老企业，可根据需要由企业自行决定是否外聘第三方 HSSE 监管。第三方 HSSE 监管纳入 HSSE 管理体系。

2）各级指挥部的安全环保消防组应按指挥部管理体系要求承担相应的管理责任。

3）承包商应建立健全安全管理体系，分包商的安全管理工作由总承包商负总责。

4）安全监督管理部门对检修过程的安全管理工作进行监督检查，指挥部的安全环保消防组负责施工过程安全检查管理。运行部负责所在区域的施工项目配合和现场安全监督检查。

6.3.2 环保管理总体要求

装置停工检修改造环保管理总体要求是：密闭吹扫，有序排放，清洁停工，安全处置，达标排放。为做好停工和检修期间的环保工作，停工装置要落实密闭吹扫及除臭方案，对排放污水、吹扫尾气放空、工业废物处置应进行预申报，排放时必须做到先检测后排放，主管部门根据监测结果确定处理方式。对于化学清洗等产生的废水，项目管理部门在与清洗单位签订合同前要明确废水处理相关责任及要求。

6.4 检修质量管理

总体要求：成立检修质量管理组织机构，明确管理职责，建立质量管理程序文件。

1）对承包商资质、人员、机具等进行审查。

2）通过组织设计审查，确保设计质量。

3）物资采购管理部门组织对采购物资进行入库检验并对重点物资进行监造。

4）在施工过程中组织对检验检测的质量进行抽查。

6.5 变更管理

6.5.1 检修过程要加强变更管理，建立健全变更管理制度和工作流程，采取措施减少变更数量。原则上没有经过各级部门同意的变更不允许在检修中执行。

6.5.2 项目变更控制主要内容

1）对于试用产品、设备备件结构形式改变、材质升级要充分识别，要有专门技术论证审批过程，审批时要加强相关专业沟通确认；

2）所有变更应事前发起，只有当变更得到批准后，才可组织实施。项目变更由变更提出单位发起申请并填写“变更申请单”，按照各企业相关制度规定的权限办理审批手续；

3）对于因材料找价差导致的超费用计划（或工单预算），需要补办变更手续；

4）对于不涉及费用计划的变更，如项目名称、版本号、承包商、施工方案、施工进度等也需办理相应的变更手续；

5）对于结算费用高于非包干合同标的按各企业管理制度执行变更；

6）投资类项目的变更参照各企业“固定资产投资过程控制管理规定”执行。

6.6 装置检修交回条件

6.6.1 装置检修交回确认主要内容：

1）装置开工人员及开车保镖人员配备落实；

2）技术、原辅材料、动力、备品备件等方面的准备；

3）队伍技术状态、开工方案学习落实情况；

4）现场规格化情况；

5）工艺和设备联锁仪表校验情况；

6）HSSE 措施落实情况；

7）盲板拆除清单、技术准备情况；

8）机、电、仪、公用工程、储运、质检等相关专业准备情况；

9）停工临设拆除、施工尾项整改情况等。

装置检修交回开工确认表见附录 B。

6.7 检修后期管理

6.7.1 资料交付

承包商应在检修项目结束后 30 天内将竣工资料完整地交给使用单位，竣工资料交付参考 SH/T 3503—2017。

6.7.2 检修总结

装置检修结束后，要对检修改造工作进行总结，对好的做法进行总结、提炼，固化这些经验，指导今后检修改造工作；对总结检修改造中存在的问题，分析原因，完善措施，不断提高管理水平。

大修总结模板见附录 D。

7 装置日常维护

7.1 日常巡检

操作工日常巡检需对在运的动设备进行详细检查：主要包括原料泵、溶剂泵、溶剂增压泵的密封系统是否泄漏，轴承的振动、温度、润滑、冷却系统等运行是否正常；溶剂压缩机冷却系统、填料密封、气阀温度、润滑油系统、运转部件异响情况等运行是否正常。静设备检查有无泄漏、设备安全附件完整好用、防雷防静电及防台风检查。

电仪人员日常检查电仪控制间设备运行正常，继电器、变送器有无发热、声音异常，检查制冷系统运行正常，要求温度25℃ ±5℃、湿度≤ 70%，完好的防鼠设施。

7.2 日常维护

装置日常维护的基本内容包括：设备维护保养、设备检查和设备修理。

7.2.1 设备维护保养

设备维护保养的内容是保持设备清洁、整齐、润滑良好、安全运行，包括及时紧固松动的紧固件，调整活动部分的间隙等。简言之，即“清洁、润滑、紧固、调整、防腐”十字作业法。维护保养依工作量大小和难易程度分为装置操作工保养、专职保养维修工的保养。

7.2.1.1 装置操作工保养

其主要内容是：进行清洁、润滑、紧固易松动的零件，检查零件、部件的完整。这类保养的项目和部位较少，大多数在设备的外部，一般由装置操作工人承担。

7.2.1.2 专职保养维修工的保养

主要内容包括对设备内部清洁、润滑、局部解体检查和调整，必要时对达到规定磨损限度的零件加以更换。此外，还要对主要零部件的磨损情况进行测量、鉴定和记录。具体标准执行通用设备的检修规程。

在两种维护保养中，装置操作工保养是基础，专职保养维修工的保养是关键。

7.2.2 设备检查和设备修理

设备检查按时间间隔分为日常检查和定期检查。

日常检查由操作人员执行，同操作工的保养结合起来，目的是及时发现不正常的技术状况，进行必要的维护保养工作。

定期检查是按照计划，在操作工参加下，定期由专职维修工执行，也就是预防性检查维修。目的是通过检查，全面准确地掌握零件磨损的实际情况，以便确定是否有进行修理的必要。

7.3 常见设备故障

由于原料渣油、产品沥青、重脱油介质黏度高和 H_2S 的存在，设备容易出现的故障模式有管线腐蚀减薄穿孔、换热管容易堵塞致使换热失效、容器内部被腐蚀减薄等。

溶剂脱沥青装置正常生产时，经常发生的设备故障通常有以下几种，见表 5。

表 5　设备故障

设备类型	故障类型	处理方法
加热炉	长明灯、火嘴堵塞	定期清理喷嘴
空冷器	管束、丝堵漏	封堵管束、丝堵换垫
溶剂泵	密封泄漏	更换密封
原料泵	密封泄漏、振动超标	更换密封，检査平衡盘、口环磨损情况并更换
水冷器	管束腐蚀穿孔泄漏	封堵穿孔的管束
溶剂罐	溶剂罐湿 H_2S 腐蚀穿孔	更换溶剂罐
螺杆泵	密封泄漏、振动大	更换密封、轴承、齿轮等配件
往复式压缩机	1. 进出口气阀窜气； 2. 活塞环磨损，效率低； 3. 负荷器失效； 4. 连杆轴瓦、十字头等转动易损件磨损； 5. 轴头泵不上量； 6. 活塞杆磨损或锁紧螺母损坏； 7. 密封填料泄漏； 8. 气阀垫、顶丝垫、压盖垫失效泄漏	1. 更换进出口气阀； 2. 更换活塞环、支撑环； 3. 更换负荷器； 4. 更换连杆轴瓦、十字头等转动易损件； 5. 更换轴头泵； 6. 更换活塞杆或锁紧螺母； 7. 更换密封填料； 8. 更换气阀垫、顶丝垫、压盖垫

附　录　A
（资料性附录）
装置停工交付检修确认表

<table>
<tr><td rowspan="2"></td><td colspan="7">装置停工交付检修确认表</td></tr>
<tr><td>记录编号</td><td></td><td>使用单位</td><td colspan="4"></td></tr>
<tr><td colspan="2">停工检修单位</td><td></td><td>装置</td><td></td><td>时间</td><td colspan="2">年　月　日</td></tr>
<tr><td>单位</td><td colspan="2">确认内容</td><td colspan="3">存在问题</td><td>确认意见</td><td>确认人</td></tr>
<tr><td>停工单位</td><td colspan="2">1. 装置与系统是否有效隔离并提供对应的盲板表？
2. 是否有专用氮气线，是否专用？
3. 管线及容器是否吹扫干净并提供吹扫作业确认表？
4. 容器及塔测爆及氧含量是否合格？
5. 风险系数较大的作业是否进行危害识别分析？
6. 对塔、容器仪表监控手段是否保留？
7. 动火作业项目是否上墙？
8. 对本单位、施工单位参加检修的人员安全教育并考试是否进行？
9. 明沟、地面上是否有油？清污分流设施是否投用？
10. 对装置内电缆沟是否作出明显标志？
11. 设备、容器、管道是否全部打开并在设备人孔处挂“危险空间！严禁入内”的警示牌？
12. 检修现场下水井、地漏、明沟等是否封闭，泵沟等是否建立水封？
13. 检修设备是否停电？</td><td colspan="3"></td><td></td><td></td></tr>
<tr><td>电气部</td><td colspan="2">1. 是否已按用电单位停送电要求实施停送电？
2. 参加大修的电气作业人员是否进行电工作业资格的确认和相应的安全教育？
3. 其他</td><td colspan="3"></td><td></td><td></td></tr>
<tr><td>仪控部</td><td colspan="2">1. 对本单位、施工单位参加检修的人员安全教育并考试是否进行？
2. 机柜间运行装置的机柜与检修的区域是否采用明显有效的隔离措施？
3. 仪表吹扫排放中相关安全环保措施是否明确落实？
4. 放射线同位素仪表停工检修防护措施是否落实？
5. 工器具是否进行相关安全检查？</td><td colspan="3"></td><td></td><td></td></tr>
</table>

装置停工交付检修确认表（续）

<table>
<tr><td rowspan="2"></td><td colspan="7">装置停工交付检修确认表</td></tr>
<tr><td>记录编号</td><td></td><td>使用单位</td><td colspan="4"></td></tr>
<tr><td colspan="2">停工检修单位</td><td></td><td>装置</td><td></td><td>时间</td><td colspan="2">年　月　日</td></tr>
<tr><td>单位</td><td colspan="2">确认内容</td><td colspan="3">存在问题</td><td>确认意见</td><td>确认人</td></tr>
<tr><td>仪控部</td><td colspan="2">6. 重大作业项目是否编写施工作业方案和进行危害识别与评价？
7. 高处作业的脚手架是否搭设妥当并验收合格？
8. 每项作业施工是否具有合格的施工检修作业票？相关安全措施是否落实到位？
9. 劳保用品穿戴是否符合要求？
10. 检修质量和检修内容是否符合要求？</td><td colspan="3"></td><td></td><td></td></tr>
<tr><td>消防部门</td><td colspan="2">1. 现场消气防器材是否齐全、完好？
2. 消防、疏散通道是否符合要求？
3. 其他</td><td colspan="3"></td><td></td><td></td></tr>
<tr><td rowspan="2">生产部门</td><td>技术科</td><td>1. 检查吹扫作业票的确认签名是否落实？
2. 现场检查盲板是否按方案和盲板清单进行安装？
3. 检查瓦斯、氮气和工艺介质等物料在装置边界是否进行有效隔离？
4. 催化剂、保护剂、胺液或按方案不退的介质是否按方案要求进行了有效安全隔离？</td><td colspan="3"></td><td></td><td></td></tr>
<tr><td>管理科</td><td>1. 检查配合外系统的吹扫是否已满足要求可以停运？
2. 其他</td><td colspan="3"></td><td></td><td></td></tr>
<tr><td>机动部门</td><td>设备科</td><td>1. 已按停工方案要求抽堵盲板，且要做好明显标记，并指定专人统一编号登记，严防漏堵、漏拆。盲板的材质、厚度符合安全要求。
2. 与炉、塔、容器相连的蒸汽、氮气等有害介质的阀门，已加盲板隔离。
3. 未经吹扫处理的设备、容器、管道已与系统隔离，设置明显警示标志，并向职工和施工单位交底。
4. 冬季停工，装置要做好防冻防凝工作</td><td colspan="3"></td><td></td><td></td></tr>
</table>

装置停工交付检修确认表（续）

<table>
<tr><td rowspan="2"></td><td colspan="6">装置停工交付检修确认表</td></tr>
<tr><td>记录编号</td><td></td><td>使用单位</td><td colspan="3"></td></tr>
<tr><td colspan="2">停工检修单位</td><td></td><td>装置</td><td></td><td>时间</td><td colspan="2">年　月　日</td></tr>
<tr><td>单位</td><td colspan="2">确认内容</td><td colspan="3">存在问题</td><td>确认意见</td><td>确认人</td></tr>
<tr><td>机动部门</td><td>动力科</td><td>1. 变配电所内电气安全用具、消防器材已检查并在有效期限内。
2. 变配电所内的工器具已检查合格。
3. 电气现场检修动力箱（固定）、临时变已检查合格。
4. 配送电单位、施工单位参修人员已经安全教育并考试合格。
5. 外来人员已经安全教育并考试合格。
6. 工艺要提供装置停工后仍需使用的仪表清单。
7. 电气专业提供停工期间停电网络，仪表提前准备</td><td colspan="3"></td><td></td><td></td></tr>
<tr><td rowspan="3">安环部门</td><td>管理科</td><td>1. 对本单位、施工单位参加检修的人员安全教育并考试是否进行？
2. 其他</td><td colspan="3"></td><td></td><td></td></tr>
<tr><td>环保科</td><td>1. 明沟、地面上是否有油？清污分流设施是否投用？
2. 其他</td><td colspan="3"></td><td></td><td></td></tr>
<tr><td>安全科</td><td>1. 现场固定式可燃气体报警仪、H_2S 报警仪等探头是否进行妥善保护？
2. 对装置内电缆沟是否作出明显标志？
3. 设备、容器、管道是否全部打开并在设备人孔处挂“危险空间！严禁入内”的警示牌？
4. 检修现场下水井、地漏、明沟等是否封闭，泵沟等是否建立水封？
5. 打开的设备、容器、管道测爆分析是否合格？
6. 运行的装置与检修的区域必须采用明显有效的隔离措施？存在工艺介质的工艺管线是否作出标志？
7. 其他</td><td colspan="3"></td><td></td><td></td></tr>
<tr><td colspan="2">领导意见</td><td></td><td colspan="3"></td><td></td><td></td></tr>
</table>

附 录 B
（资料性附录）
装置检修交回开工确认表

	中国石油化工股份有限公司 ×××× 分公司管理体系				
	装置检修交回开工确认表				
	记录编号		使用单位		
开工装置			时间	年 月 日	
单位	要求		存在问题	确认意见	确认人
施工单位	1. 检修项目以及改造项目已施工完成，并验收合格； 2. 施工用临时设施已全部拆除，现场清洁、无杂物； 3. 除用于开工查漏、热紧用的架子保留外，其他架子、跳板均拆除； 4. 设备、管线等保温复位； 5. 因检修拆除的劳动保护、照明设施已恢复； 6. 塔器设备、安全阀、现场仪表、管线等均已复位				
项目所属单位	1. 设备位号和管道介质名称、流向标示齐全； 2. 检查现场设备、管线、保温等安装符合规范，试用情况正常； 3. 机组等设备联锁试验正常； 4. 工艺联锁试验正常； 5. 盲板拆、装清单已确认； 6. 装置吹扫、试压通过； 7. 现场消防、气防器材及岗位工器具配齐、现场环保设施投用； 8. 开工化工原材料准备完毕； 9. 备品配件齐全				
电气部	1. 变电所已正常投用，高低压电送电正常； 2. 现场电气设备如电动阀、电加热器、电机等试运正常； 3. 现场照明等恢复正常				
仪控部	1. 现场仪表调试、DCS 调试、联校正常； 2. 配合工艺、设备的联锁调试已完成				
公用工程部	循环水、新鲜水、蒸汽、仪表风、工厂风、氮气等公用介质供应正常				
储运部	储运系统已具备正常供料以及接收产品条件				
化验部门	1. 现场采样器已复位正常； 2. 分析项目已具备分析条件				

装置检修交回开工确认（续）

<table>
<tr><td rowspan="3"></td><td colspan="5">中国石油化工股份有限公司 ×××× 分公司管理体系</td></tr>
<tr><td colspan="5">装置检修交回开工确认表</td></tr>
<tr><td>记录编号</td><td></td><td>使用单位</td><td colspan="2"></td></tr>
<tr><td colspan="2">开工装置</td><td></td><td>时间</td><td colspan="2">年　月　日</td></tr>
<tr><td>单位</td><td colspan="2">要求</td><td>存在问题</td><td>确认意见</td><td>确认人</td></tr>
<tr><td>消防部门</td><td colspan="2">1. 现场消气防器材齐全、完好；
2. 消防、疏散通道符合要求</td><td></td><td></td><td></td></tr>
<tr><td>安环部门</td><td>环保</td><td>1. 现场环保设施，如清污分流设施等已投用；
2. 后续环保装置具备接收物料条件</td><td></td><td></td><td></td></tr>
<tr><td>安环部门</td><td>安全</td><td>1. 现场固定式可燃气体报警仪、H_2S 报警仪等已投用；
2. 拟开工装置与临近的检修区域已采用明显有效的隔离措施；
3. 现场安全设施如平台围栏、护栏等符合要求，现场无容易坠落物品；
4. 如有零星动火项目，火票需升级</td><td></td><td></td><td></td></tr>
<tr><td colspan="2">工程管理部门</td><td>负责的改造项目已施工完成、并验收合格</td><td></td><td></td><td></td></tr>
<tr><td rowspan="2">机动部门</td><td>设备科</td><td>1. 检修项目已完成，并验收合格；
2. 保运工作已落实</td><td></td><td></td><td></td></tr>
<tr><td>动力科</td><td>1. 电气、仪表检修改造项目已完成，并投用正常；
2. 电气现场检修动力箱、临时变已拆除</td><td></td><td></td><td></td></tr>
<tr><td rowspan="2">生产部门</td><td>技术科</td><td>1. 开工方案已审批完成；
2. 盲板已按方案和盲板清单进行安装；
3. 开工用化工原材料已落实；
4. 其他专项方案已落实或审批</td><td></td><td></td><td></td></tr>
<tr><td>管理科</td><td>1. 外围的公用、储运系统以及相关装置已可支持装置开工；
2. 开工用原料已落实</td><td></td><td></td><td></td></tr>
<tr><td>人教部门</td><td colspan="2">操作人员已经过学习、培训，并考试合格</td><td></td><td></td><td></td></tr>
<tr><td colspan="2">项目所属单位领导意见</td><td>签名：</td><td>公司意见</td><td colspan="2">签名：</td></tr>
</table>

附 录 C
（资料性附录）
检修施工现场 HSSE 日检表

序号	检查内容	存在问题	检查人员	整改情况	验证人	备注
1	临时用电					
1.1	配备合格的持证电工					
1.2	配电箱合格、有防雨措施，按要求标识并上锁					
1.3	配电系统执行“三相五线制”，符合“三级配电二级保护”要求，安装匹配的漏电保护器，漏保动作灵敏好用，并进行日常试验和记录					
1.4	电缆及接头无破损，绝缘良好；铺设规范，走向清晰，标识明确					
1.5	用电严格执行“一机一闸一保护”					
1.6	按要求配置保护零线和工作零线，工作接地和重复接地完好					
1.7	安全电压符合作业环境要求					
1.8	使用工业插头、插座					
2	施工机具					
2.1	各种机具设备进行定期检查，确保完好					
2.2	设有机械保护装置（如转动设备等）的设备，保护装置处于完好状态					
2.3	用电机具、设施接地完好					
2.4	配备与作业要求相匹配的劳动防护用品					
2.5	空气压缩机压力表、安全阀等在检验期内并处于完好状态，高压气管和软管固定连接可靠					
2.6	气瓶垂直放置，瓶体固定可靠；气瓶分类摆放并保持安全距离，防护措施到位，气瓶阻火器、压力表等安全附件完好，气管无老化破损，连接可靠					
3	脚手架					

检修施工现场 HSSE 日检表（续）

序号	检查内容	存在问题	检查人员	整改情况	验证人	备注
3.1	脚手架搭设人员是专业架子工，并持证上岗。搭设人员按要求着装，配备五点双大钩安全带					
3.2	编制脚手架搭设方案，进行安全技术交底并有记录					
3.3	按规范要求搭设脚手架，且有良好的整体稳固性					
3.4	搭设和拆除过程必须有专人监督，周边设置警戒区					
3.5	连墙件设置可靠，各节点扣件扭矩力符合要求					
3.6	通道、护栏、腰杆、踢脚板等符合要求					
3.7	作业面满铺跳板，无孔洞，跳板可靠固定且无探头板					
3.8	作业面临时放置的材料等在允许荷载范围内，严禁超载荷；放置必须稳固，无坠物风险					
3.9	脚手架搭设完成验收合格挂牌使用					
3.10	消防设施保持完好，灭火器和消防水桶按要求配置					
3.11	消防安全通道保持畅通					
3.12	用火作业前，清理周边易燃物，采取接火措施					
4	起重					
4.1	编制了吊装方案、进行交底并有记录					
4.2	起重设备操作人员、司索、指挥持有效证件					
4.3	起重机械证照齐全有效					
4.4	起重机械安全设施、附件完好					
4.5	机索具检查完好，钢丝绳无磨损，连接可靠，绳卡数量和间距满足要求					
4.6	吊装作业半径设置了警戒区，禁止无关人员入内					

检修施工现场 HSSE 日检表（续）

序号	检查内容	存在问题	检查人员	整改情况	验证人	备注
4.7	吊装前进行评估，确保在额定起升载荷范围内进行起重作业，不得超载					
4.8	吊车支腿符合要求					
4.9	吊物捆绑符合要求，使用溜绳					
4.10	吊装作业天气、环境、风力等符合要求					
5	焊接、气割					
5.1	设备接地完好					
5.2	焊把线无破损，连接器完好					
5.3	有专人监护，接火、防火措施到位					
5.4	可燃性气瓶与胶管连接完好，无漏气，气瓶有阻火器					
5.5	现场气瓶与明火源保持安全距离					
6	受限空间					
6.1	对所要进行作业的受限空间进行吹扫、蒸煮、置换，并分析合格。所有与受限空间相连接的管线、阀门应进行有效隔离，盲板处应挂标识牌，并经工艺技术人员签字确认					
6.2	出入口内外不得有障碍物，在受限空间入口处设置“危险！严禁入内”警告牌或采取其他封闭措施					
6.3	对有可能发生硫化亚铁自燃的设备、容器必须经充分的钝化脱臭处理，并在现场配置消防水带					
6.4	《进入受限空间作业许可证》实行一点一证					
6.5	进入受限空间作业实行“三不进入”原则，即：一、没有经批准有效的《进入受限空间作业许可证》不进入；二、安全措施未落实不进入；三、监护人不在场不进入					
6.6	作业现场配备必要的救护器具和灭火器材等					
6.7	进入受限空间作业应使用安全电压和安全行灯					
7	作业安全					

检修施工现场HSSE日检表（续）

序号	检查内容	存在问题	检查人员	整改情况	验证人	备注
7.1	作业前进行班前安全教育和安全技术交底，作业人员清楚当天作业内容和安全风险及注意事项					
7.2	特殊工种持证上岗					
7.3	佩戴合格安全帽，并根据作业任务佩戴专用眼部、面部、手部等防护用品，高处作业人员系挂安全带					
8	收工检查					
8.1	配电系统一级箱断电，关闭气瓶角阀，能量上锁					
8.2	现场火种检查清理完毕					
8.3	清理各作业面材料和杂物等，做到工完料净场地清					
8.4	落实夜间值班、巡检人员，职责到位，检查内容明确					

附　件　D

（资料性附录）

装置停工检修工作总结模版

（设备专业）

根据公司《设备检修管理制度》规定，在装置停工检修结束后各相关单位应组织编写装置停工检修工作总结。为此，就进一步做好装置停工检修工作总结提出要求如下：

封面：

名称：××× 部 ××× 装置 ×××× 年 ×× 月停工检修工作总结

编写人：×××

审核人：×××

批准人：×××（运行部领导）

编写单位：中国石化 ××× 分公司 ××× 部

编写时间：×××× 年 ×× 月

正文

（一）装置停工检修过程概述

装置开、停工、检修过程简述，本周期装置运行起止时间。

本周期装置运行中出现的主要问题。

本次停工检修、改造内容简述，检修项目计划数（包括补充、追加），检修计划完成情况。重点检修项目情况。

开停工、检修网络执行情况。

（二）主要检修内容技术总结

反应器部分

塔、容器部分

加热炉部分

冷换设备、空冷器部分

阀门部分

管道部分

压缩机部分

泵部分

特殊阀门部分

输送机械部分

压力容器检验（包括缺陷返修处理）

压力管道检验（包括缺陷返修处理）

安全阀检验

其他检修方面

技术分析中要有以下内容：上次运行周期出现的问题，本次检修检查情况及采取措施；上次检修遗留问题处理情况；本周期与上周期设备隐蔽检查情况对照；重复发生问题处理方案有效性；装置系统问题；典型案例。

（三）检修计划准确性分析

（四）检修施工队伍评述

（五）材料供应评述

（六）设计质量评价

（七）检修质量评价

（八）本次检修遗留问题及预案

（九）检修管理亮点、存在的不足和下次检修需注意的问题

（十）附表

表 1　设备增加情况表

序号	位号	名称	规格型号	制造厂	数量	备注

表 2　设备拆除情况表

序号	原位号	名称	规格型号	制造厂	数量	备注

表 3　管线拆除情况表

序号	原编号	名称	规格	长度（m）	备注

表 4　设备更换情况表

序号	位号	名称	规格型号		制造厂		数量	备注
			更换前	更换后	更换前	更换后		

表 5　冷换设备检修情况表

序号	位号	名称	规格型号	抽芯清洗	试压换垫	堵管根数	管束更换

表 6　阀门检修、更换情况表（*DN*50 和 *DN*50 以上）

序号	规格型号	公称直径	检修数量	更换数量

表 7　压力容器检验情况表

序号	计划检验台数	增加变更台数	减少变更台数	实际完成台数	缺陷返修台数

表 8　压力管道检验情况表

序号	检验计划		增加变更		减少变更		实际完成	
	条数	米数	条数	米数	条数	米数	条数	米数

表 9　安全阀门检验情况表

序号	计划检验台数	增加变更台数	减少变更台数	实际完成台数

6. HF 烷基化装置维护检修规程

SHZ 02006—2019

目　次

前　　言

本规程按照 GB/T 1.1—2009《标准化工作导则　第 1 部分：标准的结构和编写》给出的规则起草。

本规程由中国石油化工集团有限公司、中国石油化工股份有限公司提出。

本规程起草单位：中国石油化工股份有限公司武汉分公司。

本规程主要起草人：刘嵩、郭晓书。

本规程 2019 年首次发布。

HF 烷基化装置维护检修规程

1 范围

1.1 本规程规定了HF烷基化装置及其主要设备、专用设备的检修周期、检修项目及质量要求、检修过程管理和日常维护的相关内容。
1.2 本规程适用于石油化工HF烷基化装置的检修维护管理。

2 规范性引用文件

下列文件对本文件的应用是必不可少的。凡是注日期的引用文件，仅注日期的版本适用于本文件。凡是不注日期的引用文件，其最新版本（包括所有的修改单）适用于本文件。

2.1 法律法规

中华人民共和国安全生产法
中华人民共和国特种设备安全法
特种设备安全监察条例

2.2 标准与规范

TSG 21 固定式压力容器安全技术监察规程
TSG D0001 压力管道安全技术监察规程——工业管道
GB/T 151 热交换器
GB/T 20801 压力管道规范——工业管道
SH 3505 石油化工施工安全技术规程
SHS 01013 离心泵维护检修规程
SHS 01034 设备及管道涂层检修规程
SHS 01007 塔类设备维护检修规程
SHS 01009 管壳式换热器维护检修规程
SHS 01010 空气冷却器维护检修规程
SHS 01011 钢制圆筒形常压容器维护检修规程
SHS 01030 阀门维护检修规程
SHS 01005 工业管道维护检修规程
SHS 01002 石油化工设备润滑管理制度

SHS 01003　石油化工旋转机械振动标准

2.3　相关规定和文献

炼油企业检修管理指南（试行版）
中国石化生产变更安全管理规定
炼油装置防腐蚀策略

3　术语与定义

下列术语和定义适用于本文件。

3.1　设备功能

设备功能指的是设备的生产效率和功能，衡量设备功能的指标随设备种类不同而异。

3.2　功能故障

设备、设施不能实现其设计功能时，称之为功能故障，定义为设备、设施不能满足期望的性能标准。一般指设备失去或降低其规定功能的事件或现象，表现为设备的某些零件失去原有的精度或性能，使设备不能正常运行、技术性能降低，致使设备中断生产或效率降低而影响生产。

3.3　故障模式

故障模式一般是对产品所发生的、能被观察或测量到的故障现象的规范描述。

3.4　A 类设备

本规程规定的 A 类设备是指经过 RCM 风险评估方法得出的因设备的功能故障引起装置停车的该装置的关键设备。

3.5　B 类设备

本规程规定的 B 类设备是指经过 RCM 风险评估方法得出的设备的功能故障虽然不引起装置的停车，但对装置的负荷、质量及可靠性具有重大影响的该装置的主要设备。

4　装置特征

4.1　烷基化装置的原则流程及流程图

HF 烷基化装置是 20 世纪 80 年代初引进前菲利普斯石油公司技术。生产烷基化油，并副产少量正丁烷和酸溶性油。

装置原料来自 MTBE 装置醚后碳四，经烷基化原料预加氢、原料干燥后，进入反应系统与装置内循环异丁烷混合后在氢氟酸催化作用下，异丁烷与原料中的碳四烯烃反应生成工业异辛烷，即烷基化油。在反应系统沉降分离后烃相和绝大部分酸相分别进入酸沉降罐上部和下部，下部的氢氟酸依靠自重在反应系统循环，含少量氢氟酸的上部混合烃相被送至分馏系统。

混合烃相进入主分馏塔后，不参与烷基化反应的正丁烷从主分馏塔第 12 层抽出，经精制系统后送出装置；随混合烃相进入分馏系统的少量氢氟酸从塔顶与系统内丙烷一起冷凝后在回流罐内沉降进入回流罐酸包并返回至反应系统；主要产品烷基化油则从主分馏塔底送出装置。

原料中含有的杂质在烷基化反应过程中会产生副反应生成酸溶性油，酸溶性油和原料中夹带的少量水会降低系统内氢氟酸的浓度，影响其性能。为控制氢氟酸中的酸溶性油和水的含量，装置设有酸再生系统，利用闪蒸和汽提原理将氢氟酸中多余的酸溶性油和水除去送至三废系统经碱洗后送出装置。基本流程见图 1。

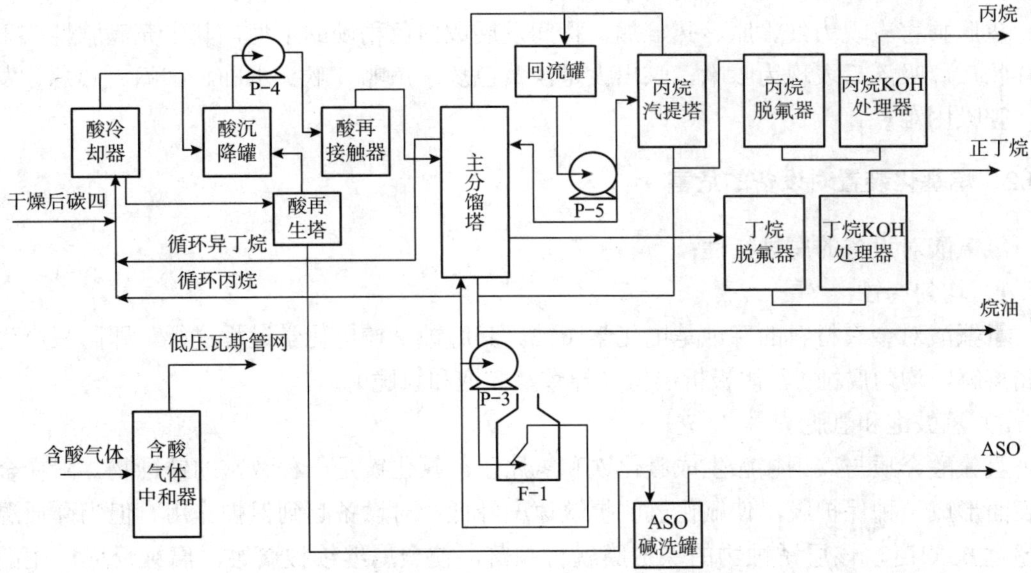

图 1　HF 烷基化装置流程图

4.2　烷基化装置的工艺特性

反应机理：烷基化反应是一种复杂的正碳离子型反应，其特征是以简单的加成作用为主并伴有若干副反应的化学反应过程，生成的主要产物是异丁烷和烯烃结合成的许多异构烷烃，副反应生成的是比主要产物更轻或更重的组分。

氢氟酸烷基化酸循环采用重力自循环，不带废渣。工艺流程较简单，采用催化剂为氢氟酸，对设备的材质和密封要求较高。

烷基化装置主要操作参数有：反应烷烯比控制在（10∶1）～（13∶1）（体积比）、氢氟酸浓度一般保持在 85%～90%（质量分数）、循环酸中的水含量一般控制在 1%～2%、本装置设计酸烃比为5.2：1（体积比）、反应温度一般控制在27～43℃、反应压力一般维持在0.5～1.0MPa、主分馏塔控制塔顶温度63℃，操作压力2.01MPa，塔底操作温度232℃，操作压力2.05MPa。

4.3 烷基化装置的危害特性

4.3.1 烷基化装置对人及环境的危害

烷基化装置主要危险品为液态烃、氢氟酸。液态烃为易燃气体，与空气混合能形成爆炸性混合物，遇热源和明火有燃烧爆炸的危险；氢氟酸在空气中最高容许浓度是$2mg/m^3$。浓度越高，对人体危害越大。

对人员伤害：主要为灼伤和氟离子渗透性伤害。人体损害程度与氢氟酸浓度、接触时间、接触部位及处理方法有关。接触30%以上浓度的氢氟酸，疼痛和皮损立即发生。接触低浓度时，常数小时开始出现疼痛及皮肤灼伤。主要表现为：无法忍受的迟发性、顽固性、剧烈性疼痛，用麻醉药后不能缓解。

皮肤损害表现为红、胀、热、痛，瞬间发展成白色稍硬的水疱，其中充满脓性或干酪样物质。吸入后表现为咳嗽，咳出大量淡黄色痰；声嘶、喉头水肿、胸闷、心急、发绀、呼吸困难。

4.3.2 烷基化装置对设备的危害

氢氟酸对设备的腐蚀特性：

1）均匀腐蚀

氢氟酸对金属材料的腐蚀是电化学腐蚀。其腐蚀是按电化学过程进行，即阳极产生金属溶解（均匀腐蚀），阴极析出氢（导致氢鼓泡和氢脆）。

2）氢鼓泡和氢脆

氢氟酸介质与碳钢接触生成氟化铁和氢原子。氟化铁是一种致密的锈蚀物，附在金属表面形成一种保护膜，使氟化氢的扩散速度降低。对设备起到保护作用。但当介质温度超过65℃时，该层锈蚀物的保护膜就将剥落，使金属继续被腐蚀。腐蚀反应产生的氢原子对钢材有很强的渗透能力。这种渗透能力与温度有关，温度越高，渗透越强。

3）应力腐蚀

应力腐蚀是材料在应力和特定介质共同作用下所引起的材料开裂。在氢氟酸中碳钢和蒙乃尔合金均可能产生应力腐蚀开裂。这种应力腐蚀是随温度的增加而加剧。

4）缝隙腐蚀

在设备焊接处存在有间隙；焊缝裂纹；垫片与密封面之间的间隙；螺母接触面间隙。在这些间隙和缝隙之间聚存着一部分静止的酸液，而且这里的酸液不断积聚浓缩使已形成的保护膜被高浓度的氢阳离子破坏，从而使腐蚀加剧。

烷基化装置对设备腐蚀较其他装置严重，其中易腐蚀设备表1。

表 1　易腐蚀设备及防范措施

设备	易腐蚀部位及形式	防范措施
主分馏塔	塔盘腐蚀、塔体变径部位腐蚀、塔接管腐蚀减薄	加强易腐蚀部位检查
丙烷汽提塔	塔内丝网、塔接管	加强易腐蚀部位检查
酸冷却器	管束内漏	严格控制工艺指标
酸汽化器	管束内漏	严格控制工艺指标
重沸炉	对流段炉管	加强监控、视管线状态酌情更换
主分馏塔进料线	腐蚀减薄	严格控制工艺指标、定期测厚、视管线状态酌情更换
丙烷汽提塔顶出口线	腐蚀减薄	严格控制工艺指标、定期测厚、视管线状态酌情更换
酸放空总管	腐蚀减薄	严格控制工艺指标、定期测厚、视管线状态酌情更换

5　装置主要设备

5.1　烷基化装置主要设备

烷基化装置主要设备见表 2。

表 2　主要设备介绍

<table>
<tr><th colspan="5">烷基化装置主要设备</th></tr>
<tr><th>名称</th><th colspan="2">设备种类</th><th>主要设备</th><th>通用、专用设备检修规程的代码</th></tr>
<tr><td>动设备</td><td>泵</td><td>离心泵</td><td>主分馏塔进料泵、重沸炉进料泵、主分馏塔进料泵</td><td>SHS 01013</td></tr>
<tr><td rowspan="5">静设备</td><td colspan="2">加热炉</td><td>重沸炉</td><td>SHS 01006</td></tr>
<tr><td>塔</td><td>填料塔</td><td>酸再生塔、主分馏塔、丙烷汽提塔</td><td>SHS 01007</td></tr>
<tr><td>换热器</td><td>管壳式换热器</td><td>酸冷却器、酸汽化器、汽提异丁烷加热器、循环异丁烷过冷器、主分馏塔进料——循环异丁烷换热器、主分馏塔进料——烷基化油换热器、烷基化油冷却器、主分馏塔中间加热器、主分馏塔汽提塔顶冷凝器、脱氟前丁烷 - 脱氟后丁烷换热器、丁烷脱氟进料加热器、丁烷冷凝器</td><td>SHS 01009</td></tr>
<tr><td colspan="2">压力容器</td><td>酸沉降罐、酸储罐、酸再接触器、主分馏塔顶回流罐</td><td>SHS 01004</td></tr>
<tr><td colspan="2">阀</td><td>酸再生塔顶安全阀、酸沉降罐塔安全阀、酸储罐顶安全阀、酸再接触器顶安全阀、主分馏塔安全阀、丙烷汽提塔安全阀、主分馏塔顶回流罐安全阀</td><td>SHS 01030</td></tr>
</table>

表2 主要设备介绍（续）

烷基化装置主要设备				
名称	设备种类		主要设备	通用、专用设备检修规程的代码
仪表	控制系统	集散控制系统（DCS）、可编程控制系统（PLC）、机组控制系统（CCS或ITCC）、工业控制计算机系统（IPC）、监控和数据采集系统（SCADA）	DCS	SHS 07008
电气设备		电动机		SHS 06001

5.2 检修周期

5.2.1 HF烷基化装置检修应根据实际运行情况进行定期停车大检修，大修周期按12～24个月确定，主要设备的检修随大修周期进行，其他设备根据设备故障模式的特点进行预防性维修或状态维修。

5.2.2 有备用设备的或日常可以进行检修的设备一般不列入大修项目（除特殊情况外）。

5.3 检修内容

5.3.1 确定检修内容的依据

a）按法律法规要求的特种设备定期检验；

b）不符合国家安全与环境保护、节能要求的设备改造和更新；

c）对本次检修或下次检修之前已到法定检验时间的计量设施；

d）设备状况：

静设备：炉、塔、换热器、反应器、容器等设备内部因内构件损坏、结焦、积垢腐蚀等原因造成运行状况恶化、性能降低等；

转动设备：磨损、疲劳、泄漏、振动等原因造成运行状况恶化、性能降低等；

电气设备：部件老化等原因造成运行状况恶化、性能降低等；

仪表设备：部件老化等原因造成运行状况恶化、性能降低等；

日常维护消缺：日常抢修中采用带压堵漏、带压开孔等方式进行临时的项目；

e）钢结构平台、设备基础、房屋等建构筑物老化、锈蚀等必须在停车检修期间内维修的项目；

f）安全防护设施失效。

5.3.2 检修具体内容

停车大修是对HF烷基化装置安全环保、长周期运行及经济效益有重大影响的设备、管线、电气仪表系统、土建及基础设施等在运行周期内将要发生的功能故障进行全面检修。其他检修是除大修外对装置局部或设备本体有经济运行影响的功能故障而进行的检修。

装置长周期运行有重要影响的主要设备（A类、B类）的主要检修内容见表3。

表3 主要设备检修内容

序号	设备名称	设备功能	功能故障	检修内容	专业类别
1	酸再生塔	分离酸中溶解的反应产物酸溶性油和多余的水分，提高酸浓度	酸再生效果达不到工艺要求、设备腐蚀泄漏或静密封泄漏	1. 检查塔板各部件的结焦、污垢、堵塞情况，检查塔板、鼓泡元件和支撑结构的腐蚀变形及坚固情况。塔盘、鼓泡元件和各构件等几何尺寸和材质应符合图纸规定； 2. 检查塔板上各部件（出口堰、受液盘、降液管）的尺寸是否符合图纸及标准要求。重点检查灵敏板所在塔盘； 3. 对于各种浮阀、条阀塔板应检查其浮阀、条阀的灵活性，是否有卡死、变形、冲蚀等现象，浮阀、条阀孔是否有堵塞等情况； 4. 检查分配盘、喷淋装置和除沫器等部件的腐蚀、结垢、破损、堵塞情况； 5. 缺陷检查：内外表面缺陷检查（裂纹、疲劳、气泡）、衬里缺陷； 6. 设备材料的劣化检查，蠕变、脆化、氢脆、应力腐蚀裂纹、热应力开裂等； 7. 检查塔内件腐蚀情况； 8. 回装时注意筛板方向	B类
2	主分馏塔	分离烷基化油与未反应的烃组分	产品分离效果达不到工艺要求、设备腐蚀泄漏或静密封泄漏	1. 检查塔板各部件的结焦、污垢、堵塞情况，检查塔板、鼓泡元件和支撑结构的腐蚀变形及坚固情况。塔盘、鼓泡元件和各构件等几何尺寸和材质应符合图纸规定； 2. 检查塔板上各部件（出口堰、受液盘、降液管）的尺寸是否符合图纸及标准要求。重点检查灵敏板所在塔盘； 3. 对于各种浮阀、条阀塔板应检查其浮阀、条阀的灵活性，是否有卡死、变形、冲蚀等现象，浮阀、条阀孔是否有堵塞等情况； 4. 检查分配盘、喷淋装置和除沫器等部件的腐蚀、结垢、破损、堵塞情况；	

表 3　主要设备检修内容（续）

序号	设备名称	设备功能	功能故障	检修内容	专业类别
2	主分馏塔	分离烷基化油与未反应的烃组分	产品分离效果达不到工艺要求、设备腐蚀泄漏或静密封泄漏	5.缺陷检查：内外表面缺陷检查（裂纹、疲劳、气泡）、衬里缺陷； 6. 设备材料的劣化检查，蠕变、脆化、氢脆、应力腐蚀裂纹、热应力开裂等； 7. 检查塔内件腐蚀情况； 8. 塔盘回装：塔盘装配的螺栓连接，需要手工拧紧后再用工具紧固 1/4 扣。避免应力腐蚀	A 类
3	丙烷汽提塔	回收丙烷中携带的氢氟酸	产品分离效果达不到工艺要求、设备腐蚀泄漏或静密封泄漏	1. 检查塔板各部件的结焦、污垢、堵塞情况，检查塔板、鼓泡元件和支撑结构的腐蚀变形及坚固情况。塔盘、鼓泡元件和各构件等几何尺寸和材质应符合图纸规定； 2. 检查塔板上各部件（出口堰、受液盘、降液管）的尺寸是否符合图纸及标准要求。重点检查灵敏板所在塔盘； 3. 对于各种浮阀、条阀塔板应检查其浮阀、条阀的灵活性，是否有卡死、变形、冲蚀等现象，浮阀、条阀孔是否有堵塞等情况； 4. 检查分配盘、喷淋装置和除沫器等部件的腐蚀、结垢、破损、堵塞情况； 5.缺陷检查：内外表面缺陷检查（裂纹、疲劳、气泡）、衬里缺陷； 6. 设备材料的劣化检查，蠕变、脆化、氢脆、应力腐蚀裂纹、热应力开裂等； 7. 检查塔内件腐蚀情况	A 类
4	重沸炉	为主分馏塔提供热源	燃烧器故障造成达不到反应温度；机械性能：燃烧器故障；炉管积灰；炉管穿孔；炉管或拉钩、吊钩等内构件变形；衬里脱落	1. 炉管检测； 2. 炉管清灰； 3. 对流室炉管清洗； 4. 变形内构件校正或更换； 5. 衬里修复； 6. 燃烧器清洗或更换	A 类
5	酸沉降罐	分离反应后的氢氟酸与反应产物	液位仪表失灵；设备腐蚀泄漏或静密封泄漏	1. 容器检验； 2. 容器内部及接管腐蚀检查； 3. 液位仪表调校	A 类
6	酸储罐	储存氢氟酸	液位仪表失灵；设备腐蚀泄漏或静密封泄漏	1. 容器检验； 2. 容器内部及接管腐蚀检查； 3. 液位仪表调校	A 类

表 3　主要设备检修内容（续）

序号	设备名称	设备功能	功能故障	检修内容	专业类别
7	酸再接触器	将反应物中的中间产物有机氟化物分解为 HF 和烃	液位仪表失灵；设备腐蚀泄漏或静密封泄漏	1. 容器检验； 2. 容器内部及接管腐蚀检查； 3. 液位仪表调校	B 类
8	主分馏塔顶回流罐	分离分馏塔顶部的烃和 HF	液位仪表失灵；设备腐蚀泄漏或静密封泄漏	1. 容器检验； 2. 容器内部及接管腐蚀检查； 3. 液位仪表调校	A 类
9	酸冷却器	循环水冷却 HF	管束内漏 外漏 静密封点泄漏	1. 清理壳程、管程及封头积垢； 2. 检查内构件有无变形、断裂、松动； 3. 内壁有无腐蚀、局部凹陷、沟槽等； 4. 检查管束、管板及管壳程连接部位； 5. 更换密封垫； 6. 检查更换部分螺栓、螺母； 7. 检查静电接地装置； 8. 检查更换管件、阀门及附件； 9. 修复外保温	A 类
10	酸汽化器	使用蒸汽加热循环 HF	管束内漏 外漏 静密封点泄漏	1. 清理壳程、管程及封头积垢； 2. 检查内构件有无变形、断裂、松动； 3. 内壁有无腐蚀、局部凹陷、沟槽等； 4. 检查管束、管板及管壳程连接部位； 5. 更换密封垫； 6. 检查更换部分螺栓、螺母； 7. 检查静电接地装置； 8. 检查更换管件、阀门及附件； 9. 修复外保温； 10. 建议管束使用一个周期检修后旋转 180°安装	B 类
11	汽提异丁烷加热器	使用蒸汽加热异丁烷	管束内漏 外漏 静密封点泄漏	1. 清理壳程、管程及封头积垢； 2. 检查内构件有无变形、断裂、松动； 3. 内壁有无腐蚀、局部凹陷、沟槽等； 4. 检查管束、管板及管壳程连接部位； 5. 更换密封垫； 6. 检查更换部分螺栓、螺母； 7. 检查静电接地装置； 8. 检查更换管件、阀门及附件； 9. 修复外保温	B 类

表 3 主要设备检修内容（续）

序号	设备名称	设备功能	功能故障	检修内容	专业类别
12	循环异丁烷过冷器	使用循环水冷却循环异丁烷	管束内漏 外漏 静密封点泄漏	1. 清理壳程、管程及封头积垢； 2. 检查内构件有无变形、断裂、松动； 3. 内壁有无腐蚀、局部凹陷、沟槽等； 4. 检查管束、管板及管壳程连接部位； 5. 更换密封垫； 6. 检查更换部分螺栓、螺母； 7. 检查静电接地装置； 8. 检查更换管件、阀门及附件； 9. 修复外保温	A类
13	主分馏塔进料－循环异丁烷换热器	反应产物与循环异丁烷换热	管束内漏 外漏 静密封点泄漏	1. 清理壳程、管程及封头积垢； 2. 检查内构件有无变形、断裂、松动； 3. 内壁有无腐蚀、局部凹陷、沟槽等； 4. 检查管束、管板及管壳程连接部位； 5. 更换密封垫； 6. 检查更换部分螺栓、螺母； 7. 检查静电接地装置； 8. 检查更换管件、阀门及附件； 9. 修复外保温	A类
14	主分馏塔进料－烷基化油换热器	反应产物与烷基化油换热	管束内漏 外漏 静密封点泄漏	1. 清理壳程、管程及封头积垢； 2. 检查内构件有无变形、断裂、松动； 3. 内壁有无腐蚀、局部凹陷、沟槽等； 4. 检查管束、管板及管壳程连接部位； 5. 更换密封垫； 6. 检查更换部分螺栓、螺母； 7. 检查静电接地装置； 8. 检查更换管件、阀门及附件； 9. 修复外保温	A类
15	烷基化油冷却器	使用循环水冷却烷基化油	管束内漏 外漏 静密封点泄漏	1. 清理壳程、管程及封头积垢； 2. 检查内构件有无变形、断裂、松动； 3. 内壁有无腐蚀、局部凹陷、沟槽等； 4. 检查管束、管板及管壳程连接部位； 5. 更换密封垫； 6. 检查更换部分螺栓、螺母； 7. 检查静电接地装置； 8. 检查更换管件、阀门及附件； 9. 修复外保温	A类

表3 主要设备检修内容（续）

序号	设备名称	设备功能	功能故障	检修内容	专业类别
16	主分馏塔中间加热器	使用蒸汽为主分馏塔提供所需的热量	管束内漏 外漏 静密封点泄漏	1. 清理壳程、管程及封头积垢； 2. 检查内构件有无变形、断裂、松动； 3. 内壁有无腐蚀、局部凹陷、沟槽等； 4. 检查管束、管板及管壳程连接部位； 5. 更换密封垫； 6. 检查更换部分螺栓、螺母； 7. 检查静电接地装置； 8. 检查更换管件、阀门及附件； 9. 修复外保温	B类
17	主分馏塔汽提塔顶冷凝器	使用循环水冷却丙烷	管束内漏 外漏 静密封点泄漏	1. 清理壳程、管程及封头积垢； 2. 检查内构件有无变形、断裂、松动； 3. 内壁有无腐蚀、局部凹陷、沟槽等； 4. 检查管束、管板及管壳程连接部位； 5. 更换密封垫； 6. 检查更换部分螺栓、螺母； 7. 检查静电接地装置； 8. 检查更换管件、阀门及附件； 9. 修复外保温	B类
18	脱氟前丁烷-脱氟后丁烷换热器	脱氟前丁烷与脱氟后丁烷换热	管束内漏 外漏 静密封点泄漏	1. 清理壳程、管程及封头积垢； 2. 检查内构件有无变形、断裂、松动； 3. 内壁有无腐蚀、局部凹陷、沟槽等； 4. 检查管束、管板及管壳程连接部位； 5. 更换密封垫； 6. 检查更换部分螺栓、螺母； 7. 检查静电接地装置； 8. 检查更换管件、阀门及附件； 9. 修复外保温	B类
19	丁烷脱氟进料加热器	烷基化油与丁烷换热	管束内漏 外漏 静密封点泄漏	1. 清理壳程、管程及封头积垢； 2. 检查内构件有无变形、断裂、松动； 3. 内壁有无腐蚀、局部凹陷、沟槽等； 4. 检查管束、管板及管壳程连接部位； 5. 更换密封垫； 6. 检查更换部分螺栓、螺母； 7. 检查静电接地装置； 8. 检查更换管件、阀门及附件； 9. 修复外保温	B类

表 3　主要设备检修内容（续）

序号	设备名称	设备功能	功能故障	检修内容	专业类别
20	丁烷冷凝器	使用循环水冷却丁烷	管束内漏 外漏 静密封点泄漏	1. 清理壳程、管程及封头积垢； 2. 检查内构件有无变形、断裂、松动； 3. 内壁有无腐蚀、局部凹陷、沟槽等； 4. 检查管束、管板及管壳程连接部位； 5. 更换密封垫； 6. 检查更换部分螺栓、螺母； 7. 检查静电接地装置； 8. 检查更换管件、阀门及附件； 9. 修复外保温	B 类

6　装置检修管理

6.1　装置检修前准备工作

6.1.1　装置检修前，参检单位要做好检修作业指导书、施工方案、检修图纸、现场施工平面布置图等各类资料的准备及审核，相关检修资料最终经业主方审批确认后方可实施。大修主要工作统筹详见表 4。

表 4　大修主要工作统筹表

工作内容大修	大修前完成日期
成立大修组织机构	前 14 个月
确定大修时间及大修装置	前 13 个月
编制大修具体工作统筹	前 12 个月
确定大修主要项目	前 12 个月
下达大修工程长周期材料	前 12 个月
下达大修计划（含材料计划）	前 11 个月
投资项目立项	前 16 个月
投资项目委托设计	前 15 个月
下达投资项目长周期设备、材料订货	前 14 个月
完成投资项目施工图的设计，下达常规材料计划	前 9 个月
审定重大项目方案	前 7 个月
审定通用设备检修方案	前 6 个月
审定装置开停车工艺方案	前 9 个月
审定质量控制方案	前 6 个月

表 4　大修主要工作统筹表（续）

工作内容大修	大修前完成日期
制定大修安全管理方案	前 5 个月
大型机具调查	前 6 个月
专用工具清查	前 7 个月
审定施工统筹	前 6 个月
合同范围、大修标段的划分、招标方案的确定	前 10 个月
合同谈判、招标	前 8 个月
签订大修合同	前 6 个月
材料存放及预制地点设定	前 5 个月
大修材料领取	前 2 个月
现场搭脚手架	前 2 个月
施工单位人员、机具进场	前 1 个月
大修现场布置	前 1 个月
大修实施	正常检修
大修资料归档	后 1 个月
大修项目费用结算	后 3 个月
大修工作总结	后 1 个月

6.1.2　进入检修现场的各类施工机具、器具，必须是合格的、适用的，必须有检定合格证和标记，并在有效期内使用，严禁使用未经校验的机具。进场前，所有自检合格并贴有自检合格证的施工机具，要列出汇总清单上交给业主方，并经业主方检验后方可使用。

6.1.3　进入现场的检修耗材、配件等，必须附有质量证明文件，并在指定的地点规范存放。在安装、使用各类检修材料前，应对材料的外观质量进行检查确认，参检单位要做到领用材料检验有见证、验收有记录。

6.1.4　参检单位的所有施工人员，必须具备相应的作业资质，检修前须做好检修方案、技能方面的培训，熟悉检修项目的特点，严格按检修方案进行施工。同时，施工人员必须进行业主方相关专业条线的教育培训，对无相应作业资质、未经教育培训或考核不合格的人员，一律不得上岗作业。

6.2　装置工艺交出检修条件

6.2.1　装置工艺交出的主要要求

HF 烷基化装置交出前的特殊要求：装置吹扫结束后需进行氨中和，打开管线低点排凝阀，排出气不显酸性为中和合格标准。如检查发现显酸性，可进行局部氨中和或 $NaHCO_3$ 中和处理，中和处理的设备经有关安全检查合格后，方可按安全规则规定进入。

另外需要注意的是所有仪表一次表、泵的冲洗油管线不进行氨中和。

6.2.2 在 HF 烷基化装置交付检修前，由调度处和安全环保部门组织相关单位召开安全验收会，检查确认设备容器人孔拆卸、盲板加装、容器内采样分析、停电、下水井封堵等工作，经相关部门签字确认后，由装置开具用火、用电、进入受限空间等相关票证，进入检修状态。工艺交出要具备以下条件：

（1）装置所有盲板按照盲板图、表安装、编号、挂牌并经工艺员、设备员、安全员签名确认；

（2）PID 图上所有系统、管线得到置换处理并做好标识；

（3）系统内设备、管线按规定进行吹扫和置换，取样分析合格；

（4）下水井取样分析合格，存油清理干净，排水畅通，水封完好；

（5）下水井和漏斗口封堵好，并用沙土封严；

（6）系统内设备人孔打开前的确认；打开的设备人孔处挂上“未经许可，禁止入内”警示牌；

（7）制定停工安全、环保措施和工作危害分析记录表（JSA）；

（8）装置内分析不合格点挂标识，储存物料区标识、硬隔离；

（9）制定检修中防硫化亚铁自燃方案；

（10）指定具有监护人资格的人员负责动火、进设备等作业的监护；

（11）各专业按各自规范和制度进行停工检查，并在“装置停工后条件确认单”（见表 5）上签字确认。

表 5 装置停工后条件确认单

______装置停工后条件确认单						
年 月 日						
序号	主要项目名称	是否具备交付检修条件	存在问题及说明	确认单位	签名	备注
1	退料			车间		
				调度处		
2	运转设备			车间		
				设备工程处		
3	吹扫			车间		
				安环、调度		
4	清洗置换			车间		
				调度处		
5	地漏、地井、沟的封堵及冲洗			车间		
				安环处		
6	盲板拆装			车间		
				安环、调度		

表 5　装置停工后条件确认单（续）

＿＿＿＿＿＿装置停工后条件确认单						
年　月　日						
序号	主要项目名称	是否具备交付检修条件	存在问题及说明	确认单位	签名	备注
7	塔、容器气体分析			车间		
				安环处		
8	场地环境			车间		
				安环处		
9	消防器材及设施、气防装备			车间		
				安环、消防		
10	其他					

6.3　检修过程安全环保管理总体要求

（1）所有进入装置的有关人员，均应根据规定穿着符合等级的防护服，接受安全技术部门的安全教育，熟悉 HF 的特性，了解 HF 对人体的影响，能辨别 HF 的气味，知道接触 HF 应采取的各项紧急措施以及对处于危险中人员的救援方法。

（2）任何人尤其是维修人员，未经装置有关负责人或技术员或安全工程师的同意，不准进入装置区，任何涉酸的操作，必须有两人以上才能进行。

（3）防护服只能提供有限的保护，HF 能在 5～10min 内穿透最佳防护服，禁止在酸区进行长时间的工作。

（4）在工作时，如果衣服和工具等接触了酸，应尽可能地停止工作，进行中和后再重新工作。

（5）从涉酸设备上除去锈皮时，要戴防酸眼镜。

（6）不要把裤脚放在靴子里，也不要把短上衣扎放在裤子里。在有酸泄漏的场所工作时，衣服袖子要放在防酸手套内。

（7）不要用冲击扳手去松动有酸或锈皮的法兰上的螺栓，旋转的套筒能把酸或锈皮抛出一个相当远的距离。

（8）不要在有酸漏下的场所工作，也不要在上面有人启用设备的条件下工作。

（9）登高或在远处工作时，身边应带上急救药品。

（10）在涉酸设备上使用过的工具，应在工具中和池中和处理。

（11）经常洗头、洗脸、洗手，避免出现延迟性烧伤。

（12）随时冲净溢出的酸，以防烧坏靴子和脚。冲洗时要用低压水，防止酸溅到更大的范围。

（13）尽可能在含酸设备的上风向工作，必要时进行强制吹风。

（14）保持防护服装清洁、整齐，以便随时可用。不穿损坏了的防护服去工作，尤其是不允许戴损坏了的防护镜。

（15）在打开可能含酸的设备或设备管线放空前，通知并警告在下面附近工作的所有人，打开任何设备都应该把它看成是处于压力状态。

（16）不允许用人身中和池去中和工具和设备。

（17）运出装置的设备必须在装置内中和处理，不能在装置内中和的设备，需经有关技术人员同意后，送到装置外处理。

（18）含有HF的烃类设备，在用$NaCO_3$溶液中和或用水冲洗之前，必须首先经过放空，吹扫排气、排液等处理程序。

（19）防止中和液中氟化钠残渣过多，在每次对设备进行中和后，应由化验员取样分析一次。

（20）任何情况下都不允许在没有适当防护面罩和附有救生带的情况下进入储罐营救处在危险中的人员。在整个救援过程中，罐外都应有人员照看，或者不断地进行通话。

6.4 质量管理

总体要求：成立检修质量管理组织机构，明确管理职责，建立质量管理程序文件。

（1）对承包商资质、人员、机具等进行审查；

（2）通过组织设计审查，确保设计质量；

（3）物资采购管理部门组织对采购物资进行入库检验并对重点物资进行监造；

（4）在施工过程中组织对检验检测的质量进行抽查；

（5）检修质量管理工作

建立质量保证体系。检修质量管理网络应在检修项目部领导下由设备、施工、车间及施工承包商等有关人员组成。

实施质量保证金管理。

质量责任分配到人，编制质量控制计划，落实指标、方式、工具等，设置质量控制点，三级质量控制点、停监点和注意事项，验收、条件审核、见证、平行检验。

严格执行施工标准和验收规范。执行施工检修“三检制”，即自检、互检、专检。

施工单位及人员的资质

任何外加工设备零配件、工程材料进厂均应有检查。组织质量检查，需要数据、照片、上榜。施工机具、人员的资格确认、检查，质量培训。

几个环节控制：焊接、密封、材质、试压、试车、阀门、各类小接管、电仪接头、油漆、保温、大机组、封闭设备等。

同一部位不同专业的要求是否一致；如冷换设备的清洗和试压质量。

（6）检修施工质量控制：按照设备及工业管道维护检修规程标准执行；

（7）作业指导书：

工序、步骤、技术验收数据、检查数据、检查方式、工具、检查点等；
专利设备按照相关维护标准执行；
重要或主要项目改造，严格按照审批的施工方案实施；
检修重要控制点：实施看板管理；
质量数据趋势图：统计、上墙、排序；
树立质量样板，事前确定、抓随机。

6.5 变更管理

满足中国石化安〔2018〕95 号《中国石化生产变更安全管理规定》要求。

6.6 装置检修交回条件

6.6.1 本装置交回的通用要求

（1）装置开工人员及开车保运人员配备落实；
（2）技术、原辅材料、动力、备品备件等方面的准备；
（3）队伍技术状态、开工方案学习落实情况；
（4）现场规格化情况；
（5）工艺和设备联锁仪表校验情况；
（6）HSE 措施落实情况；
（7）盲板拆除清单、技术准备情况；
（8）机、电、仪、公用工程、储运、质检等相关专业准备情况；
（9）停工临设拆除、施工尾项整改情况等。

6.6.2 本装置交回的特殊要求

“F”级管线上所有排空阀都准备好丝堵；
“F”级管线法兰已涂上变色漆。

6.7 检修后期管理

6.7.1 资料交付

承包商应在检修项目结束后 30d 内将交工资料完整地交给使用单位，资料包含内容如下：

竣工图纸，施工技术方案，吊装方案，施工组织设计；施工技术记录，试压记录，中间工序验收单，隐蔽工程验收单，拆检回装记录，发现问题与修复记录，设备开箱资料，设备封闭记录；设备、材料、管道附件、配件的合格证明书及质量保证书，理化检验资料，衬里、防腐、保温施工技术记录及检验报告。

6.7.2 检修总结

装置检修结束后，要对检修改造工作进行总结，对好的做法进行总结、提炼，固化这些经验，指导今后检修改造工作；对总结检修改造中存在的问题，分析原因，完善措施，不断提高管理水平。

7 装置日常维护

贯彻“管设备要管设备运行”的理念，强“三基”，抓培训，落实各项管理制度，以设备完整性管理为基本、KPI 指标为导向、预防预知性工作和风险管控为重点，开展设备全寿命周期的管理。

7.1 动设备

（1）设备分级管理。按照设备在生产过程中的重要性和可靠性、发生故障的危害性来确定设备等级，按照关键设备、主要设备、一般设备进行分级管理，明确管理权限，落实管理职责，并根据设备检修、或装置改扩建及其他情况，及时对设备分级进行审定。

（2）设备维护应按照“清洁、润滑、调整、紧固、防腐”十字作业法的要求开展维护工作。设备的日常维护按照定点、定时、定量、定标准、定人、定记录及定路线，形成规范化和程序化要求。操作人员按照“四懂三会”的要求，建立起公司员工的“自主维护”体系。

（3）优化维修。采用以可靠性为中心的维修方式，根据设备的可靠性状况，以最少的维修资源消耗，运用逻辑决断分析法来确定所需的维修内容，维修类型、维修间隔期和维修级别，制定出预防性维修大纲，从而达到优化维修的目的。及时根据设备最新状况实时调整设备预防性维修大纲，从而有效利用维修资源，实现设备长周期可靠运行，这是以可靠性为基础的动态预防性维修策略的目标。

（4）根据设备类型编制相应操作规程，严格所有新建项目、一般技措和设备更新、改造项目实施后，应当及时编制或更新设备操作规程，并组织培训、学习。

（5）转动设备的使用操作应当遵循设备操作规程要求，严格按照工艺卡片运行参数范围运行，严禁设备超温、超压和超速以及远离设计工况区运行。设备发生超工艺卡片规定参数运行情况时，应当及时开展风险评估与管理，制定风险管控措施。

（6）烷基化装置涉 HF 酸机泵在备用状态下，防止 HF 酸沉积对设备的腐蚀，需每两月对备用机泵进行一次短时间运行。

7.2 静设备

（1）当装置由于生产、设备原因发生较大幅度波动（紧急停车、安全阀起跳、关键设备检修完投用等），及时对现场泄漏情况进行检查并做好记录。

（2）定期对重沸炉燃烧器瓦斯金属软管进行检查，发现问题及时处理。

（3）开停工、生产波动导致温度变化时对弹簧支吊架进行检查，检查弹簧支吊架有无发生移动滑脱、腾空、压死现象。

（4）密切监控设备运行环境，关注原油性质变化，结合在线腐蚀探针、采样分析、关键部位定点测厚等监测手段，掌握高风险部位的腐蚀情况，及时调整防腐策略。

（5）对装置内与压力容器或压力管道相连的小接管、设备及管线的盲端、死角进行定期检查，检查内、外腐蚀情况，发现问题及时处理。

（6）建立带压堵漏台账，定期检查后进行风险评估，及时整改，实行动态管理。

（7）对重点阀门每年进行一次润滑保养，有条件的情况下每半年活动一次，防止阀门长期不动，阀杆润滑不良，造成开关不灵活。

（8）定期对冷却器循环水流速进行测定，对流速达不到要求的冷却器及时进行调整，防止流速低导致黏泥结垢腐蚀。

（9）当工艺介质、工艺流程、操作条件及生产方案发生变化时，进行变更风险评价，消除或减少由于变更引起的潜在事故隐患。

7.3 仪表设备

仪表设备的日常维护检查周期及检查项目和标准参照《石油化工设备维护检修规程：2019 版，第七册，仪表设备》。

7.3.1 检测仪表：包括压力仪表、温度仪表、流量仪表、物位仪表（参照 SHS 07002）

7.3.2 单元组合仪表：包括基地式仪表、调节器、显示仪表、辅助单元（参照 SHS 07003）

7.3.3 执行器（参照 SHS 07005）

7.3.4 特殊仪表（参照 SHS 07007）

7.3.5 过程控制系统（参照 SHS 07008）

7.3.6 系统维护（参照 SHS 07009）

仪表停车注意事项：

（1）根据化工设备检修进度，拆除安装在该设备上的仪表或检测元件，如热偶、热阻、浮筒液位计等，防止在检修化工设备时损坏仪表；在拆卸仪表前先听仪表电源或气源。

（2）根据仪表检修计划，及时拆卸仪表。拆卸储槽上的法兰差压变送器时，一定要注意确认储槽内物料已空才能进行，并注意保护变送器膜片。如物料倒空有困难，必须确保液面在安装仪表法兰口以下，待仪表卸载后，及时装上盲板。

（3）拆卸热电偶、热电阻、电动变送器等仪表后，电源电缆和信号电缆接头分别用绝缘胶带、黏胶带包好，妥善放置。同时，拆卸变送器必须先停电。

（4）拆卸压力表、压力变送器时，要注意取压口可能出现堵塞现象，造成局部憋压，物料冲出来伤害仪表工。正确操作是，先松动安装螺丝，排气、排残液，待气液排完后再卸下仪表。

（5）对于气动仪表、电气阀门定位器等，要关闭气源，并松动过滤器减压阀接头。

（6）拆卸环室空板时，一注意孔板方向；二防止工艺管道下沉，给安装带来困难。

（7）带联锁的仪表，切换至手动然后再拆卸。

（8）拆卸的仪表其位号要放在明显处，安装时对号入座，防止同类仪表量程不同安装混淆，造成仪表故障。

仪表开车注意事项：

（1）检查仪表供电。

（2）气源排污，气动仪表信号试密。

（3）隔离液加以保护的差压变送器、压力变送器，重新开车时，要注意导管内装满隔离液。

（4）当用差压变送器测量流量时，应先关闭三阀组正负取压阀门，打开平衡阀，检查零位。待导压管内蒸汽全部冷凝成水后再开表。防止蒸汽未冷凝时开表出现震荡现象，有时会损坏仪表，也有一种安装方式，即环室取压阀后一个隔离罐，在开表前通过隔离罐往导压管内充冷水，这样在测量流量时就可以立即开表，不会引起震荡。

（5）热电偶补偿导线接线注意正负极性，不能接反。

（6）有联锁的仪表，在仪表运行正常后，工艺操作正常后再切换到自动（联锁）。

7.4 电气设备

电气设备的日常维护检查周期及检查项目和标准参照《石油化工设备维护检修规程：2019 版，第六册，电气设备》。

7.4.1 同步电机（参照 SHS 06001）

7.4.2 异步电动机（参照 SHS 06001）

7.4.3 交流变频调速装置（参照 SHS 06001）

7.4.4 防爆电器（参照 SHS 06005）

7.4.5 UPS 装置（参照 SHS 06006）

7.4.6 电力电缆线路（参照 SHS 06007）

7.4.7 照明装置（参照 SHS 06008）

7.4.8 接地装置（参照 SHS 06009）

7.4.9 电动执行机构（参照 DL/T 641—2015 电站阀门电动执行机构）

7.5 安全环保消防设施

7.5.1 空气呼吸器使用方法

空气呼吸器为正压供给式呼吸器，人体呼吸所需空气靠储气瓶供给。

7.5.1.1 使用前准备工作

（1）打开气瓶开关，随着减压器、管路系统中压力的上升，会听到警报器发出短暂的音响。储气瓶开关完全打开后，检查气瓶的储存压力，一般应在3/4以上（28～30MPa）。或观察储气瓶瓶头处，指针所指位置，一般应在20MPa以上，低于20MPa应更换气瓶。

（2）关闭气瓶开关，观察压力表的读数，在5min时间内压力下降不大于一格（2MPa），表明供气管系统高压气密完好。

（3）高压系统气密性完好后，打开供给阀开关，观察压力表示值变化，当气瓶压力降至1/4以下（4～6MPa），警报器气笛发出音响，同时也是吹洗一次警报器通气管路。

（4）空气呼吸器不使用时，每月按此方法检查一次。

7.5.1.2 佩戴方法

（1）使用前首先关闭供给阀转换开关、旁路开关，打开储气瓶开关

（2）将呼吸器背在人体身后（气瓶开关部分向下），根据身材调节肩带、腰带、以合身牢靠、舒适为宜。

（3）佩戴上全面罩，将全面罩系带收紧，使全面罩与面部贴合良好。系带不必收得过紧，面部应感觉舒适，无明显的压迫感及头痛，然后将快速插头插好、插牢，此时深吸一口气，转换开关自动开启。进行2～3次的深呼吸，感觉舒畅，屏气时，供给阀门应停止供气。

（4）检查全面罩与面部是否贴好的方法是：用手掌堵住面罩下方的快速接气口、深呼吸数次，将面罩内气体吸完。面罩体应向人体面部移动，面罩内保持负压，人体感觉呼吸困难，证明面罩和面部有良好气密性，时间不宜过长，深吸几次气就可以了。

（5）在佩戴不同系列的空气呼吸器时，佩戴者在使用过程中应随时观察压力表的指示数值。当压力下降到1/4以下（4～6MPa）或警报器发出警报音响时，应撤离现场。

（6）使用后将全面罩系带卡子松开，从面部摘下全面罩，同时将供给阀转换开关置于关闭状态。从身体上拆下呼吸器，关闭气瓶开关。将供给阀转换开关置于开启位置，将呼吸器内残留气体释放出来。

7.5.1.3 注意事项

（1）使用过的空气呼吸器每月应进行一次全面检查。

（2）空气呼吸器用的压力表每年应校对检查一次。

（3）空气呼吸器在使用过程中气压降到1/4以下（6MPa）或报警器报警后，在毒区的作业人员必须尽快撤离。

（4）在有毒区域内作业，严禁在没离开染毒区域时摘下空气呼吸器面罩。

（5）在使用空气呼吸器前，必须先打开气瓶阀门，气压表读数在1/2（即20min）、15MPa以上方可戴上面罩进行作业，严禁先戴面罩后开气瓶阀门。

（6）未经佩戴训练的人员，不能佩戴空气呼吸器进入毒区内作业。

（7）非气防专业人员不得私自处理空气呼吸器发生的故障或调校空气呼吸器。

（8）全面罩的镜片应经常保持清洁、明亮。

（9）使用前准备工作只有在月、周、日各次检查过程中完全合格的呼吸器才可以不做。

7.6 主要设备典型故障

主要设备典型故障见表6。

表6 设备故障

序号	设备类型	故障类型	处理方法
1	主分馏塔	主分馏塔人孔泄漏	更换人孔垫片
2	酸汽化器	管束内漏	堵管或更换管束，严格控制工艺指标
3	酸冷却器	管束内漏	堵管或更换管束
4	重沸炉	对流段炉管腐蚀	加强监控、视管线状态酌情更换
5	主分馏塔进料线	腐蚀减薄	严格控制工艺指标、定期测厚、视管线状态酌情更换
6	丙烷汽提塔顶出口线	腐蚀减薄	严格控制工艺指标、定期测厚、视管线状态酌情更换
7	酸放空总管	腐蚀减薄	严格控制工艺指标、定期测厚、视管线状态酌情更换
8	水冷器	管束内漏	堵管或更换管束、严格控制工艺指标

附 录 A

（资料性附录）

装置停工交付检修确认表

<table>
<tr><td rowspan="2"></td><td colspan="7">装置停工交付检修确认表</td></tr>
<tr><td>记录编号</td><td></td><td>使用单位</td><td colspan="4"></td></tr>
<tr><td colspan="2">停工检修单位</td><td></td><td>装置</td><td></td><td>时间</td><td colspan="2">年 月 日</td></tr>
<tr><td>单位</td><td colspan="2">确认内容</td><td colspan="3">存在问题</td><td>确认意见</td><td>确认人</td></tr>
<tr><td>停工单位</td><td colspan="2">1. 装置与系统是否有效隔离并提供对应的盲板表？
2. 是否有专用氮气线，是否专用？
3. 管线及容器是否吹扫干净并提供吹扫作业确认表？
4. 容器及塔测爆及氧含量是否合格？
5. 风险系数较大的作业是否进行危害识别分析？
6. 对塔、容器仪表监控手段是否保留？
7. 动火作业项目是否上墙？
8. 对本单位、施工单位参加检修的人员安全教育并考试是否进行？
9. 明沟、地面上是否有油？清污分流设施是否投用？
10. 对装置内电缆沟是否作出明显标志？
11. 设备、容器、管道是否全部打开并在设备人孔处挂“危险空间！严禁入内”的警示牌？
12. 检修现场下水井、地漏、明沟等是否封闭，泵沟等是否建立水封？
13. 检修设备是否停电？</td><td colspan="3"></td><td></td><td></td></tr>
<tr><td>电气部</td><td colspan="2">1. 是否已按用电单位停送电要求实施停送电？
2. 参加大修的电气作业人员是否进行电工作业资格的确认和相应的安全教育？
3. 其他</td><td colspan="3"></td><td></td><td></td></tr>
<tr><td>仪控部</td><td colspan="2">1. 对本单位、施工单位参加检修的人员安全教育并考试是否进行？
2. 机柜间运行装置的机柜与检修的区域是否采用明显有效的隔离措施？</td><td colspan="3"></td><td></td><td></td></tr>
</table>

装置停工交付检修确认表（续）

<table>
<tr><td rowspan="2"></td><td colspan="6">装置停工交付检修确认表</td></tr>
<tr><td>记录编号</td><td></td><td>使用单位</td><td colspan="3"></td></tr>
<tr><td colspan="2">停工检修单位</td><td></td><td>装置</td><td>时间</td><td colspan="2">年　月　日</td></tr>
<tr><td>单位</td><td colspan="2">确认内容</td><td>存在问题</td><td>确认意见</td><td>确认人</td></tr>
<tr><td>仪控部</td><td colspan="2">3. 仪表吹扫排放中相关安全环保措施是否明确落实？
4. 放射线同位素仪表停工检修防护措施是否落实？
5. 工器具是否进行相关安全检查？
6. 重大作业项目是否编写施工作业方案和进行危害识别与评价？
7. 高处作业的脚手架是否搭设妥当并验收合格？
8. 每项作业施工是否具有合格的施工检修作业票？相关安全措施是否落实到位？
9. 劳保用品穿戴是否符合要求？
10. 检修质量和检修内容是否符合要求？</td><td></td><td></td><td></td></tr>
<tr><td>消防部门</td><td colspan="2">1. 现场消气防器材是否齐全、完好？
2. 消防、疏散通道是否符合要求？
3. 其他</td><td></td><td></td><td></td></tr>
<tr><td rowspan="2">生产部门</td><td>技术科</td><td>1. 检查吹扫作业票的确认签名是否落实？
2. 现场检查盲板是否按方案和盲板清单进行安装？
3. 检查瓦斯、氮气和工艺介质等物料在装置边界是否进行有效隔离？
4. 催化剂、保护剂、胺液或按方案不退的介质是否按方案要求进行了有效安全隔离？</td><td></td><td></td><td></td></tr>
<tr><td>管理科</td><td>1. 检查配合外系统的吹扫是否已满足要求可以停运？
2. 其他</td><td></td><td></td><td></td></tr>
<tr><td>机动部门</td><td>设备科</td><td>1. 已按停工方案要求抽堵盲板，且要做好明显标记，并指定专人统一编号登记，严防漏堵、漏拆。盲板的材质、厚度符合安全要求。</td><td></td><td></td><td></td></tr>
</table>

装置停工交付检修确认表（续）

	装置停工交付检修确认表						
	记录编号		使用单位				
停工检修单位			装置		时间	年　月　日	
单位		确认内容	存在问题			确认意见	确认人
机动部门	设备科	2. 与炉、塔、容器相连的蒸汽、氮气等有害介质的阀门，已加盲板隔离。 3. 未经吹扫处理的设备、容器、管道已与系统隔离，设置明显警示标志，并向职工和施工单位交底。 4. 冬季停工，装置要做好防冻防凝工作					
	动力科	1. 变配电所内电气安全用具、消防器材已检查并在有效期限内。 2. 变配电所内的工器具已检查合格。 3. 电气现场检修动力箱（固定）、临时变已检查合格。 4. 配送电单位、施工单位参修人员已经安全教育并考试合格。 5. 外来人员已经安全教育并考试合格。 6. 工艺要提供装置停工后仍需使用的仪表清单。 7. 电气专业提供停工期间停电网络，仪表提前准备					
安环部门	管理科	1. 对本单位、施工单位参加检修的人员安全教育并考试是否进行？ 2. 其他					
	环保科	1. 明沟、地面上是否有油？清污分流设施是否投用？ 2. 其他					
	安全科	1. 现场固定式可燃气体报警仪、H_2S 报警仪等探头是否进行妥善保护？ 2. 对装置内电缆沟是否作出明显标志？					

装置停工交付检修确认表（续）

<table>
<tr><td rowspan="2"></td><td colspan="7">装置停工交付检修确认表</td></tr>
<tr><td>记录编号</td><td></td><td>使用单位</td><td colspan="4"></td></tr>
<tr><td colspan="2">停工检修单位</td><td></td><td>装置</td><td></td><td>时间</td><td colspan="2">年　月　日</td></tr>
<tr><td>单位</td><td colspan="2">确认内容</td><td colspan="3">存在问题</td><td>确认意见</td><td>确认人</td></tr>
<tr><td>安环部门</td><td>安全科</td><td>3. 设备、容器、管道是否全部打开并在设备人孔处挂“危险空间！严禁入内”的警示牌？
4. 检修现场下水井、地漏、明沟等是否封闭，泵沟等是否建立水封？
5. 打开的设备、容器、管道测爆分析是否合格？
6. 运行的装置与检修的区域必须采用明显有效的隔离措施？存在工艺介质的工艺管线是否作出标志？
7. 其他</td><td colspan="3"></td><td></td><td></td></tr>
<tr><td colspan="2">领导意见</td><td></td><td colspan="3"></td><td></td><td></td></tr>
</table>

附　录　B
（资料性附录）
装置检修交回开工确认

	中国石油化工股份有限公司 ××××分公司管理体系			
	装置检修交回开工确认表			
记录编号		使用单位		
开工装置		时间	年　月	日
单位	要求	存在问题	确认意见	确认人
施工单位	1. 检修项目以及改造项目已施工完成，并验收合格； 2. 施工用临时设施已全部拆除；现场清洁、无杂物； 3. 除用于开工查漏、热紧用的架子保留外，其他架子、跳板均拆除； 4. 设备、管线等保温复位； 5. 因检修拆除的劳动保护、照明设施已恢复； 6. 塔器设备、安全阀、现场仪表、管线等均已复位			
项目所属单位	1. 设备位号和管道介质名称、流向标示齐全； 2. 检查现场设备、管线、保温等安装符合规范，试用情况正常； 3. 机组等设备联锁试验正常； 4. 工艺联锁试验正常； 5. 盲板拆、装清单已确认； 6. 装置吹扫、试压通过； 7. 现场消防、气防器材及岗位工器具配齐、现场环保设施投用； 8. 开工化工原材料准备完毕； 9. 备品配件齐全			
电气部	1. 变电所已正常投用，高低压电送电正常； 2. 现场电气设备如电动阀、电加热器、电机等试运正常； 3. 现场照明等恢复正常			
仪控部	1. 现场仪表调试、DCS 调试、联校正常； 2. 配合工艺、设备的联锁调试已完成			
公用工程部	循环水、新鲜水、蒸汽、仪表风、工厂风、氮气等公用介质供应正常			
储运部	储运系统已具备正常供料以及接收产品条件			

装置检修交回开工确认（续）

<table>
<tr><td rowspan="3"></td><td colspan="5">中国石油化工股份有限公司 ×××× 分公司管理体系</td></tr>
<tr><td colspan="5">装置检修交回开工确认表</td></tr>
<tr><td>记录编号</td><td></td><td>使用单位</td><td colspan="2"></td></tr>
<tr><td colspan="2">开工装置</td><td></td><td>时间</td><td colspan="2">年　月　日</td></tr>
<tr><td colspan="2">单位</td><td>要求</td><td>存在问题</td><td>确认意见</td><td>确认人</td></tr>
<tr><td colspan="2">化验部门</td><td>1. 现场采样器已复位正常；
2. 分析项目已具备分析条件</td><td></td><td></td><td></td></tr>
<tr><td colspan="2">消防部门</td><td>1. 现场消气防器材齐全、完好；
2. 消防、疏散通道符合要求</td><td></td><td></td><td></td></tr>
<tr><td rowspan="2">安环部门</td><td>环保</td><td>1. 现场环保设施，如清污分流设施等已投用；
2. 后续环保装置具备接收物料条件</td><td></td><td></td><td></td></tr>
<tr><td>安全</td><td>1. 现场固定式可燃气体报警仪、H_2S 报警仪等已投用；
2. 拟开工装置与临近的检修区域已采用明显有效的隔离措施；
3. 现场安全设施如平台围栏、护栏等符合要求，现场无容易坠落物品；
4. 如有零星动火项目，火票需升级</td><td></td><td></td><td></td></tr>
<tr><td colspan="2">工程管理部门</td><td>负责的改造项目已施工完成、并验收合格</td><td></td><td></td><td></td></tr>
<tr><td rowspan="2">机动部门</td><td>设备科</td><td>1. 检修项目已完成，并验收合格；
2. 保运工作已落实</td><td></td><td></td><td></td></tr>
<tr><td>动力科</td><td>1. 电气、仪表检修改造项目已完成，并投用正常；
2. 电气现场检修动力箱、临时变已拆除</td><td></td><td></td><td></td></tr>
<tr><td rowspan="2">生产部门</td><td>技术科</td><td>1. 开工方案已审批完成；
2. 盲板已按方案和盲板清单进行安装；
3. 开工用化工原材料已落实；
4. 其他专项方案已落实或审批</td><td></td><td></td><td></td></tr>
<tr><td>管理科</td><td>1. 外围的公用、储运系统以及相关装置已可支持装置开工；
2. 开工用原料已落实</td><td></td><td></td><td></td></tr>
<tr><td colspan="2">人教部门</td><td>操作人员已经过学习、培训，并考试合格</td><td></td><td></td><td></td></tr>
<tr><td colspan="2">项目所属单位领导意见</td><td>签名：</td><td>公司意见</td><td colspan="2">签名：</td></tr>
</table>

附 录 C
（资料性附录）
检修施工现场 HSSE 日检表

序号	检查内容	存在问题	检查人员	整改情况	验证人	备注
1	临时用电					
1.1	配备合格的持证电工					
1.2	配电箱合格、有防雨措施，按要求标识并上锁					
1.3	配电系统执行“三相五线制”，符合“三级配电二级保护”要求，安装匹配的漏电保护器，漏保动作灵敏好用，并进行日常试验和记录					
1.4	电缆及接头无破损，绝缘良好；铺设规范，走向清晰，标识明确					
1.5	用电严格执行“一机一闸一保护”					
1.6	按要求配置保护零线和工作零线，工作接地和重复接地完好					
1.7	安全电压符合作业环境要求					
1.8	使用工业插头、插座					
2	施工机具					
2.1	各种机具设备安全要求进行定期检查，确保完好					
2.2	设有机械保护装置（如转动设备等）的设备，保护装置处于完好状态					
2.3	用电机具、设施接地完好					
2.4	配备与作业要求相匹配的劳动防护用品					
2.5	空气压缩机压力表、安全阀等在检验期内并处于完好状态，高压气管和软管固定连接可靠					
2.6	气瓶垂直放置，瓶体固定可靠；气瓶分类摆放并保持安全距离，防护措施到位，气瓶阻火器、压力表等安全附件完好，气管无老化破损，连接可靠					
3	脚手架					

检修施工现场 HSSE 日检表（续）

序号	检查内容	存在问题	检查人员	整改情况	验证人	备注
3.1	脚手架搭设人员是专业架子工，并持证上岗。搭设人员按要求着装，配备五点双大钩安全带					
3.2	编制脚手架搭设方案，进行安全技术交底并有记录					
3.3	按规范要求搭设脚手架，且有良好的整体稳固性					
3.4	搭设和拆除过程必须有专人监督，周边设置警戒区					
3.5	连墙件设置可靠，各节点扣件扭矩力符合要求					
3.6	通道、护栏、腰杆、踢脚板等符合要求					
3.7	作业面满铺跳板，无孔洞，跳板可靠固定且无探头板					
3.8	作业面临时放置的材料等在允许荷载范围内，严禁超载荷；放置必须稳固，无坠物风险					
3.9	脚手架搭设完成验收合格挂牌使用					
3.10	消防设施保持完好，灭火器和消防水桶按要求配置					
3.11	消防安全通道保持畅通					
3.12	用火作业前，清理周边易燃物，采取接火措施					
4	起重					
4.1	编制了吊装方案、进行交底并有记录					
4.2	起重设备操作人员、司索、指挥持有效证件					
4.3	起重机械证照齐全有效					
4.4	起重机械安全设施、附件完好					
4.5	机索具检查完好，钢丝绳无磨损，连接可靠，绳卡数量和间距满足要求					
4.6	吊装作业半径设置了警戒区，禁止无关人员入内					
4.7	吊装前进行评估，确保在额定起升载荷范围内进行起重作业，不得超载					

检修施工现场 HSSE 日检表（续）

序号	检查内容	存在问题	检查人员	整改情况	验证人	备注
4.8	吊车支腿符合要求					
4.9	吊物捆绑符合要求，使用溜绳					
4.10	吊装作业天气、环境、风力等符合要求					
5	焊接、气割					
5.1	设备接地完好					
5.2	焊把线无破损，连接器完好					
5.3	有专人监护，接火、防火措施到位					
5.4	可燃性气瓶与胶管连接完好，无漏气，气瓶有阻火器					
5.5	现场气瓶与明火源保持安全距离					
6	受限空间					
6.1	对所要进行作业的受限空间进行吹扫、蒸煮、置换，并分析合格。所有与受限空间相连接的管线、阀门应进行有效隔离，盲板处应挂标识牌，并经工艺技术人员签字确认					
6.2	出入口内外不得有障碍物，在受限空间入口处设置“危险！严禁入内”警告牌或采取其他封闭措施					
6.3	对有可能发生硫化亚铁自燃的设备、容器必须经充分的钝化脱臭处理，并在现场配置消防水带					
6.4	《进入受限空间作业许可证》实行一点一证					
6.5	进入受限空间作业实行“三不进入”原则，即：一、没有经批准有效的《进入受限空间作业许可证》不进入；二、安全措施未落实不进入；三、监护人不在场不进入					
6.6	作业现场配备必要的救护器具和灭火器材等					
6.7	进入受限空间作业应使用安全电压和安全行灯					
7	作业安全					

检修施工现场 HSSE 日检表（续）

序号	检查内容	存在问题	检查人员	整改情况	验证人	备注
7.1	作业前进行班前安全教育和安全技术交底，作业人员清楚当天作业内容和安全风险及注意事项					
7.2	特殊工种持证上岗					
7.3	佩戴合格安全帽，并根据作业任务佩戴专用眼部、面部、手部等防护用品，高处作业人员系挂安全带					
8	收工检查					
8.1	配电系统一级箱断电，关闭气瓶角阀，能量上锁					
8.2	现场火种检查清理完毕					
8.3	清理各作业面材料和杂物等，做到工完料净场地清					
8.4	落实夜间值班、巡检人员，职责到位，检查内容明确					

附　录　D
（资料性附录）
装置停工检修工作总结模版
（设备专业）

根据公司《设备检修管理制度》规定，在装置停工检修结束后各相关单位应组织编写装置停工检修工作总结。为此，就进一步做好装置停工检修工作总结提出要求如下：

封面：

名称：××× 部 ××× 装置 ×××× 年 ×× 月停工检修工作总结

编写人：×××

审核人：×××

批准人：×××（运行部领导）

编写单位：中国石化 ××× 分公司 ××× 部

编写时间：×××× 年 ×× 月

正文

（一）装置停工检修过程概述

装置开、停工、检修过程简述，本周期装置运行起止时间。

本周期装置运行中出现的主要问题。

本次停工检修、改造内容简述，检修项目计划数（包括补充、追加），检修计划完成情况。重点检修项目情况。

开停工、检修网络执行情况。

（二）主要检修内容技术总结

反应器部分

塔、容器部分

加热炉部分

冷换设备、空冷器部分

阀门部分

管道部分

压缩机部分

泵部分

特殊阀门部分

输送机械部分

压力容器检验（包括缺陷返修处理）

压力管道检验（包括缺陷返修处理）

安全阀检验

其他检修方面

技术分析中要有以下内容：上次运行周期出现的问题，本次检修检查情况及采取措施；上次检修遗留问题处理情况；本周期与上周期设备隐蔽检查情况对照；重复发生问题处理方案有效性；装置系统问题；典型案例。

（三）检修计划准确性分析

（四）检修施工队伍评述

（五）材料供应评述

（六）设计质量评价

（七）检修质量评价

（八）本次检修遗留问题及预案

（九）检修管理亮点、存在的不足和下次检修需注意的问题

（十）附表

表 1　设备增加情况表

序号	位号	名称	规格型号	制造厂	数量	备注

表 2　设备拆除情况表

序号	原位号	名称	规格型号	制造厂	数量	备注

表 3　管线拆除情况表

序号	原编号	名称	规格	长度 /m	备注

表 4　设备更换情况表

序号	位号	名称	规格型号		制造厂		数量	备注
			更换前	更换后	更换前	更换后		

表 5　冷换设备检修情况表

序号	位号	名称	规格型号	抽芯清洗	试压换垫	堵管根数	管束更换

表 6　阀门检修、更换情况表（*DN*50 和 *DN*50 以上）

序号	规格型号	公称直径	检修数量	更换数量

表 7　压力容器检验情况表

序号	计划检验台数	增加变更台数	减少变更台数	实际完成台数	缺陷返修台数

表 8　压力管道检验情况表

序号	检验计划		增加变更		减少变更		实际完成	
	条数	米数	条数	米数	条数	米数	条数	米数

表 9　安全阀门检验情况表

序号	计划检验台数	增加变更台数	减少变更台数	实际完成台数

7. 加氢精制装置维护检修规程

SHZ 02007—2019

目　次

前　言

本规程按照 GB/T 1.1—2009《标准化工作导则　第 1 部分：标准的结构和编写》给出的规则起草。

本规程由中国石油化工集团有限公司、中国石油化工股份有限公司提出。

本规程起草单位：中国石化扬子石油化工有限公司。

本规程主要起草人：钱杰。

本规程 2019 年为首次发布。

加氢精制装置维护检修规程

1 范围

1.1 本规程规定了加氢精制装置及其主要设备、专用设备的检修周期、检修项目及质量要求、检修过程管理和日常维护的相关内容。
1.2 本规程适用于石油化工加氢精制装置的检修维护管理。

2 规范性引用文件

下列文件对本文件的应用是必不可少的。凡是注日期的引用文件，仅注日期的版本适用于本文件。凡是不注日期的引用文件，其最新版本（包括所有的修改单）适用于本文件。

2.1 法律法规

中华人民共和国安全生产法
中华人民共和国特种设备安全法

2.2 标准与规范

TSG 21　固定式压力容器安全技术监察规程
TSG D0001　压力管道安全技术监察规程——工业管道
GB/T 151　热交换器
GB/T 20801　压力管道规范——工业管道

2.3 相关规定和文献

炼油企业检修管理指南
炼油主要装置停工、开工指导意见
中国石化设备管理办法
SH 3505　石油化工施工安全技术规程

3 术语与定义

下列术语和定义适用于本文件。

3.1 设备功能

设备功能指的是设备的生产效率和功能，衡量设备功能的指标随设备种类不同而异。

3.2 功能故障

设备、设施不能实现其设计功能时，称之为功能故障，定义为设备、设施不能满足期望的性能标准。一般指设备失去或降低其规定功能的事件或现象，表现为设备的某些零件失去原有的精度或性能，使设备不能正常运行、技术性能降低，致使设备中断生产或效率降低而影响生产。

3.3 A 类设备

本规程规定的 A 类设备是指经过 RCM 等风险评估方法得出的因设备的功能故障引起装置停车的该装置的关键设备。

3.4 B 类设备

本规程规定的 B 类设备是指经过 RCM 风险评估方法得出的设备的功能故障虽然不引起装置的停车，但对装置的负荷、质量及可靠性具有重大影响的该装置的主要设备。

4 装置特征

加氢精制是在一定的温度、压力、氢油比和空速条件下，借助加氢精制催化剂的作用，把油品中的杂质（即：硫、氮、氧化物以及重金属等）转化成为相应的烃类及易于除去的 H_2S、NH_3 和 H_2O 进行脱除，另外，少量的重金属则截留在催化剂中；同时，烯烃、芳烃得到加氢饱和，从而得安定性、燃烧性、清洁性都较好的优质柴油和乙烯裂解原料。

4.1 原则流程及流程图

加氢精制装置方块流程图见图 1。

4.1.1 反应单元

自装置外来的已除去大于 50μm 颗粒的原料油进入滤前原料油缓冲罐，经原料油增压泵升压、原料油过滤器除去其中大于 25μm 的颗粒，进入由燃料气气封的原料油缓冲罐。自原料油滤后罐出来的原料油经加氢进料泵升压进入反应系统，依次经反应流出物 / 冷原料油换热器、反应流出物 / 热原料油换热器换热，与加热后的混合氢混合作为反应进料进入加氢精制反应器进行加氢脱硫、脱氮等反应。由加氢精制反应出来的反应流出物依次经高换、反应流出物 / 分馏塔进料换热器和反应流出物 / 混合氢换热器换热至

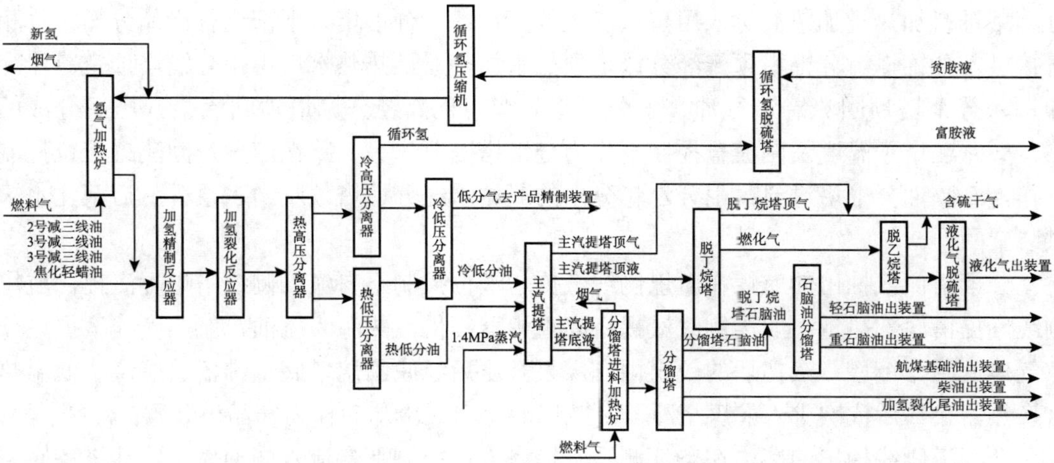

图 1　加氢精制装置方块流程图

240℃后进入热高压分离器进行油气分离。热高分气体经热高分气／冷低分油换热器、热高分气／混合氢换热器换热后进热高分气空冷器冷却至 50℃进入冷高压分离器进行油、水、气三相分离；热高分液在液位控制下经过所带的液力透平回收能量后进入热低压分离器。为防止热高分气在冷却过程中析出铵盐堵塞管路和设备，通过注水泵将除氧水注入空冷上游管线。冷高分出来的气体经循环氢脱硫塔入口分液罐脱除高分气中夹带的烃类后进入循环氢脱硫塔脱硫，脱硫后的冷高分气由循环氢压缩机入口分液罐分液再进入循环氢压缩机升压后分成两路，一路作为急冷氢去反应器控制反应器各床层温度，另一路与来自新氢压缩机出口的新氢混合成为混合氢；循环氢脱硫塔底富液在液位控制下降压送至富胺液闪蒸罐脱气；冷高分出来的油相与冷却后的热低分气体一并进入冷低压分离器；冷高出来的水相为含硫污水送至含硫污水闪蒸罐脱气。冷低分的含硫低分气送出装置脱硫后回收氢气，冷低分的液体经换热后与热低分液分别进入主汽提塔。

自装置外来的新氢经新氢压缩机入口分液罐分液后，经新氢压缩机三级升压后与循环机出口的循环氢混合成为混合氢，依次换热后进入氢气加热炉加热至所需温度，再与原料泵出口的原料油混合进入高换。

为了确保装置开工安全平稳及充分发挥催化剂的反应性能，刚硫化结束后的催化剂在接触原料油之前，需要用无水液氨对催化剂进行钝化。

4.1.2　分馏单元

冷低分油与热低分油分别进入用蒸汽汽提的汽提塔，塔顶气相经主汽提塔顶空冷器、主汽提塔顶后冷器冷凝冷却后进入主汽提塔顶回流罐进行油、水、气三相分离。主汽提塔顶气与脱丁烷塔顶气、脱乙烷塔顶气合并送至轻烃吸收装置处理；汽提塔塔顶液分成两路，一路在塔顶温度及回流量控制下经主汽提塔顶回流泵升压后作为汽提塔回流，另一路在流量 FA201201 液位控制下经脱丁烷塔进料泵升压后进入汽提塔；汽提塔塔底液经换热后进入分馏塔进料分液罐进行油、气闪蒸，油相经分馏塔进料泵升压后由分馏塔进料加热炉加热后进入用蒸汽汽提的分馏塔（分馏塔）下部进行产品分离；气相直接进入分馏塔。分馏塔顶气经分馏塔顶热水加热器预热热水后再由分馏塔顶空冷器冷却进入分馏塔顶回流罐进行油、水分离；分馏塔顶液经分馏塔顶回流泵升压后分成两路，一路在塔顶温度及回流量控制下作为分馏塔回流，另一路在流量及回流罐液位控制下作为石脑油分馏塔进料；由分水包分出的凝结水经分馏塔顶凝结水泵升压后至注水罐供装置回用。

分馏塔侧线抽出的航煤在航煤侧线汽提塔液位控制下自流入侧线塔进行汽提，航煤侧线汽提塔底部热量由航煤侧线汽提塔底重沸器提供，热源为尾油，航煤侧线汽提塔顶部气体返回分馏塔；汽提后的航煤由航煤泵升压后经脱乙烷塔底重沸器、航煤／低温热水换热器换热后依次进入航煤空冷器及航煤后冷器（冷却后作为产品出装置）。

分馏塔侧线抽出的柴油在柴油侧线汽提塔液位控制下自流入柴油塔，柴油塔塔底采用蒸汽汽提，顶部气体返回分馏塔。汽提后的柴油由柴油泵升压，经柴油／脱丁烷塔进料换热器、柴油／石脑油分馏塔进料换热器换热，柴油空冷器冷却后作为产品送出装置。

分馏塔设中段抽出，由分馏塔中段回流泵升压，经石脑油分馏塔底重沸器、分馏塔中段抽出／低温热水换热器取热后返回至分馏塔。

尾油由尾油泵升压后依次为脱丁烷塔底重沸器、尾油／低温热水加热器提供热源后进入尾油空冷器冷却出装置。

4.2 装置的工艺特性

装置采用固定床加氢工艺，在适当的温度、压力、氢油比和空速条件下，原料油和氢气在催化剂的作用下进行反应，使油品中的杂质，即硫、氮、氧化物转化成为相应的易于除去的 H_2S、NH_3 和 H_2O 而脱除，使烯烃、芳烃加氢饱和并能脱除金属和沥青质等杂质，具有处理原料范围广、液体收率高、产品质量好等优点。

加氢精制主要用于二次加工装置焦化汽油、焦化柴油的精制，也用于原油直馏汽油、柴油的精制。加氢精制装置具有高温、高压、临氢、物料危险性高的特点。

在加氢精制处理过程中，所发生的化学反应很多，也非常复杂，其中最主要的化学反应有加氢脱硫反应、加氢脱氮反应、烯烃饱和反应、芳烃饱和反应、加氢裂化反应、加氢脱金属反应、加氢脱残碳反应、加氢脱氧反应、缩合生焦反应等。

4.3 装置的危害特性

4.3.1 装置生产过程中的危险因素分析

加氢精制装置是典型的高温、高压、临氢装置。

（1）火灾、爆炸的危险分析

主要易燃、易爆物料的性质见表 1。

表 1　主要易燃、易爆物料的性质

物料名称	常温状态	闪点 /℃	自燃点 /℃	爆炸极限 /%	火灾危险分类	性质
氢气	气		580～590	4.1～74.2	甲	易爆
石脑油	液	28	510～530	1.4～7.6	$甲_B$	易燃
柴油	液		350～380	1.5～4.5	$甲_B$/$乙_B$	易燃
硫化氢	气		260	4.3～45.5	甲	有毒
DMDS	液	15	339	2.2～19.7	$甲_B$	有毒
燃料气	气		650～750	3～13	甲	易燃易爆
MDEA		＞139			$丙_B$	

（2）生产中主要危险设备及危险场所

主要危险设备包括：加氢反应器、循环氢脱硫塔、新氢压缩机、循环氢压缩机、高压换热器等。主要危险场所或设备见表 2。

表 2　危险场所或设备一览表

序号	场所或设备	介质	危险性	防范措施
1	加氢反应器	油、油气、氢气、H_2S	高温、高压、泄漏时易燃易爆	设置紧急事故泄压系统
2	高压换热器	油、油气、氢气、H_2S	高温、高压、泄漏时易燃易爆	设置紧急事故泄压系统
3	反应进料加热炉	油、油气、氢气、H_2S	高温、噪声、高压、泄漏时易燃易爆	保温、选择低噪声火嘴
4	分馏塔进料加热炉	油、油气	高温、噪声、泄漏时易燃易爆	保温、选择低噪声火嘴
5	压缩机	氢气、H_2S、烃类气体	高压、噪声、泄漏时易燃易爆	加消声罩、通风良好、防止气体积聚
6	加氢进料泵	VR、CGO、VGO	高压、噪声、易燃	选择低噪声设备、防止泄漏
7	高压贫胺液泵	MDEA、H_2O、H_2S	高压、噪声	选择低噪声设备、防止泄漏
8	泵	油气、油	易燃、噪声	选择低噪声设备、防止泄漏
9	热高分气空冷器	油、油气、氢气、H_2S	高压、噪声、泄漏时易燃易爆	设置紧急事故泄压系统
10	汽提塔	H_2S、油气	有毒、泄漏时易燃易爆	设置安全阀
11	分馏塔及侧线	油气、油	泄漏时易燃易爆	设置安全阀
12	循环氢脱硫塔	H_2S、氢气、胺液	高压、有毒、易燃易爆	设置紧急事故泄压系统
13	低压空冷器	油气、油	噪声、泄漏时易燃易爆	选择低噪声设备、防止泄漏
14	催化剂装填	粉尘	有毒	戴防毒面具
15	高压气相采样	H_2S、轻烃	有毒、易爆	采用密闭高压采样钢瓶
16	硫化剂储罐系统	DMDS	泄漏时有毒、易燃易爆	设紧急淋浴设施和洗眼器
17	装置区		着火、爆炸	设置若干可燃气体报警仪

（3）毒性物质危害

该装置加工的原料和产品，为烃类物质，烃类物质具有低毒性，主要有麻醉和刺激作用，对呼吸黏膜和皮肤有一定刺激作用。

加氢过程中产生含硫化氢气体，H_2S 有典型的臭鸡蛋味，是神经性毒物，对黏膜有刺激作用。

H_2S：有毒，吸入可引起死亡，接触液体引起冻伤，反复长期接触引起低血压、视觉模糊、头痛、恶心、食欲丧失、体重减轻、共济失调、眼结膜、角膜炎、慢性咳嗽、神经学症状，（包括心理学紊乱）。极高浓度时可在数秒钟内突然昏迷，呼吸和心搏骤停、发生闪电性死亡。

物料职业危害程度分级及车间浓度标准见表 3。

表 3　物料职业危害程度分级及车间浓度标准

物料名称	理化性质	急救处理方法	职业危害程度分级	最高容许浓度 /（mg/m^3）	时间加权平均容许浓度 /（mg/m^3）
石脑油	低毒	移患者至空气新鲜处，就医；如果患者呼吸停止，给予人工呼吸；如果呼吸困难，给予吸氧；脱去并隔离被污染的衣服和鞋；如果皮肤或眼睛接触该物质，应立即用清水冲洗至少 20min，用肥皂和清水清洗皮肤；注意患者保暖并保持安静	Ⅳ	—	300
柴油	低毒	皮肤接触用肥皂水及清水彻底冲洗，吸入者移至空气新鲜处，保持呼吸道畅通；呼吸困难时输氧，呼吸停止时进行人工呼吸；误服者立即漱口，尽快洗胃，就医	—	—	—
硫化氢	高毒	皮肤、眼睛接触立即用流动清水冲洗；吸入应迅速脱离现场至空气新鲜处，保暖并休息；呼吸困难时给输氧；呼吸停止时立即进行人工呼吸，就医	Ⅱ	10	—
二甲基二硫（DMDS）	有毒	皮肤受伤用大量冷水冲洗，或用硼酸水或稀醋酸中和，必要时再敷软膏	—	—	—
催化剂粉尘		对上呼吸道和肺有刺激作用	—	10	—

（4）腐蚀性的物质危害

由于该装置是在高温、高压、临氢条件下操作，且在工艺流体中还含有 H_2S、NH_3 等腐蚀性介质，在生产过程中除可能发生氢鼓泡、表面脱碳、硫化物应力腐蚀开裂、高温 H_2S+H_2 腐蚀、氢腐蚀、氢脆等氢损伤。

（5）噪声危害

长期接触噪声对听觉系统产生损害，从暂时性听力下降直至病理永久性听力损失，还可引起头痛、头晕、耳鸣、心悸和睡眠障碍等神经衰弱综合征。此外对神经系统、心血管系统、消化系统、内分泌系统等产生非特异性损害，同时对心理有影响作用，使工人操作时的注意力、身体灵敏性和协调性下降，工作效率低，容易发生生产和工伤事故。

该装置的主要噪声源为机泵、压缩机、加热炉、空冷器和蒸汽放空口等。

（6）其他危害

高温灼伤：加热炉为明火设备，生产介质的温度也较高，因此，在装置运行时一些操作温度较高（>60℃）管线和设备，如防护不当极有可能对操作人员产生灼、烫伤事故。

高空坠落：装置内某些设备框架较高，对这些设备操作检查时存在着高空坠落危险。

粉尘：该装置定期装卸固体催化剂可能产生一定的粉尘污染。粉尘对人的呼吸道、肺有刺激作用，可引起尘肺，其短时间接触容许浓度为 10mg/m^3。

4.3.2 装置主要危险品分布、污染物危害

通过危害因素分析，可以看出本装置的危险品很多，主要有以下几种：氢气、石脑油、硫化氢、燃料气等。上述列举的主要危险品在装置内分布情况见表 4，主要污染物性质及危害情况见表 5。

表 4 危险品的分布情况

序号	品名	别名	危规分类	主要分布场所
1	氢气		易燃气体	新氢系统、反应系统、循环氢脱硫系统
2	石脑油		易燃液体	脱硫化氢汽提塔顶回流系统、分馏塔顶回流系统、粗石脑油泵、石脑油泵、石脑油采样点等
3	硫化氢	酸性气	易燃气体（有毒）	酸性气、酸性水、贫富胺液、粗石脑油、石脑油、污油、污水系统等
4	燃料气（多种危险化学品的混合物，包括：氢气、乙烯、甲烷、乙烷等）	干气	易燃气体	加热炉、燃料气分液罐、原料罐、压缩机系统、火炬气系统

表 5 主要污染物性质及危害

主要污染物	性质	危害
硫化物	无色，强烈辛辣恶臭的刺激性气体	刺激喉头、限结膜。引起咳嗽、胸部有迫感浓度在 1000mg/m^3 以上，即使短时间接触也有危险
氮氧化物	一氧化氮是无色无味气体。二氧化氮是红色、有毒、有恶臭气体。能溶子水与二氧化碳中，可使很多植物受伤死亡，如形成化学烟雾其毒性更强	二氧化氮对人的呼吸器官有强烈的刺激作用。会引起肺水肿致死。当浓度在 28ppm 时，可使很多植物受伤死亡如形成化学烟雾，其毒性更强

表 5 主要污染物性质及危害（续）

主要污染物	性质	危害
烃类化合物（包括烷烃烯烃、芳香烃等及其衍生物）	有特殊的臭味、有毒	苯类及其衍生物对人的眼、鼻、呼吸道有强烈刺激作用影响肝、肾、心血管系。有致癌作用。烃类对水生物危害严重，会造成死亡。能抑制植物生长，或使棉花、果树不结果
粉尘	是固体微粒、黏附着气体和液体。直径大于 10μm 为落尘（降尘），小于 10μm 为飘尘	吸入肺部会发生尘肺，出现气短、胸痛、咳等症状，并伴发其他疾病

5 检修周期及内容

5.1 主要设备介绍

5.1.1 主要设备分类（表 6）

表 6 加氢精制装置主要设备

名称	设备种类		主要设备	通用、专用设备检修规程的代码
动设备	压缩机	离心式	循环氢离心压缩机	
		往复式	新氢往复式压缩机	
	泵	叶片式	原料油增压泵、加氢进料泵、液力透平、注水泵、分馏塔底泵、贫胺液进料泵	
		容积式	加剂泵、润滑油泵	
	风机	离心式风机	加热炉引风机、加热炉鼓风机	
		轴流式风机	热高分气空冷器风机	
静设备	列管式加热炉		反应加热炉、分馏加热炉	
	塔	填料塔、板式塔	循环氢脱硫塔、汽提塔、分馏塔、胺液再生塔	
	换热器	管壳式换热器	高压换热器、蒸汽发生器、水冷器、塔顶换热器	
	压力容器		加氢反应器、高压空冷器、分离器、换热器、塔、缓冲罐	
	常压容器		溶剂罐、贫胺液储罐、凝结水收集罐、水封罐	
	压力管道			
	阀门			

表 6　加氢精制装置主要设备（续）

名称	设备种类		主要设备	通用、专用设备检修规程的代码
仪表设备	现场仪表	检测仪表、显示或报警仪表、控制仪表、辅助单元、执行器及其附件	流量计、液位计、变送器	
	控制系统	集散控制系统（DCS）、可编程控制系统（PLC）、机组控制系统（CCS 或 ITCC）、工业控制计算机系统（IPC）、监控和数据采集系统（SCADA）	DCS 集散控制系统、压缩机机组监控系统、压缩机轴系仪表在线监视系统、HydroCOM 气量无级调节控制系统	
	安全仪表系统（SIS）	安全联锁系统、紧急停车系统和可燃、有毒有害气体及火灾检测保护系统	SIS 安全仪表系统	
	在线分析仪表	氧分析仪、红外分析仪、质谱仪、电导仪、		
	安全环保仪表	可燃气体检测报警仪、有毒有害气体检测报警仪、氨氮分析仪、化学需氧量分析仪（COD）、水质分析仪、烟气分析仪（CEMS）	可燃气体报警仪、硫化氢报警仪、烟气在线分析系统	
电气设备	高频电动机			

5.1.2　主要设备及系统介绍

5.1.2.1　循环氢离心压缩机组

循环氢压缩机机组由蒸汽透平、离心式压缩机、润滑油系统、干气密封系统和电气仪表系统组成。作用：a）维持反应器中的高氢分压；b）控制反应温度和床层温升；c）改善催化剂床层反应物的分布状况；d）防止过度反应。

5.1.2.2　新氢往复式压缩机

新氢压缩机由高压电机、压缩机、润滑油系统、无级气量调节系统及辅助系统组成，主要为反应系统补充新氢，保持反应系统正常压力。

5.1.2.3　原料油升压泵

原料油升压泵将原料升压至高于系统压力，作为反应进料。由高压电机、多级离心泵、密封系统、液力透平和润滑油站组成。电机具有轴瓦温度报警和联锁，多级泵有振动、位移、温度报警和联锁，润滑油站具有辅泵自启功能。

5.1.2.4　加氢反应器

加氢反应器是加氢工艺过程中的关键设备，原料油与氢气混合后进入加氢精制反应器进行加氢脱硫、加氢脱氮、加氢脱氧、加氢脱金属以及不饱和烃的加氢饱和反应然后进入加氢精制反应器进行烷烃、环烷烃和芳烃的裂化反应。反应器主要内部件包括入口分布器、分配盘、积垢篮、冷氢管、冷氢箱、催化剂支撑盘、催化剂卸料管、出口收集器和热电偶。

5.1.2.5　高压换热器

高压换热器：主要为反应产物与反应进料换热器、热高分气与循环氢换热器，目的是为了利用反应热为进料加热。

5.1.2.6　高压空冷器

高压空冷：在热高分流程中为热高分气空冷器，冷高分流程中作为反应产物空冷器。

5.1.2.7　反应加热炉

循环氢加热炉为方形炉，采用强制供风、与分馏炉联合排烟的方式操作，主要作用为加氢反应提供反应热。

5.1.2.8　仪表控制系统

DCS 系统：系统按照可靠性原则进行设计，充分保证系统安全可靠；系统所有部件都支持冗余，在任何单一部件故障情况下系统仍能正常工作。系统采用现场机柜间和远程机柜间，采用光纤通信的方式。

SIS 系统：备有三重组合式冗余结构，三个完全相同的系统分支的每一个都能独立地执行控制程序。而且备有专用的硬件、软件机制，可对输入和输出进行“表决”。SIS 系统对加热炉、进料泵、新氢压缩机等设备进行保护，具有事件记录、历史趋势记录、报警查询等功能。

HydroCOM 气量无级调节控制系统：通过压缩机接口部件 CIU 与 DCS 联接，实现完全自动控制，实现压缩机 20%～100% 负荷状态下的气量无级调节。主要作用为减少新氢压缩机无用功，避免新氢返回，达到节能作用。

5.2　检修周期

5.2.1　加氢精制装置检修应根据实际运行情况进行定期停车大检修，大修周期按催化剂更换周期确定。

5.2.2　有备用设备的或日常可以进行检修的不列入大修项目（除特殊情况外）。

5.3 检修内容

加氢精制装置的检修项目主要根据装置检修的周期和检修目的立项，主要包含催化剂更换、压力容器压力管道定期检验、根据设备定期检修策略检修、设备故障检修、现场隐患治理、技改技措以及新技术应用改造。

5.3.1 检修内容编制原则

5.3.1.1 装置长周期运行原则。

5.3.1.2 “应修必修不失修，修必修好不过修”原则。

5.3.1.3 三结合原则：大修装置与技术改造相结合、与安全环保隐患治理相结合、与产品质量升级达标相结合。

5.3.1.4 检修计划动态滚动优化原则。

5.3.2 检修内容编制要点

5.3.2.1 消除隐患缺陷

根据日常巡检、定期检查、状态监测和故障修理记录所积累的设备状态信息，结合年度设备检查、检验的结果，对技术状态劣化、存在缺陷的设备，列入检修内容。

5.3.2.2 使用寿命到期

按照预防性检修策略确定的使用寿命已到期时，应将需更换部件的设备列入检修内容。

5.3.2.3 政策法规规定

根据国家和有关主管部门的安全与环境保护、节能等要求，对安全防护装置不符合规定的设备，对因性能下降导致排放的气体、液体、粉尘等污染环境的设备，以及高能耗设备，列入检修内容。

5.3.2.4 法定检验要求

对本次检修或下次检修之前已到法定检验时间的设备和管道等特种设备及计量器具，列入检修检验内容。

5.3.2.5 恢复设备性能

对塔、换热器、反应器、容器等设备内部因内构件损坏、结焦、积垢等原因造成运行状况恶化，列入检修内容。

5.3.2.6 长周期运行需要

设备存在无法安全稳定运行到下一个检修周期的问题，列入检修内容。

5.3.2.7 注重检修前测评，科学降低开盖率

通过采用加热炉测评、机组状态监测、腐蚀监测、红外检测等状态监测手段和风险分析技术的应用，以降低开盖率。

5.3.2.8 对装置运行期间能检修的项目，原则上不列入停工检修内容。

5.3.3 主要设备检修内容（表 7）

表 7 主要设备检修内容

序号	设备名称	设备功能	功能故障	主要检修内容	设备分级
1	循环氢压缩机	维持加氢反应器所需的循环氢流量	干气密封达到运行周期；透平各组件存在一定量的磨损情况；润滑油会出现变质可能等	干气密封更换及系统检查；抽芯检修；轴瓦检查、汽轮机检修；电气仪表检修、润滑油系统检修、管路阀门检修	A 类
2	加氢反应器	渣油和氢气在催化剂的作用下进行反应，去除渣油中的杂质	反应器效果达不到工艺要求；催化剂到期更换；反应器到期检验等	催化剂更换；反应器内件检查更换；反应器检验；紧固件密封面检查、热电偶检查检修、外部防腐保温	A 类
3	往复式压缩机	主要为反应系统补充新氢，保持反应系统正常压力	气阀存在磨损；填料泄漏；轴瓦磨损；运行状况不良；润滑油变质可能等	气阀更换；活塞环更换；气封更换；十字头、轴瓦及其余零部件检查	A 类
4	加热炉	为加氢反应、分馏提供反应热	炉膛温度达不到工艺要求；炉膛温度分布不均；燃烧不稳定；存在漏风点；预热器效果下降等	炉管碱洗、检验；内部耐火材料检查检修、炉管及支架检查检修；余热回收系统检修；快开门及烟囱挡板检修；鼓引风机检修	A 类
5	高压换热器	为高压介质提供热量交换场所，使满足工艺需求	介质换热效果达不到工艺要求；换热器存在漏点；到期检验检测等	管束抽芯清洗；容器检验检测、气密试验；检查更换内外圈螺栓、内部螺栓、螺纹块、密封盘及其密封面	A 类
6	低压换热器	为介质提供热量交换场所，优化热量利用	介质换热效果达不到工艺要求；换热器存在漏点；到期检验检测等	管束抽芯清洗；容器检验检测、压力试验；检查修复管箱、前后盖、大小浮头、折流板、接管等及其密封面	B 类
7	循环氢脱硫塔	提供汽液交换场所，脱除循环氢中的部分硫化氢，使满足工艺需求	循环氢脱硫效果达不到工艺要求；设备腐蚀泄漏或静密封泄漏；检验到期	检查塔板各部件的结焦、污垢、堵塞情况；检查内构件和支撑结构的腐蚀变形及坚固情况；压力容器检验	B 类
8	汽提塔	提供汽液分离场所，使产品满足工艺需求	汽提效果达不到工艺要求；设备腐蚀泄漏或静密封泄漏；检验到期	检查塔板各部件的结焦、污垢、堵塞情况；检查内构件和支撑结构的腐蚀变形及坚固情况；压力容器检验	B 类

表 7 主要设备检修内容（续）

序号	设备名称	设备功能	功能故障	主要检修内容	设备分级
9	分馏塔	提供汽液交换场所，使侧线产品质量满足工艺需求	分馏塔介质分馏效果达不到工艺要求；设备腐蚀泄漏或静密封泄漏；检验到期	检查塔板各部件的结焦、污垢、堵塞情况；检查内构件和支撑结构的腐蚀变形及坚固情况；压力容器检验	B类
10	胺液再生塔	提供胺液再生场所，使胺液满足工艺需求	再生效果达不到工艺要求；设备腐蚀泄漏或静密封泄漏；检验到期	检查塔板各部件的结焦、污垢、堵塞情况；检查内构件和支撑结构的腐蚀变形及坚固情况；压力容器检验	B类
11	分离器	提供汽液分离场所，实现各介质有效分离	分离效果达不到工艺需求；容器检验检测到期	检查清理分离器内构件；视情更换丝网除沫器；器壁、焊缝检查修复；压力容器检验	B类
12	罐	为介质提供缓冲场所	设备腐蚀泄漏或静密封泄漏，容器堵塞	检查清理罐内杂物；更换内件；器壁、焊缝检查修复；压力容器检验	B类
13	空冷器	为介质提供冷却场所，使产品满足工艺需求	设备腐蚀泄漏或静密封泄漏，空冷管束堵塞	检查管箱内是否存在冲刷腐蚀；检查清理管束、管箱；清理管束内垢；焊缝、管道检验检测	B类
14	泵	为工艺输送流体或使流体增压	磨损、疲劳、泄漏、振动等原因造成运行状况恶化、性能降低等	视情更换轴承、机封；机泵入口过滤器清理；叶轮、芯包抽出检查；机泵各附件检查检修	B类

6 装置检修管理

6.1 装置检修前准备工作

6.1.1 装置检修前，参检单位要做好检修作业指导书、施工方案、检修图纸、现场施工平面布置图等各类资料的准备及审核，相关检修资料最终经业主方审批确认后方可实施。

6.1.2 进入检修现场的各类施工机具、器具，必须是合格的、适用的，必须有检定合格证和标记，并在有效期内使用，严禁使用未经校验的机具。进场前，所有自检合格并贴有自检合格证的施工机具，要列出汇总清单上交给业主方，并经业主方检验后方可使用。

6.1.3 进入现场的检修耗材、配件等，必须附有质量证明文件，并在指定的地点规范存放。在安装、使用各类检修材料前，应对材料的外观质量进行检查确认，参检单位要做到领用材料检验有见证、验收有记录。

6.1.4 参检单位的所有施工人员，必须具备相应的作业资质，检修前须做好检修方案、技能方面的培训，熟悉检修项目的特点，严格按检修方案进行施工。同时，施工人员必须进行业主方相关专业条线的教育培训，对无相应作业资质、未经教育培训或考核不合格的人员，一律不得上岗作业。

6.1.4.1 检修企业人员

项目管理手册的培训。各部门对检修管理手册及策划书的内容进行宣贯和培训，使所有参加检修的管理人员熟悉相关管理制度、掌握所承担的任务、明确工作的标准和要求等内容。

外出调研和培训。各企业对首次停工检修或将进行重大改造的装置，应注重到有相关经验的单位去学习调研，对检修策划、计划编制、开停工方案编写、停开工操作、现场管理等各环节进行全面的学习、了解。

停开工方案的培训。由技术人员对岗位操作人员讲解装置停开工方案，让每个岗位人员掌握自己职责范围内的停开工方案内容，并组织考试，要求做到从事实际作业的人员必经考试合格。

安全、环保、消气防技能培训。检修前，由专业人员对本单位参加检修人员进行安全、环保、消气防技能培训，以确保参加检修人员在发生事故的时候能迅速有序地做出正确反应，并以最短的时间和最有效的方法使事故得到最有效的处理，保护人员和装置的安全。

应急预案演练。各计划检修装置的全体技能人员，应进行装置停工、开工应急预案的学习和演练，熟练掌握事故全过程的处理。

检修方案培训。项目管理部门、项目所在单位应对相关检修人员，特别是从事检查鉴定的人员，应开展检修方案培训，了解项目检修特点、难点、风险，使上述人员在项目管理中对安全、质量、进度有效控制。

现场培训。各运行部应利用装置停工检修的有利时机，开展新员工的现场培训工作，使年轻技术员充分了解熟悉设备性能构造，加深对设备运行、检修、维护保养、操作及相关管理知识的掌握，使检修工作不单单是机器设备的维修更是新员工学本领、提技能的“培训大修”。

6.1.4.2 检修承包商人员

安全培训。使每位参与检修的人员了解石化装置的检修特点、所从事项目的作业风险，增强检修人员的安全意识和安全防护能力，杜绝伤亡事故的发生，需经过甲乙双方的安全培训合格后方可参加停工检修。

技能培训。注重检修人员技能培训，特别是特殊工种（焊工、电工、起重工等）专业技能的培训，提高检修技术水平。

管理培训。加强检修项目经理等管理人员的培训，使他们在熟悉项目及现场情况、施工技术要求和安全技术要求。

检修方案培训。对参与检修人员进行检修方案培训，熟悉项目特点、难点、风险，使检修施工严格按照方案要求进行，确保检修质量，控制作业风险。

规章制度培训。学习业主检修改造管理手册并予以严格执行，确保检修过程安全、质量、廉洁等全方位受控。

外出调研培训。承包商应组织到有检修经验的单位学习，对人员、方案、机具等方面进行充分的准备和培训。

6.1.4.3 检修外聘专家

为抓好检修，可外聘专家。如动设备可聘制造厂专家，防腐管理可请防腐专家等等。

为做好安全与质量管理，可邀请有经验的第三方的专业人员协助进行管理。

6.2 装置工艺交出检修条件

6.2.1 停开工准备及要求

6.2.1.1 装置停工方案

装置根据工艺技术管理制度编写装置停工方案，明确停工准备及确认要求，设备降量、降温、降压、停工操作步骤，设备（管线）置换、清洗、吹扫、防护、交出、环保要求。停工方案中一般包括以下内容：

（1）停工前期准备；

（2）停工步骤；

（3）特殊设备的停工处理及维护要求；

（4）停工安全环保健康注意事项；

（5）停工退料、吹扫安排；

（6）除臭钝化安排。鼓励使用清洗剂、钝化剂，以给检修工作更好的环境，减少设备停工过程的损坏；

（7）停工网络；

（8）停工盲板拆装明细表；

（9）停开工关键步骤确认表；

（10）预先危险性分析和环境因素分析。

6.2.1.2 开停工“三讲”

在装置开停工前，装置（运行部）组织做好对岗位人员的“三讲”工作，即开停工前宣讲“装置开停工方案”、装置开工前宣讲流程动改和新技术应用情况。

6.2.1.3 检修装置的总体停开工安排

生产部门制订检修装置的总体停开工安排和总体网络，经公司分管领导批准后组织实施。检修装置的总体停开工方案主要包括以下内容：

（1）装置停开工网络安排；

（2）装置检修改造主要内容介绍；

（3）物料平衡及安排；

（4）公用工程平衡及安排；

（5）停开工总体要求；

（6）停开工相关准备工作（物料准备、相关设施投用要求）；

（7）各装置停工和开工物料安排；

（8）系统管线处理方案；

（9）开停工重要操作明细；

（10）危害识别和环境因素分析。

6.2.2 交付检修条件确认

在装置交付检修前，组织相关单位召开安全验收会，检查确认设备容器人孔拆卸、盲板加装、容器内采样分析、停电、下水井封堵等工作，经相关部门签字确认后，由装置开具用火、用电、进入受限空间等相关票证，进入检修状态。

6.3 检修过程安全环保管理总体要求

6.3.1 安全管理要求

6.3.1.1 装置检修改造的安全管理，坚持“安全第一、预防为主、综合治理”的方针和“谁主管，谁负责”“谁签发，谁负责”的原则，坚持以人为本、落实责任、强化监管，按属地化管理原则。对于人数少新企业要求外聘第三方 HSE 监管，对于人数多的老企业或自身能力能够满足要求的老企业，可根据需要由企业自行决定是否外聘第三方 HSSE 监管。第三方 HSSE 监管纳入 HSSE 管理体系。

6.3.1.2 各级指挥部的安全环保消防组应按指挥部管理体系要求承担相应的管理责任。

6.3.1.3 承包商应建立健全安全管理体系，分包商的安全管理工作由总承包商负总责。

6.3.1.4 安全监督管理部门对检修过程的安全管理工作进行监督检查，指挥部的安全环保消防组负责施工过程安全检查管理。运行部负责所在区域的施工项目配合和现场安全监督检查。

6.3.1.5 风险提醒

（1）检修施工作业存在起重、用火、登高、受限空间及交叉作业风险。

（2）施工设备、工器具不完好风险。现场施工气瓶、焊机、配电箱、葫芦、电动工具、电缆、起重机械、运输车辆等不完好，或安全防护装置缺陷，易导致人身伤害、火灾、触电、物体打击、起重伤害、车辆伤害等事故。

（3）劳动保护设施缺失风险。检修期间，部分平台、护栏需要临时割除，形成孔洞、临边作业，若不及时采取防护措施或防护措施不当，易发生人员高处坠落事故。

（4）作业人员安全素质不高的风险。加氢装置检修施工，作业人员素质参差不齐，加大了现场施工作业风险。

（5）个体防护装备配备不足风险。作业人员配备的劳动保护用品，特别是安全带、安全帽、防护面罩、防护手套等特殊防护用品，存在配备数量不足、破损、超过使用期限等情况，不能有效保护作业人员的个体安全。

（6）用火作业风险。用火作业遇装置内可燃物料，易导致火灾、爆炸事故，同时，用火作业过程使用的乙炔本身就是易燃易爆品。

（7）进入受限空间作业风险。进入装置内的炉、塔、罐、容器、井、池、设备裙座等内部作业，吹扫置换处理不干净、与之相连的工艺管线未彻底隔离，存在中毒窒息、火灾爆炸风险。

（8）高处作业风险。有高处作业禁忌征的人员从事高处作业，或高处作业不系安全带。高处作业材料摆放不稳，作业工具不系安全绳，上下抛物，存在物体打击风险。

（9）临时用电作业风险。各种施工用电设备、电动工具不完好，接地不规范，电缆、电线破损裸露，用电线路架设不规范、超负荷，存在人员触电和电气火灾风险。

（10）起重作业风险。检修期间，起重作业存在物体打击和起重伤害风险，影响人员安全。

（11）车辆作业风险。车辆进入装置区域不按指定路线行驶，驾驶人员观察不仔细，未配备阻火器，存在损坏装置设备管道、消防通道消防栓炮，导致人身伤害事故等风险。

（12）环境污染风险。检修期间产生的废水、废气、废渣存在局部污染大气及水体风险。

（13）催化剂更换作业风险。催化剂更换作业持续时间长，作业量大，一共四台反应器需更换催化剂，整个卸剂工作必须始终在氮气环境下进行，卸出的催化剂直接与空气接触容易自燃着火，器内温度高、催化剂粉尘大，又值夏季高温，极易导致高温中暑、灼伤、缺氧、窒息、高处坠落等事故。催化剂更换辅助作业人员多，存在运输车辆、叉车、催化剂吊运作业交叉和车辆伤害风险。

6.3.2 环保管理要求

装置停工检修改造环保管理总体要求是：密闭吹扫，有序排放，清洁停工，安全处置，达标排放。为做好停工和检修期间的环保工作，停工装置要落实密闭吹扫及除臭方案，对排放污水、吹扫尾气放空、工业废物处置应进行预申报，排放时必须做到先检测后排放，主管部门根据监测结果确定处理方式。对于化学清洗等产生的废水，项目管理部门在与清洗单位签订合同前要明确废水处理相关责任及要求。

（1）严格执行“三废”排放申报制，填报异常排放申报表。

（2）装置检修产生的保温垃圾、含油废弃物等进行分类。

（3）清罐、清理设备过程中保持现场干净，要防止冲击含油污水系统和污染清净下水系统；清出的杂物、油泥要先装袋、装桶，置于围堰集中堆放，严禁用水冲入下水系统。含油废弃物办理厂内转移手续，送至厂内指定临时储存点。

（4）装置现场，接油盘、接油桶等残液回收设施齐全到位。

（5）管道、设备检修产生的残油承接回收倒入指定容器，杜绝乱排乱放。

（6）装置检修时拆卸或更换下来的设备如加热炉炉管、空气预热器、阀门等含有污染成分的设备或其他接油设施应置于围堰内，同时采取相应的防雨淋等防范措施，防止露天放置、受雨水冲刷后所造成的污染。

（7）装置停工检修期间，清静下水采用沙包封堵，装置内所有排放水排至含油污水系统。

（8）检修期间破损围堰应及时修复，防止污染事故发生。

6.3.3 职业卫生管理

职业卫生管理总体要求：以人为本，健康至上，预防为主，全员参与。

6.3.3.1 停工装置所在运行部负责对装置检修期间可能存在的职业病危害因素进行识别、评价，并经主管部门确认后告知相关单位，各参加检修的单位应根据作业环境和内容对检修过程可能存在的职业病危害因素进行识别、评价，有针对性地提出防治方案、措施，并在检修期间落实。

6.3.3.2 严格射线探伤作业的管理，杜绝射线伤害事故的发生，避免射线对人体的伤害。

6.3.3.3 强化检修施工人员的个体防护意识，正确使用防护用品，防止急、慢性职业中毒的发生。

6.3.3.4 各参加检修的单位应严把施工人员入场关口，禁止职业禁忌征人员从事所禁忌的作业。

6.3.3.5 消气防管理总体要求：

（1）坚持“预防为主、防消结合”的方针，按照“谁主管、谁负责”“谁签发、谁负责”“四全”管理及属地化管理原则，全面落实消防安全责任；

（2）在消气防设施管理上，严格执行各项作业许可制度，加强信息沟通，确保消气防设施（道路）始终处于受控状态，切实保障消气防本质安全；

（3）在检修施工现场消气防管理上，狠抓承包商自主管理，强化现场监督检查、监护服务，对违章行为实行“零容忍”，实现现场消气防“零违章”“零事故”。

6.4 质量管理

6.4.1 质量管理总体要求

6.4.1.1 成立检修改造项目的检修质量管理组，各级质量管理组应有专业工程师、检修装置设备员、承包商质量管理员参加组成，由相应层级机动部门主管领导担任组长。大规模停工检修的单位可聘用第三方质量监理单位，由质量管理小组统一管理。业主、承包商质量检查员应佩戴统一标识。

6.4.1.2 质量控制关口尽量前移。如设备物资采购，要加强制造环节的监管，严格执行入库检验制度；设计项目要提高设计需求的准确性，严把基础设计、详细设计审查关，力求施工阶段无变更或少变更。

6.4.1.3 业主质量检查方式，应由重点检查现场转变为督促、引导各承包商自身质量体系正常运行，督促承包商加大自身质量检查力度。对 A 级质量控制点的设置和执行应满足必要的履责检查和不可再现的内容检查要求，以及对 B 级和 C 级质量控制点的结果复核的要求。

6.4.2 检修准备阶段质量控制

6.4.2.1 承包商资质、施工机具等审查

（1）合同签订前，机动管理部门或项目管理部门应结合拟订合同范围审查承包商资质，确认资质符合合同范围对承包商作业资质要求时方可签订合同。

（2）各承包商人员进场前，质量管理组应根据法规和有关要求对承包商的项目经理、技术质量负责人、质检员、作业人员，尤其是特种作业人员的资质进行审查，审查合格方可进场。

（3）根据各承包商所承担的任务，由相关责任部门组织审查外来进厂施工人员与用工单位的关系，并记录备案。

（4）企业应组织对承包商质保体系、组织体系建立及运作情况进行检查确认。

6.4.2.2 设计质量管理

（1）设计单位必须确定项目设计经理，明确各设计人员的职责分工。

（2）在设计过程中，设计管理人员要积极与设计人员沟通，统一项目实施后需达到的目标，对工艺和设备的标准进行明确，协助设计人员了解现场状况和业主要求，提高设计文件质量。落实设计质量责任制，出现设计质量事故应对相关责任人员进行经济责任制考核。

（3）待业主、承包商收到图纸后，项目经理应及时组织召开图纸审查会，审查工程建设强制性标准和企业要求执行情况；审查设计文件中选用的材料、构配件、设备，其规格、型号、性能等技术指标是否符合规范、标准、导则等要求，设计院要对施工全过程进行设计意图验收检查；审查设计变更程序合规性。

6.4.2.3 物资采购质量管理

在编制采购预案、询价、谈判和签订合同时，要明确所需物资的质量检验标准、技术要求、相关备品备件、包装运输条件和质量违约责任。对于重要设备材料的采购，必须约定主要原材料和关键外协部件的外委单位资质、质量技术指标和验证方式。

6.4.3 检测 / 检验单位质量控制

6.4.3.1 检测 / 检验单位必须确定检测 / 检验负责人、工作人员，明确职责。

6.4.3.2 各种检测 / 检验所需的仪器、设备必须检定（校验）合格、运行状态良好。

6.4.3.3 从事检测 / 检验工作的单位和人员应具有由相应的政府主管部门颁发的与所从事作业任务相符合的有效的资质证书。

6.4.3.4 检测 / 检验单位在编制检测 / 检验方案之前，需认真查阅该装置相关工艺设备基础资料、运行状况等内容，并有针对性地编制检测 / 检验方案。

6.4.3.5 检测 / 检验单位在现场工作的人员和使用机具的数量必须符合投标文件的表述并满足法规的要求。

6.4.4 检修施工阶段质量控制

6.4.4.1 施工质量控制内容

（1）施工质量控制主要包括制定质量控制点，审查开工报告（改造项目），对施工质量进行监督、检查和验收等。

（2）施工质量控制分专业进行，一般分为：动设备、静设备、工艺配管、电气、仪表、防腐隔热等专业。

（3）施工质量控制技术准备：质量控制工程师、专业工程师必须熟悉本项目的质量计划，熟悉、了解设计意图，掌握有关施工规范、规程及验收标准，掌握有关的质量评定标准。

（4）检查和验收依据：已会审的施工图、施工方案等；制造厂的产品说明书、技术规定和检验报告；国家、石化集团公司或有关部委颁布的施工技术规范、规程；公司技术规定和标准；地方政府有关规定。

6.4.4.2 质量控制通用要求

（1）按照质量管理组的职责和分工，确定承包商、分指挥部、总指挥部三级检修质量控制体系，明确责任，按照质量管理办法、程序和考核标准进行质量管理。

（2）质量管理组按照专业和设备类别组织编制专项检修质量检查表，并安排专人负责检查和考核。

（3）企业应组织对承包商管理人员、特种作业人员（焊工、电工、起重工、架子工等）进行资质的核查，确认施工人员具备相应的资质。

（4）各参加检修的单位应组织对检修机具、检测仪器状况进行核查，确保合格、有效。

（5）各参加检修的单位应按自身程序文件的要求严格审核、审批各类施工方案，明确质量控制点、停检点及质量控制标准，并做好宣贯和培训工作。

（6）所有进入检修现场的设备、材料，承包商应按相关规定进行复检和验收，确保所采用的物资均符合法规和相关技术文件的要求。

（7）建立并严格执行统一的检修标识管理规定，确保对所采用材料的可追溯性。

（8）大机组的检修实行按工序验收。

（9）建立畅通的质量信息收集、传送通道，保证相关部门及领导及时掌握检修现场的质量信息，便于做出准确的判断、制定有效的决策。

（10）由质量管理组牵头，对各承包商的行为质量和实体质量进行监督检查，确保质量管理体系有效运行。

（11）按照检修质量总体方案的要求进行单个项目完工质量验收和单元检修完工最终质量验收。

（12）对于重点部位法兰要推行使用“零泄漏紧固”技术，对法兰平行度、力矩等过程参数进行测量、记录。

（13）将仪表三次确认范围由接线端子扩展到机柜内设备元器件。

（14）焊工的首件焊接实体必须进行检查。

6.4.4.3　原材料、设备进场验收

（1）检修所用材料、设备进入施工现场前，承包商必须按照有关技术文件或规范要求进行自检，检查验收不合格的材料、设备，不得进入施工现场。

（2）对材料标识不清、质量证明文件不齐全，怀疑或发现有质量问题的设备、材料，质量管理组可提出按一定比例进行抽样复试、复检的要求，承包商负责取样送检，并根据送检结果按规定进行处理。

（3）对于国家或地方政府对生产资格有认证要求的原材料、设备，物资供应部门除应提供满足进场检验所需的合格证书、鉴定证明外，必须提供其生产厂家持有的相应证书的证明文件供检验单位判定其是否具有国家或地方颁发的生产认证证书，否则不能使用。

（4）凡新材料、新产品、新技术所用材料应有鉴定证明、产品质量标准、使用说明和工艺要求，使用前必须按其质量标准进行抽样检验。

（5）对于材料代用的情况，原则上由设计确认，无设计确认时由专业主管部门确认。

6.4.4.4　施工过程质量检查

（1）质量管理组负责制定专业质量检查表，明确各专业检查项目、检查标准及控制级别并负责督促、检查、落实。控制级别一般分为A、B、C三级：

A级为企业公司级关注的质量控制点，主要包括对既定功能的变更内容、对最终检修质量有重大影响的内容等，必须在承包商和企业厂级确认合格后再由企业质量管理组检查确认，对于不可再现的过程或分别实施将影响到总体进度的检验项目可与分指挥部、承包商三方质检人员共同确认。

B级为企业厂级关注的质量控制点，除A级质量控制点规定的内容外主要包括法规要求进行检查的内容、对最终检修质量有较大影响的内容、验证承包商质量控制能力的内容等，必须在承包商确认合格后再由厂级质量管理组检查确认，对于不可再现的过程或分别实施将影响到总体进度的检验项目可由厂级质量管理组与承包商双方质检人员共同确认。

C级为承包商关注的一般质量控制点，除A级和B级质量控制点规定的内容外还应包括法规、设计文件和承包商体系文件中规定的其他内容，控制结果由承包商质检人员检查确认。

（2）承包商质量自控检查必须实行“三检制”，即：作业人员自检 、班组交接检（也称互检）、质量检查员专职检查。质量管理组要对承包商的三检制进行监督检查。主要内容如下：

施工人员自检应满足以下要求：①检查自己是否按照施工技术人员的技术交底及自检记录表所注明的质量要求等进行施工。②填写自检记录；③对无依据、交底不清的施工内容应立即予以停止，解决后方可继续施工。

班组交接检（也称互检）应满足以下要求：①包括工序交接、或换班交接时交接双方施工人员和施工技术人员之间的互相检查；②上道工序的施工者在交出时不仅应认真交清施工质量情况而且要向接受方提交必要的技术资料（包括含有实测实量数据、机械故障情况的记录等资料）；③下一道工序施工者在接收时要按上道工序施工者提供的资料对实体的质量状况进行复检；④对于不符合质量要求的问题交出方应立即进行处理，不合格的工序不得交接；⑤经互检合格的工序应办理交接手续，交接双方的施工技术员、检查员应在相关记录上签字；⑥已办理好交接手续的施工内容，如再发现质量问题，由接收方负责处理。

质量检查员专职检查应满足以下要求：①承包商应设置相应的专职（含兼职）质量检查员；②专职质检员对自检、交接检的结果必须进行认真的核查；③符合质量要求的，专职质检员应在相应的质量检查表上签字，并对已核查的内容负责；④对不符合质量标准的内容，专职质检员有否决权并有权责令其返工。

6.5 变更管理

6.5.1 检修过程要加强变更管理，建立健全变更管理制度和工作流程，采取措施减少变更数量。原则上没有经过各级部门同意的变更不允许在检修中执行。

6.5.2 项目变更控制主要内容

（1）对于试用产品、设备备件结构形式改变、材质升级要充分识别，要有专门技术论证审批过程，审批时要加强相关专业沟通确认；

（2）所有变更应事前发起，只有当变更得到批准后，才可组织实施。项目变更由变更提出单位发起申请并填写“变更申请单”，按照各企业相关制度规定的权限办理审批手续；

（3）对于因材料找价差导致的超费用计划（或工单预算），需要补办变更手续；

（4）对于不涉及费用计划的变更，如项目名称、版本号、承包商、施工方案、施工进度等也需办理相应的变更手续；

（5）对于结算费用高于非包干合同标的按各企业管理制度执行变更；

（6）投资类项目的变更参照各企业“固定资产投资过程控制管理规定”执行。

6.6 装置检修交回条件

6.6.1 装置检修交回确认主要内容

（1）装置开工人员及开车保镖人员配备落实；

（2）技术、原辅材料、动力、备品备件等方面的准备；

（3）队伍技术状态、开工方案学习落实情况；

（4）现场规格化情况；

（5）工艺和设备联锁仪表校验情况；

（6）HSE 措施落实情况；

（7）盲板拆除清单、技术准备情况；

（8）机、电、仪、公用工程、储运、质检等相关专业准备情况；

（9）停工临设拆除、施工尾项整改情况等。

6.6.2 装置设备检修验收交回要求

6.6.2.1 静设备验收要求

（1）静设备检修项目完工后，竣工验收实行分级验收责任制。验收时，必须确认单项验收单（包括隐蔽工程及中间工序验收单）、检修技术记录、理化检验等资料。

（2）特种设备的重大维修及改造，必须履行相应报检手续，完成相应的试验要求后方可验收。

（3）设备投用运行一周，各项指标达到技术要求或能满足生产需要。

（4）设备防腐、保温完整无损，达到完好标准。

6.6.2.2 动设备验收要求

（1）动设备检修项目完工后，竣工验收实行分级验收责任制。验收时，必须确认单项验收单（包括隐蔽工程及中间工序验收单）、检修技术记录、理化检验等资料。

（2）设备在额定工况下连续运行24h后，各项技术指标达到设计要求或能满足生产需要。

（3）设备达到完好标准。

6.6.2.3 仪表和电气设备验收要求

6.6.2.3.1 仪表验收要求

（1）系统点检：系统除尘彻底，卡件状态灯指示正常，电源供电符合设计要求，接地试验完好，卡件精度达标。

（2）更换密封件：对更换的密封部件含导压管需要水压试验，试压压力为操作压力的1.5倍。

（3）更换仪表：更换前需要对更换的仪表进行单校，单校合格方可使用。

（4）法兰式仪表回装：要求回装的法兰式仪表使用的垫片压力等级、尺寸正确，螺栓等级正确，长度合适并处于满扣状态。

（5）电缆铺设：新铺设的电缆按照强电、弱电，本安、隔爆进行区分铺设，电缆铺设不能使电缆受力，必须将电缆放入桥架内。

6.6.2.3.2 电气设备验收要求

（1）变压器：运转正常，效能良好。持续地达到铭牌出力或上级批准的出力，温升符合设计要求，但上层油温最高不得超过85℃。绕组、套管、绝缘油等的试验符合《电力设备预防性试验规程》有关规定。

（2）一次回路设备：绝缘良好，运行中声音正常。差动、过流、短路、瓦斯、温度、防爆装置等主要保护和信号装置齐全完好，动作正常。部件和零件齐全完整，分接开关的电气性能和机械性能良好，无接触不良和卡涩现象。电压表、电流表、温度表等齐全无损，指示反应准确。油位正常符合要求，无假油位。变压器本身及周围环境整洁，照明良好，必要的标志、编号齐全。外壳不渗油、套管不渗油，器身无油迹。冷却装置运行正常，散热器及风扇齐全好用。连接的组合导线、铜牌等排列规则整齐。硅胶不变色。

（3）高压断路器：运行正常，效能良好，运行中的高压断路器的各项参数（电流、电压、遮断容量）符合实际要求。高压断路器根据需要随时可在现场和开关柜上分、合，操作机构灵活可靠，声响正常，无闪放电现象，断路器本体、操作机构的支持瓷套和套管等试验结果应符合电气设备交接预防性试验规程的要求或制造厂规定的各种参数要求，真空断路器和六氟化硫断路器的质量和压力应满足制造厂要求。高压断路器的继电保护齐全，整定值正确，动作灵敏可靠。柜内辅助设置试验合格。柜内端子排列整齐，相序明显，柜内能防小动物。开关周围环境整洁，外观油漆完好无损，有铭牌，有编号，有名称，分合闸指示、储能指示、位置指示器清晰准确。断路器操作机构及零附件齐全无损。联锁装置、接地开关完好。设备档案符合公司设备管理制度要求。运行、检修和试验记录齐全。

（4）电动机：出力能持续达到铭牌要求或上级批准的出力，电流在允许范围内。温升按不同等级的绝缘材料，在允许范围内各部位振动应符合规程要求，声音正常。滑环、整流子运行中应无火花。预防性试验应合格，检修和试验记录齐全。线圈、铁芯、槽楔无松动。保护装置应符合设计要求，整定值准确，动作可靠。用于防爆区域的防爆电动机应符合防爆规程的要求。电动机周围环境整洁，外壳上铭牌清晰，有现场编号。电缆无损伤，敷设符合规范化，防水措施良好。空气冷却器效能良好，风扇转动方向正确，能满足电机温度的要求。防雨措施、风叶罩完好，加油润滑部位完好。电动机防腐良好。

6.7 检修后期管理

6.7.1 资料交付

承包商应在检修项目结束后30d内将竣工资料完整地交给使用单位，竣工资料交付参考SH/T 3503—2017。

6.7.2 检修总结

装置检修结束后，要对检修改造工作进行总结，对好的做法进行总结、提炼，固化这些经验，指导今后检修改造工作；对总结检修改造中存在的问题，分析原因，完善措施，不断提高管理水平。

7 装置日常维护

7.1 设备维护要求

7.1.1 设备检查

设备检查，是指对设备的运行情况、工作精度、磨损或腐蚀程度进行测量和校验。

通过检查全面掌握机器设备的技术状况和磨损情况，及时查明和消除设备的隐患，有目的地做好修理前的准备工作，以提高修理质量，缩短修理时间。检查按时间间隔分为日常检查和定期检查。

日常检查由操作人员与设备管理人员共同执行，同日常保养结合起来，目的是及时发现不正常的技术状况，进行必要的维护保养工作。

定期检查是按照计划，在设备管理人员指导下，定期由专业维修人员实施。目的是通过检查，全面准确地掌握零部件磨损、腐蚀等情况，以便确定是否有进行修理的必要。

7.1.2 设备维护保养

设备维护保养的内容是保持设备清洁、整齐、润滑良好、安全运行，包括及时紧固松动的紧固件，调整活动部分的间隙等。简言之，即“清洁、润滑、紧固、调整、防腐”十字作业法。维护保养依工作量大小和难易程度分为日常保养、一级保养、二级保养、三级保养等。

7.1.2.1 日常保养，又称例行保养。其主要内容是：进行清洁、润滑、紧固易松动的零件，检查零件、部件的完整。这类保养的项目和部位较少，大多数在设备的外部。

7.1.2.2 一级保养。主要内容是：普遍地进行拧紧、清洁、润滑、紧固，还要部分地进行调整。日常保养和一级保养一般由操作工人承担。

7.1.2.3 二级保养。主要内容包括内部清洁、润滑、局部解体检查和调整。

7.1.2.4 三级保养。主要是对设备主体部分进行解体检查和调整工作，必要时对达到规定磨损、腐蚀限度的零部件加以更换。此外，还要对主要零部件的磨损情况进行测量、鉴定和记录。二级保养、三级保养在操作工人参加下，一般由专职保养维修工人承担。

7.2 仪表维护要求

7.2.1 压力智能变送器

泄漏检查：检查压力表及导压管是否泄漏，假如有泄漏应及时处理。

密封检查：表盖、“O”形密封圈、格兰头是否老化失效；表盖与接线盒是否拧紧；“O”形密封圈根据环境和开盖次数进行定期更换。

接线检查：电线与端子压紧可靠，接线螺纹与螺孔要旋动良好，且紧固力要强。

清洁检查：及时将仪表上的灰尘及杂物清除，使仪表在使用过程中经常保持其干净和清洁。

定期对仪表进行检验，仪表检验周期一般为一年或装置的检修周期。

经常检查导压管保温伴热情况。

7.2.2 差压智能变送器

维护同 7.2.1。

7.2.3 温度测量仪表

测温元件安装的地点、深度、方向和接线应符合测量技术的要求，并便于维修检查。

根据被测介质的特性及操作条件，选择合适材质、厚度及结构的保护套管和垫片。

首次使用前，必须经过一定的技术检验，确认合格，方可使用。

定期对智能温度变送器进行检验，仪表检验周期一般为一年或装置的检修周期。

7.2.4 节流装置

导压管、阀门、附件确保无泄漏。

根据介质情况定期排污。

伴热情况符合设计要求。

7.2.5 转子流量计

投用前检查各部分连接螺钉有无松动，接线是否正确。检查“刻度盘示值”与“输出信号值”对应是否正确。

测量介质为液体的流量计，要注意把变送器壳体内气体排尽，以免影响测量精度。

7.2.6 电磁流量计

测量有附着沉淀物的流体，由于长期使用后，导管内壁有积垢层，电极表面受到污染，从而引起仪表零位漂移，因此定期清洗内壁和电极。

对于使用环境长期在酸碱较浓场所的仪表，必须加强防腐保养，避免仪表腐蚀。

流量计内部需要避免负压。

7.2.7 质量流量计

定期进行仪表清洁，清除污物。

在有条件的情况下，每三个月进行一次综合保养及零位调校。

每年对仪表内部插件连接进行检查。

流量计的检定周期根据使用情况确定。

7.2.8 超声波流量计

定期进行仪表清洁，清除污物。

在有条件的情况下，每三个月进行一次综合保养及零位调校。

每年对仪表内部插件连接进行检查。

外夹式超声波流量计，若测量点下次还是用，在探头四周涂刷防腐漆，取下探头后，在安装探头的位置上抹上黄油，并贴上塑料布，以供下次使用。

7.2.9 浮筒液（界）位计

浮筒液位计的检修和装置检修周期同步。

检查浮筒、扭力管、杠杆等零部件有无腐蚀磨损、变形和泄漏，情况严重的要及时更换。

检查浮筒重量，并修正至出厂时的数值。

组装时，中心轴穿过小轴承时要加润滑油。

7.2.10 气动薄膜调节阀

调节阀在投入运行前应做系统联校。

调节阀投用时，前后的切断阀应全开，副线阀应全关。

使用带手轮的调节阀应该注意手轮位置标示标记。

调节阀在运行中严禁调整阀杆和压缩弹簧的位置。

经常检查调节阀及定位器等附件。

气源及输入、输出信号是否正常。

阀杆动作是否平稳，行程与输出信号是否基本对应。

连接管路是否严密不漏。

填料及法兰连接处有无介质外漏；检查中发现的问题要及时处理。

定期进行清扫，保持阀门整洁干净，特别注意阀门阀杆、反馈等位置。

7.3 电气设备维护要求

主要巡检内容：

变压器的温度、油位、油色、声音、冷却风扇、呼吸器、防爆管、瓦斯继电器、接地线、分接开关、电流、电压是否正常以及是否有渗漏油现象。

高、低压开关柜各表计、位置指示、S10、开关位置、保护继电器是否正常及是否有异味。

联锁柜、监控柜、防误柜、纵差保护盘、各种信号是否正常及是否有保护动作。

计算机监控的各种信号是否正常。主控室各种音响、灯光、指示信号是否正常。

系统各部分连接点有无过热现象；系统三相负荷是否平衡，三相电压是否正常。

检查 UPS、直流屏是否运行正常。

配电装置和高、低压开关表面是否清洁，接地连接是否正常良好。

室内照明是否正常，开关位号及所处位置是否正常，备品备件是否齐全，是否符合要求；

安全用具、工作必需的工器具是否完好齐全，辖区内电缆桥架及电缆有无损坏，支撑不牢或其他异常情况；卫生状况是否良好。

高低压电机运行声音、温度、振动、运转、电流是否正常。

检查低压变频器、空调等是否运行正常。

现场照明状况（晚间检查）。

7.4 常见故障及排查方法

7.4.1 循环氢压缩机组的常见故障及处理方法

1）振动

机组启动时发生剧烈的振动应停止升速，检查原因。正常运行时发生振动，则应减少负荷或停机，进行检查。具体情况见表 8。

表 8 振动故障及处理方法

可能原因	处理方法
1. 暖机不足	延长暖机时间，直到机体排凝无液
2. 找正不良	1. 停机进行热态检查，复查不同轴度； 2. 检查基础是否变形； 3. 检查热膨胀是否引起管线产生力矩
3. 来自从动机振动	检查从动机
4. 轴承损坏	检查或更换轴承，必要时检查汽轮机内部
5. 叶片损坏	停机检修并进行更换
6. 转子不平衡	停机检查转子平衡情况，并做动平衡

2）声响异常

在汽轮机低转速时，用听针仔细检查，可找出汽轮机内部的隐患。具体情况见表 9。

表 9 声响异常故障及处理方法

可能原因	处理方法
1. 汽封片摩擦	1. 启动时发现汽封片有摩擦，可停止启动，用盘车来纠正转子的挠曲； 2. 如上述方法无效则应解体检查、修理
2. 叶片和喷嘴相接触	1. 停机检查止推间隙； 2. 检查、调整动静叶间隙

3）轴承温度升高

当轴承温度升高时，应加强监视，超过 90℃时，必须停机（回油温度为 71℃，必须停机）。具体情况见表 10。

表 10 轴承温度升高故障及处理方法

可能原因	处理方法
1. 温度计失灵	校验、更换。
2. 供油温度高	1. 加大油冷却器水量； 2. 检查油箱油位； 3. 清扫油冷却器
3. 油量减少	检查油系统
4. 轴承合金损坏	1. 解体检查、修理； 2. 查找损坏原因并消除

4）压机组主要故障及处理方法（表 11）

表 11　压缩机主要故障及处理方法

故障现象	产生原因	处理方法
1. 轴瓦温度高	1. 油管不畅通，过滤网堵，油量小； 2. 润滑油带水； 3. 轴瓦进口温高； 4. 轴瓦间隙太小	1. 检查、清洗油管油路，加大给油量； 2. 换油； 3. 增加油冷却器水量； 4. 调整轴瓦
2. 振动	1. 机组找正不好； 2. 转子动平衡破坏； 3. 转子轴弯曲； 4. 轴瓦间隙太大； 5. 润滑油温度低； 6. 喘振； 7. 转子发生摩擦； 8. 轴瓦盖或地脚螺栓松动； 9. 轴承合金损坏； 10. 驱动机振动	1. 重新找正； 2. 重新找动平衡或清除叶轮内的污垢； 3. 校正； 4. 更换轴瓦； 5. 加热润滑油； 6. 加大吸放量或消除其他产生喘振原因； 7. 停车检查； 8. 紧固； 9. 更换轴瓦； 10. 检查消除
3. 润滑油压力降低。	1. 主轴泵故障； 2. 油管路裂或严重泄漏； 3. 过滤网堵塞； 4. 油箱液位过低	1. 切换检查； 2. 检查处理； 3. 清扫； 4. 加油
4. 压缩机入口油温过高	1. 冷却水量不足； 2. 冷却器结垢； 3. 润滑油变质	1. 调整水量； 2. 清扫； 3. 换油

7.4.2　新氢压缩机组的常见故障及处理方法

为了在运转期间发现异常情况，仔细注意正常情况是非常重要的。定期记录数据并熟悉来自压缩机和辅助设备的每种声音。一般压缩机故障不是由于一种原因，而是几种复杂的原因造成，下面是一些不正常情况：

1）压力不正常

（a）吸入压力低（表 12）：

表 12　吸入压力低故障及处理方法

原因	处理
吸入管线阻力增加	检查管线和配件（阀门等）过滤器是否堵塞
压缩机能力过大	用控制装置降压缩机能力
前级气体冷却器过冷却	减少冷却水流量
吸入管线泄漏	检查管线接头法兰
工艺气体压力低	检查工艺方面

（b）吸入压力高（表 13）：

表 13　吸入压力高故障及处理方法

原因	处理
压缩机吸入阀故障	检查并更换阀门
活塞环泄漏增大	更换活塞环
气缸衬筒的后部泄漏	正确上紧气缸衬筒
压力表指示误差	及时更换压力表
高压气体流入吸入口	关闭并检查旁路阀
前级气体冷却器冷却不够	增加冷却水量，清理管线
压缩机能力不足	控制装置提压缩机能力

（c）排出压力低（表 14）：

表 14　排出压力低故障及处理方法

原因	处理
吸入压力低	见表 12
活塞环和填料函泄漏大	检查活塞和填料函
排放管泄漏	检查阀门和其它零件的泄漏
压缩机吸入和排气阀故障	检查并更换阀门
次级压缩机能力过大	检查次级能力控制阀
旁路阀没有完全关闭	完全关闭阀

（d）排出压力高（表 15）：

表 15　排出压力高故障及处理方法

原因	处理
排出管阻力增大	检查管线和零件（阀门等）
次级压缩机吸入阀故障	检查并更换阀门
吸入压力高	见表 13
前级气体冷却器冷却不够	增加冷却水流量，清理管线
吸入温度低	注意超负荷
气体在吸入和排放管里振动	改变管线布置
压缩机排出阀阻力增大	检查阀提升高度和弹簧力

2）温度不正常

（a）吸入温度低（表 16）：

表 16　吸入温度低故障及处理方法

原因	处理
工艺气温度低	检查二艺方面
气体冷却器过冷却	降低冷却水流量
压缩机能力过大	用能力控制装置减小能力

（b）吸入温度高（表 17）：

表 17　吸入温度高故障及处理方法

原因	处理
压缩机吸入阀故障	检查并更换阀门
旁路阀没有全关	全关阀门

（c）排出温度低（表 18）：

表 18　排出温度低故障及处理方法

原因	处理
吸入温度低	见表 16
排出管泄漏	检查阀门及其它零件的泄漏
排出压力低	见表 14

（d）排出温度高（表 19）：

表 19　排出温度高故障及处理方法

原因	处理
吸入温度低	见表 16
排出管阻力增大	检查管线和零件（阀门等）

3）异常噪声

（a）曲轴箱里的敲击噪声（表 20）：

表 20　曲轴箱里的敲击噪声故障及处理方法

原因	处理
主轴承或曲柄销轴承松动	检查轴承间隙，更换或调节轴承
轴承的紧固螺栓松动	正确上紧螺栓
活塞中心和曲柄销、十字头销或曲轴之间角度有偏差	重新加工

（b）十字导架处碰撞噪声（表 21）：

表 21　十字导架处碰撞噪声故障及处理方法

原因	处理
十字头销轴承松动	检查轴承间隙必要时更换
活塞杆和十字头的螺母松动	正确上紧并完全固定螺母

表 21 十字导架处碰撞噪声故障及处理方法（续）

原因	处理
十字头和十字头导架之间间隙增大	检查间隙，需要时重新调节或更换
十字头导架或导瓦的不均匀磨损	重新调节或更换导瓦，必要时重镗导瓦

（c）气管里碰撞噪声（表 22）：

表 22 气管里碰撞噪声故障及处理方法

原因	处理
碎片掉进气缸	取出碎片并检查气缸内部
活塞碰到气缸的顶部或底部	检查并调节顶部间隙
活塞的紧固螺母松动	正确拉紧
余隙阀或活塞没有完全固定	检查并固定阀或活塞
活塞环和环槽之间的间隙增大	检查环套，如需要，更换活塞环或活塞
水锤现象	完全排水
压缩机吸入和排出阀断裂	更换断裂部件
吸入阀卸荷器工作不正常	检查并调节

4）管线里的异常噪声

（a）管线里的撞击噪声（表 23）：

表 23 管线里的撞击噪声故障及处理方法

原因	处理
气体在管道突然改变处的共振	拆除部件，改变管道布置
气体在管道的分支或连接处的共振	改变管线布置，使流体畅流过部件

（b）由于管线振动发出的异常噪声（表 24）：

表 24 由于管线振动发出的异常噪声故障及处理方法

原因	处理
管线振动	加强支撑，或改变和线布置
管线互相碰撞	加强支撑，或改变管线布置
管线支撑损坏	牢固地支撑管线

（c）止回阀的异常噪声（表 25）：

表 25 止回阀的异常噪声故障及处理方法

原因	处理
止回阀情况不好	需要时，检查并更换

（d）管壳或冷却器的异常噪声（表 26）：

表 26　管壳或冷却器的异常噪声故障及处理方法

原因	处理
挡板松动	加固挡板
管子和挡板的噪声	加固冷却器壳体，并紧固地脚螺栓

（e）管线接头的泄漏噪声（表 27）：

表 27　管线接头的泄漏噪声故障及处理方法

原因	处理
管子破裂	焊接修补或去掉部件
法兰螺栓没有完全上紧	充分上紧
垫片断裂	更换垫片
阀门泄漏	检查并重新研磨阀门

5）异常振动

（a）基础的振动（表 28）：

表 28　基础的振动故障及处理方法

原因	处理
地面和基础板之间的共振	设法避免共振

（b）压缩机的异常振动（表 29）：

表 29　压缩机的异常振动故障及处理方法

原因	处理
基础支撑力不足	加强基础
地脚螺栓松动	正确上紧
各部件的双头螺栓连接松动	正确上紧
因轴承间隙过大导致轴偏心	检查间隙，必要时调整并更换轴承

（c）冷却器的异常振动（表 30）：

表 30　冷却器的异常振动故障及处理方法

原因	处理
管线中气体振动	加强支架
管线的共振	设法避免共振
管线的振动	加强支架

6）功率的异常损耗

（a）试运转期间损耗过大（表 31）：

表 31　试运转期间损耗过大故障及处理方法

原因	处理
容量太大	按设计要求检查操作情况
管线阻力太大	检查阀门、配管
吸入和排出压力高	检查工艺方面
润滑油黏度过高	供给合适的油

（b）运转期间功耗增加（表 32）：

表 32　运转期间功耗增加故障及处理方法

原因	处理
吸入和排出压力高	见表 13、表 15
气体通道的阻力增大	检查管线和零件（阀门等）
压缩机阀门阻力增大	检查并调节阀门的提升高度
气体冷却器冷却不足	增加冷却水流量，清理管子
活动部件的摩擦损耗增大	检查活动部件，即轴承，十字头导架，检查润滑油压力

7）润滑油压力低（表 33）：

表 33　润滑油压力低故障及处理方法

原因	处理
过滤器堵塞	清理（检查内部）
润滑油泵故障	修理
管子破裂	修理
接头处油汇漏	修理

8）润滑油温度高（表 34）：

表 34　润滑油温度高故障及处理方法

原因	处理
油冷却器壳程或管程的污物堵塞	清理
油冷却器却水通道堵塞或弄脏	清理
曲柄箱任何活动部件卡位	检查轴承和十字头滑瓦并修理

7.4.3 高压注水泵的常见故障及处理方法（表 35）

表 35 高压注水泵的常见故障及处理方法

故障	原因	处理方法
启动后泵断流	1. 供液不足； 2. 泵汽蚀； 3. 介质中有空气或蒸汽	1. 保证入口阀全开； 2. 检查液位高度，增加入口压力，排除入口管和过滤器堵塞； 3. 检查并排除入口系统漏气点
流量不足，压力不够，或不出液体	1. 转速过低； 2. 泵吸入管内未灌满液体，留有空气； 3. 入口压力过低或吸程过高，超过规定； 4. 转向不对； 5. 吸入管、排气管、叶轮内积有异物； 6. 叶轮腐蚀或磨损严重	1. 检查电源电压； 2. 全开入口阀，向泵内灌满液体，放尽气体； 3. 检查液位高度，必要时降低安装高度，增加入口压力； 4. 按转向牌要求改正转向； 5. 清除异物； 6. 更换叶轮
流量扬程不符合要求	1. 泵汽蚀； 2. 流量太大，压力过低； 3. 流量太小液体过热而汽化； 4. 诱导轮、叶轮损坏； 5. 扩压器喉部堵塞	1. 检查液位高度，增加入口压力，排除入口管和过滤器堵塞； 2. 检查出口阀操作是否有误，有否虚扣，关小调节阀； 3. 开大调节阀增大流量； 4. 更换相应零件； 5. 清理异物
出口压力波动过大	1. 流量太小； 2. 泵汽蚀； 3. 调节阀故障	1. 增大流量，如必须在此流量下工作，可设旁路增大流量； 2. 检查液位高度，增加入口压力，排除入口管和过滤器堵塞； 3. 检查并修理
泵振动及噪声	1. 流量过小； 2. 泵汽蚀； 3. 吸入管路进气； 4. 零部件松动； 5. 泵和电机轴不同心； 6. 泵轴弯曲或磨损过多； 7. 轴承损坏； 8. 叶轮内异物造成不平衡； 9. 基础不完善； 10. 地脚螺钉松动	1. 加大流量及安装旁通管； 2. 检查液位高度，增加入口压力，排除入口管和过滤器堵塞； 3. 排除吸入管路漏气点，放尽气体； 4. 上紧螺母或更换零部件； 5. 检查对中性并处理； 6. 校直或更换； 7. 检查更换； 8. 去除异物； 9. 完善基础； 10. 拧紧螺钉
电机超载	1. 超载信号错误； 2. 转速太高； 3. 接线错误，两相运行，电路电压下降； 4. 介质密度和黏度过大； 5. 泵轴卡住或转动部件卡入异物，转动不灵； 6. 泵轴弯曲或泵轴与电机轴不同心	1. 检查操作控制信号； 2. 按电机说明书检查； 3. 检查电机电源及接线状态； 4. 查额定条件； 5. 检查转动部件有无异物，更换引起故障的部件； 6. 校正

表 35 高压注水泵的常见故障及处理方法（续）

故障	原因	处理方法
润滑油泵不上压或压力偏低	1. 油泵有漏气处； 2. 油路中有气堵； 3. 系统管路装配不善有泄漏点； 4. 油泵损坏内部间隙过大； 5. 径向轴承间隙过大； 6. 油温过高	1. 检查排除； 2. 放气； 3. 检查各密封点排除漏点； 4. 排除或更换； 5. 更换； 6. 改善冷却
油温过高	1. 润滑油品牌不当； 2. 冷却水流量不足； 3. 冷却水脏； 4. 油污染； 5. 低油位过高	1. 换规定牌号润滑油； 2. 检查冷却器冷却水进出口两端压差，增大冷却水流量； 3. 检查水质，并排除； 4. 检查冷却器有否漏水，过滤器有无破损，换油、换过滤器、冷却器； 5. 调整低油位
润滑油泵压力偏高或运转中油压不断升高	1. 油脏，过滤器堵塞； 2. 油进水，油液乳化	1. 彻底清洗箱体，换油，换过滤器，清洗冷却器； 2. 检查冷却器漏点，机封损坏情况，更换受损部件
密封泄漏超标	1. 泵汽蚀振动； 2. 动、静环破裂； 3. 动、静环腐蚀； 4. 动、静环磨损严重或密封面划伤； 5. 弹簧腐蚀，弹力不够	1. 消除泵的汽蚀； 2. 更换； 3. 更换新材质； 4. 换新密封环或重新研磨； 5. 换新弹簧

7.4.4 反应进料泵抽空故障及处理方法（表 36）

反应进料泵抽空危害：泵抽空时气体会进入泵体，造成泵汲液能力下降，泵会发出噪声，泵体震动，扬程和流量均下降，叶片严重受损，损坏泵及密封，并造成反应进料低流量联锁。

表 36 反应进料泵抽空故障及处理方法

序号	影响因素	现象	处理方法
1	原料罐液位过低	原料罐液位过低；反应进料流量低，甚至导致反应进料低流量联锁	提高原料油罐液位控制，如果原料波动或者回零，降低反应进料量、反应温度。如长时间不能恢复，则请示调度按原料中断事故处理
2	原料罐压力过低	原料罐液位过高；反应进料泵入口压力低	提高原料罐顶压力
3	检修后的机泵没有灌泵排空气	出口压力大幅波动	启动备用泵，停运行泵；停运泵灌泵赶气后备用

表 36　反应进料泵抽空故障及处理方法（续）

序号	影响因素	现象	处理方法
4	原料油温度过高，轻组分过多发生气蚀	泵体振动大，声音异常，电流波动大	及时联系调度和上游相关装置处理，并降低反应进料量、反应温度
5	泵体机械故障	泵体振动大，声音异常，电流波动大	切换至备用泵，联系钳工处理

7.4.5　反应系统超压故障及处理方法（表 37）

高压系统超高危害：反应系统超压易造成系统设备超压，冷高分安全阀起跳，反应系统波动。

表 37　反应系统超压故障及处理方法

序号	影响因素	现象	处理方法
1	新氢机补入的新氢量过大	新氢机出口流量增大，循环机入口压力超高，系统压力上升	调节新氢机负荷使补入的新氢量正常
2	反应进料量降低，但新氢补充量没减少	系统压力上升	通过调整排废氢控制阀调节
3	原料大量带水	反应进料波动，系统压力上升	原料油罐加强切水，联系调度和上游装置，加强新鲜原料的脱水或切罐

7.4.6　反应器床层超温故障及处理方法（表 38）

反应器床层超温危害：会损坏催化剂，导致催化剂烧结，甚至威胁反应器。

表 38　反应器床层超温故障及处理方法

序号	影响因素	现象	处理方法
1	原料性质变化	在正常操作时，反应器床层任意点温度超过正常值且继续上升	加大超温床层入口冷氢，提高循环机转速
2	反应入口温度		降低反应器入口温度
3	注冷氢阀关闭		联系仪表处理注冷氢阀

7.4.7　高压法兰泄漏着火故障及处理方法（表 39）

高压法兰泄漏着火危害：会造成装置停车，泄漏严重时，危害到装置及人身安全。

表 39　高压法兰泄漏着火故障及处理方法

序号	影响因素	现象	处理方法
1	开停工过程中升降温速度过快	泄漏轻微时有滴油或冒烟现象，泄漏量大时容易引起火灾	按照工艺要求控制升降温速度
2	法兰或垫片质量存在问题		泄漏轻微时可通蒸汽保护，联系相关单位处理
3	开工过程中未热紧		泄漏严重或引发火灾时，装置紧急停工，报火警通知调度

7.4.8 加热炉冒黑烟故障及处理方法（表40）

加热炉冒黑烟危害：浪费燃料，易使反应进料加热炉、分馏重沸炉对流段炉管和热管系统结焦粉，降低了这些部位设备传热系数，并且未充分燃烧的烟气易在对流段发生二次燃烧，损伤两炉的设备，未充分燃烧烟气排放大气后污染环境。

表40 加热炉冒黑烟故障及处理方法

序号	影响因素	现象	处理方法
1	空气不足，燃料气燃烧不完全	烟囱冒黑烟；炉膛氧含量降低	降低燃料气流量，增加入炉风量
2	燃料气带油	烟囱冒黑烟，排烟温度上升，炉膛负压变正压	加强燃料气分液罐切液；若带液多时联系调度和有关单元调整操作
3	加热炉超负荷运行	烟囱冒黑烟	调整降低加热炉进料量或反应温度，关小高换旁路
4	供风量过小	烟囱冒黑烟	调整烟道挡板和风门开度，保持炉膛负压和氧含量合格，炉子燃烧正常
5	鼓风机、引风机故障	烟囱冒黑烟，炉膛氧含量降低	适当开大主挡板，维持炉膛负压；联系检修修理引风机
6	烟道挡板或风机挡板误动作	炉膛压力大幅波动	迅速调整稳定烟道挡板开度

7.4.9 循环压缩机喘振故障及处理方法（表41）

循环压缩机喘振危害：压缩机震动强烈，机壳、轴承均有强烈振动，振动大时轴承液体润滑条件会遭到破坏，轴瓦会烧坏，甚至轴扭断，转子与定子会产生摩擦，碰撞，干气密封元件将严重破坏。

表41 循环压缩机喘振故障及处理方法

序号	影响因素	现象	处理方法
1	循环机入口流量低	压缩机振动强烈，并发出强烈的、周期性的气流声	开大防喘振阀开度
2	循环机入口压力低	循环机入口流量和出口压力大幅度变化，产生气体倒流现象	增加新氢补入量，关闭废氢排放，提高反应系统压力
3	循环机转速过低	压缩机出现一系列报警	提高汽轮机转速
4	防喘振阀门突然关闭	管网有周期性振荡，振幅大、频率低，并伴有周期性“吼叫”声	如果是误操作，则迅速打开防喘振阀。如果是仪表故障，则用手轮打开防喘振阀，联系仪表处理

7.4.10 循环氢脱硫塔胺液发泡故障及处理方法（表42）

循环氢脱硫塔胺液发泡危害：循环氢压缩机入口分液罐带液频繁，带液大时易使产生液击，损伤压缩机，同时脱硫效果变差、胺液跑损严重。

表 42　循环氢脱硫塔胺液发泡故障及处理方法

序号	影响因素	现象	处理方法
1	循环机转速过高	循环机流量过大；循环机入口分液罐液位上升较快	对循环氢压缩机入口分液罐进行切液，防止液位高联锁停机，调整循环机转速，降低循环氢量
2	贫胺液性质较差	循环氢中硫化氢浓度上升，氢纯度下降	调整好贫胺液浓度，同时打开旁路手操器，外操加强脱硫塔撇油
3	贫胺液温度太低	贫胺液和循环氢压缩机入口循环氢温差过小	调整贫胺液的温度，控制好贫胺液与循环氢温差
4	冷高分顶部温度高	冷高分顶部气体增大	调整出口温度，控制好循环氢温度
5	贫胺液注入量过小	循环氢纯度降低	提高贫胺液注入量
6	循环氢脱硫塔液位过高	循环氢压缩机出入口差压表指示上升	控制好循环氢脱硫塔的液位正常

7.4.11　高压空冷堵塞故障及处理方法（表 43）

高压空冷堵塞危害：造成系统差压升高，增加装置能耗，减少高压空冷的散热面积，严重时会导致垢下腐蚀泄漏。

表 43　高压空冷堵塞故障及处理方法

序号	影响因素	现象	处理方法
1	注水量偏小	空冷差压上升	适当提高注水量
2	原料油中氯、硫含量高	空冷管束温度差异较大	联系调度优化原料
3	缓蚀剂堵塞	局部管束弯曲变形	严格控制注入量；保证物料均匀分布；选择合适的注剂

7.4.12　硫化氢汽提塔冲塔故障及处理方法（表 44）

硫化氢汽提塔冲塔危害：使整个塔内液体不能正常流下，液体大量返混，严重影响塔的正常操作。会造成产品不合格，酸性水带油，轻烃带液。由于液体不能正常流下，会使塔内液体滞流量猛增，致使设备主体产生破坏性损伤，冲塔是操作中应该坚决杜绝的。

表 44　硫化氢汽提塔冲塔故障及处理方法

序号	影响因素	现象	处理方法
1	汽提塔顶回流系统故障	塔顶回流大幅波动或回零	检查回流泵运行状况，尽快启用备用泵或恢复运行泵正常运行
2	回流量过大，轻烃过多地压至塔底造成突沸	塔顶回流量大	减少回流注入量，尽量将轻烃送出装置

表 44　硫化氢汽提塔冲塔故障及处理方法（续）

序号	影响因素	现象	处理方法
3	塔顶压力突然下降	塔顶温度迅速上升，塔顶压力下降	提高塔顶回流，避免塔顶温度过高而影响轻烃干点控制
4	汽提蒸汽流量过大，温度过高	汽提蒸汽流量过大，温度过高	降低汽提蒸汽流量，稳定汽提蒸汽温度
5	塔底液位过高	塔顶温度、压力上升	提高塔顶回流
6	脱汽塔负荷过大	反应进料量大，塔液位上升	降低反应进料量
7	塔进料带水	全塔温度降低，压力上升	检查冷低分界控，并降低界位

7.4.13　硫化氢汽提塔顶回流泵抽空故障及处理方法（表 45）

硫化氢汽提塔顶回流泵抽空危害：泵抽空时气体会进入泵体，造成泵汲液能力下降，泵会发出噪声，泵体震动，扬程和流量均下降，叶片严重受损，损坏泵及密封，操作中严禁泵抽空。

表 45　硫化氢汽提塔顶回流

序号	影响因素	现象	处理方法
1	硫化氢汽提塔顶回流罐液位过低	塔顶温度过低，回流罐液位下降	适当提高回流量
2	回流罐温度过高发生气蚀	回流泵出口压力大幅波动	降低温度
3	回流泵入口过滤网堵	回流罐液位上升	切换至备用泵，联系清扫过滤网
4	泵体机械故障	泵体振动大，声音异常，电流波动	切换至备用泵，联系钳工处理

7.4.14　分馏塔顶回流泵抽空故障及处理方法（表 46）

分馏塔顶回流泵抽空危害：泵抽空时气体会进入泵体，造成泵汲液能力下降，泵会发出噪声，泵体震动，扬程和流量均下降，叶片严重受损，损坏泵及密封，操作中严禁泵抽空。

表 46　分馏塔顶回流泵抽空故障及处理方法

序号	影响因素	现象	处理方法
1	分馏塔顶回流罐液位过低	回流泵入口压力低	降低石脑油出装置流量
2	回流泵入口过滤网堵	回流罐液位上升	切换至备用泵，联系清扫过滤网
3	回流罐温度过高发生气蚀	回流泵出口压力大幅波动	降低回流罐温度
4	泵体机械故障	泵体振动大，声音异常，电流波动	切换至备用泵，联系钳工处理

7.4.15 产品出装置泵抽空故障及处理方法（表 47）

产品出装置泵抽空危害：泵抽空时气体会进入泵体，造成泵汲液能力下降，泵会发出噪声，泵体震动，扬程和流量均下降，叶片严重受损，损坏泵及密封，操作中严禁泵抽空。

表 47 产品出装置泵抽空故障及处理方法

序号	影响因素	现象	处理方法
1	分馏塔液位过低	泵入口压力低	降低产品出装置流量；降低分馏塔压力
2	分馏塔进料带水	分馏塔温度下降，操作波动	联系调度和公用工程，提高脱气塔汽提蒸汽温度
3	产品泵入口过滤网堵	分馏塔液位上升	切换至备用泵，联系清扫过滤网
4	塔底、泵入口气缸阀未开或故障关闭	分馏塔液位上升；泵体振动大，声音异常，电流波动	查明故障阀门手动打开，联系仪表处理
5	检修后的机泵没有灌泵排空气	产品泵出口压力大幅波动	启动备用泵，停运行泵；停运泵灌泵赶气后备用

7.4.16 分馏塔冲塔故障及处理方法（表 48）

分馏塔冲塔危害：给分馏塔带来操作波动，影响产品质量，增加塔的操作费用。

表 48 分馏塔冲塔故障及处理方法

序号	影响因素	现象	处理方法
1	分馏塔顶回流系统故障	塔顶回流大幅波动或回零	检查回流泵运行状况，尽快启用备用泵或恢复运行泵正常运行
2	回流量过大，石脑油过多地压至塔底造成突沸	塔顶回流量大	减少回流注入量，尽量将石脑油送出装置
3	塔顶压力突然下降	塔顶温度迅速上升，塔顶压力下降	提高塔顶回流，避免塔顶温度过高而影响石脑油干点控制
4	分馏加热重沸炉温度过高	分馏重沸炉温度过高	稳定重沸炉出口温度
5	塔底液位过高	塔顶温度、压力上升	提高塔顶回流
6	分馏塔负荷过大	反应进料量大，塔液位上升	降低反应进料量
7	塔进料组分变轻	塔顶温度、压力上升	降低进料量
8	塔进料带水	全塔温度降低，压力上升	提高脱汽塔汽提蒸汽温度

7.4.17 蒸汽发生器换热器内漏故障及处理方法（表 49）

蒸汽发生器换热器内漏危害：造成油水互串，影响柴油和蒸汽质量。

表 49　蒸汽发生器换热器内漏故障及处理方法

序号	影响因素	现象	处理方法
1	腐蚀导致管束穿孔	污水量增加，产汽减少	换热器改副线，控制好塔顶温度，联系处理
2	换热器进料温度大幅度波动	换热器出口温度波动	控制换热器进料温度和流量稳定
3	换热器单面受热	蒸汽和炉水中带油	防止汽水分离器干锅，造成换热器单面受热

7.4.18　燃料气带液故障及处理方法（表 50）

燃料气带液危害：会影响反应温度和分馏炉出口温度，导致产品质量不合格。如果两炉主火嘴及长明灯全部熄灭，将给操作带来较大波动。

表 50　燃料气带液故障及处理方法

序号	影响因素	现象	处理方法
1	燃料气分液罐液位过高	燃料气分液罐液位高，燃料气流量波动；烟囱冒黑烟，炉膛温度上升	加强燃料气分液罐排凝
2	燃料气管网大量带油或胺液	烟囱冒黑烟，炉膛温度上升；加热炉主火嘴和长明灯全部或部分熄灭，炉出口温度降低	联系调度和有关单元处理；加强燃料气分液罐排凝，尽快点燃熄灭的火嘴

7.4.19　汽水分离器干锅故障及处理方法（表 51）

汽水分离器干锅危害：汽水分离器干锅导致过热蒸汽温度超高，严重时造成汽水分离器应力损坏，注意汽水分离器干锅后严禁立即进水，防止水突沸汽水分离器加重损伤，损坏蒸汽发生器和汽水分离器，并且易使蒸汽发生器法兰泄漏发生着火及延生事故。

表 51　汽水分离器干锅故障及处理方法

序号	影响因素	现象	处理方法
1	外供给水系统故障	汽水分离器低水位报警或玻璃板液位计不见液位	判明汽水分离器是轻微缺水和严重缺水；严重缺水时全关蒸汽发生器热源，改走副线，严禁向锅炉进水，防止汽水分离器膨胀爆炸
2	蒸汽发生器热源温度突然上升，而给水量不变	蒸汽发生器热源出口温度升高	如果热源流量突然大幅度增加，适当调整热源流量
3	上水阀故障	汽水分离器产汽量、压力下降	如果给水故障，应及时联系处理
4	排污阀没关或严重漏液	汽水分离器低水位报警或玻璃板液位计不见液位	汽水分离器叫水，判明汽水分离器是轻微缺水和严重缺水；严重缺水时全关蒸汽发生器热源，改走副线，严禁向锅炉进水，防止汽水分离器膨胀爆炸
5	仪表故障	汽水分离器液位不准	及时联系仪表处理

7.4.20 汽水分离器满水故障及处理方法（表 52）

汽水分离器满水危害：蒸汽品质下降，严重满水时，主蒸汽管道会出现水击。

表 52 汽水分离器满水故障及处理方法

序号	影响因素	现象	处理方法
1	给水压力突然升高	炉水位高于正常水位，水位报警	判明是满水还是缺水
2	给水调节阀失灵或副线阀漏量大	水位计内满水，颜色灰暗	如属轻微满水应开启定期排污；严重满水时蒸汽切除系统，等水位恢复正常再并入系统
3	汽水分离器压力突然降低	产汽温度明显下降	如果给水压力突然升高，通知除氧水站降低除氧水泵出口压力
4	负荷骤变，蒸汽发生器热源温度突然下降，而给水量不变	给水流量不正常地大于蒸汽流量	如果给水调节阀失灵或副线阀漏量大，将给水控制阀改为手动，减少给水量
5	仪表故障	严重满水时，主蒸汽管道会出现水击声	如果外界负荷增大使蒸汽压力降低造成水位高是暂时现象，是虚假水位，操作人员应正确处理。 如果仪表故障，联系仪表处理

7.4.21 汽水分离器共腾故障及处理方法（表 53）

汽水分离器汽水共腾危害：蒸汽温度急剧下降，蒸汽大量带水，严重时管道发生水击。

表 53 汽水分离器共腾故障及处理方法

序号	影响因素	现象	处理方法
1	炉水质量不合格	产汽温度急剧下降	关注蒸汽温度和炉水位
2	炉水位过高，负荷增加过快	汽水分离器内水位无法控制，严重时蒸汽管道内有水击声	加强汽水分离器间排和连排排污，注意汽水分离器液位过低
3	长期不排污	炉水位和产气量波动大，水位高报警，汽水混合在一起	降低负荷，加强蒸汽管道低点的疏水加强水质分析，寻找原因，采取措施改善炉水质量

附　录　A

（资料性附录）

设备现场检修质量控制表

附表 A.1　离心泵现场检修质量控制表

装置名称：　　　　　　　设备名称：　　　　　　　位号：　　　　　施工单位：

序号	检修工序内容	质量标准	检修记录		共检点					
			检修前	检修后	A		B		C	
1	修复转子的检查						√		√	
2	转子动平衡试验						√		√	
3	推力轴承间隙及磨损情况						√		√	
4	联轴节毂拆卸力矩确认								√	
5	径向轴承间隙及磨损情况						√		√	
6	径向轴承瓦背紧力						√		√	
7	机械密封检查						√		√	
8	转子窜量检查						√		√	
9	叶轮口环间隙						√		√	
10	大盖螺栓探伤检查								√	
11	大盖复位力矩确认								√	
12	进出管线法兰密封面检查								√	
13	找正情况						√		√	
14	辅助系统的检查及调整						√		√	
15	试运转								√	

注：A—机动部确认；B—设备管理科确认；C—车间确认

附表 A.2　离心压缩机现场检修质量控制表

装置名称：　　　　　　设备名称：　　　　　　位号：　　　　　施工单位：

序号	检修工序内容	质量标准	检修记录		共检点					
			检修前	检修后	A		B		C	
1	修复转子的检查				√		√		√	
2	转子动平衡试验				√		√		√	
3	推力轴承间隙及磨损情况				√		√		√	
4	联轴节毂拆卸力矩确认								√	
5	径向轴承间隙及磨损情况				√		√		√	

附表 A.2 离心压缩机现场检修质量控制表（续）

序号	检修工序内容	质量标准	检修记录		共检点		
			检修前	检修后	A	B	C
6	径向轴承瓦背紧力				√	√	√
7	浮环密封间隙及 O 形圈检查					√	√
8	压缩机转子吊出前的跳动量				√	√	√
9	转子窜量检查				√	√	√
10	疏齿密封、平衡鼓情况检查					√	√
11	气缸内壁腐蚀清况检查						√
12	回流器、弯道、隔板检查				√	√	√
13	氮封情况检查						√
14	大盖螺栓探伤检查						√
15	大盖复位力矩确认						√
16	进出管线法兰密封面检查						√
17	汽轮机与压缩机找正情况				√	√	√
18	辅助系统的检查及调整					√	√
19	压缩机试运转						√

注： A—机动部确认；B—设备管理科确认； C—车间确认

附表 A.3 汽轮机现场检修质量控制表

装置名称： 设备名称： 位号： 施工单位：

序号	检修工序内容	质量标准	检修记录		共检点		
			检修前	检修后	A	B	C
1	联轴器轴向间隙					√	√
2	对中偏差				√	√	√
3	驱动端径向轴承间隙				√	√	√
4	驱动端径向轴承瓦背紧力				√	√	√
5	自由端径向轴承间隙				√	√	√
6	自由端径向轴承瓦背紧力				√	√	√
7	止推轴承间隙				√		√
8	迷宫密封间隙					√	√
9	油封间隙				√	√	√
10	喷嘴间隙					√	√
11	转子跳动						√
12	叶轮瓢偏度				√	√	√

附表 A.3　汽轮机现场检修质量控制表（续）

序号	检修工序内容	质量标准	检修记录		共检点					
			检修前	检修后	A		B		C	
13	检查对中数值				√				√	
14	电调静态试验								√	
15	盘车									

注：A—机动部确认；B—设备管理科确认；C—车间确认

附表 A.4　往复压缩机现场检修质量控制表

装置名称：　　　　　设备名称：　　　　　位号：　　　　　施工单位：

序号	检修工序内容	质量标准	检修记录		共检点					
			检修前	检修后	A		B		C	
1	检查气缸						√		√	
2	检查活塞杆						√		√	
3	活塞杆直线度						√		√	
4	活塞螺母锁紧								√	
5	测量上下死点						√		√	
6	活塞杆填料回装						√		√	
7	刮油环的回装						√		√	
8	检查滑板与导轨接触						√		√	
9	十字头与滑道间隙						√		√	
10	导向轴承间隙						√		√	
11	检查曲轴张合度								√	
12	大头瓦间隙						√		√	
13	主轴瓦径向间隙								√	
14	反飞轮侧主轴瓦侧隙								√	
15	中间主轴瓦反侧隙								√	
16	装配连杆螺栓力矩								√	
17	曲轴密封正确						√		√	
18	回装气阀						√		√	
19	其他螺栓回装力矩								√	
20	检查飞轮跳动									
21	检查对中数值									
22	盘车									

注：A—机动部确认；B—设备管理科确认；C—车间确认

附表 A.5　轴系仪表探头、轴承温度检修质量控制表

装置名称：　　　　　　　设备名称：　　　　　　　位号：　　　　　　施工单位：

序号	检修工序内容	质量标准	检修记录		共检点					
			检修前	检修后	A		B		C	
1	探头安装前检查								√	
2	探头的位置检查								√	
3	探头安装情况检查				√		√		√	
4	探头的校验						√		√	
5	跑润滑油检查						√		√	
6	机组轴承温度检测元件检查						√		√	
7	温度变送器检查								√	
8	室内温湿度仪检查								√	
9	接线盒引入口、接线及线号标识检查						√		√	
10	取源部件严密性检查						√		√	

注：A—机动部确认；B—检修管理科确认；C—车间确认

附表 A.6　反应器现场检修质量控制表

装置名称：　　　　　　　设备名称：　　　　　　　位号：　　　　　　施工单位：

序号	检修工序内容	质量标准	检修记录		共检点					
			检修前	检修后	A		B		C	
1	内部宏观检查				√		√		√	
2	外部宏观检查								√	
3	接地和防静电装置检查						√		√	
4	热电偶等安全附件检查						√		√	
5	检验检测结果核查				√		√		√	
6	密封部件检查						√		√	
7	螺栓等连接件外观检查						√		√	
8	螺栓等连接件紧固检查				√		√		√	
9	反应器气密检查						√		√	

注：A—机动部确认；B—设备管理科确认；C—车间确认

附表 A.7　加热炉现场检修质量控制表

装置名称：　　　　　　　设备名称：　　　　　　　位号：　　　　　　施工单位：

序号	检修工序内容	质量标准	检修记录		共检点		
			检修前	检修后	A	B	C
1	辐射段炉管宏观检查					√	√
2	辐射段炉管无损检测				√		√
3	辐射段炉管热电偶及套管						√
4	对流段炉管结构检查					√	√
5	对流段炉管衬里检查				√	√	√
6	对流段炉管弯头测厚					√	√
7	对流段炉管检查				√	√	√
8	炉顶保温、过渡段保温检查					√	√
9	辐射段炉墙检查				√		√
10	看火孔砖检查更换，盖板检查						√
11	底部烧嘴砖检查更换						√
12	底部烧嘴的结焦和烧损状况检查				√		√
13	底部烧嘴燃料气路管线、阀门检查					√	√
14	检查空预器有无泄漏点及灰垢清理等					√	√

注：A—机动部确认；B—设备管理科确认；　C—车间确认

附表 A.8　管壳式换热器现场检修质量控制表

装置名称：　　　　　　设备名称：　　　　　　位号：　　　　　　施工单位：

序号	检修工序内容	质量标准	检修记录		共检点		
			检修前	检修后	A	B	C
1	换热器内部结焦物检查					√	√
2	换热器管束检查					√	√
3	换热器壳体检查						√
4	换热器基础检查						√
5	换热器安全附件检查					√	√
6	换热器检验检测					√	
7	换热器螺栓及密封件检查						√
8	换热器回装检查					√	√
9	换热器耐压试验检查					√	√

注：A—机动部确认；B—设备管理科确认；C—车间确认

附表 A.9 塔设备现场检修质量控制表

装置名称： 设备名称： 位号： 施工单位：

<table>
<tr><th rowspan="2">序号</th><th rowspan="2">检修工序内容</th><th rowspan="2">质量标准</th><th colspan="2">检修记录</th><th colspan="6">共检点</th></tr>
<tr><th>检修前</th><th>检修后</th><th colspan="2">A</th><th colspan="2">B</th><th colspan="2">C</th></tr>
<tr><td>1</td><td>塔筒体检查</td><td></td><td></td><td></td><td></td><td></td><td></td><td></td><td>√</td><td></td></tr>
<tr><td>2</td><td>塔内件检查</td><td></td><td></td><td></td><td></td><td></td><td>√</td><td></td><td>√</td><td></td></tr>
<tr><td>3</td><td>塔内件安装检查</td><td></td><td></td><td></td><td></td><td></td><td>√</td><td></td><td>√</td><td></td></tr>
<tr><td>4</td><td>塔体检验检测</td><td></td><td></td><td></td><td></td><td></td><td>√</td><td></td><td>√</td><td></td></tr>
<tr><td>5</td><td>安全附件检查</td><td></td><td></td><td></td><td></td><td></td><td></td><td></td><td>√</td><td></td></tr>
<tr><td>6</td><td>封塔检查</td><td></td><td></td><td></td><td></td><td></td><td>√</td><td></td><td>√</td><td></td></tr>
<tr><td>7</td><td>塔基础及平台、爬梯、支吊架检查</td><td></td><td></td><td></td><td></td><td></td><td>√</td><td></td><td>√</td><td></td></tr>
<tr><td>8</td><td>塔气密检查</td><td></td><td></td><td></td><td></td><td></td><td>√</td><td></td><td>√</td><td></td></tr>
</table>

注：A—机动部确认；B—设备管理科确认；C—车间确认

附表 A.10 通用阀门现场检修质量控制表

装置名称： 阀门位号： 型号： 施工单位：

<table>
<tr><th rowspan="2">序号</th><th rowspan="2">检修工序内容</th><th rowspan="2">质量标准</th><th colspan="2">检修记录</th><th colspan="6">共检点</th></tr>
<tr><th>检修前</th><th>检修后</th><th colspan="2">A</th><th colspan="2">B</th><th colspan="2">C</th></tr>
<tr><td>1</td><td>阀体检查</td><td></td><td></td><td></td><td></td><td></td><td></td><td></td><td>√</td><td></td></tr>
<tr><td>2</td><td>阀芯、阀座检查</td><td></td><td></td><td></td><td></td><td></td><td>√</td><td></td><td>√</td><td></td></tr>
<tr><td>3</td><td>阀杆检查</td><td></td><td></td><td></td><td></td><td></td><td></td><td></td><td>√</td><td></td></tr>
<tr><td>4</td><td>填料室检查</td><td></td><td></td><td></td><td></td><td></td><td></td><td></td><td>√</td><td></td></tr>
<tr><td>5</td><td>密封面检查修复</td><td></td><td></td><td></td><td></td><td></td><td>√</td><td></td><td>√</td><td></td></tr>
<tr><td>6</td><td>阀门组装</td><td></td><td></td><td></td><td></td><td></td><td></td><td></td><td>√</td><td></td></tr>
<tr><td>7</td><td>强度试验和严密性试验</td><td></td><td></td><td></td><td></td><td></td><td>√</td><td></td><td>√</td><td></td></tr>
<tr><td>8</td><td>安装调试</td><td></td><td></td><td></td><td></td><td></td><td>√</td><td></td><td>√</td><td></td></tr>
</table>

注：A—机动部确认；B—设备管理科确认；C—车间确认

附表 A.11 管道安装组焊质量控制表

装置名称：　　　　管线名称：　　　　型号：　　　　施工单位：

序号	检修工序内容	质量标准	检修记录		共检点					
			检修前	检修后	A		B		C	
1	焊接设备完好性检查								√	
2	焊接材料检查								√	
3	焊接工艺及焊接人员资质检查						√		√	
4	管道组对								√	
5	焊缝外观及无损检查						√		√	
6	焊缝返修检查						√		√	

注： A—机动部确认；B—设备管理科确认；C—车间确认

附表 A.12 高压系统法兰、螺栓、垫片现场检修检验质量控制表

装置名称：　　　　设备（管线）名称：　　　　位号：　　　　施工单位：

序号	检修工序内容	质量标准	检修记录		共检点					
			检修前	检修后	A		B		C	
1	密封面检查及保护								√	
2	螺栓尺寸及硬度检查								√	
3	环垫材质及硬度检查								√	
4	环垫密封面检查						√		√	
5	螺栓清洗及试装								√	
6	安装尺寸检查								√	
7	安装质量检查						√		√	

注： A—机动部确认；B—设备管理科确认；C—车间确认

附表 A.13 弹簧式安全阀现场检修检验质量控制表

装置名称：　　　　设备名称：　　　　位号：　　　　施工单位：

序号	检修工序内容	质量标准	检修记录		共检点					
			检修前	检修后	A		B		C	
1	安全阀外观检查								√	
2	阀瓣组件检查								√	
3	阀杆检查								√	
4	弹簧检查								√	

附表 A.13　弹簧式安全阀现场检修检验质量控制表（续）

序号	检修工序内容	质量标准	检修记录		共检点		
			检修前	检修后	A	B	C
5	安全阀密封面						√
6	安全阀回装						√
7	安全阀定压					√	√
8	安全阀标识						√

注：A—机动部确认；B—设备管理科确认；C—车间确认

附表 A.14　防腐质量控制表

装置名称：　　　　　设备（管线）名称：　　　　　位号：　　　　　施工单位：

序号	检修工序内容	质量标准	检修记录		共检点		
			检修前	检修后	A	B	C
1	防腐涂料合格检查				√	√	√
2	涂层颜色及标志						√
3	施工环境检查						√
4	表面处理符合等级要求					√	√
5	底漆涂装					√	√
6	中间漆涂装					√	√
7	面漆涂装					√	√
8	涂装质量要求与检查				√		√
9	涂层质量检查					√	√
10	漆膜实干后，用测厚仪对涂层测厚				√	√	√

注：A—机动部确认；B—设备管理科确认；C—车间确认

附表 A.15　保温质量控制表

装置名称：　　　　　设备（管线）名称：　　　　　位号：　　　　　施工单位：

序号	检修工序内容	质量标准	检修记录		共检点		
			检修前	检修后	A	B	C
1	绝热材料合格检查				√	√	√
2	具备绝热施工条件						√
3	检测布点及测厚点布点					√	√
4	绝热层施工质量检查					√	√
5	保护层安装质量检查						√
6	热损测试				√	√	√

注：A—机动部确认；B—设备管理科确认；C—车间确认

附表 A.16　装置检修改造停工条件确认表

确认单位	确认内容	检查意见和结论	签字
调度部门	1. 停工、吹扫方案编写并经审批，组织职工学习。 2. 按照方案要求实施停工吹扫。不得私自更改停工步骤、停工进度。 及时、正确填写装置吹扫表，有效确认。 3. 装置设备塔、罐等容器及机泵、管线倒空置换干净，无存油、残余油气，经蒸煮、水冲洗，化验分析合格。（见化验分析报告单） 4. 停工、吹扫过程中未造成计量仪表、压力表的损坏。 5. 计量仪表、压力表检修、校验的准备工作已完成。 6. 测爆分析、氧含量分析工作准备就绪。 7. 停工过程中，做好操作记录、交接班记录并保存完好。 8. 所有物料退尽、扫净；管线、设备倒空、置换干净，高点放空、低点排凝全部打开。 9. 盲板拆、装完毕，标志正确明显、登记在册；盲板图表上墙。 10. 公用工程具备条件		
HSE 部门	1. 停工、吹扫过程中，油、气按指定路线排放，严禁串油或直排下水井。 2. 关键污染物必须装桶、入罐，密封处理。不得露天排放、堆积。 3. 管线、设备排凝无存油，现场打扫干净、无油迹。 4. 所有消防通道畅通无阻，消防设施齐全、好用，摆放合理。 5. 含油污水井、地漏、明沟用石棉布封死、盖严。 6. 消防通讯联络设施完好，火警、调度、行政电话完好、通畅。 7. 进塔、入罐，可燃气、氧含量分析合格。 8. 洗涤水排放按照指令进行，不得超量、乱排		
机动部门	1. 停用机泵电源都已切断，在用机泵、设备加挂警示牌（禁动牌），停、送电均有签字记录。 2. 临时电源装接完好，登记、签字在册。 3. 检修项目、方案和检修单位均已落实，需检修的塔、炉、容器人孔均已打开。 4. 现场机具、材料摆放合理，利于检修进行		
厂领导意见			

附表 A.17　停工交付检修确认表

确认单位	确认内容	检查意见和结论	签字
机动部门	1. 检修方案、网络计划、检修组织落实，重要项目负责人确定。 2. 检修用材料、工具落实到位。 3. 现场机泵已停电，手续齐全。临时电源符合安全要求，检修设备电源切断挂牌并已按要求上锁挂铅。 4. 电气检修项目已落实、材料到位。 5. 控制系统（DCS、SIS 和 PLC 等）已备份；仪表检修项目已落实、材料到位		
安保部门	1. 检修有关安全方案已组织学习，参加检修人员已进行了安全教育，学习记录齐全。 2. 安全监护人员落实。 3. 进塔入罐等受限空间警示牌已安装、齐全。 4. 放射性场所有保护、警戒措施。 5. 成立了安全执法队		
能环部门	1. 检修方案中现场环保管理措施已落实，检修周围环境监测合格。 2. “三废”处置符合环保要求，异常排放已提前申报		
消防支队	1. 消防车道路畅通，消、气防器材和设施完好备用； 2. 编制消、气防监护方案并经厂级批准，监护申请已由消防支队批准，监护人员已落实。 3. 消防水系统水压、储量以及泡沫储备等符合应急要求。 4. 火灾报警系统、火警电话、可燃气报警系统已投用，运行正常		
质检中心	1. 氧、有机物分析仪完好、分析数据准确。 2. 分析人员已安排到位		
技术部	1. 装置已按停车方案进行停车、倒空、置换、洗涤、蒸煮。 2. 交出检修设备、管线倒空置换合格。 3. 拟交出检修的塔、罐等设备人孔已打开，温度已降到 40℃以下，并经多点采样分析，氧含量、有机物、H_2S 等有毒有害物质含量分析合格，无死角，分析单齐全并备案。 4. 对含硫物料运行的设备和易结焦设备的打开，已做好润湿和防自燃措施。 5. 盲板图表已编制，装置内盲板加装、挂牌、签字符合《盲板管理制度》要求。 6. 未倒空置换的设备、管线已进行标识，设警示栏，并采取了有效隔离措施		
调度部	1. 盲板负责人落实，界区盲板现场安装、挂牌、签字确认符合要求。 2. 停车交出装置已经厂内验收签字确认		

8. 渣油加氢装置维护检修规程

SHZ 02008—2019

目　次

前　　言

本标准按照GB/T 1.1—2009《标准化工作导则　第1部分：标准的结构和编写》给出的规则起草。

本标准由中国石油化工集团有限公司、中国石油化工股份有限公司提出。

本标准起草单位：中国石化扬子石油化工有限公司。

本标准主要起草人：钱杰。

本规程为2019年首次发布。

渣油加氢装置维护检修规程

1 范围

1.1 本规程规定了渣油加氢装置及其主要设备、专用设备的检修周期、检修项目及质量要求、检修过程管理和日常维护的相关内容。
1.2 本规程适用于石油化工渣油加氢装置的检修维护管理。

2 规范性引用文件

下列文件对本文件的应用是必不可少的。凡是注日期的引用文件，仅注日期的版本适用于本文件。凡是不注日期的引用文件，其最新版本（包括所有的修改单）适用于本文件。

2.1 法律法规

中华人民共和国安全生产法
中华人民共和国特种设备安全法

2.2 标准与规范

TSG 21 固定式压力容器安全技术监察规程
TSG D0001 压力管道安全技术监察规程－工业管道
GB/T 151 热交换器
GB/T 20801 压力管道规范－工业管道

2.3 相关规定和文献

炼油企业检修管理指南
炼油主要装置停工、开工指导意见
中国石化设备管理办法
石油化工施工安全技术规程

3 术语与定义

下列术语和定义适用于本文件。

3.1 设备功能

设备功能指的是设备的生产效率和功能，衡量设备功能的指标随设备种类不同而异。

3.2 功能故障

设备、设施不能实现其设计功能时，称之为功能故障，定义为设备、设施不能满足期望的性能标准。一般指设备失去或降低其规定功能的事件或现象，表现为设备的某些零件失去原有的精度或性能，使设备不能正常运行、技术性能降低，致使设备中断生产或效率降低而影响生产。

3.3 A 类设备

本规程规定的 A 类设备是指经过 RCM 等风险评估方法得出的因设备的功能故障引起装置停车的该装置的关键设备。

3.4 B 类设备

本规程规定的 B 类设备是指根据设备对生产过程的重要性、设备故障后果、可靠性、使用频率、维修经济性等因素得出的设备的功能故障，虽然不引起装置的停车，但对装置的负荷、质量及可靠性具有重大影响的该装置的主要设备。

4 装置特征

渣油加氢是以渣油为原料，在一定的温度、压力、氢油比和空速条件下，渣油和氢气在催化剂的作用下进行反应，把渣油中的杂质（即硫、氮、氧和重金属等）转化为相应的烃类和易于除去的 H_2S、NH_3 和 H_2O，金属则截留在催化剂床层中，同时烯烃、芳烃得到饱和，从而得到安定性、燃烧性都较好的优质产品的工艺过程。

渣油加氢装置方块流程见图 1。

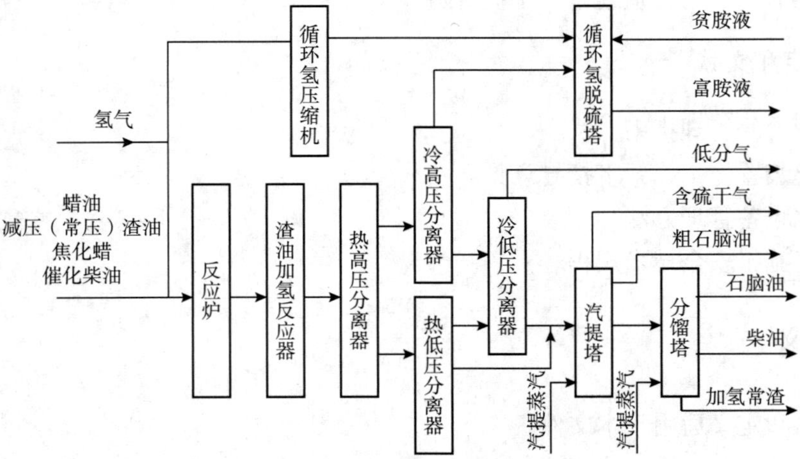

图 1　渣油加氢装置方块流程图

4.1 原则流程及流程图

4.1.1 反应单元

自装置外来的减压（常压）渣油与蜡油混合进入滤前原料油缓冲罐，经原料油增压泵、常渣／原料油换热器、原料油过滤器去除其中大于25μm的颗粒杂质，进入滤后原料油缓冲罐；滤后原料油缓冲罐出来的原料油经进料泵升压后依次经过热高分气／反应进料换热器、反应进料／反应流出物换热器、热炉加热至反应所需温度后进入一系列反应器，分别进行催化加氢反应，脱除硫、氮、金属、残炭等，反应器的入口温度通过调节各反应器入口管线上注入的冷氢量来控制。

从反应器出来的反应产物经反应进料／反应流出物换热器换热后进入热高压分离器，反应流出物在热高分钟中气液分离，顶部出来的热高分气分别经热高分气／反应进料换热器、热高分气／混合氢换热器换热后进入热高分气空冷器，为防止低温部位铵盐析出堵塞空冷管束，在空冷前设置注水点，经高压空冷冷却后进入冷高压分离器进行气、油、水三相分离。热高分液经过液力透平回收能量后进入热低压分离器进行气液分离。注水系统包含注水罐和注水泵。

冷高分顶部出来的冷高分气体（循环氢）进入循环氢脱硫塔入口分液罐除去携带的液体烃类，高分气在循环氢脱硫塔内通过贫胺液脱除硫化氢，暗夜系统油贫胺液缓冲罐、贫胺液泵、富胺液闪蒸罐组成，循环氢脱除 H_2S 后进入循环氢压缩机入口分液罐除去携带的液滴，从罐顶部出来的循环氢进入循环氢压缩机升压，升压后的循环氢分为两部分，一部分与新氢压缩机来的新氢混合后循环回反应部分；另一部分作为急冷氢去控制反应器入口温度。

冷高分底部出来的冷高分油与冷却后的热低分油气油混合进入冷低压分离器进行气液分离，冷低分顶部的含硫低分气送出装置，其底部的冷低分泊经换热后进入硫化氢汽提塔；冷高分底部含 H_2S、NH_3 的酸性水进入酸性水脱气罐集中脱气后送出装置。热低分油在液位及流量串级控制下从热低分底部排出后去分馏部分。

新氢氢气由管网送入，进入新氢压缩机经三级压缩升压后与循环氢压缩机出口的循环氢混合，混合氢气返回到反应部分。新氢压缩机采取三级压缩方式，一级入口设入口分液罐，级间设冷却器和分液罐。

4.1.2 分馏单元

来自反应部分的热低分油与经预热后的冷低分油混合后进入汽提塔，塔底采用过热蒸汽汽提。塔顶部气相经汽提塔顶空冷器冷凝冷却后进入汽提塔顶回流罐中进行气液分离，顶气体在压力控制下和其他酸性气混合后送出装置；顶回流罐底部出来的液体经汽提塔顶回流泵升压后分成两部分，一部分作为塔顶回流返回到塔顶部，另一部分作为不稳定石脑油产品送出装置。顶回流罐底部分水包排出的酸性水至酸水罐脱气后酸水混合送至硫黄回收装置。为减轻塔顶管道和空冷器的腐蚀，装置设置注缓蚀剂成套设施将缓蚀剂升压后注入塔顶部管道。

汽提塔底油经分馏塔进料加热炉加热后进入分馏塔，分馏塔设一个柴油抽出侧线和一个中段回流，塔底采用蒸汽汽提，塔顶气相经分馏塔顶空冷器冷凝冷却后进入分馏塔顶回流罐进行气液分离；回流罐底部出来的液体经分馏塔顶回流泵升压后分成两部分，一部分作为塔顶回流返回到塔顶部，另一部分液体作为石脑油产品送出装置。回流罐底部分水包排出的含油污水经含油污水泵升压后作为工艺注水进入注水罐或并入酸性水出装置。

从分馏塔侧线抽出柴油进柴油塔，柴油塔底设置重沸器，以分馏塔底油为热源，塔顶气体返回到分馏塔。柴油从塔底抽出经柴油泵升压后再经换热器换热和空冷冷却后送出装置。中段回流油从分馏塔用分馏塔中段回流泵抽出，升压后经换热后返回分馏塔。分馏塔底油（加氢常渣）用分馏塔底泵自塔底抽出，升压后经过与分馏进料换热、原料油换热、蒸汽发生器等换热后，热供加氢常渣料部分送至下游催化裂化装置；冷加氢常渣用常渣空冷器冷却后送至常渣罐区。

4.2　装置的工艺特性

装置采用固定床加氢工艺，在适当的温度、压力、氢油比和空速条件下，原料油和氢气在催化剂的作用下进行反应，使油品中的杂质，即硫、氮、氧化物转化成为相应的易于除去的 H_2S、NH_3 和 H_2O 而脱除，重金属杂质与 H_2S 反应生成金属硫化物沉积在催化剂上，稠环芳烃及一部分不饱和烃得到加氢饱和，为下游装置生产出合格的原料油，同时副产部分柴油及石脑油。

在渣油加氢处理过程中，所发生的化学反应很多，也非常复杂，其中最主要的化学反应有加氢脱硫反应、加氢脱氮反应、烯烃饱和反应、芳烃饱和反应、加氢裂化反应、加氢脱金属反应、加氢脱残碳反应、加氢脱氧反应、缩合生焦反应等。

4.3　装置的危害特性

渣油加氢的主要作用是把原料渣油转化成低沸点的烃类产品，以及低硫燃料油，这种加氢处理工艺需要苛刻的温度和压力，并且有大量过剩的氢气存在条件下进行，反应器内平均温度 385 ～ 414℃，反应器入口压力 18.6MPa，典型的高温、高压、临氢工况，且在工艺流体中还含有 H_2S、NH_3 等腐蚀性介质，在生产过程中可能发生氢鼓泡、表面脱碳、硫化物应力腐蚀开裂、高温 $H_2S + H_2$ 腐蚀、氢腐蚀、氢脆等氢损伤。

主要危险设备包括：加氢反应器、循环氢脱硫塔、新氢压缩机、循环氢压缩机、高压换热器等。主要危险场所见表 1。

表1 危险场所一览表

序号	场所或设备	介质	危险性	防范措施
1	加氢反应器	油、油气、氢气、H_2S	高温、高压、泄漏时易燃易爆	设置紧急事故泄压系统
2	高压换热器	油、油气、氢气、H_2S	高温、高压、泄漏时易燃易爆	设置紧急事故泄压系统
3	反应进料加热炉	油、油气、氢气、H_2S	高温、噪声、高压、泄漏时易燃易爆	保温、选择低噪声火嘴
4	分馏塔进料加热炉	油、油气	高温、噪声、泄漏时易燃易爆	保温、选择低噪声火嘴
5	压缩机	氢气、H_2S、烃类气体	高压、噪声、泄漏时易燃易爆	加消声罩、通风良好、防止气体积聚
6	加氢进料泵	VR、CGO、VGO	高压、噪声、易燃	选择低噪声设备、防止泄漏
7	高压贫胺液泵	MDEA、H_2O、H_2S	高压、噪声	选择低噪声设备、防止泄漏
8	泵	油气、油	易燃、噪声	选择低噪声设备、防止泄漏
9	热高分气空冷器	油、油气、氢气、H_2S	高压、噪声、泄漏时易燃易爆	设置紧急事故泄压系统
10	汽提塔	H_2S、油气	有毒、泄漏时易燃易爆	设置安全阀
11	分馏塔及侧线	油气、油	泄漏时易燃易爆	设置安全阀
12	循环氢脱硫塔	H_2S、氢气、胺液	高压、有毒、易燃易爆	设置紧急事故泄压系统
13	低压空冷器	油气、油	噪声、泄漏时易燃易爆	选择低噪声设备、防止泄漏
14	催化剂装填	粉尘	有毒	戴防毒面具
15	高压气相采样	H_2S、轻烃	有毒、易爆	采用密闭高压采样钢瓶
16	硫化剂储罐系统	DMDS	泄漏时有毒、易燃易爆	设紧急淋浴设施和洗眼器
17	装置区	—	着火、爆炸	设置若干可燃气体报警仪

5 检修周期及内容

5.1 主要设备介绍（表2）

表2 渣油加氢装置主要设备

名称	设备种类		主要设备	通用、专用设备检修规程的代码
动设备	压缩机	离心式	循环氢离心压缩机	SHS 01018
		往复式	新氢往复式压缩机	SHS 01020
	泵	叶片式	原料油增压泵、加氢进料泵、液力透平、注水泵、分馏塔底泵、高压贫胺液泵	SHS 01012
		容积式	减压渣油供料泵、加剂泵、润滑油泵	SHS 01014 SHS 01015

表2 渣油加氢装置主要设备（续）

名称	设备种类		主要设备	通用、专用设备检修规程的代码
动设备	风机	离心式风机	加热炉引风机、加热炉鼓风机	SHS 01022
		轴流式风机	热高分气空冷器风机	SHS 01022
静设备	列管式加热炉		反应加热炉、分馏加热炉	SHS 01006
	塔	填料塔、板式塔	循环氢脱硫塔、汽提塔、分馏塔、柴油汽提塔	SHS 01007
	换热器	管壳式换热器	高压换热器、蒸汽发生器、水冷器、塔顶换热器	SHS 01009
	压力容器		加氢反应器、高压空冷器、分离器、换热器、塔、缓冲罐	SHS 01004
	常压容器		溶剂罐、烧焦罐、减压渣油罐	SHS 01011
	压力管道		GC1、GC2、GC3	SHS 01005
	阀门		安全阀、闸阀、截止阀等	SHS 01030
仪表设备	检测仪表	压力仪表、温度仪表、流量仪表、物位仪表		SHS 07002
	电动单元组合仪表	基地式仪表、显示仪表、辅助单元		SHS 07003
	控制阀	气动控制阀、电动执行机构、长行程执行机构、偏心旋转阀、气缸执行机构、控制附件、蒸汽减温器		SHS 07004
	在线分析仪表	工业色谱仪、氧分析仪、氢分析仪、红外线分析仪、PH计、电导仪、水分析仪、熔融指数分析仪、烟气排放连续检测系统、密度计、可燃气体报警器、有毒气体报警器、化学需氧量分析仪、氨氮分析仪、气相色谱分析仪		SHS 07006
	特殊仪表	轴振动和轴位移、转速控制仪表、称重仪表		SHS 07007
	过程控制系统	DCS、PLC、GDS、SCADA		SHS 07008
	系统维护	防爆仪表及其系统、仪表供电系统、仪表供气系统、仪表系统联校		SHS 07009
	安全仪表系统	SIS、安全仪表系统		SHS 07010
电气设备	高频电动机			SHS 06001

5.2 检修周期

5.2.1 渣油加氢装置检修应根据实际运行情况进行定期停车大检修，大修周期按12～24个月确定。
5.2.2 有备用设备的或日常可以进行检修的不列入大修项目（除特殊情况外）。

5.3 检修内容

渣油加氢装置的检修项目主要根据装置检修的周期和检修目的立项，主要包含催化剂更换、压力容器压力管道定期检验、根据设备定期检修策略检修、设备故障检修、现场隐患治理、技改技措以及新技术应用改造。

5.3.1 确定检修内容的依据

5.3.1.1 按法律法规要求的特种设备定期检验。
5.3.1.2 不符合安全与环境保护、节能要求的设备改造和更新。
5.3.1.3 对本次检修或下次检修之前已到法定检验时间的计量设施。
5.3.1.4 设备状况：

（1）静设备：

（a）加热炉炉管结焦堵、炉管腐蚀穿等原因造成运行状况恶化、性能降低或失效等；

（b）塔内部因塔盘结焦堵、内构件损坏、积垢腐蚀等原因造成运行状况恶化、性能降低等；

（c）换热器因换热管腐蚀穿孔、结焦堵管、积垢腐蚀等原因造成运行状况恶化、性能降低等；

（d）容器因内构件损坏、结焦、积垢腐蚀等原因造成运行状况恶化、性能降低等；

（e）空冷器因外腐蚀穿孔泄漏、管箱丝堵泄漏等原因造成运行状况恶化、性能降低等。

（2）转动设备：磨损、疲劳、泄漏、振动等原因造成运行状况恶化、性能降低等；

（3）管道、阀门因腐蚀减薄、失效等原因造成运行状况恶化、性能降低等；

（4）电气设备：部件老化等原因造成运行状况恶化、性能降低等；

（5）仪表设备：部件老化等原因造成运行状况恶化、性能降低等；

（6）日常维护抢修中采用带压堵漏、带压开孔等方式进行临时的项目；

（7）钢结构平台、设备基础、房屋等建构筑物老化、锈蚀等必须在停车检修期间内维修的项目；

（8）安全防护设施失效；

（9）工艺催化剂（三剂）失效。

5.3.2 检修具体内容

停车大修是对渣油加氢装置安全环保、长周期运行及经济效益有重大影响的设备、管线、电气仪表系统、土建及基础设施等在运行周期内将要发生的功能故障进行全面检修。其他检修是除大修外对装置局部或设备本体有经济运行影响的功能故障而进行的检修。

5.3.2.1　主要设备检修内容（表3）

表3　主要设备检修内容

序号	设备名称	设备功能	功能故障	主要检修内容	设备分级
1	循环氢压缩机	维持加氢反应器所需的循环氢流量	干气密封达到运行周期；透平各组件存在一定量的磨损情况；润滑油会出现变质可能等	1. 干气密封更换及系统检查； 2. 抽芯检修；轴瓦检查、汽轮机检修； 3. 电气仪表检修、润滑油系统检修、管路阀门检修	A类
2	加氢反应器	渣油和氢气在催化剂的作用下进行反应，去除渣油中的杂质	反应器效果达不到工艺要求；催化剂到期更换；反应器到期检验等	1. 催化剂更换； 2. 反应器内件检查更换； 3. 反应器检验； 4. 紧固件密封面检查； 5. 热电偶检查检修； 6. 外部防腐保温	A类
3	往复式压缩机	主要为反应系统补充新氢，保持反应系统正常压力	气阀存在磨损；填料泄漏；轴瓦磨损；运行状况不良；润滑油变质可能等	1. 气阀更换； 2. 活塞环更换；气封更换； 3. 十字头、轴瓦及其余零部件检查	A类
4	加热炉	为加氢反应、分馏提供反应热	炉膛温度达不到工艺要求；炉膛温度分布不均；燃烧不稳定；存在漏风点；预热器效果下降等	1. 炉管碱洗、检验； 2. 内部耐火材料检查检修、炉管及支架检查检修； 3. 余热回收系统检修； 4. 快开门及烟囱挡板检修； 5. 鼓引风机检修	A类
5	高压换热器	为高压介质提供热量交换场所，使满足工艺需求	介质换热效果达不到工艺要求；换热器存在漏点；到期检验检测等	1. 管束抽芯清洗； 2. 容器检验检测、气密试验； 3. 检查更换内外圈螺栓、内部螺栓、螺纹块、密封盘及其密封面	A类
6	低压换热器	为介质提供热量交换场所，优化热量利用	介质换热效果达不到工艺要求；换热器存在漏点；到期检验检测等	1. 管束抽芯清洗； 2. 容器检验检测、压力试验； 3. 检查修复管箱、前后盖、大小浮头、折流板、接管等及其密封面	B类

表 3　主要设备检修内容（续）

序号	设备名称	设备功能	功能故障	主要检修内容	设备分级
7	循环氢脱硫塔	提供汽液交换场所，脱除循环氢中的部分硫化氢，使满足工艺需求	循环氢脱硫效果达不到工艺要求；设备腐蚀泄漏或静密封泄漏；检验到期	1. 检查塔板各部件的结焦、污垢、堵塞情况； 2. 检查内构件和支撑结构的腐蚀变形及坚固情况； 3. 压力容器检验	B类
8	汽提塔	提供汽液分离场所，使产品满足工艺需求	汽提效果达不到工艺要求；设备腐蚀泄漏或静密封泄漏；检验到期	1. 检查塔板各部件的结焦、污垢、堵塞情况； 2. 检查内构件和支撑结构的腐蚀变形及坚固情况； 3. 压力容器检验	B类
9	分馏塔	提供汽液交换场所，使侧线产品质量满足工艺需求	分馏塔介质分馏效果达不到工艺要求；设备腐蚀泄漏或静密封泄漏；检验到期	1. 检查塔板各部件的结焦、污垢、堵塞情况； 2. 检查内构件和支撑结构的腐蚀变形及坚固情况； 3. 压力容器检验	B类
10	柴油汽提塔	提供汽液分离场所，使产品满足工艺需求	汽提效果达不到工艺要求；设备腐蚀泄漏或静密封泄漏；检验到期	1. 检查塔板各部件的结焦、污垢、堵塞情况； 2. 检查内构件和支撑结构的腐蚀变形及坚固情况； 3. 压力容器检验	B类
11	分离器	提供汽液分离场所，实现各介质有效分离	分离效果达不到工艺需求；容器检验检测到期	1. 检查清理分离器内构件； 2. 视情更换丝网除沫器； 3. 器壁、焊缝检查修复； 4. 压力容器检验	B类
12	罐	为介质提供缓冲场所	设备腐蚀泄漏或静密封泄漏，容器堵塞	1. 检查清理罐内杂物； 2. 更换内件； 3. 器壁、焊缝检查修复； 4. 压力容器检验	B类
13	空冷器	为介质提供冷却场所，使产品满足工艺需求	设备腐蚀泄漏或静密封泄漏，空冷管束堵塞	1. 检查管箱内是否存在冲刷腐蚀； 2. 检查清理管束、管箱； 3. 清理管束内垢； 4. 焊缝、管道检验检测	B类
14	泵	为工艺输送流体或使流体增压	磨损、疲劳、泄漏、振动等原因造成运行状况恶化、性能降低等	1. 视情更换轴承、机封； 2. 机泵入口过滤器清理； 3. 叶轮、芯包抽出检查； 4. 机泵各附件检查检修	B类

6 装置检修管理

6.1 装置检修前准备工作

6.1.1 装置检修前，参检单位要做好检修作业指导书、施工方案、检修图纸、现场施工平面布置图等各类资料的准备及审核，相关检修资料最终经业主方审批确认后方可实施。

6.1.2 进入检修现场的各类施工机具、器具，必须是合格的、适用的，必须有检定合格证和标记，并在有效期内使用，严禁使用未经校验的机具。进场前，所有自检合格并贴有自检合格证的施工机具，要列出汇总清单上交给业主方，并经业主方检验后方可使用。

6.1.3 进入现场的检修耗材、配件等，必须附有质量证明文件，并在指定的地点规范存放。在安装、使用各类检修材料前，应对材料的外观质量进行检查确认，参检单位要做到领用材料检验有见证、验收有记录。

6.1.4 参检单位的所有施工人员，必须具备相应的作业资质，检修前须做好检修方案、技能方面的培训，熟悉检修项目的特点，严格按检修方案进行施工。同时，施工人员必须进行业主方相关专业条线的教育培训，对无相应作业资质、未经教育培训或考核不合格的人员，一律不得上岗作业。

6.2 工艺交出检修条件

6.2.1 在装置交付检修前，由生产管理部和安全环保部门组织相关单位召开安全验收会，检查确认设备容器人孔拆卸、盲板加装、容器内采样分析、停电、下水井封堵等工作，经相关部门签字确认后，由装置开具用火、用电、进入受限空间等相关票证，进入检修状态。工艺交出要具备以下条件：

a）装置所有盲板按照盲板图、表安装，编号，挂牌并经工艺员、设备员、安全员已签名确认；

b）PID 图上所有系统、管线得到置换处理并做好标识；

c）系统内设备、管线按规定进行吹扫和置换，取样分析合格；

d）下水井取样分析合格，存油清理干净，排水畅通，水封完好；

e）下水井和漏斗口用防火布盖好，并用沙土封严；

f）系统内设备人孔打开前的确认；打开的设备人孔处挂上“未经许可，禁止入内”警示牌；

g）制订停工安全、环保措施和工作危害分析记录表（JSA）；

h）装置内分析不合格点挂标识，储存物料区标识、硬隔离；

i）制订检修中防硫化亚铁自燃方案；

j）指定具有监护人资格的人员负责动火、进设备等作业的监护。

装置交付检修确认表见附录 A。

6.3 检修过程安全环保管理总体要求

6.3.1 安全管理总体要求

a）装置检修的安全管理，坚持“安全第一、预防为主、综合治理”的方针和“谁主管，谁负责”“谁签发，谁负责”的原则，坚持以人为本、落实责任、强化监管，按属地化管理原则；

对于人数少的新企业要求外聘第三方 HSSE 监管，对于人数多的老企业或自身能力能够满足要求的老企业，可根据需要由企业自行决定是否外聘第三方 HSSE 监管。第三方 HSSE 监管纳入 HSSE 管理体系。

b）各级指挥部的安全环保消防组应按指挥部管理体系要求承担相应的管理责任；

c）承包商应建立健全安全管理体系，分包商的安全管理工作由总承包商负总责；

d）安全监督管理部门对检修过程的安全管理工作进行监督检查，指挥部的安全环保消防组负责施工过程安全检查管理。运行部负责所在区域的施工项目配合和现场安全监督检查。

6.3.2 环保管理总体要求

装置停工检修改造环保管理总体要求是：密闭吹扫，有序排放，清洁停工，安全处置，达标排放。为做好停工和检修期间的环保工作，停工装置要落实密闭吹扫及除臭方案，对排放污水、吹扫尾气放空、工业废物处置应进行预申报，排放时必须做到先检测后排放，主管部门根据监测结果确定处理方式。对于化学清洗等产生的废水，项目管理部门在与清洗单位签订合同前要明确废水处理相关责任及要求。

6.4 检修质量管理

6.4.1 质量管理的总体要求

总体要求：成立检修质量管理组织机构，明确管理职责，建立质量管理程序文件。

a）对承包商资质、人员、机具等进行审查；

b）通过组织设计审查，确保设计质量；

c）物资采购管理部门组织对采购物资进行入库检验并对重点物资进行监造；

d）在施工过程中组织对检验检测的质量进行抽查。

6.5 变更管理

6.5.1 检修过程要加强变更管理，建立健全变更管理制度和二作流程，采取措施减少变更数量。原则上没有经过各级部门同意的变更不允许在检修中执行。

6.5.2 项目变更控制主要内容

a）对于试用产品、设备备件结构形式改变、材质升级要充分识别，要有专门技术论证审批过程，审批时要加强相关专业沟通确认；

b）所有变更应事前发起，只有当变更得到批准后，才可组织实施。项目变更由变更提出单位发起申请并填写“变更申请单”，按照各企业相关制度规定的权限办理审批手续；

c）对于因材料找价差导致的超费用计划（或工单预算），需要补办变更手续；

d）对于不涉及费用计划的变更，如项目名称、版本号、承包商、施工方案、施工进度等也需办理相应的变更手续；

e）对于结算费用高于非包干合同标的按各企业管理制度执行变更；

f）投资类项目的变更参照各企业“固定资产投资过程控制管理规定”执行。

6.6 装置检修交回条件

6.6.1 装置检修交回确认主要内容：

a）装置开工人员及开车保镖人员配备落实；

b）技术、原辅材料、动力、备品备件等方面的准备；

c）队伍技术状态、开工方案学习落实情况；

d）现场规格化情况；

e）工艺和设备联锁仪表校验情况；

f）HSSE 措施落实情况；

g）盲板拆除清单、技术准备情况；

h）机、电、仪、公用工程、储运、质检等相关专业准备情况；

i）停工临设拆除、施工尾项整改情况等。

装置检修交回开工确认表见附录 B。

6.7 检修后期管理

6.7.1 资料交付

承包商应在检修项目结束后 30d 内将竣工资料完整地交给使用单位，竣工资料交付参考 SH/T 3503—2017。

6.7.2 检修总结

装置检修结束后，要对检修改造工作进行总结，对好的做法进行总结、提炼，固化这些经验，指导今后检修改造工作；对总结检修改造中存在的问题，分析原因，完善措施，不断提高管理水平。

大修总结模板见附录 D。

7 装置日常维护

7.1 日常巡检

包括操作工的日常巡检和专业人员（设备管理人员、专业维保人员、电仪专业人员）的日常点检。

7.2 日常维护

装置日常维护的基本内容包括：设备维护保养、设备检查和设备修理。

7.2.1 设备维护保养

设备维护保养的内容是保持设备清洁、整齐、润滑良好、安全运行，包括及时紧固松动的紧固件，调整活动部分的间隙等。简言之，即“清洁、润滑、紧固、调整、防腐”十字作业法。维护保养依工作量大小和难易程度分为装置操作工保养、专职保养维修工的保养。

7.2.1.1 装置操作工保养

其主要内容是：进行清洁、润滑、紧固易松动的零件，检查零件、部件的完整。这类保养的项目和部位较少，大多数在设备的外部，一般由装置操作工人承担。

7.2.1.2 专职保养维修工的保养

主要内容包括对设备内部清洁、润滑、局部解体检查和调整，必要时对达到规定磨损限度的零件加以更换。此外，还要对主要零部件的磨损情况进行测量、鉴定和记录。具体标准执行通用设备的检修规程。

在两种维护保养中，装置操作工保养是基础，专职保养维修工的保养是关键。

7.2.2 设备检查和设备修理

设备检查按时间间隔分为日常检查和定期检查。

日常检查由操作人员执行，同操作工的保养结合起来，目的是及时发现不正常的技术状况，进行必要的维护保养工作。

定期检查是按照计划，在操作工参加下，定期由专职维修工执行，也就是预防性检查维修。目的是通过检查，全面准确地掌握零件磨损的实际情况，以便确定是否有进行修理的必要。

7.3 常见设备故障

由于渣油加氢原料介质黏度高和腐蚀性强，设备容易出现的故障模式有管线被腐蚀减薄穿孔、换热管容易堵塞致使换热失效、阀门腐蚀失效内漏、容器内部被腐蚀减薄、机泵的外壳冲刷腐蚀效率降低、过滤器容易堵塞失效等。

渣油加氢装置正常生产时，经常发生故障的设备见表 4。

表 4　常见设备故障

设备类型	故障类型	处理方法
加热炉	长明灯、火嘴堵塞	定期清理喷嘴
空冷器	管束、丝堵漏	封堵管束、丝堵换垫
溶剂泵	密封泄漏	更换密封
离心泵	密封泄漏、振动超标	更换密封，检查平衡盘、口环磨损情况并更换
换热器	堵塞失效、管束腐蚀穿孔泄漏	高压射流清洗、封堵穿孔的管束
溶剂罐	溶剂罐湿 H_2S 腐蚀穿孔	更换溶剂罐
螺杆泵	密封泄漏、振动大	更换密封、轴承、齿轮等配件
过滤器	堵塞现象	切出清理过滤器芯子

附 录 A

（资料性附录）

装置停工交付检修确认表

<table>
<tr><td></td><td>记录编号</td><td></td><td>使用单位</td><td colspan="3"></td></tr>
<tr><td colspan="2">停工检修单位</td><td></td><td>装置</td><td></td><td>时间</td><td>年　月　日</td></tr>
<tr><td>单位</td><td colspan="2">确认内容</td><td colspan="2">存在问题</td><td>确认意见</td><td>确认人</td></tr>
<tr><td>停工单位</td><td colspan="2">1. 装置与系统是否有效隔离并提供对应的盲板表？
2. 是否有专用氮气线，是否专用？
3. 管线及容器是否吹扫干净并提供吹扫作业确认表？
4. 容器及塔测爆及氧含量是否合格？
5. 风险系数较大的作业是否进行危害识别分析
6. 对塔、容器仪表监控手段是否保留？
7. 动火作业项目是否上墙？
8. 对本单位、施工单位参加检修的人员安全教育并考试是否进行？
9. 明沟、地面上是否有油？清污分流设施是否投用？
10. 对装置内电缆沟是否作出明显标志？
11. 设备、容器、管道是否全部打开并在设备人孔处挂“危险空间，严禁入内”的警示牌？
12. 检修现场下水井、地漏、明沟是否封闭，泵沟等是否建立水封？
13. 检修设备是否停电？</td><td colspan="2"></td><td></td><td></td></tr>
<tr><td>电气部</td><td colspan="2">1. 是否已按用电单位停送电要求实施停送电？
2. 参加大修的电气作业人员是否进行电工作业资格的确认和相应的安全教育？
3. 其他</td><td colspan="2"></td><td></td><td></td></tr>
<tr><td>仪控部</td><td colspan="2">1. 对本单位、施工单位参加检修的人员安全教育并考试是否进行？
2. 机柜间运行装置的机柜与检修的区域是否采用明显有效的隔离措施？
3. 仪表吹扫排放中相关安全环保措施是否明确落实？
4. 放射线同位素仪表停工检修防护措施是否落实？
5. 工器具是否进行相关安全检查？
6. 重大作业项目是否编写施工作业方案和进行危害识别与评价？
7. 高处作业的脚手架是否搭设妥当并验收合格？</td><td colspan="2"></td><td></td><td></td></tr>
</table>

装置停工交付检修确认表（续）

<table>
<tr><td></td><td>记录编号</td><td colspan="2"></td><td>使用单位</td><td colspan="3"></td></tr>
<tr><td colspan="2">停工检修单位</td><td colspan="2"></td><td>装置</td><td></td><td>时间</td><td>年　月　日</td></tr>
<tr><td>单位</td><td colspan="3">确认内容</td><td colspan="2">存在问题</td><td>确认意见</td><td>确认人</td></tr>
<tr><td>仪控部</td><td colspan="3">8. 每项作业施工是否具有合格的施工检修作业票？相关安全措施是否落实到位？
9. 劳保用品穿戴是否符合要求？
10. 检修质量和检修内容是否符合要求？</td><td colspan="2"></td><td></td><td></td></tr>
<tr><td>消防部门</td><td colspan="3">现场消气防器材是否齐全、完好？
消防、疏散通道是否符合要求？
其他</td><td colspan="2"></td><td></td><td></td></tr>
<tr><td rowspan="2">生产部门</td><td>技术科</td><td colspan="2">1. 检查吹扫作业票的确认签名是否落实？
2. 现场检查盲板是否按方案和盲板清单进行安装？
3. 检查瓦斯、氮气和工艺介质等物料在装置边界是否进行有效隔离？
4. 催化剂、保护剂、胺液或按方案不退的介质是否按方案要求进行了有效安全隔离？</td><td colspan="2"></td><td></td><td></td></tr>
<tr><td>管理科</td><td colspan="2">1. 检查配合外系统的吹扫是否已满足要求可以停运？
2. 其他</td><td colspan="2"></td><td></td><td></td></tr>
<tr><td rowspan="2">机动部门</td><td>设备科</td><td colspan="2">1. 已按停工方案要求抽堵盲板，且要做好明显标记，并指定专人统一编号登记，严防漏堵、漏拆。盲板的材质、厚度符合安全要求。
2. 与炉、塔、容器相连的蒸汽、氮气等有害介质的阀门，已加盲板隔离。
3. 未经吹扫处理的设备、容器、管道已与系统隔离，设置明显警示标志，并向职工和施工单位交底。
4. 冬季停工，装置要做好防冻防凝工作</td><td colspan="2"></td><td></td><td></td></tr>
<tr><td>动力科</td><td colspan="2">1. 变配电所内电气安全用具、消防器材已检查并在有效期限内；
2. 变配电所内的工器具已检查合格；
3. 电气现场检修动力箱（固定）、临时变已检查合格；
4. 配送电单位、施工单位参修人员已经安全教育并考试合格；
5. 外来人员已经安全教育并考试合格</td><td colspan="2"></td><td></td><td></td></tr>
</table>

装置停工交付检修确认表（续）

<table>
<tr><td></td><td>记录编号</td><td></td><td colspan="2">使用单位</td><td colspan="3"></td></tr>
<tr><td colspan="2">停工检修单位</td><td></td><td>装置</td><td></td><td>时间</td><td colspan="2">年　月　日</td></tr>
<tr><td colspan="2">单位</td><td>确认内容</td><td colspan="3">存在问题</td><td>确认意见</td><td>确认人</td></tr>
<tr><td>机动部门</td><td>动力科</td><td>6. 工艺要提供装置停工后仍需使用的仪表清单；
7. 电气专业提供停工期间停电网络，仪表提前准备</td><td colspan="3"></td><td></td><td></td></tr>
<tr><td rowspan="3">安环部门</td><td>管理科</td><td>对本单位、施工单位参加检修的人员安全教育并考试是否进行？
其他</td><td colspan="3"></td><td></td><td></td></tr>
<tr><td>环保科</td><td>明沟、地面上是否有油？清污分流设施是否投用？
其他</td><td colspan="3"></td><td></td><td></td></tr>
<tr><td>安全科</td><td>1. 现场固定式可燃气体报警仪、H_2S 报警仪等探头是否进行妥善保护？
2. 对装置内电缆沟是否作出明显标志？
3. 设备、容器、管道是否全部打开并在设备人孔处挂“危险空间，严禁入内”的警示牌？
4. 检修现场下水井、地漏、明沟是否封闭，泵沟等是否建立水封？
5. 打开的设备、容器、管道测爆分析是否合格？
6. 运行的装置与检修的区域必须采用明显有效的隔离措施？存在工艺介质的工艺管线是否作出标志？
7. 其他</td><td colspan="3"></td><td></td><td></td></tr>
<tr><td colspan="2">领导意见</td><td></td><td colspan="3"></td><td></td><td></td></tr>
</table>

附 录 B
（资料性附录）
装置检修交回开工确认表

<table>
<tr><td colspan="5">中国石油化工股份有限公司 ×××× 分公司管理体系</td></tr>
<tr><td colspan="5">装置检修交回开工确认表</td></tr>
<tr><td>记录编号</td><td></td><td>使用单位</td><td colspan="2"></td></tr>
<tr><td>开工装置</td><td></td><td>时间</td><td colspan="2">年　　月　　日</td></tr>
<tr><td>单位</td><td>要求</td><td>存在问题</td><td>确认意见</td><td>确认人</td></tr>
<tr><td>施工单位</td><td>检修项目以及改造项目已施工完成，并验收合格。
施工用临时设施已全部拆除；现场清洁、无杂物。
除用于开工查漏、热紧用的架子保留外，其他架子、跳板均拆除。
设备、管线等保温复位。
因检修拆除的劳动保护、照明设施已恢复。
塔器设备、安全阀、现场仪表、管线等均已复位</td><td></td><td></td><td></td></tr>
<tr><td>项目所属单位</td><td>设备位号和管道介质名称、流向标示齐全。
检查现场设备、管线、保温等安装符合规范，试用情况正常。
机组等设备联锁试验正常。
工艺联锁试验正常。
盲板拆、装清单已确认。
装置吹扫、试压通过。
现场消防、气防器材及岗位工器具配齐、现场环保设施投用。
开工化工原材料准备完毕。
备品配件齐全</td><td></td><td></td><td></td></tr>
<tr><td>电气部</td><td>变电所已正常投用，高低压电送电正常。
现场电气设备如电动阀、电加热器、电机等试运正常。
现场照明等恢复正常</td><td></td><td></td><td></td></tr>
<tr><td>仪控部</td><td>现场仪表调试、DCS 调试、联校正常。
配合工艺、设备的联锁调试已完成</td><td></td><td></td><td></td></tr>
<tr><td>公用工程部</td><td>循环水、新鲜水、蒸汽、仪表风 / 工厂风、氮气等公用介质供应正常</td><td></td><td></td><td></td></tr>
</table>

装置检修交回开工确认表（续）

<table>
<tr><td rowspan="3"></td><td colspan="5">中国石油化工股份有限公司 ×××× 分公司管理体系</td></tr>
<tr><td colspan="5">装置检修交回开工确认表</td></tr>
<tr><td>记录编号</td><td></td><td>使用单位</td><td colspan="2"></td></tr>
<tr><td colspan="2">开工装置</td><td></td><td>时间</td><td colspan="2">年 月 日</td></tr>
<tr><td colspan="2">单位</td><td>要求</td><td>存在问题</td><td>确认意见</td><td>确认人</td></tr>
<tr><td colspan="2">储运部</td><td>储运系统已具备正常供料以及接收产品条件</td><td></td><td></td><td></td></tr>
<tr><td colspan="2">化验部门</td><td>现场采样器已复位正常。
分析项目已具备分析条件</td><td></td><td></td><td></td></tr>
<tr><td colspan="2">消防部门</td><td>现场消气防器材齐全、完好。
消防、疏散通道符合要求</td><td></td><td></td><td></td></tr>
<tr><td rowspan="2">安环部门</td><td>环保</td><td>现场环保设施，如清污分流设施等已投用。
后续环保装置具备接收物料条件</td><td></td><td></td><td></td></tr>
<tr><td>安全</td><td>现场固定式可燃气体报警仪、H_2S 报警仪等已投用。
拟开工装置与临近的检修区域已采用明显有效的隔离措施。
现场安全设施如平台围栏、护栏等符合要求，现场无容易坠落物品。
如有零星动火项目，火票需升级</td><td></td><td></td><td></td></tr>
<tr><td colspan="2">工程管理部门</td><td>负责的改造项目已施工完成、并验收合格</td><td></td><td></td><td></td></tr>
<tr><td rowspan="2">机动部门</td><td>设备科</td><td>检修项目已完成，并验收合格。
保运工作已落实</td><td></td><td></td><td></td></tr>
<tr><td>动力科</td><td>电气、仪表检修改造项目已完成，并投用正常。
电气现场检修动力箱、临时变已拆除</td><td></td><td></td><td></td></tr>
<tr><td rowspan="2">生产部门</td><td>技术科</td><td>开工方案已审批完成。
盲板已按方案和盲板清单进行安装。
开工用化工原材料已落实。
其他专项方案已落实或审批</td><td></td><td></td><td></td></tr>
<tr><td>管理科</td><td>外围的公用、储运系统以及相关装置已可支持装置开工。
开工用原料已落实</td><td></td><td></td><td></td></tr>
<tr><td colspan="2">人教部门</td><td>操作人员已经过学习、培训，并考试合格</td><td></td><td></td><td></td></tr>
<tr><td colspan="2">项目所属单位领导意见</td><td>签名：</td><td>公司意见</td><td colspan="2">签名：</td></tr>
</table>

附 录 C

（资料性附录）

检修施工现场HSSE日检表

序号	检查内容	存在问题	检查人员	整改情况	验证人	备注
1	临时用电					
1.1	配备合格的持证电工					
1.2	配电箱合格、有防雨措施，按要求标识并上锁。					
1.3	配电系统执行“三相五线制”，符合“三级配电二级保护”要求，安装匹配的漏电保护器，漏保动作灵敏好用，并进行日常试验和记录					
1.4	电缆及接头无破损，绝缘良好；铺设规范，走向清晰，标识明确					
1.5	用电严格执行“一机一闸一保护”					
1.6	按要求配置保护零线和工作零线，工作接地和重复接地完好					
1.7	安全电压符合作业环境要求					
1.8	使用工业插头、插座					
2	施工机具					
2.1	各种机具设备安全要求进行定期检查，确保完好					
2.2	设有机械保护装置（如转动设备等）的设备，保护装置处于完好状态					
2.3	用电机具、设施接地完好					
2.4	配备与作业要求相匹配的劳动防护用品					
2.5	空气压缩机压力表、安全阀等在检验期内并处于完好状态，高压气管和软管固定连接可靠					
2.6	气瓶垂直放置，瓶体固定可靠；气瓶分类摆放并保持安全距离，防护措施到位，气瓶阻火器、压力表等安全附件完好，气管无老化破损，连接可靠					
3	脚手架					
3.1	脚手架搭设人员是专业架子工，并持证上岗。搭设人员按要求着装，配备五点双大钩安全带					
3.2	编制脚手架搭设方案，进行安全技术交底并有记录					

检修施工现场 HSSE 日检表（续）

序号	检查内容	存在问题	检查人员	整改情况	验证人	备注
3.3	按规范要求搭设脚手架，且有良好的整体稳固性					
3.4	搭设和拆除过程必须有专人监督，周边设置警戒区					
3.5	连墙件设置可靠，各节点扣件扭矩力符合要求。					
3.6	通道、护栏、腰杆、踢脚板等符合要求					
3.7	作业面满铺跳板，无孔洞，跳板可靠固定且无探头板					
3.8	作业面临时放置的材料等在允许荷载范围内，严禁超载荷；放置必须稳固，无坠物风险					
3.9	脚手架搭设完成验收合格挂牌使用					
3.10	消防设施保持完好，灭火器和消防水桶按要求配置					
3.11	消防安全通道保持畅通					
3.12	用火作业前，清理周边易燃物，采取接火措施					
4	起重					
4.1	编制了吊装方案、进行交底并有记录					
4.2	起重设备操作人员、司索、指挥持有效证件					
4.3	起重机械证照齐全有效					
4.4	起重机械安全设施、附件完好					
4.5	机索具检查完好，钢丝绳无磨损，连接可靠，绳卡数量和间距满足要求					
4.6	吊装作业半径设置了警戒区，禁止无关人员入内					
4.7	吊装前进行评估，确保在额定起升载荷范围内进行起重作业，不得超载					
4.8	吊车支腿符合要求					
4.9	吊物捆绑符合要求，使用溜绳					
4.10	吊装作业天气、环境、风力等符合要求					
5	焊接、气割					
5.1	设备接地完好					
5.2	焊把线无破损，连接器完好					
5.3	有专人监护，接火、防火措施到位					
5.4	可燃性气瓶与胶管连接完好，无漏气，气瓶有阻火器					

检修施工现场HSSE日检表（续）

序号	检查内容	存在问题	检查人员	整改情况	验证人	备注
5.5	现场气瓶与明火源保持安全距离					
6	受限空间					
6.1	对所要进行作业的受限空间进行吹扫、蒸煮、置换，并分析合格。所有与受限空间相连接的管线、阀门应进行有效隔离，盲板处应挂标识牌，并经工艺技术人员签字确认					
6.2	出入口内外不得有障碍物，在受限空间入口处设置“危险！严禁入内”警告牌或采取其他封闭措施					
6.3	对有可能发生硫化亚铁自燃的设备、容器必须经充分的钝化脱臭处理，并在现场配置消防水带					
6.4	《进入受限空间作业许可证》实行一点一证					
6.5	进入受限空间作业实行“三不进入”原则，即：一、没有经批准有效的《进入受限空间作业许可证》不进入；二、安全措施未落实不进入；三、监护人不在场不进入					
6.6	作业现场配备必要的救护器具和灭火器材等					
6.7	进入受限空间作业应使用安全电压和安全行灯					
7	作业安全					
7.1	作业前进行班前安全教育和安全技术交底，作业人员清楚当天作业内容和安全风险及注意事项					
7.2	特殊工种持证上岗					
7.3	佩戴合格安全帽，并根据作业任务佩戴专用眼部、面部、手部等防护用品，高处作业人员系挂安全带					
8	收工检查					
8.1	配电系统一级箱断电，关闭气瓶角阀，能量上锁					
8.2	现场火种检查清理完毕					
8.3	清理各作业面材料和杂物等，做到工完料净场地清					
8.4	落实夜间值班、巡检人员，职责到位，检查内容明确					

附 录 D
（资料性附录）
装置停工检修工作总结模版
（设备专业）

根据公司《设备检修管理制度》规定，在装置停工检修结束后各相关单位应组织编写装置停工检修工作总结。为此，就进一步做好装置停工检修工作总结提出要求如下：

封面：

名称：××× 部 ××× 装置 ×××× 年 ×× 月停工检修工作总结

编写人：×××

审核人：×××

批准人：×××（运行部领导）

编写单位：中石化 ××× 分公司 ××× 部

编写时间：×××× 年 ×× 月

正文

（一）装置停工检修过程概述：

装置开、停工、检修过程简述，本周期装置运行起止时间。

本周期装置运行中出现的主要问题。

本次停工检修、改造内容简述，检修项目计划数（包括补充、追加），检修计划完成情况。重点检修项目情况。

开停工、检修网络执行情况。

（二）主要检修内容技术总结

反应器部分；

塔、容器部分；

加热炉部分；

冷换设备、空冷器部分；

阀门部分；

管道部分；

压缩机部分；

泵部分；

特殊阀门部分；

输送机械部分；

压力容器检验（包括缺陷返修处理）；

压力管道检验（包括缺陷返修处理）；

安全阀检验；

其他检修方面。

技术分析中要有以下内容：上次运行周期出现的问题，本次检修检查情况及采取措施；上次检修遗留问题处理情况；本周期与上周期设备隐蔽检查情况对照；重复发生问题处理方案有效性；装置系统问题；典型案例。

（三）检修计划准确性分析

（四）检修施工队伍评述

（五）材料供应评述

（六）设计质量评价

（七）检修质量评价

（八）本次检修遗留问题及预案

（九）检修管理亮点、存在的不足和下次检修需注意的问题

（十）附表

表 1　设备增加情况表

序号	位号	名称	规格型号	制造厂	数量	备注

表 2　设备拆除情况表

序号	原位号	名称	规格型号	制造厂	数量	备注

表 3　管线拆除情况表

序号	原编号	名称	规格	长度 /m	备注

表 4　设备更换情况表

<table>
<tr><th rowspan="2">序号</th><th rowspan="2">位号</th><th rowspan="2">名称</th><th colspan="2">规格型号</th><th colspan="2">制造厂</th><th rowspan="2">数量</th><th rowspan="2">备注</th></tr>
<tr><th>更换前</th><th>更换后</th><th>更换前</th><th>更换后</th></tr>
<tr><td></td><td></td><td></td><td colspan="2"></td><td colspan="2"></td><td></td><td></td></tr>
</table>

表 5　冷换设备检修情况表

序号	位号	名称	规格型号	抽芯清洗	试压换垫	堵管根数	管束更换

表 6　阀门检修、更换情况表（*DN*50 和 *DN*50 以上）

序号	规格型号	公称直径	检修数量	更换数量

表 7　压力容器检验情况表

序号	计划检验台数	增加变更台数	减少变更台数	实际完成台数	缺陷返修台数

表 8　压力管道检验情况表

序号	检验计划		增加变更		减少变更		实际完成	
	条数	米数	条数	米数	条数	米数	条数	米数

表 9　安全阀门检验情况表

序号	计划检验台数	增加变更台数	减少变更台数	实际完成台数

9. S Zorb 装置维护检修规程

SHZ 02009—2019

目　次

前　言

本规程按照 GB/T 1.1—2009《标准化工作导则　第 1 部分：标准的结构和编写》给出的规则起草。

本规程由中国石油化工集团有限公司、中国石油化工股份有限公司提出。

本规程起草单位：中国石油化工股份有限公司金陵分公司、中国石油化工股份有限公司茂名分公司。

本规程主要起草人：许建勋、苑宝龙。

本规程为 2019 年首次发布。

S Zorb 装置维护检修规程

1 范围

1.1 内容

本规程规定了S Zorb装置的主要设备和专用设备检修周期和检查内容、检修过程控制及质量标准、试验与验收、维护与故障处理等章节的具体内容和要求。

1.2 适用范围

本规程适用于石油化工S Zorb汽油吸附脱硫装置的维护检修。

2 规范性引用文件

下列文件对本文件的应用是必不可少的。凡是注日期的引用文件，仅注日期的版本适用于本文件。凡是不注日期的引用文件，其最新版本（包括所有的修改单）适用于本文件。

2.1 法律法规

中华人民共和国安全生产法
中华人民共和国特种设备安全法

2.2 标准规范

GB/T 151 热交换器
GB/T 20801 压力管道规范－工业管道
GB/T 6067.1 起重机械安全规程 第1部分：总则
GB/T 9239.14 机械振动 转子平衡 第14部分：平衡误差的评估规程
GB 50264 工业设备及管道绝热工程设计规范
GB 50484 石油化工建设工程施工安全技术规范
GB 50726 工业设备及管道防腐蚀工程施工规范
JGJ 46 施工现场临时用电安全技术规范
SH/T 3097 石油化工静电接地设计规范
SH/T 3534 石油化工筑炉工程施工质量验收规范
SY/T 6137 硫化氢环境天然气采集与处理安全规范

TSG 21　固定式压力容器安全技术监察规程
TSG D0001　压力管道安全技术监察规程—工业管道
SHS 01005　工业管道维护检修规程
SHS 01022　离心式风机维护检修规程
SHS 01030　阀门维护检修规程

2.3　相关规定和文献

炼油企业检修管理指南（试行版）
石油化工设备完好标准
石化设备润滑管理制度
石化设备维修保养管理规定

3　术语与定义

下列术语和定义适用于本文件。

3.1　设备功能

设备功能指的是设备的生产效率和功能，衡量设备功能的指标随设备种类不同而异。

3.2　功能故障

设备、设施不能实现其设计功能时，称之为功能故障，定义为设备、设施不能满足期望的性能标准。一般指设备失去或降低其规定功能的事件或现象，表现为设备的某些零件失去原有的精度或性能，使设备不能正常运行、技术性能降低，致使设备中断生产或效率降低而影响生产。

3.3　A类设备

本规程规定的A类设备是指设备的功能故障引起装置停车的设备。

3.4　B类设备

本规程规定的B类设备是指该设备的功能故障虽然不引起装置的停车，但对装置的负荷、质量及可靠性具有重大影响的设备。

4　装置简介

本装置采用S Zorb吸附脱硫专利技术，基于吸附作用原理对汽油进行脱硫，通过吸附剂选择性地吸附含硫化合物中的硫原子而达到脱硫目的。该装置采用的技术新颖先进，与传统的加氢技术比较，采用该技术处理催化汽油，不但可以得到超低硫的精制汽油产品，而且辛烷值损失少、氢耗少、液收率高和能耗低。S Zorb装置的主要产品是：精制汽油和燃料气。其中精制汽油通过泵送至罐区，燃料气外排至燃料气系统。

S Zorb 装置原则流程见图 1。

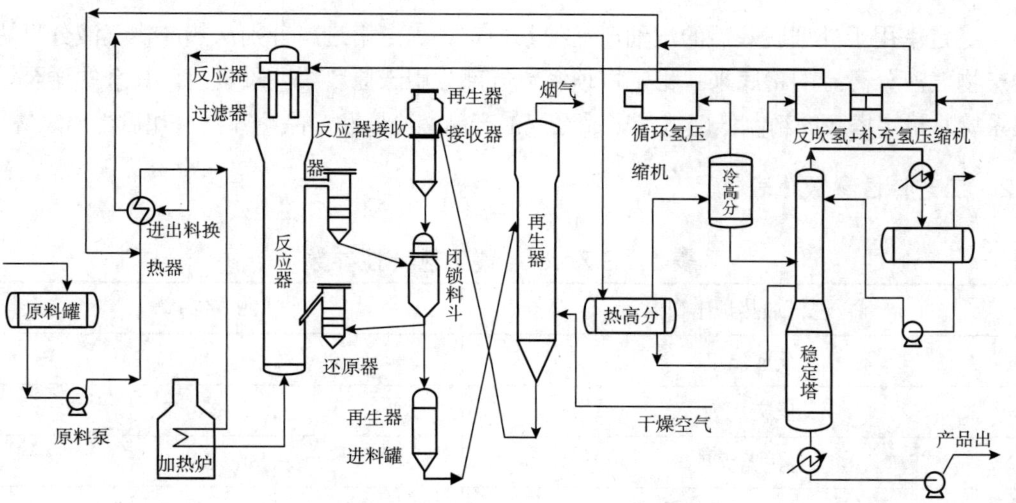

图 1　S Zorb 装置原则流程图

4.1　装置原则流程介绍

4.1.1　脱硫反应部分

由催化装置来的含硫汽油自界区外进入原料缓冲罐，与循环氢混合后与脱硫反应器顶部产物进行换热，之后去进料加热炉进行加热，进入脱硫反应器底部并在其中进行吸附脱硫反应。脱硫反应器内装有吸附剂，将混合进料的有机硫化物脱除。在反应器顶部设有过滤器和反吹设施，用于分离产物中携带的吸附剂粉尘和在线清洗过滤器。

自脱硫反应器顶部出来的热反应产物，少部分作反吹气体，大部分与混氢原料换热后至热产物气液分离罐，热产物气液分离罐底部的液体与稳定塔底物料换热后进入稳定塔。

4.1.2　吸附剂再生部分

为了维持吸附剂的活性使装置能够连续操作，装置设有吸附剂连续再生系统。再生过程以空气作为氧化剂的氧化反应，再生后的吸附剂用氮气提升送至闭锁料斗。再生器内部装有二级旋风分离器，再生生成的烟气经旋风分离器与吸附剂分离后自再生器顶部排出。

4.1.3　吸附剂循环部分

吸附剂循环部分目的是将已吸附了硫的吸附剂自反应部分输送到再生部分，同时将再生后的吸附剂自再生部分送回到反应系统，并可以控制吸附剂的循环速率；以上过程通过闭锁料斗的步序自动控制实现。通过闭锁料斗系统实现高低压的隔离和烃氧两种环境的切换。

4.1.4 产品稳定部分

稳定塔用于处理脱硫后的汽油产品使其稳定。稳定塔进料分别从热产物气液分离罐和冷产物气液分离罐的罐底来。稳定塔顶燃料气部分用于原料缓冲罐气封，其余的送至燃料气系统。稳定塔底的精制低硫汽油产品经汽油产品空冷器和产品冷却器冷却后送出装置。

4.2 工艺特性参数（表 1）

表 1 S Zorb 装置工艺特性参数

混合进料加热炉出口温度	399～426℃
反应温度	399～435℃
反应压力	2.1～3.0MPa
再生器温度	480～530℃
闭锁料斗操作压力	0～3.1MPa 周期变化
反吹氢温度	240～260℃
反吹氢压力	5.0～6.6MPa
还原器温度	220～280℃

4.3 装置危害特性（表 2）

表 2 S Zorb 装置危害特性

危害类别	具体部位	防范措施
吸附剂冲刷	1. 反应接收器吸附剂输送管线； 2. 反应接收器气相返回线； 3. 反应器底部转剂线； 4. 再生进料吸附剂输送管线； 5. 再生接收器吸附剂输送管线； 6. 程控球阀	1. 设备材质采用铬钼钢； 2. 控制吸附剂输送的线速度； 3. 吸附剂管线走向合理，减少冲刷； 4. 定期测厚检查； 5. 做好特殊阀门的备品备件工作
露点腐蚀	1. 加热炉； 2. 烟气回收系统	1. 提高排烟温度，提高器壁温度； 2. 材质升级
氢腐蚀	1. 反应器； 2. 原料换热器； 3. 反应器过滤器； 4. 加热炉炉管	严格按照操作规程，控制升温、降温操作过程中系统压力的变化速率
结焦	进料 / 产物换热器	装置原料品质严格把控，避免原料汽油氧化

5 检修周期及内容

5.1 主要设备介绍（表 3）

表 3 S Zorb 装置主要设备

名称	设备种类		主要设备	通用、专用设备检修标准的代码
动设备	泵 往复泵 螺杆泵	离心泵	多级进料泵、热水循环泵，产品汽油泵、回流泵、地下污油泵、除氧水泵	SHS 01012
		磷酸盐加药计量泵		SHS 01014
		润滑油泵		SHS 01016
	机 离心式鼓风机 轴流风机	往复式压缩机	往复式氢气压缩机	SHS 01020
		鼓风机、引风机		SHS 01022
		空冷风机		SHS 01023
静设备	反应器		反应器，再生器	SHS 01006
	压力容器		换热器、缓冲罐、闭锁料斗	SHS 01004
	压力管道		GC1 GC2 GC3	SHS 01005
	常压容器		磷酸盐加药罐	SHS 01011
	塔	板式塔	稳定塔	SHS 01007
	换热器 管壳式换热器	浮头式换热器	反应产物冷却器，产品冷却器，塔底重沸器	SHS 01009
		进料换热器		SHS 01009
	阀门		程控球阀	SHS 01030
	加热炉		圆筒加热炉	SHS 01006
仪表设备	常规仪表	检测仪表、显示或报警仪表、控制仪表、辅助单元、执行器及其附件	料位测量、压力测量、密度测量、气动执行器、控制阀、液压执行机构	SHS 07002
	控制系统	集散控制系统（DCS）、可编程控制系统（PLC）、	DCS、PLC 系统	SHS 07008
	安全仪表系统（SIS）	安全联锁系统、紧急停车系统和可燃、有毒有害气体及火灾检测保护系统	可燃气报警仪 SIS	SHS 07007
电气设备		电动机 变频器 电加热器	电动机 变频器 电加热器	SHS 10011

5.2 检修周期

S Zorb 装置定期停车大检修，大修周期按 48～60 个月确定。根据反应器过滤器压降情况，20～36 个月进行一次消缺。

5.3 检修内容及要点

5.3.1 检修依据

a）按法律法规要求的特种设备定期检验。

b）不符合国家安全与环境保护、节能要求的设备改造和更新。

c）对本次检修或下次检修之前已到法定检验时间的计量设施。

d）设备状况

（1）静设备：

①塔内部因塔盘结焦堵、内构件损坏、积垢腐蚀等原因造成运行状况恶化、性能降低等；

②换热器因换热管腐蚀穿孔、结焦堵管、积垢腐蚀等原因造成运行状况恶化、性能降低等；

③容器因内构件损坏、结焦、积垢腐蚀等原因造成运行状况恶化、性能降低等；

（2）转动设备：磨损、疲劳、泄漏、振动等原因造成运行状况恶化、性能降低等；

（3）管道、阀门因腐蚀减薄、失效等原因造成运行状况恶化、性能降低等

（4）电气设备：部件老化等原因造成运行状况恶化、性能降低等；

（5）仪表设备：部件老化等原因造成运行状况恶化、性能降低等。

（6）日常维护抢修中采用带压堵漏、带压开孔等方式进行临时的项目。

（7）工艺催化剂（三剂）失效。

（8）钢结构平台、设备基础、房屋等建构筑物老化、锈蚀等必须在停车检修期间内维修的项目。

（9）安全防护设施失效。

5.3.2 检修具体内容（表 4）

停车大修是对芳烃抽提装置安全环保、长周期运行及经济效益有重大影响的设备、管线、电气仪表系统、土建及基础设施等在运行周期内将要发生的功能故障进行全面检修。其他检修是除大修外对装置局部或设备本体有经济运行影响的功能故障而进行的检修。

表 4 S Zorb 装置主要设备故障及检修内容要点

序号	设备名称	设备功能	功能故障	检修内容	专业类别
1	脱硫反应器	混合进料在吸附剂作用下进行脱硫反应	设备腐蚀泄漏或静密封泄漏	1. 反应器伞帽和泡罩检查、修复。 2. 压力容器全面检验； 3. 分配盘和通道板检查、修复； 4. 锅底检查	A

表 4　S Zorb 装置主要设备故障及检修内容要点（续）

序号	设备名称	设备功能	功能故障	检修内容	专业类别
2	反应器过滤器	过滤吸附剂，保障稳定汽油品质	1. 差压大幅上升，系统压降过高超过工艺卡片； 2. 滤芯泄漏，吸附剂跑损，磨损设备管线； 3. 过滤器大法兰泄漏着火	1. 更换滤芯； 2. 更换大法兰密封垫片，采用液压拉伸器紧固； 3. 更换反吹阀	A
3	加热炉	混合进料加热	无法满足工艺热源需求	1. 根据损坏程度，修理或更换炉管、弯管、管板和吊挂等炉内构件； 2. 修补或更换对流室、辐射室和烟道等部位的炉墙及衬里； 3. 修理或更换燃烧器、吹灰器、空气预热器、引风机、鼓风机和烟道挡板等； 4. 修理炉体钢结构，修理烟、风道及燃料油、燃料气、蒸汽等附属管线，并油漆、防腐和保温； 5. 清扫、修理全部炉用仪表（包括探头），并进行标定； 6. 清扫或清洗炉管表面灰垢及管内结焦； 7. 炉管试压，炉衬养护及烘炉	B
4	吸附进料换热器	原料换热	换热效果差，无法满足工艺要求	超高压清洗或更换管束	A
5	再生器	吸附剂氧化再生	取热盘管泄漏或其他故障，取热效果达不到要求	1. 检查确定泄漏部位，修复或者更换取热管； 2. 锥体吸附剂结块清理，分配器吸附剂清理和维修； 3. 取热盘管固定件、翼阀等内构件检查维修； 4. 压力容器全面检验	A
6	还原气电加热器	氢气加热	加热芯损坏，加热效果达不到工艺要求	维修或更换电加热芯	B
7	再生气体电加热器	空气加热	加热芯损坏，加热效果达不到工艺要求	维修或更换加热芯	B

表 4　S Zorb 装置主要设备故障及检修内容要点（续）

序号	设备名称	设备功能	功能故障	检修内容	专业类别
8	氮气电加热器	氮气加热	加热芯损坏，加热效果达不到工艺要求	维修或更换加热芯	B
9	程控阀	吸附剂输送控制	磨损，卡涩，开关延时，泄漏	维修或更换	B
10	稳定塔	热量交换气液分离，保证产品质量	1. 塔盘积垢，产品分离效果达不到工艺要求； 2. 设备腐蚀泄漏或静密封泄漏	1. 拆装人孔及人孔保温； 2. 塔盘内构件检查、修复； 3. 腐蚀检测。压力容器检测； 4. 检查塔体防腐层及保温情况； 5. 检查塔体的附件完好情况	B

6　装置检修管理

6.1　装置检修前准备

装置检修前，参检单位要做好检修作业指导书、施工方案、检修图纸、现场施工平面布置图等各类资料的准备及审核，相关检修资料最终经业主方审批确认后方可实施。

进入检修现场的各类施工机具、器具，必须是合格的、适用的，必须有检定合格证和标记，并在有效期内使用，严禁使用未经校验的机具。进场前，所有自检合格并贴有自检合格证的施工机具，要列出汇总清单上交给业主方，并经业主方检验后方可使用。

进入现场的检修耗材、配件等，必须附有质量证明文件，并在指定的地点规范存放。在安装、使用各类检修材料前，应对材料的外观质量进行检查确认，参检单位要做到领用材料检验有见证、验收有记录。

参检单位的所有施工人员，必须具备相应的作业资质，检修前须做好检修方案、技能方面的培训，熟悉检修项目的特点，严格按检修方案进行施工。同时，施工人员必须进行业主方相关专业条线的教育培训，对无相应作业资质、未经教育培训或考核不合格的人员，一律不得上岗作业。

6.2　工艺交出检修条件

6.2.1　工艺交出要具备的条件

在装置交付检修前，由生产管理部和安全环保部门组织相关单位召开安全验收会，检查确认设备容器人孔拆卸、盲板加装、容器内采样分析、停电、下水井封堵等工作，经相关部门签字确认后，由装置开具用火、用电、进入受限空间等相关票证，进入检修状态。

a）装置所有盲板按照盲板图和表安装、编号及挂牌并经工艺员、设备员和安全员签名确认；

b）PID 图上所有系统及相应管线得到置换处理并做好标识；

c）系统内设备、管线按规定进行吹扫和置换，取样分析合格；

d）下水井取样分析合格，存油清理干净，排水畅通，水封完好；

e）下水井和漏斗口用石棉布盖好，并用沙土封严；

f）系统内设备人孔打开前的确认；打开的设备人孔处挂上“安全警示牌”；

g）制定停工安全、环保措施和工作危害分析记录表（JSA）；

h）装置内分析不合格点挂标识，储存物料区标识、硬隔离；

i）制定检修中防硫化亚铁自燃方案；

j）指定具有监护人资格的人员负责动火、进设备等作业的监护。

6.2.2 装置工艺交出的特殊要求。

核料位仪及核料位开关经生产计划处、技术质量处、安环处、机动处、保卫处等部门联合确认后送至指定部门保管。

6.3 检修过程安全环保总体要求

执行中国石化 HSSE 管理规定，大修全过程实现“三零一文明”的要求。

a）安全管理规定具体参考《检修改造安全管理具体要求》；

b）“三零一文明”要求：零排放、零余料、零事故，文明施工；

c）确保检修后投料一次开车成功，实现安全大修、优质大修、绿色大修、科学大修、高效大修和文明大修的目标。

6.4 检修质量管理

总体要求：成立检修质量管理组织机构，明确管理职责，建立质量管理程序文件。

a）对承包商资质、人员、机具等进行审查；

b）通过组织设计审查，确保设计质量；

c）物资采购管理部门组织对采购物资进行入库检验并对重点物资进行监造；

d）在施工过程中组织对检验检测的质量进行抽查。

6.5 检修期间变更管理要求

总体要求：检修过程要加强变更管理，建立健全变更管理制度和工作流程，采取措施减少变更数量。原则上没有经过各级部门同意的变更，不允许在检修中执行。

项目变更控制的主要内容如下：

a）对于试用产品、设备备件结构形式改变、材质升级要充分识别，要有专门技术论证审批过程，审批时要加强相关专业沟通确认；

b）所有变更应事前发起，只有当变更得到批准后，才可组织实施。项目变更由变更提出单位发起申请并填写“变更申请单”，按照各企业相关制度规定的权限办理审批手续；

c）对于因材料找价差导致的超费用计划（或工单预算），需要补办变更手续；

d）对于不涉及费用计划的变更，如项目名称、版本号、承包商、施工方案、施工进度等也需办理相应的变更手续；

e）对于结算费用高于非包干合同标的按各企业管理制度执行变更；

f）投资类项目的变更参照各企业“固定资产投资过程控制管理规定”执行；

g）如程控阀阀体抵押端增加导灰槽；反应器接收器气相返回线快速接头改成法兰形式连接；加热炉使用低氮燃料气。

6.6 装置检修交回标准

6.6.1 装置交回的特殊要求

反再系统交出前，需要氮气吹扫干净设备和管线内的水、汽。

6.6.2 装置检修交回确认主要内容：

a）装置开工人员及开车保镖人员配备落实；

b）技术、原辅材料、动力、备品备件等方面的准备；

c）队伍技术状态、开工方案学习落实情况；

d）现场规格化情况；

e）工艺和设备联锁仪表校验情况；

f）HSSE 措施落实情况；

g）盲板拆除清单、技术准备情况；

h）机、电、仪、公用工程、储运、质检等相关专业准备情况；

i）停工临设拆除、施工尾项整改情况等。

6.7 检修后期管理

6.7.1 资料交付

承包商应在检修项目结束后 30d 内将竣工资料完整地交给使用单位，竣工资料交付参考 SH/T 3503—2017。

6.7.2 检修总结

装置检修结束后，要对检修改造工作进行总结，对好的做法进行总结、提炼，固化这些经验，指导今后检修改造工作；对总结检修改造中存在的问题，分析原因，完善措施，不断提高管理水平。

7 装置日常维护

7.1 日常巡检

7.1.1 巡检要求

7.1.1.1 本工区班组巡回检查采用“巡回检查对答”方式进行，两人按照“一问一答”的形式进行，一人巡检并向操作室汇报现场参数，操作室人员记录巡检人员汇报的参数，并随时和巡检人员保持联系，掌握巡检人员的动态情况。

7.1.1.2 巡检时必须携带对讲机和硫化氢报警仪，并保持通信畅通，发现问题及时处理或与操作室联系。

7.1.1.3 巡检时，要对巡检内容认真检查，必须保证所有巡检内容全部检查到。

7.1.1.4 生产或其他工作任务较忙时，各岗位也不得以此为借口忽视巡检工作，不得以任何理由漏检，不得由他人顶替巡检。

7.1.1.5 工区建立工区管理人员检查班长、班长检查岗位，层层落实责任的岗位巡检监督体系，负责各岗位巡检落实情况并不定期检查；检查的情况要在当天的值班日记中进行记录，并在月度综合奖中进行考核。

7.1.1.6 对于认真巡检，及时发现问题，处理正确，避免重大事故的人员，按达标立功标准进行申报和奖励。

7.1.1.7 凡违反本规定者，视情节轻重，对责任者按分公司有关纪律、规定的要求作出必要处理。

7.1.1.8 本方案巡检人员包括班长、内操、外操岗位。

7.1.1.9 24h 不间断巡检，对可能造成人员伤亡、财产损失、次生灾害、社会或政治影响的可疑人员和物品及相关事件苗头进行汇报。

7.1.1.10 巡检内容以巡检方案为准。

7.1.2 巡检频次

7.1.2.1 巡检每 1h 巡检一次，整点开始巡检，巡检人员由班长安排，巡检完本人确认。巡检时间 60min，保证 24h 现场有人巡检。

7.1.2.2 巡检时间：巡检安排一人巡检，每 1h 巡检一次，要求满点巡检，安排一人记录即可。巡检周期为前一巡检时间至当前时间期间，例如，巡检周期为 1h，9:00 至 10:00 完成时间为 10:00 的巡检。10:00 的巡检牌从 9:00 开始挂第一个点主操作室，10:00 时巡检至最后一点，返回至主操作室，完成本点挂牌。（9:00~10:00 之间只能有 9:00 和 10:00 的巡检牌）

7.1.2.3 巡检挂牌时间规定：白班：9:00~22:00，夜班：23:00~08:00，当班最后一小时及接班后第一小时此二点巡检时间可在规定时间的前后 30min 内完成。

7.1.3 巡检点说明

工区共计 12 个巡检点，巡检点分为 A 和 B 二类，B 类为装置操作室，其余 11 点均为 A 类巡检点。

7.1.4 巡检内容

7.1.4.1 操作室：工艺纪律执行、产品质量控制、仪表运行情况，操作记录是否及时、分析数据是否准确、整洁填写。

7.1.4.2 塔、储罐：塔、储罐的液位、压力、温度、物料流量等参数控制是否符合工艺要求，塔、储罐等设备及管线有无泄漏、储罐进出口阀门开关是否正确。

7.1.4.3 容器：容器的液面（界面）压力、温度、流量是否正常，设备泄漏情况，高压容器的安全使用情况。

7.1.4.4 加热炉：检查瓦斯罐压力、液位情况，主火嘴及长明灯燃烧情况，炉膛负压、炉膛燃烧情况，检查鼓风机、引风机运行情况

7.1.4.5 压缩机、泵：检查电机电流，压缩机、泵出口压力、流量、轴承温度、润滑情况、冷却水是否畅通、压缩机、泵体有无泄漏和震动情况。

7.1.4.6 冷却设备：循环水压力、温度、流量、加热蒸汽流量、温度、压力，换热器出入口温度控制和设备泄漏情况。

7.1.4.7 工艺管线：工艺管线和阀门是否泄漏和震动。

7.1.4.8 室外仪表：检查仪表指示是否正确，就地仪表与二次仪表无差别，冬季注意室外仪表是否有冻凝现象。

7.1.4.9 消防设施：消防蒸汽胶带、各种型号的灭火器是否处于良好的备用状态，防毒面具应齐全好用。

7.1.4.10 其他设备：各个采样器是否正常，夏季注意防洪、防雷、防静电，设备接地线要完好，冬季注意防冻防凝、防结冰，检查地面和设备卫生。

7.1.4.11 HSE：包括对现场作业、HSE 设施的完好性、有无异味、清污分流巡检。

7.2 日常维护

装置日常维护的基本内容包括：设备维护保养、设备检查和设备修理。

7.2.1 设备维护保养

设备维护保养的内容是保持设备清洁、整齐、润滑良好、安全运行，包括及时紧固松动的紧固件，调整活动部分的间隙等。简言之，即“清洁、润滑、紧固、调整、防腐”十字作业法。维护保养依工作量大小和难易程度分为装置操作工保养、专职保养维修工的保养。

7.2.1.1 装置操作工保养

其主要内容是：进行清洁、润滑、紧固易松动的零件，检查零件、部件的完整。这

类保养的项目和部位较少，大多数在设备的外部，一般由装置操作工人承担。

7.2.1.2　专职保养维修工的保养

主要内容包括对设备内部清洁、润滑、局部解体检查和调整，必要时对达到规定磨损限度的零件加以更换。此外，还要对主要零部件的磨损情况进行测量、鉴定和记录。具体标准执行通用设备的检修规程。

在两种维护保养中，装置操作工保养是基础，专职保养维修工的保养是关键。

7.2.2　设备检查和设备修理

设备检查按时间间隔分为日常检查和定期检查。

日常检查由操作人员执行，同操作工的保养结合起来，目的是及时发现不正常的技术状况，进行必要的维护保养工作。

定期检查是按照计划，在操作工参加下，定期由专职维修工执行，也就是预防性检查维修。目的是通过检查，全面准确地掌握零件磨损的实际情况，以便确定是否有进行修理的必要。

7.3　装置主要设备功能故障分析（表 5）

表 5　S Zorb 装置主要设备功能故障分析

序号	单元名称	装置功能	功能故障	故障后果	故障策略及检修内容	故障周期 / 月
1	脱硫反应部分	装置进料以及进行吸附脱硫	原料与反应产物换热器换热效果逐渐下降	处理量降低	清洗或更换	18～36
2	脱硫反应部分	过滤汽油原料中杂质及胶质等	原料过滤器堵塞	处理量降低	清洗或更换	36
3	脱硫反应部分	过滤反应后气相产物中的吸附剂细粉	反应器过滤器差压逐渐升高	处理量降低 / 停工	装置降量 / 更换过滤器	20～36
4	脱硫反应部分	原料输送	原料泵故障	原料中断	更换备件、启用备泵	36
5	脱硫反应部分	热产物冷却	热产物冷却器管束内漏	装置停工	堵漏或更换	60
6	脱硫反应部分	新氢冷却	新氢冷却器管束腐蚀泄漏	装置停工	堵漏或更换	60
7	脱硫反应部分	反吹过滤器	反吹阀门故障	反应器过滤器差压上升过快	更换	12～24
8	吸附剂循环部分	实现吸附剂在再生系统与反应循环，维持反应脱硫活性	闭锁料斗程控阀门故障	产品质量、处理量降低或装置停工	更换程控阀门	24～36

表 5　S Zorb 装置主要设备功能故障分析（续）

序号	单元名称	装置功能	功能故障	故障后果	故障策略及检修内容	故障周期／月
9	吸附剂循环部分	实现吸附剂在再生系统与反应循环，维持反应脱硫活性	闭锁料斗顶部过滤器压差高、内漏或断裂	气相带剂，堵塞管线	更换	10～36
10	吸附剂循环部分	实现吸附剂在再生系统与反应循环，维持反应脱硫活性	膨胀节砂眼	吸附剂泄漏	更换	/
11	吸附剂循环部分	实现吸附剂在再生系统与反应循环，维持反应脱硫活性	反应器接收器 D105 下部通风环被吸附剂冲蚀	通风环泄漏着火	更换	/
12	吸附剂再生部分	恢复吸附剂活性	再生取热盘管内漏、松动、脱开固定钩	造成吸附剂失活	更换或维修	24～36
13	吸附剂再生部分	恢复吸附剂活性	转剂线冲蚀穿孔	装置降量	包套或更换	24～36
14	吸附剂再生部分	再生进料罐压力调节	调节阀 PDV2502B	压力波动	更换	30
15	脱硫反应部分	氢气循环	压缩机易损件、轴瓦磨损	进料中断	启动备用压缩机	24

附 录 A
（资料性附录）
装置专有设备的检修规程

A.1 程控阀检修

催化汽油吸附脱硫装置（S Zorb）程控球阀目前主要采用的是进口品牌。S Zorb 程控球阀在实际运用过程中出现问题会直接影响系统的稳定运行，正确系统规范S Zorb 程控球阀的检修流程对保障S Zorb 系统的稳定运行有十分重大的意义。

A.1.1 范围

本规程适用于催化汽油吸附脱硫装置（S Zorb）程控球阀。

本规程规定了 S Zorb 程控球阀检修周期与内容、维修与上线质量控制标准、常见故障与解决方案。

A.1.2 规范性引用文件

API598—2016 阀门的检验与试验

SY/T 4102—2013 阀门检验与安装规范

SHS 01030 阀门维护检修规程

SHS 01004 压力容器维护检修规程

A.1.3 日常在线巡检内容及注意事项（检测记录以日志形式记录）

- 日常在线巡检时，注意检查并记录阀门的开关是否顺畅、是否存在异响，及时按应对方案处理并做记录。
- 注意观察管道是否存在震动、检查阀门与管道连接螺栓是否有松动，检查阀门本体紧固件是否松动，及时按应对方案处理并做相关记录。
- 在线巡检时，检测阀门是否出现外漏，及时按应对方案处理并做记录。
- 现场实时监测阀门的开关时间情况并检测限位开关的位置，做详细记录。
- 在线巡检时，重点关注阀门开关的气源压力值，需要调整气源压力时，需做详细记录，阀门在线打开时，减压阀气源压力值超过 5bar 时，如果排除气缸及气路问题，阀门内部可能有异常，有条件时，需下线检修。
- 个别阀门出现严重故障时，如有备阀前提下，可单独下线检修。
- 定期汇总分析日常巡检记录，以便判断S Zorb 系统各阀门的运行状态，确定系统阀门的大检周期（系统阀门全部下线检修）。

A.1.4 检修周期与内容

系统阀门检修时，所有阀门全部下线，对每台阀门的性能进行系统检测，检测内容包括：阀门开关检测、阀门泄漏检测、阀门外观及零部件检测、气缸及气路附件检测。

（1）检修周期

根据品牌的S Zorb程控球阀使用寿命，建议阀门定期下线检修。原则上检修周期根据阀门的状态适时调整，保证阀门在出现大故障前及时检修，这样阀门相关零件不会出现结构性损坏，有利于降低检修时间和检修成本。

对于没有出现过故障的程控阀，定期检修周期一般6~24个月；对于出现大故障的阀门，进行大修，对大修过的阀门，一般三年下线。

（2）下线检修内容（检测并拍照记录）

- 阀门下线前，记录阀门位号、阀门安装方向以及阀门的仪表风压，为后续阀门回装提供依据。
- 阀门下线前，熟悉品牌S Zorb程控球阀的结构图，根据阀门的结构图，并掌握S Zorb程控球阀的整阀检测流程（见表A.1）；合理规划阀门的拆装顺序，拆装前准备相应的拆装工具。

表A.1 S Zorb程控球阀下线检测流程

序号	检验步骤	试压及检验内容
1	外观检查	检查阀门是否存在损坏（球座密封面拉伤、流道冲刷等），检查是否物料堆积，并记录损坏情况
2	开关试验	气源压力调至0.4MPa，动作5次，检测阀门是否开关正常，并记录
3	外泄漏试验	阀门半开，阀门通入1.1倍工况压力气压，检测阀门填料、密封垫处是否出现外漏
4	内泄漏试验	阀门关闭，分别从阀门入口和出口通入1.1倍工况压力气压，检测阀门内密封是否符合要求

- 阀门整阀检测完毕后，对检测达标的阀门做记录备案，并打上检测标记，按原位号及安装方向回装管道；对于未达标阀门，做拆解准备工作。
- 对于检测未达标阀门，解体前了解并记录阀门各零件的安装位置，必要时拍照记录（用于阀门回装时参考）。准备解体阀门，根据阀门的结构图，逐步解体阀门，并在解体过程中逐步记录（开关是否到位、是否物料堆积、填料是否磨损、阀杆是否存在偏离等）；阀门解体时，注意尽量保证阀门各零件的完整性，以便分析阀门的故障原因。
- 阀门解体后，对阀门各零件、气缸及气路附件进行检测，判断阀门零件的损坏情况，并作如下两种处理方案。

a）阀门各零件、气缸及气路附件无结构性损坏时，对阀门各零件进行清洗，球座现场配研，并更换维修包，参考结构图，重新组装阀门。

阀门组装后，要进行整阀检测，如检测符合要求，则记录并打上现场维修标志，回装管道；如检测不符合要求时，则需要发回阀门厂维修。

b）阀门各零件、气缸及气路附件损坏（见表 A.2），无法保证阀门的正常使用性能或现场不具备维修条件时，发回阀门厂家维修。

表 A.2　阀门各零件、气缸及气路附件损坏处理方案

零件名称	损坏类型	处理方案
阀体、阀帽	内腔及流道冲刷严重	1. 冲刷处堆焊后并加工； 2. 更换新的阀体、阀帽
球体	球体冲刷严重	1. 补焊缺陷后重新硬化； 2. 球体更换
	密封面划出深沟	去除旧硬化层，重新硬化
阀座	阀座冲刷损坏	阀座更换
	密封面划出深沟	阀座更换
阀杆	阀杆划伤、变形	1. 原阀杆修复 2. 更换新阀杆
轴承	轴承磨损划伤	更换
碟簧	碟簧变形、断裂	碟簧更换
气缸	气缸串气、漏气	气缸维修保养，更换密封件
气路附件	气路附件损坏	更换气路附件

● 阀门发回阀门厂维修时，由厂家出具详细的维修方案，待业主确认后启动维修，维修完成后按标准提供详细的试压检验记录，在阀门上打维修标记后，包装好发回业主现场，回装管线前做相关检测试验。

A.1.5　阀门回装管线控制标准

阀门回装上线前，按步骤（见表 A.3）进行试压及检验。

表 A.3　阀门回装试压及检验内容

序号	检验步骤	试压及检验内容
1	外观检测	检测外观是否与下线时状态相同，是否对应下线是位号
2	开关试验	气源压力调至 0.4MPa，动作 50 次，检测阀门是否开关正常，并记录
3	外泄漏试验	阀门半开，阀门通入 1.1 倍工况压力气压，检测阀门填料、密封垫处是否出现外漏
4	气密试验	阀门关闭，分别从阀门入口和出口通入 0.35MPa 气压，检测阀门低压内密封是否符合要求。
5	高压泄漏试验	阀门关闭，分别从阀门入口和出口通入 1.1 倍工况压力气压，检测阀门高压内密封是否符合要求。
6	开关时间测试	气源压力调至正常工作气源压力，开关动作，测试阀门开关时间是否符合要求，并记录（5s 以内）

阀门回装上线前，必须满足以下相关检测试验要求。

（1）开关检测

阀门在正常工作仪表风压下，阀门开关顺畅、无异响，阀门开关时间满足现场使用要求，气缸及气路检测正常。

阀门上线前按 GB/T 4213—2008 Ⅵ级泄漏标准进行试压检验。

（2）外泄漏检测

阀门半开，阀门通入 1.1 倍工况压力气压，保压 3min，阀门填料、密封垫处无泄漏。

（3）内泄漏检测

阀门关闭，分别从入口和出口通入气压，保压 3min，阀门验收满足表 A.4 验收标准。

表 A.4 阀门验收标准

阀门口径 /in	0.35MPa 压力下最大泄漏量 A	1.1 倍工况压力下最大泄漏量 B
≤1	≤1 泡 /min	A×1.1 倍工况压力 /0.35
1.5	≤2 泡 /min	A×1.1 倍工况压力 /0.35
2	≤3 泡 /min	A×1.1 倍工况压力 /0.35
2.5	≤4 泡 /min	A×1.1 倍工况压力 /0.35
3	≤6 泡 /min	A×1.1 倍工况压力 /0.35
4	≤11 泡 /min	A×1.1 倍工况压力 /0.35

注： B 值采用差值计算法计算：B=A×1.1 倍工况压力 /0.35

阀门回装管线时，根据阀门下线时记录的信息，按要求回装阀门。上线后在实际使用工况（介质、温度、压力）下动作 5 次，阀门开关顺畅、开关时间符合要求、现场回信正常、现场各项仪表监测正常，可判断阀门检修后上线成功。

A.1.6 常见故障与解决方案（表 A.5）

表 A.5 阀门常见故障与解决方案

现象	问题原因	解决方案
阀门内泄漏超标	1. 阀芯密封面损坏	1. 下线维修，阀芯重新硬化
	2. 阀座密封环损坏	2. 下线检修，更换密封件
	3. 阀门内腔冲刷严重	3. 下线检修，更换损坏零件
	4. 阀门开关不到位	4. 调试气缸限位块，气缸与阀门分开重新装配
	5. 碟簧 / 波形弹簧损坏	5. 下线检修，更换损坏零件

表 A.5 阀门常见故障与解决方案（续）

现象	问题原因	解决方案
阀门外漏	1. 填料螺柱未上紧	1. 在线上紧螺柱
	2. 填料损坏	2. 下线检修更换填料
	3. 密封垫损坏	3. 下线检修更换密封垫
	4. 阀门外密封处冲刷	4. 下线检修，更换损坏零件
阀门卡涩，异响	1. 阀芯密封面损坏	1. 下线维修，阀芯重新硬化
	2. 阀杆轴承磨损	2. 下线检修，更换或修复损坏零件
	3. 气缸损坏	3. 下线检修，维修或更换气缸、阀门检修
	4. 阀门内腔堆积物料	4. 下线检修，清除阀门内腔堆积物料
阀门开关不到位 / 位置指示异常	1. 球体变形	1. 下线检修，更换或修复损坏零件
	2. 气缸损坏	2. 下线检修，维修或更换气缸
	3. 气缸漏气、串气	3. 气缸下线检修保养
	4. 支架紧固件松动	4. 重新上紧支架紧固件
	5. 内腔物料卡死	5. 下线检修，清除内腔堆积物料，检修相关零件
	6. 阀杆、轴承磨损	6. 下线检修，更换或修复损坏零件
	7. 气路堵塞，仪表风压不足	7. 检修阀门气路及各气控元件
	8. 限位开关损坏阀位指示不准	8. 限位开关检修或更换
	9. 管道震动	9. 管道增加减震措施
阀门开关时间不达标	1. 气缸漏气、串气	1. 气缸下线检修保养
	2. 气路堵塞，仪表风压不足	2. 检修阀门气路及各气控元件
	3. 填料损坏，扭矩增加	3. 下线检修更换填料
	4. 球座密封面损坏，扭矩增加	4. 下线检修，更换或修复损坏零件
	5. 阀杆、轴承磨损，扭矩增加	5. 下线检修，更换或修复损坏零件

A.2 闭锁料斗过滤器

A.2.1 总则

A.2.1.1 主题内容与适用范围

本规程规定了综合塔的检修周期与内容、检修与质量标准、试验与验收、日常维护。

A.2.1.2 规范性引用文件

SH/T 3524 石油化工静设备现场组焊技术规程

SH/T 3555 石油化工工程钢脚手架搭设安全技术规范

NB/T 47013 承压设备无损检测

A.2.2 检修周期与内容

A.2.2.1 检修周期

结合停工检修，检修周期一般为24～36个月。

A.2.2.2 检修重点内容

a）闭锁料斗内部清理。

b）检查容器壁冲蚀、容器支撑的腐蚀、变形和各部焊缝。

c）过滤器头盖检查、清理。

d）过滤器滤芯外部长滤芯检查、安保滤芯和滤芯丝扣检查。

A.2.3 检修与质量标准

A.2.3.1 检修前准备

a）备齐必要的图纸、技术资料，编制施工方案。

b）备好工机具、材料和劳动保护用品。

c）闭锁料斗过滤器与连接管线应加盲板隔离，内部必须经过氮气置换合格并符合有关安全规定。

A.2.3.2 拆卸与检查

a）过滤器头盖检查：

（a）吊耳及焊缝进行表面检查；

（b）头盖密封面检查；

（c）头盖管板母丝扣检查；

b）过滤器滤芯检查：

检查长滤芯位置是否被高压气体和吸附剂混合物冲击波冲击倾斜或断裂、变形，丝扣及安保滤芯是否完好等。

A.2.4 试验与验收

A.2.4.1 试验

a）检修记录齐全、准确。

b）确认质量合格，并具备试验条件。

c）过滤器进行过滤精度试验，确认过滤精度符合要求。

d）过滤器滤芯和头盖直接连接稳固无摆动，过滤器滤芯与头盖密封面垂直。

A.2.4.2 验收

a）试运行后各项指标达到技术要求或能满足生产需要。

b）设备达到完好标准。

c）提交下列技术资料。

- 设计变更及材料代用通知单，材质、零部件合格证。
- 隐蔽工程记录和封闭记录。

● 检修记录。

● 焊缝质量检验（包括外观、无损探伤等）报告。

● 试验报告。

A.3 S Zorb 反应器检修规程

A.3.1 总则

A.3.1.1 主题内容与适用范围

本规程规定了 S Zorb 反应器的检修周期与内容、检修与质量标准、试验与验收。

A.3.1.2 规范性引用文件

SH/T 3555—2014 石油化工工程钢脚手架搭设安全技术规范

NB/T 47013—2012 承压设备无损检测

GB/T 150—2011 压力容器

TSG 21—2016 固定式压力容器安全技术检查规程

A.3.2 检修周期与主要内容

a）检修周期

反应器检修周期 48～60 个月。

b）检修内容 - 检查顺序

● 检修反应器防腐、绝热层及设备铭牌等是否损坏，基础有无裂纹、破损、倾斜和下沉，地脚螺栓有无松动。

● 壳体及焊缝有无裂纹、局部变形和过热。

● 堆焊层的裂纹、鼓包、冲蚀磨损及脱落等损坏情况。

● 器内伞冒、分配盘及泡罩部件有无变形，冲蚀磨损、开裂。

A.3.3 检修与质量标准

A.3.3.1 检修前准备

● 备齐所需的图纸、技术资料，并编制施工方案。

● 备齐机具、量具，材料和劳动保护用品。

● 与两器连接管线应加盲板，内部必须清扫干净，施工现场必须符合有关安全规定。

A.3.3.2 检查内容

以外观检查为主，对“反应器”系统设备和部件的冲蚀、裂纹、鼓包、翘起、磨损、壁厚减薄、脱落、堵塞、结焦等进行检查，必要时进行探污、测厚或用 0.5kg 小锤敲击检查；检查两器堆焊层的磨损、开裂、松动、鼓包和脱落等情况。

A.3.3.3 反应器检查内容

a）简体

（a）检查基础和支承是否有诸如剥落、开裂、下沉等损坏。采用目视检验和刮具检查，可用直尺或钢尺测量此类损坏的深度。

（b）地脚螺栓有无腐蚀、变形及松动等。

（c）接地是否完好，推荐电阻为 5Ω 或更小，且该阻值不超过 25Ω。在有些地区，管辖区域的要求值可能与这些值有差异，需加以调整并检验。

（d）外观检查，壳体外部检查无变形。

（e）焊缝检查，焊缝完整无开裂，根据检查情况对焊缝进行着色抽检。

（f）引压管检查，引压管畅通完好。

（g）热电偶及套管磨损情况。

（h）松动点检查，引风检查松动点畅通无阻，伸进器内管嘴完好，管口内无任何烧结物。

（i）器内各支撑焊接部位开裂、错位、磨损情况。

（j）堆焊层有无冲蚀、老化和开裂情况。

b）分配盘

（a）分配盘焊缝检查，焊缝检验情况应符合《承压设备无损检测》要求。

（b）泡罩本体冲蚀、堵塞和变形情况。

（c）方形分布板本体冲蚀、堵塞和变形情况。

（d）结焦情况。

c）伞帽

伞帽有无变形、冲蚀、脱焊开裂及腐蚀等。

A.3.4 试验与验收

A.3.4.1 试验

a）检修记录齐全、准确。

b）确认质量合格，并具备试验条件。

c）内部受压元件试压合格。

d）进行气密试验，无泄漏为合格。

A.3.4.2 验收

a）试运行后各项指标达到技术要求或能满足生产需要。

b）设备达到完好标准。

c）提交下列技术资料。

- 设计变更及材料代用通知单，材质、零部件合格证。
- 隐蔽工程记录和封闭记录。
- 检修记录。
- 焊缝质量检验（包括外观、无损探伤等）报告。
- 试验报告。

A.3.5 维护与故障处理

A.3.5.1 日常维护

a）反应器操作，不准超温、超压、超负荷。

b）定时检查人孔、阀门、法兰等密封点的泄漏。

c）定时巡检安全阀 、压力表和松动取压点等完好。

d）检查防振及弹簧支架是否灵活好用，并对弹簧支架的变形量进行记录。

e）定期对反应器筒体做热点检查，监测外表面温度，并做好记录，每周进行熄灯检查。

A.3.5.2 常见故障与处理（表 A.6）

表 A.6 反应器常见故障与处理

序号	故障现象	故障原因	处理方法
1	分配器泡罩或方形底板冲蚀磨损	1. 反应器底部吸附剂堆积	1. 清理吸附剂
		2. 处理量低发生偏流	2. 控制适宜的反应操作条件
2	反应器出料横管堵塞	1. 松动氢气流量过小	1. 松动氢气流量调节正常
		2. 吸附剂结块堵塞	2. 疏通

A.4 S Zorb 再生器检修

A.4.1 总则

A.4.1.1 主题内容与适用范围

本规程规定了 S Zorb 再生器的检修周期与内容、检修与质量标准、试验与验收。

A.4.1.2 规范性引用文件

SH/T 3555—2014 石油化工工程钢脚手架搭设安全技术规范

NB/T 47013—2012 承压设备无损检测

GB/T 150—2011 压力容器

TSG 21—2016 固定式压力容器安全技术检查规程

A.4.2 再生器检修周期与内容

A.4.2.1 检修周期

检修周期一般为 36～48 个月。

A.4.2.2 检修重点内容

以外观检查为主，对“再生器”系统设备和部件的冲蚀、裂纹、鼓包、翘起、磨损、壁厚减薄、脱落、堵塞、结焦等进行检查，必要时进行探伤和测厚；筒体、旋风分离器、主风分布管和内取热盘管等情况检查。

A.4.3 检修与质量标准

A.4.3.1 检修前准备

- 备齐所需的图纸、技术资料，并编制施工方案。
- 备齐机具、量具，材料和劳动保护用品。
- 与再生器连接管线应加盲板，内部必须清扫干净，施工现场必须符合有关安全规定。

A.4.3.2 筒体检查

a）检查基础和支承是否有诸如剥落、开裂、下沉等损坏。采用目视检验和刮具检查，可用直尺或钢尺测量此类损坏的深度。

b）地脚螺栓有无腐蚀、变形及松动等。

c）接地是否完好，推荐电阻为5Ω或更小，且该阻值不超过25Ω。在有些地区，管辖区域的要求值可能与这些值有差异，需加以调整并检验。

d）外观检查，壳体外部检查无变形。

e）焊缝检查，焊缝完整无开裂，根据检查情况对焊缝进行着色抽检。焊缝检验情况应符合《承压设备无损检测》要求。

f）引压管检查，引压管畅通完好。

g）热电偶及套管磨损情况。

h）松动点检查，引风检查松动点畅通无阻，伸进器内管嘴完好，管口内无任何烧结物。

i）器内各支撑焊接部位开裂、错位、磨损情况。

j）堆焊层有无冲蚀、老化和开裂情况。

A.4.3.3 旋风分离器

再生器内的旋风分离器一般采用一、二级高效旋风分离器。旋风分离器主要部件包括筒体、锥体、灰斗、升气管、支耳等。

以外观检查为主，必要时进行探伤、测厚或用小锤敲击检查。筒体、锥体、灰斗、升气管、料腿、翼阀、吊挂件和拉筋损坏情况。

检查冲蚀、裂纹、鼓包变形、磨损、壁厚减薄、脱落和堵塞，确保不影响安全运行及工艺要求。

翼阀活动是否正常、焊缝情况、阀板的开关灵活性、磨损及接触面严密情况、阀板水平度材质蠕变情况。

a）筒体

（a）旋分器必须检查垂直度、长度、圆度。

检查情况应符合以下规定：（SH/T3504—2014）

- 粗旋快分垂直度偏差不大于3mm；

检查方法：吊坠线、钢尺等方法检查

处理措施：纠偏或更换

- 一、二级或单级旋风分离器垂直度偏差不大于5mm；

检查方法：吊坠线、钢尺等方法检查

处理措施：纠偏或更换

● 旋风分离器任意截面的圆度公差不大于 2mm。

检查方法：钢尺检查

处理措施：纠偏或更换

● 同一级任意两个旋风分离器总长之差不大于 6mm。

检查方法：钢尺检查

处理措施：纠偏或更换

（b）检查一、二级或粗旋、单级分离器筒体、出入口及其连接部位的变形、开裂、穿孔、冲蚀程度。

检查情况应符合以下规定：（2004 版 SH/T 3504—2014）

● 母材及焊缝无开裂、穿孔、冲蚀。

检查方法：用 5 倍放大镜等方法检查。

处理措施：外壁冲蚀部位可打磨堆焊处理，堆焊表面应保持焊肉均匀、与母材平齐，其凸出部分应磨平。

● 旋风分离器筒体鼓包变形深度不大于 ±5mm。

检查方法：用钢尺、用 5 倍放大镜等方法检查。

处理措施：若鼓包变形深度大于 5mm 进行挖补或更换。

（c）检查焊缝情况。

检查情况应符合以下规定：（SH/T 3504—2009）

● 与旋风分离器相连接各部位必须圆滑过渡；

● 所有焊缝内表面应保持焊肉均匀、与母材平齐，其凸出部分应磨平；

● 所有角焊缝采用连续焊，其焊角高度等于组焊件中较薄件的厚度。

● 对焊缝进行着色检查，母材进行理化检查。

检查方法：用水平尺和钢尺检查，查看无损检测报告。

处理措施：缺陷焊缝需打磨消除缺陷后补焊。补焊后的验收标准应符合以上规定。

（d）检查吊杆情况

检查情况应符合以下规定：（SH/T 3504—2009）

● 一级旋风分离器检修后，吊杆中心到旋风分离器本体主轴线距离的偏差不大于 3mm，将吊杆螺母按图样规定松回，留出膨胀间隙；

检查方法：用钢尺检查。

处理措施：超标进行纠偏或更换。

● 吊杆方位允许偏差 5mm，标高允许偏差 ±5mm，垂直度不得大于 1mm；

检查方法：用钢尺、水平尺检查。

处理措施：超标进行纠偏或更换。

● 吊挂焊缝应饱满、平滑、无咬边，焊缝表面应进行 100% 渗透探伤检查，Ⅰ级合格。

检查方法：外观检查，查看无损检测报告。

处理措施：超标进行纠偏或更换。

b）翼阀

（a）检查翼阀护套及连接件有否损坏

检查情况应符合以下规定：

- 护套完好，连接件磨损影响阀板下移不大于 5mm。
- 钩环挂板与阀体焊缝不允许有裂纹。

检查方法：用钢尺检查，查看无损检测报告。

处理措施：超标进行纠偏或更换。

（b）检查阀板的开关灵活性、角度及方位、磨损及接触面严密情况（SH/T 3504—2009）

检查情况应符合以下规定：

- 翼阀阀板应开关灵活，阀板与斜管端口接触面应严密。

检查方法：用手拨动折翼板试开启灵活度，用手拨动后，能自由下落闭合，自由下落后密贴无缝，用手电筒照射应不透光。

处理措施：阀体与阀板的密封不好可研磨修复，若研磨修复无效需整台阀更换。

- 翼阀安装方位符合图纸要求。阀板的启闭和安装角度符合设计要求，允许偏差为试验角度 ±0.5°。

检查方法：用专用角度水准仪测量。

处理措施：若安装角度发生变化需整台阀割下重新安装。

- 阀板与阀体斜管端面长轴中心线应重合，其允许偏差不得大于 5mm。

检查方法：用水平尺和钢尺检查。

处理措施：若大于允许偏差需整台阀割下重新安装。

- 翼阀或防倒锥至分布管（板）的距离允许偏差为 ±10mm。

检查方法：用水平尺和钢尺检查。

处理措施：若大于允许偏差需整台阀割下重新安装。

（c）料腿

ⓐ检查变形、开裂、穿孔、冲刷程度。

检查情况应符合以下规定：（SH/T 3504—2009）

- 料腿无变形、开裂、穿孔、冲蚀现象。

检查方法：用 5 倍放大镜等方法检查，并查看无损检测报告。

处理措施：损坏部位割下更换，外壁有冲刷部位贴龟甲网耐磨衬里。

- 料腿下端与分布管（板）垂直距离允许与设计值偏差为 ±20mm。

检查方法：用钢尺检查。

处理措施：若尺寸偏差不符合要求，割下调整。

● 料腿与旋风分离器间接口及料腿间接口应开坡口，保证全焊透。

检查方法：查看无损检测报告。

处理措施：若不符合要求，应重新按规范焊接。

ⓑ检查焊缝情况

检查情况应符合以下规定：（SH/T 3504—2009）

● 料腿对口内错边量不超过管壁厚度的10%，且不大于1mm，必须焊透。

检查方法：查看无损检测报告。

处理措施：若不符合要求，应重新按规范焊接。

● 材质为Cr5Mo的料腿焊接前，应对坡口进行着色检查，不得有裂纹，坡口两侧10～20mm内，其表面不得有油污、脏物和锈斑。

检查方法：查看无损检测报告。

处理措施：若不符合要求，应重新按规范焊接。

● 料腿拉杆均应在靠近中心部位正下方开一个ϕ10mm通气孔，各拉杆水平度偏差不大于2mm/m。料腿与拉筋不得强力组焊。

检查方法：用水平尺和钢尺检查，查看无损检测报告。

处理措施：若不符合要求，应重新按规范组对焊接。

ⓒ料腿是否畅通

检查情况应符合以下规定：

料腿通球检查，球直径不小于料腿内径的1/2。也可用内窥镜检查。

检查方法：通球检查。

处理措施：通球不畅则进行疏通。

ⓓ检查吊挂件情况

检查情况应符合以下规定：（SH/T 3504—2009）

● 吊挂件无变形，吊杆螺栓无松动，吊挂焊缝无裂纹；

检查方法：外观检查，并查看无损检测报告。

处理措施：紧固松动螺栓。吊杆螺母按图样规定留出膨胀间隙。若吊挂焊缝有裂纹，应重新按规范组对焊接。

● 吊杆中心到旋风分离器本体主轴线距离的偏差不大于3mm。

检查方法：用钢尺检查。

处理措施：若偏差过大，纠偏。

ⓔ检查料腿拉筋及限位件情况

检查情况应符合以下规定：（SH/T 3504—2009）

● 拉杆层的间距及位置符合原图要求，无明显冲刷减薄。

● 拉筋热胀不能受阻。

检查方法：用钢尺检查，查看腐蚀调查报告。

处理措施：变形或冲蚀部位按图修复。拉筋与料腿采用筋板连接时，为防止筋板拉裂料腿可采用护套。

ⓕ料腿更换原则（SH/T 3504—2009）

- 料腿严重变形。
- 料腿严重脱碳。
- 料腿壁厚减薄，不能安全使用到下一个检修周期。

A.4.3.4　主风分布管

a）主管、支管及分支管的外形，磨损、冲刷情况。

检查情况应符合以下规定：（SH/T 3504—2014）

（a）分布管无变形，无磨损，焊缝无开裂；

（b）喷嘴不应有裂纹；

（c）煨弯管子的管壁表面不应有裂纹、分层、皱折、过烧等缺陷；

检查方法：观察检查，用 5 倍放大镜检查，并查看无损检测报告。

处理措施：变形或磨损部位按图修复，裂纹喷嘴进行更换。煨弯管子的管壁表面缺陷进行修复或更换。

b）焊缝检查情况

检查情况应符合以下规定：（SH/T 3504—2014）

（a）主风分布管的主管与再生器壳体接口处的角焊缝应熔透焊，并应进行表面渗透检测，Ⅰ级合格；

（b）分布主管与支管的连接焊缝应进行表面渗透检测，Ⅰ级合格。

检查方法：查看无损检测报告。

处理措施：若不符合要求，应重新按规范组对焊接。

c）整体平面度检查情况

检查情况应符合以下规定：（SH/T 3504—2014）

分布管的整体平面度为 5mm。

检查方法：用 U 形管水平仪、地样及钢尺检查。

处理措施：若不符合要求，进行纠偏。

d）检查尺寸，支撑铰链情况。

检查情况应符合以下规定：（SH/T 3504—2014）

（a）分布管标高偏差及水平度偏差不大于设计技术要求偏差；

（b）分布管铰链必须严格按设计角度安装，偏差不得超过 ±3°；

（c）环状分布管的弯曲半径允许偏差不大于 10mm；

（d）树枝状分布管的主管或支管长度允许偏差不大于 5mm；

（e）所有管嘴应严格按照型号就位，其间距、偏角和斜角应严格控制，其间距偏差为 ±2mm，偏角偏差为 ±1°，斜角偏差为 ±1°。

检查方法：用拉线与钢尺、角度样板与钢尺等方法检查。

处理措施：如尺寸不符合以上规定标准，采取调整找正予以纠正；一旦纠正也达不到要求，采取更换。

e）喷嘴情况

检查情况应符合以下规定：（SH/T 3504—2014）

（a）喷嘴畅通，无明显冲刷损坏；

检查方法：外观检查，用手电筒观察畅通情况。

处理措施：若有明显冲刷，进行更换。

（b）喷嘴的损失厚度不超过原始厚度的1/3。

检查方法：检查测厚报告。

处理措施：若超过标准，进行更换。

A.4.3.5　取热盘管

a）外观检查，检查取热盘管固定，变形，冲蚀情况。

检查情况应符合以下规定：

（a）取热盘管无变形，明显冲蚀和减薄；

检查方法：外观检查，用5倍放大镜检查，查看测厚报告。

处理措施：若有变形，明显冲蚀和减薄，修复或更换。

（b）固定管箍应无变形。

检查方法：外观检查，用5倍放大镜检查。

处理措施：若有变形，修复或更换。

b）盘管泄漏情况检查

检查情况应符合以下规定：

（a）盘管水压试验合格；

检查方法：水压试验。

处理措施：取热盘管内漏的进行更换。

（b）外部检查（包括超声、磁粉、着色检测），测厚以及金相检查。

检查方法：检查检验报告。

处理措施：取热盘管减薄、脱碳严重的必须进行更换。

A.4.4　试验与验收

A.4.4.1　试验

a）检修记录齐全、准确。

b）确认质量合格，并具备试验条件。

c）内部受压元件试压合格。

d）进行气密试验，无泄漏为合格。

A.4.4.2　验收

a）试运行后各项指标达到技术要求或能满足生产需要。

b）设备达到完好标准。

c）提交下列技术资料。

- 设计变更及材料代用通知单，材质、零部件合格证。
- 隐蔽工程记录和封闭记录。
- 检修记录。
- 焊缝质量检验（包括外观、无损探伤等）报告。
- 试验报告。

A.4.5 维护与故障处理

A.4.5.1 日常维护

a）再生器操作，不准超温、超压、超负荷。

b）定时检查人孔、阀门、法兰等密封点的泄漏。

c）定时巡检安全阀 、压力表和松动取压点等完好。

d）检查防振及弹簧支架是否灵活好用，并对弹簧支架的变形量进行记录。

e）定期对再生器筒体做热点检查，监测外表面温度，并做好记录，每周进行熄灯检查。

f）及时监测烟气露点，以免发生露点应力腐蚀后造成的危害。

A.4.5.2 常见故障与处理（表 A.7）

表 A.7 再生器常见故障与处理

序号	故障现象	故障原因	处理方法
1	再生烟道泄漏	1. 设计制造质量缺陷； 2. 疲劳性应力拉裂或腐蚀泄漏	1. 若漏点小，可降量操作，进行检修处理； 2. 漏点较大，切断反应进料，尽可能降低再生压力，尽快消漏
2	取热盘管内漏	1. 盘管制造缺陷，管子严重磨损、减薄、破裂； 2. 取热盘管大小头焊缝焊接缺陷或水击造成焊缝泄漏	1. 迅速观察再生器筒体温度的变化，判断内漏部位； 2. 根据现场上水管线压力表指示和有无异常声音，判断泄漏管
3	旋风分离器跑剂	1. 吸附剂细粉多； 2. 跑剂； 3. 翼阀故障	1. 避免吸附剂细粉； 2. 优化并调整操作方案，保证操作料位封住料腿； 3. 及时更换

附　录　B
（资料性附录）
装置停工交付检修确认表

	装置停工交付检修确认表			
	记录编号	使用单位		
停工检修单位		装置	时间	年　月　日
单位	确认内容	存在问题	确认意见	确认人
停工单位	1. 装置与系统是否有效隔离并提供对应的盲板表？ 2. 是否有专用氮气线，是否专用？ 3. 管线及容器是否吹扫干净并提供吹扫作业确认表？ 4. 容器及塔测爆及氧含量是否合格？ 5. 风险系数较大的作业是否进行危害识别分析 6. 对塔、容器仪表监控手段是否保留？ 7. 动火作业项目是否上墙？ 8. 对本单位、施工单位参加检修的人员安全教育并考试是否进行？ 9. 明沟、地面上是否有油？清污分流设施是否投用？ 10. 对装置内电缆沟是否作出明显标志？ 11. 设备、容器、管道是否全部打开并在设备人孔处挂“危险空间！严禁入内”的警示牌？ 12. 检修现场下水井、地漏、明沟是否封闭，泵沟等是否建立水封？ 13. 检修设备是否停电？			
电气部	1. 是否已按用电单位停送电要求实施停送电？ 2. 参加大修的电气作业人员是否进行电工作业资格的确认和相应的安全教育？ 3. 其他：			
仪控部	1. 对本单位、施工单位参加检修的人员安全教育并考试是否进行？ 2. 机柜间运行装置的机柜与检修的区域是否采用明显有效的隔离措施？ 3. 仪表吹扫排放中相关安全环保措施是否明确落实？ 4. 放射线同位素仪表停工检修防护措施是否落实？ 5. 工器具是否进行相关安全检查？ 6. 重大作业项目是否编写施工作业方案和进行危害识别与评价？ 7. 高处作业的脚手架是否搭设妥当并验收合格？ 8. 每项作业施工是否具有合格的施工检修作业票？相关安全措施是否落实到位？			

装置停工交付检修确认表（续）

<table>
<tr><td rowspan="2"></td><td colspan="6">装置停工交付检修确认表</td></tr>
<tr><td>记录编号</td><td></td><td>使用单位</td><td colspan="3"></td></tr>
<tr><td colspan="2">停工检修单位</td><td></td><td>装置</td><td></td><td>时间</td><td>年　月　日</td></tr>
<tr><td>单位</td><td colspan="2">确认内容</td><td>存在问题</td><td colspan="2">确认意见</td><td>确认人</td></tr>
<tr><td>仪控部</td><td colspan="2">9. 劳保用品穿戴是否符合要求？
10. 检修质量和检修内容是否符合要求？</td><td></td><td colspan="2"></td><td></td></tr>
<tr><td>消防部门</td><td colspan="2">现场消气防器材是否齐全、完好？
消防、疏散通道是否符合要求？
其他</td><td></td><td colspan="2"></td><td></td></tr>
<tr><td rowspan="2">生产部门</td><td>技术科</td><td>1. 检查吹扫作业票的确认签名是否落实？
2. 现场检查盲板是否按方案和盲板清单进行安装？
3. 检查瓦斯、氮气和工艺介质等物料在装置边界是否进行有效隔离？
4、催化剂、保护剂、胺液或按方案不退的介质是否按方案要求进行了有效安全隔离？</td><td></td><td colspan="2"></td><td></td></tr>
<tr><td>管理科</td><td>1. 检查配合外系统的吹扫是否已满足要求可以停运？
2. 其他</td><td></td><td colspan="2"></td><td></td></tr>
<tr><td rowspan="2">机动部门</td><td>设备科</td><td>已按停工方案要求抽堵盲板，且要做好明显标记，并指定专人统一编号登记，严防漏堵、漏拆。盲板的材质、厚度符合安全要求。
与炉、塔、容器相连的蒸汽、氮气等有害介质的阀门，已加盲板隔离。
未经吹扫处理的设备、容器、管道已与系统隔离，设置明显警示标志，并向职工和施工单位交底。
冬季停工，装置要做好防冻防凝工作</td><td></td><td colspan="2"></td><td></td></tr>
<tr><td>动力科</td><td>1. 变配电所内电气安全用具、消防器材已检查并在有效期限内；
2. 变配电所内的工器具已检查合格；
3. 电气现场检修动力箱（固定）、临时变已检查合格；
4. 配送电单位、施工单位参修人员已经安全教育并考试合格；
5. 外来人员已经安全教育并考试合格；
6. 工艺要提供装置停工后仍需使用的仪表清单；
7. 电气专业提供停工期间停电网络，仪表提前准备</td><td></td><td colspan="2"></td><td></td></tr>
</table>

装置停工交付检修确认表（续）

<table>
<tr><td></td><td colspan="6">装置停工交付检修确认表</td></tr>
<tr><td></td><td>记录编号</td><td></td><td colspan="2">使用单位</td><td colspan="2"></td></tr>
<tr><td colspan="2">停工检修单位</td><td></td><td>装置</td><td>时间</td><td colspan="2">年　月　日</td></tr>
<tr><td>单位</td><td colspan="2">确认内容</td><td colspan="2">存在问题</td><td>确认意见</td><td>确认人</td></tr>
<tr><td rowspan="3">安环部门</td><td>管理科</td><td>1. 对本单位、施工单位参加检修的人员安全教育并考试是否进行？
2. 其他</td><td colspan="2"></td><td></td><td></td></tr>
<tr><td>环保科</td><td>1. 明沟、地面上是否有油？清污分流设施是否投用？
2. 其他</td><td colspan="2"></td><td></td><td></td></tr>
<tr><td>安全科</td><td>1. 现场固定式可燃气体报警仪、H_2S 报警仪等探头是否进行妥善保护？
2. 对装置内电缆沟是否作出明显标志？
3. 设备、容器、管道是否全部打开并在设备人孔处挂“危险空间！严禁入内”的警示牌？
4. 检修现场下水井、地漏、明沟是否封闭，泵沟等是否建立水封？
5. 打开的设备、容器、管道测爆分析是否合格？
6. 运行的装置与检修的区域必须采用明显有效的隔离措施？存在工艺介质的工艺管线是否作出标志？
7. 其他</td><td colspan="2"></td><td></td><td></td></tr>
<tr><td>领导意见</td><td colspan="6"></td></tr>
</table>

附 录 C
（资料性附录）
装置检修交回开工确认

<table>
<tr><td rowspan="3"></td><td colspan="4">中国石油化工股份有限公司 ×××× 分公司管理体系</td></tr>
<tr><td colspan="4">装置检修交回开工确认表</td></tr>
<tr><td>记录编号</td><td></td><td>使用单位</td><td colspan="2"></td></tr>
<tr><td colspan="2">开工装置</td><td></td><td>时间</td><td colspan="2">年 月 日</td></tr>
<tr><td>单位</td><td colspan="2">要求</td><td>存在问题</td><td>确认意见</td><td>确认人</td></tr>
<tr><td>施工单位</td><td colspan="2">检修项目以及改造项目已施工完成，并验收合格。
施工用临时设施已全部拆除；现场清洁、无杂物。
除用于开工查漏、热紧用的架子保留外，其他架子、跳板均拆除。
设备、管线等保温复位。
因检修拆除的劳动保护、照明设施已恢复。
塔器设备、安全阀、现场仪表、管线等均已复位</td><td></td><td></td><td></td></tr>
<tr><td>项目所属单位</td><td colspan="2">设备位号和管道介质名称、流向标示齐全。
检查现场设备、管线、保温等安装符合规范，试用情况正常。
机组等设备联锁试验正常。
工艺联锁试验正常。
盲板拆、装清单已确认。
装置吹扫、试压通过。
现场消防、气防器材及岗位工器具配齐、现场环保设施投用。
开工化工原材料准备完毕。
备品配件齐全</td><td></td><td></td><td></td></tr>
<tr><td>电气部</td><td colspan="2">变电所已正常投用，高低压电送电正常。
现场电气设备如电动阀、电加热器、电机等试运正常。
现场照明等恢复正常</td><td></td><td></td><td></td></tr>
<tr><td>仪控部</td><td colspan="2">现场仪表调试、DCS 调试、联校正常。
配合工艺、设备的联锁调试已完成</td><td></td><td></td><td></td></tr>
<tr><td>公用工程部</td><td colspan="2">循环水、新鲜水、蒸汽、仪表风／工厂风、氮气等公用介质供应正常</td><td></td><td></td><td></td></tr>
<tr><td>储运部</td><td colspan="2">储运系统已具备正常供料以及接收产品条件</td><td></td><td></td><td></td></tr>
<tr><td>化验部门</td><td colspan="2">现场采样器已复位正常。
分析项目已具备分析条件</td><td></td><td></td><td></td></tr>
</table>

装置检修交回开工确认（续）

<table>
<tr><td rowspan="3"></td><td colspan="5">中国石油化工股份有限公司 ×××× 分公司管理体系</td></tr>
<tr><td colspan="5">装置检修交回开工确认表</td></tr>
<tr><td>记录编号</td><td></td><td>使用单位</td><td colspan="2"></td></tr>
<tr><td colspan="2">开工装置</td><td></td><td>时间</td><td colspan="2">年　月　日</td></tr>
<tr><td>单位</td><td colspan="2">要求</td><td>存在问题</td><td>确认意见</td><td>确认人</td></tr>
<tr><td>消防部门</td><td colspan="2">现场消气防器材齐全、完好。
消防、疏散通道符合要求</td><td></td><td></td><td></td></tr>
<tr><td rowspan="2">安环部门</td><td>环保</td><td>现场环保设施，如清污分流设施等已投用。
后续环保装置具备接收物料条件</td><td></td><td></td><td></td></tr>
<tr><td>安全</td><td>现场固定式可燃气体报警仪、H_2S 报警仪等已投用。
拟开工装置与临近的检修区域已采用明显有效的隔离措施。
现场安全设施如平台围栏、护栏等符合要求，现场无容易坠落物品。
如有零星动火项目，火票需升级</td><td></td><td></td><td></td></tr>
<tr><td>工程管理部门</td><td colspan="2">负责的改造项目已施工完成、并验收合格</td><td></td><td></td><td></td></tr>
<tr><td rowspan="2">机动部门</td><td>设备科</td><td>检修项目已完成，并验收合格。
保运工作已落实</td><td></td><td></td><td></td></tr>
<tr><td>动力科</td><td>电气、仪表检修改造项目已完成，并投用正常。
电气现场检修动力箱、临时变已拆除</td><td></td><td></td><td></td></tr>
<tr><td rowspan="2">生产部门</td><td>技术科</td><td>开工方案已审批完成。
盲板已按方案和盲板清单进行安装。
开工用化工原材料已落实。
其他专项方案已落实或审批</td><td></td><td></td><td></td></tr>
<tr><td>管理科</td><td>外围的公用、储运系统以及相关装置已可支持装置开工。
开工用原料已落实</td><td></td><td></td><td></td></tr>
<tr><td>人教部门</td><td colspan="2">操作人员已经过学习、培训，并考试合格</td><td></td><td></td><td></td></tr>
<tr><td colspan="2">项目所属单位领导意见</td><td>签名：</td><td>公司意见</td><td colspan="2">签名：</td></tr>
</table>

附 录 D
（资料性附录）
检修施工现场HSSE日检表

序号	检查内容	存在问题	检查人员	整改情况	验证人	备注
1	临时用电					
1.1	配备合格的持证电工					
1.2	配电箱合格、有防雨措施，按要求标识并上锁					
1.3	配电系统执行“三相五线制”，符合“三级配电二级保护”要求，安装匹配的漏电保护器，漏保动作灵敏好用，并进行日常试验和记录					
1.4	电缆及接头无破损，绝缘良好；铺设规范，走向清晰，标识明确					
1.5	用电严格执行“一机一闸一保护”					
1.6	按要求配置保护零线和工作零线，工作接地和重复接地完好					
1.7	安全电压符合作业环境要求					
1.8	使用工业插头、插座					
2	施工机具					
2.1	各种机具设备安全要求进行定期检查，确保完好					
2.2	设有机械保护装置（如转动设备等）的设备，保护装置处于完好状态					
2.3	用电机具、设施接地完好					
2.4	配备与作业要求相匹配的劳动防护用品					
2.5	空气压缩机压力表、安全阀等在检验期内并处于完好状态，高压气管和软管固定连接可靠					
2.6	气瓶垂直放置，瓶体固定可靠；气瓶分类摆放并保持安全距离，防护措施到位，气瓶阻火器、压力表等安全附件完好，气管无老化破损，连接可靠					

检修施工现场 HSSE 日检表（续）

序号	检查内容	存在问题	检查人员	整改情况	验证人	备注
3	脚手架					
3.1	脚手架搭设人员是专业架子工，并持证上岗。搭设人员按要求着装，配备五点双大钩安全带					
3.2	编制脚手架搭设方案，进行安全技术交底并有记录					
3.3	按规范要求搭设脚手架，且有良好的整体稳固性					
3.4	搭设和拆除过程必须有专人监督，周边设置警戒区					
3.5	连墙件设置可靠，各节点扣件扭矩力符合要求					
3.6	通道、护栏、腰杆、踢脚板等符合要求					
3.7	作业面满铺跳板，无孔洞，跳板可靠固定且无探头板					
3.8	作业面临时放置的材料等在允许荷载范围内，严禁超载荷；放置必须稳固，无坠物风险					
3.9	脚手架搭设完成验收合格挂牌使用					
3.10	消防设施保持完好，灭火器和消防水桶按要求配置					
3.11	消防安全通道保持畅通					
3.12	用火作业前，清理周边易燃物，采取接火措施					
4	起重					
4.1	编制了吊装方案、进行交底并有记录					
4.2	起重设备操作人员、司索、指挥持有效证件					
4.3	起重机械证照齐全有效					
4.4	起重机械安全设施、附件完好					
4.5	机索具检查完好，钢丝绳无磨损，连接可靠，绳卡数量和间距满足要求					

检修施工现场 HSSE 日检表（续）

序号	检查内容	存在问题	检查人员	整改情况	验证人	备注
4.6	吊装作业半径范围设置了警戒区，禁止无关人员入内					
4.7	吊装前进行评估，确保在额定起升载荷范围内进行起重作业，不得超载					
4.8	吊车支腿符合要求					
4.9	吊物捆绑符合要求，使用溜绳					
4.10	吊装作业天气、环境、风力等符合要求					
5	焊接、气割					
5.1	设备接地完好					
5.2	焊把线无破损，连接器完好					
5.3	有专人监护，接火、防火措施到位					
5.4	可燃性气瓶与胶管连接完好，无漏气，气瓶有阻火器					
5.5	现场气瓶与明火源保持安全距离					
6	受限空间					
6.1	对所要进行作业的受限空间进行吹扫、蒸煮、置换，并分析合格。所有与受限空间相连接的管线、阀门应进行有效隔离，盲板处应挂标识牌，并经工艺技术人员签字确认					
6.2	出入口内外不得有障碍物，在受限空间入口处设置“危险！严禁入内”警告牌或采取其他封闭措施					
6.3	对有可能发生硫化亚铁自燃的设备、容器必须经充分的钝化脱臭处理，并在现场配置消防水带					
6.4	《进入受限空间作业许可证》实行一点一证					
6.5	进入受限空间作业实行“三不进入”原则，即：一、没有经批准有效的《进入受限空间作业许可证》不进入；二、安全措施未落实不进入；三、监护人不在场不进入					

检修施工现场 HSSE 日检表（续）

序号	检查内容	存在问题	检查人员	整改情况	验证人	备注
6.6	作业现场配备必要的救护器具和灭火器材等					
6.7	进入受限空间作业应使用安全电压和安全行灯					
7	作业安全					
7.1	作业前进行班前安全教育和安全技术交底，作业人员清楚当天作业内容和安全风险及注意事项					
7.2	特殊工种持证上岗					
7.3	佩戴合格安全帽，并根据作业任务佩戴专用眼部、面部、手部等防护用品，高处作业人员系挂安全带					
8	收工检查					
8.1	配电系统一级箱断电，关闭气瓶角阀，能量上锁					
8.2	现场火种检查清理完毕					
8.3	清理各作业面材料和杂物等，做到工完料净场地清					
8.4	落实夜间值班、巡检人员，职责到位，检查内容明确					

附 录 E
（资料性附录）
装置停工检修工作总结模版
（设备专业）

根据公司《设备检修管理制度》规定，在装置停工检修结束后各相关单位应组织编写装置停工检修工作总结。为此，就进一步做好装置停工检修工作总结提出要求如下：

封面：

名称：××× 部 ××× 装置 ×××× 年 ×× 月停工检修工作总结

编写人：×××

审核人：×××

批准人：×××（运行部领导）

编写单位：中石化 ××× 分公司 ××× 部

编写时间：×××× 年 ×× 月

正文

（一）装置停工检修过程概述：

装置开、停工、检修过程简述，本周期装置运行起止时间。

本周期装置运行中出现的主要问题。

本次停工检修、改造内容简述，检修项目计划数（包括补充、追加），检修计划完成情况。重点检修项目情况。

开停工、检修网络执行情况。

（二）主要检修内容技术总结

反应器部分；

塔、容器部分；

加热炉部分；

冷换设备、空冷器部分；

阀门部分；

管道部分；

压缩机部分；

泵部分；

特殊阀门部分；

输送机械部分；

压力容器检验（包括缺陷返修处理）；

压力管道检验（包括缺陷返修处理）；

安全阀检验；

其他检修方面。

技术分析中要有以下内容：上次运行周期出现的问题，本次检修检查情况及采取措施；上次检修遗留问题处理情况；本周期与上周期设备隐蔽检查情况对照；重复发生问题处理方案有效性；装置系统问题；典型案例。

（三）检修计划准确性分析

（四）检修施工队伍评述

（五）材料供应评述

（六）设计质量评价

（七）检修质量评价

（八）本次检修遗留问题及预案

（九）检修管理亮点、存在的不足和下次检修需注意的问题

（十）附表

表 1　设备增加情况表

序号	位号	名称	规格型号	制造厂	数量	备注

表 2　设备拆除情况表

序号	原位号	名称	规格型号	制造厂	数量	备注

表 3　管线拆除情况表

序号	原编号	名称	规格	长度 / m	备注

表 4　设备更换情况表

序号	位号	名称	规格型号		制造厂		数量	备注
			更换前	更换后	更换前	更换后		

表 5　冷换设备检修情况表

序号	位号	名称	规格型号	抽芯清洗	试压换垫	堵管根数	管束更换

表 6　阀门检修、更换情况表（*DN*50 和 *DN*50 以上）

序号	规格型号	公称直径	检修数量	更换数量

表 7　压力容器检验情况表

序号	计划检验台数	增加变更台数	减少变更台数	实际完成台数	缺陷返修台数

表 8　压力管道检验情况表

序号	检验计划		增加变更		减少变更		实际完成	
	条数	米数	条数	米数	条数	米数	条数	米数

表 9　安全阀门检验情况表

序号	计划检验台数	增加变更台数	减少变更台数	实际完成台数

10. 硫黄回收联合装置维护检修规程

SHZ 02010—2019

目　录

前　言

本标准按照 GB/T　1.1—2009《标准化工作导则　第 1 部分：标准的结构和编写》给出的规则起草。

本规程由中国石油化工集团有限公司、中国石油化工股份有限公司提出。

本标准起草单位：中国石油化工股份有限公司茂名分公司。

本标准主要起草人：张志锋、王玉金。

本规程为 2019 年首次发布。

硫黄回收联合装置维护检修规程

1 范围

1.1 本规程规定了克劳斯硫黄回收联合装置及其主要设备、专用设备的检修周期、检修项目及质量要求、检修过程管理和日常维护的相关内容。
1.2 本规程适用于石油化工硫黄回收联合装置的维护检修管理。

2 规范性引用文件

下列文件对本文件的应用是必不可少的。凡是注日期的引用文件，仅注日期的版本适用于本文件。凡是不注日期的引用文件，其最新版本（包括所有的修改单）适用于本文件。

2.1 法律法规

中华人民共和国安全生产法
中华人民共和国特种设备安全法
压力容器安全技术监察规程
压力管道安全技术监察规程－工业管道
特种设备安全监察条例

2.2 标准与规范

GB/T 151 热交换器
GB 50727 工业设备及管道防腐蚀工程施工及验收规范
GB 50236 现场设备、工业管道焊接工程施工及验收规范
GB 50160 石油化工企业设计防火规范
TSG D7005 压力管道定期检验规则 工业管道
TSG R7001 压力容器定期检验规则
GB/T 20801 压力管道规范－工业管道
SH 3505 石油化工施工安全技术规程
GB 31570 石油炼制工业污染物排放标准

2.3 相关规定和文献

炼油企业检修管理指南（试行版）

硫黄回收联合装置操作规程

硫黄回收联合装置技术问答

3 术语与定义

下列术语和定义适用于本文件。

3.1 设备功能

设备功能指的是设备的生产效率和功能，衡量设备功能的指标随设备种类不同而异。

3.2 功能故障

设备、设施不能实现其设计功能时，称之为功能故障，定义为设备、设施不能满足期望的性能标准。一般指设备失去或降低其规定功能的事件或现象，表现为设备的某些零件失去原有的精度或性能，使设备不能正常运行、技术性能降低，致使设备中断生产或效率降低而影响生产。

3.3 A 类设备

本规程规定的 A 类设备是指经过 RCM 风险评估方法得出的因设备的功能故障引起装置停车的该装置的关键设备。

3.4 B 类设备

本规程规定的 B 类设备是指经过 RCM 风险评估方法得出的设备的功能故障虽然不引起装置的停车，但对装置的负荷、质量及可靠性具有重大影响的该装置的主要设备。

4 装置特征

本规程编写的硫黄回收联合装置是炼油企业的重要环保装置，工业上采用克劳斯工艺。

克劳斯工艺具有三高特征：自控水平高、过程总硫回收率高和效能高。

溶剂集中再生通过再生塔把上游送来的富液分离为硫化氢和贫液；

硫回收通过燃烧炉部分燃烧法生产硫黄、通过尾气三级加氢吸收再生提高硫回收率，通过尾气和硫坑废气碱洗氧化法使得尾气排放符合国家最新标准《石油炼制工业污染物排放标准》（GB 31570—2015）。

硫黄回收联合装置原则流程见图 1。

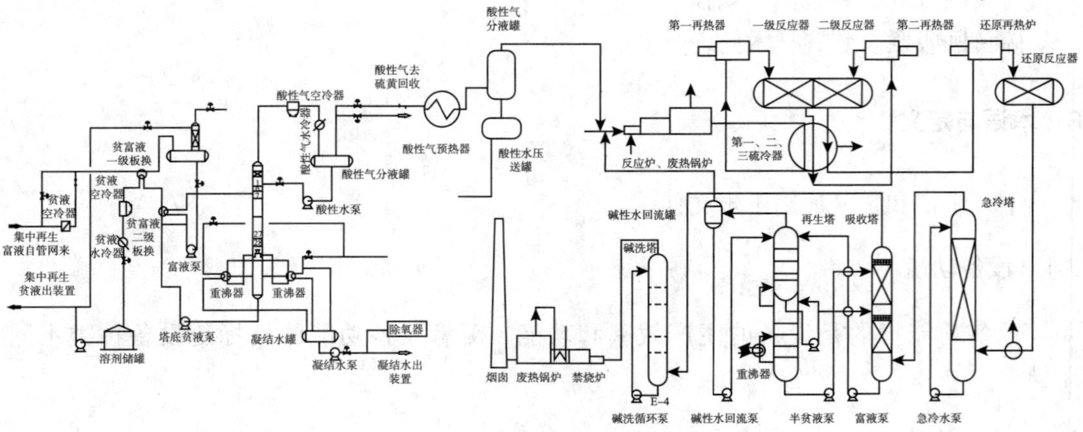

图 1　硫黄回收联合装置原则流程图

4.1　溶剂再生单元

4.1.1　溶剂再生单元的原则流程

生产原理：将系统来的富液通过蒸汽加热，脱除硫化氢和少量二氧化碳，富液变贫液（H_2S ≤ 1.2g/L）送回上游装置。同时将富液中夹带的气态烃闪蒸至气柜回收。

4.1.2　溶剂集中再生单元的工艺特性（表 1）

表 1　溶剂集中再生单元工艺特性表

序号	设备	工艺特性
1	溶剂再生塔	操作压力：0.085MPa；操作温度：140℃；设计压力：0.28MPa；设计温度：160℃；介质：贫富液、酸性气；塔型式：浮阀塔
2	富液闪蒸罐	操作压力：0.22MPa；操作温度：99℃；设计压力：0.68MPa；设计温度：140℃；介质：富液
3	塔顶回流罐	操作压力：0.07MPa；操作温度：40℃；设计压力：0.28MPa；设计温度：100℃；介质：酸性水

溶剂集中再生单元原则流程见图 2。

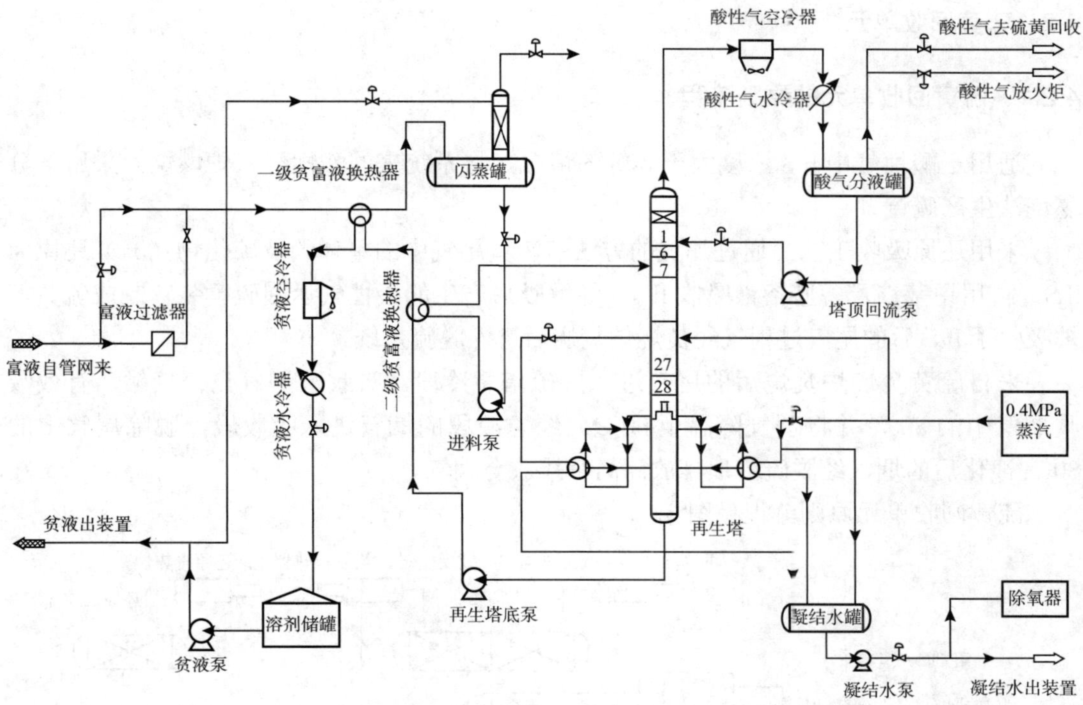

图 2　溶剂集中再生单元原则流程图

4.1.3　溶剂集中再生单元的危害特性（表 2）

表 2　溶剂集中再生单元危害特性表

危害种类	危害机理	存在部位	防范措施
硫化氢中毒	硫化氢通过呼吸系统进入人体，轻则中毒恶心呕吐，重则闪电死亡	过程气系统，瓦斯系统，富液系统，废胺液系统	1. 佩戴合适的防毒面具 2. 人员安全教育并知悉易产生中毒的部位 3. 如发生人员中毒，应将中毒人员移至上风向空气新鲜处进行抢救并联系医院治疗 4. 现场备硫化氢检测报警仪
热稳定性盐腐蚀	热稳定性盐类在溶液中显弱酸性，因此随着热稳定性盐类的不断形成，胺液的 pH 值将不断下降，增强了胺液的腐蚀性能。同时，热稳定性盐形成的固体颗粒对管线、设备内壁形成的冲刷、磨损也是造成设备腐蚀的因素	再生塔底重沸器、贫液空冷器、贫液水冷器及贫富液碳钢管线	1. 定期测厚检查； 2. 胺液净化器净化系统内的热稳定性盐，控制热稳定性盐的含量； 3. 材质升级，将碳钢改为不锈钢
堵塞	上游胺液系统夹带炭粉、淤泥等杂质进入塔盘集聚，造成塔盘或板式换热器等流速低部位堵塞	溶剂再生塔塔盘、贫富液板式换热器	严格富液过滤器的日常操作规范

4.2 硫黄回收单元

4.2.1 硫黄回收单元的原则流程

适用于酸性气中 H_2S 浓度大于 50% 的情况，将系统来的酸性气入炉燃烧，采用部分燃烧法生产硫黄。

采用还原吸收工艺，通过加氢的方法将硫黄尾气中的单体硫及硫化物（5%）还原为 H_2S，再用甲基二乙醇胺溶液吸收 H_2S，经解吸后产生的酸性气返回硫黄装置制成硫黄，被吸收了 H_2S 后的尾气过程气经焚烧炉焚烧后进入脱硫系统。

来自硫黄焚烧炉焚烧后的尾气进入脱硫塔急冷段。吸收液烟气充分接触，有效吸收烟气中的 SO_2，并将烟气降温至 60℃。经急冷段的烟气进入吸收段，脱除尾气中的 SO_2。净化后的烟气经脱硫塔顶排放筒高空排放至大气。

硫黄回收单元原则流程见图 3。

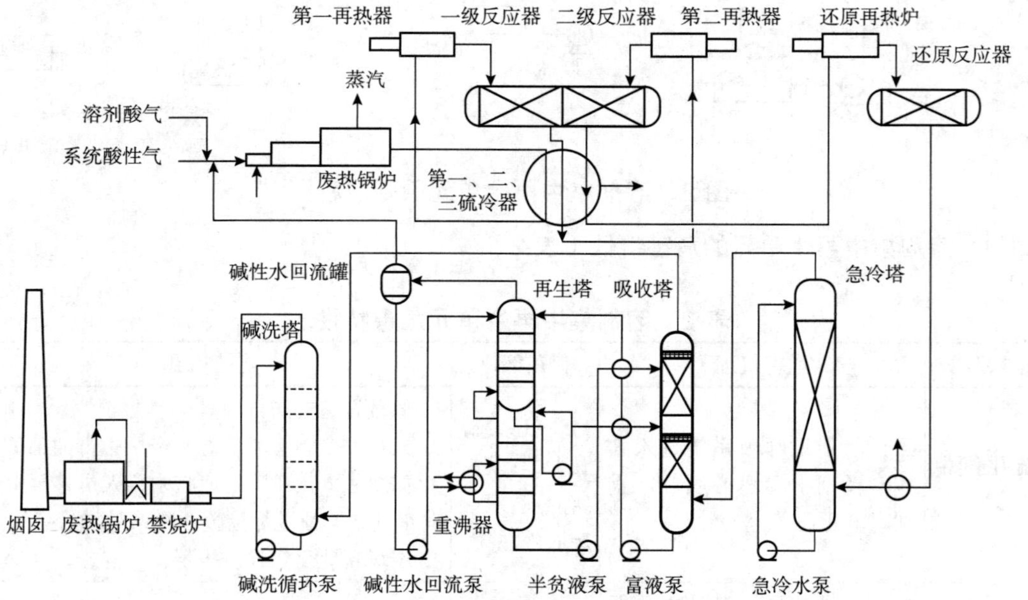

图 3　硫黄回收单元原则流程图

4.2.2 硫黄回收单元的工艺特性（表 3）

表 3　硫黄回收单元工艺特性表

序号	设备	操作压力	操作温度	设计压力	设计温度	介质 pH
1	燃烧炉	操作压力：0.08MPa；操作温度：1200℃；设计压力：0.28MPa；设计温度：1700℃；介质：酸性气				
2	净化炉	操作压力：0.06MPa；操作温度：800℃；设计压力：0.28MPa；设计温度：1700℃；介质：过程气				

表 3　硫黄回收单元工艺特性表（续）

序号	设备	操作压力	操作温度	设计压力	设计温度	介质 pH
3	焚烧炉	操作压力：0.015MPa；操作温度：500℃；设计压力：0.28MPa；设计温度：1700℃；介质：尾气				
4	第一反应器	操作压力：0.032MPa；操作温度：294℃；设计压力：0.28MPa；设计温度（壳壁）：340℃；介质：过程气				
5	第二反应器	操作压力：0.026MPa；操作温度：225℃；设计压力：0.28MPa；设计温度（壳壁）：340℃；介质：过程气				
6	加氢反应器	操作压力：0.02MPa；操作温度：324℃；设计压力：0.28MPa；设计温度（壳壁）：340℃；介质：过程气				
7	急冷塔	操作压力：0.012MPa；操作温度：50℃；设计压力：0.28MPa；设计温度：220℃；介质：尾气、急冷水；pH 值：7～9；塔型式：填料塔				
8	吸收塔	操作压力：0.008MPa；操作温度：100℃；设计压力：0.28MPa；设计温度：120℃；介质：尾气、溶剂；塔型式：填料塔				
9	再生塔	操作压力：0.12MPa；操作温度：130℃；设计压力：0.28MPa；设计温度：150℃；介质：酸性气、溶剂；塔型式：浮阀塔				
10	燃料炉汽包	操作压力：4.05MPa；操作温度：252℃；设计压力：4.5MPa；设计温度：260℃；介质：水、蒸汽				
11	硫冷器	操作压力：0.04MPa；操作温度：155℃；介质：过程气、液硫				
12	液硫夹套系统	操作压力：0.3MPa；操作温度：130℃；设计压力：1.0MPa；设计温度：300℃；介质：蒸汽				

4.2.3　硫黄回收单元的危害特性（表 4）

表 4　硫黄回收单元危害特性表

危害种类	危害机理	存在部位	应急、防范措施
硫化氢中毒	硫化氢通过呼吸系统进入人体，轻则中毒恶心呕吐，重则闪电死亡	过程气系统，瓦斯系统，富液系统，废胺液系统	1. 佩戴合适的防毒面具； 2. 人员安全教育并知悉易产生中毒的部位； 3. 如发生人员中毒，应将中毒人员移至上风向空气新鲜处进行抢救并通知医院联系治疗； 4. 现场备硫化氢检测报警仪
高温烫伤	440℃高温，人体误碰时回烫伤	蒸汽发生器、蒸汽过热器	1. 做好防烫措施； 2. 人员安全教育并知悉易产生高温烫伤的部位； 3. 如发生人员烫伤，应将烫伤人员烫伤部位涂覆烫伤药膏并通知医院联系治疗； 4. 高温部位保温铝皮覆盖

表 4　硫黄回收单元危害特性表（续）

危害种类	危害机理	存在部位	应急、防范措施
着火爆炸	瓦斯、氢气均为易燃易爆炸介质，遇明火或物体摩擦热均能发生着火爆炸	瓦斯分液罐、氢气系统	1. 做好防火措施； 2. 人员安全教育并知悉易产生着火爆炸的部位； 3. 停工前做好置换吹扫和盲板隔离工作； 4. 作业时使用防爆工具
堵塞	胺液系统夹带炭粉、淤泥等杂质进入塔盘集聚，造成塔盘或板式换热器等流速低部位堵塞	尾气再生塔塔盘、贫富液板式换热器	严格富液过滤器的日常操作规范
酸腐蚀	二氧化硫、三氧化硫溶于水中，形成酸，酸与金属发生化学反应	急冷水系统管线、急冷水空冷器、急冷水水冷器	1. 严格控制急冷系统 pH 值 7～9，特别是在开停气期间； 2. 材质升级，碳钢改为不锈钢
露点腐蚀	尾气中二氧化硫、三氧化硫溶于蒸汽中，在低温（100～150℃）部位结露成硫酸液体，对设备造成腐蚀	焚烧炉烟道管线	严格控制烟道温度
湿硫化氢腐蚀	湿硫化氢腐蚀是指液相水和硫化氢共存（或含水物在露点以下）时硫化氢所引起的腐蚀	酸性气系统管线及设备	1. 控制酸性气温度 2. 严禁酸性气带液

5　检修周期及检修项目

5.1　主要设备介绍

5.1.1　溶剂再生单元设备（表 5）

表 5　溶剂再生单元设备类型

名称	设备种类		主要设备种类	通用、专用设备检修规程的代码
转动设备	泵	离心泵	集中再生塔顶回流泵、集中再生塔底泵、集中再生贫液泵、凝结水泵、集中再生塔进料泵、溶剂泵、溶剂收集罐泵	SHS 01013
	离心式风机		集中再生塔顶空冷风机、集中再生贫液空冷风机	SHS 01022

表5 溶剂再生单元设备类型（续）

名称	设备种类		主要设备种类	通用、专用设备检修规程的代码
静设备	塔	填料塔、板式塔	集中溶剂再生塔	SHS 01007
	换热器	管壳式换热器	集中再生塔重沸器、集中再生塔顶后冷器、集中贫液后冷器	SHS 01009
		板式换热器	集中贫－富液换热器	SHS 01049
	压力容器		换热器、缓冲罐、塔	SHS 01004
	常压容器、常压储罐		溶剂收集罐、溶剂罐、0.3MPa蒸汽扩容器、除氧器、溶剂储罐	SHS 01012
	压力管道			SHS 01005
	阀门		无特殊阀门	SHS 01030
仪表设备	常规仪表	检测仪表、显示或报警仪表、控制仪表、辅助单元、执行器及其附件	流量计、液位计、变送器	SHS 07002
	控制系统	集散控制系统（DCS）、可编程控制系统（PLC）、机组控制系统（CCS或ITCC）、工业控制计算机系统（IPC）、监控和数据采集系统（SCADA）	DCS、PLC	SHS 07008
	安全仪表系统（SIS）	安全联锁系统、紧急停车系统和可燃、有毒有害气体及火灾检测保护系统		
	在线分析仪表	工业气相色谱仪、氧分析仪、红外分析仪、质谱仪、pH计、电导仪、水分仪		
	安全环保仪表	可燃气体检测报警仪、有毒有害气体检测报警仪、氨氮分析仪、化学需氧量分析仪（COD）、水质分析仪、烟气分析仪（CEMS）	可燃气体检测报警仪、有毒有害气体检测报警仪、烟气分析仪（CEMS）	SHS 07007
	特殊仪表	振动/位移检测仪表、转速控制仪表		
电气设备			高压电机	SHS06001

5.1.2 硫回收单元设备（表6）

表6 硫回收单元设备类型

名称	设备种类		主要设备种类	通用、专用设备检修规程的代码
动设备	压缩机（包括工业汽轮机）	离心式压缩机	硫黄空气压缩机、焚烧炉风机	SHS 01018
		罗茨风机	液硫脱气风机、液硫增压风机	SHS 01024
	泵	离心泵	中压锅炉给水泵、低压锅炉给水泵、液硫输送泵、酸性水泵、富液泵、精贫液泵、回流泵、半贫液泵、脱硫塔富液泵、碱液循环泵、循环水泵、废水泵、尾气碱液循环泵	SHS 01013
		往复泵	注药泵、碱液泵	SHS 01015
		齿轮泵	润滑油泵	SHS 01017
	离心式风机		急冷水空冷风机、精贫液空冷风机、硫黄再生塔顶空冷风机、半贫液空冷风机、湿式空冷风机	SHS 01022
静设备	加热炉		酸性气燃烧加热炉、尾气净化炉、尾气焚烧炉	SHS 02027
	塔	填料塔、板式塔	急冷塔、吸收塔、再生塔、尾气碱洗塔	SHS 01007
	反应器		第一、第二反应器、还原反应器	SHS 01008
	换热器	管壳式换热器	第一再热器、第二再热器、第一、二、三硫冷器、蒸汽发生器、硫黄再生塔重沸器、急冷水后冷器、半贫液后冷器、精贫液后冷器、再生塔顶后冷器、酸性气预热器、焚烧炉废热锅炉、蒸汽过热器、省煤器	SHS 01009
		板式换热器（叠片式）	半贫液-富液换热器、精贫液-富液换热器	等版本号
	压力容器		反应器、换热器、缓冲罐、分液罐、塔	SHS 01004
	压力管道			SHS 01005
	阀门		无特殊阀门	SHS 01030

表 6　硫回收单元设备类型（续）

名称	设备种类		主要设备种类	通用、专用设备检修规程的代码
仪表设备	常规仪表	检测仪表、显示或报警仪表、控制仪表、辅助单元、执行器及其附件	流量计、液位计、变送器	SHS 07002
	控制系统	集散控制系统（DCS）、可编程控制系统（PLC）、机组控制系统（CCS 或 ITCC）、工业控制计算机系统（IPC）、监控和数据采集系统（SCADA）	DCS、PLC	SHS 07008
	安全仪表系统（SIS）	安全联锁系统、紧急停车系统和可燃、有毒有害气体及火灾检测保护系统	SIS	
	在线分析仪表	工业气相色谱仪、氧分析仪、红外分析仪、质谱仪、PH 计、电导仪、水分仪	pH 计、比值分析仪	SHS 07006
	安全环保仪表	可燃气体检测报警仪、有毒有害气体检测报警仪、氨氮分析仪、化学需氧量分析仪（COD）、水质分析仪、烟气分析仪（CEMS）	可燃气体检测报警仪、有毒有害气体检测报警仪、氧含量分析仪	SHS 07007
	特殊仪表	振动 / 位移检测仪表、转速控制仪表	关键机组振动、位移检测仪表、转速控制仪表	
电气设备			高压电机	SHS06001

5.2　检修周期

5.2.1　硫黄回收联合装置检修应根据实际运行情况进行定期停车大检修，大修周期按 36～48 个月确定。

5.2.2　有备用设备的或日常可以进行检修的不列入大修项目。

5.3　检修内容

5.3.1　确定检修内容的依据

a）按法律法规要求的特种设备定期检验。

b）不符合国家安全与环境保护、节能要求的设备改造和更新。

c）对本次检修或下次检修之前已到法定检验时间的计量设施。

d）设备状况：

静设备：炉、塔、换热器、反应器、容器等设备内部因内构件损坏、结焦、积垢腐蚀等原因造成运行状况恶化、性能降低等；

转动设备：磨损、疲劳、泄漏、振动等原因造成运行状况恶化、性能降低等；

电气设备：部件老化等原因造成运行状况恶化、性能降低等；

仪表设备：部件老化等原因造成运行状况恶化、性能降低等；

日常维护消缺：日常抢修中采用带压堵漏、带压开孔等方式进行临时的项目。

e）工艺催化剂失效。

f）钢结构平台、设备基础、房屋等建构筑物老化、锈蚀等必须在停车检修期间内维修的项目。

g）安全防护设施失效。

5.3.2 检修具体内容

停车大修是对硫黄回收联合装置安全环保、长周期运行及经济效益有重大影响的设备、管线、电气仪表系统、土建及基础设施等在运行周期内将要发生的功能故障进行全面检修。其他检修是除大修外对装置局部或设备本体有经济运行影响的功能故障而进行的检修。

5.3.2.1 集中溶剂再生单元主要检修内容（表 7）

表 7 集中溶剂再生单元主要检修内容

序号	设备名称	设备功能	功能故障	检修内容	专业类别
1	集中再生富液闪蒸罐	为集中富液提供分离烃类的场所	产品分离效果达不到工艺要求，设备腐蚀泄漏或静密封泄漏	1. 拆人孔； 2. 检查人孔密封面是否损坏； 3. 检查爬梯是否损坏； 4. 检查隔油板和隔油板人孔腐蚀情况； 5. 理化检验； 6. 填料的检查清洗； 7. 填料丝网检查； 8. 器内清扫、底管口及排污阀疏通； 9. 回装人孔	A 类
2	集中溶剂再生塔	为集中富液提供分离硫化氢的场所	富液分离硫化氢失效，温度超工艺指标要求，设备腐蚀泄漏或静密封泄漏	1. 拆人孔； 2. 检查人孔密封面是否损坏； 3. 拆塔盘通道板； 4. 检查塔板各部件的结焦、污垢、堵塞情况，检查塔板、鼓泡元件和支撑结构的腐蚀变形及坚固情况。塔盘、鼓泡元件和各构件等几何尺寸应符合图纸规定；	A 类

表 7 集中溶剂再生单元主要检修内容（续）

序号	设备名称	设备功能	功能故障	检修内容	专业类别
2	集中溶剂再生塔	为集中富液提供分离硫化氢的场所	富液分离硫化氢失效，温度超工艺指标要求，设备腐蚀泄漏或静密封泄漏	5. 检查塔板上各部件（出口堰、受液盘、降液管）的尺寸是否符合图纸及标准要求； 6. 检查浮阀是否缺损，检查其灵活性，是否有卡死、变形、冲蚀等现象，浮阀孔是否有堵塞等情况； 7. 检查分配盘、喷淋装置部件的腐蚀、结垢、破损、堵塞情况； 8. 塔内清扫； 9. 回装人孔	A类
3	再生塔回流罐	保证再生塔顶酸性气的质量稳定	再生塔酸性气质量不合格，温度超工艺指标要求，设备腐蚀或静密封泄漏	1. 拆人孔； 2. 检查人孔密封面是否损坏； 3. 理化检验； 4. 器内检查、清扫，底管口及排污阀疏通； 5. 顶部丝网除沫器拆清检查； 6. 回装人孔	A类

5.3.2.2 硫回收单元主要检修内容（表 8）

表 8 硫回收单元主要检修内容和质量要求表

序号	设备名称	设备功能	功能故障	检修内容	专业类别
1	急冷塔 吸收塔	将过程气硫黄粉、炭粉脱除，净化过程气／为过程气脱离硫化氢提供场所	1. 过程气出口温度超工艺指标范围； 2. 规整填料失效； 3. 密封泄漏	1. 拆人孔； 2. 检查人孔密封面是否损坏； 3. 理化检验； 4. 检查规整填料损坏或变形情况，更换填料等； 5. 液体分布器结构或功能检查； 6. 塔底清扫、底排污管路疏通； 7. 回装人孔	A类
2	再生塔回流罐	保证再生塔顶酸性气的质量稳定	再生塔酸性气质量不合格，温度超工艺指标要求，设备腐蚀或静密封泄漏	1. 拆人孔； 2. 检查人孔密封面是否损坏； 3. 理化检验； 4. 器内检查、清扫，底管口及排污阀疏通； 5. 顶部丝网除沫器拆清检查； 6. 回装人孔	A类
3	集中溶剂再生塔	为集中富液提供分离硫化氢的场所	富液分离硫化氢失效，温度超工艺指标要求，设备腐蚀泄漏或静密封泄漏	1. 拆人孔； 2. 检查人孔密封面是否损坏； 3. 拆塔盘通道板	A类

表 8　硫回收单元主要检修内容和质量要求表（续）

序号	设备名称	设备功能	功能故障	检修内容	专业类别
3	集中溶剂再生塔	为集中富液提供分离硫化氢的场所	富液分离硫化氢失效，温度超工艺指标要求，设备腐蚀泄漏或静密封泄漏	4. 检查塔板各部件的结焦、污垢、堵塞情况，检查塔板、鼓泡元件和支撑结构的腐蚀变形及坚固情况。塔盘、鼓泡元件和各构件等几何尺寸应符合图纸规定； 5. 检查塔板上各部件（出口堰、受液盘、降液管）的尺寸是否符合图纸及标准要求； 6. 检查浮阀是否缺损，检查其灵活性，是否有卡死、变形、冲蚀等现象，浮阀孔是否有堵塞等情况； 7. 检查分配盘、喷淋装置部件的腐蚀、结垢、破损、堵塞情况； 8. 塔内清扫； 9. 回装人孔	A 类
4	在线还原炉	为斯科特还原反应器提供热能，确保在加热炉出口温度达到工艺指标，提供还原气体	炉出口介质温度达不到生产要求，烟气排放达不到环保要求，静密封泄漏	1. 拆人孔； 2. 检查人孔密封面是否损坏； 3. 衬里检查刚度和完好性； 4. 燃烧器火焰检测系统检查、调试； 5. 炉头各保护风管口畅通检查； 6. 挡火盘、火嘴清扫检查； 7. 炉内清扫，各管口疏通； 8. 回装人孔	A 类
5	酸性气燃烧炉	为硫化氢氧化反应器提供场所	炉内氧化反应不足，酸性气反应不充分，静密封泄漏	1. 拆人孔； 2. 检查人孔密封面是否损坏； 3. 衬里检查刚度和完好性； 4. 燃烧器火焰检测系统检查、调试； 5. 炉头各保护风管口畅通检查； 6. 挡火盘、火嘴清扫检查； 7. 炉内清扫，各管口疏通； 8. 回装人孔	A 类
6	尾气焚烧炉	为硫化氢氧化反应器提供场所	炉内氧化反应不足，硫化氢反应不充分，静密封泄漏	1. 拆人孔； 2. 检查人孔密封面是否损坏； 3. 衬里检查刚度和完好性； 4. 燃烧器火焰检测系统检查、调试； 5. 炉头各保护风管口畅通检查； 6. 挡火盘、火嘴清扫检查； 7. 炉内清扫，各管口疏通； 8. 回装人孔	A 类

表 8　硫回收单元主要检修内容和质量要求表（续）

序号	设备名称	设备功能	功能故障	检修内容	专业类别
7	第一级反应器 第二级反应器 还原反应器	为硫化氢和二氧化硫催化反应提供场所	反应温度超工艺指标要求，损坏催化剂，静密封泄漏	1. 拆人孔； 2. 检查人孔密封面是否损坏； 3. 检查催化剂活性； 4. 撇头或更换催化剂； 5. 检查反应器内部丝网损坏情况； 6. 回装人孔	A类
8	液硫池	液硫脱除硫化氢，保持液硫温度	液硫脱硫化氢效果不好，液硫温度达不到工艺要求	1. 伴热盘管蒸汽保压试漏； 2. 池内混凝土结构完好性检查； 3. 池内防水性能检查	A类
9	液硫夹套伴热系统管线	保持液硫温度，保持液硫流动性。	液硫温度达不到工艺指标要求	1. 蒸汽夹套伴热试漏； 2. 蒸汽夹套畅通性检查	B类
10	主燃烧炉废热锅炉 焚烧炉废热锅炉 省煤器	回收热量	管束泄露，静密封面外漏	1. 拆人孔； 2. 检查人孔密封面是否损坏； 3. 管束水压试漏； 4. 汽包内构件的检查； 5. 理化检验； 6. 回装人孔	A类
11	硫冷器	冷却硫蒸汽	管束泄露，静密封面外漏	1. 拆人孔； 2. 检查人孔密封面是否损坏； 3. 碱液喷淋管板中和； 4. 管束水压试漏； 5. 理化检验； 6. 器内耐热衬里检查、清扫，耐热衬里修复； 7. 回装人孔	A类
12	尾气捕集器	捕集硫蒸汽	液硫捕集效果不好，导致尾气排放不达标	1. 拆人孔； 2. 检查人孔密封面是否损坏； 3. 除沫器丝网检查； 4. 器内加热盘管试漏； 5. 理化检验； 6. 器内检查、清扫、疏通； 7. 回装人孔	A类
13	第一再热器 第二再热器	过程气升温，达到催化反应温度	加热效果达不到催化反应温度	1. 拆头盖； 2. 头盖密封面检查； 3. 壳体理化检验； 4. 管束水压试漏、高压清洗； 5. 管束腐蚀检查； 6. 回装头盖	A类

6 装置检修管理

6.1 装置检修前准备工作

6.1.1 装置检修前，参检单位要做好检修作业指导书、施工方案、检修图纸、现场施工平面布置图等各类资料的准备及审核，相关检修资料最终经业主方审批确认后方可实施。大修主要工作统筹详见表 9：

表 9 大修主要工作统筹表

工作内容	大修前完成日期
成立大修组织机构	前 14 个月
确定大修时间及大修装置	前 13 个月
编制大修具体工作统筹	前 12 个月
确定大修主要项目	前 12 个月
下达大修工程长周期材料	前 12 个月
下达大修计划（含材料计划）	前 11 个月
投资项目立项	前 16 个月
投资项目委托设计	前 15 个月
下达投资项目长周期设备、材料订货	前 14 个月
完成投资项目施工图的设计，下达常规材料计划	前 9 个月
审定重大项目方案	前 7 个月
审定通用设备检修方案	前 6 个月
审定装置开停车工艺方案	前 9 个月
审定质量控制方案	前 6 个月
制定大修安全管理方案	前 5 个月
大型机具调查	前 6 个月
专用工具清查	前 7 个月
审定施工统筹	前 6 个月
合同范围、大修标段的划分、招标方案的确定	前 10 个月
合同谈判、招标	前 8 个月
签订大修合同	前 6 个月
材料存放及预制地点设定	前 5 个月
大修材料领取	前 2 个月
现场搭脚手架	前 2 个月

表 9　大修主要工作统筹表（续）

工作内容	大修前完成日期
施工单位人员、机具进场	前 1 个月
大修现场布置	前 1 个月
大修实施	正常检修
大修资料归档	后 1 个月
大修项目费用结算	后 3 个月
大修工作总结	后 1 个月

6.1.2　进入检修现场的各类施工机具、器具，必须是合格的、适用的，必须有检定合格证和标记，并在有效期内使用，严禁使用未经校验的机具。进场前，所有自检合格并贴有自检合格证的施工机具，要列出汇总清单上交给业主方，并经业主方检验后方可使用。

6.1.3　进入现场的检修耗材、配件等，必须附有质量证明文件，并在指定的地点规范存放。在安装、使用各类检修材料前，应对材料的外观质量进行检查确认，参检单位要做到领用材料检验有见证、验收有记录。

6.1.4　参检单位的所有施工人员，必须具备相应的作业资质，检修前须做好检修方案、技能方面的培训，熟悉检修项目的特点，严格按检修方案进行施工。同时，施工人员必须进行业主方相关专业条线的教育培训，对无相应作业资质、未经教育培训或考核不合格的人员，一律不得上岗作业。

6.2　工艺交出检修条件

6.2.1　在装置交付检修前，由生产管理部和安全环保部门组织相关单位召开安全验收会，检查确认设备容器人孔拆卸、盲板加装、容器内采样分析、停电、下水井封堵等工作，经相关部门签字确认后，由装置开具用火、用电、进入受限空间等相关票证，进入检修状态。工艺交出要具备以下条件：

a）装置所有盲板按照盲板图、表安装、编号、挂牌并经工艺员、设备员、安全员已签名确认；

b）PID 图上所有系统、管线得到置换处理并做好标识；

c）系统内设备、管线按规定进行吹扫和置换，取样分析合格；

d）下水井取样分析合格，存油清理干净，排水畅通，水封完好；

e）下水井和漏斗口用石棉布盖好，并用沙土封严；

f）系统内设备人孔打开前的确认；打开的设备人孔处挂上“未经许可，禁止入内”警示牌；

g）制定停工安全、环保措施和工作危害分析记录表（JSA）；

h）装置内分析不合格点挂标识，储存物料区标识、硬隔离；

i）制定检修中防硫化亚铁自燃方案；

j）指定具有监护人资格的人员负责动火、进设备等作业的监护。

装置停工交付检修确认表见附录A。

6.2.2 装置单元交出检修特殊要求

a）装置交出时，在拆开硫冷器头盖时，要求使用弱碱性溶液喷淋管板，以防止酸腐蚀，损坏管板。

b）液硫池如无倒空，需给伴热盘管通蒸汽，以保护液硫池蒸汽盘管不被热胀冷缩而拉裂。倒空时，可以全停液硫池盘管伴热蒸汽。

6.3 检修过程安全环保管理总体要求

6.3.1 安全管理总体要求

a）装置检修的安全管理，坚持“安全第一、预防为主、综合治理”的方针和“谁主管，谁负责”“谁签发，谁负责”的原则，坚持以人为本、落实责任、强化监管，按属地化管理原则。对于人数少新企业要求外聘第三方HSSE监管，对于人数多的老企业或自身能力能够满足要求的老企业，可根据需要由企业自行决定是否外聘第三方HSSE监管。第三方HSSE监管纳入HSSE管理体系。

b）各级指挥部的安全环保消防组应按指挥部管理体系要求承担相应的管理责任。

c）承包商应建立健全安全管理体系，分包商的安全管理工作由总承包商负总责。

d）安全监督管理部门对检修过程的安全管理工作进行监督检查，指挥部的安全环保消防组负责施工过程安全检查管理。运行部负责所在区域的施工项目配合和现场安全监督检查。

6.3.2 环保管理总体要求

装置停工检修改造环保管理总体要求是：密闭吹扫，有序排放，清洁停工，安全处置，达标排放。为做好停工和检修期间的环保工作，停工装置要落实密闭吹扫及除臭方案，对排放污水、吹扫尾气放空、工业废物处置应进行预申报，排放时必须做到先检测后排放，主管部门根据监测结果确定处理方式。对于化学清洗等产生的废水，项目管理部门在与清洗单位签订合同前要明确废水处理相关责任及要求。

6.4 检修质量管理

总体要求：成立检修质量管理组织机构，明确管理职责，建立质量管理程序文件。

a）对承包商资质、人员、机具等进行审查。

b）通过组织设计审查，确保设计质量。

c）物资采购管理部门组织对采购物资进行入库检验并对重点物资进行监造。

d）在施工过程中组织对检验检测的质量进行抽查。

6.5 变更管理

6.5.1 检修过程要加强变更管理，建立健全变更管理制度和工作流程，采取措施减少变更数量。原则上没有经过各级部门同意的变更不允许在检修中执行。

6.5.2 项目变更控制主要内容

a）对于试用产品、设备备件结构形式改变、材质升级要充分识别，要有专门技术论证审批过程，审批时要加强相关专业沟通确认；

b）所有变更应事前发起，只有当变更得到批准后，才可组织实施。项目变更由变更提出单位发起申请并填写“变更申请单”，按照各企业相关制度规定的权限办理审批手续；

c）对于因材料找价差导致的超费用计划，需要补办变更手续；

d）对于不涉及费用计划的变更，如项目名称、版本号、承包商、施工方案、施工进度等也需办理相应的变更手续；

e）对于结算费用高于非包干合同标的按各企业管理制度执行变更；

f）投资类项目的变更参照各企业“固定资产投资过程控制管理规定”执行。

6.6 装置检修交回条件

6.6.1 装置检修交回确认主要内容：

a）装置开工人员及开车保镖人员配备落实；

b）技术、原辅材料、动力、备品备件等方面的准备；

c）队伍技术状态、开工方案学习落实情况；

d）现场规格化情况；

e）工艺和设备联锁仪表校验情况；

f）HSE 措施落实情况；

g）盲板拆除清单、技术准备情况；

h）机、电、仪、公用工程、储运、质检等相关专业准备情况；

i）停工临设拆除、施工尾项整改情况等。

6.6.2 该装置相关的工艺特性要求

装置检修交回开工确认表见附录 B。

6.7 检修后期管理

6.7.1 资料交付

承包商应在检修项目结束后 30d 内将交工资料完整地交给使用单位，资料包含内容如下：

竣工图纸，施工技术方案，吊装方案，施工组织设计；施工技术记录，试压记录，中间工序验收单，隐蔽工程验收单，拆检回装记录，发现问题与修复记录，设备开箱资料，设备封闭记录；设备、材料、管道附件、配件的合格证明书及质量保证书，理化检验资料，衬里、防腐、保温施工技术记录及检验报告。

6.7.2 检修总结

装置检修结束后，要对检修改造工作进行总结，对好的做法进行总结、提炼，固化这些经验，指导今后检修改造工作；对总结检修改造中存在的问题，分析原因，完善措施，不断提高管理水平。

装置停工检修改造工作总结模板见附录I。

6.8 新的检修技术和检修方法介绍

7 装置日常维护

7.1 日常巡检

包括操作工的日常巡检和专业人员（设备管理人员、专业维保人员、电仪专业人员）的日常点检。

7.2 日常维护

装置日常维护的基本内容包括：设备维护保养、设备检查和设备修理。

7.2.1 设备维护保养

设备维护保养的内容是保持设备清洁、整齐、润滑良好、安全运行，包括及时紧固松动的紧固件，调整活动部分的间隙等。简言之，即“清洁、润滑、紧固、调整、防腐”十字作业法。维护保养依工作量大小和难易程度分为装置操作工保养、专职保养维修工的保养。

7.2.1.1 装置操作工保养

其主要内容是：进行清洁、润滑、紧固易松动的零件，检查零件、部件的完整。这类保养的项目和部位较少，大多数在设备的外部，一般由装置操作工人承担。

7.2.1.2 专职保养维修工的保养

主要内容包括对设备内部清洁、润滑、局部解体检查和调整，必要时对达到规定磨损限度的零件加以更换。此外，还要对主要零部件的磨损情况进行测量、鉴定和记录。具体标准执行通用设备的检修规程。

在两种维护保养中，装置操作工保养是基础，专职保养维修工的保养是关键。

7.2.2 设备检查和设备修理

设备检查按时间间隔分为日常检查和定期检查。

日常检查由操作人员执行，同操作工的保养结合起来，目的是及时发现不正常的技术状况，进行必要的维护保养工作。

定期检查是按照计划，在操作工参加下，定期由专职维修工执行，也就是预防性检查维修。目的是通过检查，全面准确地掌握零件磨损的实际情况，以便确定是否有进行修理的必要。

由于硫黄回收联合装置黏度高和腐蚀性强，设备容易出现的故障模式有管线被腐蚀减薄穿孔、换热管容易堵塞致使换热失效、阀门腐蚀失效内漏、容器内部被腐蚀减薄、机泵的外壳冲刷腐蚀效率降低、过滤器容易堵塞失效等。

硫黄回收联合装置正常生产时，经常发生的故障设备通常有以下设备，具体见表10。

表10　硫黄回收装置日常维护表

设备类型	故障类型	处理方法
硫封	堵塞	吊出高压清洗
	夹套穿孔	吊出修补或更换
贫富液过滤器	压差高	更换滤袋
	头盖泄漏	把紧头盖或更换垫片
	压差长时间不升	更换滤袋
贫富液板式换热器	换热效果不好	化学清洗
第一、二反应器	反应器飞温	调整燃烧炉配风，反应器注氮、注蒸汽
	催化剂积硫、硫酸化	催化剂再生操作

附 录 A
（资料性附录）
装置停工交付检修确认表

<table>
<tr><td></td><td>记录编号</td><td></td><td colspan="2">使用单位</td><td colspan="3"></td></tr>
<tr><td colspan="2">停工检修单位</td><td></td><td>装置</td><td></td><td>时间</td><td colspan="2">年 月 日</td></tr>
<tr><td>单位</td><td colspan="2">确认内容</td><td colspan="3">存在问题</td><td>确认意见</td><td>确认人</td></tr>
<tr><td>停工单位</td><td colspan="2">1. 装置与系统是否有效隔离并提供对应的盲板表？
2. 是否有专用氮气线，是否专用？
3. 管线及容器是否吹扫干净并提供吹扫作业确认表？
4. 容器及塔测爆及氧含量是否合格？
5. 风险系数较大的作业是否进行危害识别分析？
6. 对塔、容器仪表监控手段是否保留？
7. 动火作业项目是否上墙？
8. 对本单位、施工单位参加检修的人员安全教育并考试是否进行？
9. 明沟、地面上是否有油？清污分流设施是否投用？
10. 对装置内电缆沟是否作出明显标志？
11. 设备、容器、管道是否全部打开并在设备人孔处挂“危险空间！严禁入内”的警示牌？
12. 检修现场下水井、地漏、明沟是否封闭，泵沟等是否建立水封？
13. 检修设备是否停电？</td><td colspan="3"></td><td></td><td></td></tr>
<tr><td>电气部</td><td colspan="2">1. 是否已按用电单位停送电要求实施停送电？
2. 参加大修的电气作业人员是否进行电工作业资格的确认和相应的安全教育？
3. 其他：</td><td colspan="3"></td><td></td><td></td></tr>
<tr><td>仪控部</td><td colspan="2">1. 对本单位、施工单位参加检修的人员安全教育并考试是否进行？
2. 机柜间运行装置的机柜与检修的区域是否采用明显有效的隔离措施？
3. 仪表吹扫排放中相关安全环保措施是否明确落实？
4. 放射线同位素仪表停工检修防护措施是否落实？</td><td colspan="3"></td><td></td><td></td></tr>
</table>

装置停工交付检修确认表（续）

<table>
<tr><td></td><td>记录编号</td><td></td><td colspan="2">使用单位</td><td colspan="3"></td></tr>
<tr><td colspan="2">停工检修单位</td><td></td><td>装置</td><td></td><td>时间</td><td colspan="2">年　月　日</td></tr>
<tr><td>单位</td><td colspan="2">确认内容</td><td colspan="3">存在问题</td><td>确认意见</td><td>确认人</td></tr>
<tr><td>仪控部</td><td colspan="2">5. 工器具是否进行相关安全检查？
6. 重大作业项目是否编写施工作业方案和进行危害识别与评价？
7. 高处作业的脚手架是否搭设妥当并验收合格？
8. 每项作业施工是否具有合格的施工检修作业票？相关安全措施是否落实到位？
9. 劳保用品穿戴是否符合要求？
10. 检修质量和检修内容是否符合要求？</td><td colspan="3"></td><td></td><td></td></tr>
<tr><td>消防部门</td><td colspan="2">1. 现场消气防器材是否齐全、完好？
2. 消防、疏散通道是否符合要求？
3. 其他</td><td colspan="3"></td><td></td><td></td></tr>
<tr><td rowspan="2">生产部门</td><td>技术科</td><td>1. 检查吹扫作业票的确认签名是否落实？
2. 现场检查盲板是否按方案和盲板清单进行安装？
3. 检查瓦斯、氮气和工艺介质等物料在装置边界是否进行有效隔离？
4. 催化剂、保护剂、胺液或按方案不退的介质是否按方案要求进行了有效安全隔离？</td><td colspan="3"></td><td></td><td></td></tr>
<tr><td>管理科</td><td>1. 检查配合外系统的吹扫是否已满足要求可以停运？
2. 其他</td><td colspan="3"></td><td></td><td></td></tr>
<tr><td>机动部门</td><td>设备科</td><td>1. 已按停工方案要求抽堵盲板，且要做好明显标记，并指定专人统一编号登记，严防漏堵、漏拆。盲板的材质、厚度符合安全要求。
2. 与炉、塔、容器相连的蒸汽、氮气等有害介质的阀门，已加盲板隔离。
3. 未经吹扫处理的设备、容器、管道已与系统隔离，设置明显警示标志，并向职工和施工单位交底。
4. 冬季停工，装置要做好防冻防凝工作</td><td colspan="3"></td><td></td><td></td></tr>
</table>

装置停工交付检修确认表（续）

<table>
<tr><td></td><td>记录编号</td><td></td><td colspan="2">使用单位</td><td colspan="3"></td></tr>
<tr><td colspan="2">停工检修单位</td><td></td><td>装置</td><td></td><td>时间</td><td colspan="2">年　月　日</td></tr>
<tr><td>单位</td><td colspan="2">确认内容</td><td colspan="3">存在问题</td><td>确认意见</td><td>确认人</td></tr>
<tr><td>机动部门</td><td>动力科</td><td>1. 变配电所内电气安全用具、消防器材已检查并在有效期限内；
2. 变配电所内的工器具已检查合格；
3. 电气现场检修动力箱（固定）、临时变已检查合格；
4. 配送电单位、施工单位参修人员已经安全教育并考试合格；
5. 外来人员已经安全教育并考试合格。
6. 工艺要提供装置停工后仍需使用的仪表清单；
7. 电气专业提供停工期间停电网络，仪表提前准备</td><td colspan="3"></td><td></td><td></td></tr>
<tr><td rowspan="3">安环部门</td><td>管理科</td><td>1. 对本单位、施工单位参加检修的人员安全教育并考试是否进行？
2. 其他</td><td colspan="3"></td><td></td><td></td></tr>
<tr><td>环保科</td><td>1. 明沟、地面上是否有油？清污分流设施是否投用？
2. 其他</td><td colspan="3"></td><td></td><td></td></tr>
<tr><td>安全科</td><td>1. 现场固定式可燃气体报警仪、H2S报警仪等探头是否进行妥善保护？
2. 对装置内电缆沟是否作出明显标志？
3. 设备、容器、管道是否全部打开并在设备人孔处挂“危险空间！严禁入内”的警示牌？
4. 检修现场下水井、地漏、明沟是否封闭，泵沟等是否建立水封？
5. 打开的设备、容器、管道测爆分析是否合格？
6. 运行的装置与检修的区域必须采用明显有效的隔离措施？存在工艺介质的工艺管线是否作出标志？
7. 其他</td><td colspan="3"></td><td></td><td></td></tr>
<tr><td colspan="2">领导意见</td><td></td><td colspan="3"></td><td></td><td></td></tr>
</table>

附 录 B
（资料性附录）
装置检修交回开工确认表

	中国石油化工股份有限公司 ×××× 分公司管理体系			
	装置检修交回开工确认表			
	记录编号	使用单位		
开工装置		时间	年 月 日	
单位	要求	存在问题	确认意见	确认人
施工单位	1. 检修项目以及改造项目已施工完成，并验收合格。 2. 施工用临时设施已全部拆除；现场清洁、无杂物。 3. 除用于开工查漏、热紧用的架子保留外，其他架子、跳板均拆除。 4. 设备、管线等保温复位。 因检修拆除的劳动保护、照明设施已恢复。 5. 塔器设备、安全阀、现场仪表、管线等均已复位			
项目所属单位	1. 设备位号和管道介质名称、流向标示齐全。 2. 检查现场设备、管线、保温等安装符合规范，试用情况正常。 3. 机组等设备联锁试验正常。 工艺联锁试验正常。 4. 盲板拆、装清单已确认。 装置吹扫、试压通过。 5. 现场消防、气防器材及岗位工器具配齐、现场环保设施投用。 6. 开工化工原材料准备完毕。备品配件齐全			
电气部	1. 变电所已正常投用，高低压电送电正常。 2. 现场电气设备如电动阀、电加热器、电机等试运正常。 3. 现场照明等恢复正常			
仪控部	1. 现场仪表调试、DCS 调试、联校正常。 2. 配合工艺、设备的联锁调试已完成			
公用工程部	循环水、新鲜水、蒸汽、仪表风／工厂风、氮气等公用介质供应正常			
储运部	储运系统已具备正常供料以及接收产品条件			
化验部门	现场采样器已复位正常。 分析项目已具备分析条件			

装置检修交回开工确认表（续）

	中国石油化工股份有限公司 ×××× 分公司管理体系				
	装置检修交回开工确认表				
	记录编号		使用单位		
开工装置			时间	年 月 日	
单位	要求		存在问题	确认意见	确认人
消防部门	现场消气防器材齐全、完好。 消防、疏散通道符合要求				
安环部门	环保	1. 现场环保设施，如清污分流设施等已投用。 2. 后续环保装置具备接收物料条件			
安环部门	安全	1. 现场固定式可燃气体报警仪、H_2S 报警仪等已投用。 2. 拟开工装置与临近的检修区域已采用明显有效的隔离措施。 3. 现场安全设施如平台围栏、护栏等符合要求，现场无容易坠落物品。 4. 如有零星动火项目，火票需升级			
工程管理部门	负责的改造项目已施工完成、并验收合格				
机动部门	设备科	检修项目已完成，并验收合格。 保运工作已落实			
	动力科	1. 电气、仪表检修改造项目已完成，并投用正常。 2. 电气现场检修动力箱、临时变已拆除			
生产部门	技术科	1. 开工方案已审批完成。 2. 盲板已按方案和盲板清单进行安装。 3. 开工用化工原材料已落实。 4. 其他专项方案已落实或审批			
	管理科	1. 外围的公用、储运系统以及相关装置已可支持装置开工。 2. 开工用原料已落实			
人教部门		操作人员已经过学习、培训，并考试合格			
项目所属单位领导意见		签名：	公司意见	签名：	

附　录　C
（资料性附录）
物资紧急需求计划审批表

记录编号			使用单位		
序号	物料编码	物资名称及规格型号	数量及单位	大修及工程项目相关信息	紧急需求原因说明
需求单位经办人签名： 电话： 年　月　日	需求单位负责人签名 （公章） 年　月　日	业务主管单位领导签字： 年　月　日		公司分管领导签字： 年　月　日	物资采购部门登记签字： 年　月　日

附　录　D
（资料性附录）
检修施工现场 HSE 日检表

序号	检查内容	存在问题	检查人员	整改情况	验证人	备注
1	临时用电					
1.1	配备合格的持证电工					
1.2	配电箱合格、有防雨措施，按要求标识并上锁					
1.3	配电系统执行“三相五线制”，符合“三级配电二级保护”要求，安装匹配的漏电保护器，漏保动作灵敏好用，并进行日常试验和记录					
1.4	电缆及接头无破损，绝缘良好；铺设规范，走向清晰，标识明确					
1.5	用电严格执行“一机一闸一保护”					
1.6	按要求配置保护零线和工作零线，工作接地和重复接地完好					
1.7	安全电压符合作业环境要求					
1.8	使用工业插头、插座					
2	施工机具					
2.1	各种机具设备安全要求进行定期检查，确保完好					
2.2	设有机械保护装置（如转动设备等）的设备，保护装置处于完好状态					
2.3	用电机具、设施接地完好					
2.4	配备与作业要求相匹配的劳动防护用品					
2.5	空气压缩机压力表、安全阀等在检验期内并处于完好状态，高压气管和软管固定连接可靠					
2.6	气瓶垂直放置，瓶体固定可靠；气瓶分类摆放并保持安全距离，防护措施到位，气瓶阻火器、压力表等安全附件完好，气管无老化破损，连接可靠					
3	脚手架					

检修施工现场 HSE 日检表（续）

序号	检查内容	存在问题	检查人员	整改情况	验证人	备注
3.1	脚手架搭设人员是专业架子工，并持证上岗。搭设人员按要求着装，配备五点双大钩安全带					
3.2	编制脚手架搭设方案，进行安全技术交底并有记录					
3.3	按规范要求搭设脚手架，且有良好的整体稳固性					
3.4	搭设和拆除过程必须有专人监督，周边设置警戒区					
3.5	连墙件设置可靠，各节点扣件扭矩力符合要求					
3.6	通道、护栏、腰杆、踢脚板等符合要求					
3.7	作业面满铺跳板，无孔洞，跳板可靠固定且无探头板					
3.8	作业面临时放置的材料等在允许荷载范围内，严禁超载荷；放置必须稳固，无坠物风险					
3.9	脚手架搭设完成验收合格挂牌使用					
3.10	消防设施保持完好，灭火器和消防水桶按要求配置					
3.11	消防安全通道保持畅通					
3.12	用火作业前，清理周边易燃物，采取接火措施					
4	起重					
4.1	编制了吊装方案、进行交底并有记录					
4.2	起重设备操作人员、司索、指挥持有效证件					
4.3	起重机械证照齐全有效					
4.4	起重机械安全设施、附件完好					
4.5	机索具检查完好，钢丝绳无磨损，连接可靠，绳卡数量和间距满足要求					
4.6	吊装作业半径设置了警戒区，禁止无关人员入内					
4.7	吊装前进行评估，确保在额定起升载荷范围内进行起重作业，不得超载					

检修施工现场 HSE 日检表（续）

序号	检查内容	存在问题	检查人员	整改情况	验证人	备注
4.8	吊车支腿符合要求					
4.9	吊物捆绑符合要求，使用溜绳					
4.10	吊装作业天气、环境、风力等符合要求					
5	焊接、气割					
5.1	设备接地完好					
5.2	焊把线无破损，连接器完好					
5.3	有专人监护，接火、防火措施到位					
5.4	可燃性气瓶与胶管连接完好，无漏气，气瓶有阻火器					
5.5	现场气瓶与明火源保持安全距离					
6	受限空间					
6.1	对所要进行作业的受限空间进行吹扫、蒸煮、置换，并分析合格。所有与受限空间相连接的管线、阀门应进行有效隔离，盲板处应挂标识牌，并经工艺技术人员签字确认					
6.2	出入口内外不得有障碍物，在受限空间入口处设置“危险！严禁入内”警告牌或采取其他封闭措施					
6.3	对有可能发生硫化亚铁自燃的设备、容器必须经充分的钝化脱臭处理，并在现场配置消防水带					
6.4	《进入受限空间作业许可证》实行一点一证					
6.5	进入受限空间作业实行“三不进入”原则，即：一、没有经批准有效的《进入受限空间作业许可证》不进入；二、安全措施未落实不进入；三、监护人不在场不进入					
6.6	作业现场配备必要的救护器具和灭火器材等					
6.7	进入受限空间作业应使用安全电压和安全行灯					
7	作业安全					

检修施工现场 HSE 日检表（续）

序号	检查内容	存在问题	检查人员	整改情况	验证人	备注
7.1	作业前进行班前安全教育和安全技术交底，作业人员清楚当天作业内容和安全风险及注意事项					
7.2	特殊工种持证上岗					
7.3	佩戴合格安全帽，并根据作业任务佩戴专用眼部、面部、手部等防护用品，高处作业人员系挂安全带					
8	收工检查					
8.1	配电系统一级箱断电，关闭气瓶角阀，能量上锁					
8.2	现场火种检查清理完毕					
8.3	清理各作业面材料和杂物等，做到工完料净场地清					
8.4	落实夜间值班、巡检人员，职责到位，检查内容明确					

附 录 E
（资料性附录）
隐蔽工程验收记录

<table>
<tr><td colspan="2">工程名称</td><td></td><td>建设单位</td><td></td></tr>
<tr><td colspan="2">施工单位</td><td></td><td>监理单位</td><td></td></tr>
<tr><td colspan="2">验收单位</td><td></td><td>验收单位</td><td></td></tr>
<tr><td>隐蔽检查
内容</td><td colspan="4"></td></tr>
<tr><td>验收意见</td><td colspan="4"></td></tr>
<tr><td rowspan="3">施工单位</td><td>专业负责人</td><td></td><td rowspan="3">建设（监理）单位</td><td rowspan="3">监理工程师

（建设单位专业负责人）
年 月 日</td></tr>
<tr><td>专业技术员</td><td></td></tr>
<tr><td>质量检查员</td><td></td></tr>
</table>

附　录　F
（资料性附录）
设备检修验收记录表

设备名称		验收编号：
验收项目	验收内容	验收结果
设备基础		
机械性能		
电气		
仪表		
安全装置		
验收结论		
验收人员（签字）		
	验收日期：　　年　　月　　日	

附　录　G
（资料性附录）
设备开箱检验记录表

<table>
<tr><td colspan="6">设备开箱检验记录表</td></tr>
<tr><td>工程名称</td><td colspan="3"></td><td></td><td>编号：</td></tr>
<tr><td>设备名称</td><td colspan="3"></td><td>产品合同号</td><td></td></tr>
<tr><td>规格型号</td><td colspan="3"></td><td>出厂日期</td><td></td></tr>
<tr><td>装箱单号</td><td></td><td>检验数量</td><td></td><td>开箱日期</td><td></td></tr>
<tr><td colspan="5">检查内容及规范标准要求</td><td>检查结果</td></tr>
<tr><td>包装情况</td><td colspan="4">零部件应按类别及装箱单完好地装入箱内，并应垫平、卡紧、固定，精密加工、表面装饰的部件应防止相对移动。包装及密封应完好，规格应符合设计要求，附件、设备齐全，外观完好。设备、材料、零部件无损伤、锈蚀及其他异常情况</td><td></td></tr>
<tr><td>随机文件</td><td colspan="4">1. 文件目录；2. 装箱清单；3. 产品合格证；4. 有关图纸；5. 使用维护说明书；6. 电气原理图、接线图及其符号说明；7. 安装图；8. 安装（调试）说明书；9. 易损件目录</td><td></td></tr>
<tr><td>机械部件</td><td colspan="4">1. 产品名称、型号；2. 出厂编号；3. 标准编号；4. 质量等级标志；5. 厂名、商标；6. 出厂日期</td><td></td></tr>
<tr><td>电气部件</td><td colspan="4">电动机、控制柜等各种电气部件应装入防潮箱内，必须存放室内。控制柜标牌应标明：型号、规格。制造厂名称及其识别标志或商标</td><td></td></tr>
<tr><td>进口设备</td><td colspan="4">应有进口货物报关单、商检合格证书以及国标准化组织认证的产品证书、产品检验标准和有关资料。产品各部件的标志、标识、须知、说明等，均应该清晰、易懂、耐用，并使用中文说明等文件</td><td></td></tr>
<tr><td>处理意见</td><td colspan="4"></td><td></td></tr>
<tr><td>签字栏</td><td colspan="2">建设（监理）单位：

专业监理工程师：

年月日</td><td colspan="2">供应单位：

供货人：

年月日</td><td>安装施工单位：

验收人：

年月日</td></tr>
<tr><td colspan="6">本表由安装施工单位填写，建设单位、监理单位、安装施工单位、供应商各保存一份。</td></tr>
</table>

附　录　H
（资料性附录）
分包审批表

<table>
<tr><td rowspan="2"></td><td colspan="4">建设工程施工专业分包审批表</td></tr>
<tr><td>记录编号</td><td></td><td>使用单位</td><td></td></tr>
<tr><td>项目名称</td><td colspan="2"></td><td>项目号</td><td></td></tr>
<tr><td>施工总承包人 /EPC 总承包人</td><td colspan="4"></td></tr>
<tr><td>合同编号</td><td colspan="4"></td></tr>
<tr><td rowspan="7">分包策划</td><td colspan="2">分包工程主要内容及所属专业</td><td colspan="2"></td></tr>
<tr><td colspan="2">工程数量</td><td colspan="2"></td></tr>
<tr><td colspan="2">拟分包工程合同额</td><td colspan="2"></td></tr>
<tr><td colspan="2">分包工程占全部工程</td><td colspan="2"></td></tr>
<tr><td colspan="2">拟分包单位及资质等级</td><td colspan="2">单位名称：
资质等级：</td></tr>
<tr><td colspan="2">拟分包单位管理人员情况</td><td colspan="2">项目经理：执业资格：
技术负责人：职称：</td></tr>
<tr><td colspan="2">拟分包单位在中国石化工程建设市场资源库中编号</td><td colspan="2"></td></tr>
<tr><td>申请单位意见</td><td colspan="4">日期（章）</td></tr>
<tr><td>项目管理单位意见</td><td colspan="4">专业工程师：项目负责人：日期（章）</td></tr>
<tr><td>建设单位意见</td><td colspan="4">项目经理：日期（章）</td></tr>
</table>

附 录 I
（资料性附录）
装置停工检修改造工作总结模版
（设备专业）

根据公司《设备检修管理制度》规定，在装置停工检修结束后各相关单位应组织编写装置停工检修工作总结。为此，就进一步做好装置停工检修工作总结提出要求如下：

封面：

名称：××× 部 ××× 装置 ×××× 年 ×× 月停工检修工作总结

编写人：×××

审核人：×××

批准人：×××（运行部领导）

编写单位：中石化 ××× 分公司 ××× 部

编写时间：×××× 年 ×× 月

正文

（一）装置停工检修过程概述：

装置开、停工、检修过程简述，本周期装置运行起止时间。

本周期装置运行中出现的主要问题。

本次停工检修、改造内容简述，检修项目计划数（包括补充、追加），检修计划完成情况。重点检修项目情况。

开停工、检修网络执行情况。

（二）主要检修内容技术总结

反应器部分；

塔、容器部分；

加热炉部分；

冷换设备、空冷器部分；

阀门部分；

管道部分；

压缩机部分；

泵部分；

特殊阀门部分；

输送机械部分；

压力容器检验（包括缺陷返修处理）；

压力管道检验（包括缺陷返修处理）；

安全阀检验；

其他检修方面。

技术分析中要有以下内容：上次运行周期出现的问题，本次检修检查情况及采取措施；上次检修遗留问题处理情况；本周期与上周期设备隐蔽检查情况对照；重复发生问题处理方案有效性；装置系统问题；典型案例。

（三）检修计划准确性分析

（四）检修施工队伍评述

（五）材料供应评述

（六）设计质量评价

（七）检修质量评价

（八）本次检修遗留问题及预案

（九）检修管理亮点、存在的不足和下次检修需注意的问题

（十）附表

表1　设备增加情况表

序号	位号	名称	规格型号	制造厂	数量	备注

表2　设备拆除情况表

序号	原位号	名称	规格型号	制造厂	数量	备注

表3　管线拆除情况表

序号	原编号	名称	规格	长度/m	备注

表4　设备更换情况表

序号	位号	名称	规格型号		制造厂		数量	备注
			更换前	更换后	更换前	更换后		

表5　冷换设备检修情况表

序号	位号	名称	规格型号	抽芯清洗	试压换垫	堵管根数	管束更换

表6　阀门检修、更换情况表（*DN*50和*DN*50以上）

序号	规格型号	公称直径	检修数量	更换数量

表 7　压力容器检验情况表

序号	计划检验台数	增加变更台数	减少变更台数	实际完成台数	缺陷返修台数

表 8　压力管道检验情况表

序号	检验计划		增加变更		减少变更		实际完成	
	条数	米数	条数	米数	条数	米数	条数	米数

表 9　安全阀门检验情况表

序号	计划检验台数	增加变更台数	减少变更台数	实际完成台数

11. 天然气制氢及 PSA 装置维护检修规程

SHZ 02011—2019

目　次

前　言

本规程按照GB/T 1.1—2009《标准化工作导则　第1部分：标准的结构和编写》给出的规则起草。

本规程由中国石油化工集团有限公司、中国石油化工股份有限公司提出。

本规程起草单位：中国石油化工股份有限公司武汉分公司。

本规程主要起草人：周文龙。

本规程为2019年首次发布。

天然气制氢及 PSA 装置维护检修规程

1 范围

1.1 本规程规定了天然气制氢及 PSA 装置（包括原料预处理、反应及中变换热、PSA 变压吸附氢提纯 3 个部分）及其主要设备、专用设备的检修周期、检修项目及质量要求、检修过程管理和日常维护的相关内容。
1.2 本规程适用于石油化工天然气制氢及 PSA 装置的检修维护管理。

2 规范性引用文件

下列文件对本文件的应用是必不可少的。凡是注日期的引用文件，仅注日期的版本适用于本文件。凡是不注日期的引用文件，其最新版本（包括所有的修改单）适用于本文件。

2.1 法律法规

中华人民共和国安全生产法
中华人民共和国特种设备安全法

2.2 标准规范

TSG 21 固定式压力容器安全技术监察规程
TSG D0001 压力管道安全技术监察规程 - 工业管道
GB/T 151 热交换器
GB/T 20801 压力管道规范 - 工业管道
SH 3505 石油化工施工安全技术规程

2.3 相关规定和文献

炼油企业检修管理指南（试行版）
中国石化生产变更安全管理规定
炼油装置防腐蚀策略

3 术语与定义

下列术语和定义适用于本文件。

3.1 设备功能

设备功能指的是设备的生产效率和功能，衡量设备功能的指标随设备种类不同而异。

3.2 功能故障

设备、设施不能实现其设计功能时，称之为功能故障，定义为设备、设施不能满足期望的性能标准。一般指设备失去或降低其规定功能的事件或现象，表现为设备的某些零件失去原有的精度或性能，使设备不能正常运行、技术性能降低，致使设备中断生产或效率降低而影响生产。

3.3 故障模式

故障模式一般是对产品所发生的、能被观察或测量到的故障现象的规范描述。

3.4 A 类设备

本规程规定的 A 类设备是指设备的功能故障引起装置停车的设备。

3.5 B 类设备

本规程规定的 B 类设备是指该设备的功能故障虽然不引起装置的停车，但对装置的负荷、质量及可靠性具有重大影响的设备。

4 装置特征

天然气制氢装置采用烃类水蒸气转化法造气、PSA 法净化提纯的工艺路线制取氢气。PSA 制氢装置通常由原料预处理、反应及中变换热、PSA 变压吸附氢提纯 3 个部分组成。基本流程见图 1。

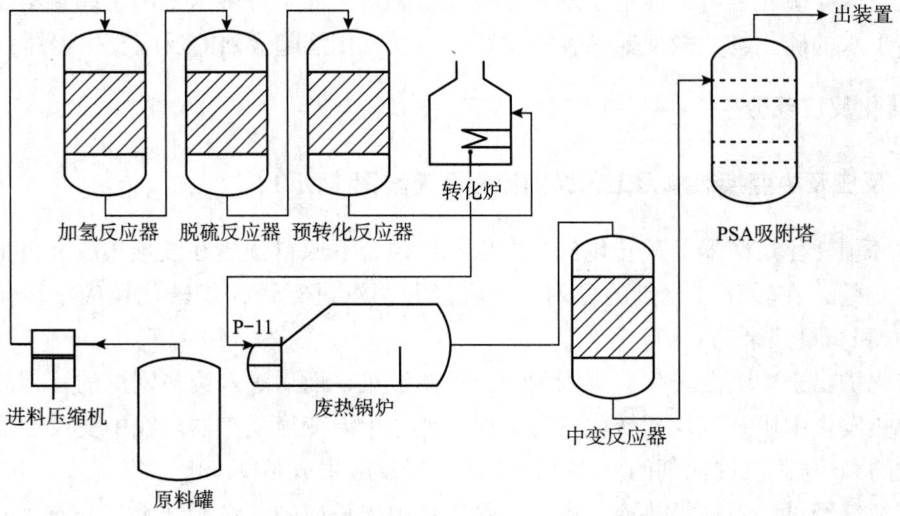

图 1 天然气制氢及 PSA 装置示意流程图

4.1 原料预处理单元

4.1.1 原料预处理单元工艺原则流程及流程图（图 2）

装置界区外来的天然气或炼厂干气或丙烷等原料引入装置后，来自新氢压缩机的新氢混合后预热，进入加氢反应器进行反应，使原料中的烯烃在催化剂的作用下加氢饱和，使有机硫转化为无机硫。加氢后的原料气通过脱硫反应器脱除硫。

经过加氢、脱硫预处理后的脱硫气与中压蒸汽混合后经原料预热Ⅰ段预热后通过预转化反应器，使得原料中的重质碳氢化合物裂解为 CH_4，部分转化为 H_2、CO 和 CO_2。

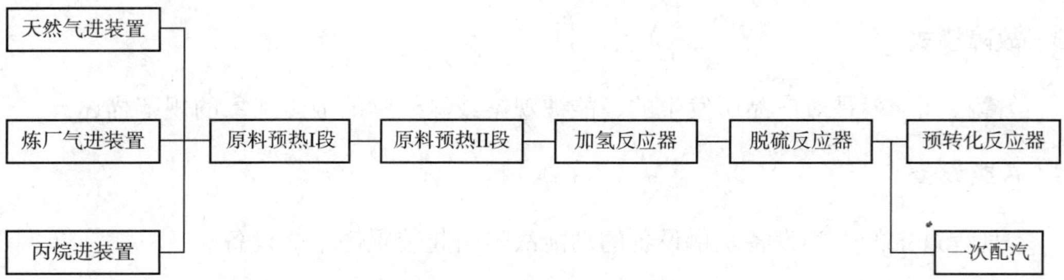

图 2　原料预处理单元工艺原则流程

4.1.2 原料预处理单元的工艺特性

原料预加氢就是在 350～430℃的温度范围内，在氧化钴和氧化钼组成的催化剂上进行原料中的烯烃加氢饱和及有机硫、氯的氢解生成 H_2S、HCl 以便除去。为了确保恰当的氢化，必须保证原料中有 2%～5%（V）以上的氢气。如果是天然气和炼厂气混合进料则无需配氢，因为混合原料中的氢含量已远远高出要求的指标。

4.1.3 原料预处理单元的危害特性

干气（含硫化氢等）能溶于水和乙醇，有剧毒，能与许多金属离子起化学反应，生成不溶于水的硫化物，能使铜等表面发黑，与强氧化剂起猛烈的反应发生爆炸。

4.2 转化反应部分

4.2.1 反应及中变换热单元工艺原则流程及流程图（图 3）

离开预转化反应器的预转化气与中压蒸汽混合后原料预热Ⅱ段预热后，自上而下通过转化炉管，在转化催化剂的作用下，轻烃和蒸汽进行进一步转化反应，转化为 H_2、CO、CO_2 和少量残余的 CH_4。

转化炉出来的高温转化气进入到集合管中汇集，而后进入废热锅炉的管程与壳程锅炉水换热发生中压蒸汽，而转化气自上而下通过中温变换反应器。在中变反应器内，转化气中的 CO 与蒸汽催化剂的催化作用下进一步反应生成 CO_2 和 H_2。

变换气经过一系列换热冷却后，脱除气体中未反应的蒸汽凝结水。分液后的中变气从最终分液罐顶出来后进入 PSA 单元提纯氢气。

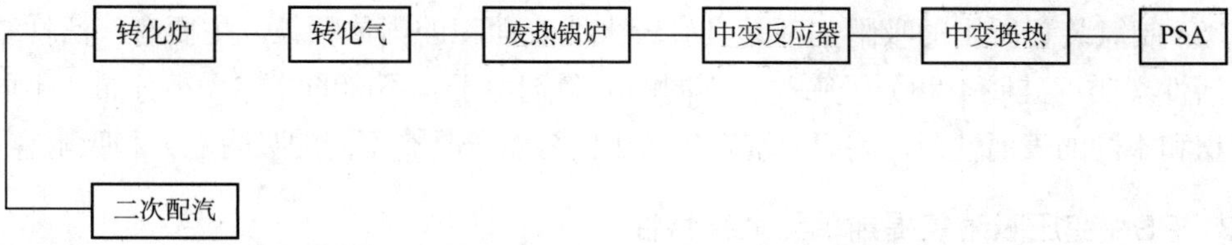

图 3　反应及中变换热单元工艺原则流程

4.2.2　反应及中变换热单元的工艺特性

转化反应是强吸热反应，提高温度对反应有利，但要考虑炉管的承受能力。一般控制炉管表面温度不大于 930℃。转化反应是体积增大的反应，增大反应压力对反应不利。但工业氢气一般用于高压的化工过程，从总体节能考虑，转化工艺一般都在加压下进行。

变换反应是可逆、放热反应，低温时平衡常数大，反应速度慢；温度升高，平衡常数较小，但反应速度加快。

4.2.3　反应及中变换热单元的危害特性

一氧化碳，空气最高容许浓度 30mg/m^3，半小时为 100mg/m^3；15～20min 为 200mg/m^3。在上述条件下反复作业时，两次作业间隔须 2h 以上。 一氧化碳吸入后，通过肺泡进入血液循环，与血液中的血红蛋白（Hb）和血液外的某些含铁蛋白（如肌红蛋白、二价铁的细胞色素等）形成可逆性的结合。

4.3　PSA 变压吸附氢提纯部分

4.3.1　PSA 变压吸附氢提纯单元工艺原则流程及流程图（图 4）

中变气首先进入气液分离器，除去原料气中可能夹带的液体，再进入由吸附塔及一系列程序控制阀组成的变压吸附系统。

中变气自下而上进入正处于吸附状态的吸附塔中，由其内部的吸附剂进行选择性的吸附，杂质组分被吸附，而未被吸附的氢气在吸附压力下从吸附塔顶部流出，获得产品氢气。大部分 CO_2、CH_4、CO 等组分被吸附在吸附剂上，通过减压，使被吸附的 CO_2、CH_4、CO 等从吸附剂上脱附，即得到解吸气，解吸气进入转化炉作为燃料，同时使吸附剂得到再生。

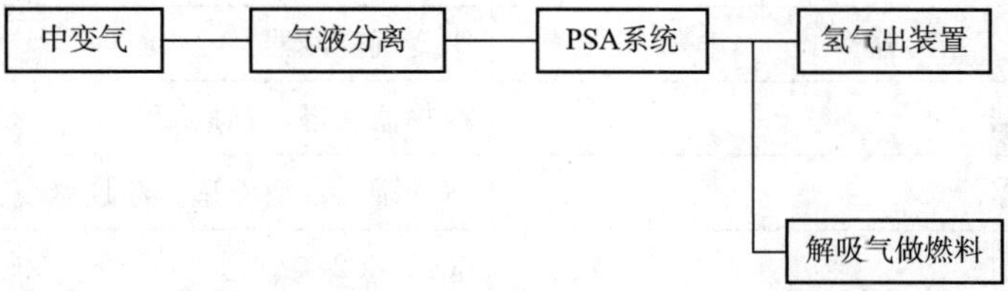

图 4　PSA 变压吸附氢提纯单元工艺原则流程

4.3.2 PSA 变压吸附氢提纯单元工艺特性参数

PSA 制氢装置所用的吸附剂都是具有较大比表面积的固体颗粒，主要有：活性氧化铝类、活性炭类、硅胶类和分子筛类。不同的吸附剂由于有不同的孔隙大小分布、不同的比表面积和不同的表面性质，因而对混合气体中的各组分具有不同的吸附能力和吸附容量。

4.3.3 PSA 变压吸附氢提纯单元危害特性

一氧化碳，空气最高容许浓度 30mg/m^3，半小时为 100mg/m^3；15～20min 为 200mg/m^3。在上述条件下反复作业时，两次作业间隔须 2h 以上。一氧化碳吸入后，通过肺泡进入血液循环，与血液中的血红蛋白（Hb）和血液外的某些含铁蛋白（如肌红蛋白、二价铁的细胞色素等）形成可逆性的结合。

5 检修周期及内容

5.1 主要设备介绍（表 1）

表 1　天然气制氢及 PSA 装置主要设备介绍

名称	设备种类		主要设备种类	通用、专用设备检修规程的代码
动设备	泵	离心泵	锅炉给水泵、轻烃泵	SHS 01013
		往复泵	加药泵	SHS 01014、15
		回转泵	液压油泵、压缩机油泵	SHS 01013
	往复式压缩机		炼厂气压缩机	SHS 01022
	风机		鼓风机、引风机、空冷风机	SHS 01022
静设备	反应加热炉		转化炉	SHS01006
	塔	填料塔、板式塔	酸性水汽提塔、吸附塔	SHS 01007
	反应器	固定床反应器	加氢反应器、脱硫反应器、中变反应器、预转化反应器	
	换热器	管壳式换热器	原料预热器、中变气冷却器、水冷器	SHS 01009
		板式换热器	空气预热器	SHS 07008
		空冷器	中变气空冷器	SHS 01004
	压力容器		换热器、塔、瓦斯罐	SHS 01004
	常压容器		溶剂罐、水溶液罐、浮顶罐	SHS 01011
	压力管道		GC1、GC2 类管道	SHS 01005
	阀门		程控阀	SHS 01030

表 1　天然气制氢及 PSA 装置主要设备介绍（续）

名称	设备种类		主要设备种类	通用、专用设备检修规程的代码
仪表设备	现场仪表	检测仪表、显示或报警仪表、控制仪表、辅助单元、执行器及其附件	流量计、液位计、变送器	SHS 07002
	控制系统	集散控制系统（DCS）、可编程控制系统（PLC）、机组控制系统（CCS 或 ITCC）、工业控制计算机系统（IPC）、监控和数据采集系统（SCADA）	DCS 系统	SHS 07008
	安全仪表系统（SIS）	安全联锁系统、紧急停车系统和可燃、有毒有害气体及火灾检测保护系统	SIS 系统	SHS 07008
	在线分析仪表	氧分析仪、红外分析仪、质谱仪、电导仪	氧化锆	SHS 07008
	安全环保仪表	可燃气体检测报警仪、有毒有害气体检测报警仪、氨氮分析仪、化学需氧量分析仪（COD）、水质分析仪、烟气分析仪（CEMS）	可燃气体报警仪	SHS 07008
电气设备		高频电动机	690V 变频	SHS 06001

5.2　检修周期

5.2.1　检修应根据实际运行情况进行定期停车大检修，大修周期按 36~60 个月确定。

5.2.2　有备用设备的或日常可以进行检修的不列入大修项目（除特殊情况外）。

5.3　检修内容

5.3.1　确定检修内容的依据

a）按法律法规要求的特种设备定期检验；

b）不符合国家安全与环境保护、节能要求的设备改造和更新；

c）对本次检修或下次检修之前已到法定检验时间的计量设施；

d）设备状况：

静设备：炉、塔、换热器、反应器、容器等设备内部因内构件损坏、结焦、积垢腐蚀等原因造成运行状况恶化、性能降低等；

转动设备：磨损、疲劳、泄漏、振动等原因造成运行状况恶化、性能降低等；

电气设备：部件老化等原因造成运行状况恶化、性能降低等；

仪表设备：部件老化等原因造成运行状况恶化、性能降低等；

日常维护消缺：日常抢修中采用带压堵漏、带压开孔等方式进行临时的项目。

e）钢结构平台、设备基础、房屋等建构筑物老化、锈蚀等必须在停车检修期间内维修的项目；

f）安全防护设施失效。

5.3.2 检修具体内容

停车大修是对装置安全环保、长周期运行及经济效益有重大影响的设备、管线、电气仪表系统、土建及基础设施等在运行周期内将要发生的功能故障进行全面检修。其他检修是除大修外对装置局部或设备本体有经济运行影响的功能故障而进行的检修。

装置长周期运行有重要影响的主要设备（A 类、B 类）的主要检修内容见表 2：

表 2 装置长周期运行有重要影响的主要设备的主要检修内容

序号	设备名称	设备功能	功能故障	检修内容	专业类别
1	原料罐	储存原料	液位仪表失灵； 罐顶安全阀手阀关不严、接管腐蚀； 内部油水分离隔板腐蚀； 容检不合格	1. 容器检验； 2. 罐顶安全阀校验及阀门试压； 3. 玻璃板液位计清洗，液位仪表调校； 4. 隔板更换； 5. 玻璃板液位计更换； 6. 安全阀手阀更换、罐顶短节更换	B 类
2	原料预热器	给原料升温达到反应条件	内漏； 外漏； 静密封点泄漏	1. 清理壳程、管程及封头积垢； 2. 检查内构件有无变形、断裂、松动； 3. 内壁有无腐蚀、局部凹陷、沟槽等； 4. 检查管束、管板及管壳程连接部位； 5. 更换密封垫； 6. 检查更换部分螺栓、螺母	B 类
3	中变冷却器	给中变气冷却使用	内漏； 外漏； 静密封点泄漏	1. 清理壳程、管程及封头积垢； 2. 检查内构件有无变形、断裂、松动； 3. 内壁有无腐蚀、局部凹陷、沟槽等； 4. 检查管束、管板及管壳程连接部位； 5. 更换密封垫； 6. 检查更换部分螺栓、螺母	B 类
4	水冷器	循环水冷却使用	内漏； 外漏； 静密封点泄漏	1. 清理壳程、管程及封头积垢； 2. 检查内构件有无变形、断裂、松动； 3. 内壁有无腐蚀、局部凹陷、沟槽等； 4. 检查管束、管板及管壳程连接部位； 5. 更换密封垫； 6. 检查更换部分螺栓、螺母	B 类

表2　装置长周期运行有重要影响的主要设备的主要检修内容（续）

序号	设备名称	设备功能	功能故障	检修内容	专业类别
5	加氢反应器	给原料加氢反应	密封泄漏； 器壁超温； 床层压降增大	检查以下内容，视情修复或更换： 1. 壳体、头盖及出入口弯管； 2. 内衬里及保护罩； 3. 对焊层或复层； 4. 密封面及密封垫； 5. 入口扩散器、分配盘、积垢篮、支持圈、支耳、热电偶支撑台、中心管内外管、罩帽、支持圈定位杆等； 6. 出口收集器； 7. 格栅、保温层； 8. 裙座、地脚螺栓和基础所有紧固件（螺栓和螺母）	A类
6	脱硫反应器	给原料脱硫反应	密封泄漏； 器壁超温； 床层压降增大	检查以下内容，视情修复或更换： 1. 壳体、头盖及出入口弯管； 2. 内衬里及保护罩； 3. 对焊层或复层； 4. 密封面及密封垫； 5. 入口扩散器、分配盘、积垢篮、支持圈、支耳、热电偶支撑台、中心管内外管、罩帽、支持圈定位杆等； 6. 出口收集器； 7. 格栅、保温层； 8. 裙座、地脚螺栓和基础所有紧固件（螺栓和螺母）	A类
7	预转化反应器	给原料预先转化反应	密封泄漏； 器壁超温； 床层压降增大	检查以下内容，视情修复或更换： 1. 壳体、头盖及出入口弯管； 2. 内衬里及保护罩； 3. 对焊层或复层； 4. 密封面及密封垫； 5. 入口扩散器、分配盘、积垢篮、支持圈、支耳、热电偶支撑台、中心管内外管、罩帽、支持圈定位杆等； 6. 出口收集器； 7. 格栅、保温层； 8. 裙座、地脚螺栓和基础所有紧固件（螺栓和螺母）	A类

表2　装置长周期运行有重要影响的主要设备的主要检修内容（续）

序号	设备名称	设备功能	功能故障	检修内容	专业类别
8	转化炉	将原料加热到一定温度并反应	工艺性能：炉管结焦造成温度偏差大，压降大；燃烧器故障造成炉温烧不起来；热损大，能耗高。 机械性能：燃烧器故障；炉管积灰；炉管穿孔；炉管或拉钩、吊钩等内构件变形；衬里脱落	1. 炉管清焦； 2. 炉管更换； 3. 炉管清灰； 4. 对流室炉管清洗； 5. 变形内构件校正或更换； 6. 衬里修复； 7. 燃烧器修复	A类
9	空气预热器	回收烟气热量，加热进炉空气，节省能料	工艺性能： 能耗增加； 加热炉操作困难。 机械性能：鼓引风机故障、挡板故障、预热器失效或内漏排烟温度过低，板换堵塞	1. 挡板、蝶阀检查润滑，执行机构调式； 2. 预热器热管抽芯清洗； 3. 板式预热器清洗； 4. 烟道衬里检查修复； 5. 鼓、引风机大修； 6. 烟道衬里修复； 7. 热管修复、更换	A类
10	废热锅炉	利用转化气热量产蒸汽	内漏； 外漏； 静密封点泄漏	1. 清理壳程、管程及封头积垢； 2. 检查内构件有无变形、断裂、松动； 3. 内壁有无腐蚀、局部凹陷、沟槽等； 4. 检查管束、管板及管壳程连接部位； 5. 更换密封垫； 6. 检查更换部分螺栓、螺母； 7. 检查校验仪表及安全装置； 8. 检查静电接地装置； 9. 检查更换管件、阀门及附件 修复外保温	A类
11	中变反应器	发生中间变换反应	密封泄漏； 器壁超温； 床层压降增大	检查以下内容，视情修复或更换： 1. 壳体、头盖及出入口弯管； 2. 内村里及保护罩； 3. 对焊层或复层； 4. 密封面及密封垫； 5. 入口扩散器、分配盘、积垢篮、支持圈、支耳、热电偶支撑台、中心管内外管、罩帽、支持圈定位杆等； 6. 出口收集器； 7. 格栅、保温层； 8. 裙座、地脚螺栓和基础所有紧固件（螺栓和螺母）	A类

表2　装置长周期运行有重要影响的主要设备的主要检修内容（续）

序号	设备名称	设备功能	功能故障	检修内容	专业类别
12	酸性水汽提塔	对酸性水进行汽提分离	产品分离效果达不到工艺要求，设备腐蚀泄漏或静密封泄漏	1. 检查塔板各部件的结焦、污垢、堵塞情况，检查塔板、鼓泡元件和支撑结构的腐蚀变形及坚固情况。塔盘、鼓泡元件和各构件等几何尺寸和材质应符合图纸规定； 2. 检查塔板上各部件（出口堰、受液盘、降液管）的尺寸是否符合图纸及标准要求重点检查灵敏板所在塔盘； 3. 对于各种浮阀、条阀塔板应检查其浮阀、条阀的灵活性. 是否有卡死、变形、冲蚀等现象，浮阀、条阀孔是否有堵塞等情况； 4. 检查分配盘、喷淋装置和涂沫器等部件的腐蚀、结垢、破损、堵塞情况； 5. 检查填料的腐蚀、结垢、破损、堵塞情况	B类
13	吸附塔	吸附氢气中杂质，提取高纯度氢气	产品分离效果达不到工艺要求，设备腐蚀泄漏或静密封泄漏	1. 检查塔板各部件的结焦、污垢、堵塞情况，检查塔板、鼓泡元件和支撑结构的腐蚀变形及坚固情况；塔盘、鼓泡元件和各构件等几何尺寸和材质应符合图纸规定； 2. 检查塔板上各部件（出口堰、受液盘、降液管）的尺寸是否符合图纸及标准要求。重点检查灵敏板所在塔盘； 3. 对于各种浮阀、条阀塔板应检查其浮阀、条阀的灵活性，是否有卡死、变形、冲蚀等现象，浮阀、条阀孔是否有堵塞等情况； 4. 检查分配盘、喷淋装置和涂沫器等部 5. 检查填料的腐蚀、结垢、破损、堵塞情况	B类

6　装置检修管理

6.1　检修前准备工作

a）检修项目的记录和统计，在检修项目前，对于所有的检修项目，必须进行详细的记录和统计；

b）分类详细，分工明确，责任到人；

c）成立检修改造小组、监督验收小组、安全检查小组；

d）制定出详细的检修计划，根据计划确定检修工机具，施工人员安排，画出施工图；

e）各专业按各自规范和制度进行停工检查，并在“装置停工后条件确认单”上签字确认；

f）各机泵、换热器、容器、工艺管线末端放空排凝见汽无油后泄压，排尽冷凝水；

g）塔器反应器恢复常温常压后，联系检修拆人孔。进入受限空间前采样分析合格；

h）封油系统主线扫完后拆开各泵注入点活接头、放空吹扫干净；

i）轻质油水顶至装置边界处采样分析合格。

6.2 装置工艺交出检修条件

在装置交付检修前，由调度处和安全环保部门组织相关单位召开安全验收会，检查确认设备容器人孔拆卸、盲板加装、容器内采样分析、停电、下水井封堵等工作，经相关部门签字确认后，由装置开具用火、用电、进入受限空间等相关票证，进入检修状态。工艺交出要具备以下条件：

a）系统内设备、管线按停工方案进行吹扫和置换，取样分析合格；

b）装置停工盲板按照盲板图、表安装、编号、挂牌并经工艺员、设备员、安全员签名确认，装置指定盲板专项管理者最后检查确认；

c）PID 图上所有系统、管线得到置换处理并做好标识；

d）下水井取样分析合格，存油清理干净，排水畅通，水封完好；

e）下水井和漏斗口用石棉布盖好，并用沙土封严；

f）系统内设备人孔打开前的确认；打开的设备人孔处挂上“未经许可，禁止入内”警示牌；

g）制定停工安全、环保措施和工作危害分析记录表（JHA）；

h）装置内分析不合格点挂标识，储存物料区标识、硬隔离；

i）调度处统一安排装置化学清洗，同时装置制定检修中防硫化亚铁自燃方案；

j）指定具有监护人资格的人员负责动火、进设备等作业的监护。

装置停工交付检修确认表见附录 A。

6.3 检修过程安全环保管理总体要求

执行中石化 HSSE 管理规定，大修全过程实现“三零一文明”的要求。

a）安全管理规定具体参考《检修改造安全管理具体要求》；

b）“三零一文明”要求：零排放、零余料、零事故、文明检修。

c）检修确保质量、安全、环保、进度、费用、一次开车成功，做到 TnPM（全面规范化生产维护）文明施工。

6.4 质量管理

6.4.1 总体目标

6.4.1.1 施工质量优良，检修改造项目质量必须达到国家和行业的工程施工竣工验收的规范与标准。

6.4.1.2 生产装置一次开车成功。

6.4.1.3 确保装置下一个运行周期 3～5 年。

6.4.2 分解目标

为保证质量管理总体目标的顺利实现，依照“谁主管谁负责、谁设计谁负责、谁施工谁负责、谁采购谁负责”的原则，结合本次检修项目特点，对质量管理总体目标进行了分解、量化，明确各级质量控制主体职责和范围，通过对各车间（片区）项目质量的控制来确保质量管理总体目标的实现。各施工单位制定的质量管理目标不得低于以下要求：

6.4.2.1 详细设计满足《石油化工装置详细工程设计规定》，设计质量合格率 100%。

6.4.2.2 物资采购（指本次检修改造所需的所有材料及设备）的质量符合国家与行业的规范与标准，符合设计文件、技术协议要求，设备材料合格率达到 100%。

6.4.2.3 管道焊接射线检测拍片一次合格率＞ 96%。

6.4.2.4 冷换设备试压一次合格率＞ 90%，开工后冷换设备投用不合格率＜ 1%，临氢烃系统换热设备投用应无泄漏，静密封泄漏率＜ 0.5‰。

6.4.2.5 关键机泵投用一次成功率 100%，一般机泵投用一次成功率＞ 98%。

6.4.2.6 大机组试车和装置联动试车、投料试车一次成功。

6.4.2.7 电气设备检修合格率＞ 99%，开工时电气设备投用一次成功率＞ 99%。

6.4.2.8 仪表设备检修施工后达到，测量准确、控制灵敏、安全可靠，仪表设备检修合格率＞ 98%，开工时仪表设备投用一次成功率＞ 98%。

6.4.2.9 质量控制点检查率 100%。

6.4.3 质量保证体系

建立包括组织机构、质量管理标准、人员素质保证、施工质量保证、质量信息管理等体系要素在内的检修改造质量保证体系。通过建立层层分级负责制，明确分工，责任到人，把本次检修改造项目质量目标分解落实到各部门、各岗位和员工，形成全员、全方位、全过程的质量管理体系，保证质量体系有效运转。

6.5 变更管理

满足中国石化安〔2018〕95 号《中国石化生产变更安全管理规定》要求。

6.6 装置检修交回条件

6.6.1 装置检修交回确认主要内容

a）工艺设备符合设计规范和安装标准；

b）所有保证工艺设备安全运行的技术文件准备就绪；

c）相关操作与维护人员得到足够的培训，并取得相应的资质；

d）所有工艺危害分析提出的改进建议得到落实和合理解决；

e）所有工艺安全管理的相关要求已得到满足，所有必改项已整改完毕并通过确认；

f）装置开工人员及开车保运人员配备落实；

g）技术、原辅材料、动力、备品备件等方面的准备；

h）队伍技术状态、开工方案学习落实；

i）现场规格化；

j）工艺和设备联锁仪表校验；

k）HSE 措施落实；

l）盲板拆除清单、技术准备；

m）机、电、仪、公用工程、储运、质检等相关专业准备；

n）停工临设拆除、施工尾项整改完成等；

o）各专业按各自规范和制度进行开工检查，并在“装置开工前条件确认单”上签字确认。

6.6.2 该装置相关的工艺特性要求

装置检修交回开工确认表见附录 B。

6.7 检修后期管理

6.7.1 资料交付

承包商应在检修项目结束后 30 天内将交工资料完整地交给使用单位，资料包含内容如下：

竣工图纸，施工技术方案，吊装方案，施工组织设计；施工技术记录，试压记录，中间工序验收单，隐蔽工程验收单，拆检回装记录，发现问题与修复记录，设备开箱资料，设备封闭记录；设备、材料、管道附件、配件的合格证明书及质量保证书，理化检验资料，衬里、防腐、保温施工技术记录及检验报告。

6.7.2 检修总结

装置检修结束后，要对检修改造工作进行总结，对好的做法进行总结、提炼，固化这些经验，指导今后检修改造工作；对总结检修改造中存在的问题，分析原因，完善措施，不断提高管理水平。

装置停工检修工作总结见附录D。

7 装置日常维护

7.1 动设备

7.1.1 设备分级管理。按照设备在生产过程中的重要性和可靠性、发生故障的危害性来确定设备等级，按照关键设备、主要设备、一般设备进行分级管理，明确管理权限，落实管理职责，并根据设备检修、或装置改扩建及其他情况，及时对设备分级进行审定。

7.1.2 设备创造良好的运行环境，促进设备安全、可靠、长周期、经济运行，需要开展设备现场管理，通过设备完好、现场检查、环境整治等活动持续做好装置清扫、设备卫生和维护保养工作。装置现场环境整治，达到“一平、二净、三见、四无、五不缺”的标准。开展5S现场规范化整治，装置划片分区，设备包机到人，设备检查标准化，综合评定与考核。日常定期不定期组织设备完好检查，督办问题消缺闭环。

7.1.3 设备维护应按照“清洁、润滑、调整、紧固、防腐”十字作业法的要求开展维护工作。设备的日常维护按照定点、定时、定量、定标准、定人、定记录及定路线，形成规范化和程序化要求。操作人员按照“四懂三会”的要求，建立起公司员工的“自主维护”体系。

7.1.4 选择合适的方法，对转动设备开展隐患排查和风险评估，实施风险管控。

7.1.5 优化维修。采用以可靠性为中心的维修方式，根据设备的可靠性状况，以最少的维修资源消耗，运用逻辑决断分析法来确定所需的维修内容，维修类型、维修间隔期和维修级别，制定出预防性维修大纲，从而达到优化维修的目的。及时根据设备最新状况实时调整设备预防性维修大纲，从而有效利用维修资源，实现设备长周期可靠运行，这是以可靠性为基础的动态预防性维修策略的目标。

7.1.6 根据设备类型编制相应操作规程，严格所有新建项目、一般技措和设备更新、改造项目实施后，应当及时编制或更新设备操作规程，并组织培训、学习。

7.1.7 转动设备的使用操作应当遵循设备操作规程要求，严格按照工艺卡片运行参数范围运行，严禁设备超温、超压和超速以及远离设计工况区运行。设备发生超工艺卡片规定参数运行情况时，应当及时开展风险评估与管理，制定风险管控措施。

7.2 静设备

7.2.1 对转化炉、废热及预热锅炉、反应器设备、管线等高温部位法兰做好防雨措施，防止高温法兰淋雨温度急剧变化，螺栓松弛，预紧力降低，产生泄漏。

7.2.2 当装置由于生产、设备原因发生较大幅度波动（紧急停车、安全阀起跳、关键设备检修完投用等），及时对现场泄漏情况进行检查并做好记录。

7.2.3 定期对转化炉燃烧器瓦斯金属软管进行检查，发现问题及时处理。

7.2.4 对转化炉、废热锅炉炉管定期进行红外监测，检查炉管有无超温、结焦现象。

7.2.5 开停工期间、生产波动导致温度变化时对弹簧支吊架进行检查，检查弹簧支吊架有无发生移动滑脱、腾空、压死现象。

7.2.6 密切监控设备运行环境，关注原油性质变化，结合在线腐蚀探针、采样分析、关键部位定点测厚等监测手段，掌握高风险部位的腐蚀情况，及时调整防腐策略。

7.2.7 对装置内与压力容器或压力管道相连的小接管、设备及管线的盲端、死角进行定期检查，检查内、外腐蚀情况，发现问题及时处理。

7.2.8 建立带压堵漏台账，定期检查后进行风险评估，及时整改，实行动态管理。

7.2.9 对重点阀门每年进行一次润滑保养，有条件的情况下每半年活动一次，防止阀门长期不动，阀杆润滑不良，造成开关不灵活。

7.2.10 定期对冷却器循环水流速进行测定，对流速达不到要求的冷却器及时进行调整，防止流速低导致黏泥结垢腐蚀。

7.2.11 当工艺介质、工艺流程、操作条件及生产方案发生变化时，进行变更风险评价，消除或减少由于变更引起的潜在事故隐患。

7.3 仪表设备

7.3.1 仪表维护班组每日进行机柜室巡检，并填写巡检记录。检查室内温湿度、卫生、仪表设备运行、防小动物措施等是否符合管理要求，检查室内空调、照明、消防器材等完好情况，检查电源柜（箱）、电源分配器、电源开关等部件运行情况，发现问题立即处理，并做好故障处理记录。

7.3.2 控制系统维护人员每周对控制系统进行专检，并填写巡检记录。检查各种控制系统的硬件软件、系统机柜的风扇、照明、电源等设备运行情况，定期清扫控制柜内过滤网、系统设备等部位灰尘。发现问题及时处理，并做好记录，重大设备问题及时向上级部门汇报。

7.3.3 仪表维护人员应每周检查联锁保护系统的诊断报警情况，保持系统的完好运行状态，环境条件应满足仪表正常运行要求，按每月做好设备清洁工作，做好相关记录。

7.3.4 设备本体及附件检查，检查密封、接线、卫生、显示是否正常、外观是否完好、标识是否清晰规范。

7.3.5 防冻防凝工作检查，每年 10 月份检查一次。检查伴热及仪表取压管线应完好并具备完善保温伴热措施；伴热线无漏点，疏水器无蒸汽喷射；采用隔离液的仪表应灌充防冻液；净化风缓冲罐、切断阀储气罐定期进行排凝；停用仪表需与介质隔离，放空存留介质；气温升高时伴热应关小或关闭。

7.3.6 联锁仪表防水防潮检查，1 次 / 年。检查密封情况。

7.3.7 关键控制阀门预防性检查，1 次 / 年。检查执行机构是否泄漏及设备完好情况；对气源的风线和接头部分进行漏气检查；对过滤器、减压阀进行清洗排放；对现场接线箱、定位器、回讯器、电磁阀进行开盖检查封堵是否良好并对接线端子进行三次确认；

对盘根及手动机构进行紧固润滑。

7.3.8 在线分析仪表的预防性检查，4 次 / 年。检查仪表气路有无堵塞、泄漏，对发现问题做相应处理；检查分析仪表各参数是否正常；送气校准，检查仪表测量值零漂等，并做相应处理。

7.3.9 可燃有毒气体报警器的预防性检查，4 次 / 年。检查合格证挂牌、卫生完好、零飘等，送气校准，并做相应处理。

7.3.10 现场接线盒的预防性检查，1 次 / 年。检查接线箱封堵是否良好并对接线端子进行三次确认；接线箱标识是否清晰正确；接线箱盖门是否有正确的工位说明。

7.3.11 机组、机泵联锁仪表预防性检查，1 次 / 年。检查接线箱封堵是否良好并对接线端子进行三次确认；检查现场联锁一次元件有无泄漏，对发现问题做相应处理；对联锁一次元件进行单校；对联锁回路的联锁功能进行联校。

7.3.12 仪表电缆屏蔽、信号接地、控制系统接地的预防性检查，1 次 / 年。接地岛、机柜、操作台接线端子紧固；接线标识确保清晰完整；测量接地电阻，阻值需合格，否则整改至合格；规范填写《接地电阻测量记录》表格（SH 3503—J118）。

7.3.13 机泵密封系统仪表设备预防性检查，2 次 / 年。检查表头接线封堵是否良好；现场对仪表进行校验调试。

7.3.14 联锁保护系统投用后的新增、修改（包括设定值、联锁条件、联锁程序、联锁方式等）、解除、取消、恢复，必须由生产车间填写《仪表联锁变更审批表》，报仪表维护单位、生产调度部门、设备管理部门审核，并报主管厂领导审批。

7.3.15 执行联锁保护系统的新增、修改、解除、取消、恢复等作业时，需由仪表维护单位填写《仪表联锁作业票》，经审核批准后进行。作业时实行监护操作，仪表维护人员与工艺操作人员保持密切联系，操作人员应密切注意与联锁相关的过程变量，加强监控。作业完毕后，详细记录作业内容，解除及恢复时间等信息。

7.3.16 因工艺、设备或仪表等原因，车间需要临时解除联锁，车间应由当班班长填写《仪表联锁作业票》，车间工艺或设备主任审核后，实施解除，同时通知仪表维护单位，并上报生产调度部门、设备管理部门，在工艺、设备或仪表等原因解决后，车间按要求及时投用联锁，并在《仪表联锁作业票》记录联锁解除及恢复时间。

7.3.17 如果解除时间超过 48h，车间应填报《仪表联锁变更审批表》，报仪表维护单位、生产调度部门、设备管理部门审核，并报主管厂领导审批。

7.3.18 根据工艺操作要求，在装置开、停工时需要临时切除的联锁，不属于联锁变更管理范围，由生产调度部门确认，车间应严格按工艺操作规程执行。

7.4 电气设备

7.4.1 同步电机

7.4.1.1 检查周期：每日至少检查一次。

7.4.1.2 检查项目及标准

a）运行中的一般要求：

（a）每台电机应按规定的顺序编号，联动的机械应标明转向，定子绕组引出线要有相序标记；

（b）电动机及附属设备上应有额定铭牌，顺序编号同主电机一致；

（c）电动机及附属设备如开关、继电器、仪表、连锁信号等均应标明与图纸标准相符的代号或用途；

（d）电动机的工艺连锁如风压、润滑油泵、轴承温度等保护动作可靠，以保证主电机的安全运行；

（e）测量定子电流的交流电流表，测量转子电压、电流的电压电流表，必须在电动机额定值划一红线，作为经常监视电压、电流的依据；

（f）同步电动机励磁装置的电源必须与主电机电源在同系统上；

（g）滑环的表面应平滑，电刷接触面应与滑环的弧度相吻合，在滑环上应使用设计要求的统一牌号电刷；

（h）电刷应在滑环表面内工作，加在电刷上压力应符合要求；

（i）在备用状态下的电动机，根据当地具体情况定期测量绝缘电阻，如发现绝缘电阻不合格，应查明原因；

（j）备用电机的励磁装置、开关、保护、联锁、信号进行假动作试验，发现问题应及时处理，尽快修复，以便处于备车状态；

（k）对励磁装置进行检测及投励试验，备用插件应调整合格以备用；

（l）凡有可能与导电部分接触的金属部分都应按规程装接地线；

（m）每台同步机应有完整的技术档案，其内容有：制造厂试验记录及产品说明书；安装检查记录及交接试验记录；装配图及定子、转子线圈零件图；测量、控制、保护系统原理图及二次接线图；检修记录及试验报告、清扫记录、运行中的事故记录；电动机的运行及停车记录；附属设备的运行、检修、试验记录。

b）运行中监视及维护：

（a）电动机运行时，各种技术参数不得超过规定值；

（b）运行中的电动机各部分的最高温度和允许温升，不得超过规定值；

（c）电动机在额定电压 -5%～+10% 范围内变动时，其额定出力不变；

（d）电动机在额定容量运行时，各相电流的不平衡程度不超过额定电流的 10%；

（e）电动机运行时的振动，不应超过规定值；

（f）电动机滑动轴承的窜动，不应超过相关试验标准规定；

（g）当电源电压降至额定值的 85% 时，同步电动机可进行强励磁，强励磁电压可以是额定电压的 1.4～1.8 倍，强励磁不得超过 30s；

（h）同步电动机在不超过定子额定电流的前提下，应超前运行，以改善功率因数；

（i）同步电动机应经常保持清洁，不允许有水滴、油污或灰尘落入电动机内部，必须进行定期清扫；

（j）经常检查轴承发热、漏油等情况，润滑脂的容量宜超过相关规定值；

（k）应经常检查电刷与滑环的接触情况和电刷的磨损情况，电刷磨损程度已达到原电刷的 2/3 长度时应更换电刷。

7.4.2 异步电动机

7.4.2.1 检查周期：每日至少检查一次。

7.4.2.2 检查项目及标准

a）运行声音正常；

b）振动值、窜油量符合要求；

c）在额定电压下运行，电流不超过额定值；

d）电动机在额定电压的 -5%～10%、相间电压不平衡不超过 5% 范围内运行，其出力不变；

e）绕组、轴承等各部温升不超过允许值；

f）接地良好；

g）检查电动机外壳无损伤，各部位螺丝是否齐全紧固；

h）检查电动机周围无杂物，电机表面清洁，铭牌、生产工艺编号清晰；

i）检查冷却系统良好；

j）必要时测量三相电流是否平衡，是否过载运行；

k）每月测量备用电动机、电缆及附属设备的绝缘电阻，测量相间导通；

l）检查电机接线盒引入口密封是否严密；

m）检查各部位温度是否超标。

7.4.3 交流变频调速装置

7.4.3.1 检查周期：每日检查一次。

7.4.3.2 检查项目及标准

a）检查周围环境，温度不得超过 -10～40℃，相对湿度小于 90%，无水凝结现象，无电解质气体腐蚀和粉尘；

b）检查变频器声音和振动，应无异常现象，检查所属辅助电气元器件应无过热现象等；

c）检查变频器运行电流、电压、频率（或转速）应正确不超标；

d）发现故障显示，应按故障排除方法进行处理；

e）停用时间较长时，在投运前须检测绝缘电阻，不得低于标准值，否则需采取干燥措施。

7.4.4 防爆电器

7.4.4.1 日常维护主要是检查，可以在防爆电气设备通电的状态下进行。

7.4.4.2 日常维护一般要求：

a）维护检查周期为每半年一次或必要时进行；

b）在爆炸危险环境维护检查电气设备时，严禁解除其保护、联锁和信号装置；故障停电后，未查清原因前禁止强行送电；严禁带电对接电线（明火对接）和使用能产生冲击火花的工具、器具。在爆炸危险环境中测试电性能的仪表应采用防爆仪表；

c）日常维护检查时，严禁打开设备的密封盒、接线盒、进线装置、隔离密封盒和观察窗；

d）日常维护检查电气设备时，不得用水冲洗防爆电气设备；

e）检查设备外壳应无裂纹和有损防爆性能的机械变形设备。检查设备上的各种保护、连锁、检测、报警、接地等装置齐全、完整；

f）检查防爆电器外壳及环境应清洁，清除有碍安全运行的杂物；

g）检查电器各部螺丝及弹簧垫圈应压紧；

h）检查防爆电器的仪表、指示灯指示是否正常；

i）检查防爆电器有无异声、异味。

7.4.5 UPS 装置

7.4.5.1 检查周期：每日检查一次。

7.4.5.2 检查项目与标准：

a）检查环境及温度，环境应整洁，温度应符合说明书要求；

b）观察 UPS 的操作控制显示屏，标识 UPS 运行状态的模拟流程指示灯的指示应处于正常状态，所有的电源运行参数应处于正常值范围之内，且无任何故障和报警信息；

c）检查信号指示、报警系统，指示应准确，报警系统应工作正常；

d）检查各种表计指示，应准确不超标；

e）对于多机冗余系统，检查负荷分配应均匀；

f）检查冷却、照明等辅助系统，应工作正常；

g）检查 UPS 音响噪音，应无可疑的变化；

h）检查柜内各元器件有无过热和损伤；各元器件应良好无异常；

i）检查 UPS 用蓄电池，应工作正常；

j）必要时测量输出波形、输出频率等，应符合说明书要求，主要元件的温度应正常。

7.4.6 电力电缆线路

7.4.6.1 检查周期：每周不得少于 1 次。特殊情况如施工地段等，应增加次数；

7.4.6.2 检查项目与标准：

a）桥架敷设电缆：

（a）检查桥墩地面沉降情况；

（b）检查桥架两端电缆是否受过大的拉力；

（c）检查桥架电缆护套是否损伤、龟裂、漏油等；

（d）检查桥架金属件有无损伤、锈烂、桥架接地应完好；

b）电缆沟敷设电缆：

（a）检查电缆沟盖板是否齐全完好；

（b）检查电缆沟是否积水，是否有污水、废汽排入；

（c）检查电缆中间接头，有无变形，接地线是否完好；

c）电缆防火设施：

（a）防火涂料有无脱落，防火槽盒、防火墙盒、防火堵料及其他防火设施是否完整；

（b）防火报警系统和灭火设施是否完好。

7.4.7 照明装置

7.4.7.1 检查周期

a）生产装置各区域照明装置每周检查 1 次；

b）应急照明集中用蓄电池每月试运 1h；

c）应急照明自带电池的每月检查操作 1 次，每年试运 2 次，每次 1h；

d）蓄电池每年彻底放电 1 次。

7.4.7.2 检查内容与标准

a）灯具有无损坏、不亮、脱落现象；

b）各种开关有无残缺、失灵、过热现象；

c）照明控制器有无过热失灵现象；

d）应急照明是否正常。

7.4.8 接地装置

7.4.8.1 检查周期

a）第一类建（构）筑物（含易燃、可燃液体储罐，可燃气体储罐，液化烃罐，供气站，加油站，装油台站等）每年检查 2 次；

b）遇地震、洪水等不可抗拒自然灾害后，应进行特殊巡视、检查，并采取相应的检修措施。

7.4.8.2 检查项目与标准

a）检查地面引线是否接触良好，有无烧伤痕迹，连接螺栓是否紧固；

b）必要时测量接地装置的接地电阻，其数值应符合规定。

7.5 安全环保消防设施

7.5.1 空气呼吸器使用方法

空气呼吸器为正压供给式呼吸器，人体呼吸所需空气靠储气瓶中空气供给。

7.5.1.1 使用前准备工作

打开气瓶开关，随着减压器、管路系统中压力的上升，会听到警报器发出短暂的音响。储气瓶开关完全打开后，检查气瓶的储存压力，一般应在 3/4 以上（28～30MPa）。或观察储气瓶瓶头处，指针所指位置，一般应在 20 以上，低于 20 应更换气瓶。

关闭气瓶开关，观察压力表的读数，在 5min 时间内压力下降不大于一格（2MPa），表明供气管系统高压气密完好。

高压系统气密性完好后，打开供给阀开关，观察压力表示值变化，当气瓶压力降至 1/4 以下（4～6MPa），警报器气笛发出音响，同时也是吹洗一次警报器通气管路。

空气呼吸器不使用时，每月按此方法检查一次。

7.5.1.2 佩戴方法

使用前首先关闭供给阀转换开关、旁路开关，打开储气瓶开关

将呼吸器背在人体身后（气瓶开关部分向下），根据身材调节肩带、腰带、以合身牢靠、舒适为宜。

佩戴上全面罩，将全面罩系带收紧，使全面罩与面部贴合良好。系带不必收得过紧，面部应感觉舒适，无明显的压迫感及头痛，然后将快速插头插好、插牢，此时深吸一口气，转换开关自动开启。进行 2～3 次的深呼吸，感觉舒畅，屏气时，供给阀门应停止供气。

检查全面罩与面部是否贴好的方法是：用手掌堵住面罩下方的快速接气口、深呼吸数次，将面罩内气体吸完。面罩体应向人体面部移动，面罩内保持负压，人体感觉呼吸困难，证明面罩和面部有良好气密性，时间不宜过长，深吸几次气就可以了。

在佩戴不同系列的空气呼吸器时，佩戴者在使用过程中应随时观察压力表的指示数值。当压力下降到 1/4 以下（4～6MPa）或警报器发出警报音响时，应撤离现场。

使用后将全面罩系带卡子松开，从面部摘下全面罩，同时将供给阀转换开关置于关闭状态。从身体上拆下呼吸器，关闭气瓶开关。将供给阀转换开关置于开启位置，将呼吸器内残留气体释放出来。

7.5.1.3 注意事项

使用过的空气呼吸器每月应进行一次全面检查。

空气呼吸器用的压力表每年应校对检查一次。

空气呼吸器在使用过程中气压降到 1/4 以下（6MPa）或报警器报警后，在毒区的作业人员必须尽快撤离。

在有毒区域内作业，严禁在没离开染毒区域时摘下空气呼吸器面罩。

在使用空气呼吸器前，必须先打开气瓶阀门，气压表读数在 1/2（即 15MPa）以上

方可戴上面罩进行作业，严禁先戴面罩后开气瓶阀门。

未经佩戴训练的人员，不能佩戴空气呼吸器进入毒区内作业。

非气防专业人员不得私自处理空气呼吸器发生的故障或调校空气呼吸器。

全面罩的镜片应经常保持清洁、明亮。

使用前准备工作只有在月、周、日各次检查过程中完全合格的呼吸器才可以不做。

7.5.2 各类消防设施的使用方法（表3）

表3 各类消防设施的使用方法

序号	消防设施类型	维护方式
1	高压消防水管线	防腐、除锈刷漆，管线补漏，附件维护更换
2	消火栓	1. 检查时用消防扳手转动消防栓启闭杆，观察其灵活性，如开启困难需加注润滑油； 2. 检查出水口闷盖是否密封，有无缺失、破损，开闭是否灵活； 3. 检查栓体外表有无锈蚀情况，必要时除锈刷漆重新喷号； 4. 进入冬季前，检查消火栓的防冻设施是否完好，破损更换保温； 5. 修理、更换
3	消防水（泡沫）炮	1. 检查时用扳手转动消防水炮阀门，观察其灵活性，如开启困难需加注润滑油； 2. 检查水炮上下左右是否能够转动，开花直流能否切换，出现不灵活现象及时处理； 3. 检查炮体有无裂纹，腐蚀穿孔情况；炮体压力表、炮头零部件是否缺失，及时修理、更换、编号； 4. 进入冬季前，检查消防水炮的防冻设施是否完好，破损更换保温
4	遥控消防炮	1. 检查时用远程遥控系统控制开启消防炮阀门，观察其灵活性，如开启困难需加注润滑油，控制器失灵，及时处理； 2. 检查水炮上下左右是否能够移动，开花直流能否切换，出现不灵活现象及时处理； 3. 检查炮体有无裂纹，腐蚀穿孔情况；炮体压力表炮头、零部件是否缺失，及时修理、更换、编号； 4. 进入冬季前，检查消防水炮的防冻设施是否完好，破损更换保温
5	消防竖管	1. 检查阀门开启灵活度，如开启困难需加注润滑油，无法开启及时更换； 2. 检查阀门手柄缺失情况，缺失及时补充； 3. 检查管牙接口和箱体破损情况，破损及时更换； 4. 检查竖管固定情况，晃动较大及时处理； 5. 检查竖管中渣子情况，定时清理
6	箱式消火栓	1. 检查阀门开启灵活度，如开启困难需加注润滑油； 2. 检查减压稳压式消火栓（卷盘）泄漏情况，及时更换； 3. 检查竖管栓箱体破损情况，及时更换

表 3 各类消防设施的使用方法（续）

序号	消防设施类型	维护方式
7	储罐消防水喷淋	1. 检查阀门完好情况，上油保养； 2. 检查冬季防冻防凝低点排凝情况，堵塞及时处理； 3. 检查喷头损坏堵塞情况，损坏更换，堵塞清理； 4. 检查调压阀泄漏和调压状况，检查管线保温情况有问题及时更换处理
8	固定、半固定泡沫系统	1. 泡沫产生器、阀门维护保养，修理、更换，泡沫产生器玻璃破损及时更换； 2. 检查阀门开启灵活度，如开启困难需加注润滑油； 3. 检查阀门手柄缺失情况，缺失及时补充； 4. 检查管牙接口破损情况，破损及时更换； 5. 检查竖管中渣子情况，定时清渣； 6. 管线防腐、除锈刷漆
9	灭火器	1. 检查发现压力不足、附件损坏、保险脱落或使用后及时联系充装处理； 2. 按中石化消防达标管理规定要求每年进行一次校验（新灭火器未使用压力正常五年内不用每年校验）； 3. 达到灭火器报废期限，及时报废更新； 4. 每月检查两次，并在记录卡上做好记录

7.6 防腐

7.6.1 金属管材、管件预制前应进行除锈防腐。

7.6.2 预制管道运输吊装过程中应注意对防腐层的保护。

7.6.3 运行期间应对易腐蚀减薄设备管道进行超声检测，如脱碳系统设备管道冲刷减薄测厚检查等。

7.6.4 加强锅炉水工艺防腐蚀措施运行监控，包括给水水质分析以及锅炉水pH控制等。

7.7 主要设备典型故障及处理方法（表 4）

表 4 主要设备典型故障及处理方法

设备类型	故障类型	处理方法
废热锅炉	环焊缝开裂	补焊打包
	管束内漏	堵管
鼓引风机蝶阀	卡涩	定期润滑、盘活

8 装置的主要腐蚀及选材原则

8.1 装置的主要腐蚀部位

PSA 制氢工艺包括轻烃水蒸气转化、一氧化碳中温、低温变换、溶剂（如苯菲尔溶液）脱碳—甲烷化或变压吸附（PSA）过程。

主要腐蚀介质是氢气、二氧化碳和苯菲尔溶液中的碳酸钾，同时高温高压操作条件，材料也会产生机械损伤失效和高温氧化、硫化。另外，若水质控制不好，锅炉及蒸汽发生器高温水侧会出现氧腐蚀、酸性水腐蚀，若加热炉的燃料硫含量高时，加热炉对流段可能产生露点腐蚀。在含有氯离子的溶液中，300系列奥氏体不锈钢在应力作用下易发生应力腐蚀开裂。该装置主要易腐蚀部位包括变换系统的碳钢或低合金钢换热器及附属工艺气管线；脱碳系统的CO_2吸收塔、再生塔、再生塔底重沸器、贫液及半贫液泵、CO_2冷凝器及以上设备的附属工艺管线、酸性气分水罐。

制氢装置简图见图5，易腐蚀部位见表5。

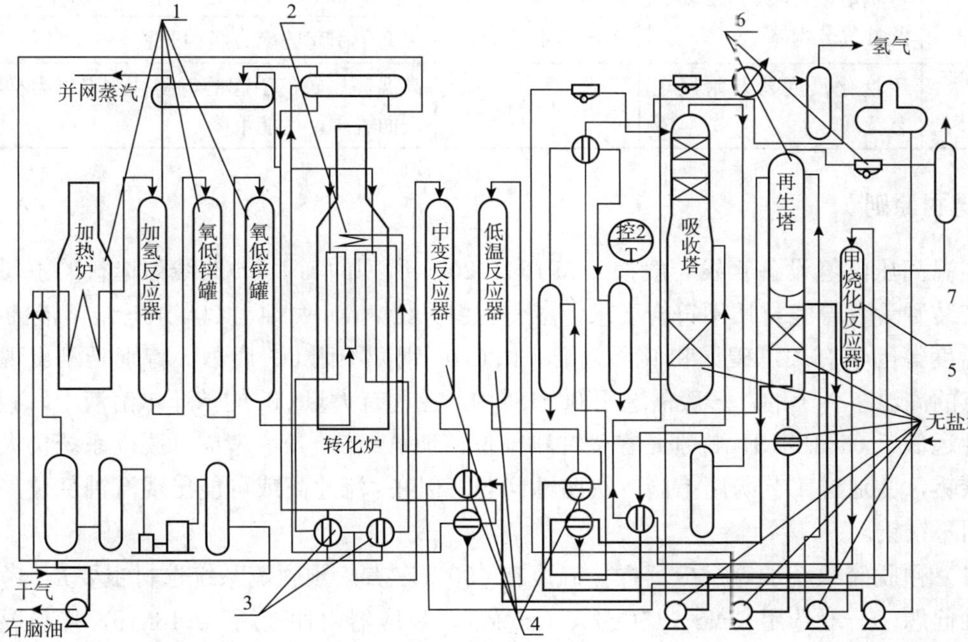

图5 制氢装置简图

表5 PSA制氢装置易腐蚀部位、腐蚀机理和主要腐蚀类型

部位编号	描述	材质	腐蚀形态
1	加氢反应器、脱氧槽、脱硫槽、加热炉、加热器及附属工艺管线	碳钢 Cr-Mo 钢	高温高压氢气引起的氢腐蚀，表现为材料表面脱碳，性能下降
2	对流段炉管	碳钢 Cr-Mo 钢 奥氏体不锈钢	露点腐蚀引起的减薄
3	废热锅炉	Cr-Mo 钢	工艺气侧：高温高压氢气引起的氢腐蚀，表现为材料表面脱碳，性能下降 水汽侧：氧腐蚀、酸腐蚀、汽液交界处的碱脆

表 5 PSA 制氢装置易腐蚀部位、腐蚀机理和主要腐蚀类型（续）

部位编号	描述	材质	腐蚀形态
4	中低变系统换热器及附属工艺气管线	碳钢、Cr-Mo 钢	CO_2 腐蚀减薄或穿孔、脱碳；蒸汽发生器水汽侧的氧腐蚀、酸腐蚀、汽液交界处的碱脆
		奥氏体不锈钢	氯离子引起的应力腐蚀开裂
5	CO_2 吸收塔底部、再生塔、再生塔底重沸器及附属工艺管线	碳钢	热碳酸钾水溶液引起的冲刷腐蚀、碱脆
		奥氏体不锈钢	氯离子引起的应力腐蚀开裂；浓缩热碳酸钾水溶液引起碱脆
6	再生塔顶管线、冷凝器、酸性气分水罐	碳钢	CO_2 腐蚀减薄或穿孔
		奥氏体不锈钢	氯离子引起的应力腐蚀开裂
7	甲烷化反应器及附属工艺管线	碳钢、Cr-Mo 钢	高温高压氢气引起的氢腐蚀，表现为材料表面脱碳，性能下降

8.2 选材原则

高温高压临氢设备管线一般按照 API941-2004 所列的 Nelson 曲线为选材的主要依据，若装置设备管线材质不符合要求，应将材料升级。CO_2 腐蚀与 CO_2 分压、溶液的 pH 值、温度等因素有关，碳钢和低合金钢（如 CrMo 钢）不耐 CO_2 腐蚀，特别是刚出现蒸汽凝点的高温条件下的，一般需选用 0Cr18Ni9。在含有大量 CO_2 的苯菲尔溶液中，碳钢耐蚀性远低于 0Cr18Ni9，特别是在受冲刷部位，但从经济 角度考虑，脱碳系统仍大量采用碳钢，并通过工艺防腐措施解决腐蚀问题。但在 流速高或可能出现汽蚀部位，一般选用不锈钢。

（1）预脱硫系统加氢反应器操作温度在 400℃左右，预脱硫系统选材主要是 考虑氢腐蚀问题，一般选用 CrMo（15CrMo、Cr5Mo），反应器内件选用 0Cr18Ni9，操作温度低于 220℃或氢分压低于 1.3MPa 的操作环境可考虑选用碳钢。

（2）转化系统的操作温度在 700～900℃，选材主要考虑高温机械损伤、氢腐蚀以及转化炉炉膛侧的高温氧化、高温硫化、碳化、硫酸露点腐蚀，同时考虑废热锅炉及蒸汽发生器高温水侧的氧腐蚀、酸腐蚀。转化炉炉管一般选用 HK-40（Cr25Ni20）、HP-40（Cr25Ni35）、HP-40Nb（Cr25Ni35Nb），后者机械性能优于前者，下猪尾管和下集气管一般选用 Incoloy800（Cr20Ni32），上猪尾管和上集气管一般选用 0Cr18Ni9、Cr5Mo，废热锅炉及其他部位一般可选用 0Cr18Ni9、CrMo（15CrMo、Cr5Mo）、15CrMo+ 耐热衬里。

（3）变换系统的操作温度在 200～450℃，选材主要考虑氢腐蚀、CO_2 腐蚀，一般先考虑氢腐蚀问题，按照 API941-2004 所列的 Nelson 曲线为选材依据，一般选用 CrMo（15CrMo、Cr5Mo），操作温度低于 220℃或氢分压低于 1.3MPa 的操作环境可考虑选用碳钢。但在露点温度（大约 166～195℃，根据装置操作条件不同 而不同）条件下一般选用奥氏体不锈钢，此时主要是考虑高温条件下CO_2腐蚀问题。

（4）脱碳系统的操作温度在110℃左右，选材主要考虑热碳酸钾水溶液引起 的全面腐蚀、应力腐蚀、冲刷腐蚀或湿CO_2腐蚀，对易出现汽蚀和冲刷腐蚀一般选用0Cr18Ni9，如贫液或半贫液泵的叶轮、轴套、泵壳，贫液或半贫液管线的弯头、三通、大小头、阀件等受冲刷部位；再生塔底重沸器管束等，同时与湿CO_2接触再生塔顶及CO_2凝液流经的部位如冷凝液冷却器至分离罐的管线一般选用0Cr18Ni9或内衬00Cr19Ni10，其他部位则选用碳钢。在使用钒缓蚀剂情况下，吸收塔和再生塔的塔盘可选用碳钢，若采用不锈钢塔盘，则与碳钢塔体相焊接的塔内构件（支承圈、大梁、支梁等）最好使用碳钢。对接触湿CO_2且温度较低的碳钢设备可采用非金属耐酸材料（如涂料、树脂玻璃钢等）防腐蚀措施。

（5）甲烷化系统的操作温度在300～400℃，选材主要考虑氢腐蚀，一般选用15CrMo，操作温度低于220℃或氢分压低于1.3MPa的操作环境可考虑选用碳钢。

附　录　A

（资料性附录）

装置停工交付检修确认表

<table>
<tr><td rowspan="2"></td><td colspan="6">装置停工交付检修确认表</td></tr>
<tr><td>记录编号</td><td></td><td>使用单位</td><td colspan="3"></td></tr>
<tr><td colspan="2">停工检修单位</td><td></td><td>装置</td><td>时间</td><td colspan="2">年　月　日</td></tr>
<tr><td>单位</td><td colspan="2">确认内容</td><td colspan="2">存在问题</td><td>确认意见</td><td>确认人</td></tr>
<tr><td>停工单位</td><td colspan="2">1. 装置与系统是否有效隔离并提供对应的盲板表？
2. 是否有专用氮气线，是否专用？
3. 管线及容器是否吹扫干净并提供吹扫作业确认表？
4. 容器及塔测爆及氧含量是否合格？
5. 风险系数较大的作业是否进行危害识别分析？
6. 对塔、容器仪表监控手段是否保留？
7. 动火作业项目是否上墙？
8. 对本单位、施工单位参加检修的人员安全教育并考试是否进行？
9. 明沟、地面上是否有油？清污分流设施是否投用？
10. 对装置内电缆沟是否作出明显标志？
11. 设备、容器、管道是否全部打开并在设备人孔处挂“危险空间，严禁入内”的警示牌？
12. 检修现场下水井、地漏、明沟是否封闭，泵沟等是否建立水封？
13. 检修设备是否停电？</td><td colspan="2"></td><td></td><td></td></tr>
<tr><td>电气部</td><td colspan="2">1. 是否已按用电单位停送电要求实施停送电？
2. 参加大修的电气作业人员是否进行电工作业资格的确认和相应的安全教育？
3. 其他</td><td colspan="2"></td><td></td><td></td></tr>
<tr><td>仪控部</td><td colspan="2">1. 对本单位、施工单位参加检修的人员安全教育并考试是否进行？
2. 机柜间运行装置的机柜与检修的区域是否采用明显有效的隔离措施？
3. 仪表吹扫排放中相关安全环保措施是否明确落实？</td><td colspan="2"></td><td></td><td></td></tr>
</table>

装置停工交付检修确认表（续）

<table>
<tr><td rowspan="2"></td><td colspan="6">装置停工交付检修确认表</td></tr>
<tr><td colspan="2">记录编号</td><td></td><td>使用单位</td><td colspan="2"></td></tr>
<tr><td colspan="2">停工检修单位</td><td></td><td>装置</td><td></td><td>时间</td><td>年　月　日</td></tr>
<tr><td>单位</td><td colspan="2">确认内容</td><td colspan="2">存在问题</td><td>确认意见</td><td>确认人</td></tr>
<tr><td>仪控部</td><td colspan="2">4. 放射线同位素仪表停工检修防护措施是否落实？
5. 工器具是否进行相关安全检查？
6. 重大作业项目是否编写施工作业方案和进行危害识别与评价？
7. 高处作业的脚手架是否搭设妥当并验收合格？
8. 每项作业施工是否具有合格的施工检修作业票？相关安全措施是否落实到位？
9. 劳保用品穿戴是否符合要求？
10. 检修质量和检修内容是否符合要求？</td><td colspan="2"></td><td></td><td></td></tr>
<tr><td>消防部门</td><td colspan="2">1. 现场消气防器材是否齐全、完好？
2. 消防、疏散通道是否符合要求？
3. 其他</td><td colspan="2"></td><td></td><td></td></tr>
<tr><td rowspan="2">生产部门</td><td>技术科</td><td>1. 检查吹扫作业票的确认签名是否落实？
2. 现场检查盲板是否按方案和盲板清单进行安装？
3. 检查瓦斯、氮气和工艺介质等物料在装置边界是否进行有效隔离？
4. 催化剂、保护剂、胺液或按方案不退的介质是否按方案要求进行了有效安全隔离？</td><td colspan="2"></td><td></td><td></td></tr>
<tr><td>管理科</td><td>1. 检查配合外系统的吹扫是否已
2. 满足要求可以停运？
3. 其他</td><td colspan="2"></td><td></td><td></td></tr>
<tr><td>机动部门</td><td>设备科</td><td>1. 已按停工方案要求抽堵盲板，且要做好明显标记，并指定专人统一编号登记，严防漏堵、漏拆。盲板的材质、厚度符合安全要求；
2. 与炉、塔、容器相连的蒸汽、氮气等有害介质的阀门，已加盲板隔离</td><td colspan="2"></td><td></td><td></td></tr>
</table>

装置停工交付检修确认表（续）

<table>
<tr><td rowspan="2"></td><td colspan="6">装置停工交付检修确认表</td></tr>
<tr><td>记录编号</td><td></td><td>使用单位</td><td colspan="3"></td></tr>
<tr><td colspan="2">停工检修单位</td><td></td><td>装置</td><td></td><td>时间</td><td>年　月　日</td></tr>
<tr><td>单位</td><td colspan="2">确认内容</td><td colspan="2">存在问题</td><td>确认意见</td><td>确认人</td></tr>
<tr><td rowspan="2">机动部门</td><td>设备科</td><td>3. 未经吹扫处理的设备、容器、管道已与系统隔离，设置明显警示标志，并向职工和施工单位交底；
4. 冬季停工，装置要做好防冻防凝工作</td><td colspan="2"></td><td></td><td></td></tr>
<tr><td>动力科</td><td>1. 变配电所内电气安全用具、消防器材已检查并在有效期限内；
2. 变配电所内的工器具已检查合格；
3. 电气现场检修动力箱（固定）、临时变已检查合格；
4. 配送电单位、施工单位参修人员已经安全教育并考试合格；
5. 外来人员已经安全教育并考试合格；
6. 工艺要提供装置停工后仍需使用的仪表清单；
7. 电气专业提供停工期间停电网络，仪表提前准备</td><td colspan="2"></td><td></td><td></td></tr>
<tr><td rowspan="3">安环部门</td><td>管理科</td><td>1. 对本单位、施工单位参加检修的人员安全教育并考试是否进行？
2. 其他</td><td colspan="2"></td><td></td><td></td></tr>
<tr><td>环保科</td><td>1. 明沟、地面上是否有油？清污分流设施是否投用？
2. 其他</td><td colspan="2"></td><td></td><td></td></tr>
<tr><td>安全科</td><td>1. 现场固定式可燃气体报警仪、H_2S 报警仪等探头是否进行妥善保护？
2. 对装置内电缆沟是否作出明显标志？
3. 设备、容器、管道是否全部打开并在设备人孔处挂“危险空间，严禁入内”的警示牌？
4. 检修现场下水井、地漏、明沟的是否封闭，泵沟等是否建立水封？</td><td colspan="2"></td><td></td><td></td></tr>
</table>

装置停工交付检修确认表（续）

	装置停工交付检修确认表						
	记录编号		使用单位				
停工检修单位			装置		时间	年　月　日	
单位	确认内容		存在问题			确认意见	确认人
安环部门	安全科	5. 打开的设备、容器、管道测爆分析是否合格？ 6. 运行的装置与检修的区域必须采用明显有效的隔离措施？存在工艺介质的工艺管线是否作出标志？ 7. 其他					
领导意见							

附 录 B
（资料性附录）
装置检修交回开工确认表

<table>
<tr><td rowspan="3"></td><td colspan="5">中国石油化工股份有限公司 ×××× 分公司管理体系</td></tr>
<tr><td colspan="5">装置检修交回开工确认表</td></tr>
<tr><td>记录编号</td><td></td><td>使用单位</td><td colspan="2"></td></tr>
<tr><td colspan="2">开工装置</td><td></td><td>时间</td><td colspan="2">年 月 日</td></tr>
<tr><td colspan="2">单位</td><td>要求</td><td>存在问题</td><td>确认意见</td><td>确认人</td></tr>
<tr><td colspan="2">施工单位</td><td>1. 检修项目以及改造项目已施工完成，并验收合格；
2. 施工用临时设施已全部拆除；现场清洁、无杂物；
3. 除用于开工查漏、热紧用的架子保留外，其它架子、跳板均拆除；
4. 设备、管线等保温复位；
5. 因检修拆除的劳动保护、照明设施已恢复；
6. 塔器设备、安全阀、现场仪表、管线等均已复位</td><td></td><td></td><td></td></tr>
<tr><td colspan="2">项目所属单位</td><td>1. 设备位号和管道介质名称、流向标示齐全；
2. 检查现场设备、管线、保温等安装符合规范，试用情况正常；
3. 机组等设备联锁试验正常；
4. 工艺联锁试验正常；
5. 盲板拆、装清单已确认；
6. 装置吹扫、试压通过；
7. 现场消防、气防器材及岗位工器具配齐、现场环保设施投用；
8. 开工化工原材料准备完毕；
9. 备品配件齐全</td><td></td><td></td><td></td></tr>
<tr><td colspan="2">电气部</td><td>1. 变电所已正常投用，高低压电送电正常；
2. 现场电气设备如电动阀、电加热器、电机等试运正常；
3. 现场照明等恢复正常</td><td></td><td></td><td></td></tr>
<tr><td colspan="2">仪控部</td><td>1. 现场仪表调试、DCS 调试、联校正常；
2. 配合工艺、设备的联锁调试已完成</td><td></td><td></td><td></td></tr>
<tr><td colspan="2">公用工程部</td><td>循环水、新鲜水、蒸汽、仪表风 / 工厂风、氮气等公用介质供应正常</td><td></td><td></td><td></td></tr>
<tr><td colspan="2">储运部</td><td>储运系统已具备正常供料以及接收产品条件</td><td></td><td></td><td></td></tr>
</table>

装置检修交回开工确认表（续）

	中国石油化工股份有限公司××××分公司管理体系				
	装置检修交回开工确认表				
	记录编号		使用单位		
开工装置			时间	年　月　日	
单位		要求	存在问题	确认意见	确认人
化验部门		1. 现场采样器已复位正常； 2. 分析项目已具备分析条件			
消防部门		1. 现场消气防器材齐全、完好； 2. 消防、疏散通道符合要求			
安环部门	环保	1. 现场环保设施，如清污分流设施等已投用； 2. 后续环保装置具备接收物料条件			
	安全	1. 现场固定式可燃气体报警仪、H_2S 报警仪等已投用； 2. 拟开工装置与临近的检修区域已采用明显有效的隔离措施； 3. 现场安全设施如平台围栏、护栏等符合要求，现场无容易坠落物品； 4. 如有零星动火项目，火票需升级			
工程管理部门		负责的改造项目已施工完成、并验收合格			
机动部门	设备科	1. 检修项目已完成，并验收合格； 2. 保运工作已落实			
	动力科	1. 电气、仪表检修改造项目已完成，并投用正常； 2. 电气现场检修动力箱、临时变已拆除			
生产部门	技术科	1. 开工方案已审批完成； 2. 盲板已按方案和盲板清单进行安装； 3. 开工用化工原材料已落实； 4. 其他专项方案已落实或审批			
	管理科	1. 外围的公用、储运系统以及相关装置已可支持装置开工； 2. 开工用原料已落实			
人教部门		操作人员已经过学习、培训，并考试合格			
项目所属单位领导意见		签名：	公司意见	签名：	

附　录　C

（资料性附录）

检修施工现场 HSSE 日检表

序号	检查内容	存在问题	检查人员	整改情况	验证人	备注
1	临时用电					
1.1	配备合格的持证电工					
1.2	配电箱合格、有防雨措施，按要求标识并上锁					
1.3	配电系统执行“三相五线制”，符合“三级配电二级保护”要求，安装匹配的漏电保护器，漏保动作灵敏好用，并进行日常试验和记录					
1.4	电缆及接头无破损，绝缘良好；铺设规范，走向清晰，标识明确					
1.5	用电严格执行“一机一闸一保护”					
1.6	按要求配置保护零线和工作零线，工作接地和重复接地完好					
1.7	安全电压符合作业环境要求					
1.8	使用工业插头、插座					
2	施工机具					
2.1	各种机具设备安全要求进行定期检查，确保完好					
2.2	设有机械保护装置（如转动设备等）的设备，保护装置处于完好状态					
2.3	用电机具、设施接地完好					
2.4	配备与作业要求相匹配的劳动防护用品					
2.5	空气压缩机压力表、安全阀等在检验期内并处于完好状态，高压气管和软管固定连接可靠					
2.6	气瓶垂直放置，瓶体固定可靠；气瓶分类摆放并保持安全距离，防护措施到位，气瓶阻火器、压力表等安全附件完好，气管无老化破损，连接可靠					
3	脚手架					

检修施工现场HSSE日检表（续）

序号	检查内容	存在问题	检查人员	整改情况	验证人	备注
3.1	脚手架搭设人员是专业架子工，并持证上岗。搭设人员按要求着装，配备五点双大钩安全带					
3.2	编制脚手架搭设方案，进行安全技术交底并有记录					
3.3	按规范要求搭设脚手架，且有良好的整体稳固性					
3.4	搭设和拆除过程必须有专人监督，周边设置警戒区					
3.5	连墙件设置可靠，各节点扣件扭矩力符合要求					
3.6	通道、护栏、腰杆、踢脚板等符合要求。					
3.7	作业面满铺跳板，无孔洞，跳板可靠固定且无探头板					
3.8	作业面临时放置的材料等在允许荷载范围内，严禁超载荷；放置必须稳固，无坠物风险					
3.9	脚手架搭设完成验收合格挂牌使用					
3.10	消防设施保持完好，灭火器和消防水桶按要求配置					
3.11	消防安全通道保持畅通					
3.12	用火作业前，清理周边易燃物，采取接火措施					
4	起重					
4.1	编制了吊装方案、进行交底并有记录					
4.2	起重设备操作人员、司索、指挥持有效证件					
4.3	起重机械证照齐全有效					
4.4	起重机械安全设施、附件完好					
4.5	机索具检查完好，钢丝绳无磨损，连接可靠，绳卡数量和间距满足要求					
4.6	吊装作业半径设置了警戒区，禁止无关人员入内					
4.7	吊装前进行评估，确保在额定起升载荷范围内进行起重作业，不得超载					

检修施工现场HSSE日检表（续）

序号	检查内容	存在问题	检查人员	整改情况	验证人	备注
4.8	吊车支腿符合要求					
4.9	吊物捆绑符合要求，使用溜绳					
4.10	吊装作业天气、环境、风力等符合要求					
5	焊接、气割					
5.1	设备接地完好					
5.2	焊把线无破损，连接器完好					
5.3	有专人监护，接火、防火措施到位					
5.4	可燃性气瓶与胶管连接完好，无漏气，气瓶有阻火器					
5.5	现场气瓶与明火源保持安全距离					
6	受限空间					
6.1	对所要进行作业的受限空间进行吹扫、蒸煮、置换，并分析合格。所有与受限空间相连接的管线、阀门应进行有效隔离，盲板处应挂标识牌，并经工艺技术人员签字确认					
6.2	出入口内外不得有障碍物，在受限空间入口处设置“危险！严禁入内”警告牌或采取其他封闭措施					
6.3	对有可能发生硫化亚铁自燃的设备、容器必须经充分的钝化脱臭处理，并在现场配置消防水带					
6.4	《进入受限空间作业许可证》实行一点一证					
6.5	进入受限空间作业实行“三不进入”原则，即：一、没有经批准有效的《进入受限空间作业许可证》不进入；二、安全措施未落实不进入；三、监护人不在场不进入					
6.6	作业现场配备必要的救护器具和灭火器材等					
6.7	进入受限空间作业应使用安全电压和安全行灯					
7	作业安全					

检修施工现场HSSE日检表（续）

序号	检查内容	存在问题	检查人员	整改情况	验证人	备注
7.1	作业前进行班前安全教育和安全技术交底，作业人员清楚当天作业内容和安全风险及注意事项					
7.2	特殊工种持证上岗					
7.3	佩戴合格安全帽，并根据作业任务佩戴专用眼部、面部、手部等防护用品，高处作业人员系挂安全带					
8	收工检查					
8.1	配电系统一级箱断电，关闭气瓶角阀，能量上锁					
8.2	现场火种检查清理完毕					
8.3	清理各作业面材料和杂物等，做到工完料净场地清					
8.4	落实夜间值班、巡检人员，职责到位，检查内容明确					

附 录 D
（资料性附录）
装置停工检修工作总结模版
（设备专业）

根据公司《设备检修管理制度》规定，在装置停工检修结束后各相关单位应组织编写装置停工检修工作总结。为此，就进一步做好装置停工检修工作总结提出要求如下：

封面：

名称：××× 部 ××× 装置 ×××× 年 ×× 月停工检修工作总结

编写人：×××

审核人：×××

批准人：×××（运行部领导）

编写单位：中石化 ××× 分公司 ××× 部

编写时间：×××× 年 ×× 月

正文

（一）装置停工检修过程概述：

装置开、停工、检修过程简述，本周期装置运行起止时间。

本周期装置运行中出现的主要问题。

本次停工检修、改造内容简述，检修项目计划数（包括补充、追加），检修计划完成情况。重点检修项目情况。

开停工、检修网络执行情况。

（二）主要检修内容技术总结

反应器部分；

塔、容器部分；

加热炉部分；

冷换设备、空冷器部分；

阀门部分；

管道部分；

压缩机部分；

泵部分；

特殊阀门部分；

输送机械部分；

压力容器检验（包括缺陷返修处理）；

压力管道检验（包括缺陷返修处理）；

安全阀检验；

其他检修方面。

技术分析中要有以下内容：上次运行周期出现的问题，本次检修检查情况及采取措施；上次检修遗留问题处理情况；本周期与上周期设备隐蔽检查情况对照；重复发生问题处理方案有效性；装置系统问题；典型案例。

（三）检修计划准确性分析

（四）检修施工队伍评述

（五）材料供应评述

（六）设计质量评价

（七）检修质量评价

（八）本次检修遗留问题及预案

（九）检修管理亮点、存在的不足和下次检修需注意的问题

（十）附表

表 1　设备增加情况表

序号	位号	名称	规格型号	制造厂	数量	备注

表 2　设备拆除情况表

序号	原位号	名称	规格型号	制造厂	数量	备注

表 3　管线拆除情况表

序号	原编号	名称	规格	长度 /m	备注

表 4　设备更换情况表

序号	位号	名称	规格型号		制造厂		数量	备注
			更换前	更换后	更换前	更换后		

表 5　冷换设备检修情况表

序号	位号	名称	规格型号	抽芯清洗	试压换垫	堵管根数	管束更换

表 6　阀门检修、更换情况表（*DN*50 和 *DN*50 以上）

序号	规格型号	公称直径	检修数量	更换数量

表7　压力容器检验情况表

序号	计划检验台数	增加变更台数	减少变更台数	实际完成台数	缺陷返修台数

表8　压力管道检验情况表

序号	检验计划		增加变更		减少变更		实际完成	
	条数	米数	条数	米数	条数	米数	条数	米数

表9　安全阀门检验情况表

序号	计划检验台数	增加变更台数	减少变更台数	实际完成台数

12. 润滑油基础油生产装置维护检修规程

SHZ 02012—2019

目　次

前　言

本规程按照GB/T 1.1—2009《标准化工作导则　第1部分：标准的结构和编写》给出的规则起草。

本规程由中国石油化工集团有限公司、中国石油化工股份有限公司提出。

本规程起草单位：中国石油化工股份有限公司茂名分公司。

本规程主要起草人：刘星、董志祥。

本规程为2019年首次发布。

润滑油基础油生产装置维护检修规程

1 范围

本规程规定了润滑油基础油生产装置及其主要设备、专用设备的检修周期、检修项目及质量要求、检修过程管理和日常维护的相关内容。

本规程适用于石油化工润滑油基础油生产装置的检修管理。

2 规范性引用文件

下列文件对本文件的应用是必不可少的。凡是注日期的引用文件，仅注日期的版本适用于本文件。凡是不注日期的引用文件，其最新版本（包括所有的修改单）适用于本文件。

2.1 法律法规

中华人民共和国安全生产法

中华人民共和国特种设备安全法

特种设备安全监察条例

2.2 标准规范

TSG 21　固定式压力容器安全技术监察规程

TSG D0001　压力管道安全技术监察规程—工业管道

GB/T 151　热交换器

GB 50236　现场设备、工业管道焊接工程施工及验收规范

GB 50160　石油化工企业设计防火标准

TSG D7005　压力管道定期检验规则—工业管道

TSG R7001　压力容器定期检验规程

GB/T 20801　压力管道规范　工业管道

SH 3505　石油化工施工安全技术规则

SH/T 3416　石油化工用套管结晶器

2.3 相关规定和文献

炼油企业检修管理指南（试行版）

转鼓过滤机技术问答

螺杆压缩机技术问答

3 术语与定义

下列术语和定义适用于本文件。

3.1 设备功能

设备功能指的是设备的生产效率和功能，衡量设备功能的指标随设备种类不同而异。

3.2 功能故障

设备、设施不能实现其设计功能时，称之为功能故障，定义为设备、设施不能满足期望的性能标准。一般指设备失去或降低其规定功能的事件或现象，表现为设备的某些零件失去原有的精度或性能，使设备不能正常运行，技术性能降低，致使设备中断生产或效率降低而影响生产。

3.3 A 类设备

本规程规定的 A 类设备是指经过 RCM 风险评估方法得出的因设备的功能故障引起装置停车的该装置的关键设备。

3.4 B 类设备

本规程规定的 B 类设备是指经过 RCM 风险评估方法得出的设备的功能故障虽然不引起装置的停车，但对装置的负荷，质量及可靠性具有重大影响的该装置的主要设备。

4 装置特征

本规程编写的炼化企业润滑油基础油生产装置是生产润滑油基础油的核心装置之一，它以常三、减二、减三、减四馏分油，轻脱油为原料，生产基础油，蜡下油，石蜡，抽出油等产品。

润滑油基础油生产装置通常由糠醛精制，酮苯脱油脱蜡和白土补充精制三个单元部分组成。

润滑油基础油生产工艺生产技术目前在我国应用非常成熟，基本流程见图 1。

4.1 糠醛精制单元

4.1.1 糠醛精制单元的原则流程

原料进入脱气塔脱去混带的大部分空气和水，塔底原料油经原料泵抽至转盘萃取塔

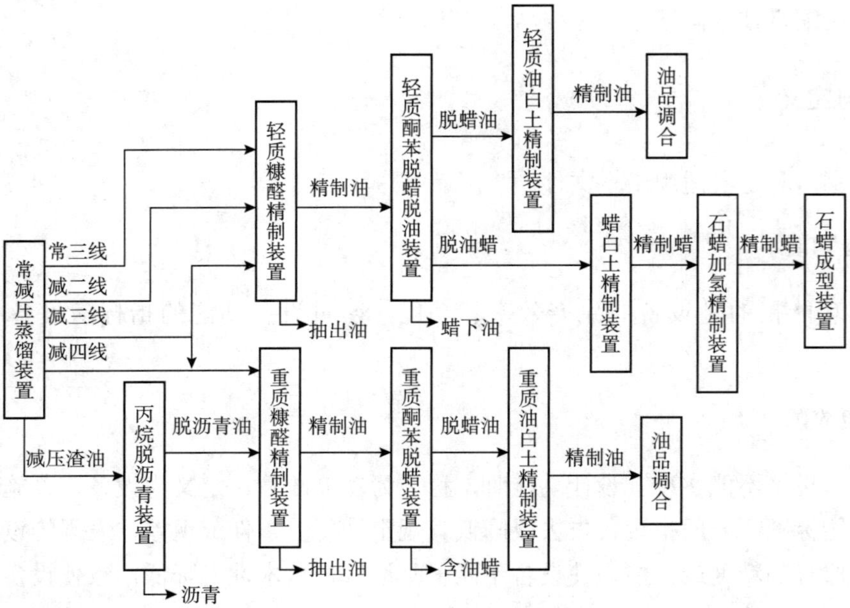

图 1　润滑油基础油生产装置的原则流程图

底部，糠醛从干燥塔底经泵输送至萃取塔顶部，在转盘的搅拌下，糠醛与原料油逆流充分接触，糠醛溶解原料中的抽出油形成抽出液沉降至塔底，含有少量糠醛的精制油形成精制液流至塔顶。精制液经过加热炉和换热器加热后进入汽提塔，塔顶水和糠醛的共沸物进入水溶液罐，塔底精制油作为产品送至罐区或直接送至酮苯装置；抽出液经过换热器和加热炉加热后，经三效蒸发塔糠醛蒸发至塔顶，经干燥塔脱水和换热器冷却后循环使用。塔底含有少量糠醛的抽出液自压至汽提塔，经汽提后，糠醛气和蒸汽经塔顶水冷器冷却进入水溶液罐，塔底抽出油作为副产品分别送至罐区。

糠醛精制单元的工艺流程图见图 2。

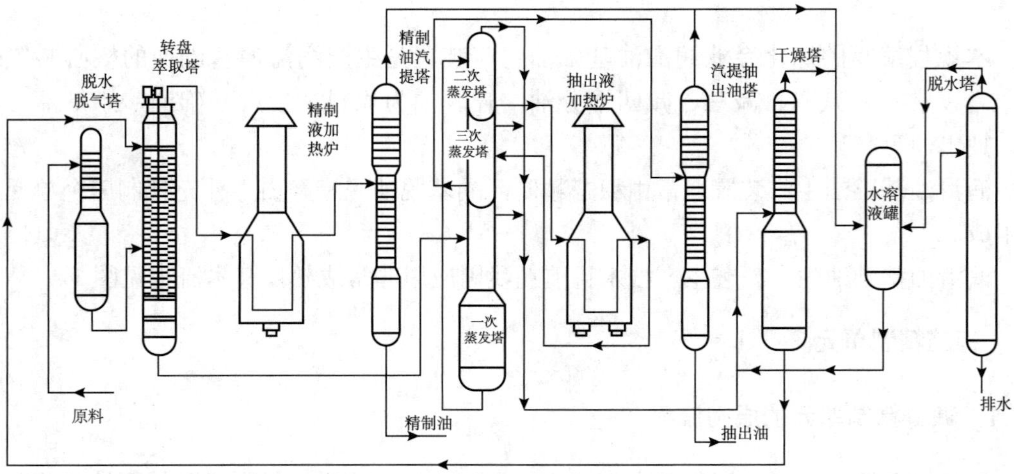

图 2　糠醛精制单元的原则流程图

4.1.2 糠醛精制单元的工艺特性

糠醛精制是用糠醛作为精制溶剂，通过糠醛萃取，达到除去非理想组分，使润滑油的黏温性能，抗氧化安定性及油品的颜色等得到改善，明显降低油品的酸值和残炭的目的。

主要工艺参数：

萃取塔操作条件：塔顶：95～145℃，压力 0.8MPa，塔底：55～115℃；

蒸发塔操作条件：塔顶：205℃，压力 0.18MPa；

汽提塔操作条件：塔顶：205℃，压力 0.05MPa，塔底：190℃。

4.1.3 糠醛精制单元的安全环保危害特性

安全环保危害特性详见表 1。

表 1 糠醛精制单元主要安全环保危害特性

危害种类	危害机理	存在部位	防范措施
糠醛中毒，易燃易爆	糠醛属中等毒类，对皮肤黏膜有刺激性，经呼吸道吸入后有麻醉作用。易燃易爆	糠醛罐，泵房，塔区和炉区	1. 现场可燃气报警监控； 2. 人员安排培训及应急措施学习； 安全劳保穿戴
糠醛酸腐蚀	糠醛的氧化稳定性较差，在空气、水、阳光的作用下极容易发生氧化反应，氧化成过氧糠酸（C_4H_3COOH）。随着温度的增加反应速度加快	生产装置设备和工艺管道	1. 材质升级，如真空系统采用不锈钢； 2. 降低系统中氧含量及水汽； 3. 加注缓蚀剂； 4. 在原料及生产流程阻止 O_2、水进入系统； 5. 操作上要求加强加热炉及萃取塔平稳操作，防止超温，防止糠醛氧化结焦
冲刷腐蚀	糠醛酸能使原料油中的不饱和烃氧化成环氧化合物，在糠醛的作用下，环氧化物发生缩合反应生成大量的焦类物质，焦粉在高流速下产生冲刷腐蚀，在低流速下容易沉积在金属表面导致垢下腐蚀	生产装置设备和工艺管道	1. 在原料及生产流程阻止 O_2、水进入系统，减少不饱和烃类； 2. 必要部位增加防冲板，如汽提塔进料线等； 3. 在原料及生产流程阻止 O_2、水进入系统； 4. 操作上要求加强加热炉及萃取塔平稳操作，防止超温，防止糠醛氧化结焦
缝隙腐蚀	糠醛氧化生成焦粉，设备表面堆积成焦垢后，由于金属和焦垢之间存在狭小缝隙，缝隙限制了氧化物质的扩散，从而建立了以缝隙为阳极的浓差腐蚀电池，产生缝隙腐蚀	塔壁、换热器等	1. 材质升级，如真空系统采用不锈钢； 2. 降低系统中氧含量及水汽； 3. 加注缓蚀剂； 4. 在原料及生产流程阻止 O_2、水进入系统； 5. 操作上要求加强加热炉及萃取塔平稳操作，防止超温，防止糠醛氧化结焦

表 1 糠醛精制单元主要安全环保危害特性（续）

危害种类	危害机理	存在部位	防范措施
相变腐蚀	糠醛相变腐蚀是糠醛介于气、液两相同时作用于金属表面，气、液两相互变的不稳定状态对金属的冲击	管线弯头、变径、三通、换热器管束、管箱隔板、塔内液面波动区域附近	1. 大修测厚更换减薄部位； 2. 减少流程中的弯头、三通等
垢下腐蚀	水冷器水流速低．温度高时易形成水垢，造成垢下腐蚀	水冷器	1. 降低系统中含氧，避免糠醛氧化； 2. 对流速低于 0.9m/s，每月一次反冲洗； 3. 定期清焦

4.2 酮苯脱蜡脱油单元

4.2.1 酮苯脱蜡脱油单元工艺原则流程

原料进装置经水冷器换冷，再进换冷套管结晶器与滤液换冷至冷点温度后，加入相应温度的一次和二次稀释溶剂。原料与溶剂混合后经两次氨冷套管结晶器冷却至工艺要求的温度，然后各流汇合加入三次稀释溶剂混合进入脱蜡滤机进料罐。混合物料进入脱蜡真空转鼓过滤机过滤后，蜡膏进蜡罐，滤液进滤液罐。另外，蜡膏经过两次溶剂混合后，经过一次或两次一段滤机，二段滤机过滤充分析出蜡膏内的蜡下油。

分离后的滤液、蜡膏和蜡下油经过换热器冷量回收，经过加热炉（或蒸汽加热器）加热进入三效蒸发塔和闪蒸塔进行溶剂蒸发，各塔顶的溶剂气与结晶系统的物料换热回收热量冷却后，再经空冷，水冷器进入溶剂罐。闪蒸塔底物料进入汽提塔进一步蒸出少量的溶剂，塔顶带水的溶剂回收热量后经空冷和水冷器冷却后进入沉降罐；塔底物料经换热器回收热量后，再经水冷器冷却送出装置。溶剂罐的溶剂用泵抽至结晶过滤系统循环使用，水溶液经沉降分层。上层湿溶剂溢流到湿溶剂罐，然后被抽入干燥塔顶部回流，水以溶剂－水共沸物的形式从塔顶蒸出再次进入沉降罐，干燥后的溶剂从塔底抽出经冷却进入滤机温洗或溶剂罐；下层溶剂水溶液经加热后进入汽提脱水塔进行汽提，塔顶水以溶剂－水共沸物的形式蒸出进入沉降罐，塔底废水降温后排进污水道。

酮苯脱蜡脱油单元工艺流程图见图 3。

4.2.2 酮苯脱蜡脱油单元工艺特性参数

酮苯单元是以馏分油为原料，利用混合溶剂（甲乙酮和甲苯），通过结晶、过滤和蒸发回收获得基础油和石蜡。

主要工艺参数：

冷冻系统操作条件：背压＜ 1.5MPa，最低温度 -35℃；

套管结晶器操作条件：压力＜ 1.8MPa；

滤机操作条件：压力＜ 0.045MPa，含氧＜ 7%；

蒸发塔操作条件：塔顶压力 0.35MPa，进料温度 190℃；

汽提塔操作条件：塔底温度150℃。

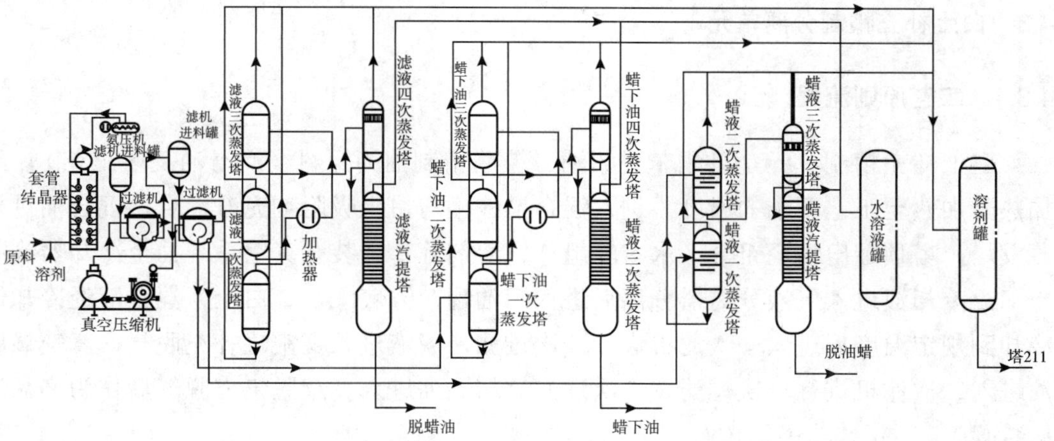

图3　酮苯脱蜡脱油单元工艺原则流程

4.2.3　酮苯脱蜡脱油单元危害特性

若采取先酮苯脱蜡后溶剂精制加工工艺，设备腐蚀主要为低温管线水露点腐蚀；若采用先溶剂精制后酮苯脱蜡加工工艺，设备腐蚀除了露点腐蚀外，更主要的是有机酸腐蚀。

酮苯脱蜡单元主要腐蚀位置及防范措施详见表2。

表2　酮苯脱蜡脱油单元主要腐蚀位置及防范措施

危害种类	危害机理	存在部位	防范措施
丁酮、甲苯中毒	溶剂对皮肤、眼睛、上呼吸道有刺激作用，长期吸入导致再生障碍贫血，并且易燃易爆	溶剂罐区、过滤机房、套管结晶器	1. 现场可燃气报警监控； 2. 人员安排培训及应急措施学习； 3. 安全劳保穿戴
低温腐蚀	低温系统与大气接触部位，由于温度差，形成水珠、与大气中的CO_2、O_2等形成酸腐蚀，由于设备为碳钢也存在电机腐蚀	冷冻、结晶和过滤区域的低温管线和设备接管、法兰、泵、管托	1. 定期测厚检查； 2. 必要部位增加防冲板； 3. 减少流程中管线弯头等
有机酸腐蚀	原料中携带糠醛装置中糠醛氧化成过氧糠酸（C_4H_3COOH），随着温度的增加反应速度加快，形成有机酸腐蚀	水冷设备以及汽提塔顶管线，冷换设备管束	1. 对溶剂回收系统加注适量缓蚀剂； 2. 设备管线材质升级为不锈钢
相变腐蚀	溶剂介于气、液二相同时作用于金属表面，气、液两相互变的不稳定状态对金属的冲击。	表面蒸发器及溶剂回收空冷器	1. 大修测厚更换减薄部位； 2. 减少流程中的弯头、三通等
电化学腐蚀	水垢沉积管束表面，形成氧浓度差电池，构成电化学腐蚀	表面蒸发器管束	1. 采用不锈钢材质的管束； 2. 采用无盐水冷却，并定期加入水质稳定剂、杀菌剂； 3. 定期检测水质、换水

4.3 白土补充精制分离单元

4.3.1 工艺原则流程

白土补充精制单元是以酮苯脱蜡油、糠醛精制油为原料（润滑油反序工艺），经加热器加热至工艺要求的温度，进入混合搅拌罐与白土吸附剂充分混合，混合油进入蒸发塔，塔顶馏出物轻组分（水、轻组分、溶剂等）经装置真空系统抽至冷却器冷凝冷却，冷却液进入气液分离器分离后进入污油罐，罐底（油、白土）混合液经冷却器冷却到规定温度后进入一次滤机进行一次过滤，滤液进入真空罐补充脱气，真空罐底油进入二次滤机进行二次过滤，二次过滤后精制油进入真空脱气塔脱气后作为产品送出装置。

白土补充精制分离工艺流程见图 4。

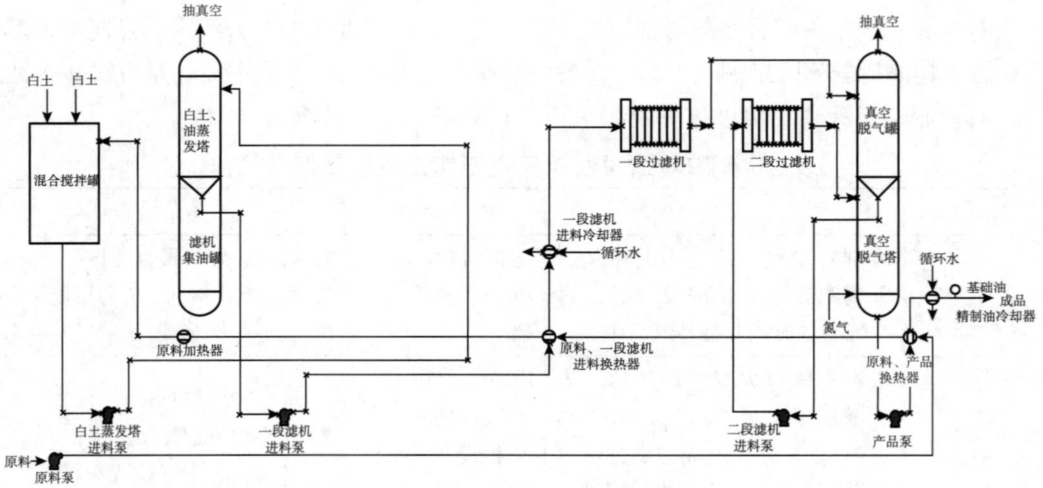

图 4 白土补充精制分离单元工艺流程图

4.3.2 白土补充精制单元工艺特性参数

一段滤机进料冷却器出口温度 110～145℃；

蒸发塔真空度相对压力≤ -0.040MPa；

一次过滤机进料压力≤ 0.7MPa；

脱气塔真空度相对压力≤ -0.060MPa；

精制油冷却器出口温度 60～90℃；

原料油加热器出口温度 140～185℃。

4.3.3 白土补充精制单元危害特性

白土精制系统全流程中伴随颗粒白土与油混合物，造成管线设备机泵冲刷腐蚀，真空脱气系统中，原料油中的酸性气与水混合物造成硫腐蚀。

白土本身就是一种酸性催化剂，在与油品的混合过程中，携带大量空气，在高温条件下，不但易造成油品氧化、还会腐蚀设备。主要腐蚀位置及防范措施见表3。

表3 白土补充精制单元主要腐蚀位置及防范措施

危害种类	危害机理	存在部位	防范措施
白土粉尘	白土粉尘进入肺部，易引起尘肺等疾病	白土罐、白土混合罐	1. 人员安排培训及应急措施学习； 2. 安全劳保穿戴
物理冲刷腐蚀	白土与油混合后，随机泵提供动力，高流速下产生冲刷腐蚀，在低流速下容易沉积在金属表面导致垢下腐蚀	含有白土介质的工艺管线及设备	1. 定期测厚检查； 2. 必要部位增加防冲板； 3. 减少流程中管线弯头等
白土堵塞	在混合罐中，白土与原料混合升温后，白土中的水汽与下料的白土形成白土泥，堵塞下料管	混合罐进出口、排汽管、白土下料管	1. 严格控制原料油、白土中的水含量； 2. 新工艺已减少白土下料量，如络合吸附精制
酸性腐蚀	白土是一种酸性催化剂，在与油品的混合过程中，携带大量空气，在高温条件下，易造成油品氧化和腐蚀设备	真空系统设备和管线	设备管线材质升级为不锈钢

5 检修周期及内容

5.1 主要设备介绍

5.1.1 糠醛精制单元设备（见表4）

表4 糠醛精制单元主要设备

名称	设备种类		主要设备种类	通用、专用设备检修规程的代码
动设备	泵	离心泵	装置进料泵、糠醛泵、回收塔底泵	SHS 01013
		往复泵	润滑油泵	SHS 01014
			隔膜式注剂泵	SHS 010115
	离心式风机		加热炉引风机、加热炉鼓风机	SHS 01022

表 4　糠醛精制单元主要设备（续）

名称	设备种类		主要设备种类	通用、专用设备检修规程的代码
静设备	列管式加热炉		精制液加热炉、抽出液加热炉	SHS 01006
	塔	填料塔、板式塔	转盘萃取塔、汽提塔、三效蒸发塔、干燥塔、脱水塔	SHS 01007
	换热器	管壳式换热器	蒸汽加热器、水冷器、塔顶换热器	SHS 01009
	压力容器		换热器、塔、瓦斯罐	SHS 01004
	常压容器		溶剂罐、水溶液罐、浮顶罐	SHS 01011
	压力管道			SHS 01005
	阀门			SHS 01030
仪表设备	常规仪表	检测仪表、显示或报警仪表、控制仪表、辅助单元、执行器及其附件	流量计、液位计、变送器	SHS 07002
	控制系统	集散控制系统（DCS）、可编程控制系统（PLC）、监控和数据采集系统（SCADA）	DCS	SHS 07008
	在线分析仪表	氧分析仪	氧化锆在线分析仪	SHS 07006
电气设备		高频电动机		SHS 06001

5.1.2　酮苯脱蜡脱油单元设备（表 5）

表 5　酮苯脱蜡脱油单元设备类型

名称	设备种类		主要设备种类	通用、专用设备检修规程的代码
动设备	压缩机	液环式真空压缩机	循环氮和补充氮压缩机	SHS 01040
		螺杆式压缩机	制冷氨气压缩机	SHS 01021
	泵	离心泵	装置进料泵、溶剂泵、蜡膏泵、滤液泵、回收塔底泵	SHS 01013
		螺杆泵	蜡膏泵	SHS 01016
		往复泵	隔膜式注剂泵	SHS 01015
		齿轮泵	润滑油泵	SHS 01017
	轴流式风机		空冷风机，表面蒸发器风机	SHS 01022
	真空转鼓过滤机		脱蜡滤机、一段脱油滤机、二段脱油滤机	SHS 01026

表 5 酮苯脱蜡脱油单元设备类型（续）

<table>
<tr><th>名称</th><th colspan="2">设备种类</th><th>主要设备种类</th><th>通用、专用设备检修规程的代码</th></tr>
<tr><td rowspan="11">静设备</td><td colspan="2">加热炉</td><td>圆筒式加热炉</td><td>SHS 01006</td></tr>
<tr><td>塔</td><td>填料塔、板式塔</td><td>汽提塔、蒸发塔、干燥塔、溶剂水吸收塔、脱水塔</td><td>SHS 01007</td></tr>
<tr><td rowspan="4">换热器</td><td>管壳式换热器</td><td>蒸汽加热器、水冷器、塔顶换热器、氨冷器</td><td>SHS 01009</td></tr>
<tr><td>板式换热器</td><td>润滑油水冷器</td><td>SHS 01068</td></tr>
<tr><td>套管结晶器</td><td>换冷套管、氨冷套管</td><td>SHS 02003</td></tr>
<tr><td>表面蒸发器</td><td>空冷、高效表面蒸发器</td><td>SHS 01010</td></tr>
<tr><td colspan="2">压力容器</td><td>换热器、储氨罐、塔</td><td>SHS 01004</td></tr>
<tr><td colspan="2">常压容器</td><td>溶剂罐、滤液罐、蜡膏罐、氮气浮顶罐</td><td>SHS 01011</td></tr>
<tr><td colspan="2">压力管道</td><td></td><td>SHS 01005</td></tr>
<tr><td colspan="2">阀门</td><td></td><td>SHS 01030</td></tr>
<tr><td colspan="2" style="display:none"></td></tr>
<tr><td rowspan="3">仪表设备</td><td>常规仪表</td><td>检测仪表、显示或报警仪表、控制仪表、辅助单元、执行器及其附件</td><td>流量计、液位计、变送器、气动执行机构</td><td>SHS 07002</td></tr>
<tr><td>控制系统</td><td>集散控制系统（DCS）、可编程控制系统（PLC）、监控和数据采集系统（SCADA）</td><td>DCS、PLC 系统</td><td>SHS 07008</td></tr>
<tr><td>安全仪表系统（SIS）</td><td>可燃、有毒有害气体及火灾检测保护系统</td><td></td><td></td></tr>
<tr><td rowspan="2">仪表设备</td><td>在线分析仪表</td><td>氧分析仪</td><td>氧化锆在线分析仪</td><td>SHS 07006</td></tr>
<tr><td>安全环保仪表</td><td>有毒有害气体检测报警仪</td><td>氨气报警仪、可燃气体报警仪</td><td>SHS 07007</td></tr>
<tr><td>电气设备</td><td></td><td></td><td></td><td></td></tr>
</table>

5.1.3 白土补充精制单元设备（表 6）

表 6 白土补充精制单元设备类型

名称	设备种类		主要设备种类	通用、专用设备检修规程的代码
动设备	泵	离心泵	塔底泵、滤机进料泵	SHS 01013
		往复泵	双缸往复泵	SHS 01014
静设备	塔	浮阀塔、填料塔、板式塔	脱气塔、混合塔	SHS 01007
	过滤机	板框过滤机	油与白土过滤机	SHS 01027
		全自动箱式压滤机	油与白土过滤机	SHS 09015
	换热器	管壳式换热器	蒸汽加热器、水冷器	SHS 01009
		套管冷却器	滤机原料油冷却气	SHS 01009
	压力容器		原料加热器、风罐	SHS 01004
	常压容器		白土罐、混合罐	SHS 01011
	压力管道			SHS 01005
	阀门			SHS 01030
仪表设备	常规仪表	检测仪表、显示或报警仪表、控制仪表、辅助单元、执行器及其附件	流量计、液位计、变送器、气动执行机构	SHS 07002
	控制系统	集散控制系统（DCS）、可编程控制系统（PLC）、监控和数据采集系统（SCADA）	DCS	SHS 07008
	安全仪表系统（SIS）	可燃、有毒有害气体及火灾检测保护系统	可燃气体报警仪	
	在线分析仪表	氧分析仪	氧化锆在线分析仪	SHS 07006
	安全环保仪表	有毒有害气体检测报警仪	氨气报警仪	SHS 07007
电气设备		电动机		SHS 06001

5.2 检修周期

5.2.1 润滑油基础油生产装置检修应根据实际运行情况进行定期停车大检修，大修周期按 48～72 个月确定。

5.2.2 有备用设备的或日常可以进行检修的不列入大修项目（除特殊情况外）。

5.3 检修内容

5.3.1 确定检修内容的依据

a）按法律法规要求的特种设备定期检验。

b）不符合安全与环境保护、节能要求的设备改造和更新。

c）对本次检修或下次检修之前已到法定检验时间的计量设施。

d）设备状况：

（1）静设备：

①加热炉炉管结焦堵、炉管腐蚀穿等原因造成运行状况恶化、性能降低或失效等；

②塔内部因塔盘结焦堵、内构件损坏、积垢腐蚀等原因造成运行状况恶化、性能降低等；

③换热器因换热管腐蚀穿孔、结焦堵管、积垢腐蚀等原因造成运行状况恶化、性能降低等；

④容器因内构件损坏、结焦、积垢腐蚀等原因造成运行状况恶化、性能降低等；

⑤空冷器因外腐蚀穿孔泄漏、管箱丝堵泄漏等原因造成运行状况恶化、性能降低等；

（2）转动设备：磨损、疲劳、泄漏、振动等原因造成运行状况恶化、性能降低等；

（3）管道、阀门因腐蚀减薄、失效等原因造成运行状况恶化、性能降低等；

（4）电气设备：部件老化等原因造成运行状况恶化、性能降低等；

（5）仪表设备：部件老化等原因造成运行状况恶化、性能降低等；

（6）日常维护抢修中采用带压堵漏、带压开孔等方式进行临时的项目。

e）钢结构平台、设备基础、房屋等建构筑物老化、锈蚀等必须在停车检修期间内维修的项目。

f）安全防护设施失效。

5.3.2 检修具体内容

停车大修是对基础油生产装置的安全环保、长周期运行及经济效益有重大影响的设备、管线、电气仪表系统、土建及基础设施等在运行周期内将要发生的功能故障进行全面检修。其他检修是除大修外对装置局部或设备本体有经济运行影响的功能故障而进行的检修。

5.3.2.1 糠醛精制单元主要检修内容（表 7）

表 7 糠醛精制单元主要检修内容

序号	设备名称	设备功能	功能故障	检修内容	专业类别
1	转盘萃取塔	两种互不相溶（或微溶）的溶剂中溶解度或分配系数的不同，使化合物从一种溶剂内转移到另外一种溶剂中	产品分离效果达不到工艺要求，设备腐蚀泄漏或静密封泄漏	1. 拆修动力传动机构，吊出转盘； 2. 拆出散装 / 规整填料，料的腐蚀、结垢、破损、堵塞情况； 3. 检查塔板各部件的结焦、污垢、堵塞情况，检查塔板、栅格板和支承结构的腐蚀变形及坚固情况； 4. 塔盘、栅格板和各构件等检查尺寸并处理； 5. 检查分配管、抽出箱等部件的腐蚀、结垢、破损、堵塞情况	A 类

表 7　糠醛精制单元主要检修内容（续）

序号	设备名称	设备功能	功能故障	检修内容	专业类别
2	精制液汽提塔 抽出液汽提塔 糠醛干燥塔	采用蒸汽破坏原气液两相平衡，使溶液中的溶剂组分由于分压降低而被吸出，达到溶剂与油分离的目的	产品分离效果达不到工艺要求，设备腐蚀泄漏或静密封泄漏	1. 检查塔板各部件的结焦、污垢、堵塞情况； 2. 检查塔板、支承结构的腐蚀变形及坚固情况； 3. 检查塔板上各部件（出口堰、受液盘、降液管）的尺寸是否符合图纸及标准； 4. 检查浮阀的灵活性有无卡死、变形、冲蚀、堵塞等现象； 5. 检查汽提分配器的腐蚀、结垢、破损、堵塞情况	A类
3	抽出液三效蒸发塔	气液混合物进入塔后，由于流速减慢，其中较重组分由于重力作用在气体中分离，气体中的携带雾状液滴通过塔盘分离	产品分离效果达不到工艺要求，设备腐蚀泄漏或静密封泄漏	1. 检查塔板各部件的结焦、污垢、堵塞情况，检查塔板和支承结构的腐蚀变形及坚固情况。塔盘和各构件等几何尺寸和材质应符合图纸规定； 2. 高压塔进行全面检验	A类
4	脱水塔	提供热量交换场所，实现气液分离，不同温度区间各侧线产品进行分离，保证产品质量	产品分离效果达不到工艺要求，设备腐蚀泄漏或静密封泄漏	1. 检查塔板各部件的结焦、污垢、堵塞情况，检查塔板、支承结构的腐蚀变形及坚固情况。塔盘、各构件等几何尺寸和材质应符合图纸规定； 2. 检查塔板上各部件（出口堰、受液盘、降液管）的尺寸是否符合图纸及标准； 3. 检查浮阀的灵活性，是否有卡死、变形、冲蚀等现象，浮阀是否有堵塞等情况； 4. 检查汽提分配器的腐蚀、结垢、破损、堵塞情况	B类
5	原料油脱汽塔	提供热量交换场所，实现气液分离，不同温度区间各侧线产品进行分离，保证产品质量	产品分离效果达不到工艺要求，设备腐蚀泄漏或静密封泄漏	1. 检查塔板各部件的结焦、污垢、堵塞情况，检查塔板和支承结构的腐蚀变形及坚固情况。塔盘和各构件等几何尺寸和材质应符合图纸规定； 2. 拆装清洗破沫网； 3. 检查汽提分配器的腐蚀、结垢、破损、堵塞情况	B类

表 7 糠醛精制单元主要检修内容（续）

序号	设备名称	设备功能	功能故障	检修内容	专业类别
6	真空水封罐 真空罐 分液罐	为介质提供储存场所，为介质输送提供密闭通道	设备腐蚀泄漏或静密封泄漏，容器堵塞	1. 破沫网拆装、清洗； 2. 清焦	B 类
7	水溶液罐	为介质提供分离场所，为介质输送提供密闭通道。	设备腐蚀泄漏或静密封泄漏，容器堵塞	1. 罐壁测厚； 2. 器内清扫	B 类
8	真空水封罐	为介质提供储存场所，为介质输送提供密闭通道	设备腐蚀泄漏或静密封泄漏，容器堵塞	1. 器内清扫； 2. 高压水清焦	B 类
9	精制液、抽出液加热炉(注：采用加热器检修请参照 SHS 01009)	将精制液加热，确保在加热炉出口温度达到工艺指标，环保数据达到环保指标要求炉出口介质温度达不到生产要求，烟气排放达不到环保要求	炉出口介质温度达不到生产要求，烟气排放达不到环保要求	1. 检查炉管、弯管有无弯曲变形、鼓包、氧化爆皮、裂纹、腐蚀、冲蚀等； 2. 管测厚； 3. 检查管板、吊挂件和导向杆的变形、断裂及卡死等损坏情况； 4. 检查炉管热电偶及套管的焊缝及其他缺陷； 5. 检查炉墙、衬里、膨胀缝填充料的外观状况及损坏情况； 6. 检查耐火砖架、保温钉和各种铆固件的氧化、变形及损坏状况； 7. 检查弯头箱内保温，弯头箱门应无损坏变形，密封可靠； 8. 检查火盆砖及衬里的损坏情况； 9. 检查空气预热器的换热管的腐蚀损坏及积灰结垢情况； 10. 检查烟道、风道是否有腐蚀及破损，烟道、风道蝶阀是否有腐蚀和密封不严、开闭不灵活； 11. 检查引风机、鼓风机的轴承是否完好，叶轮及机壳有无腐蚀，基础是否松动	A 类

表 7　糠醛精制单元主要检修内容（续）

序号	设备名称	设备功能	功能故障	检修内容	专业类别
10	原料油冷器 糠醛水冷器 精制油与精制液换热器	为原料提供热交换场所，为介质输送提供密闭通道	介质换热效果达不到工艺要求，设备内漏或外漏	1. 抽芯、清扫管束和壳体； 2. 管束焊口、胀口处理及单管更换； 3. 检查修理管箱及内附件、浮头盖、钩圈、外头盖、接管等及其密封面，更换垫片并试压； 4. 更换部分螺栓、螺母； 5. 壳体保温修补及防腐； 6. 更换管束或壳体	B 类
11	进一次塔抽出液与一次塔顶糠醛换热器 进一次塔抽出液与二次塔顶糠醛换热器 进一次塔抽出液与三次塔顶糠醛换热器	为物料提供热交换场所，为介质输送提供密闭通道	介质换热效果达不到工艺要求，设备内漏或外漏	1. 抽芯、清扫管束和壳体； 2. 管束焊口、胀口处理及单管更换； 3. 检查修理管箱及内附件、浮头盖、钩圈、外头盖、接管等及其密封面，更换垫片并试压； 4. 更换部分螺栓、螺母； 5. 壳体保温修补及防腐； 6. 更换管束或壳体	B 类

5.3.2.2　酮苯脱蜡脱油单元主要检修内容和质量要求（表 8）

表 8　酮苯脱蜡脱油单元主要检修内容和质量要求

序号	设备名称	设备功能	功能故障	检修内容	专业类别
1	滤液、蜡液加热炉（注：采用加热器检修请参照 SHS 01009）	将滤液加热，确保在加热炉出口温度达到工艺指标，环保数据达到环保指标要求炉出口介质温度达不到生产要求，烟气排放达不到环保要求	炉出口介质温度达不到生产要求，烟气排放达不到环保要求	1. 检查炉管、弯管有无弯曲变形、鼓包、氧化爆皮、裂纹、腐蚀、冲蚀等； 2. 炉管测厚； 3. 检查管板、吊挂件和导向杆的变形、断裂及卡死等损坏情况； 4. 检查炉管热电偶及套管的焊缝及其他缺陷； 5. 检查炉墙、衬里、膨胀缝填充料的外观状况及损坏情况； 6. 检查耐火砖架、保温钉和各种铆固件的氧化、变形及损坏状况； 7. 检查弯头箱内保温，弯头箱门应无损坏变形，密封可靠； 8. 检查火盆砖及衬里的损坏情况； 9. 检查空气预热器的换热管的腐蚀损坏及积灰结垢情况； 10. 检查烟道、风道是否有腐蚀及破损，烟道、风道蝶阀是否有腐蚀和密封不严、开闭不灵活； 11. 检查引风机、鼓风机的轴承是否完好，叶轮及机壳有无腐蚀，基础是否松动	A 类

表 8 酮苯脱蜡脱油单元主要检修内容和质量要求（续）

序号	设备名称	设备功能	功能故障	检修内容	专业类别
2	滤液．蜡液和蜡下油蒸发塔	提供热量交换场所，实现气液分离，不同温度区间各侧线产品进行分离，保证产品质量	产品分离效果达不到工艺要求，设备腐蚀泄漏或静密封泄漏	1. 检查塔板各部件的结焦、污垢、堵塞情况，检查塔板和支承结构的腐蚀变形及坚固情况。塔盘和各构件等几何尺寸和材质应符合图纸规定； 2. 高压塔进行全面检验	A 类
3	滤液闪蒸塔	提供热量交换场所，实现气液分离，不同温度区间各侧线产品进行分离，保证产品质量	产品分离效果达不到工艺要求，设备腐蚀泄漏或静密封泄漏	拆装清理破沫网，检查支持结构结焦、污垢、堵塞和腐蚀情况	A 类
4	滤液、蜡下油液、蜡液汽提塔	提供热量交换场所，实现气液分离，不同温度区间各侧线产品进行分离，保证产品质量	产品分离效果达不到工艺要求，设备腐蚀泄漏或静密封泄漏	1. 检查塔板各部件的结焦、污垢、堵塞情况，检查塔板、支承结构的腐蚀变形及坚固情况。塔盘、各构件等几何尺寸和材质应符合图纸规定； 2. 检查塔板上各部件（出口堰、受液盘、降液管）的尺寸是否符合图纸及标准； 3. 检查汽提分配器的腐蚀、结垢、破损、堵塞情况	A 类
5	酮回收塔	提供热量交换场所，实现气液分离，不同温度区间各侧线产品进行分离，保证产品质量	产品分离效果达不到工艺要求，设备腐蚀泄漏或静密封泄漏	1. 检查塔板各部件的结焦、污垢、堵塞情况，检查塔板、支承结构的腐蚀变形及坚固情况。塔盘、各构件等几何尺寸和材质应符合图纸规定； 2. 检查塔板上各部件（出口堰、受液盘、降液管）的尺寸是否符合图纸及标准； 3. 检查槽型泡帽是否有变形、冲蚀等现象，槽型泡帽是否有堵塞等情况	A 类
6	干燥塔	提供热量交换场所，实现气液分离，不同温度区间各侧线产品进行分离，保证产品质量	产品分离效果达不到工艺要求，设备腐蚀泄漏或静密封泄漏	1. 检查塔板各部件的结焦、污垢、堵塞情况，检查塔板、支承结构的腐蚀变形及坚固情况。塔盘、各构件等几何尺寸和材质应符合图纸规定； 2. 检查塔板上各部件（出口堰、受液盘、降液管）的尺寸是否符合图纸及标准； 3. 检查浮阀的灵活性，是否有卡死、变形、冲蚀等现象，浮阀是否有堵塞等情况； 4. 检查汽提分配器的腐蚀、结垢、破损、堵塞情况	A 类

表 8　酮苯脱蜡脱油单元主要检修内容和质量要求（续）

序号	设备名称	设备功能	功能故障	检修内容	专业类别
7	一段脱油滤机进料罐	为介质提供储存场所，为介质输送提供密闭通道	设备腐蚀泄漏或静密封泄漏，容器堵塞	器内清扫	B类
8	氨气液分离罐	为介质提供分离场所，实现气液分离，为介质输送提供密闭通道	设备腐蚀泄漏或静密封泄漏，容器堵塞	1. 器内清扫； 2. 全面检验	B类
9	氨工作罐	为介质提供储存场所，为介质输送提供密闭通道	设备腐蚀泄漏或静密封泄漏，容器堵塞	1. 器内清扫； 2. 内管腐蚀情况检查； 3. 全面检验	B类
10	真空转鼓过滤机	分离石蜡和滤液，以一定的真空度进行安全生产，保证产品质量	设备腐蚀泄漏或静密封泄漏，容器堵塞。物料分离不彻底，产品不合格	1. 检查清洗溶剂管及喷嘴； 2. 调节修理刮刀； 3. 更换各密封件； 4. 更换绕线、滤布； 5. 检查分配头及各部件； 6. 检查螺旋输蜡器及轴承； 7. 检查转鼓同轴度和水平度； 8. 检查转鼓分格槽和滤网（尼龙格栅）； 9. 转鼓试压； 10. 滤机槽体试漏； 11. 检查转鼓主轴瓦和调心轴承； 12. 拆卸检查减速机和传动机构； 13. 检查清洗注油器，清洗、疏通注油管路，轴承补加润滑脂； 14. 检查联轴节、检查测量主轴瓦间隙	B类
11	套管结晶器	为物料提供热交换场所，为介质输送提供密闭通道	介质换热效果达不到工艺要求，设备内漏或外漏	1. 检查调整链条张紧程度； 2. 清洗检查链条和链轮； 3. 检查更换安全销； 4. 检查传动轴、滚动轴承； 5. 检查更换填料密封； 6. 检查滚动轴承座、传动体、连接体； 7. 拆卸检查套管、弯头、端盖、支承套； 8. 检查刮刀轴各部零件； 9. 解体检查减速机	B类

表 8 酮苯脱蜡脱油单元主要检修内容和质量要求（续）

序号	设备名称	设备功能	功能故障	检修内容	专业类别
12	蜡出装置水冷器 蜡下油出装置水冷器 脱蜡油出装置水冷器	为物料提供热交换场所，为介质输送提供密闭通道	介质换热效果达不到工艺要求，设备内漏或外漏	1. 抽芯、清扫管束和壳体； 2. 管束焊口、胀口处理及单管更换； 3. 检查修理管箱及内附件、浮头盖、钩圈、外头盖、接管等及其密封面，更换垫片并试压； 4. 更换部分螺栓、螺母； 5. 壳体保温修补及防腐； 6. 更换管束或壳体	B类

5.3.2.3 白土补充精制单元主要检修内容和质量要求（表 9）

表 9 白土补充精制单元主要检修内容和质量要求

序号	设备名称	设备功能	功能故障	检修内容	专业类别
1	混合罐进料加热炉（注：采用加热器检修请参照SHS 01009）	为原料提供热交换场所，为介质输送提供密闭通道	介质换热效果达不到工艺要求，设备内漏或外漏	1. 检查炉管、弯管有无弯曲变形、鼓包、氧化爆皮、裂纹、腐蚀、冲蚀等； 2. 炉管测厚； 3. 检查管板、吊挂件和导向杆的变形、断裂及卡死等损坏情况； 4. 检查炉管热电偶及套管的焊缝及其他缺陷； 5. 检查炉墙、衬里、膨胀缝填充料的外观状况及损坏情况； 6. 检查耐火砖架、保温钉和各种铆固件的氧化、变形及损坏状况； 7. 检查弯头箱内保温，弯头箱门应无损坏变形，密封可靠； 8. 检查火盆砖及衬里的损坏情况； 9. 检查烟道、风道是否有腐蚀及破损，烟道、风道蝶阀是否有腐蚀和密封不严、开闭不灵活； 10. 检查引风机、鼓风机的轴承是否完好，叶轮及机壳有无腐蚀，基础是否松动	A类
2	蒸发塔顶馏出油水冷却器 真空脱气塔塔顶馏出油水冷却器 滤机进料套管水冷却器	为馏出油提供热交换场所，为介质输送提供密闭通道	介质换热效果达不到工艺要求，设备内漏或外漏	1. 抽芯、清扫管束和壳体； 2. 管束焊口、胀口处理及单管更换； 3. 检查修理管箱及内附件、浮头盖、钩圈、外头盖、接管等及其密封面，更换垫片并试压； 4. 更换部分螺栓、螺母； 5. 壳体保温修补及防腐； 6. 更换管束或壳体	B类

表 9　白土补充精制单元主要检修内容和质量要求（续）

序号	设备名称	设备功能	功能故障	检修内容	专业类别
3	混合罐 脱气罐 蒸发塔 真空脱气塔	提供空间使白土、油充分混合达到脱气、吸附杂质的要求	混合效果达不到工艺要求，设备腐蚀泄漏或静密封泄漏	1. 器内清扫； 2. 进料混合器拆检； 3. 垫片更换	B类

6　装置检修管理

6.1　装置检修前准备工作

6.1.1　装置检修前，参检单位要做好检修作业指导书、施工方案、检修图纸、现场施工平面布置图等各类资料的准备及审核，相关检修资料最终经业主方审批确认后方可实施。大修主要工作统筹详见表 10。

表 10　大修主要工作统筹表

工作内容	大修前完成日期
成立大修组织机构	前 14 个月
确定大修时间及大修装置	前 13 个月
编制大修具体工作统筹	前 12 个月
确定大修主要项目	前 12 个月
下达大修工程长周期材料	前 12 个月
下达大修计划（含材料计划）	前 11 个月
投资项目立项	前 16 个月
投资项目委托设计	前 15 个月
下达投资项目长周期设备、材料订货	前 14 个月
完成投资项目施工图的设计，下达常规材料计划	前 9 个月
审定重大项目方案	前 7 个月
审定通用设备检修方案	前 6 个月
审定装置开停车工艺方案	前 9 个月
审定质量控制方案	前 6 个月
制定大修安全管理方案	前 5 个月
大型机具调查	前 6 个月
专用工具清查	前 7 个月

表 10　大修主要工作统筹表（续）

工作内容	大修前完成日期
审定施工统筹	前 6 个月
合同范围、大修标段的划分、招标方案的确定	前 10 个月
合同谈判、招标	前 8 个月
签订大修合同	前 6 个月
材料存放及预制地点设定	前 5 个月
大修材料领取	前 2 个月
现场搭脚手架	前 2 个月
施工单位人员、机具进场	前 1 个月
大修现场布置	前 1 个月
大修实施	正常检修
大修资料归档	后 1 个月
大修项目费用结算	后 3 个月
大修工作总结	后 1 个月

6.1.2　进入检修现场的各类施工机具、器具，必须是合格的、适用的，必须有检定合格证和标记，并在有效期内使用，严禁使用未经校验的机具。进场前，所有自检合格并贴有自检合格证的施工机具，要列出汇总清单上交给业主方，并经业主方检验后方可使用。

6.1.3　进入现场的检修耗材、配件等，必须附有质量证明文件，并在指定的地点规范存放。在安装、使用各类检修材料前，应对材料的外观质量进行检查确认，参检单位要做到领用材料检验有见证、验收有记录。

6.1.4　参检单位的所有施工人员，必须具备相应的作业资质，检修前须做好检修方案、技能方面的培训，熟悉检修项目的特点，严格按检修方案进行施工。同时，施工人员必须进行业主方相关专业条线的教育培训，对无相应作业资质、未经教育培训或考核不合格的人员，一律不得上岗作业。

6.2　装置工艺交出检修条件

6.2.1　在装置交付检修前，由生产管理部和安全环保部门组织相关单位召开安全验收会，检查确认设备容器人孔拆卸、盲板加装、容器内采样分析、停电、下水井封堵等工作，经相关部门签字确认后，由装置开具用火、用电、进入受限空间等相关票证，进入检修状态。工艺交出要具备以下条件：

装置所有盲板按照盲板图、表安装、编号、挂牌并经工艺员、设备员、安全员已签名确认；

PID 图上所有系统、管线得到置换处理并做好标识；

系统内设备、管线按规定进行吹扫和置换，取样分析合格；

下水井取样分析合格，存油清理干净，排水畅通，水封完好；

下水井和漏斗口用石棉布盖好，并用沙土封严；

系统内设备人孔打开前的确认；打开的设备人孔处挂上“未经许可，禁止入内”警示牌；

制定停工安全、环保措施和工作危害分析记录表（JSA）；

装置内分析不合格点挂标识，储存物料区标识、硬隔离；

制定检修中防硫化亚铁自燃方案；

指定具有监护人资格的人员负责动火、进设备等作业的监护。

装置交付检修确认表见附录 A。

6.2.2 装置工艺交出的特殊要求

糠醛精制单元：交出前，要对转盘萃取塔注入钝化剂钝化，排水分析合格后才能进行检修，避免硫化亚铁自燃。

6.3 检修过程安全环保管理总体要求

6.3.1 安全管理总体要求

a）装置检修的安全管理，坚持“安全第一、预防为主、综合治理”的方针和“谁主管，谁负责”“谁签发，谁负责”的原则，坚持以人为本、落实责任、强化监管，按属地化管理原则。

对于人数少新企业要求外聘第三方 HSSE 监管，对于人数多的老企业或自身能力能够满足要求的老企业，可根据需要由企业自行决定是否外聘第三方 HSSE 监管。第三方 HSSE 监管纳入 HSSE 管理体系。

b）各级指挥部的安全环保消防组应按指挥部管理体系要求承担相应的管理责任。

c）承包商应建立健全安全管理体系，分包商的安全管理工作由总承包商负总责。

d）安全监督管理部门对检修过程的安全管理工作进行监督检查，指挥部的安全环保消防组负责施工过程安全检查管理。运行部负责所在区域的施工项目配合和现场安全监督检查。

6.3.2 环保管理总体要求

装置停工检修改造环保管理总体要求是：密闭吹扫，有序排放，清洁停工，安全处置，达标排放。为做好停工和检修期间的环保工作，停工装置要落实密闭吹扫及除臭方案，对排放污水、吹扫尾气放空、工业废物处置应进行预申报，排放时必须做到先检测后排放，主管部门根据监测结果确定处理方式。对于化学清洗等产生的废水，项目管理部门在与清洗单位签订合同前要明确废水处理相关责任及要求。

6.4 质量管理

总体要求：成立检修质量管理组织机构，明确管理职责，建立质量管理程序文件。

a）对承包商资质、人员、机具等进行审查。

b）通过组织设计审查，确保设计质量。

c）物资采购管理部门组织对采购物资进行入库检验并对重点物资进行监造。

d）在施工过程中组织对检验检测的质量进行抽查。

6.5 变更管理

6.5.1 检修过程要加强变更管理，建立健全变更管理制度和工作流程，采取措施减少变更数量。原则上没有经过各级部门同意的变更不允许在检修中执行。

6.5.2 项目变更控制主要内容

a）对于试用产品、设备备件结构形式改变、材质升级要充分识别，要有专门技术论证审批过程，审批时要加强相关专业沟通确认；

b）所有变更应事前发起，只有当变更得到批准后，才可组织实施。项目变更由变更提出单位发起申请并填写“变更申请单”，按照各企业相关制度规定的权限办理审批手续；

c）对于因材料找价差导致的超费用计划（或工单预算），需要补办变更手续；

d）对于不涉及费用计划的变更，如项目名称、版本号、承包商、施工方案、施工进度等也需办理相应的变更手续；

e）对于结算费用高于非包干合同标的按各企业管理制度执行变更；

f）投资类项目的变更参照各企业“固定资产投资过程控制管理规定”执行。

6.6 装置检修交回条件

6.6.1 装置交回的特殊要求

酮苯单元交出前，冷冻系统需要引用风或氮气吹扫干净设备和管线内的水、汽，避免引氨冷冻时结冰堵塞设备管线。

白土精制装置生产流程主要为常压储罐，交出前，需引用风或氮气吹扫干净设备和管线内的水、汽，避免开气时突沸。

6.6.2 装置检修交回确认主要内容

a）装置开工人员及开车保镖人员配备落实；

b）技术、原辅材料、动力、备品备件等方面的准备；

c）队伍技术状态、开工方案学习落实情况；

d）现场规格化情况；

e）工艺和设备联锁仪表校验情况；

f）HSSE 措施落实情况；

g）盲板拆除清单、技术准备情况；

h）机、电、仪、公用工程、储运、质检等相关专业准备情况；

i）停工临设拆除、施工尾项整改情况等。

装置检修交回开工确认表见附录 B。

6.7 检修后期管理

6.7.1 资料交付

承包商应在检修项目结束后 30 天内将交工资料完整地交给使用单位，竣工资料交付参考 SH/T 3503—2017。资料包含内容如下：

竣工图纸，施工技术方案，吊装方案，施工组织设计；施工技术记录，试压记录，中间工序验收单，隐蔽工程验收单，拆检回装记录，发现问题与修复记录，设备开箱资料，设备封闭记录；设备、材料、管道附件、配件的合格证明书及质量保证书，理化检验资料，衬里、防腐、保温施工技术记录及检验报告。

6.7.2 检修总结

装置检修结束后，要对检修改造工作进行总结，对好的做法进行总结、提炼，固化这些经验，指导今后检修改造工作；对总结检修改造中存在的问题，分析原因，完善措施，不断提高管理水平。

大修总结模板见附录 D。

6.8 新的检修技术和检修方法介绍

7 装置日常维护

7.1 日常巡检

装置操作人员日常巡检需保现场动静设备运行正常，动设备检查润滑、震动、温度、泄漏情况，滤机运行情况检查滤布有无破裂、转鼓绕线有无松断、输蜡器有无断，套管有无异常升压等，判断故障根据检修规范维修，静设备检查有无泄漏、设备安全附件完整好用、防雷防静电及防台风检查。

电仪人员日常检查电仪控制间设备运行正常，继电器、变送器有无发热、声音异常，检查制冷系统运行正常，要求温度 25℃ ±5℃、湿度≯ 70%，必要的防鼠设施。

7.2 日常维护

装置日常维护的基本内容包括：设备维护保养、设备检查和设备修理。

7.2.1 设备维护保养

设备维护保养的内容是保持设备清洁、整齐、润滑良好、安全运行，包括及时紧固松动的紧固件，调整活动部分的间隙等。简言之，即“清洁、润滑、紧固、调整、防腐”十字作业法。维护保养依工作量大小和难易程度分为装置操作工保养、专职保养维修工的保养。

7.2.1.1 装置操作工保养

其主要内容是：进行清洁、润滑、紧固易松动的零件，检查零件、部件的完整。这类保养的项目和部位较少，大多数在设备的外部，一般由装置操作工人承担。

7.2.1.2 专职保养维修工的保养

主要内容包括对设备内部清洁、润滑、局部解体检查和调整，必要时对达到规定磨损限度的零件加以更换。此外，还要对主要零部件的磨损情况进行测量、鉴定和记录。具体标准执行通用设备的检修规程。

在两种维护保养中，装置操作工保养是基础，专职保养维修工的保养是关键。

7.2.2 设备检查和设备修理

设备检查按时间间隔分为日常检查和定期检查。

日常检查由操作人员执行，同操作工的保养结合起来，目的是及时发现不正常的技术状况，进行必要的维护保养工作。

定期检查是按照计划，在操作工参加下，定期由专职维修工执行，也就是预防性检查维修。目的是通过检查，全面准确地掌握零件磨损的实际情况，以便确定是否有进行修理的必要。

7.3 常见设备故障

7.3.1 糠醛精制单元设备故障及处理（表 11）

表 11 糠醛精制单元设备故障及处理方法

设备类型	故障类型	处理方法
真空脱水系统	结焦	清焦
	腐蚀	定期测厚，更换减薄管线或设备
转盘萃取塔	塔顶传动机构传动轴轴封漏	把紧填料压盖或更换填料；如果是机械密封漏，进行更换
糠醛离心泵	机械密封结焦失效泄漏	更换机械密封
加热炉	长明灯、火嘴堵塞	定期清理喷嘴

7.3.2 酮苯脱蜡脱油单元设备故障及处理（表 12）

表 12 酮苯脱蜡脱油单元设备故障及处理方法

设备类型	故障类型	处理方法
套管结晶器	堵塞超压	定期温洗溶剂冲化
	链条磨损、松动、断	更换或调整链条
	传动轴不转或温度高	打回安全销或冲化套管、抽芯
	填料密封泄漏	把紧或更换填料密封及传动轴
	减速器故障	维修或更换减速器
真空转鼓过滤机	滤布失效	修补滤布或更换滤布
	绕线松或断	重新拉紧绕线或更换绕线
	分配头内漏	调整分配头压紧弹簧或修复更换分配孔板
	填料轴封和大盖密封垫片失效	更换密封件
	输蜡器断	修复或更换
	油路堵塞	检查油路是否结冰，疏通或更换分油器
	油路泄漏	更换爆破片、油管或把紧更换活接头
	油泵故障	维修油泵
	喷嘴堵塞	清理
	刮刀挂蜡不好	调整刮刀
	输蜡器堆蜡或不挂蜡	工艺调整
蜡泵	故障现象是易发生抽空，致使机泵轴承和密封失效	更换轴承和机封
表面蒸发器	风机皮带断或者松	更换或调整
	风机轴承异响	更换轴承
	风叶断或风量达不到要求	调整或更换风叶
	管束、填料或格栅结垢	定期清理
	水槽浮球无法控制液位	调整维修浮球
	水泵故障	维修水泵
	喷头堵塞	清理或更换喷头
	管束泄漏	堵管
螺杆式压缩机		

7.3.3 白土补充精制单元设备故障及处理

白土补充精制单元日常故障主要发生在板框式过滤机，具体故障及处理方法见表13。

表 13　白土补充精制单元设备故障及处理方法

故障类型	原因	处理办法
油压泵抽不上量	1. 油箱液面低 2. 吸入空气 3. 吸入管线堵 4. 转动方向错 5. 油品黏度大 6. 入口粗滤器堵塞	1. 加油提高液面 2. 排除空气 3. 清扫管线 4. 调整方向 5. 换油 6. 清扫入口过滤器
油泵漏油	密封件损坏、磨损过度	更换密封件
油压泵打不上压	1. 油品黏度大 2. 安全阀定压低 3. 安全阀失灵 4. 液压缸处漏油 5. 阀门失灵 6. 泵效率低	1. 换油 2. 调整安全压力 3. 校正安全阀 4. 联系处理维修 5. 调整好阀门检查电路 6. 修泵
泵有杂音	1. 吸入管线和过滤器堵 2. 空气吸入泵体 3. 安全阀振动异常 4. 泵的运转方向不对 5. 液压回路过滤器堵 6. 电机与油泵同心度偏差 7. 机座接合松动	1. 清扫过滤器和管线 2. 灌泵及排出空气 3. 检查安全阀搞好密封 4. 调整泵的运转方向 5. 清扫过滤器 6. 校正同心度 7. 紧固各螺栓
泵运转慢或不转	1. 泵的排量不当，管线堵 2. 泵烧结、轴折断 3. 电机缺相运行	1. 检查排液量，清扫管线 2. 检查更换新部件 3. 检查修理
指示灯不亮	电压过高、灯丝断	更换灯泡
滤机不满、含油高、剥离不良	白土浓度下降，滤布堵塞或过滤温度偏低，风吹扫不良	1. 增加白土量、提高过滤温度、增长吹扫时间 2. 保证板机满
滤板面喷油	1. 滤布孔网堵塞 2. 原料泵压力上升 3. 滤板接合面压力不足 4. 滤布折叠 5. 滤室堆积过满 6. 接合面夹白土渣 7. 滤板有裂缝	1. 更换滤布 2. 降低压力 3. 调整油压力至规定值 4. 打开整平滤布 5. 缩短过滤时间和压力 6. 打开清扫 7. 更换滤板
程序间断	1. 限位开关失灵 2. 限位开关接触不良，因而没有下一个程序信号	1. 修理 2. 清除污物、调节限位开关

表 13　白土补充精制单元设备故障及处理方法（续）

故障类型	原因	处理办法
滤液不清澈	1. 滤布穿孔 2. 滤布针眼泄漏 3. 接合面夹白土渣，滤布缺陷错位	1. 更换新滤布 2. 填缝或更换 3. 清扫 4. 更换调正
滤渣堆积不平衡	1. 原料泵故障 2. 原料中白土搅拌不均匀 3. 白土量时多时少 4. 滤板的原料入口附近闭塞 5. 滤液出口部分闭塞 6. 过滤能力降低	1. 修理排除故障 2. 充分进行搅拌 3. 白土量加均匀 4. 清除 5. 扫除 6. 恢复正常状态
过滤能力低	1. 原料黏度大 2. 白土量突然增加 3. 滤布堵塞 4. 过滤温度低 5. 白土颗粒度小	1. 提高过滤温度 2. 白土量加均匀 3. 更换或清洗滤布 4. 提高过滤温度 5. 严格控制白土质量指标
滤板变形及裂缝	1. 滤渣堆积不平衡 2. 制造上缺陷 3. 急剧的压力变化 4. 滤渣黏性急剧变化 5. 风吹扫时的压力变动 6. 不合常规的过滤	1. 参照“滤渣堆积不平衡”进行 2. 修理更换 3. 控制泵容量及过滤压力 4. 控制泵容量及过滤压力 5. 减少压力变动 6. 进行正常运转
卡爪不拉板空载转向	电流继电器整定值低	电工适当调节电流继电器整定值

附　录　A

(资料性附录)

装置停工交付检修确认表

<table>
<tr><td rowspan="2"></td><td colspan="7">装置停工交付检修确认表</td></tr>
<tr><td>记录编号</td><td></td><td>使用单位</td><td colspan="4"></td></tr>
<tr><td colspan="2">停工检修单位</td><td></td><td>装置</td><td></td><td>时间</td><td colspan="2">年　月　日</td></tr>
<tr><td>单位</td><td colspan="2">确认内容</td><td colspan="3">存在问题</td><td>确认意见</td><td>确认人</td></tr>
<tr><td>停工单位</td><td colspan="2">1. 装置与系统是否有效隔离并提供对应的盲板表？
2. 是否有专用氮气线，是否专用？
3. 管线及容器是否吹扫干净并提供吹扫作业确认表？
4. 容器及塔测爆及氧含量是否合格？
5. 风险系数较大的作业是否进行危害识别分析？
6. 对塔、容器仪表监控手段是否保留？
7. 动火作业项目是否上墙？
8. 对本单位、施工单位参加检修的人员安全教育并考试是否进行？
9. 明沟、地面上是否有油？清污分流设施是否投用？
10. 对装置内电缆沟是否做出明显标志？
11. 设备、容器、管道是否全部打开并在设备人孔处挂“危险空间，严禁入内”的警示牌？
12. 检修现场下水井、地漏、明沟是否封闭，泵沟等是否建立水封？
13. 检修设备是否停电？</td><td colspan="3"></td><td></td><td></td></tr>
<tr><td>电气部</td><td colspan="2">1. 是否已按用电单位停送电要求实施停送电？
2. 参加大修的电气作业人员是否进行电工作业资格的确认和相应的安全教育？
3. 其他</td><td colspan="3"></td><td></td><td></td></tr>
<tr><td>仪控部</td><td colspan="2">1. 对本单位、施工单位参加检修的人员安全教育并考试是否进行？
2. 机柜间运行装置的机柜与检修的区域是否采用明显有效的隔离措施？</td><td colspan="3"></td><td></td><td></td></tr>
</table>

装置停工交付检修确认表（续）

<table>
<tr><td rowspan="2"></td><td colspan="7">装置停工交付检修确认表</td></tr>
<tr><td>记录编号</td><td colspan="2"></td><td>使用单位</td><td colspan="3"></td></tr>
<tr><td colspan="2">停工检修单位</td><td colspan="2"></td><td>装置</td><td></td><td>时间</td><td>年　月　日</td></tr>
<tr><td>单位</td><td colspan="3">确认内容</td><td colspan="2">存在问题</td><td>确认意见</td><td>确认人</td></tr>
<tr><td>仪控部</td><td colspan="3">3. 仪表吹扫排放中相关安全环保措施是否明确落实？
4. 放射线同位素仪表停工检修防护措施是否落实？
5. 工器具是否进行相关安全检查？
6. 重大作业项目是否编写施工作业方案和进行危害识别与评价？
7. 高处作业的脚手架是否搭设妥当并验收合格？
8. 每项作业施工是否具有合格的施工检修作业票？相关安全措施是否落实到位？
9. 劳保用品穿戴是否符合要求？
10. 检修质量和检修内容是否符合要求？</td><td colspan="2"></td><td></td><td></td></tr>
<tr><td>消防部门</td><td colspan="3">1. 现场消气防器材是否齐全、完好？
2. 消防、疏散通道是否符合要求？
3. 其他</td><td colspan="2"></td><td></td><td></td></tr>
<tr><td rowspan="2">生产部门</td><td>技术科</td><td colspan="2">1. 检查吹扫作业票的确认签名是否落实？
2. 现场检查盲板是否按方案和盲板清单进行安装？
3. 检查瓦斯、氮气和工艺介质等物料在装置边界是否进行有效隔离？
4. 催化剂、保护剂、胺液或按方案不退的介质是否按方案要求进行了有效安全隔离？</td><td colspan="2"></td><td></td><td></td></tr>
<tr><td>管理科</td><td colspan="2">1. 检查配合外系统的吹扫是否已满足要求可以停运？
2. 其他</td><td colspan="2"></td><td></td><td></td></tr>
<tr><td>机动部门</td><td>设备科</td><td colspan="2">1. 已按停工方案要求抽堵盲板，且要做好明显标记，并指定专人统一编号登记，严防漏堵、漏拆。盲板的材质、厚度符合安全要求</td><td colspan="2"></td><td></td><td></td></tr>
</table>

装置停工交付检修确认表（续）

	装置停工交付检修确认表						
	记录编号		使用单位				
停工检修单位			装置		时间	年　月　日	
单位	确认内容		存在问题			确认意见	确认人
机动部门	设备科	2. 与炉、塔、容器相连的蒸汽、氮气等有害介质的阀门，已加盲板隔离； 3. 未经吹扫处理的设备、容器、管道已与系统隔离，设置明显警示标志，并向职工和施工单位交底； 4. 冬季停工，装置要做好防冻防凝工作					
	动力科	1. 变配电所内电气安全用具、消防器材已检查并在有效期限内； 2. 变配电所内的工器具已检查合格； 3. 电气现场检修动力箱（固定）、临时变已检查合格； 4. 配送电单位、施工单位参修人员已经安全教育并考试合格； 5. 外来人员已经安全教育并考试合格； 6. 工艺要提供装置停工后仍需使用的仪表清单； 7. 电气专业提供停工期间停电网络，仪表提前准备					
安环部门	管理科	1. 对本单位、施工单位参加检修的人员安全教育并考试是否进行？ 2. 其他					
	环保科	1. 明沟、地面上是否有油？清污分流设施是否投用？ 2. 其他					
	安全科	1. 现场固定式可燃气体报警仪、H_2S 报警仪等探头是否进行妥善保护？					

装置停工交付检修确认表（续）

<table>
<tr><td rowspan="2"></td><td colspan="7">装置停工交付检修确认表</td></tr>
<tr><td>记录编号</td><td></td><td>使用单位</td><td colspan="4"></td></tr>
<tr><td colspan="2">停工检修单位</td><td></td><td>装置</td><td></td><td>时间</td><td colspan="2">年　月　日</td></tr>
<tr><td>单位</td><td colspan="2">确认内容</td><td colspan="3">存在问题</td><td>确认意见</td><td>确认人</td></tr>
<tr><td>安环部门</td><td>安全科</td><td>2. 对装置内电缆沟是否做出明显标志？
3. 设备、容器、管道是否全部打开并在设备人孔处挂“危险空间，严禁入内”的警示牌？
4. 检修现场下水井、地漏、明沟是否封闭，泵沟等是否建立水封？
5. 打开的设备、容器、管道测爆分析是否合格？
6. 运行的装置与检修的区域必须采用明显有效的隔离措施？存在工艺介质的工艺管线是否做出标志？
7. 其他</td><td colspan="3"></td><td></td><td></td></tr>
<tr><td colspan="2">领导意见</td><td></td><td colspan="3"></td><td></td><td></td></tr>
</table>

附 录 B
（资料性附录）
装置检修交回开工确认表

中国石油化工股份有限公司 ×××× 分公司管理体系				
装置检修交回开工确认表				
记录编号		使用单位		
开工装置		时间	年 月 日	
单位	要求	存在问题	确认意见	确认人
施工单位	1. 检修项目以及改造项目已施工完成，并验收合格； 2. 施工用临时设施已全部拆除；现场清洁、无杂物； 3. 除用于开工查漏、热紧用的架子保留外，其他架子、跳板均拆除； 4. 设备、管线等保温复位； 5. 因检修拆除的劳动保护、照明设施已恢复； 6. 塔器设备、安全阀、现场仪表、管线等均已复位			
项目所属单位	1. 设备位号和管道介质名称、流向标示齐全； 2. 检查现场设备、管线、保温等安装符合规范，试用情况正常； 3. 机组等设备联锁试验正常； 4. 工艺联锁试验正常； 5. 盲板拆、装清单已确认； 6. 装置吹扫、试压通过； 7. 现场消防、气防器材及岗位工器具配齐、现场环保设施投用； 8. 开工化工原材料准备完毕； 9. 备品配件齐全			
电气部	1. 变电所已正常投用，高低压电送电正常； 2. 现场电气设备如电动阀、电加热器、电机等试运正常； 3. 现场照明等恢复正常			
仪控部	1. 现场仪表调试、DCS 调试、联校正常； 2. 配合工艺、设备的联锁调试已完成			
公用工程部	循环水、新鲜水、蒸汽、仪表风／工厂风、氮气等公用介质供应正常			
储运部	储运系统已具备正常供料以及接收产品条件			

装置检修交回开工确认表（续）

	中国石油化工股份有限公司××××分公司管理体系				
	装置检修交回开工确认表				
	记录编号		使用单位		
开工装置			时间	年 月 日	
单位		要求	存在问题	确认意见	确认人
化验部门		1. 现场采样器已复位正常； 2. 分析项目已具备分析条件			
消防部门		1. 现场消气防器材齐全、完好； 2. 消防、疏散通道符合要求			
安环部门	环保科	1. 现场环保设施，如清污分流设施等已投用； 2. 后续环保装置具备接收物料条件			
安环部门	安全科	1. 现场固定式可燃气体报警仪、H_2S 报警仪等已投用； 2. 拟开工装置与临近的检修区域已采用明显有效的隔离措施； 3. 现场安全设施如平台围栏、护栏等符合要求，现场无容易坠落物品； 4. 如有零星动火项目，火票需升级			
工程管理部门		负责的改造项目已施工完成、并验收合格			
机动部门	设备科	1. 检修项目已完成，并验收合格； 2. 保运工作已落实			
机动部门	动力科	1. 电气、仪表检修改造项目已完成，并投用正常； 2. 电气现场检修动力箱、临时变已拆除			
生产部门	技术科	1. 开工方案已审批完成； 2. 盲板已按方案和盲板清单进行安装； 3. 开工用化工原材料已落实； 4. 其他专项方案已落实或审批			
生产部门	管理科	1. 外围的公用、储运系统以及相关装置已可支持装置开工； 2. 开工用原料已落实			
人教部门		操作人员已经过学习、培训，并考试合格			
项目所属单位领导意见		签名：	公司意见	签名：	

附 录 C
（资料性附录）
检修施工现场 HSSE 日检表

序号	检查内容	存在问题	检查人员	整改情况	验证人	备注
1	临时用电					
1.1	配备合格的持证电工					
1.2	配电箱合格、有防雨措施，按要求标识并上锁					
1.3	配电系统执行“三相五线制”，符合“三级配电二级保护”要求，安装匹配的漏电保护器，漏保动作灵敏好用，并进行日常试验和记录					
1.4	电缆及接头无破损，绝缘良好；铺设规范，走向清晰，标识明确					
1.5	用电严格执行“一机一闸一保护”					
1.6	按要求配置保护零线和工作零线，工作接地和重复接地完好					
1.7	安全电压符合作业环境要求					
1.8	使用工业插头、插座					
2	施工机具					
2.1	各种机具设备安全要求进行定期检查，确保完好					
2.2	设有机械保护装置（如转动设备等）的设备，保护装置处于完好状态					
2.3	用电机具、设施接地完好					
2.4	配备与作业要求相匹配的劳动防护用品					
2.5	空气压缩机压力表、安全阀等在检验期内并处于完好状态，高压气管和软管固定连接可靠					
2.6	气瓶垂直放置，瓶体固定可靠；气瓶分类摆放并保持安全距离，防护措施到位，气瓶阻火器、压力表等安全附件完好，气管无老化破损，连接可靠					

检修施工现场 HSSE 日检表（续）

序号	检查内容	存在问题	检查人员	整改情况	验证人	备注
3	脚手架					
3.1	脚手架搭设人员是专业架子工，并持证上岗。搭设人员按要求着装，配备五点双大钩安全带					
3.2	编制脚手架搭设方案，进行安全技术交底并有记录					
3.3	按规范要求搭设脚手架，且有良好的整体稳固性					
3.4	搭设和拆除过程必须有专人监督，周边设置警戒区					
3.5	连墙件设置可靠，各节点扣件扭矩力符合要求					
3.6	通道、护栏、腰杆、踢脚板等符合要求					
3.7	作业面满铺跳板，无孔洞，跳板可靠固定且无探头板					
3.8	作业面临时放置的材料等在允许荷载范围内，严禁超载荷；放置必须稳固，无坠物风险					
3.9	脚手架搭设完成验收合格挂牌使用					
3.10	消防设施保持完好，灭火器和消防水桶按要求配置					
3.11	消防安全通道保持畅通					
3.12	用火作业前，清理周边易燃物，采取接火措施					
4	起重					
4.1	编制了吊装方案、进行交底并有记录					
4.2	起重设备操作人员、司索、指挥持有效证件					
4.3	起重机械证照齐全有效					
4.4	起重机械安全设施、附件完好					
4.5	机索具检查完好，钢丝绳无磨损，连接可靠，绳卡数量和间距满足要求					
4.6	吊装作业半径设置了警戒区，禁止无关人员入内					

检修施工现场HSSE日检表（续）

序号	检查内容	存在问题	检查人员	整改情况	验证人	备注
4.7	吊装前进行评估，确保在额定起升载荷范围内进行起重作业，不得超载					
4.8	吊车支腿符合要求					
4.9	吊物捆绑符合要求，使用溜绳					
4.10	吊装作业天气、环境、风力等符合要求					
5	焊接、气割					
5.1	设备接地完好					
5.2	焊把线无破损，连接器完好					
5.3	有专人监护，接火、防火措施到位					
5.4	可燃性气瓶与胶管连接完好，无漏气，气瓶有阻火器					
5.5	现场气瓶与明火源保持安全距离					
6	受限空间					
6.1	对所要进行作业的受限空间进行吹扫、蒸煮、置换，并分析合格。所有与受限空间相连接的管线、阀门应进行有效隔离，盲板处应挂标识牌，并经工艺技术人员签字确认					
6.2	出入口内外不得有障碍物，在受限空间入口处设置“危险！严禁入内”警告牌或采取其他封闭措施					
6.3	对有可能发生硫化亚铁自燃的设备、容器必须经充分的钝化脱臭处理，并在现场配置消防水带					
6.4	《进入受限空间作业许可证》实行一点一证					
6.5	进入受限空间作业实行“三不进入”原则，即：一、没有经批准有效的《进入受限空间作业许可证》不进入；二、安全措施未落实不进入；三、监护人不在场不进入					
6.6	作业现场配备必要的救护器具和灭火器材等					

检修施工现场 HSSE 日检表（续）

序号	检查内容	存在问题	检查人员	整改情况	验证人	备注
6.7	进入受限空间作业应使用安全电压和安全行灯					
7	作业安全					
7.1	作业前进行班前安全教育和安全技术交底，作业人员清楚当天作业内容和安全风险及注意事项					
7.2	特殊工种持证上岗					
7.3	佩戴合格安全帽，并根据作业任务佩戴专用眼部、面部、手部等防护用品，高处作业人员系挂安全带					
8	收工检查					
8.1	配电系统一级箱断电，关闭气瓶角阀，能量上锁					
8.2	现场火种检查清理完毕					
8.3	清理各作业面材料和杂物等，做到工完料净场地清					
8.4	落实夜间值班、巡检人员，职责到位，检查内容明确					

附　录　D
（资料性附录）
装置停工检修工作总结模版
（设备专业）

根据公司《设备检修管理制度》规定，在装置停工检修结束后各相关单位应组织编写装置停工检修工作总结。为此，就进一步做好装置停工检修工作总结提出要求如下：

封面：

名称：××× 部 ××× 装置 ×××× 年 ×× 月停工检修工作总结

编写人：×××

审核人：×××

批准人：×××（运行部领导）

编写单位：中石化 ××× 分公司 ××× 部

编写时间：×××× 年 ×× 月

正文

（一）装置停工检修过程概述：

装置开、停工、检修过程简述，本周期装置运行起止时间。

本周期装置运行中出现的主要问题。

本次停工检修、改造内容简述，检修项目计划数（包括补充、追加），检修计划完成情况。重点检修项目情况。

开停工、检修网络执行情况。

（二）主要检修内容技术总结

反应器部分；

塔、容器部分；

加热炉部分；

冷换设备、空冷器部分；

阀门部分；

管道部分；

压缩机部分；

泵部分；

特殊阀门部分；

输送机械部分；

压力容器检验（包括缺陷返修处理）；

压力管道检验（包括缺陷返修处理）；

安全阀检验；

其他检修方面。

技术分析中要有以下内容：上次运行周期出现的问题，本次检修检查情况及采取措施；上次检修遗留问题处理情况；本周期与上周期设备隐蔽检查情况对照；重复发生问题处理方案有效性；装置系统问题；典型案例。

（三）检修计划准确性分析

（四）检修施工队伍评述

（五）材料供应评述

（六）设计质量评价

（七）检修质量评价

（八）本次检修遗留问题及预案

（九）检修管理亮点、存在的不足和下次检修需注意的问题

（十）附表

表1　设备增加情况表

序号	位号	名称	规格型号	制造厂	数量	备注

表2　设备拆除情况表

序号	原位号	名称	规格型号	制造厂	数量	备注

表3　管线拆除情况表

序号	原编号	名称	规格	长度（m）	备注

表4　设备更换情况表

序号	位号	名称	规格型号		制造厂		数量	备注
			更换前	更换后	更换前	更换后		

表5　冷换设备检修情况表

序号	位号	名称	规格型号	抽芯清洗	试压换垫	堵管根数	管束更换

表6　阀门检修、更换情况表（*DN*50和*DN*50以上）

序号	规格型号	公称直径	检修数量	更换数量

表 7　压力容器检验情况表

序号	计划检验台数	增加变更台数	减少变更台数	实际完成台数	缺陷返修台数

表 8　压力管道检验情况表

序号	检验计划		增加变更		减少变更		实际完成	
	条数	米数	条数	米数	条数	米数	条数	米数

表 9　安全阀门检验情况表

序号	计划检验台数	增加变更台数	减少变更台数	实际完成台数

13. 润滑油加氢异构装置维护检修规程

SHZ 02013—2019

目　录

前　言

本规程按照GB/T 1.1—2009《标准化工作导则　第1部分：标准的结构和编写》给出的规则起草。

本规程由中国石油化工集团有限公司、中国石油化工股份有限公司提出。

本规程起草单位：中国石油化工股份有限公司茂名分公司。

本规程主要起草人：陈威廷、陈亮新、陈博群。

本规程为2019年首次发布。

润滑油加氢异构装置维护检修规程

1 范围

本规程规定了润滑油加氢异构装置及其主要设备、专用设备的检修周期、检修项目及质量要求、检修过程管理和日常维护的相关内容。

本规程适用于石油化工润滑油加氢异构装置的检修维护管理。

2 规范性引用文件

下列文件对本文件的应用是必不可少的。凡是注日期的引用文件，仅注日期的版本适用于本文件。凡是不注日期的引用文件，其最新版本（包括所有的修改单）适用于本文件。

2.1 法律法规

中华人民共和国安全生产法
中华人民共和国特种设备安全法
压力容器安全技术监察规程
压力管道安全技术监察规程—工业管道
特种设备安全监察条例

2.2 标准规范

GB/T 151 热交换器
GB 50236 现场设备、工业管道焊接工程施工及验收规范
GB 50160 石油化工企业设计防火标准
TSG D7005 压力管道定期检验规则—工业管道
TSG R7001 压力容器定期检验规则
GB/T 20801.1~20801.5 压力管道规范 工业管道
GB 50484 石油化工建设工程施工安全技术规范
SHS 01013 离心泵维护检修规程
SHS 01033 设备及管道绝热维护检修规程
SHS 01007 塔类设备维护检修规程
SHS 01009 管壳式换热器维护检修规程
SHS 01010 空气冷却器维护检修规程

SHS 01011　钢制圆筒形常压容器维护检修规程
SHS 01030　阀门维护检修规程
SHS 01005　工业管道维护检修规程
SHS 01002　石油化工设备润滑管理制度
SHS 01003　石油化工旋转机械振动标准

2.3　相关规定和文献

炼油企业检修管理指南（试行版）

3　术语与定义

下列术语和定义适用于本文件。

3.1　设备功能

设备功能指的是设备的生产效率和功能，衡量设备功能的指标随设备种类不同而异。

3.2　功能故障

设备、设施不能实现其设计功能时，称之为功能故障，定义为设备、设施不能满足期望的性能标准。一般指设备失去或降低其规定功能的事件或现象，表现为设备的某些零件失去原有的精度或性能，使设备不能正常运行、技术性能降低，致使设备中断生产或效率降低而影响生产。

3.3　A 类设备

本规程规定的 A 类设备是指经过 RCM 风险评估方法得出的因设备的功能故障引起装置停车的该装置的关键设备。

3.4　B 类设备

本规程规定的 B 类设备是指经过 RCM 风险评估方法得出的设备的功能故障虽然不引起装置的停车，但对装置的负荷、质量及可靠性具有重大影响的该装置的主要设备。

4　装置特征

4.1　润滑油加氢异构装置工艺原则流程及流程图

润滑油加氢异构装置通常由预分馏、反应和分馏三个单元部分组成。预分馏部分将 2 号加氢裂化装置的尾油分别切割出四种不同黏度等级的馏分，四种尾油馏分在异构脱蜡部分切换加工，经过异构脱蜡和补充精制反应，生产 HVI Ⅲ类润滑油基础油。

原则流程见图 1。

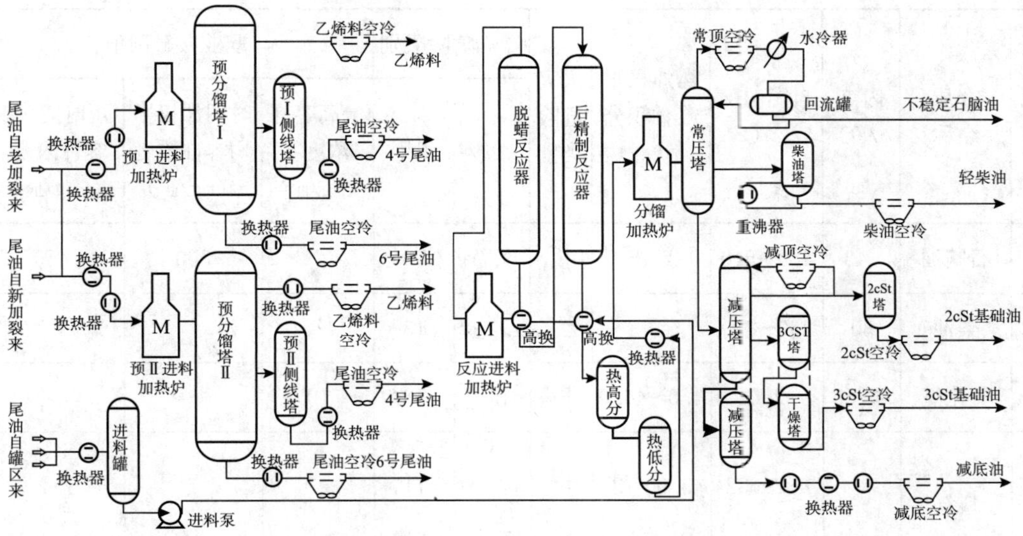

图 1　润滑油加氢异构生产装置的原则流程图

4.2　润滑油加氢异构装置工艺特性参数

高分压力：~14.5MPa；

异构脱蜡反应器入口温度：280~380℃；

后精制反应器入口温度：200~250℃；

氢油体积比：≥ 500；

常压塔：塔顶温度 105~170℃，压力≤ 0.15kPa；

减压塔：真空度≤ -75kPa，塔顶温度 60~90℃，塔底温度 250~320℃；

减压塔侧线汽提塔：塔底温度 75~280℃。

4.3　润滑油加氢异构装置的危害特性

本装置的特点为高温、高压、临氢、含 H_2S，易燃易爆易中毒，装置规模大，发生事故后产生的事故后果特别严重，危害大，在生产中必须遵守安全生产规定，贯彻“安全第一、预防为主、综合治理”的安全生产方针，确保装置安全运行。

4.3.1　装置主要危险有害物质及分布

根据《危险化学品名录》和《高毒物品目录》对装置使用的主要原料、辅助材料及产品、副产品、中间产物等进行危险性识别，属于危险化学品的有：硫化氢、氢气、氮气、干气、石脑油、柴油、三正丙胺等；属于高毒物品的有：硫化氢。

装置主要危险有害物质的特性见表1。

表1　装置主要危险有害物质的特性

序号	介质名称	闪点/℃	自燃温度/℃	爆炸极限（体积分数）/%	火灾危险类别	爆炸危险类别		职业接触限值		
						类级	组别	最高容许浓度/（mg/m³）	时间加权平均容许浓度/（mg/m³）	短时间接触容许浓度/（mg/m³）
1	石脑油	-43	480～510	1.2～6.0	甲$_A$	ⅡA	T3		300	450
2	柴油	50	350～380		乙$_B$		T3			
3	硫化氢	<-50	260	4.0～46.0	甲	ⅡA	T3	10		
4	干气、燃料气		482-632	3.0～13	甲		T1			
5	氢气		570～590	4.0～75	甲	ⅡC	T1			
6	氮气	不燃			不燃					
7	三正丙胺	36	299		乙$_A$					

4.3.2　主要风险部位及防范措施

主要风险部位及防范措施见表2。

表2　主要风险部位及防范措施

危害种类	危害机理	存在部位	防范措施
高温硫与环烷酸腐蚀	硫在80℃时开始均匀腐蚀速度最高，400h后速度明显减慢，这与生成FeS保护膜有关。从200℃开始硫腐蚀速度又增加，250℃加快，350～460℃达到最强烈程度，这是因为硫化物受热分解出活性更强的活性硫。环烷酸具有强烈的清洗FeS保护膜的作用，主要发生在液相气液两相，特别在高速状态下，其腐蚀形态为带有锐角边的蚀坑和蚀槽。腐蚀温度范围从200℃到400℃。270～280℃腐蚀最大，超过400℃大部分已裂解或蒸发混入油气中，此时已没有腐蚀性	反应区，脱硫塔塔底，加热炉	1. 材质升级 2. 在线腐蚀监控 3. 在线腐蚀测厚 4. 严格控制原料

表 2　主要风险部位及防范措施（续）

危害种类	危害机理	存在部位	防范措施
H_2O+HCL+H_2S的腐蚀	含硫原油低于200℃时的均匀腐蚀主要由HCl引起，在蒸馏塔顶冷凝器，由于HCl溶解度大于氨，在蒸气冷凝水形成时先于氨溶于水形成pH值达1～3的强酸腐蚀环境。在水5%凝缩的地方盐酸50%溶解，在凝缩水20%的地方100%的盐酸溶解。凝缩水30%的地方，氨急剧溶解pH值升高，凝缩水50%时100%氨溶解。在pH值低的地方引起酸腐蚀，在pH值高的地方产生碱腐蚀	分馏、预分馏塔顶管线，长期不流动管线	1. 材质升级 2. 在线腐蚀监测，在线测厚 3. 加注缓蚀剂 4. 严格控制原料
连多硫酸腐蚀开裂	硫化物－水－空气环境下，敏化（370～815℃长期操作）或类似敏化的焊接处理后敏化材料（300系列）的晶间腐蚀开裂；	反应系统不锈钢管线	1. 中和清洗 2. 氮气保护
回火脆化	长期在343～577℃的温度范围内使用时，会出现韧性降低的现象敏感性：$2^1/_4$Cr-$^1/_2$Mo和3Cr-1Mo的回火脆化敏感性特别高，$1^1/_4$Cr-$^1/_2$Mo钢的回火脆化敏感性仍存在争议	反应系统管线	严格控制温度、压力的升降顺序和速率
高压法兰泄漏	密封失效	反应系统法兰	1. 严格控制法兰回装质量 2. 平稳工艺操作
垢下腐蚀	水冷器水流速低、温度高时易形成水垢，造成垢下腐蚀	水冷器	1. 控制循环水水质 2. 控制流速度对流不低于0.9m/s 3. 每月一次反冲洗

5　检修周期及内容

5.1　主要设备介绍

装置主要设备类型见表3。

表 3　装置主要设备类型

名称	设备种类		主要设备种类	通用、专用设备检修规程的代码
动设备	泵	离心泵	塔底泵、侧线泵	SHS 01013
		往复泵	注水泵	SHS 01014、SHS 01015
		螺杆泵	润滑油泵	

表3　装置主要设备类型（续）

名称	设备种类		主要设备种类	通用、专用设备检修规程的代码
动设备	压缩机	离心式压缩机	循环氢压缩机	
		往复式压缩机	新氢压缩机	SHS 01020
	离心式风机		加热炉引风机、加热炉鼓风机	SHS 01022
静设备	塔	填料塔、板式塔	汽提塔、干燥塔，减压塔	SHS 01007
	换热器	管壳式换热器	塔顶换热器	SHS 01009
		空冷器	分馏、预分馏空冷器	
	压力容器		换热器、塔、缓冲罐	SHS 01004
	加热炉		立管立式圆筒炉	SHS 01006
	压力管道			SHS 01005
	阀门			SHS 01030
仪表设备	现场仪表	检测仪表、显示或报警仪表、控制仪表、辅助单元、执行器及其附件	流量计、液位计、变送器	SHS 07002
	控制系统	集散控制系统（DCS）、可编程控制系统（PLC）、监控和数据采集系统（SCADA）	DCS	SHS 07008
	在线分析仪表	氧分析仪	氧化锆在线分析仪	SHS 07006
	安全仪表系统（SIS）	安全联锁系统、紧急停车系统和可燃、有毒有害气体及火灾检测保护系统	SIS联锁系统	SHS 07007
	安全环保仪表	可燃气体检测报警仪、有毒有害气体检测报警仪、氨氮分析仪、化学需氧量分析仪（COD）、水质分析仪、烟气分析仪（CEMS）		SHS 07007
电气设备		机泵电机维修		SHS 06001

5.2 检修周期

5.2.1 润滑油加氢异构生产装置检修应根据实际运行情况进行定期停车大检修，大修周期按 48～72 个月确定。

5.2.2 有备用设备的或日常可以进行检修的不列入大修项目（除特殊情况外）。

5.3 检修内容

5.3.1 确定检修内容的依据

1）按法律法规要求的特种设备定期检验。

2）不符合安全与环境保护、节能要求的设备改造和更新。

3）对本次检修或下次检修之前已到法定检验时间的计量设施。

4）设备状况：

静设备：

a）塔内部因塔盘结焦堵、内构件损坏、积垢腐蚀等原因造成运行状况恶化、性能降低等；

b）换热器因换热管腐蚀穿孔、结焦堵管、积垢腐蚀等原因造成运行状况恶化、性能降低等；

c）容器因内构件损坏、结焦、积垢腐蚀等原因造成运行状况恶化、性能降低等；

转动设备：磨损、疲劳、泄漏、振动等原因造成运行状况恶化、性能降低等；

管道、阀门因腐蚀减薄、失效等原因造成运行状况恶化、性能降低等；

电气设备：部件老化等原因造成运行状况恶化、性能降低等；

仪表设备：部件老化等原因造成运行状况恶化、性能降低等。

日常维护抢修中采用带压堵漏、带压开孔等方式进行临时的项目。

5）工艺催化剂（三剂）失效。

6）钢结构平台、设备基础、房屋等建构筑物老化、锈蚀等必须在停车检修期间内维修的项目。

7）安全防护设施失效。

5.3.2 检修具体内容

停车大修是对润滑油加氢异构生产装置安全环保、长周期运行及经济效益有重大影响的设备、管线、电气仪表系统、土建及基础设施等在运行周期内将要发生的功能故障进行全面检修；属于压力容器类的设备根据 TSG 21《固定式压力容器安全技术监察规程》制定检验方案，并按方案列出配合施工工序项目。其他检修是除大修外对装置局部或设备本体有经济运行影响的功能故障而进行的检修。

5.3.2.1 主要检修内容和质量要求（见表 4）

表4　主要检修内容和质量要求

序号	设备名称	设备功能	功能故障	检修内容	专业类别
1	预分馏塔Ⅰ、预分馏塔Ⅱ、预分馏塔Ⅰ侧线汽提塔、预分馏塔Ⅱ侧线汽提塔等塔类设备	提供热量交换场所，实现乙烯料和尾油馏分的分离，不同温度区间各侧线产品进行分离	产品分离效果达不到工艺要求，设备腐蚀泄漏或静密封泄漏	1. 拆出规整填料，检查填料的腐蚀、结垢、破损、堵塞情况； 2. 检查塔板各部件的结焦、污垢、堵塞情况，检查塔板、栅格板和支承结构的腐蚀变形及坚固情况。塔盘、栅格板和各构件等几何尺寸和材质应符合图纸规定； 3. 检查分配管、抽出箱等部件的腐蚀、结垢、破损、堵塞情况； 4. 检查塔板上各部件（出口堰、受液盘、降液管）的尺寸是否符合图纸及标准； 5. 检查浮阀的灵活性，是否有卡死、变形、冲蚀等现象，浮阀是否有堵塞等情况； 6. 检查汽提分配器的腐蚀、结垢、破损、堵塞情况。具体检修内容按照相应的设备检修规程（SHS 01007）	B类
2	预分馏塔Ⅰ进料加热炉、预分馏塔Ⅱ进料加热炉等加热炉	将进料加热，确保在加热炉出口温度达到工艺指标，环保数据达到环保指标要求	炉出口介质温度达不到生产要求，烟气排放达不到环保要求	1. 检查炉管、弯管有无弯曲变形、鼓包、氧化爆皮、裂纹、腐蚀、冲蚀等； 2. 炉管测厚； 3. 检查管板、吊挂件和导向杆的变形、断裂及卡死等损坏情况； 4. 检查炉管热电偶及套管的焊缝及其他缺陷； 5. 检查炉墙、衬里、膨胀缝填充料的外观状况及损坏情况； 6. 检查耐火砖架、保温钉和各种铆固件的氧化、变形及损坏状况； 7. 检查弯头箱内保温，弯头箱门应无损坏变形，密封可靠； 8. 检查火盆砖及衬里的损坏情况； 9. 检查烟道、风道是否有腐蚀及破损，烟道、风道蝶阀是否有腐蚀和密封不严、开闭不灵活。具体检修内容按照相应的设备检修规程（SHS 01006）	B类

表 4　主要检修内容和质量要求（续）

序号	设备名称	设备功能	功能故障	检修内容	专业类别
3	异构脱蜡反应器、补充精制反应器	原料油反应转化的场所，改善油品物理化学性质	反应效果达不到工艺要求，设备腐蚀泄漏或静密封泄漏，内构件损坏，催化剂失活结焦	1. 催化剂卸剂：上部板结部分催化剂采用真空抽吸系统撤出，并装入大桶内密封，下部催化剂从卸料口卸出。卸出的催化剂放指定地点堆放。催化剂重力自卸结束后，作业人员进入反应器底部清理抽卸残余催化剂，拆卸加氢反应器内部冷氢箱人孔通道，清理格栅内残余催化剂和粉尘。清理反应器底部聚集器。所有催化剂全部卸出后，全部用大桶放好干冰密封包装。反应器中和清洗，清洗用水须使用除盐水，严格控制氯离子含量＜ 5ppm； 2. 反应器内件拆除：拆除泡罩分配盘，按顺序先拆中央人孔通道板，再拆除周围，同步扎好标牌，标明方向；拆除除垢篮筐及支承梁；所有反应器内件取出后，马上吊至地面进行中和清洗，放专用地点堆放； 3. 反应器检验：外壁检验脚手架提前搭好并拆除保温；内部脚手架搭设，避免损伤反应器内壁堆焊层；清洗内壁，露出金属本色。用软砂片清理内外器壁，焊缝打磨。按照检验方案，通过 PT、UT、MT 等检测手段实施容检；PT 检测热电偶套管有无裂纹；PT 检测接管法兰的密封槽有无裂纹； 4. 反应器内件回装：检查气液分配盘的支撑梁和塔盘水平度；检查泡帽盖垂直度，检查有无腐蚀开裂等缺陷；检查冷氢支撑梁水平度、冷氢管气孔是否堵塞；检查格栅清洁度及减薄腐蚀情况；检查各内构件重新安装的密封性； 5. 法兰回装：法兰紧固螺栓应为长期处在高温条件下，所以有必要对螺栓及螺帽进行硬度测试，对于新更换的螺栓还必须进行光谱检查，以便确定螺栓的 Mo、Cr、V 的含量是否符合要求。法兰螺栓紧固顺序及方法严格执行方案要求，条件允许下，建议采用专业公司的“零泄漏紧固技术”。具体检修内容按照相应的设备检修规程（SHS 01004）	A 类

表 4　主要检修内容和质量要求（续）

序号	设备名称	设备功能	功能故障	检修内容	专业类别
4	热高压分离器、热低压分离器等压力容器	为介质提供储存场所，为介质输送提供密闭通道	设备腐蚀泄漏或静密封泄漏，容器堵塞	1. 器内清扫； 2. 全面检验； 3. 防冲挡板及内部构件检查。具体检修内容按照相应的设备检修规程（SHS 01004）	A 类
5	尾油／顶循换热器，尾油 /6 号尾油馏分换热器等换热器	为物料提供热交换场所，为介质输送提供密闭通道	介质换热效果达不到工艺要求，设备内漏或外漏	1. 抽芯、清扫管束和壳体； 2. 检查修理管箱及内附件等及其密封面，更换垫片并试压； 3. 更换部分螺栓、螺母； 4. 壳体保温修补及防腐； 5. 更换管束或壳体。具体检修内容按照相应的设备检修规程（SHS 01009）	B 类
6	异构脱蜡反应流出物／混合进料换热器、补充精制反应流出物／原料油换热器、原料油／减底油换热器	为物料提供热交换场所，为介质输送提供密闭通道	介质换热效果达不到工艺要求，设备内漏或外漏	视情况进行检修 1. 抽芯、清扫管束和壳体； 2. 着色检查密封盘，螺纹锁紧环，管板； 3. 检查修理管箱及内附件等及其密封面，更换垫片并试压； 4. 更换部分螺栓、螺母； 5. 壳体保温修补及防腐； 6. 更换管束或壳体； 7. 壳体保温修补及防腐； 8. 更换管束或壳体； 9. 注意化学清洗或氮气保护，预防连多硫酸腐蚀。具体检修内容按照相应的设备检修规程（SHS 01009）	A 类
7	反应进料加热炉	将进料加热，确保在加热炉出口温度达到工艺指标，环保数据达到环保指标要求	炉出口介质温度达不到生产要求，烟气排放达不到环保要求	1. 检查炉管、弯管有无弯曲变形、鼓包、氧化爆皮、裂纹、腐蚀、冲蚀等； 2. 炉管测厚； 3. 检查管板、吊挂件和导向杆的变形、断裂及卡死等损坏情况； 4. 检查炉管热电偶及套管的焊缝及其他缺陷； 5. 检查炉墙、衬里、膨胀缝填充料的外观状况及损坏情况； 6. 检查耐火砖架、保温钉和各种铆固件的氧化、变形及损坏状况；	A 类

表 4　主要检修内容和质量要求（续）

序号	设备名称	设备功能	功能故障	检修内容	专业类别
7	反应进料加热炉	将进料加热，确保在加热炉出口温度达到工艺指标，环保数据达到环保指标要求	炉出口介质温度达不到生产要求，烟气排放达不到环保要求	7. 检查弯头箱内保温，弯头箱门应无损坏变形，密封可靠； 8. 检查火盆砖及衬里的损坏情况； 9. 检查烟道、风道是否有腐蚀及破损，烟道、风道蝶阀是否有腐蚀和密封不严、开闭不灵活； 10. 注意化学清洗或氮气保护，预防连多硫酸腐蚀。具体检修内容按照相应的设备检修规程（SHS 01006）	A 类
8	反应进料泵	输送介质并为介质提供所需的流量及压力	流量压力达不到工艺要求，密封失效，润滑油系统故障，机械部件损伤，滤网积垢，轴承磨损	1. 拆清滤网； 2. 检验润滑油系统； 3. 更换密封； 4. 解体检修； 5. 装配校验； 6. 水套清洗。具体检修内容按照相应的设备检修规程（SHS 01012）	B 类
9	循环氢压缩机	提供反应系统气体循环动力	机出口流量达不到生产要求，干气密封泄漏，静密封泄漏，轴振动大，轴位移大，轴承温度高，错油门、油动机、速关阀、速关阀组件失效，设备条件联锁，仪表故障	1. 拆清滤网； 2. 检验润滑油系统； 3. 更换密封； 4. 解体检查； 5. 装配校验。具体检修内容按照相应的设备检修规程	A 类
10	新氢压缩机	提供反应系统新氢气	机出口流量达不到生产要求，静密封泄漏，机组振动大，轴承温度高，设备条件联锁，仪表故障	1. 拆清滤网； 2. 检验润滑油系统； 3. 更换气阀 / 填料； 4. 解体检查轴瓦； 5. 装配校验。具体检修内容按照相应的设备检修规程（SHS 01020）	B 类
11	仪表	测量 / 检测 / 提供控制	测量失灵 / 现场引线堵塞 / 一次表损坏 / 调节阀故障 /	1. 更换问题测量仪表； 2. 更换问题调节阀； 3. 压力、流量引线疏通； 4. 容易失灵仪表改造	B 类

表 4　主要检修内容和质量要求（续）

序号	设备名称	设备功能	功能故障	检修内容	专业类别
12	电气	提供设备运转动力	电机振动大，电机异响，经常性跳停	1. 更换轴承； 2. 更换端子或机柜间电器元件； 3. 绕组烘干	B 类
13	抽真空系统	使分馏塔及预分馏塔产生负压	负压低，保不住压力	1. 管线疏通，测厚； 2. 水冷器抽芯清洗； 3. 分液罐清洗	B 类

6　装置检修管理

6.1　装置检修前准备工作

大修管理部门必须先制定大修全过程的工作计划及编制工作统筹，然后围绕大修的组织机构、工程项目、物资准备、施工单位和机具、质量管理、施工统筹、施工及工艺方案、安全环保管理、现场 TNPM 管理、费用管理等十个方面准备。

6.1.1　方案 / 指南 / 图纸 / 资料等

6.1.1.1　编制大修准备工作统筹图

大修准备工作是一个系统的工程，以设备管理部门为主，几乎涉及化工企业所有管理部门及专业，时间跨度一般超过 14 个月，每个工作内容专业性强又互相关联、影响，所以准备工作开始前设备管理部门需要进行准备工作的顶层设计。主要内容是编制全过程具体工作进度统筹，确定大修组织机构。按各公司工作方式及效率不同，一般大修准备工作最少 14 个月。

6.1.1.2　编制大修项目计划

1）各生产装置编制检修计划时，应本着“应修必修，修必修好，修必节约”的约定，同时结合动设备、静设备、电气检修、仪表检修等设备的检修优化原则审批大修计划。

2）编制检修项目工作，必须按项目施工顺序编写具体工序的内容，做到施工内容明确、工作量清楚、项目完整。

3）提倡采用滚动计划法编制检修计划。上次检修结束之日，即为本周期检修计划开始编制之日，根据计划申报原则，编制并不断调整、讨论检修计划，对需提交设计的项目及早开展设计工作。

6.1.1.3　项目施工方案及开停工方案落实

施工方案编制前，检修指挥部必须编写施工方案管理规定，明确施工方案编制内容、格式、各审核人员职责及审批内容、会签流程。除重点项目必须分别编制施工方案外，如果内容及技术要求基本一致、作业环境及风险相同的项目可合并编制。在方案审批完成后，车间技术人员要对方案的技术要求、难点和重点进一步消化吸收，做到对技术方案充分理解和全面熟练掌握，再向施工人员技术交底以保证施工人员在大修过程中条款、指标执行到位。

装置开、停车方案是装置开、停车的技术指南，是装置大修和人身安全的重要保证措施，也是装置环保达标排放的重要保障。生产管理部门根据公司的生产计划、实际生产格局、上下游装置关系、系统平衡、原料 / 产品进出厂状况等情况，以及装置开停工、检修改造所需要的时间，制定检修装置的总体停开工安排和总体网络，经分管领导批准后组织实施。

6.1.2 施工单位及机具的落实

选择管理严格、技术储备好、装备机具齐全、人员素质高并熟悉大修装置的施工单位是大修质量、安全及进度的保证。原则上装置主承包商负责落实大型机具并单独提出使用成本，甲方核实费用并签合同。专用工具由甲方提供给承包商，大修前 7 个月清点完毕，对残缺专用工具及时补充。

拟进场的人员和机具需要按程序向业主单位或其委托的第三方报验审查。

承包商应组织对进入作业现场的施工设备、机具进行检查，确保处于完好状态并进行标识，业主单位对承包商的设备机具管理情况进行核查。对未经检查或不合格的设备、机具，不得进入施工现场。

有持证要求的施工机具，其操作人员必须持证上岗，严格执行设备操作规程。

进场施工机具及附件必须定置摆放，符合现场管理规定。

现场设备应落实防火、防水、防晒、防盗、防高空落物等相应的防护措施。

现场在用的检测设备及设备上计量仪表必须有检定合格证和标记，并在有效期内，可靠好用。

各承包商对本单位施工机具做好日常检查确保设备完好。

对厂（场）内机动车辆、各移动式起重机、履带式起重机、电梯、移动式压力容器等国家或行业规定的特种设备设施，要按国家或行业相关规定检查检验证书的有效期是否符合要求。

制定起重及运输设备、焊机、抽芯机、电动机具、各类检测仪器等设备的入厂自查、自检及甲方检查规定、流程，设计各种表格进行量化检查。

6.1.3 落实大修物资

大修用的设备、备品、配件、材料等物资准备是否到位是大修工作能否如期顺利开展的关键。为合理采购、储运并能及时供应材料，材料必须与检修工序对应可避免多报或漏报材料，明确材料型号、规格、数量；各生产单位必须在摸清本单位的库存材料基础上提报大修材料，首先使用本车间库存材料；对于长周期材料，由于采购周期长，设备管理部门必须提前 14 个月精心组织各相关单位申报，大修前 12 个月正式审定材料清单。

6.1.4 人员管理

装置大修是多部门参与的工作，必须动员公司各部门人、财、物等资源共同参与，并以公司文件的形式确定大修的组织机构、人员名单和职责范围。在大修指挥部的领导下，积极推行重点项目负责人制，确定项目负责人，落实项目负责人的责、权、利，配备所需各专业的工程技术人员，做到重点项目从项目确定到工程竣工投产验收有专人负责，以确保重点项目的进度和质量达标。

6.1.4.1 检修企业人员培训

项目管理手册的培训。各部门对检修管理手册及策划书的内容进行宣贯和培训，使所有参加检修的管理人员熟悉相关管理制度、掌握所承担的任务、明确工作的标准和要求等内容。

外出调研和培训。各企业对首次停工检修或将进行重大改造的装置，应注重到有相关经验的单位去学习调研，对检修策划、计划编制、开停工方案编写、停开工操作、现场管理等各环节进行全面的学习、了解。

停开工方案的培训。由技术人员对岗位操作人员讲解装置停开工方案，让每个岗位人员掌握自己职责范围内的停开工方案内容，并组织考试，要求做到从事实际作业的人员必经考试合格。

安全、环保、消气防技能培训。检修前，由专业人员对本单位参加检修人员进行安全、环保、消气防技能培训，以确保参加检修人员在发生事故的时候能迅速有序地做出正确反应，并以最短的时间和最有效的方法使事故得到最有效的处理，保护人员和装置的安全。

应急预案演练。各计划检修装置的全体技能人员，应进行装置停工、开工应急预案的学习和演练，熟练掌握事故全过程的处理。

检修方案培训。项目管理部门、项目所在单位应对相关检修人员，特别是从事检查鉴定的人员，应开展检修方案培训，了解项目检修特点、难点、风险，使上述人员在项目管理中对安全、质量、进度有效控制，对质量及安全要求高的作业点，选择水平及经验丰富的人员。

现场培训。各运行部应利用装置停工检修的有利时机，开展新员工的现场培训工作，使年轻技术员充分了解熟悉设备性能构造，加深对设备运行、检修、维护保养、操作及相关管理知识的掌握，使检修工作不单单是机器设备的维修更是新员工学本领、提技能的“培训大修”。

6.1.4.2 承包商人员培训

安全培训。使每位参与检修的人员了解石化装置的检修特点、所从事项目的作业风险，增强检修人员的安全意识和安全防护能力，杜绝伤亡事故的发生，需经过甲乙双方的安全培训合格后方可参加停工检修。

技能培训。注重检修人员技能培训，特别是特殊工种（焊工、电工、起重工等）专业技能的培训，提高检修技术水平，要按国家或行业的相关规定取得相应的资质证书。

管理培训。加强检修项目经理等管理人员的培训，使他们熟悉项目及现场情况、施工技术要求和安全技术要求。

检修方案培训。对参与检修人员进行检修方案培训，熟悉项目特点、难点、风险，使检修施工严格按照方案要求进行，确保检修质量，控制作业风险。

规章制度培训。学习业主检修改造管理手册并予以严格执行，确保检修过程安全、质量、廉洁等全方位受控。

外出调研培训。承包商应组织到有检修经验的单位学习，对人员、方案、机具等方面进行充分的准备和培训。

6.1.4.3　外聘专家

为抓好检修，可外聘专家。如动设备可聘制造厂专家，防腐管理可请防腐专家等。为做好安全与质量管理，可邀请有经验的第三方的专业人员协助进行管理。

6.2　装置工艺交出检修条件

在装置交付检修前，由生产管理部和安全环保部门组织相关单位召开安全验收会，检查确认设备容器人孔拆卸、盲板加装、容器内采样分析、停电、下水井封堵等工作，经相关部门签字确认后，由装置开具用火、用电、进入受限空间等相关票证，进入检修状态。

6.2.1　工艺交出要具备的条件

1）装置所有盲板按照盲板图和盲板表安装、编号、挂牌，并经工艺员、设备员、安全员已签名确认；

2）PID 图上所有系统、管线得到置换处理并做好标识；

3）系统内设备、管线按规定进行吹扫和置换，取样分析合格；

4）下水井取样分析合格，存油清理干净，排水畅通，水封完好；

5）下水井和漏斗口用防火布盖好，并用沙土封严；

6）系统内设备人孔打开前的确认；打开的设备人孔处挂上“未经许可，禁止入内”警示牌；

7）制定停工安全、环保措施和工作危害分析记录表；

8）装置内分析不合格点挂标识，储存物料区标识、硬隔离；

9）制定检修中防硫化亚铁自燃方案，预分馏系统塔、反应系统和分馏塔部分钝化方案；

10）指定具有监护人资格的人员负责动火、进设备等作业的监护；

11）防止反应系统连多硫酸应力腐蚀方案。

6.2.2 装置工艺交出的特殊要求

预分馏及分馏系统：交出前，要对各塔注入钝化剂钝化，排水分析合格后才能进行检修，避免硫化亚铁自燃。

反应系统：交出前，要对临氢系统进行降温降压循环消氢赶油及氮气置换，碱洗完毕，气体分析合格后才能进行检修，非检修位置持续通氮气保护，避免跑油及爆燃。

6.3 检修过程安全环保管理总体要求

6.3.1 安全管理总体要求

1）装置检修的安全管理，坚持“安全第一、预防为主、综合治理”的方针和“谁主管，谁负责”“谁签发，谁负责”的原则，坚持以人为本、落实责任、强化监管，按属地化管理原则。

2）对于人数少的新企业要求外聘第三方HSSE监管，对于人数多的老企业或自身能力能够满足要求的老企业，可根据需要由企业自行决定是否外聘第三方HSSE监管。第三方HSSE监管纳入HSSE管理体系。

3）各级指挥部的安全环保消防组应按指挥部管理体系要求承担相应的管理责任。

4）承包商应建立健全安全管理体系，分包商的安全管理工作由总承包商负总责。

5）安全监督管理部门对检修过程的安全管理工作进行监督检查，指挥部的安全环保消防组负责施工过程安全检查管理。运行部负责所在区域的施工项目配合和现场安全监督检查。

6.3.2 环保管理总体要求

装置停工检修改造环保管理总体要求是：密闭吹扫，有序排放，清洁停工，安全处置，达标排放。为做好停工和检修期间的环保工作，停工装置要落实密闭吹扫及除臭方案，对排放污水、吹扫尾气放空、工业废物处置应进行预申报，排放时必须做到先检测后排放，主管部门根据监测结果确定处理方式。对于化学清洗等产生的废水，项目管理部门在与清洗单位签订合同前要明确废水处理相关责任及要求。

6.4 质量管理

总体要求：成立检修质量管理组织机构，明确管理职责，建立质量管理程序文件。

1）对承包商资质、人员、机具等进行审查。

2）通过组织设计审查，确保设计质量。

3）物资采购管理部门组织对采购物资进行入库检验并对重点物资进行监造。

4）在施工过程中组织对检验检测的质量进行抽查。

6.5 变更管理

6.5.1 检修过程要加强变更管理，建立健全变更管理制度和工作流程，采取措施减少变更数量。原则上没有经过各级部门同意的变更不允许在检修中执行。

6.5.2 项目变更控制主要内容

1）对于试用产品、设备备件结构形式改变、材质升级要充分识别，要有专门技术论证审批过程，审批时要加强相关专业沟通确认。

2）所有变更应事前发起，只有当变更得到批准后，才可组织实施。项目变更由变更提出单位发起申请并填写“变更申请单”，按照各企业相关制度规定的权限办理审批手续。

3）对于因材料找价差导致的超费用计划（或工单预算），需要补办变更手续。

4）对于不涉及费用计划的变更，如项目名称、版本号、承包商、施工方案、施工进度等也需办理相应的变更手续。

5）对于结算费用高于非包干合同标的按各企业管理制度执行变更。

6）投资类项目的变更参照各企业“固定资产投资过程控制管理规定”执行。

6.6 装置检修交回条件

6.6.1 静设备验收要求

1）静设备检修项目完工后，竣工验收实行分级验收责任制。验收时，必须确认单项验收单（包括隐蔽工程及中间工序验收单）、检修技术记录、理化检验等资料。

2）特种设备的重大维修及改造，必须履行相应报检手续，完成相应的试验要求后方可验收。

3）设备投用运行一周，各项指标达到技术要求或能满足生产需要。

4）设备防腐、保温完整无损，达到完好标准。

6.6.2 动设备验收要求

1）动设备检修项目完工后，竣工验收实行分级验收责任制。验收时，必须确认单项验收单（包括隐蔽工程及中间工序验收单）、检修技术记录、理化检验等资料。

2）设备在额定工况下连续运行24h后，各项技术指标达到设计要求或能满足生产需要。

3）设备达到完好标准。

6.6.3 仪表和电气设备验收要求

6.6.3.1 仪表验收要求。

1）系统点检：系统除尘彻底，卡件状态灯指示正常，电源供电符合设计要求，接地试验完好，卡件精度达标。

2）更换密封件：对更换的密封部件含导压管需要水压试验，试压压力为操作压力的1.5倍。

3）更换仪表：更换前需要对更换的仪表进行单校，单校合格方可使用。

4）法兰式仪表回装：要求回装的法兰式仪表使用的垫片压力等级、尺寸正确，螺栓等级正确，长度合适并处于满扣状态。

5）电缆铺设：新铺设的电缆按照强电、弱点，本安、隔爆进行区分铺设，电缆铺设不能使电缆受力，必须将电缆放入桥架内。

6.6.3.2 电气设备验收要求

1）变压器：运转正常，效能良好。持续地达到铭牌出力或上级批准的出力，温升符合设计要求，但上层油温最高不得超过85℃。绕组、套管、绝缘油等的试验符合《电力设备预防性试验规程》有关规定。

2）一次回路设备：绝缘良好，运行中声音正常。差动、过流、短路、瓦斯、温度、防爆装置等主要保护和信号装置齐全完好，动作正常。部件和零件齐全完整，分接开关的电气性能和机械性能良好，无接触不良和卡涩现象。电压表、电流表、温度表等主要表计齐全无损，指示反映准确。油位正常符合要求，无假油位。变压器本身及周围环境整洁，照明良好，必要的标志、编号齐全。外壳不渗油、套管不渗油，器身无油迹。冷却装置运行正常，散热器及风扇齐全好用。连接的组合导线、铜牌等排列规则整齐。硅胶不变色。

3）高压断路器：运行正常，效能良好，运行中的高压断路器的各项参数（电流、电压、遮断容量）符合实际要求。高压断路器根据需要随时可在现场和开关柜上分、合，操作机构灵活可靠，声响正常，无闪放电现象，断路器本体、操作机构的支持瓷套和套管等试验结果应符合电气设备交接预防性试验规程的要求或制造厂规定的各种参数要求，真空断路器和六氟化硫断路器的质量和压力应满足制造厂要求。高压断路器的继电保护齐全，整定值正确，动作灵敏可靠。柜内辅助设置试验合格。柜内端子排列整齐，相序明显，柜内能防小动物。开关周围环境整洁，外观油漆完好无损，有铭牌，有编号，有名称，分合闸指示、储能指示、位置指示器清晰准确。断路器操作机构及零附件齐全无损。联锁装置、接地开关完好。有设备档案，并符合总公司设备管理制度要求。运行、检修和试验记录齐全。

4）电动机：出力能持续达到铭牌要求或上级批准的出力，电流在允许范围内。温升按不同等级的绝缘材料，在允许范围内各部位振动应符合规程要求，声音正常。滑环、整流子运行中应无火花。预防性试验应合格，检修和试验记录齐全。线圈、铁芯、槽楔无松动。保护装置应符合设计要求，整定值准确，动作可靠。用于防爆区域的防爆电动机应符合防爆规程的要求。电动机周围环境整洁，外壳上铭牌清晰，有现场编号。电缆无损伤，敷设符合规范化，防水措施良好。空气冷却器效能良好，风扇转动方向正确，能满足电机温度的要求。防雨措施、风叶罩完好，加油润滑部位完好。电动机防腐良好。

6.6.4 系统气密验收要求

严格按照开工方案中的步骤进行氮气、氢气分级气密，氮气气密合格后方可进行氢气气密，气密前要认真检查流程，严禁改错流程；气密时要认真检查各管线、设备的法兰，用肥皂水进行试漏。如发现泄漏，要及时联系保运人员进行处理；气密时对焊缝也应进行检查。高压系统进行分级气密，逐步气密到目标压力。

6.7 检修后期管理

6.7.1 资料交付

承包商应在检修项目结束后30天内将竣工资料完整地交给使用单位，资料包含内容如下：竣工图纸，施工技术方案，吊装方案，施工组织设计；施工技术记录，试压记录，中间工序验收单，隐蔽工程验收单，拆检回装记录，发现问题与修复记录，设备开箱资料，设备封闭记录；设备、材料、管道附件、配件的合格证明书及质量保证书，理化检验资料，衬里、防腐、保温施工技术记录及检验报告。

除上述要求外，压力管道交工资料还要增加下列内容：

管道、管件、阀门的型号规格、材质及数量，管道的空视图、焊缝布置图及其编号，焊接记录，焊接理化检验资料，其无损检验编号与焊缝编号相一致，管道及阀门的试压记录，监督检验机构的《压力管道安装安全质量监督检验报告》等。

压力容器取证相关资料在15天内，由施工管理部门交给使用单位办理压力容器取证手续。相关资料至少应包括：修理改造方案或图样施工方案、压力容器修理改造告知书、实际修理改造情况记录、材料质量证明书、施工质量检验技术文件和资料、压力容器重大修理和改造监督检验证书等内容。

上述资料一式三份，设备所在单位、档案馆、施工管理单位各一份，并提供电子版，工业管道要提供可编辑的电子版空视图。改造项目的竣工资料按工程项目建设相关标准规范执行。设备所在单位要在竣工资料收到一个月之内完成资料的归档。

6.7.2 检修总结

装置检修结束后，要对检修改造工作进行总结，对好的做法进行总结、提炼，固化这些经验，指导今后检修改造工作；对总结检修改造中存在的问题，分析原因，完善措施，不断提高管理水平。检修总结一般包括如下内容：

1）检修概况，至少应包括检修和改造实际的范围和审读等内容。

2）检修准备情况（组织体系、检修计划、检修方案、检修材料）。

3）检修过程管理（HSSE管理、质量管理、进度控制、文明施工管理）。

4）检修计划准确分析（对检修计划项目变更、材料变更情况进行分析）。

5）检修施工队伍评述（组织体系、施工力量、人员质量、关键作业人员评价、施工管理、施工机具）。

6）材料供应评述，包括供应商评价。

7）设计质量评价。

8）检修质量评价。

9）本次检修主要变化情况及遗留问题。

10）本次检修好的经验和存下的不足和下次检修需注意的问题。

7 装置日常维护

7.1 日常巡检

包括操作工的日常巡检和专业人员（设备管理人员、专业维保人员、电仪专业人员）的日常点检。动设备检查润滑、震动、温度、泄漏情况。静设备检查有无泄漏、设备安全附件完整好用、防雷防静电。

电仪人员日常检查电仪控制间设备运行正常，继电器、变送器有无发热、声音异常，检查制冷系统运行正常，要求温度（25±5）℃、湿度≯ 70%，必要的防鼠设施。

7.2 日常维护

装置日常维护的基本内容包括：设备维护保养、设备检查和设备修理。

7.2.1 设备维护保养

设备维护保养的内容是保持设备清洁、整齐、润滑良好、安全运行，包括及时紧固松动的紧固件，调整活动部分的间隙等。简言之，即“清洁、润滑、紧固、调整、防腐”十字作业法。维护保养依工作量大小和难易程度分为装置操作工保养、专职保养维修工的保养。

7.2.1.1 装置操作工保养

其主要内容是：进行清洁、润滑、紧固易松动的零件，检查零件、部件的完整。这类保养的项目和部位较少，大多数在设备的外部，一般由装置操作工人承担。

7.2.1.2 专职保养维修工的保养

主要内容包括对设备内部清洁、润滑、局部解体检查和调整，必要时对达到规定磨损限度的零件加以更换。此外，还要对主要零部件的磨损情况进行测量、鉴定和记录。具体标准执行通用设备的检修规程。

在两种维护保养中，装置操作工保养是基础，专职保养维修工的保养是关键。

7.2.2 设备检查和设备修理

设备检查按时间间隔分为日常检查和定期检查。

日常检查由操作人员执行，同操作工的保养结合起来，目的是及时发现不正常的技术状况，进行必要的维护保养工作。

定期检查是按照计划，在操作工参加下，定期由专职维修工执行，也就是预防性检查维修。目的是通过检查，全面准确地掌握零件磨损的实际情况，以便确定是否有进行修理的必要。

7.3 常见设备故障

7.3.1 反应进料泵抽空故障排除方法（见表5）

反应进料泵抽空危害：泵抽空时气体会进入泵体，造成泵能力下降，泵会发出噪声，泵体震动，扬程和流量均下降，叶片严重受损，损坏泵及密封，并造成反应进料低流量联锁。

表5 反应进料泵抽空故障与处理方法

设备	故障类型	处理方法
反应进料泵	泵没有流量	排气 重新灌泵 检查吸入管路上的隔离阀和过滤器 联系电气处理 清除异物
	泵流量不足	排气 重新灌泵 清洗检查过滤器，更换过滤器 清除异物 更换密封环 更换叶轮
	机械密封泄漏严重	冷态时，联系钳工把泵重新对中 联系钳工更换新轴 更换轴承 更换新的机械密封部件 重新组装密封，检查材料是否合适 联系钳工处理 联系钳工检查机械密封腔是否清洁，检查过滤器
	振动大或噪声大	重新灌泵 检查吸入管路上的隔离阀和过滤器 清洗检查过滤器，更换过滤器 核实泵的最小流量 清除异物 冷态时，联系钳工把泵重新对中 检查消除共振源 联系钳工更换新轴（绝不允许把弯轴校直后再用） 检查平衡装置 联系钳工检查泵平稳运转情况，当泵处于冷态时，检查联轴器对中，检查供油情况（压力、温度及油量）检查油质和纯净度

表 5　反应进料泵抽空故障与处理方法（续）

设备	故障类型	处理方法
反应进料泵	振动大或噪声大	联系钳工换用新的叶轮，检查吸入扬程（汽蚀）情况，检查系统内是否有异物 联系钳工冷态时把联轴器对中，换用新轴承，检查转子磨损痕迹 联系钳工处理 联系钳工彻底清洗轴承、轴承体、供油管路和油箱，检查轴承油封情况
	平衡管压力和流量突然增加或减少	重新灌泵，然后再彻底排净，检查管道铺设情况 清洗检查过滤器，更换过滤器 清除异物 检查平衡装置 更换叶轮 更换密封 联系钳工检查平衡装置和转子间隙 检查吸入压力和排出压力，检查平衡装置的情况及转子间隙，在运行工况点时，平衡回液的压力应略高于吸入压力，但不大于吸入压力的 3%，除非有特殊的情况
	轴承温度高	检查冷却水量和温度；切换清洗油冷器 调节油压；调节节流阀，控制进油量 更换新油 切换、检查油过滤器 更换轴承

7.3.2　加热炉冒黑烟故障排除方法（见表 6）

加热炉冒黑烟危害：浪费燃料，易使反应进料加热炉、分馏重沸炉对流段炉管和热管系统结焦粉，降低了这些部位设备传热系数，并且未充分燃烧的烟气易在对流段发生二次燃烧，损伤两炉的设备，未充分燃烧烟气排放大气后污染环境。

表 6　加热炉冒黑烟故障与处理方法

设备	故障类型	处理方法
加热炉	空气不足，燃料气燃烧不完全，导致加热炉冒黑烟	降低燃料气流量，增加入炉风量
	燃料气带油，导致加热炉冒黑烟	加强燃料气分液罐切液；若带液多时联系调度和有关单元调整操作
	加热炉超负荷运行，导致加热炉冒黑烟	调整降低加热炉进料量或反应温度，关小高换旁路
	供风量过小，导致加热炉冒黑烟	调整烟道挡板和风门开度，保持炉膛负压和氧含量合格，炉子燃烧正常
	鼓风机、引风机故障，导致加热炉冒黑烟	适当开大主挡板，维持炉膛负压；联系检修修理引风机
	烟道档板或风机挡板误动作，导致加热炉冒黑烟	迅速调整稳定烟道挡板开度

7.3.3 高压法兰泄漏着火故障排除方法（见表 7）

高压法兰泄漏着火危害：会造成装置停车，泄漏严重时，危害到装置及人身安全。

表 7 高压法兰泄漏着火故障与处理方法

设备	故障类型	处理方法
高压法兰	开停工过程中升降温速度过快，导致法兰泄漏	按照工艺要求控制升降温速度
	法兰或垫片质量存在问题，导致法兰泄漏	泄漏轻微时可通蒸汽保护，联系相关单位处理
	开工过程中未热紧，导致法兰泄漏	泄漏严重或引发火灾时，装置紧急停工，报火警通知调度

7.3.4 反应器床层超温故障排除方法（见表 8）

反应器床层超温危害：会损坏催化剂，导致催化剂烧结，甚至威胁反应器。

表 8 反应器床层超温故障与处理方法

设备	故障类型	处理方法
反应器	原料性质变化，导致反应器床层超温	加大超温床层入口冷氢，提高循环机转速
	反应入口温度过高，导致反应器床层超温	降低反应器入口温度
	注冷氢阀关闭，导致反应器床层超温	联系仪表处理注冷氢阀

附 录 A
（资料性附录）
装置停工交付检修确认表

<table>
<tr><td rowspan="2"></td><td colspan="7">装置停工交付检修确认表</td></tr>
<tr><td>记录编号</td><td></td><td>使用单位</td><td colspan="4"></td></tr>
<tr><td colspan="2">停工检修单位</td><td></td><td>装置</td><td></td><td>时间</td><td colspan="2">年 月 日</td></tr>
<tr><td>单位</td><td colspan="2">确认内容</td><td colspan="3">存在问题</td><td>确认意见</td><td>确认人</td></tr>
<tr><td>停工单位</td><td colspan="2">1. 装置与系统是否有效隔离并提供对应的盲板表？
2. 是否有专用氮气线，是否专用？
3. 管线及容器是否吹扫干净并提供吹扫作业确认表？
4. 容器及塔测爆及氧含量是否合格？
5. 风险系数较大的作业是否进行危害识别分析？
6. 对塔、容器仪表监控手段是否保留？
7. 动火作业项目是否上墙？
8. 对本单位、施工单位参加检修的人员安全教育并考试是否进行？
9. 明沟、地面上是否有油？清污分流设施是否投用？
10. 对装置内电缆沟是否作出明显标志？
11. 设备、容器、管道是否全部打开并在设备人孔处挂“危险空间！严禁入内”的警示牌？
12. 检修现场下水井、地漏、明沟是否封闭，泵沟等是否建立水封？
13. 检修设备是否停电？</td><td colspan="3"></td><td></td><td></td></tr>
<tr><td>电气部</td><td colspan="2">1. 是否已按用电单位停送电要求实施停送电？
2. 参加大修的电气作业人员是否进行电工作业资格的确认和相应的安全教育？
3. 其他</td><td colspan="3"></td><td></td><td></td></tr>
<tr><td>仪控部</td><td colspan="2">1. 对本单位、施工单位参加检修的人员安全教育并考试是否进行？
2. 机柜间运行装置的机柜与检修的区域是否采用明显有效的隔离措施？</td><td colspan="3"></td><td></td><td></td></tr>
</table>

装置停工交付检修确认表（续）

<table>
<tr><td rowspan="2"></td><td colspan="6">装置停工交付检修确认表</td></tr>
<tr><td>记录编号</td><td colspan="2"></td><td>使用单位</td><td colspan="2"></td></tr>
<tr><td colspan="2">停工检修单位</td><td></td><td>装置</td><td></td><td>时间</td><td>年　月　日</td></tr>
<tr><td>单位</td><td colspan="2">确认内容</td><td colspan="2">存在问题</td><td>确认意见</td><td>确认人</td></tr>
<tr><td>仪控部</td><td colspan="2">3. 仪表吹扫排放中相关安全环保措施是否明确落实？
4. 放射线同位素仪表停工检修防护措施是否落实？
5. 工器具是否进行相关安全检查？
6. 重大作业项目是否编写施工作业方案和进行危害识别与评价？
7. 高处作业的脚手架是否搭设妥当并验收合格？
8. 每项作业施工是否具有合格的施工检修作业票？相关安全措施是否落实到位？
9. 劳保用品穿戴是否符合要求？
10. 检修质量和检修内容是否符合要求？</td><td colspan="2"></td><td></td><td></td></tr>
<tr><td>消防部门</td><td colspan="2">1. 现场消气防器材是否齐全、完好？
2. 消防、疏散通道是否符合要求？
3. 其他</td><td colspan="2"></td><td></td><td></td></tr>
<tr><td rowspan="2">生产部门</td><td>技术科</td><td>1. 检查吹扫作业票的确认签名是否落实？
2. 现场检查盲板是否按方案和盲板清单进行安装？
3. 检查瓦斯、氮气和工艺介质等物料在装置边界是否进行有效隔离？
4. 催化剂、保护剂、胺液或按方案不退的介质是否按方案要求进行了有效安全隔离？</td><td colspan="2"></td><td></td><td></td></tr>
<tr><td>管理科</td><td>1. 检查配合外系统的吹扫是否已满足要求可以停运？
2. 其他</td><td colspan="2"></td><td></td><td></td></tr>
<tr><td>机动部门</td><td>设备科</td><td>1. 已按停工方案要求抽堵盲板，且要做好明显标记，并指定专人统一编号登记，严防漏堵、漏拆。盲板的材质、厚度符合安全要求</td><td colspan="2"></td><td></td><td></td></tr>
</table>

装置停工交付检修确认表（续）

<table>
<tr><td rowspan="2"></td><td colspan="7">装置停工交付检修确认表</td></tr>
<tr><td>记录编号</td><td></td><td>使用单位</td><td colspan="4"></td></tr>
<tr><td colspan="2">停工检修单位</td><td></td><td>装置</td><td></td><td>时间</td><td colspan="2">年　月　日</td></tr>
<tr><td>单位</td><td colspan="2">确认内容</td><td colspan="3">存在问题</td><td>确认意见</td><td>确认人</td></tr>
<tr><td rowspan="2">机动部门</td><td>设备科</td><td>2. 与炉、塔、容器相连的蒸汽、氮气等有害介质的阀门，已加盲板隔离；
3. 未经吹扫处理的设备、容器、管道已与系统隔离，设置明显警示标志，并向职工和施工单位交底；
4. 冬季停工，装置要做好防冻防凝工作</td><td colspan="3"></td><td></td><td></td></tr>
<tr><td>动力科</td><td>1. 变配电所内电气安全用具、消防器材已检查并在有效期限内；
2. 变配电所内的工器具已检查合格；
3. 电气现场检修动力箱（固定）、临时变已检查合格；
4. 配送电单位、施工单位参修人员已经安全教育并考试合格；
5. 外来人员已经安全教育并考试合格；
6. 工艺要提供装置停工后仍需使用的仪表清单；
7. 电气专业提供停工期间停电网络，仪表提前准备</td><td colspan="3"></td><td></td><td></td></tr>
<tr><td rowspan="3">安环部门</td><td>管理科</td><td>1. 对本单位、施工单位参加检修的人员安全教育并考试是否进行？
2. 其他</td><td colspan="3"></td><td></td><td></td></tr>
<tr><td>环保科</td><td>1. 明沟、地面上是否有油？清污分流设施是否投用？
2. 其他</td><td colspan="3"></td><td></td><td></td></tr>
<tr><td>安全科</td><td>1. 现场固定式可燃气体报警仪、H_2S 报警仪等探头是否进行妥善保护？
2. 对装置内电缆沟是否做出明显标志？</td><td colspan="3"></td><td></td><td></td></tr>
</table>

装置停工交付检修确认表（续）

<table>
<tr><td rowspan="2"></td><td colspan="6">装置停工交付检修确认表</td></tr>
<tr><td>记录编号</td><td></td><td>使用单位</td><td colspan="3"></td></tr>
<tr><td colspan="2">停工检修单位</td><td></td><td>装置</td><td></td><td>时间</td><td colspan="2">年　月　日</td></tr>
<tr><td>单位</td><td colspan="2">确认内容</td><td colspan="3">存在问题</td><td>确认意见</td><td>确认人</td></tr>
<tr><td>安环部门</td><td>安全科</td><td>3. 设备、容器、管道是否全部打开并在设备人孔处挂“危险空间！严禁入内”的警示牌？
4. 检修现场下水井、地漏、明沟是否封闭，泵沟等是否建立水封？
5. 打开的设备、容器、管道测爆分析是否合格？
6. 运行的装置与检修的区域是否采用明显有效的隔离措施？存在工艺介质的工艺管线是否做出标志？
7. 其他</td><td colspan="3"></td><td></td><td></td></tr>
<tr><td colspan="2">领导意见</td><td></td><td colspan="3"></td><td></td><td></td></tr>
</table>

附　录　B
（资料性附录）
装置检修交回开工确认表

<table>
<tr><td rowspan="3"></td><td colspan="4">中国石油化工股份有限公司 ×××× 分公司管理体系</td></tr>
<tr><td colspan="4">装置检修交回开工确认表</td></tr>
<tr><td>记录编号</td><td>使用单位</td><td colspan="2"></td></tr>
<tr><td colspan="2">开工装置</td><td>时间</td><td colspan="2">年　　月　　日</td></tr>
<tr><td>单位</td><td>要求</td><td>存在问题</td><td>确认意见</td><td>确认人</td></tr>
<tr><td>施工单位</td><td>1. 检修项目以及改造项目已施工完成，并验收合格；
2. 施工用临时设施已全部拆除；现场清洁、无杂物；
3. 除用于开工查漏、热紧用的架子保留外，其他架子、跳板均拆除；
4. 设备、管线等保温复位；
5. 因检修拆除的劳动保护、照明设施已恢复；
6. 塔器设备、安全阀、现场仪表、管线等均已复位</td><td></td><td></td><td></td></tr>
<tr><td rowspan="2">项目所属单位</td><td rowspan="2">1. 设备位号和管道介质名称、流向标示齐全；
2. 检查现场设备、管线、保温等安装符合规范，试用情况正常；
3. 机组等设备联锁试验正常；
4. 工艺联锁试验正常；
5. 盲板拆、装清单已确认；
6. 装置吹扫、试压通过；
7. 现场消防、气防器材及岗位工器具配齐、现场环保设施投用；
8. 开工化工原材料准备完毕；
9. 备品配件齐全</td><td></td><td></td><td></td></tr>
<tr><td></td><td></td><td></td></tr>
<tr><td>电气部</td><td>1. 变电所已正常投用，高低压电送电正常；
2. 现场电气设备如电动阀、电加热器、电机等试运正常；
3. 现场照明等恢复正常</td><td></td><td></td><td></td></tr>
<tr><td>仪控部</td><td>1. 现场仪表调试、DCS 调试、联校正常；
2. 配合工艺、设备的联锁调试已完成</td><td></td><td></td><td></td></tr>
<tr><td>公用工程部</td><td>循环水、新鲜水、蒸汽、仪表风 / 工厂风、氮气等公用介质供应正常</td><td></td><td></td><td></td></tr>
<tr><td>储运部</td><td>储运系统已具备正常供料以及接收产品条件</td><td></td><td></td><td></td></tr>
<tr><td>化验部门</td><td>1. 现场采样器已复位正常；
2. 分析项目已具备分析条件</td><td></td><td></td><td></td></tr>
</table>

装置检修交回开工确认表（续）

<table>
<tr><td rowspan="3"></td><td colspan="5">中国石油化工股份有限公司 ×××× 分公司管理体系</td></tr>
<tr><td colspan="5">装置检修交回开工确认表</td></tr>
<tr><td>记录编号</td><td colspan="2"></td><td>使用单位</td><td></td></tr>
<tr><td colspan="2">开工装置</td><td></td><td>时间</td><td colspan="2">年　　月　　日</td></tr>
<tr><td>单位</td><td colspan="2">要求</td><td>存在问题</td><td>确认意见</td><td>确认人</td></tr>
<tr><td>消防部门</td><td colspan="2">1. 现场消气防器材齐全、完好；
2. 消防、疏散通道符合要求</td><td></td><td></td><td></td></tr>
<tr><td rowspan="2">安环部门</td><td>环保科</td><td>1. 现场环保设施，如清污分流设施等已投用；
2. 后续环保装置具备接收物料条件</td><td></td><td></td><td></td></tr>
<tr><td>安全科</td><td>1. 现场固定式可燃气体报警仪、H_2S 报警仪等已投用；
2. 拟开工装置与临近的检修区域已采用明显有效的隔离措施；
3. 现场安全设施如平台围栏、护栏等符合要求，现场无容易坠落物品；
4. 如有零星动火项目，火票需升级</td><td></td><td></td><td></td></tr>
<tr><td colspan="2">工程管理部门</td><td>负责的改造项目已施工完成，并验收合格</td><td></td><td></td><td></td></tr>
<tr><td rowspan="2">机动部门</td><td>设备科</td><td>1. 检修项目已完成，并验收合格；
2. 保运工作已落实</td><td></td><td></td><td></td></tr>
<tr><td>动力科</td><td>1. 电气、仪表检修改造项目已完成，并投用正常；
2. 电气现场检修动力箱、临时变已拆除</td><td></td><td></td><td></td></tr>
<tr><td rowspan="2">生产部门</td><td>技术科</td><td>1. 开工方案已审批完成；
2. 盲板已按方案和盲板清单进行安装；
3. 开工用化工原材料已落实；
4. 其他专项方案已落实或审批</td><td></td><td></td><td></td></tr>
<tr><td>管理科</td><td>1. 外围的公用、储运系统以及相关装置已可支持装置开工；
2. 开工用原料已落实</td><td></td><td></td><td></td></tr>
<tr><td colspan="2">人教部门</td><td>操作人员已经过学习、培训，并考试合格</td><td></td><td></td><td></td></tr>
<tr><td colspan="2">项目所属单位领导意见</td><td>签名：</td><td>公司意见</td><td colspan="2">签名：</td></tr>
</table>

附　录　C
（资料性附录）
检修施工现场 HSSE 日检表

序号	检查内容	存在问题	检查人员	整改情况	验证人	备注
1	临时用电					
1.1	配备合格的持证电工					
1.2	配电箱合格、有防雨措施，按要求标识并上锁					
1.3	配电系统执行“三相五线制”，符合“三级配电二级保护”要求，安装匹配的漏电保护器，漏保动作灵敏好用，并进行日常试验和记录					
1.4	电缆及接头无破损，绝缘良好；铺设规范，走向清晰，标识明确					
1.5	用电严格执行“一机一闸一保护”					
1.6	按要求配置保护零线和工作零线，工作接地和重复接地完好					
1.7	安全电压符合作业环境要求					
1.8	使用工业插头、插座					
2	施工机具					
2.1	各种机具设备安全要求进行定期检查，确保完好					
2.2	设有机械保护装置（如转动设备等）的设备，保护装置处于完好状态					
2.3	用电机具、设施接地完好					
2.4	配备与作业要求相匹配的劳动防护用品					
2.5	空气压缩机压力表、安全阀等在检验期内并处于完好状态，高压气管和软管固定连接可靠					
2.6	气瓶垂直放置，瓶体固定可靠；气瓶分类摆放并保持安全距离，防护措施到位，气瓶阻火器、压力表等安全附件完好，气管无老化破损，连接可靠					

检修施工现场 HSSE 日检表（续）

序号	检查内容	存在问题	检查人员	整改情况	验证人	备注
3	脚手架					
3.1	脚手架搭设人员是专业架子工，并持证上岗。搭设人员按要求着装，配备五点双大钩安全带					
3.2	编制脚手架搭设方案，进行安全技术交底并有记录					
3.3	按规范要求搭设脚手架，且有良好的整体稳固性					
3.4	搭设和拆除过程必须有专人监督，周边设置警戒区					
3.5	连墙件设置可靠，各节点扣件扭矩力符合要求					
3.6	通道、护栏、腰杆、踢脚板等符合要求					
3.7	作业面满铺跳板，无孔洞，跳板可靠固定且无探头板					
3.8	作业面临时放置的材料等在允许荷载范围内，严禁超载荷；放置必须稳固，无坠物风险					
3.9	脚手架搭设完成验收合格挂牌使用					
3.10	消防设施保持完好，灭火器和消防水桶按要求配置					
3.11	消防安全通道保持畅通					
3.12	用火作业前，清理周边易燃物，采取接火措施					
4	起重					
4.1	编制了吊装方案、进行交底并有记录					
4.2	起重设备操作人员、司索、指挥持有效证件					
4.3	起重机械证照齐全有效					
4.4	起重机械安全设施、附件完好					
4.5	机索具检查完好，钢丝绳无磨损，连接可靠，绳卡数量和间距满足要求					
4.6	吊装作业半径设置了警戒区，禁止无关人员入内					

检修施工现场 HSSE 日检表（续）

序号	检查内容	存在问题	检查人员	整改情况	验证人	备注
4.7	吊装前进行评估，确保在额定起升载荷范围内进行起重作业，不得超载					
4.8	吊车支腿符合要求					
4.9	吊物捆绑符合要求，使用溜绳					
4.10	吊装作业天气、环境、风力等符合要求					
5	焊接、气割					
5.1	设备接地完好					
5.2	焊把线无破损，连接器完好					
5.3	有专人监护，接火、防火措施到位					
5.4	可燃性气瓶与胶管连接完好，无漏气，气瓶有阻火器，					
5.5	现场气瓶与明火源保持安全距离					
6	受限空间					
6.1	对所要进行作业的受限空间进行吹扫、蒸煮、置换，并分析合格。所有与受限空间相连接的管线、阀门应进行有效隔离，盲板处应挂标识牌，并经工艺技术人员签字确认					
6.2	出入口内外不得有障碍物，在受限空间入口处设置“危险！严禁入内”警告牌或采取其他封闭措施					
6.3	对有可能发生硫化亚铁自燃的设备、容器必须经充分的钝化脱臭处理，并在现场配置消防水带					
6.4	《进入受限空间作业许可证》实行一点一证					
6.5	进入受限空间作业实行“三不进入”原则，即：没有经批准有效的《进入受限空间作业许可证》不进入；安全措施未落实不进入；监护人不在场不进入					
6.6	作业现场配备必要的救护器具和灭火器材等					

检修施工现场 HSSE 日检表（续）

序号	检查内容	存在问题	检查人员	整改情况	验证人	备注
6.7	进入受限空间作业应使用安全电压和安全行灯					
7	作业安全					
7.1	作业前进行班前安全教育和安全技术交底，作业人员清楚当天作业内容和安全风险及注意事项					
7.2	特殊工种持证上岗					
7.3	佩戴合格安全帽，并根据作业任务佩戴专用眼部、面部、手部等防护用品，高处作业人员系挂安全带					
8	收工检查					
8.1	配电系统一级箱断电，关闭气瓶角阀，能量上锁					
8.2	现场火种检查清理完毕					
8.3	清理各作业面材料和杂物等，做到工完料净场地清					
8.4	落实夜间值班、巡检人员，职责到位，检查内容明确					

附 录 D
（资料性附录）
装置停工检修工作总结模版
（设备专业）

根据公司《设备检修管理制度》规定，在装置停工检修结束后各相关单位应组织编写装置停工检修工作总结。为此，就进一步做好装置停工检修工作总结提出要求如下：

封面

名称：××× 部 ××× 装置 ×××× 年 ×× 月停工检修工作总结

编写人：×××

审核人：×××

批准人：×××（运行部领导）

编写单位：中石化 ××× 分公司 ××× 部

编写时间：×××× 年 ×× 月

正文

（一）装置停工检修过程概述

装置开、停工、检修过程简述，本周期装置运行起止时间。

本周期装置运行中出现的主要问题。

本次停工检修、改造内容简述，检修项目计划数（包括补充、追加），检修计划完成情况。重点检修项目情况。

开停工、检修网络执行情况。

（二）主要检修内容技术总结

反应器部分；

塔、容器部分；

加热炉部分；

冷换设备、空冷器部分；

阀门部分；

管道部分；

压缩机部分；

泵部分；

特殊阀门部分；

输送机械部分；

压力容器检验（包括缺陷返修处理）；

压力管道检验（包括缺陷返修处理）；

安全阀检验；

其他检修方面。

技术分析中要有以下内容：上次运行周期出现的问题，本次检修检查情况及采取措施；上次检修遗留问题处理情况；本周期与上周期设备隐蔽检查情况对照；重复发生问题处理方案有效性；装置系统问题；典型案例。

（三）检修计划准确性分析

（四）检修施工队伍评述

（五）材料供应评述

（六）设计质量评价

（七）检修质量评价

（八）本次检修遗留问题及预案

（九）检修管理亮点、存在的不足和下次检修需注意的问题

（十）附表

表 1　设备增加情况表

序号	位号	名称	规格型号	制造厂	数量	备注

表 2　设备拆除情况表

序号	原位号	名称	规格型号	制造厂	数量	备注

表 3　管线拆除情况表

序号	原编号	名称	规格	长度 /m	备注

表 4　设备更换情况表

序号	位号	名称	规格型号		制造厂		数量	备注
			更换前	更换后	更换前	更换后		

表 5　冷换设备检修情况表

序号	位号	名称	规格型号	抽芯清洗	试压换垫	堵管根数	管束更换

表 6　阀门检修、更换情况表（*DN*50 和 *DN*50 以上）

序号	规格型号	公称直径	检修数量	更换数量

表 7　压力容器检验情况表

序号	计划检验台数	增加变更台数	减少变更台数	实际完成台数	缺陷返修台数

表 8　压力管道检验情况表

序号	检验计划		增加变更		减少变更		实际完成	
	条数	米数	条数	米数	条数	米数	条数	米数

表 9　安全阀门检验情况表

序号	计划检验台数	增加变更台数	减少变更台数	实际完成台数

14. 酸性水汽提装置维护检修规程

SHZ 02014—2019

目　录

前　言

本规程按照GB/T 1.1—2009《标准化工作导则　第1部分：标准的结构和编写》给出的规则起草。

本规程由中国石油化工集团有限公司、中国石油化工股份有限公司提出。

本规程起草单位：中国石油化工股份有限公司茂名分公司。

本规程主要起草人：张志锋、王玉金。

本规程2019年首次发布。

酸性水汽提装置维护检修规程

1 范围

1.1 本规程规定了酸性水汽提装置及其主要设备、专用设备的检修周期、检修项目及质量要求、检修过程管理和日常维护的相关内容。
1.2 本规程适用于石油化工酸性水汽提装置的检修维护管理。

2 规范性引用文件

下列文件对本文件的应用是必不可少的。凡是注日期的引用文件，仅注日期的版本适用于本文件。凡是不注日期的引用文件，其最新版本（包括所有的修改单）适用于本文件。

2.1 法律法规

中华人民共和国安全生产法
中华人民共和国特种设备安全法
压力容器安全技术监察规程
压力管道安全技术监察规程—工业管道
特种设备安全监察条例

2.2 标准与规范

GB/T 151 热交换器
HG/T 20229 化工设备、管道防腐蚀工程施工及验收规范
GB 50236 现场设备、工业管道焊接工程施工及验收规范
GB 50160 石油化工企业设计防火规范
TSG D7005 压力管道定期检验规则 工业管道
TSG R7001 压力容器定期检验规则
GB/T 20801 压力管道规范—工业管道
GB 50484 石油化工建设工程施工安全技术标准
SHS 01013 离心泵维护检修规程
SHS 01021 螺杆压缩机维护检修规程
SHS 01033 设备及管道绝热维护检修规程
SHS 01034 设备及管道涂层检修规程

SHS 01007 塔类设备维护检修规程
SHS 01009 管壳式换热器维护检修规程
SHS 01011 钢制圆筒形常压容器维护检修规程
SHS 01030 阀门维护检修规程
SHS 01005 工业管道维护检修规程
SHS 01002 石油化工设备润滑管理制度
SHS 01003 石油化工旋转机械振动标准

2.3 相关规定和文献

炼油企业检修管理指南（试行版）
硫黄回收联合装置技术问答
酸性水汽提装置操作规程

3 术语与定义

下列术语和定义适用于本文件。

3.1 设备功能

设备功能指的是设备的生产效率和功能，衡量设备功能的指标随设备种类不同而异。

3.2 功能故障

设备、设施不能实现其设计功能时，称之为功能故障，定义为设备、设施不能满足期望的性能标准。一般指设备失去或降低其规定功能的事件或现象，表现为设备的某些零件失去原有的精度或性能，使设备不能正常运行、技术性能降低，致使设备中断生产或效率降低而影响生产。

3.3 A类设备

本规程规定的A类设备是指经过RCM风险评估方法得出的因设备的功能故障引起装置停车的该装置的关键设备。

3.4 B类设备

本规程规定的B类设备是指经过RCM风险评估方法得出的设备的功能故障虽然不引起装置的停车，但对装置的负荷、质量及可靠性具有重大影响的该装置的主要设备。

4 装置特征

本规程编写的酸性水汽提装置是重要的炼油环保装置，主要用于原油加工过程所产生的含硫含氨污水的初步处理，并回收其中的氨与硫化氢。目前工业上普遍采用双塔汽提工艺。

（1）采用双塔汽提工艺，对原料的适应性很强，操作弹性大，易于调节，操作灵活。

（2）原料污水脱气后进万吨原料污水罐，有足够的静置脱油、脱尘时间，使进入泵、换热器、塔的污水含油量≤ 50mg/L。

（3）采用“洗涤—结晶—吸附—压缩”氨精制专利技术，经联合工艺精制后，液氨中的 H_2S 含量≤ 1ppm。

4.1 酸性水汽提单元

4.1.1 酸性水汽提单元工艺原理

（1）脱气、除尘、除油后污水在汽提塔内，用蒸汽加热的方式，促使其生成游离的氨和硫化氢分子，根据氨在水中的溶解度远比硫化氢大的特性，在硫化氢汽提塔顶加入低温低浓度的吸收水，把氨吸收溶解在液相中，硫化氢气体得到提纯。

（2）氨汽提塔再次汽提，从塔顶出来的气氨，经冷凝冷却，在回流罐气液分离；通过控制回流罐回流液中氨和硫化氢的分子比，把气氨中的硫化氢“固定”在液相中，以及通过相平衡，使气氨得到提纯。

（3）气氨再经过精制、压缩，冷凝而成为液氨，同时污水得到净化成为净化水。

4.1.2 酸性水汽提单元特性参数

酸性水汽提单元工艺特性参数见表 1，其原则流程见图 1。

表 1　酸性水汽提单元工艺特性表

序号	设备	工艺特性
1	硫化氢汽提塔	操作压力：0.55～0.65MPa；塔顶操作温度：25～50℃；塔底操作温度：145～175℃；设计压力：0.8MPa；设计温度：175℃；介质：硫化氢、氨
2	氨汽提塔	操作压力：0.15～0.25MPa；塔顶操作温度：115～135℃；塔底操作温度：130～150；设计压力：0.58MPa；设计温度：140℃；介质：硫化氢、氨
3	氨精制水洗塔	操作压力：0.1～0.25MPa；塔顶操作温度：5～25℃；塔底操作温度：0～25℃；设计压力：0.6MPa；设计温度：15℃；介质：氨、硫化氢
4	污水原料罐	操作压力：常压；操作温度：常温；介质：含硫含氨污水
5	氨水储罐	操作压力：0.4MPa；操作温度：40℃；介质：氨、硫化氢
6	结晶罐、吸附罐	操作压力：0.25MPa；操作温度：7℃；介质：氨、硫化氢
7	氨液循环储罐	操作压力：1.7MPa；操作温度：38℃；介质：液氨
8	液氨储罐	操作压力：1.6MPa；操作温度：40℃；介质：液氨
9	污油脱水罐	操作压力：0.15MPa；操作温度：40℃；介质：污油
10	机械过滤器	操作压力：0.18MPa；操作温度：常温℃；介质：含硫污水

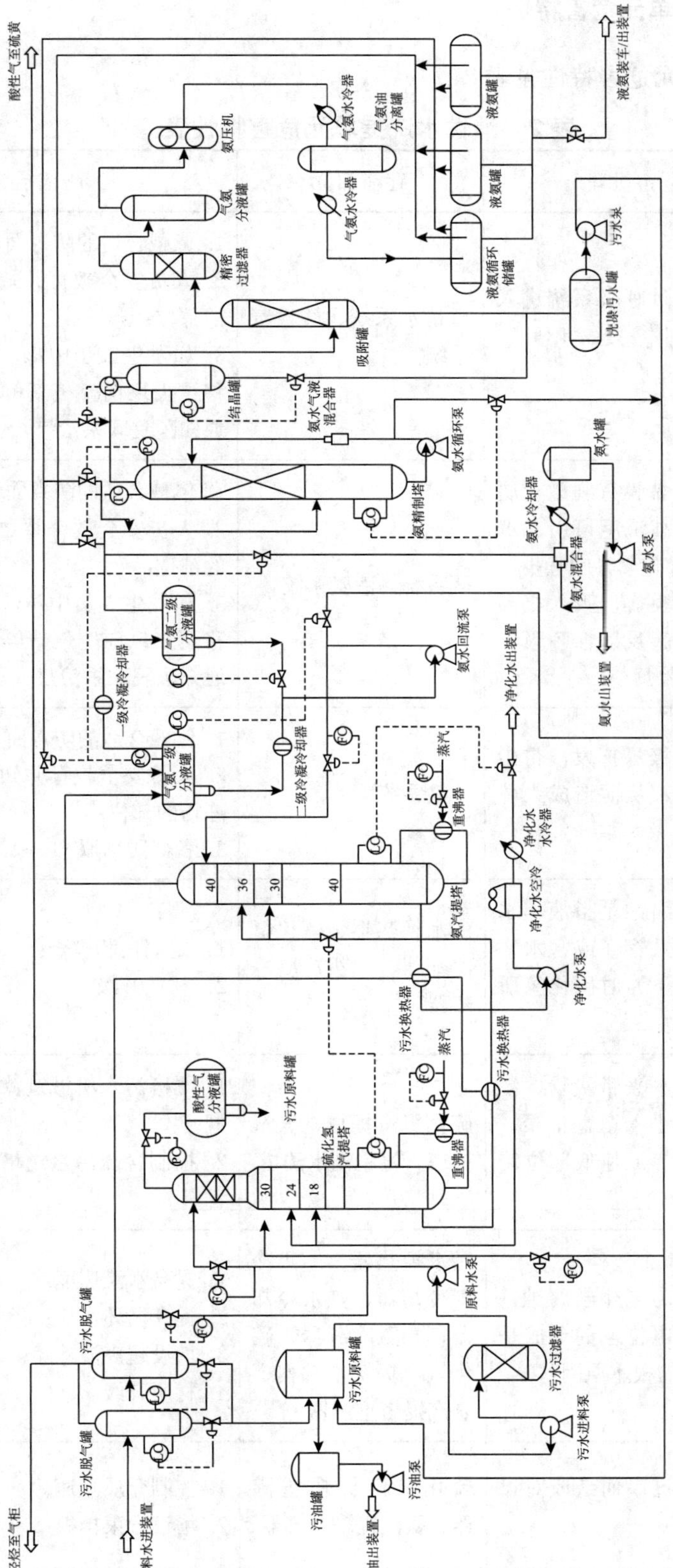

图 1 酸性水汽提装置原则流程图

4.1.3 酸性水汽提单元危害特性

酸性水汽提单元危害特性见表2。

表2 酸性水汽提单元危害特性表

危害种类	危害机理	存在部位	防范措施
硫化氢中毒	硫化氢通过呼吸系统进入人体，轻则中毒恶心呕吐，重则闪电死亡	原料水系统、酸性气系统	1. 佩戴合适的防毒面具； 2. 人员安全教育并知悉易产生中毒的部位； 3. 如发生人员中毒，应将中毒人员移至上风向空气新鲜处进行抢救并通知医院联系治疗
氨中毒	氨对皮肤黏膜有刺激及腐蚀作用，高浓度可引起严重后果，如化学性咽喉炎、化学性肺炎等，吸入极高浓度可引起反射性呼吸停止、心脏停搏	氨系统、液氨系统	1. 佩戴合适的防毒面具； 2. 人员安全教育并知悉易产生中毒的部位； 3. 如发生人员中毒，应将中毒人员移至上风向空气新鲜处进行抢救并通知医院联系治疗
氨冻伤	液氨放空极易挥发，带走大量的热，从而造成人体冻伤	液氨系统	1. 佩戴合适的防毒面具； 2. 人员安全教育并知悉易产生中毒冻伤的部位； 3. 备好防冻服
湿硫化氢腐蚀	湿硫化氢腐蚀是指液相水和硫化氢共存（或含水物在露点以下）时硫化氢所引起的腐蚀	污水换热器、硫化氢冷却器、二级冷凝冷却器	1. 定期抽芯检查； 2. 材质升级
堵塞	上游原料水夹带炭粉、淤泥等杂质进入塔盘集聚，造成塔盘等流速低部位堵塞	硫化氢汽提塔、氨汽提塔、氨精制水洗塔	1. 严格污水机械过滤器的日常操作规范； 2. 控制含硫污水进塔含油量、杂质含量
垢下腐蚀	垢下腐蚀为电化学腐蚀，污垢内外电位差的形成是发生腐蚀的根本原因	污水换热器、二级冷凝冷却器、氨水冷却器、气氨冷凝器、硫化氢汽提塔重沸器、氨汽提塔重沸器	1. 提高水流速度； 2. 提高循环水质； 3. 增设超声波除垢； 4. 材质升级
冲刷腐蚀	流体流速过高而造成对设备的冲刷	硫化氢汽提塔重沸器、氨汽提塔重沸器	1. 控制介质流速； 2. 增设管束挡板

5 检修周期及检修项目

5.1 主要设备介绍

5.1.1 酸性水汽提装置设备（表3）

表3 酸性水汽提装置设备类型

名称	设备种类		主要设备种类	通用、专用设备检修规程的代码
动设备	泵	离心泵	除油器泵、污油泵、酸性水进料泵、硫化氢汽提塔顶回流泵、氨汽提塔顶回流泵、氨水出装置泵、净化水出装置泵、氨精制塔底循环泵	SHS 01013
	离心式风机		净化水空冷器	SHS 01022
	压缩机（包括工业汽轮机）	螺杆式压缩机	螺杆式压缩机	SHS 01021
静设备	塔	填料塔	硫化氢汽提塔、氨汽提塔、氨精制水洗塔	SHS 01007
	换热器	管壳式换热器	净化水与原料酸性水换热器、硫化氢汽提塔含氨污水与原料酸性水换热器、硫化氢汽提塔重沸器、原料水与氨汽提塔顶气氨换热器、硫化氢汽提塔顶硫化氢冷却器、氨汽提塔底重沸器、氨水冷却器、气氨二级冷却器、气氨一级冷却器、气氨冷凝冷却器，气氨冷却器	SHS 01009
	压力容器		换热器、缓冲罐、塔	SHS 01004
	常压容器、常压储罐		污水脱气罐、酸性水脱气罐、碱液罐、污水原料罐	SHS 01012
	压力管道			SHS 01005
	阀门			SHS 01030
仪表设备	常规仪表	检测仪表、显示或报警仪表、控制仪表、辅助单元、执行器及其附件	流量计、液位计、变送器	SHS 07002

表 3　酸性水汽提装置设备类型（续）

名称	设备种类		主要设备种类	通用、专用设备检修规程的代码
仪表设备	控制系统	集散控制系统（DCS）、可编程控制系统（PLC）、机组控制系统（CCS 或 ITCC）、工业控制计算机系统（IPC）、监控和数据采集系统（SCADA）	DCS、PLC	SHS 07008
	安全仪表系统(SIS)	安全联锁系统、紧急停车系统和可燃、有毒有害气体及火灾检测保护系统	SIS	
	在线分析仪表	工业气相色谱仪、氧分析仪、红外分析仪、质谱仪、PH 计、电导仪、水分仪	氧分析仪	
	安全环保仪表	可燃气体检测报警仪、有毒有害气体检测报警仪、氨氮分析仪、化学需氧量分析仪（COD）、水质分析仪、烟气分析仪（CEMS）	可燃气体检测报警仪、有毒有害气体检测报警仪、氨氮分析仪	SHS 07007
	特殊仪表	振动／位移检测仪表、转速控制仪表	关键机组振动／位移检测仪表和转速控制仪表	
电气设备			高压电机	SHS 06001

5.2　检修周期

5.2.1　酸性水汽提装置检修应根据实际运行情况进行定期停车大检修，大修周期按 36～48 个月确定。

5.2.2　有备用设备的或日常可以进行检修的不列入大修项目。

5.3　检修内容

5.3.1　确定检修内容的依据

1）按法律法规要求的特种设备定期检验。

2）不符合国家安全与环境保护、节能要求的设备改造和更新。

3）对本次检修或下次检修之前已到法定检验时间的计量设施。

4）设备状况

静设备：炉、塔、换热器、反应器、容器等设备内部因内构件损坏、结焦、积垢腐蚀等原因造成运行状况恶化、性能降低等；

转动设备：磨损、疲劳、泄漏、振动等原因造成运行状况恶化、性能降低等；

电气设备：部件老化等原因造成运行状况恶化、性能降低等；

仪表设备：部件老化等原因造成运行状况恶化、性能降低等；

日常维护消缺：日常抢修中采用带压堵漏、带压开孔等方式进行临时的项目。

5）工艺催化剂（三剂）失效。

6）钢结构平台、设备基础、房屋等建构筑物老化、锈蚀等必须在停车检修期间内维修的项目。

7）安全防护设施失效。

5.3.2 检修具体内容

停车大修是对硫黄回收联合装置安全环保、长周期运行及经济效益有重大影响的设备、管线、电气仪表系统、土建及基础设施等在运行周期内将要发生的功能故障进行全面检修。其他检修是除大修外对装置局部或设备本体有经济运行影响的功能故障而进行的检修。

5.3.2.1 酸性水汽提装置主要检修内容和质量要求（表 4）

表 4 酸性水汽提装置主要检修内容和质量要求表

序号	设备名称	设备功能	功能故障	检修内容	专业类别
1	硫化氢汽提塔 氨汽提塔 氨精制塔	为原料水提供分离硫化氢 / 氨场所	产品分离效果达不到工艺要求，设备腐蚀泄漏或静密封泄漏	1. 拆人孔； 2. 人孔密封面检查； 3. 检查塔板各部件的结焦、污垢、堵塞情况，检查塔板、鼓泡元件和支撑结构的腐蚀变形及紧固情况。塔盘、鼓泡元件和各构件等几何尺寸应符合图纸规定； 4. 检查塔板上各部件的尺寸是否符合图纸及标准要求； 5. 检查填料积垢情况，是否需要清洗； 6. 检查分配盘、喷淋装置部件的腐蚀、结垢、破损、堵塞情况； 7. 格栅检查、清扫，填料丝网腐蚀情况检查； 8. 理化检验； 9. 器内清扫，排污管线疏通； 10. 回装人孔	A 类

表 4　酸性水汽提装置主要检修内容和质量要求表（续）

序号	设备名称	设备功能	功能故障	检修内容	专业类别
2	硫化氢一级气液分离罐 硫化氢二级气液分离罐	提升硫化氢纯度	气液分离效果不好	1. 拆人孔； 2. 人孔密封面检查； 3. 理化检验； 4. 器内检查清扫、各管口疏通； 5. 回装人孔	A类
3	氨液一级分离罐 氨液二级分离罐	提升氨纯度	气液分离效果不好	1. 拆人孔； 2. 人孔密封面检查； 3. 理化检验； 4. 器内检查清扫、各管口疏通； 5. 回装人孔	A类
4	结晶罐	脱除氨中硫化氢，提升氨纯度	硫化氢分离效果不好	1. 拆人孔； 2. 人孔密封面检查； 3. 理化检验； 4. 器内检查清扫、各管口疏通； 5. 霜棒液位计及引管拆清检查； 6. 回装人孔	A类
5	吸附罐	脱除氨中硫化氢，提升氨纯度	硫化氢分离效果不好	1. 拆人孔； 2. 人孔密封面检查； 3. 脱硫剂检查更换； 4. 瓷球检查更换； 5. 上部格栅丝网检查清扫； 6. 下部格栅丝网检查清扫； 7. 器内检查清扫、各管口疏通	A类
6	液氨循环储罐	为液氨提供密闭通道	密封泄漏	1. 拆人孔； 2. 人孔密封面检查； 3. 理化检验； 4. 器内检查清扫、各管口疏通； 5. 回装人孔	A类

6　装置检修管理

6.1　装置检修前准备工作

6.1.1　装置检修前，参检单位要做好检修作业指导书、施工方案、检修图纸、现场施工平面布置图等各类资料的准备及审核，相关检修资料最终经业主方审批确认后方可实施。大修主要工作统筹详见表 5。

表 5 大修主要工作统筹表

工作内容	大修前完成日期
成立大修组织机构	前 14 个月
确定大修时间及大修装置	前 13 个月
编制大修具体工作统筹	前 12 个月
确定大修主要项目	前 12 个月
下达大修工程长周期材料	前 12 个月
下达大修计划（含材料计划）	前 11 个月
投资项目立项	前 16 个月
投资项目委托设计	前 15 个月
下达投资项目长周期设备、材料订货	前 14 个月
完成投资项目施工图的设计，下达常规材料计划	前 9 个月
审定重大项目方案	前 7 个月
审定通用设备检修方案	前 6 个月
审定装置开停车工艺方案	前 9 个月
审定质量控制方案	前 6 个月
制定大修安全管理方案	前 5 个月
大型机具调查	前 6 个月
专用工具清查	前 7 个月
审定施工统筹	前 6 个月
合同范围、大修标段的划分、招标方案的确定	前 10 个月
合同谈判、招标	前 8 个月
签订大修合同	前 6 个月
材料存放及预制地点设定	前 5 个月
大修材料领取	前 2 个月
现场搭脚手架	前 2 个月
施工单位人员、机具进场	前 1 个月
大修现场布置	前 1 个月
大修实施	正常检修
大修资料归档	后 1 个月
大修项目费用结算	后 3 个月
大修工作总结	后 1 个月

6.1.2 进入检修现场的各类施工机具、器具，必须是合格的、适用的，必须有检定合格证和标记，并在有效期内使用，严禁使用未经校验的机具。进场前，所有自检合格并贴有自检合格证的施工机具，要列出汇总清单上交给业主方，并经业主方检验后方可使用。

6.1.3 进入现场的检修耗材、配件等，必须附有质量证明文件，并在指定的地点规范存放。在安装、使用各类检修材料前，应对材料的外观质量进行检查确认，参检单位要做到领用材料检验有见证、验收有记录。

6.1.4 参检单位的所有施工人员，必须具备相应的作业资质，检修前须做好检修方案、技能方面的培训，熟悉检修项目的特点，严格按检修方案进行施工。同时，施工人员必须进行业主方相关专业条线的教育培训，对无相应作业资质、未经教育培训或考核不合格的人员，一律不得上岗作业。

6.2 工艺交出检修条件

6.2.1 在装置交付检修前，由生产管理部和安全环保部门组织相关单位召开安全验收会，检查确认设备容器人孔拆卸、盲板加装、容器内采样分析、停电、下水井封堵等工作，经相关部门签字确认后，由装置开具用火、用电、进入受限空间等相关票证，进入检修状态。工艺交出要具备以下条件：

1）装置所有盲板按照盲板图、表安装、编号、挂牌，并经工艺员、设备员、安全员签名确认；

2）PID 图上所有系统、管线得到置换处理并做好标识；

3）系统内设备、管线按规定进行吹扫和置换，取样分析合格；

4）下水井取样分析合格，存油清理干净，排水畅通，水封完好；

5）下水井和漏斗口用石棉布盖好，并用沙土封严；

6）系统内设备人孔打开前的确认；打开的设备人孔处挂上“未经许可，禁止入内”警示牌；

7）制定停工安全、环保措施和工作危害分析记录表（JSA）；

8）装置内分析不合格点挂标识，储存物料区标识、硬隔离；

9）制定检修中防硫化亚铁自燃方案；

10）指定具有监护人资格的人员负责动火、进设备等作业的监护。

装置交付检修确认表见附录 A。

6.2.2 装置单元交出检修特殊要求。

6.3 检修过程安全环保管理总体要求

6.3.1 安全管理总体要求

1）装置检修的安全管理，坚持“安全第一、预防为主、综合治理”的方针和“谁主管，谁负责”“谁签发，谁负责”的原则，坚持以人为本、落实责任、强化监管，按属地化管理原则。对于人数少的新企业要求外聘第三方 HSSE 监管，对于人数多的老企业或自身能力能够满足要求的老企业，可根据需要由企业自行决定是否外聘第三方 HSSE 监管。第三方 HSSE 监管纳入 HSSE 管理体系。

2）各级指挥部的安全环保消防组应按指挥部管理体系要求承担相应的管理责任。

3）承包商应建立健全安全管理体系，分包商的安全管理工作由总承包商负总责。

4）安全监督管理部门对检修过程的安全管理工作进行监督检查，指挥部的安全环保消防组负责施工过程安全检查管理。运行部负责所在区域的施工项目配合和现场安全监督检查。

6.3.2 环保管理总体要求

装置停工检修改造环保管理总体要求是：密闭吹扫，有序排放，清洁停工，安全处置，达标排放。为做好停工和检修期间的环保工作，停工装置要落实密闭吹扫及除臭方案，对排放污水、吹扫尾气放空、工业废物处置应进行预申报，排放时必须做到先检测后排放，主管部门根据监测结果确定处理方式。对于化学清洗等产生的废水，项目管理部门在与清洗单位签订合同前要明确废水处理相关责任及要求。

6.4 检修质量管理

总体要求：成立检修质量管理组织机构，明确管理职责，建立质量管理程序文件。

1）对承包商资质、人员、机具等进行审查。

2）通过组织设计审查，确保设计质量。

3）物资采购管理部门组织对采购物资进行入库检验并对重点物资进行监造。

4）在施工过程中组织对检验检测的质量进行抽查。

6.5 变更管理

6.5.1 检修过程要加强变更管理，建立健全变更管理制度和工作流程，采取措施减少变更数量。原则上没有经过各级部门同意的变更不允许在检修中执行。

6.5.2 项目变更控制主要内容

1）对于试用产品、设备备件结构形式改变、材质升级要充分识别，要有专门技术论证审批过程，审批时要加强相关专业沟通确认。

2）所有变更应事前发起，只有当变更得到批准后，才可组织实施。项目变更由变更提出单位发起申请并填写“变更申请单”，按照各企业相关制度规定的权限办理审批手续。

3）对于因材料找价差导致的超费用计划，需要补办变更手续。

4）对于不涉及费用计划的变更，如项目名称、版本号、承包商、施工方案、施工进度等也需办理相应的变更手续。

5）对于结算费用高于非包干合同标的按各企业管理制度执行变更。

6）投资类项目的变更参照各企业“固定资产投资过程控制管理规定”执行。

6.6 装置检修交回条件

6.6.1 本装置交回的特殊要求

6.6.2 装置检修交回确认主要内容：

1）装置开工人员及开车保镖人员配备落实；

2）技术、原辅材料、动力、备品备件等方面的准备；

3）队伍技术状态、开工方案学习落实情况；
4）现场规格化情况；
5）工艺和设备联锁仪表校验情况；
6）HSE 措施落实情况；
7）盲板拆除清单、技术准备情况；
8）机、电、仪、公用工程、储运、质检等相关专业准备情况；
9）停工临设拆除、施工尾项整改情况等。

装置检修交回开工确认表见附录 B。

6.7 检修后期管理

6.7.1 资料交付

承包商应在检修项目结束后 30 天内将交工资料完整地交给使用单位，资料包含内容如下：

竣工图纸，施工技术方案，吊装方案，施工组织设计；施工技术记录，试压记录，中间工序验收单，隐蔽工程验收单，拆检回装记录，发现问题与修复记录，设备开箱资料，设备封闭记录；设备、材料、管道附件、配件的合格证明书及质量保证书，理化检验资料，衬里、防腐、保温施工技术记录及检验报告。

6.7.2 检修总结

装置检修结束后，要对检修改造工作进行总结，对好的做法进行总结、提炼，固化这些经验，指导今后检修改造工作；对总结检修改造中存在的问题，分析原因，完善措施，不断提高管理水平。

大修总结模板见附录 I。

7 装置日常维护

7.1 日常巡检

包括操作工的日常巡检和专业人员（设备管理人员、专业维保人员、电仪专业人员）的日常点检。

7.2 日常维护

装置日常维护的基本内容包括：设备维护保养、设备检查和设备修理。

7.2.1 设备维护保养

设备维护保养的内容是保持设备清洁、整齐、润滑良好、安全运行，包括及时紧固松动的紧固件，调整活动部分的间隙等。简言之，即“清洁、润滑、紧固、调整、防腐”十字作业法。维护保养依工作量大小和难易程度分为装置操作工保养、专职保养维修工的保养。

7.2.1.1　装置操作工保养

其主要内容是：进行清洁、润滑、紧固易松动的零件，检查零件、部件的完整。这类保养的项目和部位较少，大多数在设备的外部，一般由装置操作工人承担。

7.2.1.2　专职保养维修工的保养

主要内容包括对设备内部清洁、润滑、局部解体检查和调整，必要时对达到规定磨损限度的零件加以更换。此外，还要对主要零部件的磨损情况进行测量、鉴定和记录。具体标准执行通用设备的检修规程。

在两种维护保养中，装置操作工保养是基础，专职保养维修工的保养是关键。

7.2.2　设备检查和设备修理

设备检查按时间间隔分为日常检查和定期检查。

日常检查由操作人员执行，同操作工的保养结合起来，目的是及时发现不正常的技术状况，进行必要的维护保养工作。

定期检查是按照计划，在操作工参加下，定期由专职维修工执行，也就是预防性检查维修。目的是通过检查，全面准确地掌握零件磨损的实际情况，以便确定是否有进行修理的必要。

7.3　常见设备故障

由于硫黄回收联合装置介质黏度高和腐蚀性强，设备容易出现的故障模式有管线被腐蚀减薄穿孔、换热管容易堵塞致使换热失效、阀门腐蚀失效内漏、容器内部被腐蚀减薄、机泵的外壳冲刷腐蚀效率降低、过滤器容易堵塞失效等。硫黄回收联合装置正常生产时，经常发生的设备故障与处理方法见表6。

表6　酸性水汽提装置设备故障与处理方法

设备类型	故障类型	处理方法
机械过滤器	压差高	进行反冲洗操作
污水储罐	油位高	进行撇油操作
污油储罐	油位高	进行送油操作
液氨储罐	液位高	进行装氨装车操作

附　录　A

（资料性附录）

装置停工交付检修确认表

<table>
<tr><td rowspan="2"></td><td colspan="6">装置停工交付检修确认表</td></tr>
<tr><td>记录编号</td><td colspan="2"></td><td>使用单位</td><td colspan="2"></td></tr>
<tr><td colspan="2">停工检修单位</td><td></td><td>装置</td><td></td><td>时间</td><td>年　　月　　日</td></tr>
<tr><td>单位</td><td colspan="2">确认内容</td><td colspan="2">存在问题</td><td>确认意见</td><td>确认人</td></tr>
<tr><td>停工单位</td><td colspan="2">1. 装置与系统是否有效隔离并提供对应的盲板表？
2. 是否有专用氮气线，是否专用？
3. 管线及容器是否吹扫干净并提供吹扫作业确认表？
4. 容器及塔测爆及氧含量是否合格？
5. 风险系数较大的作业是否进行危害识别分析？
6. 对塔、容器仪表监控手段是否保留？
7. 动火作业项目是否上墙？
8. 对本单位、施工单位参加检修的人员安全教育并考试是否进行？
9. 明沟、地面上是否有油？清污分流设施是否投用？
10. 对装置内电缆沟是否做出明显标志？
11. 设备、容器、管道是否全部打开并在设备人孔处挂“危险空间！严禁入内”的警示牌？
12. 检修现场下水井、地漏、明沟是否封闭，泵沟等是否建立水封？
13. 检修设备是否停电？</td><td colspan="2"></td><td></td><td></td></tr>
<tr><td>电气部</td><td colspan="2">1. 是否已按用电单位停送电要求实施停送电？
2. 参加大修的电气作业人员是否进行电工作业资格的确认和相应的安全教育？
3. 其他</td><td colspan="2"></td><td></td><td></td></tr>
<tr><td>仪控部</td><td colspan="2">1. 对本单位、施工单位参加检修的人员安全教育并考试是否进行？
2. 机柜间运行装置的机柜与检修的区域是否采用明显有效的隔离措施？</td><td colspan="2"></td><td></td><td></td></tr>
</table>

装置停工交付检修确认表（续）

<table>
<tr><td rowspan="2"></td><td colspan="6">装置停工交付检修确认表</td></tr>
<tr><td colspan="2">记录编号</td><td colspan="2"></td><td>使用单位</td><td></td></tr>
<tr><td colspan="2">停工检修单位</td><td></td><td>装置</td><td></td><td>时间</td><td>年 月 日</td></tr>
<tr><td>单位</td><td colspan="2">确认内容</td><td colspan="2">存在问题</td><td>确认意见</td><td>确认人</td></tr>
<tr><td>仪控部</td><td colspan="2">3. 仪表吹扫排放中相关安全环保措施是否明确落实？
4. 放射线同位素仪表停工检修防护措施是否落实？
5. 工器具是否进行相关安全检查？
6. 重大作业项目是否编写施工作业方案和进行危害识别与评价？
7. 高处作业的脚手架是否搭设妥当并验收合格？
8. 每项作业施工是否具有合格的施工检修作业票？相关安全措施是否落实到位？
9. 劳保用品穿戴是否符合要求？
10. 检修质量和检修内容是否符合要求？</td><td colspan="2"></td><td></td><td></td></tr>
<tr><td>消防部门</td><td colspan="2">1. 现场消气防器材是否齐全、完好？
2. 消防、疏散通道是否符合要求？
3. 其他</td><td colspan="2"></td><td></td><td></td></tr>
<tr><td rowspan="2">生产部门</td><td>技术科</td><td>1. 检查吹扫作业票的确认签名是否落实？
2. 现场检查盲板是否按方案和盲板清单进行安装？
3. 检查瓦斯、氮气和工艺介质等物料在装置边界是否进行有效隔离？
4. 催化剂、保护剂、胺液或按方案不退的介质是否按方案要求进行了有效安全隔离？</td><td colspan="2"></td><td></td><td></td></tr>
<tr><td>管理科</td><td>1. 检查配合外系统的吹扫是否已满足要求可以停运？
2. 其他</td><td colspan="2"></td><td></td><td></td></tr>
<tr><td>机动部门</td><td>设备科</td><td>1. 已按停工方案要求抽堵盲板，且要做好明显标记，并指定专人统一编号登记，严防漏堵、漏拆。盲板的材质、厚度符合安全要求。</td><td colspan="2"></td><td></td><td></td></tr>
</table>

装置停工交付检修确认表（续）

<table>
<tr><td rowspan="2"></td><td colspan="7">装置停工交付检修确认表</td></tr>
<tr><td>记录编号</td><td></td><td>使用单位</td><td colspan="4"></td></tr>
<tr><td colspan="2">停工检修单位</td><td></td><td>装置</td><td></td><td>时间</td><td colspan="2">年　月　日</td></tr>
<tr><td>单位</td><td colspan="2">确认内容</td><td colspan="3">存在问题</td><td>确认意见</td><td>确认人</td></tr>
<tr><td rowspan="2">机动部门</td><td>设备科</td><td>2. 与炉、塔、容器相连的蒸汽、氮气等有害介质的阀门，已加盲板隔离。
3. 未经吹扫处理的设备、容器、管道已与系统隔离，设置明显警示标志，并向职工和施工单位交底。
4. 冬季停工，装置要做好防冻防凝工作</td><td colspan="3"></td><td></td><td></td></tr>
<tr><td>动力科</td><td>1. 变配电所内电气安全用具、消防器材已检查并在有效期限内；
2. 变配电所内的工器具已检查合格；
3. 电气现场检修动力箱（固定）、临时变已检查合格；
4. 配送电单位、施工单位参修人员已经安全教育并考试合格；
5. 外来人员已经安全教育并考试合格；
6. 工艺要提供装置停工后仍需使用的仪表清单；
7. 电气专业提供停工期间停电网络，仪表提前准备</td><td colspan="3"></td><td></td><td></td></tr>
<tr><td rowspan="3">安环部门</td><td>管理科</td><td>1. 对本单位、施工单位参加检修的人员安全教育并考试是否进行？
2. 其他</td><td colspan="3"></td><td></td><td></td></tr>
<tr><td>环保科</td><td>1. 明沟、地面上是否有油？清污分流设施是否投用？
2. 其他</td><td colspan="3"></td><td></td><td></td></tr>
<tr><td>安全科</td><td>1. 现场固定式可燃气体报警仪、H_2S 报警仪等探头是否进行妥善保护？</td><td colspan="3"></td><td></td><td></td></tr>
</table>

装置停工交付检修确认表（续）

	装置停工交付检修确认表						
	记录编号		使用单位				
停工检修单位			装置		时间	年　　月　　日	
单位	确认内容		存在问题			确认意见	确认人
安环部门	安全科	2. 对装置内电缆沟是否做出明显标志？ 3. 设备、容器、管道是否全部打开并在设备人孔处挂“危险空间！严禁入内”的警示牌？ 4. 检修现场下水井、地漏、明沟是否封闭，泵沟等是否建立水封？ 5. 打开的设备、容器、管道测爆分析是否合格？ 6. 运行的装置与检修的区域是否采用明显有效的隔离措施？存在工艺介质的工艺管线是否做出标志？ 7. 其他					
领导意见							

附 录 B
（资料性附录）
装置检修交回开工确认表

	中国石油化工股份有限公司 ×××× 分公司管理体系			
	装置检修交回开工确认表			
	记录编号		使用单位	
开工装置			时间	年 月 日
单位	要求	存在问题	确认意见	确认人
施工单位	1. 检修项目以及改造项目已施工完成，并验收合格。 2. 施工用临时设施已全部拆除；现场清洁、无杂物。 3. 除用于开工查漏、热紧用的架子保留外，其他架子、跳板均拆除。 4. 设备、管线等保温复位。 5. 因检修拆除的劳动保护、照明设施已恢复。 6. 塔器设备、安全阀、现场仪表、管线等均已复位			
项目所属单位	1. 设备位号和管道介质名称、流向标示齐全。 2. 检查现场设备、管线、保温等安装符合规范，试用情况正常。 3. 机组等设备联锁试验正常。 4. 工艺联锁试验正常。 5. 盲板拆、装清单已确认。 6. 装置吹扫、试压通过。 7. 现场消防、气防器材及岗位工器具配齐、现场环保设施投用。 8. 开工化工原材料准备完毕。 9. 备品配件齐全			
电气部	1. 变电所已正常投用，高低压电送电正常。 2. 现场电气设备如电动阀、电加热器、电机等试运正常。 3. 现场照明等恢复正常			
仪控部	1. 现场仪表调试、DCS 调试、联校正常。 2. 配合工艺、设备的联锁调试已完成			
公用工程部	循环水、新鲜水、蒸汽、仪表风 / 工厂风、氮气等公用介质供应正常			
储运部	储运系统已具备正常供料以及接收产品条件			

装置检修交回开工确认表（续）

<table>
<tr><td rowspan="3"></td><td colspan="6">中国石油化工股份有限公司 ×××× 分公司管理体系</td></tr>
<tr><td colspan="6">装置检修交回开工确认表</td></tr>
<tr><td>记录编号</td><td colspan="2"></td><td>使用单位</td><td colspan="2"></td></tr>
<tr><td colspan="2">开工装置</td><td></td><td>时间</td><td colspan="3">年　月　日</td></tr>
<tr><td>单位</td><td colspan="2">要求</td><td>存在问题</td><td>确认意见</td><td>确认人</td></tr>
<tr><td>化验部门</td><td colspan="2">1. 现场采样器已复位正常。
2. 分析项目已具备分析条件</td><td></td><td></td><td></td></tr>
<tr><td>消防部门</td><td colspan="2">1. 现场消气防器材齐全、完好。
2. 消防、疏散通道符合要求</td><td></td><td></td><td></td></tr>
<tr><td rowspan="2">安环部门</td><td>环保科</td><td>1. 现场环保设施，如清污分流设施等已投用。
2. 后续环保装置具备接收物料条件</td><td></td><td></td><td></td></tr>
<tr><td>安全科</td><td>1. 现场固定式可燃气体报警仪、H_2S 报警仪等已投用。
2. 拟开工装置与临近的检修区域已采用明显有效的隔离措施。
3. 现场安全设施如平台围栏、护栏等符合要求，现场无容易坠落物品。
4. 如有零星动火项目，火票需升级</td><td></td><td></td><td></td></tr>
<tr><td colspan="2">工程管理部门</td><td>负责的改造项目已施工完成，并验收合格。</td><td></td><td></td><td></td></tr>
<tr><td rowspan="2">机动部门</td><td>设备科</td><td>1. 检修项目已完成，并验收合格。
2. 保运工作已落实</td><td></td><td></td><td></td></tr>
<tr><td>动力科</td><td>1. 电气、仪表检修改造项目已完成，并投用正常。
2. 电气现场检修动力箱、临时变已拆除</td><td></td><td></td><td></td></tr>
<tr><td rowspan="2">生产部门</td><td>技术科</td><td>1. 开工方案已审批完成。
2. 盲板已按方案和盲板清单进行安装。
3. 开工用化工原材料已落实。
4. 其他专项方案已落实或审批</td><td></td><td></td><td></td></tr>
<tr><td>管理科</td><td>1. 外围的公用、储运系统以及相关装置已可支持装置开工。
2. 开工用原料已落实</td><td></td><td></td><td></td></tr>
<tr><td colspan="2">人教部门</td><td>操作人员已经过学习、培训，并考试合格。</td><td></td><td></td><td></td></tr>
<tr><td colspan="2">项目所属单位领导意见</td><td>签名：</td><td>公司意见</td><td colspan="2">签名：</td></tr>
</table>

附 录 C
（资料性附录）
物资紧急需求计划审批表

记录编号			使用单位		
序号	物料编码	物资名称及规格型号	数量及单位	大修及工程项目相关信息	紧急需求原因说明

需求单位经办人签名： 电话： 年 月 日	需求单位负责人签名 （公章） 年 月 日	业务主管单位领导签字： 年 月 日	公司分管领导签字： 年 月 日	物资采购部门登记签字： 年 月 日

附　录　D

（资料性附录）

检修施工现场HSE日检表

序号	检查内容	存在问题	检查人员	整改情况	验证人	备注
1	临时用电					
1.1	配备合格的持证电工					
1.2	配电箱合格、有防雨措施，按要求标识并上锁					
1.3	配电系统执行“三相五线制”，符合“三级配电二级保护”要求，安装匹配的漏电保护器，漏保动作灵敏好用，并进行日常试验和记录					
1.4	电缆及接头无破损，绝缘良好；铺设规范，走向清晰，标识明确					
1.5	用电严格执行“一机一闸一保护”					
1.6	按要求配置保护零线和工作零线，工作接地和重复接地完好					
1.7	安全电压符合作业环境要求					
1.8	使用工业插头、插座					
2	施工机具					
2.1	各种机具设备安全要求进行定期检查，确保完好					
2.2	设有机械保护装置（如转动设备等）的设备，保护装置处于完好状态					
2.3	用电机具、设施接地完好					
2.4	配备与作业要求相匹配的劳动防护用品					
2.5	空气压缩机压力表、安全阀等在检验期内并处于完好状态，高压气管和软管固定连接可靠					
2.6	气瓶垂直放置，瓶体固定可靠；气瓶分类摆放并保持安全距离，防护措施到位，气瓶阻火器、压力表等安全附件完好，气管无老化破损，连接可靠					

检修施工现场 HSE 日检表（续）

序号	检查内容	存在问题	检查人员	整改情况	验证人	备注
3	脚手架					
3.1	脚手架搭设人员是专业架子工，并持证上岗。搭设人员按要求着装，配备五点双大钩安全带					
3.2	编制脚手架搭设方案，进行安全技术交底并有记录					
3.3	按规范要求搭设脚手架，且有良好的整体稳固性					
3.4	搭设和拆除过程必须有专人监督，周边设置警戒区					
3.5	连墙件设置可靠，各节点扣件扭矩力符合要求					
3.6	通道、护栏、腰杆、踢脚板等符合要求					
3.7	作业面满铺跳板，无孔洞，跳板可靠固定且无探头板					
3.8	作业面临时放置的材料等在允许荷载范围内，严禁超载荷；放置必须稳固，无坠物风险					
3.9	脚手架搭设完成验收合格挂牌使用					
3.10	消防设施保持完好，灭火器和消防水桶按要求配置					
3.11	消防安全通道保持畅通					
3.12	用火作业前，清理周边易燃物，采取接火措施					
4	起重					
4.1	编制了吊装方案、进行交底并有记录					
4.2	起重设备操作人员、司索、指挥持有效证件					
4.3	起重机械证照齐全有效					
4.4	起重机械安全设施、附件完好					
4.5	机索具检查完好，钢丝绳无磨损，连接可靠，绳卡数量和间距满足要求					
4.6	吊装作业半径设置了警戒区，禁止无关人员入内					

检修施工现场HSE日检表（续）

序号	检查内容	存在问题	检查人员	整改情况	验证人	备注
4.7	吊装前进行评估，确保在额定起升载荷范围内进行起重作业，不得超载					
4.8	吊车支腿符合要求					
4.9	吊物捆绑符合要求，使用溜绳					
4.10	吊装作业天气、环境、风力等符合要求					
5	焊接、气割					
5.1	设备接地完好					
5.2	焊把线无破损，连接器完好					
5.3	有专人监护，接火、防火措施到位					
5.4	可燃性气瓶与胶管连接完好，无漏气，气瓶有阻火器，					
5.5	现场气瓶与明火源保持安全距离					
6	受限空间					
6.1	对所要进行作业的受限空间进行吹扫、蒸煮、置换，并分析合格。所有与受限空间相连接的管线、阀门应进行有效隔离，盲板处应挂标识牌，并经工艺技术人员签字确认					
6.2	出入口内外不得有障碍物，在受限空间入口处设置“危险！严禁入内”警告牌或采取其他封闭措施					
6.3	对有可能发生硫化亚铁自燃的设备、容器必须经充分的钝化脱臭处理，并在现场配置消防水带					
6.4	《进入受限空间作业许可证》实行一点一证					
6.5	进入受限空间作业实行“三不进入”原则，即：没有经批准有效的《进入受限空间作业许可证》不进入；安全措施未落实不进入；监护人不在场不进入					
6.6	作业现场配备必要的救护器具和灭火器材等					

检修施工现场HSE日检表（续）

序号	检查内容	存在问题	检查人员	整改情况	验证人	备注
6.7	进入受限空间作业应使用安全电压和安全行灯					
7	作业安全					
7.1	作业前进行班前安全教育和安全技术交底，作业人员清楚当天作业内容和安全风险及注意事项					
7.2	特殊工种持证上岗					
7.3	佩戴合格安全帽，并根据作业任务佩戴专用眼部、面部、手部等防护用品，高处作业人员系挂安全带					
8	收工检查					
8.1	配电系统一级箱断电，关闭气瓶角阀，能量上锁					
8.2	现场火种检查清理完毕					
8.3	清理各作业面材料和杂物等，做到工完料净场地清					
8.4	落实夜间值班、巡检人员，职责到位，检查内容明确					

附 录 E
（资料性附录）
隐蔽工程验收记录

<table>
<tr><td colspan="2">工程名称</td><td></td><td>建设单位</td><td></td></tr>
<tr><td colspan="2">施工单位</td><td></td><td>监理单位</td><td></td></tr>
<tr><td colspan="2">验收单位</td><td></td><td>验收单位</td><td></td></tr>
<tr><td>隐蔽检查内容</td><td colspan="4"></td></tr>
<tr><td>验收意见</td><td colspan="4"></td></tr>
<tr><td rowspan="3">施工单位</td><td>专业负责人</td><td></td><td rowspan="3">建设（监理）单位</td><td rowspan="3">监理工程师

（建设单位专业负责人）
年 月 日</td></tr>
<tr><td>专业技术员</td><td></td></tr>
<tr><td>质量检查员</td><td></td></tr>
</table>

附　录 F
（资料性附录）
设备检修验收记录表

设备名称		验收编号：
验收项目	验收内容	验收结果
设备基础		
机械性能		
电气		
仪表		
安全装置		
验收结论		
验收人员（签字）		
	验收日期：　　年　月　日	

附　录　G
（资料性附录）
设备开箱检验记录表

<table>
<tr><td colspan="6">设备开箱检验记录表</td></tr>
<tr><td>工程名称</td><td colspan="3"></td><td></td><td>编号：</td></tr>
<tr><td>设备名称</td><td colspan="3"></td><td>产品合同号</td><td></td></tr>
<tr><td>规格型号</td><td colspan="3"></td><td>出厂日期</td><td></td></tr>
<tr><td>装箱单号</td><td></td><td>检验数量</td><td></td><td>开箱日期</td><td></td></tr>
<tr><td colspan="5">检查内容及规范标准要求</td><td>检查结果</td></tr>
<tr><td>包装情况</td><td colspan="4">零部件应按类别及装箱单完好地装入箱内，并应垫平、卡紧、固定，精密加工、表面装饰的部件应防止相对移动。包装及密封应完好，规格应符合设计要求，附件、设备齐全，外观完好。设备、材料、零部件无损伤、锈蚀及其他异常情况</td><td></td></tr>
<tr><td>随机文件</td><td colspan="4">1. 文件目录；2. 装箱清单；3. 产品合格证；4. 有关图纸；5. 使用维护说明书；6. 电气原理图、接线图及其符号说明；7. 安装图；8. 安装（调试）说明书；9. 易损件目录</td><td></td></tr>
<tr><td>机械部件</td><td colspan="4">1. 产品名称、型号；2. 出厂编号；3. 标准编号；4. 质量等级标志；5. 厂名、商标；6. 出厂日期</td><td></td></tr>
<tr><td>电气部件</td><td colspan="4">电动机、控制柜等各种电气部件应装入防潮箱内，必须存放在室内。控制柜标牌应标明：型号、规格、制造厂名称及其识别标志或商标</td><td></td></tr>
<tr><td>进口设备</td><td colspan="4">应有进口货物报关单、商检合格证书以及国标准化组织认证的产品证书、产品检验标准和有关资料。产品各部件的标志、标识、须知、说明等，均应该清晰、易懂、耐用，并使用中文说明等文件</td><td></td></tr>
<tr><td>处理意见</td><td colspan="4"></td><td></td></tr>
<tr><td>签字栏</td><td colspan="2">建设（监理）单位：
专业监理工程师：
年　月　日</td><td colspan="2">供应单位：
供货人：
年　月　日</td><td>安装施工单位：
验收人：
年　月　日</td></tr>
<tr><td colspan="6">本表由安装施工单位填写，建设单位、监理单位、安装施工单位、供应商各保存一份。</td></tr>
</table>

附　录　H
（资料性附录）
分包审批表

<table>
<tr><td rowspan="2"></td><td colspan="4">建设工程施工专业分包审批表</td></tr>
<tr><td>记录编号</td><td></td><td>使用单位</td><td></td></tr>
<tr><td>项目名称</td><td></td><td></td><td>项目号</td><td></td></tr>
<tr><td>施工总承包人 /EPC 总承包人</td><td colspan="4"></td></tr>
<tr><td>合同编号</td><td colspan="4"></td></tr>
<tr><td rowspan="7">分包策划</td><td colspan="2">分包工程主要内容及所属专业</td><td colspan="2"></td></tr>
<tr><td colspan="2">工程数量</td><td colspan="2"></td></tr>
<tr><td colspan="2">拟分包工程合同额</td><td colspan="2"></td></tr>
<tr><td colspan="2">分包工程占全部工程</td><td colspan="2"></td></tr>
<tr><td colspan="2">拟分包单位及资质等级</td><td colspan="2">单位名称：
资质等级：</td></tr>
<tr><td colspan="2">拟分包单位管理人员情况</td><td colspan="2">项目经理：　　　　执业资格：
技术负责人：　　　职称：</td></tr>
<tr><td colspan="2">拟分包单位在中国石化工程建设市场资源库中编号</td><td colspan="2"></td></tr>
<tr><td>申请单位意见</td><td colspan="4">日期（章）</td></tr>
<tr><td>项目管理单位意见</td><td colspan="4">专业工程师：　　　　项目负责人：　　日　　期　　（章）</td></tr>
<tr><td>建设单位意见</td><td colspan="4">项目经理：　　　日　　期　　（章）</td></tr>
</table>

附 录 I
（资料性附录）
装置停工检修改造工作总结模版
（设备专业）

根据公司《设备检修管理制度》规定，在装置停工检修结束后各相关单位应组织编写装置停工检修工作总结。为此，就进一步做好装置停工检修工作总结提出要求如下：

封面

名称：××× 部 ××× 装置 ×××× 年 ×× 月停工检修工作总结

编写人：×××

审核人：×××

批准人：×××（运行部领导）

编写单位：中石化 ××× 分公司 ××× 部

编写时间：×××× 年 ×× 月

正文

（一）装置停工检修过程概述

装置开、停工、检修过程简述，本周期装置运行起止时间。

本周期装置运行中出现的主要问题。

本次停工检修、改造内容简述，检修项目计划数（包括补充、追加），检修计划完成情况。重点检修项目情况。

开停工、检修网络执行情况。

（二）主要检修内容技术总结

反应器部分；

塔、容器部分；

加热炉部分；

冷换设备、空冷器部分；

阀门部分；

管道部分；

压缩机部分；

泵部分；

特殊阀门部分；

输送机械部分；

压力容器检验（包括缺陷返修处理）；

压力管道检验（包括缺陷返修处理）；

安全阀检验；

其他检修方面。

技术分析中要有以下内容：上次运行周期出现的问题，本次检修检查情况及采取措施；上次检修遗留问题处理情况；本周期与上周期设备隐蔽检查情况对照；重复发生问题处理方案有效性；装置系统问题；典型案例。

（三）检修计划准确性分析

（四）检修施工队伍评述

（五）材料供应评述

（六）设计质量评价

（七）检修质量评价

（八）本次检修遗留问题及预案

（九）检修管理亮点、存在的不足和下次检修需注意的问题

（十）附表

表 1　设备增加情况表

序号	位号	名称	规格型号	制造厂	数量	备注

表 2　设备拆除情况表

序号	原位号	名称	规格型号	制造厂	数量	备注

表 3　管线拆除情况表

序号	原编号	名称	规格	长度 /m	备注

表 4　设备更换情况表

序号	位号	名称	规格型号		制造厂		数量	备注
			更换前	更换后	更换前	更换后		

表 5　冷换设备检修情况表

序号	位号	名称	规格型号	抽芯清洗	试压换垫	堵管根数	管束更换

表 6　阀门检修、更换情况表（*DN*50 和 *DN*50 以上）

序号	规格型号	公称直径	检修数量	更换数量

表 7　压力容器检验情况表

序号	计划检验台数	增加变更台数	减少变更台数	实际完成台数	缺陷返修台数

表 8　压力管道检验情况表

序号	检验计划		增加变更		减少变更		实际完成	
	条数	米数	条数	米数	条数	米数	条数	米数

表 9　安全阀门检验情况表

序号	计划检验台数	增加变更台数	减少变更台数	实际完成台数

15. 催化裂化反应器、再生器维护检修规程

SHS 02001—2019

（代替 SHS 02001—2004）

目　次

前　　言

本规程按照 GB/T 1.1—2009《标准化工作导则　第 1 部分：标准的结构和编写》给出的规则起草。

本规程代替 SHS 02001—2004《催化裂化反应器、再生器维护检修规程》，与 SHS 02001—2004 相比，除了编辑性修改外，主要技术变化如下：

——将检修周期由 2～3 年改为 3～5 年；

——按照 2012 年炼油事业部发布的《催化裂化装置反再系统隐蔽项目检查标准》以及新标准修订 4.2 检修质量标准；

——增加 4.2.1.6 喷嘴检修质量标准；

——增加 6.2 常见故障与处理方法；

——增加两器检修质量验收表。

本规程由中国石油化工集团有限公司、中国石油化工股份有限公司提出。

本规程起草单位：中国石油化工股份有限公司北京燕山分公司。

本规程主要起草人：李辉、方国良。

本规程历次版本发布情况：

SHS 02001—1992、SHS 02001—2004。

催化裂化反应器、再生器维护检修规程

1 总则

1.1 主题内容

本规程规定了炼油厂催化裂化装置反应器（沉降器）、再生器（以下简称“两器”）及其附属设备的检修周期与内容、检修程序质量标准、试验与验收及运行维护与故障处理。

1.2 适用范围

本规程适用于炼油厂催化裂化装置的“两器”及所属附件的检修和维护。

2 规范性引用文件

下列文件对本文件的应用是必不可少的。凡是注日期的引用文件，仅注日期的版本适用于本文件。凡是不注日期的引用文件，其最新版本（包括所有的修改单）适用于本文件。

中华人民共和国特种设备安全法

特种设备安全监察条例

GB/T 150 压力容器

GB 50474 隔热耐磨衬里技术规范

GB 50461 石油化工静设备安装工程施工质量验收规范

GB 50484 石油化工建设工程施工安全技术规范

GB 50645 石油化工绝热工程施工质量验收规范

TSG 21 固定式压力容器安全技术监察规程

TSG 08 特种设备使用管理规则

NB/T 47015 压力容器焊接规程

NB/T 47027 压力容器法兰用紧固件

SH/T 3074 石油化工钢制压力容器

SH/T 3503 石油化工建设工程项目交工技术文件规定

SH/T 3504 石油化工隔热耐磨衬里设备和管道施工质量验收规范

SH/T 3536 石油化工工程起重施工规范

SH/T 3555 石油化工工程钢脚手架搭设安全技术规范

HG/T 20583 钢制化工容器结构设计规定
JGJ 46 施工现场临时用电安全技术规范
SHS 01004 压力容器维护检修规程
SHS 01033 设备及管道绝热检修规程
SHS 01034 设备及管道涂层检修规程

3 检修周期与内容

3.1 检修周期

根据《固定式压力容器安全技术监察规程》的要求，结合装置长周期运行、设备运行状况，统筹考虑，确定“两器”的检修周期，一般为3~5年。

3.2 检修内容

3.2.1 压力容器月检查、年度检查、定期检验时确定的返修项目。
3.2.2 安装盲板，拆除进出口管线、阀门。
3.2.3 “两器”及附件的筒体、焊缝有无裂纹、局部变形、过热等情况并修复。
3.2.4 “两器”及附件衬里层的裂纹、鼓包、冲蚀磨损、脱落等损坏情况并修复。
3.2.5 沉降器、提升管等设备清焦。
3.2.6 “两器”及附属设备松动点、引压点疏通。
3.2.7 提升管及器内外等部件有无变形、冲蚀磨损、开裂。
3.2.8 基础有无裂纹、破损、倾斜和下沉，地脚螺栓有无松动。
3.2.9 检查“两器”防腐层、绝热层及设备铭牌是否损坏。
3.2.10 旋风分离器检修，检查筒体、锥体、灰斗、升气管、料腿、翼阀、吊挂件、拉筋、耐磨衬里的损坏及结焦情况，根据检查情况对损坏部件进行检修或更换。
3.2.11 主分布管、分布板、分布环的检修。
3.2.12 外取热器、内取热器的检修。
3.2.13 烟道系统及膨胀节的检修。
3.2.14 三级旋风分离器的检修。
3.2.15 再生斜管、待生斜管、循环斜管、外取热上下斜管、MIP循环斜管、外取热烟气返回管及相关膨胀节的检修。
3.2.16 辅助燃烧室的检修。
3.2.17 喷嘴的检查和检修。
3.2.18 检查、修理、校验安全、仪表附件。
3.2.19 检查接地完好情况。
3.2.20 拆除盲板，进出口管线、阀门安装。
3.2.21 试压、气密。

3.2.22　绝热层、防腐层修理或更换。

4　检修与质量标准

4.1　检修前准备

4.1.1　施工技术准备

掌握设备运行状况，编制、审批、下达检修计划，备齐检修所需的图纸、技术资料和相关检修记录，检修单位编制检修方案（含焊接和起重作业方案）或检修作业指导书，产权单位、检修单位按规定进行检修作业的双向交底，并做好交底记录。

4.1.2　施工工具准备

备齐机具、量具、材料和劳动保护用品，按照进度、方案安排有序进场。

4.1.3　材料准备

准备好检修所需更换的备品、配件和材料，并检查核实备品、配件材料的尺寸和材质是否满足技术要求。

4.1.4　施工人员准备

4.1.4.1　现场检修施工人员经过安全教育，持证上岗。
4.1.4.2　熟悉施工方案、施工图纸、施工统筹、技术要求及有关资料，并掌握施工质量标准，每日施工作业前进行班前安全讲话，严格按照施工方案执行。
4.1.4.3　严格执行 HSE 相关的法律、法规及标准，遵守施工现场的各项安全管理规定。

4.1.5　施工条件确认

4.1.5.1 “两器”及其相关联系统已置换或吹扫完毕。
4.1.5.2 “两器”及其相关联系统已加设盲板隔离，达到安全检修条件。
4.1.5.3 “两器”及其相关联系统介质可燃气或有毒气体经分析合格，具备施工条件。
4.1.5.4　现场如需动火，按动火要求办理相关手续。
4.1.5.5　作业时安排专人进行现场监护，设置安全警戒并悬挂警示牌，严禁无关人员擅自进入。

4.2　检修质量标准

4.2.1　沉降器

4.2.1.1　筒体及衬里
（1）筒体及衬里检查

a）外观检查，壳体外部检查有无热点及变形。

b）焊缝检查，焊缝完整无开裂，根据检查情况对焊缝进行渗透检查。

c）引压管检查，引压管应畅通完好。

d）热电偶及套管磨损情况，防冲刷耐磨衬里完好。

e）松动点检查，引风检查松动点畅通无阻，伸进器内管嘴及衬里护板完好，管口内无任何烧结物。

f）检查器内各支撑焊接部位开裂、错位、磨损情况，限位卡件固定螺母是否牢固。

g）衬里冲刷脱落及鼓包情况。各变径、拐角、衬里接口等处衬里开裂、松动、鼓包和脱落情况。

h）衬里挡板变形、开裂、磨损、脱落情况。

i）衬里损坏部位阻气圈、锚固钉、端板、内衬板和龟甲网的冲蚀磨损、变形、脱碳、腐蚀和开裂情况。

j）沉降器顶和器壁结焦情况，集气室各升气管畅通情况，升气管内是否有焦块，顶部放空口是否畅通，大油气线结焦情况。

k）防焦蒸汽管及喷嘴结焦情况。

（2）筒体检修质量标准

筒体的检修按压力容器维护检修规程对鼓包、变形、蠕变部位挖补更换，对缺陷焊缝进行修复，对引压管采用反吹风进行检查，对器内损坏引压管更换；对损坏的热电偶及套管进行更换，对损坏的套管防冲刷衬里进行修复；疏通松动点，修复或更换损坏构件；更换或修复损坏的器内各支撑部件。筒体修复的指标标准：

a）筒节长度不应小于 300mm，相邻筒节纵向焊接接头应相互错开，接头间外圆弧长应大于钢板厚度的 3 倍，且不应小于 100mm。

b）坡口加工要求：

坡口型式应除应符合设计文件要求外，还应符合焊接工艺规程的要求。

坡口表面应光滑，不应有裂纹、重皮、分层、夹渣等缺陷，局部凸凹应小于 1mm。

坡口边缘的直线度为 1mm，钝边宽度的允许偏差为±1mm，角度的允许偏差为±2.5°。

环向焊接接头两侧板厚不等并符合下列条件时，除设计文件另有规定外，应削薄厚板边缘（见图 1），且削薄宽度 L_1 不应小于两板厚度差的 3 倍；纵向焊接接头两侧板厚不等时的厚板削薄应符合设计文件的规定：

Ⅰ）薄板厚度不大于 10mm，两板厚度差超过 3mm；

Ⅱ）薄板厚度大于 10mm，两板厚度差大于薄板厚度的 30% 或超过 5mm。

c）筒体直线度质量标准见表 1。

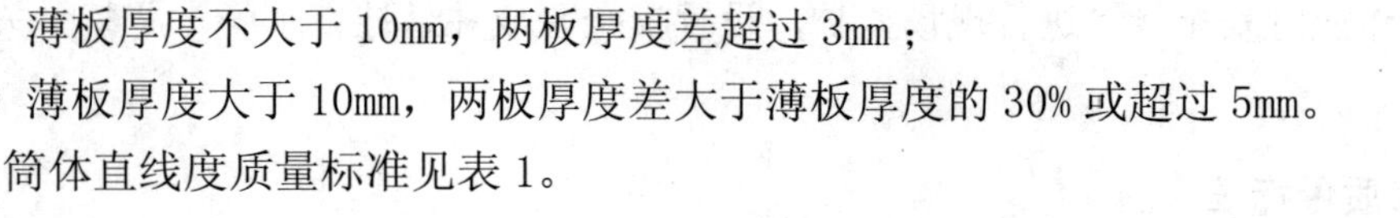

图 1　环向焊接接头削薄厚板边缘示意图

表 1　筒体直线度质量标准　　mm

检查项目		允许偏差	检验方法
任意 3000 长度		3	拉线与钢尺检查
全长	$L \leqslant 15000$	$L/1000$	
	$L > 15000$	$0.5L/1000+8$	

注： L 表示筒体长度。

（3）衬里的检修质量标准

衬里修复时，参照 4.2.5 修复损坏的衬里。

a）双层衬里：龟甲网鼓包变形及翘起部位，若隔热层掏空损坏需整体重做。接缝锚固钉适当加密或可用 $\phi16$ 螺纹拉杆加压板及螺母固牢。龟甲网及侧拉环衬里耐磨层损失超过其厚度 1/3 时，应将缺损衬里处清除干净，重新补衬，或依据损坏部位和面积确定修补或更换。耐磨层开裂宽度小于 10mm 且无穿透，裂缝两侧衬里无疏松现象且龟甲网完好，可直接用衬里材料填补裂缝。

b）单层衬里：无龟甲网单层衬里每个修补处至少凿露出 3 个以上锚固钉，修补断面宜凿成内八字（燕尾式）。龟甲网单层衬里耐磨混凝土修补时，修补处应露出 3 个以上相邻的龟甲网孔后补衬。

c）内衬板：变形和冲蚀磨损的内衬板应修复或予以更换，修补好被掏空或磨损掉的衬里，确保修复后内衬板紧贴衬里。

4.2.1.2　旋风器检查与修理

（1）旋风器的检查

旋风器检查以外观检查为主，必要时进行探伤、测厚或用小锤敲击检查，检查筒体、锥体、灰斗、升气管、料腿、翼阀、吊挂件、拉筋、耐磨衬里的损坏及结焦情况。

a）旋风器筒体：检查旋分器垂直度、圆度；一级、二级或粗旋、单级分离器筒体、出入口及其连接部位的变形、开裂、穿孔、冲蚀程度；耐磨衬里的磨损、开裂、松动、鼓包和脱落情况；结焦情况，检查旋风分离器升气管、入口连接通道、灰斗与料腿连接等部位结焦情况；引压管情况；材质蠕变情况；焊缝情况，根据运行和检查情况对焊缝进行着色检查。

b）锥体：检查锥体变形、开裂、穿孔、冲蚀程度；耐磨衬里的磨损、开裂、松动、鼓包和脱落情况；结焦情况以及材质蠕变情况。

c）灰斗及耐磨短管：检查灰斗及耐磨短管的变形、开裂、穿孔、冲蚀程度；耐磨衬里的磨损、开裂、松动、鼓包和脱落情况；结焦情况；材质蠕变情况以及焊缝情况。

d）排气管：检查排气管变形、开裂、穿孔、冲蚀程度；耐磨衬里的磨损、开裂、松动、鼓包和脱落情况；内外侧结焦情况；材质蠕变情况以及焊缝情况。粗旋出口与单旋入口直连，升气管外侧结焦情况可采用内窥镜检查。若要清焦，在人员无法进入时，可将粗旋升气管顶部及直连部分保护性割除，割除前应做好膨胀节的限位。

e）翼阀：检查翼阀护套及连接件有否损坏，护套完好，连接件磨损影响阀板下移不大于5mm，钩环挂板与阀体焊缝不允许有裂纹；阀板的开关灵活性、角度、磨损及接触面严密情况，翼阀阀板应开关灵活，阀板与阀体弯管端面必须贴紧，角度及肩闭符合要求，接触面应严密，阀板与阀体斜管端面长轴中心线应重合，其允许偏差不得大于5mm，阀板的安装角度按图纸要求，允许偏差为试验角度 ±0.5°；内侧结焦情况；材质蠕变情况。

f）料腿：检查料腿变形、开裂、穿孔、冲刷程度；料腿通球检查，球直径不小于料腿内径的1/2，也可用内窥镜检查；防冲刷耐磨衬里损坏情况；材质蠕变情况；焊缝情况。

g）吊挂件：检查吊挂件变形情况，旋风分离器的吊杆螺栓，吊挂焊缝，测量吊杆螺母与支撑面的间隙吊杆中心到旋风分离器本体主轴线距离；材质蠕变情况；焊缝情况以及吊杆套管中耐火陶毡的填塞情况。

h）料腿拉筋及限位件：外观检查，拉杆层的间距及位置符合原图要求，无明显冲刷减薄；拉筋热胀不能受阻；焊缝情况，外观检查，根据运行和检查情况对焊缝进行着色检查。

（2）旋风器检修质量标准

旋风器检修质量标准如下：

a）旋风分离器检修后，其入口标高、垂直度、同轴度偏差见表2。

表2　旋风分离器安装标准

mm

	反应器粗旋	再生器粗旋	一级、二级旋风分离器
入口标高偏差 ≤	3	5	5
垂直度偏差 ≤	3	5	5
同轴度偏差 ≤			4

b）与旋风分离器相连接各部位必须圆滑过渡。

c）所有焊缝内表面应保持焊肉均匀、与母材平齐，其凸出部分应磨平。

d）所有角焊缝采用连续焊，其焊角高度等于组焊件中较薄件的厚度。

e）筒体直段和锥体的长度允许偏差为 ±3mm，圆度为 2mm。

f）锥体表面局部凸凹值不应大于 1mm，锥体下端插入灰斗内的长度允许偏差为0～+5mm。

g）喇叭口、入口蜗壳部位的衬里表面应均匀平滑过渡，不应有截面突然改变和凹凸不平的现象。

h）粗旋风分离器入口分叉管堆焊层表面应平整，不应有裂纹等缺陷。

i）旋风分离器总长允许偏差为 ±8mm，同一级任意两个旋风分离器总长之差不应大于 6mm。

j）一级旋风分离器检修后，吊杆中心到旋风分离器本体主轴线距离的偏差不大于3mm，将吊杆螺母按图样规定松回，留出膨胀间隙。

k）吊挂方位允许偏差为 ±5mm，安装垂直度 1mm；吊挂焊缝应饱满、平滑，且无裂纹、无夹渣、无咬肉等缺陷，焊缝表面应进行 100% 磁粉或渗透探伤检测。

（3）料腿检修质量标准

料腿的检修质量标准如下：

a）料腿检修更换时应预组装并做好标记，不得强行组装。

b）料腿下端与分布管（板）或其他零部件的垂直距离允许偏差为 ±20mm，料腿与旋风分离器间接口及料腿间接口应全熔透，并进行表面磁粉或渗透检测。

c）材质为 Cr5Mo 的料腿焊接前，应对坡口进行着色检查，不得有裂纹，坡口两侧 10～20mm 内，其表面不得有油污、脏物和锈斑。

d）料腿对口内错边量不超过管壁厚度的 10%，且不大于 1mm，必须焊透。

e）料腿拉杆均应在靠近中心部位正下方开一个 ϕ10mm 通气孔，每层拉杆中心线应在同一水平面上，各拉杆水平度偏差不大于 2mm/m，拉杆螺栓孔的粗糙度不应大于 R_a25。螺栓安装完后应将螺母和螺栓点焊固定。料腿与拉筋不得强力组焊。

f）料腿更换原则：

Ⅰ）料腿严重变形。

Ⅱ）料腿严重脱碳。

Ⅲ）料腿壁厚减薄，不能安全使用到下一个检修周期。

（4）翼阀和重锤阀检修质量标准

a）阀板开启、闭合应灵活。翼阀的安装角度、出口方向、折翼板与固定板间隙应符合设计文件要求。翼阀的安装角度必须经冷态试验后决定，其允许偏差为 ±0.5°。翼阀安装角度的试验见附录 E（参考件）。

b）重锤阀阀板上的耐磨衬里应无磕碰损坏，表面光滑平整，与阀直筒体下沿贴合严密，端口在水平方向上的间隙不应大于 1.5mm。料腿下端口外壁任意一点与阀板外径之间的径向距离不应小于 6mm。

c）翼阀或防倒锥至分布管（板）的距离允许偏差为 ±10mm。

d）防倒锥底面安装水平度允许偏差为 4mm/m。

e）吊环孔边缘应呈半圆形，表面粗糙度不应大于 R_a3.2μm，孔径偏差应符合 GB/T 1800.2—2009 规定的 H11 级的要求。

f）吊环应圆滑，接口处应磨光，表面粗糙度不应大于 R_a3.2μm，断面直径偏差应符合 GB/T 1800.2—2009 规定的 H11 级的要求。

4.2.1.3 提升管出口快分（VQS）

（1）提升管出口快分（VQS）检查

a）检查提升管 VQS 出口油气线承插口变形、开裂及结焦堵塞情况。

b）检查快速分离设备内构件结焦、磨损情况。

c）检查 VQS 出口与顶旋入口连接焊缝情况，根据运行和检查情况对焊缝进行着色检查。

d）耐磨衬里情况。内部龟甲网应均匀平滑过渡，不得有突然改变截面和凹凸不平的现象，不允许有松动、鼓包和冲刷脱落情况，角相交处不能出现缝隙。

e）通气管情况。

（2）提升管出口快分（VQS）检修质量标准

a）承插口无变形、开裂及结焦堵塞。清焦、校正、堆焊后贴焊。

b）快速分离设备内构件无结焦、磨损。清焦，对磨损部位进行修复。

c）外观检查，根据运行和检查情况对焊缝进行着色检查。

d）修复冲刷损坏的衬里，龟甲网碳化和因腐蚀脆化的衬里需更换。

e）疏通堵塞通气管。

4.2.1.4　汽提挡板及防焦格栅

（1）汽提挡板及防焦格栅检查

a）挡板外观情况：内人字挡板、环形挡板及格栅板必须固定、无变形。减薄厚度不超过原始厚度 20%。

b）焊缝情况：焊缝完好，无裂纹。对运行时间长，可能存在问题的焊缝应拆除覆盖衬里进行理化检查。

c）结焦情况：结焦均匀覆盖原表面不能大于 5%。

d）衬里情况：衬里应均匀平滑过渡，不得有突然改变截面和凹凸不平的现象，无松动、鼓包和冲刷脱落情况，角相交处不能出现缝隙。

（2）汽提挡板及防焦格栅检修质量标准

a）相邻人字挡板安装的水平距离和垂直距离偏差应为 ±5mm，累计偏差为 ±10mm。

b）同一层上的人字挡板应在同一水平面上，其允许偏差为 ±5mm。

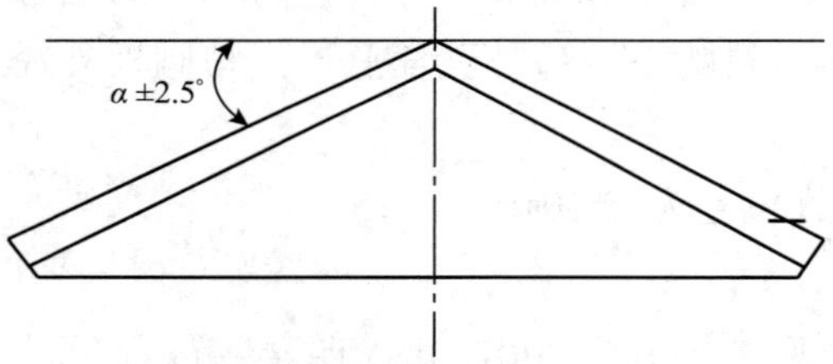

图 2　人字挡板安装示意图

α：设计安装角度

c）人字挡板安装角度允许偏差为 ±2.5°，见图 2。

d）环形挡板安装间距允许偏差为 ±5mm，累计允许偏差为 ±10mm。

e）环形挡板内口与提升管外表面间隙以及内环形挡板外口与汽提段壳体内壁间隙的偏差应控制在 10～20mm。

f）人字挡板和环形挡板不得开裂和严重变形。

4.2.1.5　汽提蒸汽环管

（1）汽提蒸汽环管检查

a）分布环管外观检查：分布环管无变形，无磨损。

b）喷嘴情况：喷嘴畅通，无明显冲刷损坏，喷嘴的损失厚度不超过原始厚度 1/3。

c）固定件情况：支撑固定件完好。

d）衬里情况：衬里无松动、鼓包和冲刷脱落。

（2）汽提蒸汽环管检修质量标准

a）分布环管严重减薄或穿孔需进行整体更换。

c）疏通堵塞喷嘴，损坏喷嘴进行更换。

d）调整更换损坏固定件，保证合适的预留膨胀间隙。

e）修复冲刷损坏的衬里，锚固件碳化和因腐蚀脆化的衬里需更换。

4.2.1.6　喷嘴

（1）喷嘴的检查

a）原料油喷嘴的冲刷磨损、变形、堵塞和损坏情况。

b）终止剂喷嘴冲刷磨损、变形、堵塞和损坏情况。

c）提升蒸汽喷嘴冲刷磨损、变形、堵塞和损坏情况。

（2）喷嘴的检修质量标准

喷嘴的检修和安装要符合设计要求。

a）安装前的检查

检查喷嘴型号与设备安装图型号是否一致，核实喷嘴的主要外形尺寸（直径、长度、连接法兰的规格和安装位置）是否与提升管喷嘴安装图尺寸一致。

核查提升管上安装多个喷嘴的接管开口中心线标高是否在同一平面上，相互之间的标高偏差不得大于 4mm。

核查提升管上安装喷嘴的套管与提升管轴线之间夹角是否符合施工图要求，偏差不得大于 ±0.5°。

核查安装喷嘴的套管伸出提升管外壁的长度和深入提升管衬里内壁的长度是否符合施工图要求。

从安装喷嘴的套管外端法兰密封面中心引线、穿过套管内端管口中心，核查各套管中心轴线是否汇交于一点，并交于提升管中心轴线上，其偏差不得大于 12mm。

b）喷嘴安装要求（见图 3）

喷嘴上的连接法兰先不要与喷嘴焊接。将喷嘴插入提升管安装进料喷嘴的开口套管内。具体安装尺寸由图纸确定。对于 BWJ 型喷嘴，喷嘴的插入深度以喷嘴球头上扁口边角至提升管内壁水平距离 50mm 为基准，偏差不得大于 2mm。A=50mm，B=25mm，C=25～38mm。

各喷嘴的中心轴线与提升管中心轴线之间夹角 α 符合施工图要求，偏差不大于 ±0.5°。

各喷嘴的中心轴线应汇交于一点，其偏差不大于 12mm。

各喷嘴的中心轴线应与提升管中心轴线相交，其偏差不大于 0.5°。

喷嘴球头扁口喷孔的长边弦长方向必须保证水平安装，其偏差不大于 0.5°。

检查汽进口、油进口的方位安装是否正确。

喷嘴与套管间的间隙，靠外侧部分缠绕耐火纤维绳，里侧部分填塞隔热衬里，表层用耐火水泥盖面。

喷嘴安装完成后，喷嘴口应贴胶带纸保护，防止杂物进入喷嘴内。

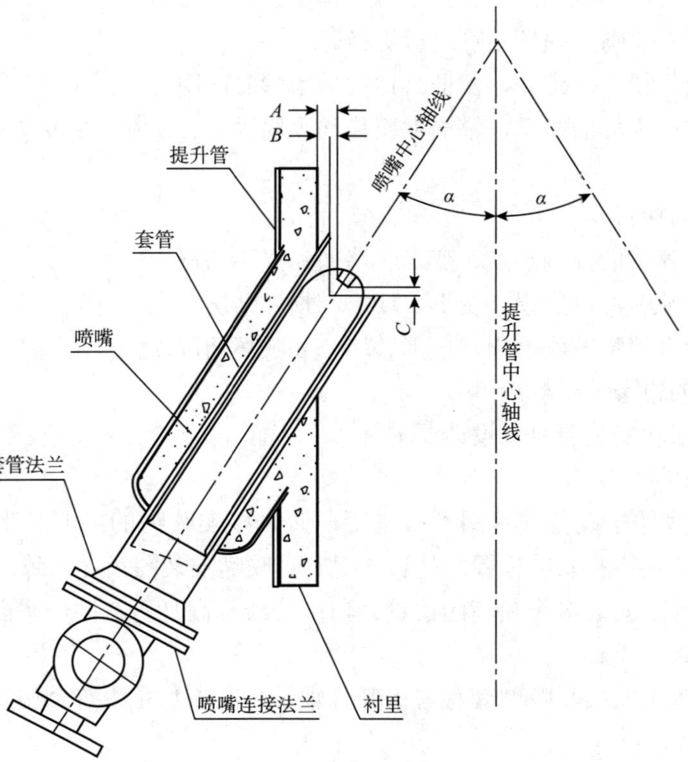

图 3 喷嘴安装示意图

4.2.1.7 集气室

（1）集气室检查

a）外观检查：壳体外部检查无热点及变形，内部检查衬里无脱落、鼓包、开裂、松动。

b）衬里情况：衬里应均匀平滑过渡，不得有突然改变截面和凹凸不平的现象，无松动、鼓包和冲刷脱落情况，角相交处不能出现缝隙。

c）材质蠕变情况：材质无明显蠕变现象。

d）焊缝情况：对集气室与沉降器筒体焊缝以及大油气线出口焊缝进行重点检查，根据运行和检查情况对焊缝进行着色检查。

e）结焦情况：检查集气室各升气管内是否有焦块，顶部放空口，大油气线结焦情况。无焦的均匀面积必须超过 80%，器壁残留挂焦厚度不超过 10mm。顶部放空管清通，消音器畅通干净。

（2）集气室检修质量标准

a）按压力容器规程对鼓包变形蠕变部位挖补更换。

b）修复冲刷损坏的衬里，锚固件碳化和因腐蚀脆化的衬里需更换。

c）材质蠕变严重需整体更换。

d）焊缝需打磨消除缺陷后补焊。

4.2.1.8　串气阻挡圈

（1）串气阻挡圈宽度允许偏差不大于 2mm，间距允许偏差不大于 10mm。

（2）串气阻挡圈高度应比隔热层低 15mm，允许偏差不大于 -2mm。

（3）反应器（一般沿轴向间隔为 2000～2500mm）及提升管、斜管、烟道（一般沿轴向为 2500～3000mm）衬里中均应设置串气阻挡圈。

（4）串气阻挡圈与器壁的焊接，迎着气流方向为连续焊，另一方为断续焊。焊后应进行煤油试漏。中间不允许间断，但遇开孔接管时，把阻挡圈断开再与接管焊成整体。

4.2.2　再生器

4.2.2.1　筒体及衬里

再生器筒体及衬里的检查与修理除不考虑结焦情况外，其他检查及检修内容参见 4.2.1.1。

4.2.2.2　旋风分离器

再生器旋风器检查以外观检查为主，必要时进行探伤、测厚或用小锤敲击检查。筒体、锥体、灰斗、升气管、料腿、翼阀、吊挂件、拉筋、耐磨衬里的损坏情况，除不考虑结焦情况外，其他检查及检修内容参见 4.2.1.2。

防倒锥的检查与检修质量

a）防倒锥底面安装水平度，允许偏差为 4mm/m。

b）检查防倒锥完好情况，无缺损，无凸起或凹陷变形，耐磨衬里完好。

4.2.2.3　主风分布管、主风分布板、主风分布环、大孔分布板

（1）检查内容

a）主风分布管：检查分布主管、支管及分支管的外形，磨损、冲刷情况，安装尺寸，支撑铰链，端头堵板或封头固定情况；喷嘴情况；固定件情况以及衬里情况。

b）主风分布板：检查分布板外形，磨损、冲刷情况，安装尺寸检查；耐磨短管情况，不锈钢管的磨损是否严重。带陶瓷衬管的，陶瓷是否脱落、开裂。采用自蔓延型短管的，检查非金属层剥落是否严重；衬里情况。

c）主风分布环：检查分布环管外形，磨损、冲刷情况；耐磨短管情况，不锈钢管的磨损是否严重。带陶瓷衬管的，陶瓷是否脱落、开裂。采用自蔓延型短管的，检查非金属层剥落是否严重；固定件情况以及衬里情况。

d）大孔分布板；检查耐磨短管情况；衬里情况。

（2）分布管检修质量标准

a）再生器环形分布管安装水平度在分布管上测量的水平偏差应不大于最外圈盘管中心直径的 1‰，且不大于 10mm。

b）环状分布管的支管与盘管安装前应进行预组装。

c）环状分布管各盘管应同心，相邻两圈盘管中心距偏差为 ±10mm。

d）环状分布管的标高允许偏差为 ±5mm，安装中心位置允许偏差不大于 5mm。

e）喷嘴与分布管焊接时应符合设计要求。

f）树枝状分布管的标高允许偏差为 ±5mm，分布管端部与器壁或衬里表面的允许偏差为 ±10mm。

g）树枝状分布管更换后，单根支管水平度和同一设备各组分布管水平度的允许偏差均应符合表 3 要求。

表 3　树枝状分布管水平度质量标准　　mm

设备直径 *DN*	允许偏差≤	检验方法
DN ≤ 1600	3	用钢尺与水平尺检查
1600 < *DN* < 3200	4	
DN≥3200	5	

（3）分布板检修质量标准

a）分布板应无机械损伤，无可见的变形；耐磨管或喷嘴不应有裂纹等缺陷。

b）耐磨管或喷嘴与分布板之间的组对角度允许偏差为 1°。

c）分布板衬有耐磨衬里时，龟甲网应逐孔与分布板焊接，焊缝长度不应小于 20mm；锚固钉与分布板之间的焊缝长度应符合 GB 50474 和设计文件的规定。

4.2.2.4　催化剂分配器、稀相管、催化剂脱气斗（罐）

（1）外观检查：母材无变形及冲蚀，无开裂，无杂物。母材变形量超过 10mm 应予以修复或更换。

（2）衬里情况：衬里应均匀平滑过渡，不得有突然改变截面和凹凸不平的现象，无松动、鼓包和冲刷脱落情况，角相交处不能出现缝隙。冲刷损坏的衬里修复，锚固件碳化和因腐蚀脆化的衬里需更换。脱气罐热点超过表面面积 20% 建议部分或整体预制更换。

4.2.2.5　集气室

（1）集气室检查

a）外观检查：集气室检查无变形，内部检查衬里无脱落、鼓包、开裂、松动。

b）衬里情况：衬里应均匀平滑过渡，不得有突然改变截面和凹凸不平的现象，无松动、鼓包和冲刷脱落情况，角相交处不能出现缝隙。

c）材质蠕变情况：材质无明显蠕变现象。

d）焊缝情况：对集气室与再生器筒体焊缝以及烟气管线出口焊缝进行重点检查，根据运行和检查情况对焊缝进行着色检查。

（2）集气室检修质量标准

a）按压力容器规程对鼓包变形蠕变部位挖补更换。

b）修复冲刷损坏的衬里，锚固件碳化和因腐蚀脆化的衬里需更换。

c）材质蠕变严重需整体更换。

d）焊缝需打磨消除缺陷后补焊。

4.2.2.6 辅助燃烧室

（1）辅助燃烧室检查

a）炉体部分：检查看火窗、内壁冲刷情况、焊缝情况。炉体焊缝无裂纹、泄漏。内部衬里完好平整，无裂纹。看火孔畅通清晰可视。

b）燃烧器情况：油、瓦斯、风管线畅通。油枪配件齐全，完好。检查点火器接电正确，点火设备完好。

c）一次、二次风阀：检查一次、二次风阀灵活好用，开度核对。检查一次、二次风阀密封性能。

（2）辅助燃烧室检修质量标准

a）按压力容器规程对鼓包变形蠕变部位挖补更换。

b）点火嘴、油嘴及瓦斯嘴确认畅通。点火枪头无变形，无缺失。进行点火器点火试验，保证好用。电磁阀应该设有旁路以便检修，由电气专业人员检测合格。

c）结合内部阀板位置，外部做开度标识。开度调整。原则上需要进行专门的压力密封测试，现场安装后检查应以手电筒照射，应无穿透管线。

d）燃烧室安装要求：新安装卧式辅助燃烧室燃烧气出口管与再生器空气入口主管组装，其同轴度允许偏差为 ϕ6mm。立式辅助燃烧室与再生器空气入口管的同轴度允许偏差为 ϕ3mm。卧式辅助燃烧室轻油燃烧器安装水平度允许偏差为油枪长度的 1/1000，立式辅助燃烧室轻油燃烧器喷嘴伸入炉体长度允许偏差为 ±5mm。

4.2.2.7 内取热器

（1）内取热器的检查

a）外观检查：取热盘管无变形，无明显冲蚀和减薄，固定管箍应无变形。

b）盘管泄漏情况检查：盘管水压试验合格。

c）阀门检查：切断阀试压合格，开关灵活。

（2）内取热器检修质量标准

a）取热盘管应进行测厚检查。

b）外部检查（包括超声、磁粉、着色检测）、硬度检查、测厚以及金相检查。盘管可进行水压试验。取热盘管内漏的和减薄、脱碳严重的必须进行更换。

c）根据运行情况对阀门进行抽查试压，内漏阀门进行修复或者更换。

4.2.2.8 外取热器

（1）外取热器的检查

a）壳体检查：外部无热点、鼓包变形，衬里完好。

b）检查取热管的防冲板或防冲衬里磨损、变形、开裂情况。防冲板至少应覆盖 1/2 取热管周长，无缺损，无严重减薄。

c）取热管检查：取热管外部检查（包括超声、磁粉、着色检测）、硬度检查、测厚以及金相检查。管束可进行水压试验。内漏的取热管进行切除，择机进行更换。

d）检查取热管导向架尺寸、磨损、变形、松散情况，导向架连接螺栓磨损、断裂情况。取热管导向架无变形、松散，取热管可自由膨胀，无弯曲变形。连接螺栓完好无松动。

e）对封头形式检查取热管弯头及下封头厚度、肋片变形、冲刷情况。取热管弯头及下封头损失厚度不超过原始厚度1/3。

f）对集箱形式检查上下集箱与取热管之间的焊缝情况。焊缝应完好，无裂纹。

g）流化风分布管

Ⅰ）外观检查：主管、支管及分支管的外形，磨损、冲刷情况，安装尺寸，端头堵板或封头固定情况。流化风分布管无变形，无磨损，焊缝无开裂。分布管标高偏差及水平度偏差不大于设计技术要求偏差。

Ⅱ）喷嘴情况：喷嘴畅通，无明显冲刷损坏，喷嘴的损失厚度不超过原始厚度1/3。

Ⅲ）固定件情况，支撑固定件完好。

Ⅳ）衬里情况，衬里无松动、鼓包和冲刷脱落。

（2）取热器的检修质量标准

a）所有管子拼接长度不宜小于2500mm，最短管段长度不小于500mm。

b）外取热器内管子拼接焊缝数量应符合表4要求。

c）管子对接焊缝应位于管子直段部分。

表4　取热管拼接焊缝要求

管子长度/mm	≤2000	＞2000～5000	＞5000～10000	＞10000
接头数量/个	不得拼接	1	2	3

4.2.3　三级旋风分离器

4.2.3.1　三级旋风器的检查

（1）筒体

a）外观检查：壳体外部检查无热点，无裂纹及变形，内部检查衬里无脱落、鼓包、开裂、松动。

b）焊缝检查：焊缝完整无开裂，根据检查情况对焊缝进行渗透检测。

c）热电偶及套管检查：热电偶无磨损且效验合格，套管完好，防冲刷耐磨衬里完好。

d）上下隔板检查：上下隔板无变形。变形隔板需进行修复或更换。

（2）单管

a）单管磨损、堵塞情况，排尘锥体磨损情况：单管及导向叶片无明显冲刷、磨损，单管无堵塞情况。排尘锥体无冲蚀。利用柔性工具清通堵塞单管，不能损坏耐磨层。排尘锥体建议测厚检查。

b）单管焊缝：单管焊缝完好无裂纹。缺陷焊缝打磨补焊。

（3）膨胀节

a）膨胀节外形尺寸，腐蚀情况，膨胀节无明显弯曲变形、开裂和波纹管开裂、磨损、腐蚀泄漏。测量膨胀节波纹管波高、波距。

b）焊缝检查：对波纹管与膨胀节端管焊缝及膨胀节与烟道焊缝进行着色检查，对焊缝热影响区母材进行硬度检查和金相分析。筋板与筒节、铰链板与立板和立板与筒节的连接焊缝进行渗透检测。

4.2.3.2　三级旋风器检修质量标准

（1）立管式三级旋风分离器单管安装时保证升气管与单管外壳同心，其同轴度偏差值为 1mm。单管垂直度偏差为 3mm。

（2）更换单管时必须测试压降，其允许值按设计要求；相邻分离单管导向螺旋叶片的旋转方向应相反。

（3）立管式三级旋风分离器上下隔板安装时方位允许偏差为 ±5mm（沿周向测量），上下隔板间对应管孔应同心，同轴度允许偏差为 2mm。

（4）卧管式三级旋风分离器分离单管的定位点应在同一水平面上，水平度允许偏差为 5mm，相邻分离单管夹角允许偏差为 ±0.250°，分离单管与水平面的倾角允许偏差为 ±0.250°。

（5）烟气入口中心管与筒体以及吊筒与筒体的同轴度允许偏差为三旋筒体内径的 1/1000。

（6）分离单管卸料盘应在设备其他内件安装完毕并彻底清扫内部后进行。

（7）三级旋分器内部膨胀节检修标准参见 4.2.4.3。

4.2.4　斜管、烟道、膨胀节

4.2.4.1　斜管

斜管包括再生斜管、待生斜管、循环斜管、外取热上下斜管、MIP 循环斜管、外取热烟气返回管等。

（1）斜管检查及检修质量标准

a）斜管外观检查：壳体外部检查无热点及变形，内部检查衬里无脱落、鼓包、开裂、松动。发现缺陷时按压力容器规程对鼓包变形蠕变部位挖补更换。

b）焊缝检查：焊缝完整无开裂，根据检查情况对焊缝进行渗透抽查。压力容器定期检验中理化检验评定达到 3 级及以上。

c）引压点检查：对引压管采用反吹风进行检查，对器内损坏引压管更换。

d）热电偶及套管检查：热电偶无磨损且效验合格，套管完好，防冲刷耐磨衬里完好。对损坏的热电偶及套管进行更换，对损坏的套管防冲刷衬里进行修复。

e）松动点检查：引风检查松动点畅通无阻，伸进器内管嘴及衬里护板完好，管口内无任何烧结物。修复或更换损坏构件。

（2）衬里及结焦情况检查

a）衬里情况：检查衬里无脱落、鼓包、开裂、松动。衬里应均匀平滑过渡，不得有突然改变截面和凹凸不平的现象，无松动、鼓包和冲刷脱落情况，角相交处不能出现缝隙。

b）结焦情况检查：无焦的均匀面积必须超过80%，器壁残留挂焦厚度不超过10mm。顶部放空管清通，消音器畅通干净。

c）修复冲刷损坏的衬里，锚固件碳化和因腐蚀脆化的衬里需更换。衬里修复参见4.2.5.3。

（3）斜管膨胀节检查

a）波纹管元件：膨胀节无明显弯曲变形、焊缝开裂和波纹管开裂、磨损、腐蚀泄漏等情况。测量膨胀节波纹管波高、波距。

b）铰链式膨胀节铰链：铰链式膨胀节铰链无扭曲变形。

c）焊缝检查：筋板与筒、铰链板与立板和立板与筒节的连接焊缝检查完好。波纹管与膨胀节端管焊缝及膨胀节与烟道焊缝进行着色检查，对焊缝热影响区母材进行硬度检查和金相分析。筋板与筒节、铰链板与立板和立板与筒节的连接焊缝进行着色检查。

d）结构件：检查膨胀节拉杆、铰链板、平衡环、销轴、支座等主要受力元件，各主要受力元件无超负荷、变形、开裂、严重腐蚀等现象。

e）衬里：内部衬里无松动和冲刷脱落。修复损坏的衬里，更换碳化龟甲网和因腐蚀脆化的衬里。修复冲刷损坏的衬里，锚固件损坏的衬里需更换。

f）膨胀节的检修参见4.2.4.3。

4.2.4.2 烟道

（1）烟道筒体

a）筒体外形和外壁腐蚀情况：外壁完好，无泄漏、开裂现象，筒体无明显减薄、焊缝无裂纹。烟道筒体制造、检验与验收应按照GB 150有关规定执行。经过强度校核筒体壁厚不能满足强度要求时，应进行更换或采取外壁增加强度的措施。

b）筒体母材过热情况：烟机入口管道不允许超设计温度操作，防止管道发生高温蠕变，必要时测量与初始安装位置的变形量，进行安全评估。检查管道支吊架损坏变形情况，荷载在规定范围内。

（2）管道膨胀节

管道膨胀节的检查参见4.2.4.1（3）。

（3）临界流速喷嘴

a）外观检查：结合日常监测外壁超温及法兰泄漏情况。对超温贴板处理部位进行更换，泄漏法兰修复，更换密封件。

b）耐磨材料：耐磨材料完好，无明显冲刷沟槽，耐磨材料无脱落。

c）喷嘴流动方向：管路畅通流动方向为从四旋出口流向大烟道。

（4）降压孔板

a）外观检查：检查降压孔板整体有无变形，孔板表面无冲刷、开裂情况。降压孔板通道板紧固螺栓有无松动、变形、缺失。必要时进行更换。

b）陶瓷喷嘴情况：陶瓷耐磨喷嘴完好，无脱落，流道光滑顺畅，无堵塞现象。局部脱落或裂纹用耐磨材料进行修补。

c）衬里情况：衬里应均匀平滑过渡，不得有突然改变截面和凹凸不平的现象，无松动、鼓包和冲刷脱落情况，角相交处不能出现缝隙。修复冲刷损坏的衬里，锚固件损坏的衬里需更换。

4.2.4.3　膨胀节

膨胀节的检修质量标准：

（1）膨胀节拉杆、铰链板、平衡环、销轴、支座等主要受力元件保持完好，不得随意拆除、更改和更换。装运螺栓在运输、吊装和安装过程中不得随意松动和拆除。

（2）铰链式膨胀节铰链应与管道轴线平行，方位正确，链轴应在膨胀节全长正中位置，其回转平面应与出口管的主管及水平管的轴线所在平面一致。

（3）更换波形膨胀节时，应根据设计文件要求进行预拉伸或压缩。

（4）波形膨胀节更换后，两端轴心同轴度允许偏移应符合表5规定值。

表5　波纹管膨胀节同心允许偏差 mm

波纹管直径	轴心允许偏移
≤400	≤3
＞400～1000	≤6
＞1000	≤10

（5）膨胀节组装焊接时，应对膨胀节加以保护，防止电弧烧穿或焊接飞溅物落到膨胀节上。

（6）膨胀节的安装方向应按介质流向或设计要求进行。导流筒开口有方向性，应与介质流向一致，当介质流向向上时，内套下端应开设泪孔，排除凝液。

（7）安装波纹管膨胀节时，应设临时约束装置，且在系统交付使用前拆除。严禁利用波纹管膨胀节的变形来补偿安装偏差。对于同一斜管上安装有2个膨胀节的，投用时应使2个膨胀节的形变均衡。

（8）全面验收合格，将限位螺母调到设计位置拧紧，清除波纹管之间的异物。烘器前，膨胀节装运螺栓必须松开或拆除，弹簧支吊架的定位块必须取下。

（9）膨胀节的外保温应采用可拆卸结构，便于拆卸检查和处理。保温材料应采用松软材料保证膨胀节正常动作。对于奥氏体不锈钢膨胀节不得采用含氯保温材料或采用金属衬套将保温材料与波纹管隔开的结构。

4.2.5　衬里检修质量标准

4.2.5.1　锚固钉

（1）锚固钉的布置应符合图样要求，如图样无要求，可按图4进行，如遇焊缝，钉位应离开焊缝50mm。在锥体、封头、过渡段等变截面部位，以及开孔及支座周围衬里易于开裂损坏的部位，锚固钉排列应适当加密。锚固钉布置示意图见图 4，柱形锚固钉用量为 16 个 /m²（图 4 中括号内尺寸），当衬里厚度 b≥120mm 时，设备的封头或过渡段部分锚固钉数量为 25 个 /m²。

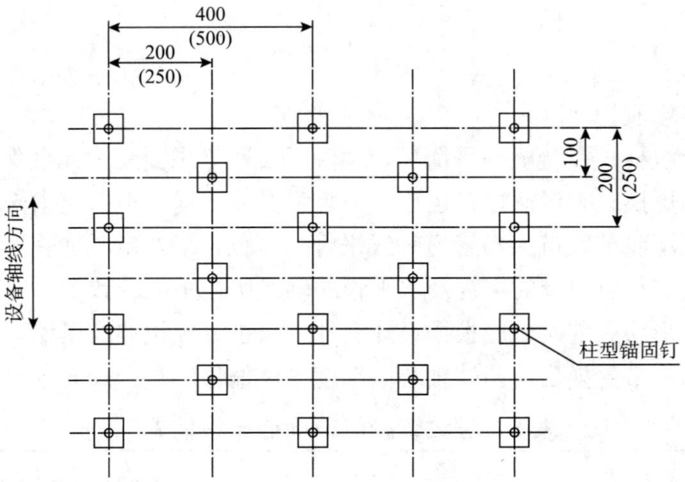

图 4　锚固钉布置示意图

（2）锚固钉的焊接应符合国家现行标准 JB/T 4709《钢制压力容器焊接规定》的有关规定。柱形锚固钉与器壁应圆周满焊，无咬肉，经 0.5kg 手锤锤击发出清脆的金属声，并应垂直于器壁，其偏差不大于 2mm，钉肩高度允许偏差为 -2mm，间距偏差为 ±5mm。

（3）柱形锚固钉应使用规格为 ϕ12，材质为 06Cr13 的圆钢，钢材应符合 GB 1220 的规定，且热处理（退火）状态交货，布氏硬度值（HB）应小于或等于 180。使用前进行材质分析。

4.2.5.2　龟甲网

（1）龟甲网脱碳影响焊接、龟甲网磨损到原来高度的 2/3 时应更换。同一水平位置，一张龟甲网高度范围内，更换大于 1/4 周长时宜整圈更换。

（2）龟甲网接缝处翘起须整形修复。

（3）龟甲网鼓包变形范围小于 250mm×250mm 可不做整形处理。

（4）端板和龟甲网安装前，必须除锈、脱脂。

（5）龟甲网滚压成型走向应与钢带方向一致，其结扣牢固，直接敷设龟甲网的设备表面应修磨平整、除锈和除油。

（6）龟甲网拼接可采用端点拼接或平行拼接形式（见图 5）。

（7）两张龟甲网的接合处必须将每个端头焊牢，接合处的网孔面积最小不小于基本网孔的 $^1/_2$，最大不大于 $1^1/_3$。拼接网孔的长度或宽度不大于 $1^1/_3$ 基本网孔的长度或宽度。相邻龟甲网纵缝应错开 300mm 以上。

（8）龟甲网成型要求，筒体部分用 $^1/_3$ R 弧长（大于或等于 300mm）样板检查，间隙应小于或等于 4mm；锥体过渡段圆弧处用直边大于或等于 100mm 的样板检查，间隙应

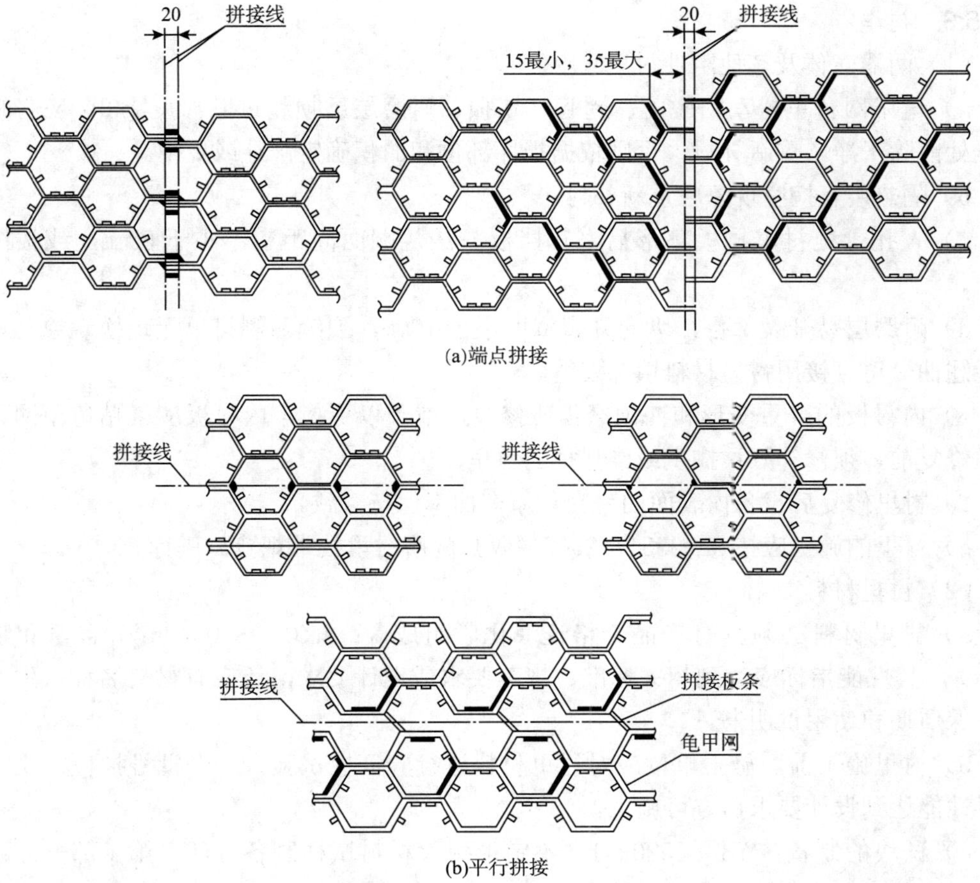

图 5　龟甲网拼接示意图

小于或等于 6mm；头盖部分用 1/4R 弧长样板检查，间隙应小于或等于 4mm。

（9）龟甲网与端板应逐一焊接，每处的焊缝不得小于 20mm，且在每块端板上的焊缝总长度不小于 40mm。

（10）龟甲网与插入管或固定件相交处，每个龟甲网端头都应与其点焊，不允许有悬空的端头。

（11）龟甲网直接焊在器壁时，应紧贴，局部间隙应不大于 2mm，每个网孔点焊长度应不小于 20mm，点焊间距不大于 150mm。

（12）龟甲网焊接完毕后应打净药皮及焊渣，并把药皮和焊渣用压缩空气吹扫干净或用吸尘器吸干净。高出龟甲网的焊瘤应磨平。

（13）龟甲网检修合格后，尽快进行衬里施工。

（14）龟甲网的纵环两方向接头，尽量在端板处拼接，并与端板焊牢。

（15）龟甲网安装后，结扣的间隙及错边高度均不大于 0.5mm。

（16）龟甲网应使用 1.75mm 或 2mm 厚的钢带冲压制成，材质为 06Cr13，钢材应符合 GB/T 4237《不锈钢热轧钢板和钢带》的规定。

4.2.5.3 衬里

（1）两器壳体及其他附件衬里

a）龟甲网衬里松动、脱落、翘起、缺损、耐磨层磨损超过其厚度1/3，应将缺损衬里处清除干净，重新补衬，否则依据损坏部位和面积确定修补或更换。

b）隔热层有掏空现象应重新补衬。

c）人孔颈处衬里挡板整形后，其挡板与法兰端面间距应不小于50mm，或按图纸要求。

d）耐磨层易开裂部位，纵向开裂宽度小于10mm，裂缝两侧衬里无疏松现象且龟甲网无翘曲，可直接用衬里材料填补裂缝。

e）内衬板的严重变形和冲蚀磨损应修复，或予以更换，内衬板应紧贴龟甲网，内衬板修复前，须修补好被掏空或磨损掉的衬里。

f）衬里修复后设备内表面曲率应与原有曲率保持一致。

g）衬里的施工应按SH 3531—2003《隔热耐磨衬里技术规范》进行。

（2）衬里材料

a）衬里材料必须具有产品合格证（化学组成%：Al_2O_3、SiO_2、Fe_2O_3含量和物理性能），其性能指标应达到相关标准、规范要求或设计要求，还应有材料名称、生产日期、保质期和使用说明书。

b）衬里施工前，施工单位应对衬里材料进行验证性试验，一个批号抽检一次，其材料性能达到设计要求后方可施工。

c）试块的制备按YB/T 5202.1《不定形耐火材料试样制备方法　第1部分：耐火浇注料》进行。强度试验和线变化率试验应分别按YB/T 5201《致密耐火浇注料常温抗折强度和耐压强度试验方法》和TY/T 5203—93《致密耐火浇注料线变化率实验方法》进行。

d）衬里材料中的水泥，从出厂到施工的使用时间应小于三个月。

e）衬里材料应保持干燥，应在不受天气影响的室内保存，防止因包装破损混入杂物。

f）对于两器设备中受催化剂冲蚀严重的部件，如粗旋、旋风分离器、稀相管、料腿；不易铺设龟甲网的异型结构零部件的耐磨衬里，如分布管、分布板等，应选用以磷酸盐为胶结剂的高温、高耐磨钢玉衬里。其余部位、部件衬里可酌情选用B级、C级、D级衬里。

（3）衬里的施工

a）衬里材料施工时应严格按照设计要求或供料厂方的说明书进行，如有必要，供料厂方应派技术人员到施工现场进行指导和监督。无施工说明应按SH 3531—2003《隔热耐磨衬里技术规范》进行施工。

b）衬里料的拌和要求采用强制式搅拌机搅拌，小量施工时也可以采用手工拌和，但必须拌和均匀。

c）衬里料每次拌料量不宜太多，一次拌料量应在20～30min内施工完，剩余的材料或超过时间开始发硬的材料绝对禁止加水再用。

d）衬里施工工作环境温度和待衬里设备的钢表面温度应在5～35℃之间。

e）衬里施工用水应是新鲜、干净的饮用水，pH值应在6.5～7.5之间，水温为5～30℃。

（4）衬里的养护

a）单层衬里施工后，应在相对湿度75%以下的干燥空气中养护24h，在养护期间，应避免风吹、日晒，严禁与水接触或湿度过大。

b）对于支模施工的单层衬里浇注2h后即可向模板上喷水降温，拆模后进行雾湿养护，水必须成雾状，每隔30min喷一次，持续48h，然后将设备开口用湿麻袋封住，自然养护45h，再打开开口，在空气中停放48h，养护时底部不能有积水。

c）双层隔热耐磨衬里养护，要分别对隔热层、耐磨层进行雾湿养护。具体做法：隔热层施工完毕后4～7h，当衬里已初凝后（用手轻按料里表面不粘手），即可进行雾湿养护。用喷雾头进行喷水养护，喷出的水要成雾状，每隔30min喷一次，持续48h。但前期喷雾时间间隔应缩短，见表面干了就立即喷雾。养护过程中要及时清理积水。养护完成后，再对耐磨层进行施工，耐磨层施工完毕后应按隔热层的养护方法对耐磨层进行养护。

d）养护完成后，至少停放两天方可搬运或吊装。

（5）衬里养护后的质量检查

a）衬里混凝土的密度用0.5kg的手锤，以300mm的网格间距轻轻敲击检查，声音应铿实清脆，无松动和无空鼓声。

b）对于龟甲网衬里，衬里表面应与龟甲网平齐，最高突出高度不得大于0.5mm，不允许衬里混凝土低于龟甲网，不允许有裂纹或疏松现象。

c）对于支模浇注的衬里，衬里混凝土表面平整（不要求光滑），无疏松、裂纹及无蜂窝麻面等缺陷。漏浆面积小于总面积的10%，深度大于10mm、直径大于8mm的气孔不应多于20个/m^2，深度小于10mm、直径小于8mm的小孔麻百的面积应小于总面积的20%。

d）对于支模浇注的衬里，衬里烘炉前，衬里混凝土不得有贯穿性裂纹，收缩性裂纹的宽度不得大于1mm。

e）对于支模浇注的衬里，衬里混凝土厚度允许偏差为±4mm。

f）衬里自然养护后，如不具备烘炉条件，为防止晶型转化，应避免在高温（高于38℃）和高湿（相对湿度不小于95%）情况下长期放置。

（6）衬里的烘干

衬里施工、养护完毕后，应及时进行检查。检查确认养护无问题后，进行衬里的烘干。烘干升温制度应按照衬里材料供应商提供的使用说明书或设计要求进行，如果没有特殊要求，应按表6的烘干制度进行。自然冷却期间应防止鼓入冷风。

表 6　衬里烘干升温制度

温度区间 /℃	升温或降温速度 /（℃ /h）	所用时间 /h
常温～150	5～10	13～26
150±5	0	24
150～315	10～15	11～17
315±5	0	24
315～540	20～25	9～12
540±5	0	24
540～常温	≤25	≥21

（7）衬里烘干后检查

a）表面平整度的要求

烘干后表面应平整，无鼓包或疏松的现象；衬里不得有贯穿性裂纹，非贯穿性裂纹宽度不得大于 1mm，深度不得大于衬里厚度的 1/3，长度不得大于 800mm。

b）强度及空洞的检查

每隔 200mm 用 0.5kg 手锤轻轻敲击检查，其声音坚实清脆，不允许有空洞声，有沙哑的声音不得超过 10%。

（8）衬里修补

a）对衬里任一缺陷部位进行修补时，应将断面打磨成内低外高阶梯形接口，并将与新衬里接触的所有衬里部位的浮料及松动部位清除干净。在新衬里施工前，应将断面处的衬里彻底弄湿。修补的最小范围至少应包括三个锚固钉，并至少为 300mm×300mm。

b）所有修补工作，应采用和原来施工相同的方法。小面积修补可采用手工涂抹法，但应捣实。

4.2.6　其他

4.2.6.1　高温螺栓螺纹处应预先涂防咬合剂后拧紧，高温螺栓在投用升温过程中按有关要求进行热紧。

4.2.6.2　“两器”的绝热层维护检修质量标准按 SHS 01033《设备及管道绝热维护检修规程》执行。

4.2.6.3　“两器”的防腐涂层维护检修质量标准按 SHS 01034《设备及管道涂层维护检修规程》执行。

4.2.6.4　“两器”壳体及受压元件检修质量标准按 SHS 01004《压力容器维护检修规程》执行。

5 试验与验收

5.1 试验前准备

5.1.1 “两器”及其附属设备检修完毕，检修记录齐全。

5.1.2 “两器”及其附属设备内部清扫干净，进行联合检查，确认质量合格，并具备试验条件。

5.1.3 “两器”内部受压元件试压合格。

5.2 试验

5.2.1 内、外取器管束耐压试验

5.2.1.1 耐压试验前焊接与检验工作应全部完成。

5.2.1.2 液压试验宜采用水，对于奥氏体不锈钢材质的管束，应控制水中氯离子含量不应大于 25mg/L。

5.2.1.3 试验压力按照试验文件要求确定。试验时的液体温度应根据取热管束的材料确定，材料为碳钢和低合金钢时，液体温度不应低于 15℃。

5.2.1.4 试验时，高点设排气口，充液时取热管束内的空气应当排净并使管内充满液体。液压过程中，应保持观察表面的干燥。

5.2.1.5 试验时，在取热管束金属壁温与液体温度接近后，缓慢升压至设计压力，确认无泄漏后继续升压至规定的试验压力，保压时间应不少于 30min，然后将压力降至设计压力并进行保压检查，对所有焊接接头和连接部位进行检查，无泄漏、无变形为合格。

5.2.1.6 液压试验完毕后，应将液体排尽并用压缩空气将内部吹干。

5.2.2 “两器”气密试验

5.2.2.1 气密性试验前所有衬里施工及检验工作全部完成，所有管孔已封闭。

5.2.2.2 气密介质为干燥洁净空气。

5.2.2.3 试验压力按 TSG 21《固定式压力容器安全技术监察规程》确定。气密性试验压力为最高操作压力。

5.2.2.4 反再试压气密在第一阶段恒温期间进行。

5.2.2.5 以双动滑阀控制再生器气密压力，注意防止压力过高，主风机喘振。

5.2.2.6 试验时，压力应缓慢上升，达到规定压力后保持足够长时间，对所有焊接接头和连接部位进行检查，无泄漏为合格。

5.3 验收

5.3.1 催化装置运行各项指标达到技术要求或能满足生产需要后连续运行 24h。

5.3.2 设备达到完好标准。

5.3.3 检修竣工资料应符合 SH/T 3503 的有关要求。

6 运行维护与故障处理

6.1 日常维护

6.1.1 “两器”操作，严禁超温、超压、超负荷。
6.1.2 定时检查人孔、阀门、法兰等密封点的泄漏情况。
6.1.3 定时巡检安全阀、压力表、消防线等附件、设施是否完好，灵活好用。
6.1.4 检查防振及弹簧支架是否灵活好用，并对弹簧支架的变形量进行记录。
6.1.5 定期对“两器”及烟道的膨胀节进行检查，并做好记录。
6.1.6 定期做热点检查，监测外表面温度，并做好记录。
6.1.7 随原料组分和操作条件的变化，及时监测烟气酸露点，并且监测“两器”及烟道、三旋等设备壁温情况，对于壁温接近烟气酸露点值的设备应加大检查设备焊缝的频次，以免发生酸露点应力腐蚀后造成的危害。
6.1.8 定期对“两器”、斜管等部位松动风通畅情况检查。
6.1.9 再生旋风器在停工过程中，要防止发生连多硫酸腐蚀，停工后注意检查。反再系统卸剂完后，现场确认关死再生、待生滑阀。再生器继续通风降温，至再生器温度小于 200℃，停主风机。

6.2 常见故障与处理方法（见表 7）

表 7 催化裂化反应器、再生器常见功能故障与处理方法

序号	功能	功能故障	故障模式	故障后果	故障应对策略与检修内容	检修周期／月
1	完成进料和反应	提升管进料喷嘴处结焦	喷嘴选型不合理，雾化效果不良	影响产品质量、加工量	根据装置进料性质和进料量选择适宜的进料喷嘴	检修周期
			提升管进料段剂油接触效果差		各喷嘴油、汽量相对均匀，不能偏流	巡检周期 分析周期
					控制适宜的反应操作条件	巡检周期 分析周期
					优化提升管反应器的设计	巡检周期 分析周期
2	完成剂油分离	沉降器结焦	高沸点大分子稠环芳烃缩合和热裂化反应的结果	影响产品质量、加工量、非计划停工	加强沉降器及集气室的保温，减小裂化油气在沉降器内的温降	巡检周期 分析周期
					缩短裂化油气在沉降器内的停留时间	巡检周期 分析周期
					改外集气室，避免集气室内的焦块掉进旋风器	检修周期

表 7　催化裂化反应器、再生器常见功能故障与处理方法（续）

序号	功能	功能故障	故障模式	故障后果	故障应对策略与检修内容	检修周期 / 月
3	完成剂油分离	沉降器顶旋结焦	VQS 在正常生产是封闭罩内外温差大，一旦切断进料，催化剂循环量小，极易使液焦在顶旋料腿翼阀凝结，升气管外壁的焦块也容易脱落堵塞料腿、翼阀	影响产品质量、加工量、能耗、非计划停工	装置切断进料后，应迅速关闭进料喷嘴前手阀，防止油品串进反应器；尽量维持反再两器催化剂循环，必要时课提升沉降器催化剂料位掩盖住顶旋料腿翼阀，避免该部位结焦	停工阶段
4	完成油气输送	沉降器出口大油气管线结焦	一般在弯头、人孔、法兰、大盲板处结焦	影响产品质量、加工量、能耗、非计划停工	油气线速低，油气停留时间长，其中的重质烃类易于附着在管线内壁结焦；加强管线保温，降低油气温降；停工检修时将管线中的焦清除干净；改为冷壁设计	视情而定
5	保证催化剂正常循环	催化剂中断循环	待生催化剂严重带油堵塞待生斜管、待生滑阀阀板脱落或失灵全关，待生线路催化剂架桥	影响产品质量、加工量、非计划停工	将待生滑阀改为手动，滑阀开度稍大于正常位置，检查调整有关松动点，同时大幅度降低反应进料量	巡检周期
			提升管噎塞		迅速提高提升管预提升介质流量，适当提高进料雾化蒸汽量和反应进料量	巡检周期
			空气提升管噎塞或半再生立管噎塞		若二再催化剂量不能维持，应及时切断反应进料，酌情关闭再生滑阀	巡检周期
6	保证烟气正常输送	再生烟道膨胀节泄漏	设计制造质量缺陷	影响加工量、环境污染	若漏点小，可降量操作，进行检修处理	巡检周期
			疲劳性应力拉裂或延期腐蚀泄漏		漏点较大，切断反应进料，尽可能降低再生压力，尽快消漏，切出主风进行闷床操作	视情而定

表 7　催化裂化反应器、再生器常见功能故障与处理方法（续）

序号	功能	功能故障	故障模式	故障后果	故障应对策略与检修内容	检修周期／月
7	保证取热效果及再生器温度控制	外取热器内漏	管束制造缺陷或超过使用寿命，管子严重磨损、减薄、破裂	影响加工量、爆裂、人身事故	迅速观察外取热器筒体温度的变化，判断内漏部位；根据现场上水管线压力表指示和有无异常声音，判断泄漏管束；逐组关闭可能内漏的外取热器上水线，同时观察再生器操作情况、汽包上水流量变化，将泄漏的管束切出；用下滑阀控制料位，提高外取热器内催化剂密度至 450kg/m³ 以上	
			外取热器管束面向热催化剂入口衬里脱落或管束磨漏			
			汽包水汽比过小或外取热器管束发生干烧			
			有上下滑阀控制的外取热器因催化剂密度低，造成管束磨损加剧			
8	完成进料和反应及油气分离	沉降器跑剂	催化剂细化	影响产品质量、加工量、非计划停工	避免催化剂细化	巡检周期
			操作不当造成跑剂。开工及操作波动，VQS 存在一个跑剂敏感区		优化并调整操作方案。停止沉降器高料位操作方式，大幅提高 VQS 罩外流化蒸汽量	视情而定
			设备原因造成跑剂，翼阀选型不合理、翼阀阀体保护罩斜板角度不合适、翼阀料腿直径不匹配		改进翼阀料腿及翼阀结构	检修周期

附 录 A
（资料性附录）
反应器（沉降器）检修质量控制确认表

序号	检修主要内容		质量标准	控制级别	检查情况	施工单位检查确认人	生产装置检查确认人	设备管理部门检查确认人	日期
1	沉降器								
1.1	筒体	外观	外部检查无热点及变形，内部检查衬里无脱落、鼓包、开裂、松动	B					
		焊缝	焊缝完整无开裂，压力容器定期检验中理化检验评定达到3级以上。必要时对焊缝进行着色抽检	B					
		引压管	畅通完好	B					
		热电偶及套管	热电偶无磨损且效验合格，套管完好，防冲刷耐磨衬里完好	B					
		松动点	引风检查松动点畅通无阻，伸进器内管嘴及衬里护板完好，管口内无任何烧结物	B					
		支撑焊接部位	不允许开裂、错位、磨损，限位卡件固定螺母需双螺母锁紧或点焊	B					
1.2	衬里	双层衬里	双层衬里的龟甲网及侧拉环衬里不允许松动、脱落、翘起、缺损，耐磨层磨损不超过其厚度的1/3；双层衬里的隔热层不允许有掏空现象；龟甲网鼓包变形范围小于250mm×250mm可不做整形处理	B					
		单层衬板	单层衬里：衬里无脱落，表面应平整（不要求光滑）。衬里裂缝不超标，不能有贯穿性裂纹，非贯穿性裂纹宽度不得大于3mm，深度不得大于衬里厚度的1/3，长度不得大于800mm，反之应进行修补	B					
		内衬板	内衬板不允许严重变形和冲蚀损坏，内衬板应紧贴衬里，内衬板底部衬里必须完好	B					

反应器（沉降器）检修质量控制确认表（续）

序号	检修主要内容		质量标准	控制级别	检查情况	施工单位检查确认人	生产装置检查确认人	设备管理部门检查确认人	日期
1.3	结焦情况	沉降器顶和壁结焦情况	无焦的均匀面积必须超过80%，器壁残留挂焦厚度不超过10mm	B					
		集气室各升气管畅通情况，升气管内是否有焦块	畅通，无焦块	B					
		顶部放空口是否畅通	顶部放空管清通，消音器畅通干净	B					
		大油气线结焦情况		B					
		防焦蒸汽管及喷嘴结焦	防焦蒸汽管必须拆下清焦疏通，损坏的喷喷更换	B					
2	旋风分离器								
2.1	筒体	查垂直度、圆度	更换旋风分离器的标准：粗旋快分垂直度偏差≤3mm，一级、二级或单级旋风分离器垂直度偏差≤5mm。旋风分离器任意截面的圆度公差≤2mm	A					
		一级、二级或粗旋、单级分离器筒体、出入口及其连接部位的变形、开裂、穿孔、冲蚀程度	母材及焊缝无开裂、穿孔、冲蚀。旋风分离器筒体鼓包变形深度≤±5mm	B					
		耐磨衬里的磨损、开裂、松动、鼓包和脱落情况	旋风分离器内部龟甲网应均匀平滑，不得有突然改变截面和凹凸不平的现象，不允许有松动、鼓包和脱落情况，角相交处不能出现缝隙	B					
		结焦情况	旋风分离器升气管、入口连接通道、灰斗与料腿连接等部位焦块清理干净。结焦均匀覆盖原表面不能大于5%，特别注意入口连接处	B					

反应器（沉降器）检修质量控制确认表（续）

序号	检修主要内容		质量标准	控制级别	检查情况	施工单位检查确认人	生产装置检查确认人	设备管理部门检查确认人	日期
2.1	筒体	引压管	畅通完好	B					
		材质蠕变情况	材质无碳化蠕变现象	B					
		焊缝情况	外观检查，根据运行和检查情况对焊缝进行着色检查	B					
2.2	锥体	变形、开裂、穿孔、冲蚀程度	母材及焊缝无开裂、穿孔、冲蚀。旋风分离器筒体鼓包变形深度≤ ±5mm	B					
		耐磨衬里的磨损、开裂、松动、鼓包和脱落情况	锥体内部龟甲网应均匀平滑，不得有突然改变截面和凹凸不平的现象，不允许有松动、鼓包和脱落情况，角相交处不能出现缝隙	B					
		结焦情况	锥体内部焦块清理干净。结焦均匀覆盖原表面不能大于 5%	B					
		材质蠕变情况	材质无碳化蠕变现象	B					
2.3	灰斗及耐磨短管	变形、开裂、穿孔、冲蚀程度	母材及焊缝无开裂、穿孔、冲蚀。旋风分离器筒体鼓包变形深度≤ ±5mm	B					
		耐磨衬里的磨损、开裂、松动、鼓包和脱落情况	锥体内部龟甲网应均匀平滑，不得有突然改变截面和凹凸不平的现象，不允许有松动、鼓包和脱落情况，角相交处不能出现缝隙	B					
		结焦情况	锥体内部焦块清理干净。结焦均匀覆盖原表面不能大于 5%	B					
		材质蠕变情况	材质无碳化蠕变现象	B					
		焊缝情况	外观检查，根据运行和检查情况对焊缝进行着色检查	B					
2.4	排气管	变形、开裂、穿孔、冲蚀程度	母材及焊缝无开裂、穿孔、冲蚀。旋风分离器筒体鼓包变形深度≤ ±5mm	B					
		耐磨衬里的磨损、开裂、松动、鼓包和脱落情况	内部龟甲网应均匀平滑过渡，不得有突然改变截面和凹凸不平的现象，不允许有松动、鼓包和脱落情况，角相交处不能出现缝隙	B					

反应器（沉降器）检修质量控制确认表（续）

序号	检修主要内容		质量标准	控制级别	检查情况	施工单位检查确认人	生产装置检查确认人	设备管理部门检查确认人	日期
2.4	排气管	内外侧结焦情况	排气管内外部焦块清理干净。结焦均匀覆盖原表面不能大于5%，特别注意排气管内外侧不能挂焦	B					
		材质蠕变情况	材质无碳化蠕变现象	B					
		焊缝情况	对排气管与集气室焊缝以及旋风分离器本体与排气管对接焊缝进行重点检查，要求进行着色检查	B					
2.5	翼阀	检查翼阀护套及连接件有否损坏	护套完好，连接件磨损影响阀板下移不大于5mm。钩环挂板与阀体焊缝不允许有裂纹	B					
		阀板的开关灵活性、角度、磨损及接触面严密情况	翼阀阀板应开关灵活，阀板与阀体弯管端面必须贴紧，角度及肩闭符合要求，接触面应严密，阀板与阀体斜管端面长轴中心线应重合，其允许偏差不得大于5mm，阀板的安装角度按图纸要求，允许偏差为试验角度±0.5°	A					
		内侧结焦情况	内侧结焦清理干净	B					
		材质蠕变情况	材质无碳化蠕变现象	B					
2.6	料腿	变形、开裂、穿孔、冲刷程度	料腿无变形、开裂、穿孔、冲蚀现象	B					
		料腿是否畅通	料腿通球检查，球直径不小于料腿内径的1/2。也可用内窥镜检查	B					
		防冲刷耐磨衬里损坏情况	防冲刷耐磨衬里完好无脱落	B					
		材质蠕变情况	材质无碳化蠕变现象	B					
		焊缝情况	外观检查，根据运行和检查情况对焊缝进行着色检查	B					

反应器（沉降器）检修质量控制确认表（续）

序号	检修主要内容		质量标准	控制级别	检查情况	施工单位检查确认人	生产装置检查确认人	设备管理部门检查确认人	日期
2.7	吊挂件	吊挂件变形情况，旋风分离器的吊杆螺栓，吊挂焊缝，测量吊杆螺母与支撑面的间隙吊杆中心到旋风分离器本体主轴线距离	吊挂件无变形，吊杆螺栓无松动，吊挂焊缝无裂纹，吊杆中心到旋风分离器本体主轴线距离的偏差不大于 3mm	B					
		材质蠕变情况	材质无蠕变，表面着色无裂纹	B					
		焊缝情况	外观检查，根据运行和检查情况对焊缝进行着色检查	B					
2.8	料腿拉筋及限位件	外观检查	拉杆层的间距及位置符合原图要求，无明显冲刷减薄。拉筋热胀不能受阻	B					
		焊缝情况	外观检查，根据运行和检查情况对焊缝进行着色检查	B					
3	提升管出口快分（VQS等）	提升管 VQS 出口油气线承插口	承插口无变形、开裂及结焦堵。	B					
		快速分离设备内构件情况	快速分离设备内构件无结焦、磨损	B					
		VQS 出口与顶旋入口连接焊缝情况	外观检查，根据运行和检查情况对焊缝进行着色检查	B					
		耐磨衬里情况	内部龟甲网应均匀平滑过渡，不得有突然改变截面和凹凸不平的现象，不允许有松动、鼓包和冲刷脱落情况，角相交处不能出现缝隙	B					
		通气管情况	通气管畅通	B					
4	反应器分布板	分布板情况	只允许微变形，不允许开裂、冲蚀	B					
		耐磨短管情况	短管畅通。衬陶瓷短管陶瓷无松动、脱落，无网状裂纹	B					

反应器（沉降器）检修质量控制确认表（续）

序号	检修主要内容		质量标准	控制级别	检查情况	施工单位检查确认人	生产装置检查确认人	设备管理部门检查确认人	日期
4	反应器分布板	结焦情况	结焦均匀覆盖原表面不能大于5%	B					
		衬里情况	衬里应均匀平滑过渡，不得有突然改变截面和凹凸不平的现象，无松动、鼓包和冲刷脱落情况，角相交处不能出现缝隙	B					
5	汽提挡板及防焦格栅	挡板外观情况	内人字挡板、环形挡板及格栅板必须固定、无变形。减薄厚度不超过原始厚度 20%	B					
		焊缝情况	焊缝完好，无裂纹。对运行时间长，可能存在问题的焊缝应拆除覆盖衬里进行理化检查	B					
		结焦情况	结焦均匀覆盖原表面不能大于 5%	B					
		衬里情况	衬里应均匀平滑过渡，不得有突然改变截面和凹凸不平的现象，无松动、鼓包和冲刷脱落情况，角相交处不能出现缝隙	B					
6	汽提蒸汽环管（喷嘴）	分布环管外观检查	分布环管无变形，无磨损	B					
		喷嘴情况	喷嘴畅通，无明显冲刷损坏，喷嘴的损失厚度不超过原始厚度 1/3	B					
		固定件情况	支撑固定件完好	B					
		衬里情况	衬里无松动、鼓包和冲刷脱落	B					
7	原料油喷嘴、终止剂喷嘴、提升喷嘴	原料油喷嘴的冲刷磨损、变形、堵塞和损坏情况	喷嘴完好，不允许磨损、变形、堵塞和损坏	B					
		终止剂喷嘴冲刷磨损、变形、堵塞和损坏情况	喷嘴安装角度和尺寸满足技术文件要求	A					

反应器（沉降器）检修质量控制确认表（续）

序号	检修主要内容		质量标准	控制级别	检查情况	施工单位检查确认人	生产装置检查确认人	设备管理部门检查确认人	日期
7	原料油喷嘴、终止剂喷嘴、提升喷嘴	提升蒸汽喷嘴冲刷磨损、变形、堵塞和损坏情况		B					
8	集气室	外观检查	壳体外部检查无热点及变形，内部检查衬里无脱落、鼓包、开裂、松动	B					
		衬里情况	衬里应均匀平滑过渡，不得有突然改变截面和凹凸不平的现象，无松动、鼓包和冲刷脱落情况，角相交处不能出现缝隙	B					
		材质蠕变情况	材质无明显蠕变现象	B					
		焊缝情况	对集气室与沉降器筒体焊缝以及大油气线出口焊缝进行重点检查，根据运行和检查情况对焊缝进行着色检查	B					
		结焦情况检查。集气室各升气管内是否有焦块，顶部放空口、大油气线结焦情况	无焦的均匀面积必须超过80%，器壁残留挂焦厚度不超过10mm。顶部放空管清通，消声器畅通干净	B					

注： A级：施工单位、生产装置、设备管理部门专业人员检查确认后签字。

B级：施工单位和生产装置专业人员检查确认后签字。

C级：施工单位专业人员检查确认后签字。

另：如果有监理，监理的职责由甲方授权。

附 录 B
（资料性附录）
再生器检修质量控制确认表

序号	检修主要内容		质量标准	控制级别	检查情况	施工单位检查确认人	生产装置检查确认人	设备管理部门检查确认人	日期
1	再生器								
1.1	筒体	外观检查（检查壳体露点腐蚀情况）	壳体外部检查无热点，无裂纹及变形，内部检查衬里无脱落，鼓包、开裂、松动	B					
		焊缝检查	焊缝完整无开裂，压力容器定期检验中理化检验评定达到3级以上。建议大修时根据检查情况对焊缝进行着色抽检	B					
		引压点检查	引压管畅通完好	B					
		热电偶及套管检查	热电偶无磨损且校验合格，套管完好，防冲刷耐磨衬里完好	B					
		松动点检查	引风检查松动点畅通无阻，伸进器内管嘴及衬里护板完好，管口内无任何烧结物	B					
		器内各支撑焊接部位开裂、错位、磨损情况	器内各支撑部件不允开裂、错位、磨损，限位卡件固定螺母需双螺母锁紧或点焊	B					
1.2	衬里	双层衬里	双层衬里的龟甲网及侧拉环衬里不允许松动、脱落、翘起、缺损，耐磨层磨损不超过其厚度1/3；双层衬里的隔热层不允许有掏空现象；龟甲网鼓包变形范围小于250mm×250mm可不做整形处理	B					
		单层衬板	单层衬里：衬里无脱落，表面应平整（不要求光滑）。衬里裂缝不超标，不能有贯穿性裂纹，非贯穿性裂纹宽度不得大于3mm，深度不得大于衬里厚度的1/3，长度不得大于800mm，反之应进行修补	B					

再生器检修质量控制确认表（续）

序号	检修主要内容		质量标准	控制级别	检查情况	施工单位检查确认人	生产装置检查确认人	设备管理部门检查确认人	日期
1.2	衬里	内衬板	内衬板不允许严重变形和冲蚀损坏，内衬板应紧贴衬里，内衬板底部衬里必须完好	B					
2	旋风分离器								
2.1	筒体	旋分器必须检查垂直度、圆度	更换的旋风分离器标准，粗旋快分垂直度偏差≤ 3mm，一级、二级或单级旋风分离器垂直度偏差≤ 5mm。旋风分离器任意截面的圆度公差≤ 2mm。同一级任意两个旋风分离器总长之差不得超过 6mm	A					
		一级、二级或粗旋、单级分离器筒体、出入口及其连接部位的变形、开裂、穿孔、冲蚀程度	母材及焊缝无开裂、穿孔、冲蚀。旋风分离器筒体鼓包变形深度≤ ±5mm	B					
		耐磨衬里的磨损、开裂、松动、鼓包和脱落情况	旋风分离器内部龟甲网应均匀平滑，不得有突然改变截面和凹凸不平的现象，不允许有松动、鼓包和脱落情况，角相交处不能出现缝隙	B					
		引压管情况	引压管检查标准	B					
		材质蠕变情况，顶板及其筋板局部变形开裂情况	材质无明显蠕变现象	B					
		焊缝情况	外观检查，焊缝无拉裂，理化性能满足要求	B					
2.2	锥体	检查锥体是否有变形、开裂、穿孔、冲蚀	母材及焊缝无开裂、穿孔、冲蚀。旋风分离器筒体鼓包变形深度≤ ±5mm	B					
		耐磨衬里的磨损、开裂、松动、鼓包和脱落情况	锥体内部龟甲网应均匀平滑，不得有突然改变截面和凹凸不平的现象，不允许有松动、鼓包和脱落情况	B					
		材质蠕变情况	材质无明显蠕变现象	B					

再生器检修质量控制确认表（续）

序号	检修主要内容		质量标准	控制级别	检查情况	施工单位检查确认人	生产装置检查确认人	设备管理部门检查确认人	日期
2.3	灰斗及耐磨短管	变形、开裂、穿孔、冲蚀程度	母材及焊缝无开裂、穿孔、冲蚀。旋风分离器筒体鼓包变形深度≤ ±5mm	B					
		耐磨衬里的磨损、开裂、松动、鼓包和脱落情况	锥体内部龟甲网应均匀平滑，不得有突然改变截面和凹凸不平的现象，不允许有松动、鼓包和脱落情况，角相交处不能出现缝隙	B					
		材质蠕变情况	材质无明显蠕变现象	B					
		焊缝情况	外观检查，焊缝无拉裂，理化性能满足要求	B					
2.4	排气管	变形、开裂、穿孔、冲蚀程度	母材及焊缝无开裂、穿孔、冲蚀。旋风分离器筒体鼓包变形深度≤ ±5mm	B					
		耐磨衬里的磨损、开裂、松动、鼓包和脱落情况	内部龟甲网应均匀平滑过渡，不得有突然改变截面和凹凸不平的现象，不允许有松动、鼓包和脱落情况，角相交处不能出现缝隙	B					
		材质蠕变情况	材质无明显蠕变现象	B					
		焊缝情况	对排气管与集气室焊缝以及旋风分离器本体与排气管对接焊缝进行重点检查，要求进行着色检查	B					
2.5	翼阀	检查翼阀护套及连接件有否损坏	护套完好，连接件磨损影响阀板下移不大于5mm。钩环挂板与阀体焊缝不允许有裂纹	B					
		阀板的开关灵活性、角度及方位、磨损及接触面严密情况	翼阀阀板应开关灵活，阀板与斜管端口接触面应严密。翼阀安装方位符合图纸要求。阀板的启闭和安装角度符合设计要求，允许偏差为试验角度±0.5°。阀板与阀体斜管端面长轴中心线应重合，其允许偏差不得大于5mm	A					

再生器检修质量控制确认表（续）

序号	检修主要内容		质量标准	控制级别	检查情况	施工单位检查确认人	生产装置检查确认人	设备管理部门检查确认人	日期
2.5	翼阀	材质蠕变情况	材质无明显蠕变现象	B					
2.6	重锤逆止阀	检查重锤阀活动连接件有否损坏	拱杆无变形，支耳焊口无裂纹，所有构件无明显冲刷	B					
		焊缝	阀体焊缝及阀体与料腿焊缝不允许有裂纹	B					
		阀板的开关灵活性、磨损及接触面严密情况	翼阀折翼板应开关灵活，阀板与阀体端面必须均匀贴紧，接触面应严密，阀板耐磨衬里无明显磨损	A					
		阀板水平度	阀板水平度要求控制在 ±0.1°	A					
		材质蠕变情况	材质无碳化蠕变现象	B					
2.7	防倒锥	防倒锥底面安装水平度	允许偏差为 4mm/m	B					
		防倒锥完好情况	无缺损，无凸起或凹陷变形。耐磨衬里完好	B					
2.8	料腿	变形、开裂、穿孔、冲刷程度	料腿无变形、开裂、穿孔、冲蚀现象。料腿下端与分布管（板）垂直距离允许与设计值偏差为 ±20mm	B					
		料腿是否畅通	料腿通球检查，球直径不小于料腿内径的 1/2。也可用内窥镜检查	B					
		防冲刷耐磨衬里损坏情况	防冲刷耐磨衬里完好无脱落	B					
		材质蠕变情况	材质无明显蠕变现象	B					
		焊缝情况	外观检查，根据运行和检查情况对焊缝进行着色检查	B					
2.9	吊挂件	吊挂件变形情况，旋风分离器的吊杆螺栓，吊挂焊缝，测量吊杆螺母与支撑面的间隙吊杆中心到旋风分离器本体主轴线距离	吊挂件无变形，吊杆螺栓无松动，吊挂焊缝无裂纹，吊杆中心到旋风分离器本体主轴线距离的偏差不大于 3mm	B					

再生器检修质量控制确认表（续）

序号	检修主要内容		质量标准	控制级别	检查情况	施工单位检查确认人	生产装置检查确认人	设备管理部门检查确认人	日期
2.9	吊挂件	材质蠕变情况	材质无明显蠕变，表面着色无裂纹	B					
		焊缝情况	外观检查，根据运行和检查情况对焊缝进行着色检查	B					
2.10	料腿拉筋及限位件	外观检查	拉杆层的间距及位置符合原图要求，无明显冲刷减薄。拉筋热胀不能受阻	B					
		焊缝情况	外观检查，根据运行和检查情况对焊缝进行着色检查	B					
		检修平台情况	检修平台完好，螺母无松动、缺失	B					
3	主风分布管	外观检查：主管、支管及分支管的外形，磨损、冲刷情况，安装尺寸，支撑铰链，端头堵板或封头固定情况	分布管无变形，无磨损，焊缝无开裂。分布管标高偏差及水平度偏差不大于设计技术要求偏差。更换时，分布管铰链必须严格按设计角度安装，偏差不得超过 ±3°，安装后灵活转动，内、外分布环应同心，中心距偏差不大于 10mm。所有管嘴应严格按照型号就位，其间距、偏角和斜角应严格控制，其间距偏差为 ±2mm，偏角偏差为 ±1°，斜角偏差为 ±1°	B					
		喷嘴情况	喷嘴畅通，无明显冲刷损坏，喷嘴的损失厚度不超过原始厚度 1/3	B					
		固定件情况	支撑固定件完好	B					
		衬里情况	衬里无松动、鼓包和冲刷脱落	B					
4	主风分布板	分布板外形，磨损、冲刷情况，安装尺寸检查	只允许微变形，不允许开裂、冲蚀	B					

再生器检修质量控制确认表（续）

序号	检修主要内容		质量标准	控制级别	检查情况	施工单位检查确认人	生产装置检查确认人	设备管理部门检查确认人	日期
4	主风分布板	耐磨短管情况：不锈钢管，磨损是否严重。带陶瓷衬管的，陶瓷是否脱落，开裂。采用蔓自燃型短管的，检查非金属层剥落是否严重	短管畅通。衬陶瓷短管陶瓷无松动、脱落，无网状裂纹	B					
		衬里情况	衬里应均匀平滑过渡，不得有突然改变截面和凹凸不平的现象，无松动、鼓包和冲刷脱落情况，角相交处不能出现缝隙	B					
5	主风分布环	分布环管外形，磨损、冲刷情况	分布环管无变形，无磨损	B					
		耐磨短管情况：不锈钢管，磨损是否严重。带陶瓷衬管的，陶瓷是否脱落，开裂。采用自蔓延型短管的，检查非金属层剥落是否严重	喷嘴畅通，无明显冲刷损坏，喷嘴的损失厚度不超过原始厚度 1/3	B					
		固定件情况	支撑固定件完好	B					
		衬里情况	衬里无松动、鼓包和冲刷脱落	B					
6	大孔分布板	分布板情况	只允许微变形，不允许开裂、冲蚀	B					
		耐磨短管情况	短管畅通。衬陶瓷短管陶瓷无松动、脱落，无网状裂纹	B					
		衬里情况	衬里应均匀平滑过渡，不得有突然改变截面和凹凸不平的现象，无松动、鼓包和冲刷脱落情况，角相交处不能出现缝隙	B					
7	催化剂分配器	外观检查	母材无变形、冲蚀、开裂。无杂物。母材变形量超过 10㎜ 应予以修复或更换	B					

再生器检修质量控制确认表（续）

序号	检修主要内容		质量标准	控制级别	检查情况	施工单位检查确认人	生产装置检查确认人	设备管理部门检查确认人	日期
7	催化剂分配器	衬里情况	衬里应均匀平滑过渡，不得有突然改变截面和凹凸不平的现象，无松动、鼓包和冲刷脱落情况，角相交处不能出现缝隙。锚固件碳化和因腐蚀脆化的衬里需更换	B					
8	稀相管	外观检查	母材无变形、冲蚀、开裂。无杂物。母材变形量超过10mm应予以修复或更换	B					
		衬里情况	衬里应均匀平滑过渡，不得有突然改变截面和凹凸不平的现象，无松动、鼓包和冲刷脱落情况，角相交处不能出现缝隙。锚固件碳化和因腐蚀脆化的衬里需更换	B					
9	催化剂脱气斗（罐）	外观检查	脱气斗母材无变形、冲蚀、开裂。脱气罐壳体外部检查无热点及变形	B					
		衬里情况	衬里应均匀平滑过渡，不得有突然改变截面和凹凸不平的现象，无松动、鼓包和冲刷脱落情况，角相交处不能出现缝隙	B					
10	集气室	外观检查	集气室检查无变形，内部检查衬里无脱落、鼓包、开裂、松动	B					
		衬里情况	衬里应均匀平滑过渡，不得有突然改变截面和凹凸不平的现象，无松动、鼓包和冲刷脱落情况，角相交处不能出现缝隙	B					
		材质蠕变情况	材质无明显蠕变现象	B					
		焊缝情况	对集气室与再生器筒体焊缝以及烟气管线出口焊缝进行重点检查，根据运行和检查情况对焊缝进行着色检查	B					

再生器检修质量控制确认表（续）

序号	检修主要内容		质量标准	控制级别	检查情况	施工单位检查确认人	生产装置检查确认人	设备管理部门检查确认人	日期
11	内取热器	外观检查，取热盘管固定、变形、冲蚀情况	外部检查（包括超声、磁粉、着色检测），硬度检查、测厚以及金相检查。取热盘管无变形，明显冲蚀和减薄，固定管箍应无变形	B					
		盘管泄漏情况检查	盘管水压试验合格	B					
		阀门检查	切断阀试压合格，开关灵活	B					
12	外取热器	壳体检查	外部无热点，鼓包变形，衬里完好	B					
		检查外取热器取热管的防冲板或防冲衬里磨损、变形、开裂情况	防冲板至少应覆盖1/2取热管周长，无缺损，无严重减薄	B					
		取热管检查	取热管外部检查（包括超声、磁粉、着色检测），硬度检查、测厚以及金相检查。管束可进行水压试验。内漏的取热管进行切除，择机进行更换	B					
		检查取热管导向架尺寸，磨损、变形、松散情况。导向架连接螺栓磨损、断裂情况	取热管导向架无变形、松散，取热管可自由膨胀，无弯曲变形。连接螺栓完好无松动	B					
		对封头形式检查取热管弯头及下封头厚度，肋片变形，冲刷情况	取热管弯头及下封头损失厚度不超过原始厚度1/3	B					
		对集箱形式检查上下集箱与取热管之间的焊缝情况	焊缝完好，无裂纹	B					
		流化风分布管外观检查，主管、支管及分支管的外形，磨损、冲刷情况，安装尺寸，端头堵板或封头固定情况	流化风分布管无变形，无磨损，焊缝无开裂。分布管标高偏差及水平度偏差不大于设计技术要求偏差	B					

再生器检修质量控制确认表（续）

序号	检修主要内容		质量标准	控制级别	检查情况	施工单位检查确认人	生产装置检查确认人	设备管理部门检查确认人	日期
12	外取热器	流化风分布管喷嘴情况	喷嘴畅通，无明显冲刷损坏，喷嘴的损失厚度不超过原始厚度1/3	B					
		流化风分布管固定件情况	支撑固定件完好	B					
		流化风分布管衬里情况	衬里无松动、鼓包和冲刷脱落	B					
13	辅助燃烧室	炉体部分检查看火窗、内壁冲刷情况、焊缝情况	炉体焊缝无裂纹、泄漏。内部衬里完好平整，无裂纹。看火孔畅通清晰可视	B					
		燃烧器情况	油、瓦斯、风管线畅通。油枪配件齐全，完好。检查点火器接电正确，点火设备完好	B					
		一、二次风阀	检查一、二次风阀灵活好用，开度核对。检查一、二次风阀密封性能	B					
		燃烧室安装要求	新安装卧式辅助燃烧室燃烧气出口管与再生器空气入口主管组装，其同轴度允许偏差为ϕ6mm。立式辅助燃烧室与再生器空气入口管的同轴度允许偏差为ϕ3mm。卧式辅助燃烧室轻油燃烧器安装水平度允许偏差为油枪长度的1/1000，立式辅助燃烧室轻油燃烧器喷嘴伸入炉体长度允许偏差为±5mm	B					

注： A级：施工单位、生产装置、设备管理部门专业人员检查确认后签字。

B级：施工单位和生产装置专业人员检查确认后签字。

C级：施工单位专业人员检查确认后签字。

另：如果有监理，监理的职责由甲方授权。

附 录 C
（资料性附录）
催化斜管、烟道检修质量控制确认表

序号	检修主要内容		质量标准	控制级别	检查情况	施工单位检查确认人	生产装置检查确认人	设备管理部门检查确认人	日期
1	斜管								
1.1	斜管外壁	外观检查	壳体外部检查无热点及变形，内部检查衬里无脱落、鼓包、开裂、松动	B					
		焊缝检查	焊缝完整无开裂，压力容器定期检验中理化检验评定达到3级以上。建议大修时根据检查情况对焊缝进行着色抽检	B					
		引压点检查	引压管畅通完好	B					
		热电偶及套管检查	热电偶无磨损且效验合格，套管完好，防冲刷耐磨衬里完好	B					
		松动点检查	引风检查松动点畅通无阻，伸进器内管嘴及衬里护板完好，管口内无任何烧结物	B					
1.2	斜管膨胀节	波纹管元件	膨胀节无明显弯曲变形、焊缝开裂和波纹管开裂、磨损、腐蚀泄漏等情况	B					
		铰链式膨胀节铰链	铰链式膨胀节铰链无扭曲变形	B					
		焊缝检查	筋板与筒、铰链板与立板和立板与筒节的连接焊缝检查完好	B					
		结构件：检查膨胀节拉杆、铰链板、平衡环、销轴、支座等主要受力元件	各主要受力元件无超负荷、变形、开裂、严重腐蚀等现象	B					
		衬里	内部衬里无松动和冲刷脱落	B					

催化斜管、烟道检修质量控制确认表（续）

序号	检修主要内容		质量标准	控制级别	检查情况	施工单位检查确认人	生产装置检查确认人	设备管理部门检查确认人	日期
1.3	衬里及结焦情况	衬里情况	检查衬里无脱落、鼓包、开裂、松动。衬里应均匀平滑过渡，不得有突然改变截面和凹凸不平的现象，无松动、鼓包和冲刷脱落情况，角相交处不能出现缝隙	B					
		结焦情况检查	无焦的均匀面积必须超过80%，器壁残留挂焦厚度不超过10mm。顶部放空管清通，消音器畅通干净	B					
2	烟气管道			B					
2.1	管道筒体	筒体外形和外壁腐蚀情况	外壁完好，无泄漏、开裂现象，筒体无明显减薄（强度校核按GB/T 150）、焊缝无裂纹。烟道筒体制造、检验与验收应按照GB/T 150有关规定执行	B					
		筒体母材过热情况	烟机入口管道不允许超设计温度操作，防止管道发生高温蠕变，必要时测量与初始安装位置的变形量，进行安全评估。检查管道支吊架损坏变形情况，荷载在规定范围内	B					
2.2	管道膨胀节	波纹管元件	膨胀节无明显弯曲变形、焊缝开裂和波纹管开裂、磨损、腐蚀泄漏等情况	B					
		铰链式膨胀节铰链	铰链式膨胀节铰链无扭曲变形	B					
		焊缝检查	筋板与筒、铰链板与立板和立板与筒节的连接焊缝检查完好	B					
		结构件：检查膨胀节拉杆、铰链板、平衡环、销轴、支座等主要受力元件	各主要受力元件无超负荷、变形、开裂、严重腐蚀等现象	B					
		衬里	内部衬里无松动和冲刷脱落	B					

催化斜管、烟道检修质量控制确认表（续）

序号	检修主要内容		质量标准	控制级别	检查情况	施工单位检查确认人	生产装置检查确认人	设备管理部门检查确认人	日期
3	临界流速喷嘴	外观检查	日常运行外壁无超温。法兰无泄漏	B					
		耐磨材料	耐磨材料完好，无明显冲刷沟槽，耐磨材料无脱落	B					
		更换喷嘴流动方向	管路畅通流动方向为从四旋出口流向大烟道	B					
4	降压孔板	外观检查	检查降压孔板整体有无变形，孔板表面无冲刷、开裂情况。降压孔板通道板紧固螺栓有无松动、变形、缺失	B					
		陶瓷喷嘴情况	陶瓷耐磨喷嘴完好，无脱落，流道光滑顺畅，无堵塞现象	B					
		衬里情况	衬里应均匀平滑过渡，不得有突然改变截面和凹凸不平的现象，无松动、鼓包和冲刷脱落情况，角相交处不能出现缝隙	B					

注： A级：施工单位、生产装置、设备管理部门专业人员检查确认后签字。

B级：施工单位和生产装置专业人员检查确认后签字。

C级：施工单位专业人员检查确认后签字。

另：如果有监理，监理的职责由甲方授权。

附 录 D
（资料性附录）
催化裂化反应器、再生器试验与验收数据记录表

<table>
<tr><td>试验类型</td><td colspan="2"></td><td colspan="2">□水压 □气压 □气密</td><td>设备名称</td><td></td></tr>
<tr><td>设计压力</td><td colspan="2"></td><td colspan="2"></td><td>设备位号</td><td></td></tr>
<tr><td>设计温度</td><td colspan="2"></td><td colspan="2">MPa</td><td>操作介质</td><td></td></tr>
<tr><td>压力表
精度等级</td><td colspan="2"></td><td colspan="2"></td><td>压力表量程</td><td>MPa</td></tr>
<tr><td>压力表
检定日期</td><td colspan="2"></td><td colspan="2"></td><td>压力表
表盘直径</td><td>mm</td></tr>
<tr><td>环境温度</td><td colspan="2"></td><td colspan="2">℃</td><td>试验介质温度</td><td>℃</td></tr>
<tr><td></td><td colspan="6">奥氏体不锈钢设备试验用水氯离子含量 mg/L</td></tr>
<tr><td rowspan="3">耐压
试验</td><td>试验部位</td><td colspan="2"></td><td></td><td>试验介质</td><td></td></tr>
<tr><td>试验压力</td><td colspan="2"></td><td>MPa</td><td>保压时间</td><td>min</td></tr>
<tr><td>试验结论</td><td colspan="2"></td><td colspan="3">□有渗漏 □无渗漏
□有可见异常变形 □无可见异常变形
□有异常响声 □无异常响声
□不合格 □合格</td></tr>
<tr><td rowspan="3">气密
试验</td><td>试验部位</td><td colspan="2"></td><td></td><td>试验介质</td><td></td></tr>
<tr><td>试验压力</td><td colspan="2"></td><td>MPa</td><td>保压时间</td><td>min</td></tr>
<tr><td>试验结论</td><td colspan="2"></td><td colspan="3">□有渗漏 □无渗漏
□有可见异常变形 □无可见异常变形
□有异常响声 □无异常响声
□不合格 □合格</td></tr>
<tr><td>补充试验</td><td colspan="6"></td></tr>
</table>

设备管理部门	监理单位	生产装置	施工单位
专业工程师： 日期： 年 月 日	专业工程师： 日期： 年 月 日	专业工程师： 日期： 年 月 日	专业工程师： 质量检查员： 施工班组长： 日期： 年 月 日

附　录　E
（资料性附录）
翼阀冷态试验方法

E.1　本附录适用于Ⅳ型催化裂化和提升管催化装置中反应器再生器内部翼阀安装角度的冷态调试。

E.2　为保证在同一设备内安装的各组翼阀工作状况一致，翼阀调试应在固定的厂房内进行。室内应保持安静，避免因各种机械运转或其他原因造成振动干扰。

E.3　试验应在固定的试验架上进行。试验架宜采用具有足够稳定的龙门架。待试验的翼阀垂直悬吊在龙门架顶横梁的中部，架顶横梁担在两旁的支承柱上，在支承立柱的支托下横梁能够带着固定于其上的翼阀自由转动。

龙门架的下横梁安装高度以翼阀的阀体高度为准。它也固定在两旁的支承立柱上。在下横梁正对阀体的位置安装调顶螺栓以顶动翼阀旋转到要求的角度，并能实现微调。

E.4　试验方法：推荐使用下述两种方法。

E.4.1　静态试验：旋动调节螺栓，将翼阀顶到阀板不能自动开启的位置，向阀体内注入规定数量的催化剂。催化剂加完后，缓慢旋动调节螺栓使翼阀逐渐趋向垂直，直至阀板在催化剂的压力下恰好自行开启，把该角度记录下来作为所需的安装角度。

E.4.2　动态试验：旋动调节螺栓，将翼阀顶到设计规定的安装角度。固定后，缓慢、连续均匀地向阀内注入一定数量的催化剂观察阀板在何时开启。如果在规定数量的催化剂未注完前阀板已经打开则角度过小；如果规定数量全部注完而阀板仍未开启，则角度过大。再取出催化剂重新调整角度进行试验，直至催化剂全部注完时阀板恰好打开，把该角度记录下来作为所需的安装角度。催化剂的加入速度应控制在工艺规定的时间内均匀加满层高。

E.5　为保证试验的准确，翼阀角度的调节一定要用能实现微调的机构，如调节螺栓千斤顶等，严禁使用链式起重机或人力扳动。

E.6　试验要求使用平衡催化剂的容重符合实际工况。

E.7　注入催化剂数量要根据不同翼阀的图纸设计规定。

E.8　本试验在翼阀安装前由生产单位负责组织有关人员进行。试验结束后，提出每个翼阀安装角度的准确数字，交施工单位按此数字对号安装。

16. 脱蜡套管结晶器维护检修规程

SHS 02003—2019

（代替 SHS 02003—2004）

目　　录

前　言

本规程按照GB/T 1.1—2009《标准化工作导则　第1部分：标准的结构和编写》给出的规则修订。

本规程代替SHS 02003—2004《脱蜡套管结晶器维护检修规程》，与SHS 02003—2004相比，除了编辑性修改外，主要技术变化如下：

——增加了拆卸与安装过程中步骤的具体描述、注意事项和技术要求；

——原检修周期与内容章节中，检修周期分大修和小修，并给出具体的检修周期，修订后删除了小修的提法、小修周期和小修项目；

——增加了目前应用得最广泛的改性聚苯酯填料的安装和注意事项；

——在维护与故障处理章节中，采用了RCM的分析方法根据实际重新进行了编写。

本规程由中国石油化工集团有限公司、中国石油化工股份有限公司提出。

本规程起草单位：中国石油化工股份有限公司茂名分公司。

本规程主要起草人：林昌基、刘星、魏少云、董志祥。

本规程历次版本发布情况：

——SHS 02003—1992、SHS 02003—2004。

脱蜡套管结晶器维护检修规程

1 范围

1.1 主题内容

本规程规定了脱蜡套管结晶器的检修周期与内容、检修程序与质量标准、试车与验收、维护与故障处理。

1.2 适用范围

本规程适用于石油化工装置常用脱蜡套管结晶器。

2 规范性引用文件

下列文件对本文件的应用是必不可少的。凡是注日期的引用文件，仅注日期的版本适用于本文件。凡是不注日期的引用文件，其最新版本（包括所有的修改单）适用于本文件。

SH/T 3416 石油化工用套管结晶器

3 检修周期与内容

3.1 检修周期

根据对脱蜡套管结晶器功能故障及其影响分析结果、有无备用设备并结合生产装置运行周期，确定设备检修周期。

3.2 检修内容

a）检查调整链条张紧程度。

b）清洗检查链条和链轮。

c）检查更换安全销。

d）检查传动轴、滚动轴承。

e）检查更换填料密封。

f）检查滚动轴承座、传动体、连接体。

g）拆卸检查套管、弯头、端盖、支承套。

h）检查刮刀轴。

i）检查减速机。

4 检修程序与质量标准

4.1 检修前准备

a）根据套管结晶器运行状况和以往检修记录，结合装置生产状况制定详尽的施工方案；备好相关图纸、施工统筹图等资料。

b）组织施工人员现场交底，熟悉施工方案、施工图纸、施工统筹、技术要求及有关资料，并掌握施工质量标准。

c）备齐检修工具、量具、配件及其他相关材料。

d）检修现场布置符合安全卫生标准，零、部件及工机具的存放设有固定区域。

e）切断电源，关闭进、出口阀，放净套管内介质并处理干净；对检修过程进行危害识别及风险评估、环境因素识别和影响评价；检查安全措施准备，检查安全通道畅通无阻，放置好安全警示牌，拉好安全警示绳；办理相关票证。

4.2 拆卸与检测

4.2.1 变速机构

a）做好联轴器标记，拆卸变速机联轴器，检查对中数据应符合制造厂要求。

b）减速机检修见 SHS 01028—2019《变速机维护检修规程》。

4.2.2 传动机构

4.2.2.1 链条

a）链条磨损节距增大 5% 时，更换链条。

b）链条张紧程度，以主动轮与从动轮之切线为基准，测得链条垂下的距离 B 与两轮的中心距 L 之比不大于 2%。其中垂直链传动部分的垂下距离 B 应小于 0.2%L。

4.2.2.2 拆卸并检查安全销

4.2.2.3 拆卸并检查链轮锁紧螺母、链轮压盖

4.2.2.4 链轮、链轮体及滚动轴承

a）链轮的轴线须平行，其允差为沿轴方向 0.5mm/m。

b）链轮径向和端面圆跳动量应符合有关要求，具体见表 1。

表 1 链轮径向和端面圆跳动量 mm

链轮直径	＜100	100～200	200～300	300～400
跳动量	0.3	0.5	0.8	1

c）链轮齿厚磨损达到齿厚 30% 时，更换链轮。

d）链轮体轴承的直径间隙为 0.10～0.20mm。

e）链轮内孔与轴的配合为 H7/k6。

f）链轮内孔与传动套外径配合为 H8/d8 或 H8/e8。

4.2.2.5 拆卸并检查传动臂、轴承压盖，抽出传动轴后，拆卸传动键、轴套、滚动轴承、轴承挡圈、轴承座。

拆卸过程中尤其要注意检查滚动轴承、传动轴与填料的接触部位、轴承压盖、轴承座的磨损情况。

a）传动轴表面无深沟和毛刺。填料部位粗糙度为 R_a3.2，磨损量不得超过 0.4mm。轴颈径向圆跳动量公差值为 0.20mm。

b）滚动轴承内圈与传动轴配合为 H7/k6 或 H7/m6，轴承外圈与轴承箱内孔配合为 j7/H6 或 h7/H6。

c）传动轴套应无变形，磨损值不得超过 0.5mm。

d）传动套内孔与轴配合为 H7/h6 或 H7/g6。

4.2.3 拆卸并检查填料密封

4.2.4 刮刀系统

4.2.4.1 拆卸检查后端盖

a）后端盖应无严重磨损、腐蚀。

b）后端盖法兰结合面与末端支架留有轴向间隙 3～5mm。

4.2.4.2 在吊车配合下将刮刀轴从内套管中抽出，过程中应注意保持刮刀轴不允许有过大的弯曲；抽出后将刮刀轴放置在平整的地上，检查其扭曲变形情况，检查刮刀、弹簧、销轴、支承架及轴承、中间联结轴、刮刀轴等磨损情况。

a）刮刀轴管应无裂纹、变形，直线度公差值为 1mm/1000mm，全长不大于 2mm。

b）清扫刮刀轴管内外油泥等杂物。

c）刮刀应无严重变形，其磨损不得超过 3mm。

d）弹簧和刮刀在轴管的支架内活动自如。

e）弹簧各项参数符合技术要求。

f）支承架外圆磨损值不大于 2mm。

g）支承架衬套内径与中间轴安装间隙不大于 0.08mm。老式设备可适当放宽要求。

4.2.4.3 检查内套管内壁应无严重磨损、腐蚀，必要时试压；检查内套管可视外壁与外套管外壁的腐蚀情况，外防腐损坏时进行除锈刷漆，必要时测厚并试压。

4.3 回装与质量标准

4.3.1 回装刮刀系统

a）将刮刀轴水平吊起并与内套管同高，把刮刀轴推入内套管中，此过程中应注意刮刀轴的整条轴始终不允许有稍大的弯曲；推入就位后，手动盘转刮刀轴，以无明显卡涩为合格。

b）检查后端盖法兰结合面与末端支架应有轴向间隙 3～5mm。

4.3.2 回装填料密封

4.3.2.1 改性聚苯酯材料

a）装配时应预先检查填料盒和传动轴倒角是否符合标准，防止安装时伤害密封组件的工作面。

b）安装过程应先涂润滑脂，安装压盖，然后依次将密封组件分单件安装到传动轴上，安装时特别注意防止密封面划伤，再用压盖将填料压入填料盒，安装数量以压盖能压入填料盒为止。过程中要注意各个部件的方向和位置。

c）填料盒螺栓在紧固时应保持适度的压紧力，以在有介质负荷时紧到无渗漏为止，运行一星期后再进行二次紧固，以不松动为止，禁止一次性紧固超过设计模量。

4.3.2.2 夹织物浸渍材料或夹布橡胶材料

a）填料压盖内孔与传动轴直径间隙为 0.50～1.00mm。

b）填料压盖外径与填料箱内孔配合为 H9/d9。

c）填料底套内孔与轴直径间隙为 0.50～1.00mm。

d）填料底套外径与填料箱内孔配合为 H8/g7。

e）填料压紧要适度。

4.3.3 回装传动机构

a）传动轴表面无深沟和毛刺。填料部位粗糙度为 R_a3.2，磨损量不得超过 0.4mm。轴颈径向圆跳动量公差值为 0.20mm。

b）链轮的轴线须平行，其允差为沿轴方向 0.5mm/m。

c）主动链轮和从动链轮应在同一个垂直平面内，其允许误差应小于 0.4mm。

d）全部链轮应在同一平面内，其相邻两个链轮轴向偏差不大于中心距的 0.20%～0.40%。

e）链条张紧程度，以主动轮与从动轮之切线为基准，测得链条垂下的距离 B 与两轮的中心距 L 之比不大于 1%～2%。其中垂直链传动部分的垂下距离 B 应小于 0.2%L。

f）滚动轴承内圈与传动轴配合为 H7/k6 或 H7/m6，轴承外圈与轴承箱内孔配合为 j7/H6 或 h7/H6。

g）链轮体轴承的直径间隙为 0.10～0.20mm。

h）链轮内孔与轴的配合为 H7/k6。

i）链轮内孔与传动套外径配合为 H8/d8 或 H8/e8。

j）传动套内孔与轴配合为 H7/h6 或 H7/g6。

4.3.4 回装变速机构

a）变速机就位后检查变速机与电机的对中情况，对中数据应符合制造厂要求。

b）减速机回装见 SHS 01028《变速机维护检修规程》。

5 试车与验收

5.1 试车前准备

a）制定试车方案并按方案做好各项准备工作。

b）检查检修质量确认表或施工方案的检修数据记录情况，确认检修数据等正确。

c）清扫套管周围油泥、施工杂物等，保证安全，符合试车条件。

d）检查电器、仪表、油系统均已具备试车条件。

e）链轮体与传动轴的滚动轴承部位加注润滑脂。

f）检查链条张紧程度。

g）压力表、温度计齐全好用。

h）检查各联接螺栓紧固良好。

i）单试电机转向正确，连接联轴器。

j）检查减速机油位，检查传动头各注油部位是否已经注上润滑脂。

5.2 试车

5.2.1 空负荷试车

a）点动电动机，传动机构转动灵活，空运转不得超过 1min。

b）检查电机和减速机的运转情况，应平稳无异常声音。

c）检查链轮和链条运行情况，应运转平稳，啮合良好，无卡住或撞击现象。

5.2.2 负荷试车

a）滚动轴承部位温度不高于 70℃。

b）电机和减速机的运行状态良好，各部位的振幅值应符合 SHS 01003《旋转机械振动标准》。

c）套管内部、外部无异常声音。

d）链轮和链条的运行情况良好，运转平稳。

e）链条张紧程度和润滑良好。

f）介质的压力、温度不应超过规定范围。

g）填料箱和各联接部位密封良好无泄漏。

5.3 验收

a）连续运转 24h 后，各项技术指标均达到设计要求，或能满足生产的需要。

b）设备达到完好标准。

c）检修记录齐全、准确，按规定办理验收手续。

6 维护与故障处理

6.1 日常维护

a）定时巡检，做好记录。

b）定时检查减速机油位、振动、温度和响声。

c）定时检查链条、链轮的润滑和链条张紧程度，检查链轮体滚动轴承部位不超温。

d）定时检查刮刀轴运转情况及填料密封情况。

e）定时检查传动系统，传动轴应无异响、突出，滚动轴承部位不超温。

6.2 常见故障与处理方法（见表2）

表2 常见功能故障与处理方法

序号	功能	功能故障	故障模式	故障后果	故障应对策略与检修内容	故障周期/月
1	保证内套管入口压力<1.8MPa（或工艺卡片中要求的压力）	内套管入口压力>1.8MPa（或工艺卡片中要求的压力）	负荷销断，刮刀轴停止转动	生产负荷下降；产品质量不合格	定期巡检；压力监控；内套管内壁积蜡造成负荷销断，则停下机组用溶剂清除积蜡	视情而定
					内套管有异物、刮刀轴组件松脱或刮刀轴扭曲变形使得转动阻力增加造成负荷销断，则消除管内异物、修整刮刀轴或矫正变形	48~60
			内套管内壁积蜡	生产负荷下降；产品质量不合格	压力监控、采样分析；停下机组用溶剂清除积蜡	视情而定
2	保证蜡油密闭生产	填料密封泄漏或温度异常	填料磨损	火灾、爆炸、环境污染，非计划停工	定期巡检，泄漏时把紧填料压盖，无效则停机更换填料；根据检修周期更换填料	36~48
			填料压盖部位温度高	火灾、爆炸、环境污染，非计划停工	压盖偏斜且与传动轴接触摩擦，适当调节压盖的平衡	视情而定
			传动轴与填料接触处磨损	火灾、爆炸、环境污染，非计划停工	定期巡检，泄漏时把紧填料压盖，无效则停机更换传动轴与填料；根据检修周期更换传动轴	36~48

表 2　常见功能故障与处理方法（续）

序号	功能	功能故障	故障模式	故障后果	故障应对策略与检修内容	故障周期/月
3	保证机组连续运转	传动系统不正常	滚动轴承损坏	火灾、爆炸、环境污染，非计划停工	定期定量加注润滑脂；根据检修周期更换更换滚动轴承	36～48
			链条太松或过紧	链条噪声过大或链条抖动	调节紧链器或除掉过长链节	视情而定
			链条、链轮过度磨损	链条噪声过大或链条抖动	更换链条或链轮	视情而定
			各链轮不在同一平面内	链条噪声过大或链条抖动	调整使相邻两个链轮轴向偏差不大于中心距的0.20%～0.40%	36～48
			链条断开	链条噪声过大或链条抖动	更换链条	24～36
			链条卡涩	链条噪声过大或链条抖动	链条上加润滑油	2天1次
			填料与传动轴接触过紧	链条噪声过大或链条抖动	调整填料压盖	视情而定
			填料压盖偏斜后与传动轴接触摩擦	链条噪声过大或链条抖动	调整填料压盖	视情而定
		减速机故障	对中不良	减速机振动大	重新对中	视情而定
			滚子或齿轮磨损	减速机振动大	更换配件	36～48
			轴承磨损	减速机振动大	更换轴承	36～48
			润滑油不足	减速机温度过高	加润滑油	视情而定
			超负荷	减速机温度过高	查找超负荷原因并处理	视情而定
			振动大引起	减速机温度过高	按振动大处理方法	视情而定

附 录 A
（资料性附录）
套管结晶器检修质量确认表

项目	主要控制内容			等级	施工单位	生产装置	设备管理部门	备注
	标准值	部位	现场记录					
拆卸中检测								
传动轴表面无深沟和毛刺。填料部位粗糙度为 R_a3.2，磨损量不得超过 0.4mm	R_a3.2；≤0.4mm			B	★	★		
主动链轮和从动链轮应在同一个垂直平面内，其允许误差应小于 0.4mm	＜0.4mm			C	★			
全部链轮应在同一平面内，其相邻两个链轮轴向偏差不大于中心距的 0.20%～0.40%	0.20%～0.40%			C	★			
滚动轴承内圈与传动轴配合为 H7/k6 或 H7/m6，轴承外圈与轴承箱内孔配合为 j7/H6 或 h7/H6	H7/k6 或 H7/m6；j7/H6 或 h7/H6			B	★	★		
链轮体轴承的直径间隙为 0.10～0.20mm	0.10～0.20mm			B	★	★		
链轮内孔与轴的配合为 H7/k6	H7/k6			B	★	★		
链轮内孔与传动套外径配合为 H8/d8 或 H8/e8	H8/d8 或 H8/e8			B	★	★		
传动套内孔与轴配合为 H7/h6 或 H7/g6	H7/h6 或 H7/g6			B	★	★		
回装时检测								
后端盖法兰结合面与末端支架轴向间隙≤3～5mm	3～5mm			C	★			
传动轴表面无深沟和毛刺。填料部位粗糙度为 R_a3.2，磨损量不得超过 0.4mm	R_a3.2；≤0.4mm			B	★	★		
传动轴轴颈径向圆跳动量公差值≤0.20mm	≤0.20mm			B	★	★		
链轮的轴线须平行，其允差为沿轴方向 0.5mm/m	0.5mm/m			C	★	★		
主动链轮和从动链轮应在同一个垂直平面内，其允许误差应小于 0.4mm	＜0.4mm			C	★			
全部链轮应在同一平面内，其相邻两个链轮轴向偏差不大于中心距的 0.20%～0.40%	0.20%～0.40%			C	★			

套管结晶器检修质量确认表（续）

项目	主要控制内容			等级	施工单位	生产装置	设备管理部门	备注
	标准值	部位	现场记录					
链条张紧程度，以主动轮与从动轮之切线为基准，测得链条垂下的距离 B 与两轮的中心距 L 之比不大于 1%～2%；其中垂直链传动部分的垂下距离 B 应小于 0.2%L	≯ 1%～2%； ＜ 0.2%L			B	★	★		
滚动轴承内圈与传动轴配合为 H7/k6 或 H7/m6，轴承外圈与轴承箱内孔配合为 j7/H6 或 h7/H6	H7/k6 或 H7/m6； j7/H6 或 h7/H6			B	★	★		
链轮体轴承的直径间隙为 0.10～0.20mm	0.10～0.20mm			B	★	★		
链轮内孔与轴的配合为 H7/k6	H7/k6			B	★	★		
链轮内孔与传动套外径配合为 H8/d8 或 H8/e8	H8/d8 或 H8/e8			B	★	★		
传动套内孔与轴配合为 H7/h6 或 H7/g6	H7/h6 或 H7/g6			B	★	★		

控制级别说明： A：设备管理部门专业人员、车间或装置设备员 / 设备主任、施工单位检查人员。

B：车间或装置质量管理人员、施工单位检查人员。

C：施工单位检查人员。

另：如果有监理，监理的职责由甲方授权。

附 录 B
（资料性附录）
套管结晶器试车与验收数据记录表

装置：　　　　　　　　　　　设备名称：　　　　　　　　　　　位号：

记录时间													
记录名称	标准	1:00	2:00	3:00	4:00	5:00	6:00	7:00	8:00	9:00	10:00	11:00	12:00
电机前轴承温度													
电机后轴承温度													
减速器前轴承振动													
减速器后轴承振动													
左一传动轴轴承温度													
左二传动轴轴承温度													
左三传动轴轴承温度													
左四传动轴轴承温度													
左五传动轴轴承温度													
左六传动轴轴承温度													
右一传动轴轴承温度													
右二传动轴轴承温度													
右三传动轴轴承温度													
右四传动轴轴承温度													
右五传动轴轴承温度													
右六传动轴轴承温度													
验收确认	施工单位：					管理单位：					使用单位：		

17. 石蜡成型机维护检修规程

SHS 02004—2019

（代替 SHS 02004—2004）

目　次

前　言

本规程按照GB/T 1.1—2009《标准化工作导则　第1部分：标准的结构和编写》给出的规则修订。

本规程代替SHS 02004—2004《石蜡成型机维护检修规程》，与SHS 02004—2004相比，除了编辑性修改外，主要技术变化如下：

——增加了拆卸与安装过程中步骤的具体描述、注意事项和技术要求；

——原检修周期与内容章节中，检修周期分大修和小修，并给出具体的检修周期，修订后删除了小修的提法、小修周期和小修项目；

——在维护与故障处理章节中，采用了RCM的分析方法根据实际重新进行了编写。

本规程由中国石油化工集团有限公司、中国石油化工股份有限公司提出。

本规程由中国石油化工股份有限公司茂名分公司起草。

本规程主要起草人：郑英庆。

本规程历次版本发布情况：

——SHS 02004—1992、SHS 02004—2004。

石蜡成型机维护检修规程

1 范围

1.1 主题内容

本规程规定了石油化工石蜡成型机的检修周期与内容、检修与质量标准、试车与验收、维护与故障处理。

1.2 适用范围

本规程适用于GREERCO生产的4.54t/h（10000lb/h）、5.67t/h（12500lb/h）、6.80t/h（15000lb/h）以及L48、801-W-2-1、JJ.11型石蜡成型机组。

2 规范性引用文件

下列文件对本文件的应用是必不可少的。凡是注日期的引用文件，仅注日期的版本适用于本文件。凡是不注日期的引用文件，其最新版本（包括所有的修改单）适用于本文件。

SHS 01009 管壳式换热器维护检修规程
SHS 03059 化工设备通用部件检修及质量标准
SHS 01028 变速机维护检修规程
SHS 01017 齿轮泵维护检修规程
SHS 01013 离心泵维护检修规程
SHS 01010 空气冷却器维护检修规程
SHS 01029 皮带输送机维护检修规程
GREERCO成型机操作维护说明书
Q/DZS.J.01 石蜡成型机技术条件（制造厂企业标准）

3 检修周期与内容

3.1 检修周期

根据对石蜡成型机功能故障及其影响分析结果、有无备用设备并结合生产装置运行周期，确定检修周期。

3.2 检修内容

a）清扫机头及冷室内部各部件。

b）检查所有的紧固螺栓。

c）检查并调整机头及冷室的转向轨道端部。

d）检查冷室内拉紧短轨的端部。

e）检查机头和冷室内的各部稳定器（圆弧轨）及限位板。

f）检查蜡盘框架上的轴承及轴承挡圈。

g）检查冷室内风机的三角皮胶带、两端的滚动轴承及中间的滑动轴承。

h）检查拉紧弹簧的长度。

i）检查清洗各传动链条、链轮、轴承。

j）清洗定量注料器底部全部喷头。

k）检查脱膜翻转带。

l）检查注料传动机构。

m）检查蜡盘框架螺栓。

n）检查传动部分摇臂轴承。

o）检查主离合器、浇注离合器。

p）检修主输送机构。

q）检修主传动机构。

r）检修定量注料器。

s）检修蜡板输送机构。

t）检修温水换热系统。

u）检修冷风机及蒸发器系统。

v）检查修理机架、地脚、冷室隔热壁等部位。

w）检查蜡盘预热系统。

x）检查测量主框架对角线的长度是否一致，立柱垂直度是否为 90°，以及两边的平行位移导轨的平行度。

4 检修程序与质量标准

4.1 检修前准备

a）根据石蜡成型机运行状况和以往检修记录，结合装置生产状况制定详尽的施工方案；备好相关图纸、施工统筹图等资料。

b）组织施工人员现场交底，熟悉施工方案、施工图纸、施工统筹、技术要求及有关资料，并掌握施工质量标准。

c）备齐检修工具、量具、配件及其他相关材料。

d）检修现场布置符合安全卫生标准，零部件、工机具的存放设有固定区域。

e）切断进料、注完注料槽内的液蜡、拉空成型所有蜡盘的蜡，切断电源。

f）对检修过程进行危害识别及风险评估、环境因素识别和影响评价；检查安全措施准备，检查安全通道畅通无阻，放置好安全警示牌，拉好安全警示绳；办理相关票证。

4.2 拆卸与检查

4.2.1 主输送机构

a）拆卸全部蜡盘框架、清除污物，测量框架对角线（框架两对角线长度公差为0.8mm）、立柱垂直度、框架上的小轴与支撑套垂直度（公差值为0.2mm），检修或更换轴承。

b）拆卸各层拉紧弹簧（底层弹簧的长度为143mm，其余各层为95mm），检查自由高度。

c）拆卸全部链轮组件（拉紧链轮与随动链轮应在一个几何平面内，平面度公差值为0.2mm），检查轴承和链轮磨损情况。

d）检查平行位移导轨和转向位移导轨，测量平行位移导轨的平行度、轨道的凸台高度（6mm）和转向导轨半径。

e）检查各稳定器与限位板的间距及稳定器与轨道的间距，舌型稳定器的弧形轨应规整，其圆弧半径为95.5mm±0.1mm；安全开关的开启与闭合的距离为5～7mm。

f）检查清洗主输送链条及所有长轴，测量链条节距（节距变化应＜3‰）和长轴弯曲。

g）拆卸清洗链条润滑系统。

4.2.2 主驱传动机构

a）拆卸宽型皮带，检查皮带的磨损。

b）拆卸变速皮带轮组件，检查皮带轮的磨损、弹簧弹力、开槽轴及夹紧轴套。

c）拆卸齿传动套筒离合器，检查各零部件的磨损。

d）拆卸检查主减速机。

e）拆卸传动链条，检查链条节距和链轮磨损情况。

f）拆卸检查链轮轴承与轴的配合。

4.2.3 定量注料器

a）拆卸液缸组件，检查缸筒内径、活塞杆、活塞、衬套及密封件，缸筒与活塞配合间隙为0.12～0.2mm。

b）拆卸注料器离合器，检查各零部件磨损。

c）拆卸检查链轮轴套及浇注阀连杆组件、连杆轴承。

d）拆卸注料槽检查各部间隙，检查温水循环管线接头密封情况。

4.2.4 脱膜及蜡板输送器机构

a）拆卸电磁离合器，检查轴承、转子及衔铁表面的磨损。

b）拆卸平行减速机，检查各部零件。

c）拆卸检查链板输送器或皮带输送器。

d）拆卸检查脱膜轮的磨损、轴套与轴的配合和弹簧弹力。

e）拆卸脱膜翻转带滚筒，检查轴承。

4.2.5 温水换热系统

a）拆卸检查预冷器水泵与浇注器水泵。

b）拆卸检查石蜡预冷器与温水换热器。

4.2.6 拆卸检查冷风机叶轮、轴、轴承及扩散器。

4.2.7 检查修理机架、地脚、冷室隔热壁及其他损坏部位。

4.2.8 拆卸检查蜡盘预热系统。

4.3 回装与质量标准

4.3.1 主输送机构

a）机头及冷室内转向轨的端部及拉紧轨应无变形、裂纹、缺损等缺陷。

b）限位板应平直，固定牢靠。

c）舌形稳定器的弧形轨应规整，其圆弧半径为（95.5±0.1）mm，上下两面距离为（191±0.5）mm。

d）平行位移轨道均应平直且固定牢靠，轨道的凸台高度 a 值为 6mm，减磨量不得超过 0.8mm，见图 1。

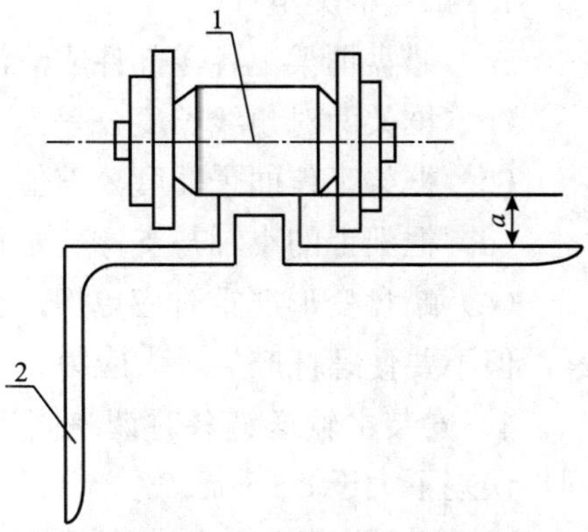

图 1 平行位移轨道安装示意图

1—主输送链；2—平移轨道

e）拉紧链轮及随动链轮组件。

（a）链轮内径与轴承外圈配合为 H7/h6。

（b）轴与轴承配合为 H7/js6。

（c）链轮齿型厚度减薄 30% 时应更换。

（d）拉紧链轮与随动链轮应在一个几何平面内，平面度公差值为 0.2mm。

f）主输送链条应清洁，所有的长轴无弯曲，径向跳动≤2mm，链节转动灵活，节距变化应小于 3‰。

g）所有的拉紧弹簧无锈蚀，底层弹簧自由高度减少 5mm 时应更换。

h）调整拉紧机构（见图 2）。

（a）调整限位板与稳定器的间距，使稳定器与限位板的间距和稳定器与轨道的间距相等，各为（34±1）mm。

（b）调整拉紧弹簧的长度，使底层弹簧的长度为 143mm，其余各层为 95mm。有成型机监测仪的，可依据成型机监测仪显示的拉力进行调整。

（c）调整安全开关的位置，使开关的开启与闭合的距离为 5～7mm。

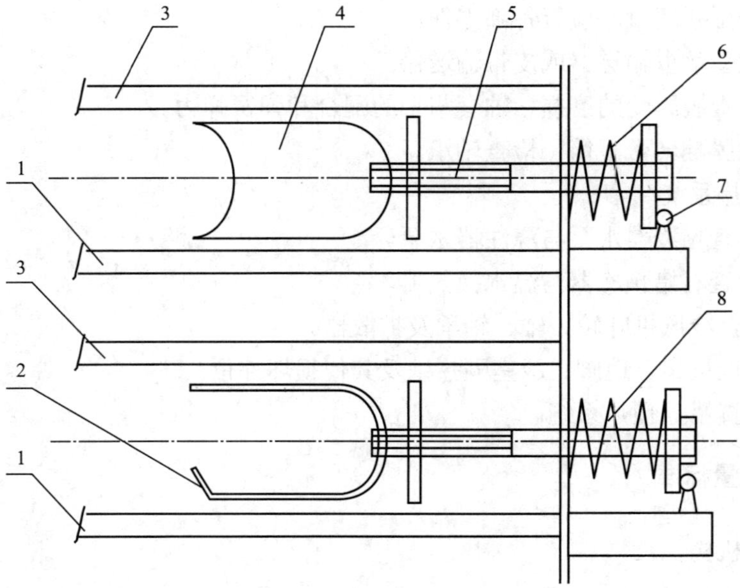

图2　调整拉紧机构图

1—平移轨道；2—舌形稳定器；3—限位板；4—板式稳定器；
5—拉紧螺栓；6—拉紧弹簧；7—安全开关；8—底层拉紧弹簧

i）蜡盘框架组件。

（a）蜡盘框架上各零部件应清洁。

（b）框架两对角线长度公差为0.8mm。

（c）框架工作面平面度公差值为1mm。

（d）框架上的小轴与支撑套垂直度公差值为0.2mm。

（e）蜡盘变形严重时应更换，更换蜡盘时，固定蜡盘的拉紧螺栓应朝一个方向并拧紧，但不要使螺杆产生过大应力。

j）安装主输送链条时调整同步，保证两根链条长轴在任何位置上均能一一对应，同步误差不大于3～5mm。

k）安装两个或三个蜡盘框架后启动主驱动电机，使框架通过整个回路，校核各部间隙及平滑程度，无刮、卡，无杂音。

l）润滑油杯清洁、润滑油路畅通，油阀灵活好用。

4.3.2　主传动机构

a）变速皮带轮

（a）两个可移动的皮带轮工作面粗糙度为R_a1.6。

（b）两个弹簧均应无锈蚀无损伤。

（c）专用开槽轴及夹紧轴套工作面粗糙度为R_a1.6。

（d）主动及从动皮带轮轴线平行度公差值为0.4mm。

（e）皮带轮端面圆跳动量不大于皮带轮直径的1‰。

（f）必须安装好安全防护罩。

b）齿传动套筒离合器（见图3）

（a）主轴与青铜轴套的配合为H8/h7。

（b）主轴与滚动轴承配合为H7/js6。

（c）载体与套筒端部的间隙不大于0.04mm。

（d）轴套与套筒配合为H8/k7。

（e）传动盘及摩擦盘表面粗糙度为R_a0.8。

（f）定位螺钉必须拧紧，保证顶在轴上。

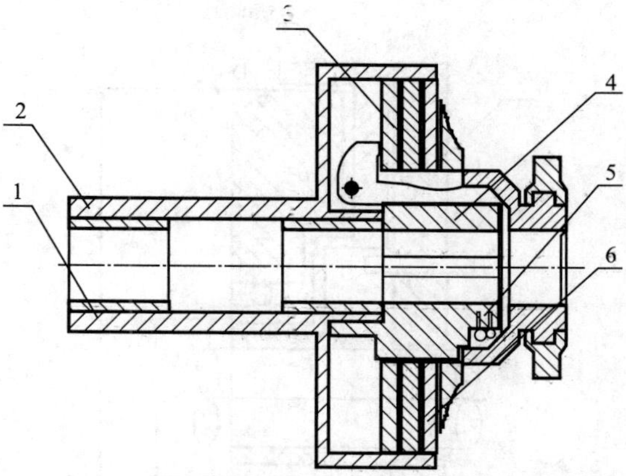

图3 齿传动套筒离合器安装示意图

1—套筒；2—轴套；3—摩擦盘；
4—载体；5—定位螺钉；6—传动盘

（g）离合器组装后应调整，以满足工作要求。

c）拉紧轮轴套外径与链轮内径配合为H8/k7，轴套内径与轴配合为H8/k7，轴套内径磨损0.2mm时应更换。

d）主减速机检修质量标准参见SHS 01028《变速机维护检修规程》。

4.3.3 定量注料器

a）液缸组件

（a）缸筒内表面粗糙度为R_a0.8。

（b）活塞杆工作面粗糙度为R_a0.4。

（c）衬套内径与活塞杆间隙为0.1mm，衬套内径磨损0.2mm或有裂纹时应更换。

（d）缸筒与活塞配合间隙为0.12～0.2mm，活塞磨损0.2mm或有凹坑伤痕时应更换。

（e）活塞与活塞杆的联接处无裂纹，防松机构必须可靠。

（f）更换全部密封垫（圈）。

b）定量注料器离合器检修质量标准见4.3.2第b）条。

c）料槽部分

（a）缸体与活塞配合为H8/h8，配合间隙不大于0.04mm。

（b）注料阀杆与阀座的配合为H7/h6，配合间隙不大于0.02mm。

（c）轴套与轴的配合为H8/f8，轴套内配合间隙不大于0.2mm。

（d）注料槽底部所有喷头应畅通。

4.3.4 脱膜及蜡板输送器机构

a）电磁离合器（见图4）

（a）定子内径与轴承外圈配合为K8/h7。

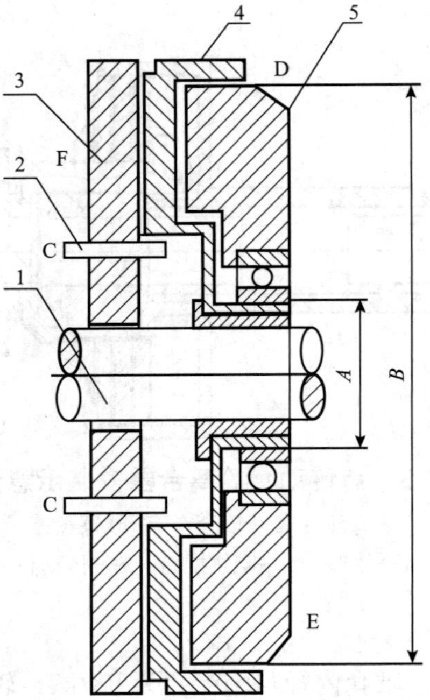

图4　电磁离合器示意图

1—轴；2—传动轴销；3—衔铁；4—转子；5—定子

（b）转子与轴承内圈配合为H7/k6。

（c）自由状态下衔铁与转子的间隙为1.2～1.5mm。

（d）传动轴销必须穿好安全扎线。

（e）离合器组装完毕必须检查与轴的同心度与垂直度。

（1）转子的导孔*A*与轴的同轴度公差值为0.15mm。

（2）定子的外径*B*与轴的同轴度公差值为0.15mm。

（3）衔铁的传动轴销C与轴的同轴度公差值为0.15mm。

（4）转子的外板面D与轴的垂直度公差值为0.15mm。

（5）定子的外板面E与轴的垂直度公差值为0.15mm。

（6）衔铁的表面F与轴的垂直度公差值为0.15mm。

b）平行减速机

（a）滑动盘面及固定盘面粗糙度为R_a1.6。

（b）轴承与轴的配合为H7/js6，轴承与轴承座的配合为H7/h6。

（c）盘用弹簧盒应完好无损，内装弹簧无失效现象，并涂以润滑脂。

（d）齿轮减速箱参见SHS 01028《变速机维护检修规程》。

c）链条链板输送器组件

链板与链板支座均应无变形、裂纹、连接必须可靠，链板加强筋不应脱落。

d）皮带输送机参见SHS 01029《皮带输送机维护检修规程》。

4.3.5　脱膜机构

a）上压滚轮及下压滚轮的弹簧力适度且相等。

b）脱膜翻转带无破裂及明显磨损。

4.3.6　温水换热系统

a）预冷器水泵、浇注器水泵的检修与质量标准参见SHS 01013《离心泵维护检修规程》。

b）石蜡预冷器、温水换热器的检修与质量标准参见SHS 01009《管壳式换热器维护检修规程》。

4.3.7 冷风机及蒸发器

a）风机轴与滚动轴承配合为 H7/js6。

b）风机主轴与滑动轴承配合为 H8/f8，轴承内径磨损不大于 0.2mm。

c）风机三角带松紧适度。

d）风道隔板固定螺栓必须紧固。

e）风道隔板无变形，无倾斜。

f）蒸发器的检修质量标准参见 SHS 01010《空气冷却器维护检修规程》。

g）检查机架无变形，地脚螺栓无变形。

5 试车与验收

5.1 试车前准备

a）检查检修记录，确认检修记录数据正确。

b）检查机组各传动及转动部分，无异物。

c）检查润滑情况，对各润滑点补注润滑剂。

d）检查电压、气压、水压、气源正常，具备试车条件。

e）预冷器水泵、浇注器水泵、冷室内风机及主机减速机单机试运合格。

f）机组进行盘车检查后，离合器应放置空挡位置。

g）机组进行平行位移自保和蜡块脱膜自保联锁试验。

h）仪表指示准确好用。

5.2 试车

5.5.1 空负荷试车

a）启动主驱动电机，转向正确，皮带无异常颤动及啸叫。

b）闭合三板离合器，工作正常，主链条达到规定的输送速度。

c）检查主驱动机构运行正常，主传动柱内所有链条的工作边不许有松弛现象。

d）检查平行位移机构运转灵活，机身与蜡盘框架不得有刮卡现象。

e）各组链轮均应正常运转，无杂音，主链条无蠕动及堆积现象。

f）所有的蜡盘框架应左右同步平稳运行。

g）检查链条的润滑情况。

h）空负荷运转 2h，正常后可进行负荷试车。

i）成型机监测仪显示每层左右两边的拉力平稳。

5.5.2 负荷试车

a）闭合二板离合器，工作灵活可靠。

b）定量注料器动作灵活、不漏。

c）检查气控系统及气缸，动作准确、协调、灵活。

d）校正注料活塞的行程，调整微调机构，直至蜡板重量符合要求。

e）启动蜡板输送器电机，调整至要求的速度，调速手柄灵活，减速器声音正常。

f）电磁离合器工作正常。

g）链板与运行方向垂直，运行轻松灵活。

h）定量注料器加热铜管畅通、不漏。

5.6 验收

a）连续运行24h后，各项技术指标达到设计要求或能满足生产需要。

b）达到完好标准。

c）设备检修记录齐全、准确。按规定办理验收手续。

6 维护与故障处理

6.1 日常维护

a）定时巡检，并做好记录。

b）定期润滑轴承、链条。

c）定时检查框架轴承及挡圈。

d）定时清扫残蜡。

e）定时检查各密封部位应无泄漏。

f）检查各辅助设备运行情况。

g）检查调整限位板与稳定器的间距，使二者保持平直。

h）检查平轨及转向轨道端部是否平整，检查主输送链条的同步情况。

i）检查舌形稳定器。

j）检查限位板。

6.2 常见故障与处理方法（见表1）

表1 常见功能故障与处理方法

序号	功能	功能故障	故障模式	故障后果	故障应对策略与检修内容	检修周期／月
1	保证成型机连续运转	报警停机	蜡盘框架轴承滑出	卡框架	定期巡检；保证弹簧挡圈固定可靠	视情而定
			链条各层松紧不一		定期巡检；调整拉紧弹簧	
			两边链条运行不同步		定期巡检；调整主输送链条	
			转向轨道端部变形损坏		定期巡检；及时调整或更换	

表 1　常见功能故障与处理方法（续）

序号	功能	功能故障	故障模式	故障后果	故障应对策略与检修内容	检修周期／月
1	保证成型机连续运转	报警停机	稳定器或限位板因为螺栓松动失去稳定限位作用	卡框架	定期巡检；调整并紧固螺栓	视情而定
			止逆机构脱落		定期巡检；修理止逆组件	
			翻转带破裂，配重轨道积蜡		定期巡检；更换，清理	
			蜡盘框架严重变形或焊口开裂		定期巡检；更换框架	
			风道隔板螺钉松动，隔板下倾		定期巡检；调整隔板，紧固螺钉	
			安全开关损坏	一次卡多组蜡盘框架	定期巡检；更换开关	
			安全开关位置不对		定期巡检；调整开关	
			拉紧弹簧失去作用		定期巡检；调整链条及弹簧	
			成型监测仪故障		定期巡检；修理成型监测仪	
2	蜡盘框架运行平稳	蜡盘框架运行不平稳	主离合器杠杆磨损	蜡盘框架运行时快时慢	更换杠杆	视情而定
			主离合器锥体磨损		更换锥体	
3	蜡板输送器运行正常	蜡板输送器不工作	减速机调速胶带断	卡坏盘框架、卡坏蜡板输送器链板或皮带	更换调速胶带	视情而定
			减速机出现故障		检修减速机	视情而定
			电磁离合器打滑		检修离合器	视情而定
			输出链板刮卡		调整输出链板固定螺钉	视情而定
			微动开关失灵		更换微动开关	视情而定
4	定量注料器运行正常	定量注料器不注料或注料量不足	安全销断	空蜡盘运转或炸蜡	更换安全销	视情而定
			二板离合器打滑		调整或检修离合器	
			喷头堵塞		清理喷头	
			微调螺钉松动调整滑块移位		调整微调旋钮后紧固定位螺钉	
			风阀失灵		调整或检修风阀	
			风压过小＜0.4MPa		调风压≥0.4MPa	
5	脱膜正常	脱膜不完全	脱膜滚轮拉簧拉力不一致	蜡液溢出	调整拉簧拉力	视情而定
6	主输送机构运行正常	主输送机构停运	安全销出故障	炸蜡	检查安全销	视情而定
			脱膜机构联锁系统失灵		检查脱膜机构联锁系统	
			主传动机构出故障		检查主传动胶带	

附　录　A
（资料性附录）
石蜡成型机检修质量控制确认表

项目	主要控制内容			等级	施工单位	生产装置	设备管理部门	备注
	标准值	部位	现场记录					
拆卸时检测								
检查各稳定器与限位板的间距及稳定器与轨道的间距，舌形稳定器的弧形轨应规整，其圆弧半径为（95.5±0.1）mm，其允许误差应小于0.1mm	≤ 0.1mm			B	★	★		
平行位移轨道均应平直且固定牢靠，轨道的凸台高度 *a* 值为6mm，减磨量不得超过0.8mm	＜ 0.8mm			B	★	★		
拉紧链轮与随动链轮应在一个几何平面内，公差值＜ 0.2mm	＜ 0.2mm			B	★	★		
主输送链条应清洁，所有的长轴无弯曲，径向跳动≤ 2mm，链节转动灵活，节距变化应小于3‰	≤ 2mm ＜ 3‰			B	★	★		
安全开关开启与闭合的距离为5～7mm	5～7mm			B	★	★		
缸筒与活塞配合间隙为0.12～0.2mm，活塞磨损0.2mm或上面有凹坑伤痕应更换	0.12～0.2mm ≯ 0.2mm			B	★	★		
框架两对角线长度公差值≤ 0.8mm	≤ 0.8mm				★			
框架上的小轴与支撑套垂直度公差值≤ 0.2mm	≤ 0.2mm			C	★			
回装时检测								
各稳定器与限位板的间距及稳定器与轨道的间距，舌形稳定器的弧形轨应规整，其圆弧半径为（95.5±0.1）mm，其允许误差应小于0.1mm	≤ 0.1mm			B	★	★		

石蜡成型机检修质量控制确认表（续）

项目	主要控制内容			等级	施工单位	生产装置	设备管理部门	备注
	标准值	部位	现场记录					
平行位移轨道均应平直且固定牢靠，轨道的凸台高度 a 值为6mm，减磨量不得超过0.8mm	＜0.8mm			B	★	★		
拉紧链轮与随动链轮应在一个几何平面内，公差值＜0.2mm	＜0.2mm			B	★	★		
主输送链条应清洁，所有的长轴无弯曲，径向跳动≤2mm，链节转动灵活，节距变化应小于3‰	≤2mm ＜3‰			B	★	★		
安全开关开启与闭合的距离为5～7mm	5～7mm			B	★	★		
缸筒与活塞配合间隙为0.12～0.2mm，活塞磨损0.2mm或上面有凹坑伤痕应更换	0.12～0.2mm ≯0.2mm			B	★	★		
框架两对角线长度公差值≤0.8mm	≤0.8mm			C	★			
框架上的小轴与支撑套垂直度公差值≤0.2mm	≤0.2mm			C	★			

控制级别说明：A：分部机动处专业人员、车间设备员／设备主任、施工单位检查人员。

B：车间质量管理人员、施工单位检查人员。

C：施工单位检查人员。

另：如果有监理，监理的职责由甲方授权。

附　录　B
（资料性附录）
石蜡成型机试车与验收数据记录表

装置：　　　　　　　　　　　　设备名称：　　　　　　　　　　　　位号：

试车参数记录：			记录时间											
记录名称	参数位号	标准	1:00	2:00	3:00	4:00	5:00	6:00	7:00	8:00	9:00	10:00	11:00	12:00
主传动电机前轴承温度														
主传动电机后轴承温度														
主传动减速器前轴承振动														
主传动减速器后轴承振动														
出蜡电机前轴承温度														
出蜡电机后轴承温度														
出蜡减速器轴承温度														
出蜡减速器后轴承振动														
运行异响														
左主输送链条拉力														
右主输送链条拉力														
验收确认		施工单位：					管理单位：					使用单位：		
备注：1. 三方签字验收后交付生产使用。2. 大修后15个工作日内，将试车记录及验收表扫描录入设备管理系统。														

18. 特殊阀门维护检修规程

SHS 02019—2019

（代替 SHS 02019—2004）

目　次

前　言

本规程按照GB/T　1.1—2009《标准化工作导则　第1部分：标准的结构和编写》给出的规则起草。

本规程代替SHS　02019—2004《特殊阀门维护检修规程》，与SHS　02019—2004相比主要技术变化如下：

——为适应当前石化行业安全环保理念的要求，规范设备检修过程中的安全、环保工作，增加了HSSE要求相关条款；

——随特阀产品的更新换代，对特阀具体的检修、维护内容进行了调整，其中塞阀的气动执行机构目前已淘汰，对原规程中塞阀气动执行机构部分内容进行了删除；

——对原规程包含的特阀类型进行了重新梳理，将反喘振阀内容进行了删除；

——根据当前行业内特殊阀门的运行情况，结合装置检修周期的要求，将特阀的检修周期延长至3~4年，达到与装置检修周期同步；

——根据检修周期的变化以及近些年的常见故障，在检修内容与质量标准方面提出了部分新的具体要求。

本规程由中国石油化工集团有限公司、中国石油化工股份有限公司提出。

本规程起草单位：中国石油化工股份有限公司九江石化分公司。

本规程主要起草人：程家宽。

本规程历次版本发布情况：

——SHS　02019—1992、SHS　02019—2004。

特殊阀门维护检修规程

1 范围

1.1 主题内容

本规程规定了石油化工装置单（双）动滑阀、高温平板闸阀、高温蝶阀、塞阀、阻尼单向阀、四通阀、切焦阀共 7 种特殊阀门的检修周期与内容、检修程序与质量标准、调试与验收、运行维护与故障处理。

1.2 适用范围

本规定适用于催化裂化装置单（双）动滑阀、烟机入口高温平板闸阀、烟机入口高温蝶阀、塞阀、主风阻尼单向阀以及焦化装置用的四通阀、切焦阀的维护和检修。

2 规范性引用文件

2.1 编写引用标准

下列文件对本文件的应用是必不可少的。凡是注日期的引用文件，仅注日期的版本适用于本文件。凡是不注日期的引用文件，其最新版本（包括所有的修改单）适用于本文件。

GB/T 150 压力容器
NB/T 47013 承压设备无损检测
GB 50484 石油化工建设工程施工安全技术规范
GB 30871 化学品生产单位特殊作业安全规范
JB/T 5000.10 重型机械通用技术条件
AQ 3026 化学品生产单位设备检修作业安全规范
SH 3505 石油化工施工安装技术规范
SH 3064 石油化工钢制通用阀门选型检验及验收
71B102 催化裂化装置特殊阀门安装工程技术要求（中石化洛阳工程有限公司标准）
SCRE 0005 催化裂化装置滑阀安装及验收规定（北京设计院施工标准）
SY/T 4102 阀门检验与安装规范

2.2 特殊阀门结构简图

2.2.1 单（双）动滑阀结构见图 1、图 2。
2.2.2 高温平板闸阀结构见图 3。

安装在三级旋风分离器之后、烟气轮机入口高温蝶阀之前的再生烟气管道上，当烟气轮机正常工作时，平板闸阀全开，停工或事故状态时，可通过电动执行机构及时关闭闸阀，切断高温烟气。

2.2.3　塞阀结构见图4、图5。

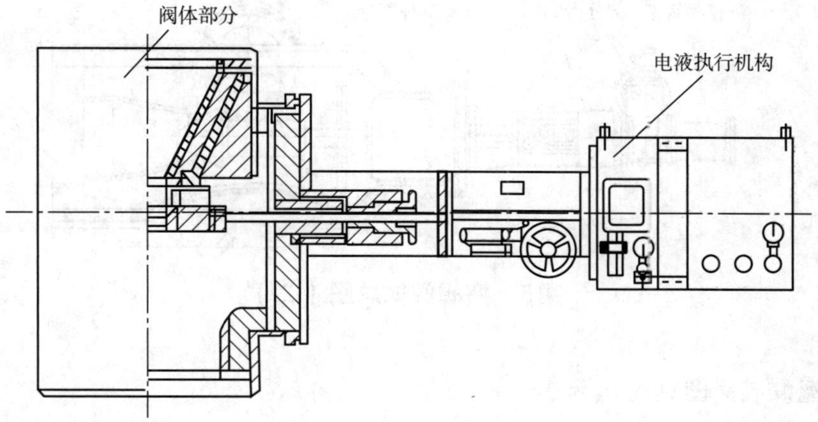

图1　电液控制冷壁单动滑阀总图

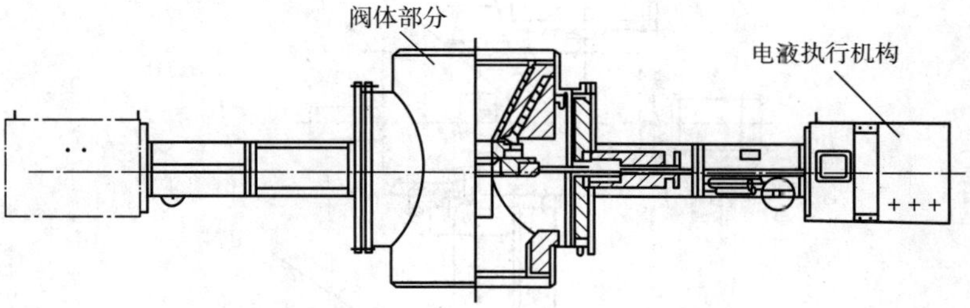

图2　电液控制冷壁双动滑阀总图

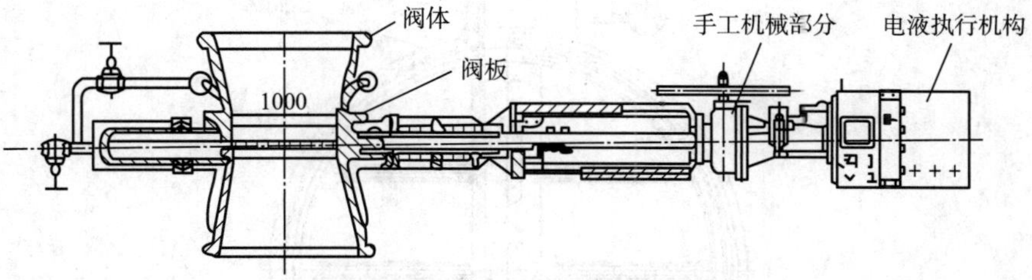

图3　电动控制闸阀总图

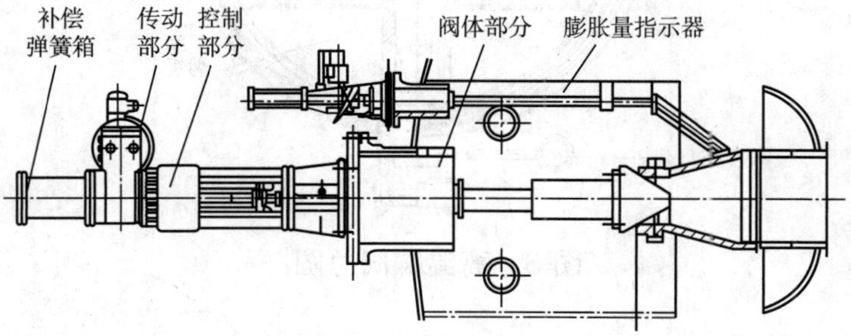

图4　塞阀阀体总图（一）

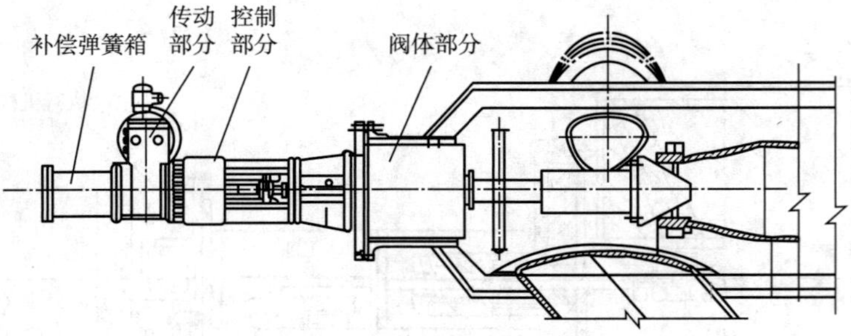

图5 塞阀阀体总图（二）

2.2.4 高温蝶阀简图见图6。

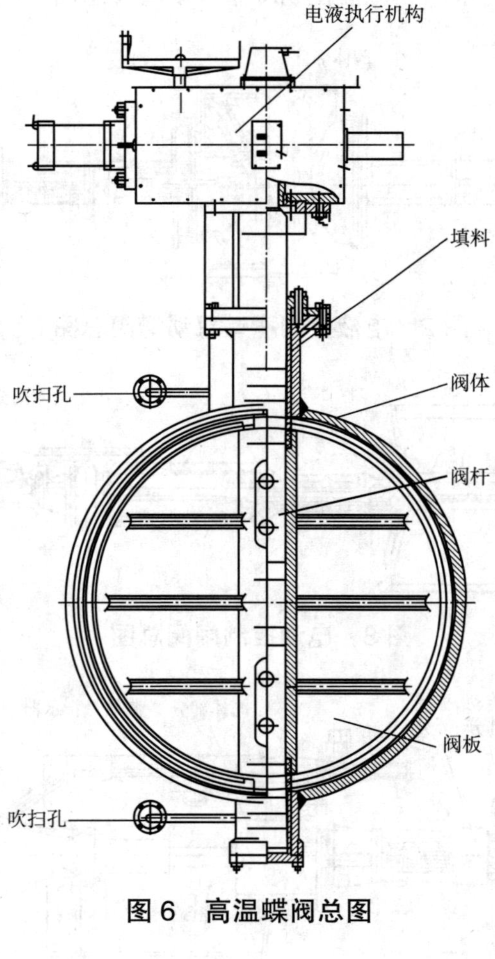

图6 高温蝶阀总图

2.2.5 单向阻尼阀结构见图 7。

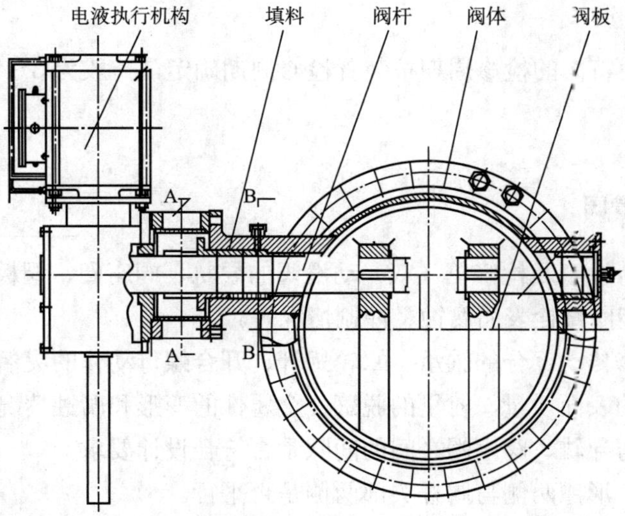

图 7 单向阻尼阀总图

2.2.6 四通阀结构见图 8。

2.2.7 切焦阀结构见图 9。

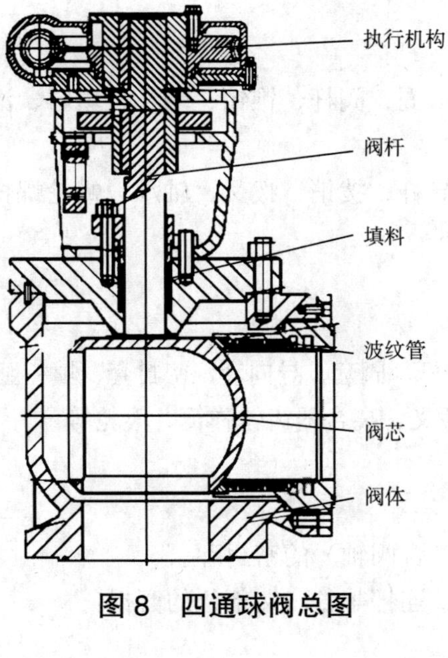

图 8 四通球阀总图

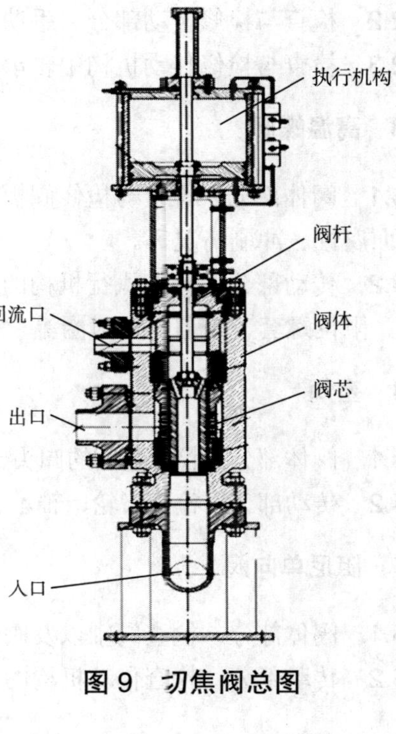

图 9 切焦阀总图

3 检修周期及内容

3.1 检修周期

如无特殊要求，特阀的检修周期按装置检修周期确定，一般为3~4年。

3.2 检修内容

3.2.1 单（双）动滑阀

3.2.1.1 阀体部分：检查及检修单（双）动滑阀的导轨、阀座圈、阀板、阀杆、密封套以及固定导轨和阀座圈螺栓表面腐蚀、冲刷情况等。

3.2.1.2 检查与检修传动部分的轴承、蜗轮蜗杆、开合螺母动作的灵活性等。

3.2.1.3 检查滑阀的表面质量、衬里的脱落、金属件的变形和腐蚀情况。

3.2.1.4 检查阀板与导轨、阀座圈之间的间隙是否符合设计要求。

3.2.1.5 检查阀板T形槽两侧与阀杆头部两侧是否平行。

3.2.1.6 检查各路吹扫冷却风、汽，紧急带压堵漏管路等的畅通性，检查吹扫冷却介质管路的限流孔板的磨损情况，必要时应更换。

3.2.2 高温平板闸阀

3.2.2.1 阀体部分：检查与检修阀板、密封圈、阀杆、阀板接头、填料密封、垫片表面腐蚀、冲刷情况。

3.2.2.2 检查与检修传动部分、手动机构的轴承、大小伞齿轮、丝杆螺套灵活性等。

3.2.2.3 检查与检修传动机构中轴承、丝杆、螺套的表面磨损情况，必要时进行更换。

3.2.3 高温蝶阀

3.2.3.1 阀体部分：检查与检修阀板、阀座密封圈、阀杆、锥销、轴瓦、填料、滚动轴承表面腐蚀、冲刷情况等。

3.2.3.2 传动部分：检查执行机构的推拉杆、导杆、拨销、拨叉、轴承、蜗轮蜗杆、导向键、限位螺套、箱盖、密封圈等。

3.2.4 塞阀

3.2.4.1 阀体部分：检查塞阀的阀头、阀座、阀杆、阀套、导向套、密封套、填料函等。

3.2.4.2 传动部分：检查齿轮、轴承、螺套、拨叉、离合器齿轮弹簧、滚轮等。

3.2.5 阻尼单向阀

3.2.5.1 阀体部分：检查阀轴以及阀体和阀板（含阀轴）的密封环。

3.2.5.2 传动部分：检查传动机构的轴、摇杆、连杆等各联接部位的磨损。

3.2.6 四通阀

3.2.6.1 阀体部分：检查阀套、阀杆、阀盖、阀座、波纹管、密封圈。
3.2.6.2 传动部分：检查螺套、轴承、手轮。

3.2.7 切焦阀

3.2.7.1 检查阀体、阀杆、阀座、套板、是否有磨损，密封件是否有破损，阀芯、预充孔板、旁流孔板是否有气蚀、损伤。

3.2.8 单（双）动滑阀、高温蝶阀及塞阀电液执行机构

3.2.8.1 检查电液泵联轴器的磨损情况。
3.2.8.2 检查电液泵机械性能。
3.2.8.3 检查电液伺服阀。
3.2.8.4 检查蓄能器充压情况，必要时更换皮囊。
3.2.8.5 彻底换油，清洗油箱和管路，油箱的一切附件应配齐，油位指示要清晰、明显。
3.2.8.6 检查热交换器及管路是否畅通，必要时进行更换。
3.2.8.7 检查、检修仪表。
3.2.8.8 全面检查执行机构的各种功能和各种操作方式是否准确可靠。
3.2.8.9 校验压力表和温度表。
3.2.8.10 液压元件、密封件的检查更换。
3.2.8.11 更换所有过滤器滤芯。
3.2.8.12 检查油动机构油缸的各部件磨损情况。

3.2.9 高温平板闸阀及四通阀电动执行机构

3.2.9.1 检查专用电机。
3.2.9.2 检查控制箱（盘）。

3.2.10 阻尼单向阀及切焦阀气动执行机构

3.2.10.1 检查气缸、活塞环、活塞杆以及气缸填料的磨损。
3.2.10.2 检查电磁阀及阀位定位器。

4 检修程序与质量标准

4.1 检修前准备

4.1.1 掌握特阀的运行状况及故障特征，确定检修内容，编制、审批、下达检修计划，备齐检修所需的图纸和技术资料，如使用维护说明书、维修手册和相关检修记录，

制定检修作业指导书。产权单位、检修单位按规定进行检修作业的双向交底，并做好交底记录。

4.1.2 滑阀检修要准备好制造厂提供或前次大修的阀板与导轨、阀座圈之间间隙实测记录以及电液伺服阀和位置传感器等测试记录。

4.1.3 准备上次检修后调试时开启、闭合测试记录。

4.1.4 各种特阀检修记录表应准备齐全。

4.1.5 对参加检修的人员应进行安全和技术交底，使之熟悉检修内容、技术要求和安全措施，做到分工明确，责任到人。

4.1.6 按要求备齐检修工器具、专用机具、精密量具以及起吊机具和零部件摆放设施。

4.1.7 备齐检修所需备品配件、材料和劳保用品，检查核实配件材料的尺寸和材质是否满足技术要求。

4.1.8 切断气、电源及设备与系统联系，油系统卸压至常压，排尽介质，达到安全环保、检修要求。

4.1.9 按要求办理好检修交接手续及相关作业票证。

4.2 检修质量标准

4.2.1 单（双）动滑阀

4.2.1.1 检查阀杆的弯曲度，阀杆弯曲度应小于0.15mm，检查轴向沟痕及催化剂冲刷腐蚀情况，通常情况下进行校直、熔敷修复，必要时更换阀杆。

4.2.1.2 检查阀杆和阀板连接处的配合间隙，阀杆杆头与阀板之间间隙应小于0.30mm。

4.2.1.3 检查阀板有无影响沿导轨移动的磨损变形以及催化剂冲刷腐蚀的孔洞和沟槽，必要时应补焊和加工处理。

4.2.1.4 检查密封套有无催化剂冲刷腐蚀之沟痕，严重时应堆焊、加工处理。

4.2.1.5 检查和消除局部结焦，机械损伤并紧固各部螺帽。

4.2.1.6 检查阀座圈、导轨有无影响阀板正常移动的变形和催化剂冲刷之磨损，必要时应处理或更换。

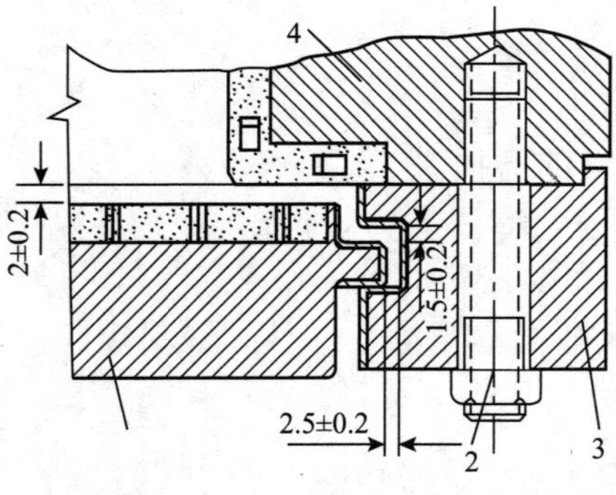

图10 导轨、阀座圈与阀板之间的间隙

1—阀板；2—紧固螺栓；3—导轨；4—阀座圈

4.2.1.7 检查导轨、阀座圈与阀板之间的间隙，应符合图10所示的规定值或初始设计值。

4.2.1.8 固定导轨和阀座圈的螺栓预紧力按说明书要求执行。

4.2.1.9 导轨和阀座圈用合金钢螺栓每个检修周期应全部更换。螺栓在使用前，应有生产厂家的材料的化学成分和性能报告，螺栓材料的膨胀系数应与导轨材料的膨胀系数相一致，螺栓安装时，均应涂防咬合剂。

4.2.1.10 检查阀体有无变形和损伤。

4.2.1.11 根据设计要求更换填料。

4.2.1.12 检查阀盖法兰密封面是否有碰损或划伤，更换阀盖法兰密封面垫片。

4.2.1.13 检查导轨等表面堆焊质量，在长200mm范围内的堆焊层中允许有0.1～0.4mm宽的裂纹不多于10条，≤0.1mm的裂纹不多于20条。

4.2.1.14 检查校对阀门机械零点，根据校对情况对限位螺母位置进行调整。

4.2.1.15 检查传动部分轴承、蜗轮蜗杆、阀杆、阀杆螺套及开和螺母有无磨损和异常情况，必要时对异常部件进行更换。

4.2.2 高温平板闸阀

4.2.2.1 阀板两工作面不得有沟槽，表面粗度R_a1.6，平行度偏差不大于0.1mm，不允许有大于0.05mm的局部凹凸表面。

4.2.2.2 阀板的变形不大于0.15mm。

4.2.2.3 阀板厚度允许减薄量不大于1mm。

4.2.2.4 阀板接头的槽与阀杆的间隙不大于0.05mm。

4.2.2.5 阀杆磨损不大于0.25mm，圆度偏差不大于0.20mm，直线度偏差不大于0.15mm。

4.2.2.6 阀体凹槽与柔性石墨密封圈的配合要求：柔性石墨密封圈装入阀体凹槽后高出阀体平面1.1～1.7mm。保证阀体总装后，阀体与阀板之间有0.8～1.2mm的间隙，使柔性石墨密封圈有0.3～0.5mm的预压缩量。

4.2.2.7 在装配柔性石墨密封圈时，应测量、核算尺寸，确定定位垫片的厚度，要使缠绕式垫片和柔性石墨密封圈同时受到0.3～0.5mm的预压缩量。

4.2.2.8 安装柔性石墨密封圈时，应垫木块轻敲钢衬里，徐徐装入阀体凹槽中，不得损坏密封面。

4.2.2.9 高温部分的合金钢螺栓不准用普通材料螺栓代替，安装时必须涂抹防咬合剂。

4.2.2.10 阀杆光杆不得有明显拉伤、积瘤、冲蚀、腐蚀等，对于异常情况应进行修复，保证光杆表面粗糙度不小于R_a0.8。

4.2.2.11 检查填料隔环及填料压套不得有明显拉伤、冲蚀、腐蚀等，对于异常情况应进行修复，根据设计要求，更换填料。

4.2.2.12 检查清理阀套和填料箱的吹气孔，无阻塞现象。如吹扫冷却介质管路带有限流孔板的，应检查其磨损情况，必要时应更换。

4.2.3 高温蝶阀

4.2.3.1 应保证阀杆的轴线水平，执行机构应与阀杆轴线垂直。

4.2 3.2 检查修理阀板的轴向定位装置，使阀两端弹簧压缩量相等并达到设计要求。

4.2.3.3 检查阀板边缘磨损量，其磨损量不大于0.25mm。

4.2.3.4 检查支持轴承应无损坏。

4.2.3.5 检查并更换填料及缠绕垫片。

4.2.3.6 检查阀板与阀杆连接锥销有无损坏，紧固螺丝有无松动。

4.2.3.7 总装完毕后，各部件转动灵活无卡涩，再将两端密封填料压紧。

4.2.3.8 检查清理阀套和填料箱的吹气孔，无阻塞现象，如吹扫冷却介质管路带有限流孔板的，应检查其磨损情况，必要时应更换。

4.2.4 塞阀

4.2.4.1 检查阀头和阀座磨损情况，轻者进行修补，严重时更换新件。

4.2.4.2 检查上段阀杆球形头的磨损情况，装上阀头后应轻松灵活地转动。上段阀杆与导向套间隙为 2～3mm。中段阀杆与密封套及填料压盖间隙为 2～2.5mm，磨损不大于 0.2mm，直线度偏差不大于 0.15mm。下段阀杆（丝杆）螺纹不允许有明显磨损，直线度不大于 0.10mm。

4.2.4.3 检查修理滑块与导轨的配合和滑动情况，其配合间隙为 0.10～0.20mm。

4.2.4.4 检查清理阀套和填料箱的吹气孔，无阻塞现象，如吹扫冷却介质管路带有限流孔板的，应检查其磨损情况，必要时应更换。

4.2.4.5 伸入反应器内的高温螺栓（Cr18Ni12Mo2）螺母（1Cr18Ni9Ti）、导向套的压紧螺母（25Cr2MoVA）等，在装配时需涂防咬合剂。不能用其他普通材料螺栓代替。

4.2.4.6 根据设计要求，更换填料。

4.2.5 阻尼单向阀

4.2.5.1 阀体和阀板上的密封面不应有沟槽。

4.2.5.2 阀轴的轴向窜动间隙为 0.15～0.20mm。

4.2.5.3 摇杆与阀体孔端面的间隙为 1～2mm。

4.2.5.4 阀轴直线度偏差不大于 0.05mm。

4.2.6 四通阀

4.2.6.1 检修装配应符合 JB/T 5000.10《重型机械通用技术条件 第 10 部分：装配》的要求，对所有零部件需解体清洗干净。

4.2.6.2 对阀杆、阀体、锥面（球面）、波纹管端面、阀套等不得有擦伤、刮伤、划痕和变形，环形密封槽要保持清洁，对于严密配合面应经研磨抛光达到光滑平整。如果阀杆、填料函表面有划伤或腐蚀坑，则应对腐蚀坑进行修复然后在对其表面进行研磨，如果球面有划伤或腐蚀坑则应使用专用研球机进行修复。

4.2.6.3 阀杆各个圆截面上同端面的同轴度偏差不大于 0.05mm。

4.2.6.4 四通旋塞阀

a）阀体内径同轴度不大于 0.1mm，总装后用手推拉阀杆，应平稳动作，无卡涩现象。

b）旋塞与阀体研磨应以配研为主，使旋塞与阀体锥度一致，检查密封线接触完整相连，无断线，吻合度应达到 55%以上为合格，粗糙度应达到 R_a0.4 以上。

4.2.6.5 四通球阀

a）检查清洗研磨测量阀套，波纹管应平整、无裂纹、波峰波谷清晰、无波纹高低现象，三只波纹管高度一致，误差不大于 0.2mm。

b）装配四通球阀时，当球体装入阀体后，再将三组插入式阀套内装上波纹管衬里阀座，根据钢印编号装入三组已放上缠绕垫片的阀套筒体内，直到不能动为止，在此位置上测量阀套法兰内表面距离阀体法兰面约 1.5mm，用螺丝固定，但不允许拧紧这些固定螺丝。

c）依次拧紧（每次拧半圈）3 个阀套上内六角固定螺钉，将阀套安装到位，可以通过测量法兰内表面距离阀体法兰面间隙达到螺丝旋紧的均匀性。当缠绕垫片被压紧时此间隙为 0.5mm。

d）如果使用新的阀套缠绕垫片时，不能只靠内六角来压紧，应该采用管线联接用螺栓螺帽压紧阀套，将初始厚 3.2mm 垫片最终压紧至 2.5mm，最后将内六角螺丝拧紧，使垫片受力均匀。

e）当四通阀安装后，将阀切换不同位置，平稳动作，各阀位应无卡涩和轻重不一现象。

4.2.7　切焦阀

4.2.7.1　检修装配应符合 JB/T　5000.10《重型机械通用技术条件　第 10 部分：装配》的要求，所有零件须清洗干净。总装后先不装阀杆填料，用手推拉阀杆，要求阀杆动作平稳，不得有卡涩现象。

4.2.7.2　检查阀芯、预充孔板、旁流孔板、上下套筒和上下阀座不得有擦伤。预充孔板、旁流孔板若有轻微损伤，应采用手工研磨修复，研磨量大于 0.05mm 时需更换；阀芯、上下套筒若有轻微擦伤，应用油石打磨光整；上下阀座密封面若有损伤，应修复或更换，与之配合密封的阀芯底座和阀芯要求对研。

4.2.7.3　检查气缸壁要光滑、无划痕和变形，O 形环和环形密封槽要保持清洁，更换所有 O 形环、YX 等密封圈。

4.2.7.4　检查阀芯外径公差等级为 IT9，在全长上直线度不大于 0.06mm。

4.2.7.5　预充孔板和旁流孔板内径公差等级为 IT8，表面汽蚀量不得大于 0.05mm。若平面有汽蚀则研磨修复或更换，一般有内孔汽蚀时应更换。

4.2.7.6　检查阀杆表面不得有擦伤、破损或变形，阀杆全长上的直线度不大于 0.04mm，圆度不大于 0.02mm。

4.2.7.7　阀体应符合 JB/T 5000.8《重型机械通用技术条件　第 8 部分：锻件》的要求，内径公差等级为 IT8，圆柱度不大于 0.04mm。

4.2.7.8　上下套筒、上下阀座、活塞、活塞杆及其他零件都要满足对应图纸上技术要求。

4.2.8　单双动滑阀、高温蝶阀、塞阀传动机构

4.2.8.1　检查蜗轮、蜗杆、螺套的齿形表面不得有裂纹、毛刺、严重划痕等缺陷。

4.2.8.2　检查蜗轮内孔螺纹不得有破裂损坏等现象。

4.2.8.3　检查蜗杆支承轴承应无松动、损坏等现象。

4.2.8.4　检查蜗轮上下侧轴承应无沟痕、烧坏等现象。

4.2.9 阻尼单向阀、切焦阀传动机构

4.2.9.1 清洗检查轴承、阀杆、阀杆螺套有无磨损和异常现象。

4.2.9.2 气缸内壁应光洁，不应有拉毛和沟槽。

4.2.9.3 橡胶胀圈不应有裂纹老化现象，最大磨损不大于原厚度的0.50mm。

4.2.9.4 定位器须按制造厂家的产品技术要求进行校验，检查反馈弹簧性能应符合要求，必要时更换。

4.2.9.5 电磁阀应做动作可靠性试验，测量电磁阀线圈电阻。

4.2.10 电液控制部分检修执行SHS 07005《执行器》电液执行机构质量标准。

4.2.11 高温平板闸阀、四通阀电动执行机构

4.2.11.1 阀门专用电机的检修参照《石油化工设备维护检修规程》第六册《电气设备》防爆型电动机相关要求执行。

4.2.11.2 控制箱的检修参照《石油化工设备维护检修规程》第六册《电气设备》高低压配电柜相关要求执行。

4.2.12 一般要求

4.2.12.1 特阀在维护检修工程中的重要技术、劳动保护要求应符合GB 50484《石油化工建设工程施工安全技术规范》的要求。

4.2.12.2 特阀在维护检修工程中的一般作业安全管理应符合AQ 3026《化学品生产单位设备检修作业安全规范》要求。

4.2.12.3 特阀在维护检修工程中的特殊作业安全管理应符合GB 30871《化学品生产单位特殊作业安全规范》要求。

4.2.12.4 特阀检修过程中所产生的废料、废油等应集中回收，按要求统一回收处置。

4.2.12.5 单（双）动滑阀在进行检修时，滑阀阀杆头部应加有保护套，防止吊装时碰撞；为了避免由于执行机构的悬垂重量而引起阀杆、油缸、活塞杆（或丝杆）的挠曲，滑阀在检修完毕后，悬垂重量必须及时吊挂好，并符合滑阀总装图设计要求；非恒力弹簧吊挂，除了在检修安装阶段把它调整好外，在催化裂化装置开停工阶段，还应进行热调整。

4.2.12.6 高温平板闸阀、四通阀检修过程中不得在恶劣天气的户外进行安装，或打开齿轮限位开关罩、转矩开关罩、电机等电器防爆密封部位；检修过程中打开电器部件外罩时必须切断电源；检查维修后须将电器密封部位装好，紧固，并注意不得遗失或损坏密封圈，以防水、汽进入；不得任意拆卸和变动转矩开关限制板。

5 调试与验收

5.1 总体技术要求

5.1.1 单（双）动滑阀、高温平板闸阀、高温蝶阀、塞阀阀门校准零位。

5.1.2 单（双）动滑阀、高温蝶阀、塞阀灵敏度要求不低于1/600。

5.1.3 单（双）动滑阀、高温蝶阀、塞阀准确度要求不低于1/600。

5.1.4 单（双）动滑阀、高温蝶阀、塞阀稳定性应无振荡现象。

5.1.5 单（双）动滑阀、高温平板闸阀、高温蝶阀、塞阀全行程时间行程速度要符合标准及厂家技术要求。

5.2 调试

5.2.1 单（双）动滑阀、高温蝶阀、塞阀调试

5.2.1.1 调试的内容除5.1列出的各项指标外，还包括下述4种操作功能的调试：

a）仪表室遥控操作；

b）就地仪表液压操作；

c）就地手动液压操作；

d）机械手轮操作。

调试方法执行SHS 07005《执行器》电液执行机构的规定。

5.2.1.2 按说明书的要求检查试验所有报警功能及自锁、自保功能。

5.2.2 高温平板闸阀调试

5.2.2.1 松开机械限位块，分别用手动机械操作和电动装置上的手动按钮操作使阀门全行程开关至少各一次，观察指针，开度表指示是否正确，要求运行灵活，无卡涩现象，同时特别注意极限位的状态。

5.2.2.2 模拟程控仪自保联锁信号操作，全关至少两次，应正确可靠。

5.2.2.3 现场行程调校完毕，应调整并拧紧机械限位螺母，观察在关阀极限位，确认限位块起作用。

5.2.3 阻尼单向阀调试

5.2.3.1 气动系统单独进行试验，用0.60MPa的动力风使气缸活塞往复运动数次，应运动轻松，无卡塞，填料处无泄漏。

5.2.3.2 阀轴与气缸活塞杆连接时，应使活塞的上、下死点与阀板的关闭和最大开度的位置相适应，然后进行阀的性能试验，应使阀板开、关动作灵活准确。

5.2.3.3 调整气缸的缓冲节流阀，使阀在关闭时无明显撞击声，且关闭时间不大于5s或满足原设计要求。

5.2.4 四通阀调试

5.2.4.1 四通球阀阀入口法兰处安装带有进水口法兰盲板，再将一组与进口相通处法兰盲死，然后再盲死波纹管外侧吹扫蒸汽法兰和阀体吹扫法兰及进水这一组波纹管内侧法兰。打压0.42MPa，检查另两组出口密封泄漏情况和波纹管内侧泄漏情况，然后用同样方法逐道试验其他两组密封情况。

5.2.4.2 四通球阀在试验过程中，用清水作为试验介质，试验压力为 0.42MPa，允许泄漏量应满足 SHS 01030—2019《阀门维护检修规程》要求。阀盖垫片和阀的填料静密封点应无泄漏。

5.2.5 切焦阀调试

主要验证旁流位置时全流出口是否有泄漏，全流位置时旁流出口是否有泄漏，执行气缸在设计气源压力下是否能满足性能要求，从而保证切焦阀在检修后满足设计要求，具体见表 1。

5.2.5.1 堵死全流出口，通过油压机从入口注入液压油，执行气缸接通 0.5～0.8MPa 气源，手动控制电磁换向阀，活塞下行至下降极限，缓缓提高油压至 35MPa，观测泄漏情况。

5.2.5.2 堵死全流出口，手动控制电磁换向阀，活塞上行至上升极限，缓缓提高油压至 35MPa，观测泄漏情况。

5.2.5.3 电磁换向阀、接近开关电源线接入程序控制柜。控制程序按钮拨向上行指示，记录从全关至预充时间、预充位开度、继续上行至全开位置时间：控制程序按钮拨向下降指示，记录从全开至全关位置时间、气缸行程。

表 1 验收技术要求

<table>
<tr><th colspan="2">项目</th><th>技术要求</th></tr>
<tr><td rowspan="4">密封性试验</td><td>旁流出口试验</td><td>压力表指示 35MPa，保压 5min</td></tr>
<tr><td>旁流出口泄漏量</td><td>无泄漏</td></tr>
<tr><td>全流出口试验</td><td>压力表指示 35MPa，保压 5min</td></tr>
<tr><td>全流出口泄漏量</td><td>无泄漏</td></tr>
<tr><td rowspan="7">气缸功能试验</td><td>气缸行程</td><td>330mm</td></tr>
<tr><td>预充位开度</td><td>52～85mm</td></tr>
<tr><td>上行气源压力</td><td>0.5～0.8MPa</td></tr>
<tr><td>上行至预充位时间</td><td>≤ 12s</td></tr>
<tr><td>上行至全开位时间</td><td>≤ 48s</td></tr>
<tr><td>下行气源压力</td><td>0.5～0.8MPa</td></tr>
<tr><td>下行至全关位时间</td><td>≤ 60s</td></tr>
</table>

5.2.6 各特阀检修后还应和装置一同进行联锁调校，确认联锁动作及响应时间均满足设计要求。

5.3 验收

5.3.1 检查确认特阀检修后调试正常，特阀自动与手动行程，灵敏度、准确度、稳定性、全行程时间符合要求。

5.3.2 检修记录齐全，至少有以下内容：

5.3.2.1 特阀检修记录。

5.3.2.2 特阀调试记录。

5.3.2.3 特阀零部件的受损、缺陷修复记录，各液压元件的更换记录。

5.3.2.4 更换配件的材质质量证明文件。

5.3.2.5 四通阀和切焦阀还应有密封性试验记录。

6 维护与故障处理

6.1 运行维护

6.1.1 滑阀、高温蝶阀、塞阀的操作维护

维护人员应按下面要求定期检查设备运行情况，并做好记录，发现异常及时处理。

6.1.1.1 检查泵出口压力、系统压力、蓄能器压力及液压系统泄漏情况。

6.1.1.2 检查油箱液位高低及油液温度。

6.1.1.3 检查阀位显示、输入显示、偏差显示与执行机构指针是否一致。

6.1.1.4 检查现场面板报警情况。

6.1.1.5 检查现场各手阀位置。

6.1.1.6 检查滑阀用 UPS 电源工作情况。

6.1.1.7 检查液压系统工作油温在制造厂允许范围内（一般为 30～45℃）。

6.1.1.8 检查滑阀各部及填料函的泄漏情况。

6.1.1.9 检查阀道吹扫蒸汽是否正常，蒸汽流量或压力满足设计或厂家技术要求。

6.1.1.10 检查各紧固件是否有松动现象。

6.1.1.11 在油箱低液位报警时，应及时补油，以免造成油泵吸空，补油应按下列要求进行：

a）补充的油液型号、规格与原来的工作油液相同。

b）所补的油液须经质检部门检验合格。

c）合格的液压油经过≤ 5μm 的专用过滤器进行过滤加油，并从油箱的空气过滤器或从注油嘴注入，严禁将油桶的新油直接注入油箱。

d）在现场加油时，所用工具必须清洗干净，同时还须采取保护措施，防止输油箱、输油管路受到污染，防止大气中粉尘，特别是催化剂粉末随油液浸入油箱，造成油液污染。

e）定期对液压油进行取样化验，发现油质不符合规定指标要求时必须进行更换。在换油前必须对油箱进行清洗，油箱清洗方法参照对应产品技术说明书。

f）在换油后需先开泵循环，确认整个油系统工作正常，无泄漏，液压油取样化验合格才能进行调试工作。

6.1.1.12 电液执行机构停机4h以上，液压系统在开机前，应先启动液压电机5～10min（泵进行空运转），然后升压运行，在电液执行机构投自动控制之前应先手动操作，使液压油缸短距离来回运行多次（如允许，全行程来回运行两次即可），从而对液压系统进行排气。

6.1.1.13 不允许使用有缺陷的压力表或在无压力表的情况下，使电液执行机构液压系统工作或进行调压操作。

6.1.1.14 定期检查蓄能器的工作性能，若发现泄漏、充气不足、气油混合时，应及时修理、充气，充压程序参照对应产品技术说明书。

6.1.1.15 根据过滤器差压报警情况更换滤芯，滤芯的更换程序参照对应产品技术说明书。

6.1.1.16 对长时间不活动的滑阀，应每周定期活动一次，开幅由生产单位根据实际情况自行掌握。

6.1.1.17 定时做好传动机构的润滑工作，保证蜗轮蜗杆、螺套、平面推力轴承等传动部件润滑良好。

6.1.2 高温平板闸阀维护

6.1.2.1 阀门投入使用后，不得任意按动电动装置和控制器上的按钮和开关。

6.1.2.2 机组正常操作时，该阀长期处于全开位置；机组如切除长期不用，该阀长期处于全关位置；因此在机组操作允许的条件下，宜建立定期点动检查阀门、少量启闭的制度。

6.1.2.3 使用中的各润滑部位每年至少应检查一次润滑情况，如无异常可继续使用。

6.1.2.4 手动机械操作时，手轮不可增加力臂，强行转动。

6.1.2.5 开度指示窗玻璃不得与硬物撞击。

6.1.2.6 排凝截止阀应定期排放。

6.1.2.7 观察孔板后密封蒸汽压力表，确认压力在正常范围内（比介质压力高0.05MPa）。

6.1.2.8 阀杆处应连续吹扫，不得间断，导轨处可连续或间断全量吹扫。

6.1.3 四通阀维护

6.1.3.1 四通阀检修安装调试完毕，即可投入正常使用。为了使之处于良好的工作状态，在维护四通阀时必须注意以下事项：

a）操作者必须熟悉四通阀的工作原理，熟悉控制系统中每个元件的作用，掌握操作方法。

b）每班工作时应检查有无漏水、漏汽，若发现应及时处理。

c）对填料轴承等易损件应定期检查更换，保证阀正常工作。

d）定期检查润滑油的情况，必要时进行更换。

6.1.4 切焦阀维护

6.1.4.1 切焦阀检修安装调试完毕，即可投入正常使用。为了使之处于良好的工作状态，在维护切焦阀时必须注意以下事项：

a）操作者必须熟悉切焦阀的工作原理，熟悉控制系统中每个元件的作用，掌握操作方法。

b）每班工作时应检查有无漏水、漏汽，若发现应及时处理。

c）对 O 形密封圈、YX 形密封圈、电磁阀等易损件应定期检查更换，保证阀门正常工作。

d）定期检查仪表信号与供风风压情况。定期检查定位器反馈弹簧固定情况。

6.2 常见故障与处理方法（见表 2）

表 2 特阀常见功能故障与处理方法

设备功能	功能故障	功能故障模式	故障后果	故障应对策略与检修内容	检修周期
滑阀、高温蝶阀、塞阀电液操作调节正常	滑阀、高温蝶阀、塞阀无法正常液动操作调节	1. 执行机构液压系统压力低	特阀只能手动操作，无法参与联锁，增加装置操作风险	检查修理电液执行机构	视情而定
		2. 系统接收信号后执行机构不动作	特阀只能手动操作，无法参与联锁，增加装置操作风险	检查修理电液执行机构	视情而定
		3. 执行机构颤动、阀位晃动	特阀只能手动操作，无法参与联锁，增加装置操作风险	检查修理电液执行机构	视情而定
		4. 阀位向一个方向跑偏并锁位	特阀只能手动操作，无法参与联锁，增加装置操作风险	检查修理电液执行机构	视情而定
		5. 阀位远传信号不准确或丢失	特阀只能手动操作，无法参与联锁，增加装置操作风险	检查修理电液执行机构	视情而定
滑阀、高温蝶阀、塞阀手动机械操作调节正常	滑阀、高温蝶阀、塞阀不能手动机械操作调节	1. 重机传动部分故障	特阀只能液动控制，增加装置操作风险	检查修理重机	视情而定
		2. 阀杆与重机脱扣	特阀只能液动控制，增加装置操作风险	检查修理重机	视情而定
		3. 阀杆与阀板脱扣	特阀无法控制，装置停工	滑阀解体大修	36～48个月

表 2　特阀常见功能故障与处理方法（续）

设备功能	功能故障	功能故障模式	故障后果	故障应对策略与检修内容	检修周期
高温平板闸阀电动操作调节正常	高温平板闸阀不能正常电动操作调节	1. 电动执行机构电机失电	闸阀只能手动操作，无法参与联锁，增加装置操作风险	检查修理配电装置	视情而定
		2. 电动执行机构故障	闸阀只能手动操作，无法参与联锁，增加装置操作风险	检查修理电动执行机构	视情而定
高温平板闸阀手摇操作调节正常	高温平板闸阀不能手动操作调节	1. 手摇传动部分故障	闸阀无法手摇操作，增加操作风险	检查修理手摇机构	视情而定
		2. 阀杆与阀板脱扣	闸阀无法开启，装置停工	闸阀解体大修	36～48个月
阻尼单向阀联锁状态动作正常	阻尼单向阀联锁状态不动作	1. 气缸漏气	阀门不能正常参与联锁，增加装置操作风险	气缸解体大修	36～48个月
		2. 阀门内部卡涩	阀门不能正常参与联锁，增加装置操作风险	阀门解体大修	36～48个月
		3. 气缸或传动部分卡涩	阀门不能正常参与联锁，增加装置操作风险	传动部分检修	36～48个月
		4. 电磁阀故障	阀门不能正常参与联锁，增加装置操作风险	电磁阀检查更换	36～48个月
四通阀各工作位切换正常	切焦阀不能正常操作切换	1. 执行机构故障	阀门卡涩或不能切换，装置波动或停工	检查修理执行机构故障	视情而定
		2. 阀体内部结焦，球体被卡死	阀门不能切换，装置停工	阀门解体大修	36～48个月
切焦阀各工作位切换正常	切焦阀不能正常操作切换	1. 平衡管泄漏或堵塞	阀门卡涩或不能动作，装置降量	检查修理平衡管	视情而定
		2. 气动执行机构故障	阀门不能动作，装置降量	检查修理气动执行机构	视情而定
		3. 预充压力偏高	预充孔板损坏，装置波动	阀门解体大修，检查修复预充孔板	36～48个月

表 2 特阀常见功能故障与处理方法（续）

设备功能	功能故障	功能故障模式	故障后果	故障应对策略与检修内容	检修周期
切焦阀各工作位切换正常	切焦阀不能正常操作切换	4. 回流量偏大	旁流孔板损坏，装置波动	阀门解体大修，检查修复旁流孔板	36~48个月
控制流体流量、介质外漏	阀填料外漏	1. 填料压盖松	流体外漏损失，污染环境，造成安全风险	压紧填料压盖	视情而定
		2. 填料不足	流体外漏损失，污染环境，造成安全风险	增加填料	视情而定
		3. 填料技术性能不符	流体外漏损失，污染环境，造成安全风险	更换填料	视情而定
		4. 阀杆粗糙、腐蚀，有轴向沟纹	流体外漏损失，污染环境，造成安全风险	解体大修，修复或更换阀杆	36~48个月
	阀门内漏	1. 阀内掉进异物，阀关不到位	控制流体效果达不到要求，装置波动或停工	解体大修，清除异物	36~48个月
		2. 密封面损坏	控制流体效果达不到要求，装置波动或停工	解体大修，修复密封面	36~48个月
	阀门大盖法兰外漏	1. 法兰螺栓紧固不均	流体外漏损失，污染环境，造成安全风险	螺栓紧固力矩一致	视情而定
		2. 垫片技术性能不符或损坏	流体外漏损失，污染环境，造成安全风险	大修更换垫片	36~48个月
		3. 法兰密封面有缺陷	流体外漏损失，污染环境，造成安全风险	检查修理密封面	36~48个月

附　录　A

（资料性附录）

特阀检修记录

表 A.1　单（双）动滑阀检修记录

单（双）动滑阀检修记录

装置名称______________检修单位________________

设备名称______________检修负责人______________

设备位号______________完工日期________________

设备型号______________验收人__________________

续表

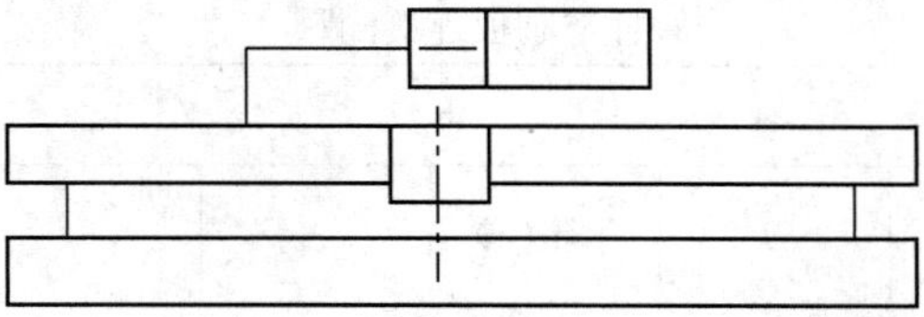

导轨不直度　　　　　　　负责人：

部位 内容					
检修前					
检修后					
设计值					

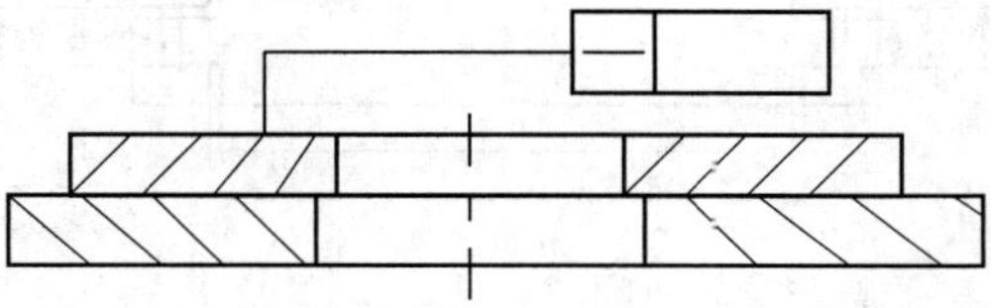

阀座不直度　　　　　　　负责人：

部位 内容					
检修前					
检修后					
设计值					

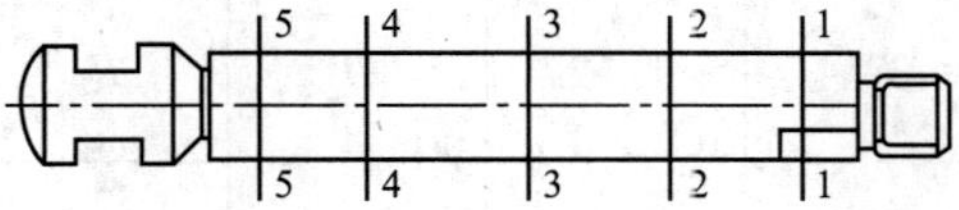

阀杆的弯曲度　　　　　　　负责人

部位 项目	1—1	2—2	3—3	4—4	5—5
检修前					
检修后					
设计值	≤0.15	≤0.15	≤0.15	≤0.15	≤0.15

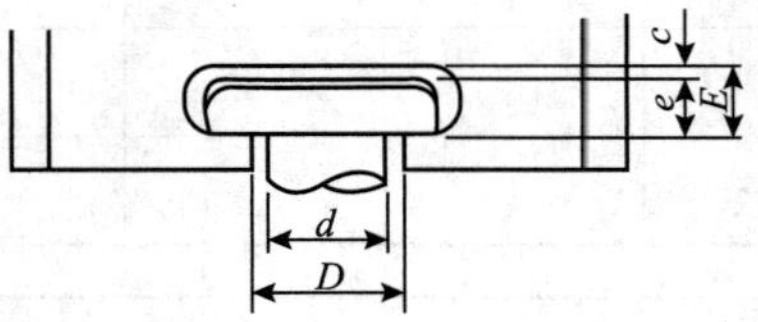

续表

阀杆与阀板连接测量　　　　负责人：

方位 部位 项目							
	d	D	间隙（c）	E	e	间隙（c）	备注
检修前							
检修后							
设计值							

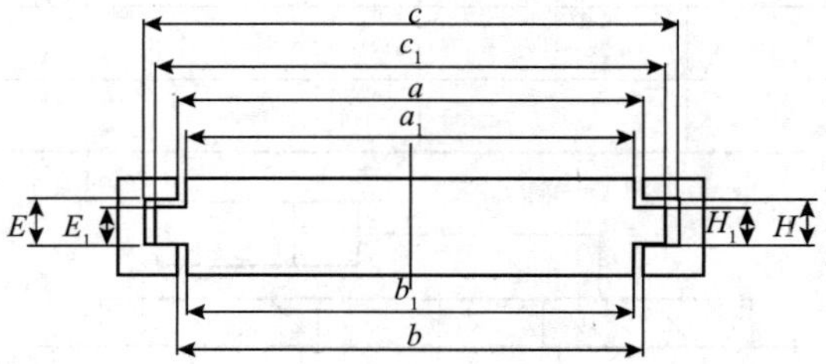

阀板与导轨总间隙测量　　　　负责人：

部位 项目	a	a_1	间隙	b	b_1	间隙	备注
检修前							
检修后							
设计值							

部位 项目	E	E_1	间隙	H	H_1	间隙	备注
检修前							
检修后							
设计值							

部位 项目	c	c_1	间隙				
检修前							
检修后							
设计值							

续表

滑阀全开全开行程时间表　　　　负责人：

部位 项目	开	关	开	关	备注
检修前					
检修后					
设计值					

记事说明：

调试说明：

更换零部件

序号	名称	规格	单位	数量	材质	备注

其他说明：

表 A.2　高温平板闸（蝶）阀、塞阀、单向阻尼阀检修记录

高温平板闸（蝶）阀、塞阀、单向阻尼阀检修记录

装置名称＿＿＿＿＿＿＿检修单位＿＿＿＿＿＿＿

设备名称＿＿＿＿＿＿＿检修负责人＿＿＿＿＿＿

设备位号＿＿＿＿＿＿＿完工日期＿＿＿＿＿＿＿

设备型号＿＿＿＿＿＿＿验收人＿＿＿＿＿＿＿＿

续表

更换零部件						
序号	名称	规格	单位	数量	材质	备注
其他说明：						

高温闸（蝶）阀、塞阀、单向阻尼阀全开全关行程时间表　　负责人：

部位 项目	开	关	开	关	备注
检修前					
检修后					
设计值					
记事说明：					

续表

调试说明：

表 A.3　焦化四通阀检修记录

焦化四通阀检修记录

装置名称＿＿＿＿＿＿＿＿检修单位＿＿＿＿＿＿＿＿

设备名称＿＿＿＿＿＿＿＿检修负责人＿＿＿＿＿＿＿

设备位号＿＿＿＿＿＿＿＿完工日期＿＿＿＿＿＿＿＿

设备型号＿＿＿＿＿＿＿＿验收人＿＿＿＿＿＿＿＿＿

续表

更换零部件						
序号	名称	规格	单位	数量	材质	备注

其他说明：

四通阀密封性及泄漏试验记录表　　　　　　负责人：

密封性试验	试验压力	试验结果		泄漏试验	试验压力	试验结果		
		大盖	填料			出口 1	出口 2	出口 3

记事说明：

调试说明：

表 A.4　切焦阀检修录

切焦阀检修记录

装置名称______________检修单位________________

设备名称______________检修负责人______________

设备位号______________完工日期________________

设备型号______________验收人__________________

续表

更换零部件						
序号	名称	规格	单位	数量	材质	备注
其他说明：						

切焦阀密封试验记录表　　　　负责人：

<table>
<tr><td rowspan="2">旁流出口试验</td><td>试验压力</td><td>保压时间</td><td>泄漏量</td><td rowspan="2">全流出口试验</td><td>试验压力</td><td>保压时间</td><td>泄漏量</td></tr>
<tr><td></td><td></td><td></td><td></td><td></td><td></td></tr>
<tr><td colspan="8">记事说明：</td></tr>
</table>

续表

切焦阀气缸功能试验记录表　　　　负责人：

气缸功能试验	气缸行程	预充位开度	上行气源压力	上行至预充位时间	上行至全开位时间	下行气源压力	下行至全关位时间

调试说明：

附 录 B
（资料性附录）
特阀检修质量控制确认表

特阀类型	序号	检修主要内容	质量标准	控制级别	检查情况	施工单位确认人	生产装置确认人	设备管理部门确认人	日期
单（双）动滑阀	1	阀杆直线度偏差检查	小于0.15mm	B					
	2	检查阀杆杆头和阀板连接处的配合间隙	小于0.30mm	B					
	3	检查导轨、座圈与阀板之间的间隙	应符合本规程图10所示规定值或原设计值	B					
	4	检查导轨、座圈固定螺栓预紧情况	预紧力符合原设计要求，螺栓无冲刷、磨损或断裂情况	B					
	5	检查阀板有无影响沿导轨移动的磨损变形以及冲蚀	无明显变形及冲刷磨损	B					
	6	检查阀座圈、导轨有无影响阀板正常移动的变形和催化剂冲刷之磨损	无明显变形及冲刷磨损	B					
	7	检查阀盖法兰密封面	密封面无损伤	B					
	8	检查密封套有无冲刷腐蚀	无明显冲刷磨损	B					
	9	检查清理阀套和填料箱的吹气孔	无明显冲刷或堵塞	C					
	10	检查传动部分轴承、蜗轮蜗杆、阀杆、阀杆螺套及开和螺母	传动机构动作灵活，无磨损、卡涩	C					
高温闸阀	1	阀杆弯曲度检查	小于0.15mm	B					
	2	阀杆磨损量检查	小于0.25mm	B					
	3	阀板变形及两面平行度检查	变形量小于0.15mm且两面平行度偏差小于0.1mm	B					

特阀检修质量控制确认表（续）

特阀类型	序号	检修主要内容	质量标准	控制级别	检查情况	施工单位确认人	生产装置确认人	设备管理部门确认人	日期
高温闸阀	4	检查阀盖法兰密封面是否有碰损或划伤	密封面无损伤	B					
	5	检查填料冲刷腐蚀之沟痕	无明显冲刷磨损	B					
	6	检查清理阀套和填料箱的吹气孔	无明显冲刷或堵塞	C					
	7	检查传动部分蜗轮蜗杆、阀杆螺套及开和螺母	动作灵活，无磨损、卡涩	C					
高温蝶阀	1	检查阀杆与执行机构轴线角度	两轴线应垂直	B					
	2	检查阀板轴向定位情况	两侧间隙应相等并符合原设计要求	B					
	3	检查阀板边缘磨损量	小于 0.25mm	B					
	4	检查阀板与阀杆定位情况	定位销无损坏，紧固螺丝无松动	B					
	5	检查填料情况	无磨损或松动	B					
	6	检查清理阀套和填料箱的吹气孔	无明显冲刷或堵塞	C					
	7	检查传动部分轴承、蜗轮蜗杆、阀杆螺套及开和螺母	动作灵活，无磨损、卡涩	C					
塞阀	1	检查阀头与阀座	无明显磨损	B					
	2	检查阀杆直线度	直线度偏差小于 0.15mm	B					
	3	检查阀杆磨损量	磨损小于 0.2mm	B					
	4	检查滑块与导轨配合间隙	0.1～0.2mm	B					
	5	检查伸入反应器内的高温螺栓情况	预紧力符合原设计要求，螺栓无冲刷、磨损或断裂情况	B					
	6	检查阀盖法兰密封面	密封面无损伤或划痕	B					
	7	检查密封套有无冲刷腐蚀	无明显冲刷磨损	B					
	8	检查清理阀套和填料箱的吹气孔	应无明显冲刷或堵塞	C					

特阀检修质量控制确认表（续）

特阀类型	序号	检修主要内容	质量标准	控制级别	检查情况	施工单位确认人	生产装置确认人	设备管理部门确认人	日期
塞阀	9	检查轴承、蜗轮蜗杆、阀杆、阀杆螺套及开和螺母情况	传动机构动作灵活，无磨损、卡涩	C					
单向阻尼阀	1	检查阀轴直线度偏差	小于0.05mm	B					
	2	检查阀体和阀板密封面	无明显冲刷沟槽	B					
	3	检查阀轴的轴向间隙	0.15～0.2mm	B					
	4	检查摇杆与阀体孔端面间隙	1～2mm	B					
	5	检查填料情况	无磨损或松动	C					
	6	检查传动机构情况	无磨损、卡涩或松动	C					
焦化四通阀	1	检查阀芯球面情况	应光滑平整，无划伤、变形或坑蚀	B					
	2	检查波纹管情况	波纹管端面应光滑平整、无划伤或变形，三只波纹管高度偏差小于0.2mm	B					
	3	检查阀芯与阀体同轴度偏差	小于0.1mm	B					
	4	检查清理阀套和填料箱的吹气孔	应无明显冲刷或堵塞	B					
	5	检查传动机构情况	动作灵活，无磨损、卡涩	C					
	6	阀门总装后进行密封性试验	应满足SHS 01030—2019《阀门维护检修规程要求》	A					
切焦阀	1	检查阀杆直线度	直线度偏差小于0.04mm	B					
	2	检查阀杆磨损	圆度偏差小于0.02mm	B					
	3	检查阀芯	直线度偏差小于0.06mm	B					

特阀检修质量控制确认表（续）

特阀类型	序号	检修主要内容	质量标准	控制级别	检查情况	施工单位确认人	生产装置确认人	设备管理部门确认人	日期
切焦阀	4	检查预充孔板和旁流孔板	表面气蚀量小于0.05mm	B					
	5	检查阀体	圆柱度偏差小于0.04mm	B					
	6	检查气缸	气缸壁光滑、无划痕和变形	C					
	7	阀门总装后进行密封性试验	应满足本规程表1的要求	B					

注： A级：施工单位、生产装置、设备管理部门专业人员检查确认后签字。

B级：施工单位和生产装置专业人员检查确认后签字。

C级：施工单位专业人员检查确认后签字。

另：如果有监理，监理的职责由甲方授权。

附　录　C

（资料性附录）

特阀调试与验收数据记录表

<table>
<tr><td colspan="4">阀门名称：</td><td colspan="4">规格型号：</td></tr>
<tr><td colspan="8">设计参数</td></tr>
<tr><td colspan="2">温度</td><td colspan="2">压力</td><td colspan="2">介质</td><td colspan="2">全行程时间</td></tr>
<tr><td colspan="2"></td><td colspan="2"></td><td colspan="2"></td><td colspan="2"></td></tr>
<tr><td colspan="8">阀体试验记录</td></tr>
<tr><td colspan="2">试验类型（压力、气密）</td><td colspan="2">试验介质</td><td colspan="2">试验压力</td><td colspan="2">实验结果</td></tr>
<tr><td colspan="2"></td><td colspan="2"></td><td colspan="2"></td><td colspan="2"></td></tr>
<tr><td colspan="8">阀门调试记录</td></tr>
<tr><td colspan="2">输入信号 /%</td><td>0</td><td>25</td><td>50</td><td>75</td><td colspan="2">100</td></tr>
<tr><td rowspan="2">上行</td><td>实际阀位</td><td></td><td></td><td></td><td></td><td colspan="2"></td></tr>
<tr><td>误差</td><td></td><td></td><td></td><td></td><td colspan="2"></td></tr>
<tr><td rowspan="2">下行</td><td>实际阀位</td><td></td><td></td><td></td><td></td><td colspan="2"></td></tr>
<tr><td>误差</td><td></td><td></td><td></td><td></td><td colspan="2"></td></tr>
<tr><td colspan="2">控制精度</td><td colspan="6"></td></tr>
<tr><td colspan="2">控制灵敏度</td><td colspan="6"></td></tr>
<tr><td colspan="2">调节控制范围</td><td colspan="6"></td></tr>
<tr><td colspan="2">全行程时间</td><td colspan="6"></td></tr>
<tr><td colspan="8">其他调试或试验记录：</td></tr>
<tr><td colspan="2">施工单位</td><td colspan="2">监理单位</td><td colspan="2">生产装置</td><td colspan="2">设备管理部门</td></tr>
<tr><td colspan="2">专业工程师：</td><td colspan="2">专业工程师：</td><td colspan="2">专业工程师：</td><td colspan="2">专业工程师：</td></tr>
<tr><td colspan="2">日期：　年　月　日</td><td colspan="2">日期：　年　月　日</td><td colspan="2">日期：　年　月　日</td><td colspan="2">日期：　年　月　日</td></tr>
</table>

19. 连续重整反应再生系统维护检修规程

SHS 02024—2019

（代替 SHS 02024—2004）

目　次

前　言

本规程按照GB/T 1.1—2009《标准化工作导则　第1部分：标准的结构和编写》给出的规则修订。

本规程代替SHS 02024—2004《连续重整反应再生系统维护检修规程》，与SHS 02024—2004相比，除了编辑性修改外，主要技术变化如下：

——增加了法国IFP技术连续重整装置反应器和再生器内部料腿、扇形板拆装编号；

——增加了法国IFP技术连续重整装置反应器中心筒底部锁紧销子检查及中心筒底部与底座间隙的检查与调整；

——增加采用LPEC技术装置的反应器和再生器检查内容、检修质量标准；

——增加了常见故障与处理方法（表1～表6）；

——增加了附录A～附录M。

本规程由中国石油化工集团有限公司、中国石油化工股份有限公司提出。

本规程由中国石油化工股份有限公司金陵分公司起草。

本规程主要起草人：王五洲、曾孔文。

本规程历次版本发布情况：

——SHS 02024—2004。

连续重整反应再生系统维护检修规程

1 范围

1.1 主题内容

本规程规定了连续重整（法国 IFP、美国 UOP 和国产 LPEC）反应器、再生器、催化剂输送管线系统的检修周期与内容、检修程序与质量标准、试验与验收、维护与故障处理。

1.2 适用范围

本规程适用于石油化工连续重整装置采用法国 IFP、美国 UOP 和国产 LPEC 技术的反应器、再生器、催化剂输送管线系统维护检修。

设计有特殊要求时，应符合设计要求。

2 规范性引用文件

下列文件对本文件的应用是必不可少的。凡是注日期的引用文件，仅注日期的版本适用于本文件。凡是不注日期的引用文件，其最新版本（包括所有的修改单）适用于本文件。

中华人民共和国特种设备安全法
特种设备安全监察条例
TSG 08　特种设备使用管理规则
GB/T 150　压力容器
TSG 21　固定式压力容器安全技术监察规程
SHS 01004　压力容器维护检修规程
SHS 01005　工业管道维护检修规程
SHS 01030　阀门维护检修规程
SH/T 3096　加工高硫原油重点装置主要设备设计选材导则
SH/T 3503　石油化工工程建设交工技术文件规定
SHS 01008　固定床反应器维护检修规程
SHS 01001　石油化工设备完好标准
SHS 01033　设备及管道绝热检修规程
SHS 01034　设备及管道涂层检修规程

3 检修周期和内容

3.1 检修周期

根据 TSG 21《固定式压力容器安全技术监察规程》的要求，结合装置长周期运行、设备运行状况，催化剂更新（装卸）统筹考虑，确定反应器、再生器的检修周期，一般为3~5年。

3.2 检查内容（采用 IFP 技术的装置）

3.2.1 壳体检查如下各部位：

3.2.1.1 壳体、头盖及出入口弯管等受压元件；

3.2.1.2 密封面和密封垫；

3.2.1.3 入口扩散器；

3.2.1.4 支持圈、支耳和热电偶支承台；

3.2.1.5 热偶套管和外壁热电偶支承台；

3 2.1.6 裙座、地脚螺栓和基础；

3.2.1.7 反应器所有的紧固件（螺栓和螺母）。

3.2.2 入口料腿、扇形板。

3.2.3 盖板与密封套筒。

3.2.4 约翰逊网（JOHNSON）外网、定位板块、支撑圈（及加强筋板）、限位套筒、螺栓、螺母；中心筒约翰逊网及内部冲孔圆筒、底部填料密封。

3.2.5 再生器催化剂分布锥。

3.2.6 再生器一段烧焦区盖板、料腿、中心筒、外网。

3.2.7 再生器二段烧焦区盖板、料腿、中心筒、外网。

3.2.8 再生器大小集合管内约翰逊网。

3.2.9 再生器氧氯化段气相喷嘴、干燥区焙烧弯管。

3.2.10 对催化剂输送管线及料腿等应进行外观检查和定点测厚，建议定点测厚每半年进行一次。特别对沿气流走向法兰后3~5m以内的管线，其外弯部位磨损特别严重，要密集测厚。

3.2.11 催化剂提升管线阀门应进行解体检查清理。

3.3 检查内容（采用 UOP 技术的装置）

3.3.1 壳体检查如下各部位：

3.3.1.1 壳体、人孔及出入口弯管等受压元件；

3.3.1.2 密封面和密封垫；

3.3.1.3 支持圈、支耳和热电偶支承台；

3.3.1.4 热偶套管和外壁热电偶支承台；

3.3.1.5 裙座、地脚螺栓和基础；

3.3.1.6 反应器所有的紧固件（螺栓和螺母）。

3.3.2 反应器扇形盖板、龙门架、龙门销与链条。

3.3.3 反应器催化剂输送管、通气管与催化剂收集器。

3.3.4 反应器各底封头与缓冲区底封头。

3.3.5 反应器扇形筒、密封板、膨胀圈、支撑圈与支撑筋板。

3.3.6 反应器中心管约翰逊网、膨胀节及出口管。

3.3.7 反应器还原段催化剂分配锥。

3.3.8 再生器上封头与烧焦区。

3.3.9 再生器氯化区。

3.3.10 再生器干燥区。

3.3.11 再生器冷却区。

3.4 检查内容（采用 LPEC 技术的装置）

3.4.1 壳体检查如下各部位：

3.4.1.1 壳体、头盖及出入口弯管等受压元件；

3.4.1.2 密封面和密封垫；

3.2.1.3 支持圈、支耳和热电偶支承台；

3.4.1.4 热偶套管和外壁热电偶支承台；

3 4.1.5 裙座、地脚螺栓和基础；

3.4.1.6 反应器所有的紧固件（螺栓和螺母）。

3.4.2 反应器扇形盖板、龙门架、龙门销与链条。

3.4.3 反应器催化剂输送管。

3.4.4 反应器底封头、中心管底座。

3.4.5 反应器扇形筒、密封板、膨胀圈、支撑圈与支撑筋板。

3.4.6 反应器中心管筛条网、膨胀节及出口管。

3.4.7 再生器催化剂料腿。

3.4.8 再生器内网。

3.4.9 再生器外网。

3.4.10 再生器中部壳体。

3.4.11 再生器下部壳体。

3.5 检修内容

3.5.1 对以上检查发现的问题，根据损坏情况决定修复或更换。

3.5.2 压力容器月检查、年度检查、定期检验时确定的返修项目。

3.5.3 安装盲板，拆除进出口管线、阀门。

3.5.4 校验安全、仪表附件。

3.5.5　检查接地完好情况。
3.5.6　拆除盲板，管线阀门安装。
3.5.7　试压、气密。
3.5.8　绝热层、防腐层修理或更换。

4　检修程序与质量标准

4.1　检修前的准备

4.1.1　施工技术准备

掌握设备运行状况，编制、审批、下达检修计划，备齐检修所需的图纸、技术资料和相关检修记录，检修单位编制检修方案（含焊接和起重作业方案）或检修作业指导书，产权单位、检修单位按规定进行检修作业的双向交底，并做好交底记录。

4.1.2　施工工器具准备

备齐工器具、机具、吊具、量具、材料和劳动保护用品，尤其要准备好力矩扳手，按照进度、方案安排有序进场。

4.1.3　备品、配件、材料准备

准备好检修所需更换的备品、配件和材料，并检查核实备品、配件、材料的尺寸和材质是否满足技术要求。

4.1.4　施工人员准备

4.1.4.1　现场检修施工人员经过的安全教育，持证上岗。
4.1.4.2　熟悉施工方案、施工图纸、施工统筹、技术要求及有关资料，并掌握施工质量标准。
4.1.4.3　严格执行HSSE相关的法律、法规及标准，遵守施工现场的各项安全管理规定。

4.1.5　施工条件确认

4.1.5.1　设备内部催化剂已卸干净。
4.1.5.2　检查确认反应器、再生器及其相关联系统内介质吹扫、置换合格。
4.1.5.3　检查确认反应器、再生器及其相关联系统与其他设备相通的工艺管线是否隔断或用盲板隔离。如加装盲板进行隔断，必须统计，造册逐一登记，防止拆除时遗漏。
4.1.5.4　检查确认是否按规定办理了各类作业票证。特别注意：动火、防中毒分析的取样要具有代表性，必要时，取样人员穿戴长管空气呼吸器进入设备内部死角取样。
4.1.5.5　检查确认设备内部检修、照明用电符合标准规范。

4.2 检修质量标准（采用 IFP 技术的装置）

4.2.1 受压元件（壳体内外表面及焊缝）的检修按 SHS 01004《压力容器维护检修规程》执行。

4.2.2 密封面和密封垫

4.2.2.1 密封面和密封垫不得有影响密封的缺陷存在；

4.2.2.2 更换的密封垫应符合相关技术要求。

4.2.3 催化剂进料料腿与扇形板盖板开孔是否对中。有无擦痕，如有则应校正料腿。扇形板、料腿拆卸前进行编号，回装时做到一一对应。

4.2.4 料腿上的密封套筒是否完全盖住盖板开孔，盖板相互搭接处缝隙是否超标，盖板与扇形板连接处缝隙是否超标，各处均不得有宽度大于 0.8mm 的缝隙、间隙。

4.2.5 扇形板是否有变形，相邻扇形板连接处缝隙是否超标，扇形板与中心筒连接处缝隙是否超标，各处均不得有宽度大于 0.8mm 的缝隙、间隙。

4.2.6 盖板外侧与外网顶部之间的间隙是否超标。

4.2.7 中心导向板与外网导向块位置是否正确，有无卡、碰现象。

4.2.8 外约翰逊网导向板与器壁间隙应为 10mm，判断外约翰逊网是否发生偏斜或扭曲。

4.2.9 中心筒约翰逊网及外约翰逊网的检查

4.2.9.1 约翰逊网筛网表面应光洁、圆滑、平整，筛条之间的缝隙值为（0.7±0.05）mm，允许有 1%的缝隙值≤1.00mm，不合格的应予以校正。如发现缝隙被催化剂粉末或催化剂侏儒球堵塞，应予清除干净。

4.2.9.2 设计要求中心筒约翰逊网的直线度应小于 2mm/m，全长不得超过 8mm。检修中可参考此要求对中心筒约翰逊网进行检查，并根据检查情况决定是否需要进行调整校正。

4.2.9.3 外约翰逊网筛网表面应平整，其母线应在同一圆周面上，在任意 10 根筛条范围内的平直度误差应小于 ±0.25mm。

4.2.9.4 检查支撑圈与外约翰逊网底板连接螺栓、螺母、定位套筒。支撑圈与外网底板任意一点的间隙应小于 0.8mm。

4.2.9.5 检查外约翰逊网外侧加强筋是否完好，有无脱落现象（根据外网不同的生产厂家和生产年代，外网加强筋有斜筋和直筋等型式）。

4.2.9.6 检查中心筒底部定位销有无松动和变形，如有应进行调整或更换。检查中心筒底部与底座之间的间隙是否均匀且为 2mm。

4.2.10 再生器储存段的料腿与底板之间的活法兰销钉、垫片是否完好、接触严密。锥形密封盖与底板连接部位螺栓、垫片完好、接触严密。

4.2.11 再生器烧焦区的盖板相互联接的楔形销是否完好，回装时楔形销要与盖板点焊。料腿与底板之间的活法兰销钉、垫片是否完好。

4.2.12 再生器一段、二段中心筒、外网缝隙应为（0.7±0.05）mm，外网导向板与器壁间隙应为 10mm；中心筒、外网垂直度应在 3mm 内。

4.2.13 烧焦区一段盖板和料腿、二段盖板和料腿拆卸前进行编号，拆卸时从两条半径边均在上方的那块盖板开始，沿顺时针方向拆卸第二块盖板，回装时做到盖板与料腿一一对应。

4.2.14 盖板与中心筒、盖板与外网及盖板之间间隙应小于 0.8mm。

4.2.15 检查支撑圈与外约翰逊网底板连接螺栓、螺母、定位套筒。支撑圈与外网底板任意一点的间隙应小于 0.8mm。

4.2.16 再生器一段、二段中心筒与底座间隙为 1.5～3.5mm。

4.2.17 再生器过渡区的料腿与底板缝隙是否超标。

4.2.18 再生器氯化区的喷嘴约翰逊网是否完好，有无杂物堵，缝隙是否超标，喷氯喷嘴是否完好。

4.2.19 再生器干燥区的进口干燥器约翰逊网是否完好，有无催化剂侏儒球堵塞；法兰密封是否严密。

4.2.20 催化剂输送管线要保证连接部位平整光滑、圆滑过度；不允许有凸台和毛刺等异常情况存在；催化剂提升管线阀门应能开关自如，且不能有卡涩和开关不能到位的情况存在。

4.3 检修质量标准（采用 UOP 技术的装置）

4.3.1 受压元件（包括接管、壳体内外表面及焊缝）的检修按 SHS 01004《压力容器维护检修规程》执行。

4.3.2 密封面和密封垫

4.3.2.1 密封面和密封垫不得有影响密封的缺陷存在；

4.3.2.2 更换的密封垫应符合相关技术要求。

4.3.3 反应器扇形盖板、龙门架、龙门销与链条

4.3.3.1 反应器扇形盖板在拆装前应每块做好明显安装标记（禁止采用油性类笔），复位时严格按标记复位；

4.3.3.2 反应器扇形盖板应清理干净，不得有污垢及检修留下的各种标记；

4.3.3.3 反应器扇形盖板应平整无变形；扇形盖板（“A”形与“B”形）之间、扇形盖板与内、外两圈支撑环板之间应密切贴合，最大缝隙不得超过 1mm；

4.3.3.4 龙门架与扇形盖板间应焊接可靠，无脱焊；

4.3.3.5 链条两端应分别与龙门销及扇形盖板点焊牢固；

4.3.3.6 龙门销在龙门架中插好后，用不锈钢丝穿过龙门销两端小孔后紧固。

4.3.4 反应器内催化剂输送管、通气管与催化剂收集器

4.3.4.1 催化剂输送管、通气管与催化剂收集器均应畅通；

4.3.4.2 输送管各法兰面应密封可靠，螺栓应按规定将单螺母端点焊，另一端则以双螺母方式紧固，使用 D-LOCK 连管器安装的，应把顶丝预紧，钢丝扎紧。

4.3.4.3 输送管套筒、通气管与相应密封板的径向间隙均应控制在单边 0.55～0.68mm 的范围内，调整好后，须将密封板四角点焊；

4.3.4.4　检查催化剂收集器内筒，与反应器外壳之间的径向间隙应均匀，误差值控制在±6mm 范围内。

4.3.5　各反应器底封头与缓冲区底封头

4.3.5.1　各反应器底封头与缓冲区底封头处应清理于净，无污垢及检修标记；

4.3.5.2　各反应器底座与底盖板之间应密封可靠；

4.3.5.3　缓冲区底座与底盖板之间应密封可靠；

4.3.5.4　各反应器底封头与缓冲区底封头上的螺栓均应拧紧，无松动现象；

4.3.5.5　第四反应器底封头上的卸料口应在反应器检修完毕并在封闭前按设计要求先放置好不同规格的瓷球层。

4.3.6　反应器扇形筒、密封板、膨胀圈、支撑圈与支撑筋板

4.3.6.1　扇形筒外表面应干净、平滑、无毛刺与污垢，不得有堵孔现象，焊缝处不得有脱焊和烧穿现象；

4.3.6.2　扇形筒内不得有催化剂、焦炭及其他任何杂物；

4.3.6.3　扇形筒冲孔区应无明显变形，无裂纹，冲孔的最大缝隙不得超过 1.1mm；

4.3.6.4　扇形筒应平直，同一方向上内变形最大值与外变形最大值之和不得超过 5mm；

4.3.6.5　扇形筒升气筒无明显变形，其轴心线应与扇形筒的轴心线平行，顶端的偏离值不超过 1.25mm；

4.3.6.6　扇形筒如需进行焊接修补，则焊缝处应打磨平滑，禁止任何尖角或毛边的存在；

4.3.6.7　扇形筒与密封板在检修前必须逐件对应做好安装位置标记（禁止采用各种油性类笔），检修完毕后必须将标记清除干净；

4.3.6.8　禁止扇形筒修补工作中的大面积堵孔；

4.3.6.9　密封板与支撑环板之间应贴合密切。密封板四角点焊处不得有脱焊现象（点焊正面长 6mm/ 侧面长 3mm）；

4.3.6.10　扇形筒升气筒与密封板之间的间隙应严格控制在单边（0.74±0.1）mm 范围内；

4.3.6.11　扇形筒上部台阶面与支撑环板下底面之间的间隙应控制在（103±13）mm 范围内；

4.3.6.12　各支撑筋板应焊接牢靠，无脱焊；

4.3.6.13　对于第一、二、三反应器，支撑圈内边与各支撑筋板卡口的侧边间隙应控制在 3mm 左右；对第四反应器，支撑圈两边与各支撑筋板卡口的两侧间隙应调整均匀，都为 3mm 左右；

4.3.6.14　支撑圈顶面应比各支撑筋板顶面要高出 13mm 左右；

4.3.6.15　扇形筒背面应与反应器壳体内壁紧贴；

4.3.6.16　扇形筒底部加强圈与支撑圈及支撑圈与支撑筋板点焊处无脱焊；

4.3.6.17　各反应器膨胀圈应连接可靠，除最底部膨胀圈外其余膨胀圈外壁与扇形筒的正面间隙应调整至 2～5mm 之间，调整好后，将膨胀圈上各连接螺母点焊；

4.3.6.18　各反应器最底部膨胀圈外壁与扇形筒的正面间隙应调整至 5～10mm 之间。

4.3.7 反应器中心管、膨胀节与出口管

4.3.7.1 中心管外层约翰逊网区不得有任何堵塞现象；

4.3.7.2 禁止用任何工具大力敲击中心管；

4.3.7.3 中心管外层约翰逊网应无明显变形，各网条无开裂或松动，最大缝隙不得超过0.66mm（0.61mm±0.05mm）；

4.3.7.4 中心管垂直度要求控制在1mm/300mm以内，总偏差不超过19mm；

4.3.7.5 中心管外表面应平滑，如需进行焊接修补，则焊缝处应打磨平滑，禁止任何尖角或毛边的存在；

4.3.7.6 中心管约翰逊网区修理时封死面积不应大于50mm×50mm，采用焊接修补时，应选用直径较小的焊丝和焊条，且采用较小的电流焊接，防止焊接时将约翰逊网烧穿；

4.3.7.7 中心管内部各支撑筋条无明显变形及无脱焊现象；

4.3.7.8 波纹管膨胀节应无任何破裂现象及明显的变形情况；

4.3.7.9 波纹管膨胀节保护套上各检查孔应畅通；

4.3.7.10 内部出口管及弯头上焊缝不得有任何裂纹；

4.3.7.11 中心管底座支撑组件与固定条之间无脱裂，中间封头与中心管支座间的垫片应良好密封；

4.3.7.12 中心管底座螺栓无松动，拧紧力矩设定为42N·m；

4.3.7.13 中心管与中心底座对中良好，中心管底座内壁与中心管外壁间隙应为0.5～2.5mm（金属间无接触）；

4.3.7.14 所有与催化剂相接触的表面均应光滑，无毛刺、尖角。

4.3.8 再生器上封头与烧焦区

4.3.8.1 再生器内催化剂分配器底板密封可靠，螺栓无松动；

4.3.8.2 催化剂分配器内清理干净；

4.3.8.3 催化剂输送管畅通无阻；

4.3.8.4 催化剂输送管活接头连接可靠，外套筒未破裂；

4.3.8.5 内筒顶盖板上清理干净，无污垢、粉尘；

4.3.8.6 内、外约翰逊网应无明显变形，各网条无开裂或松动，外网最大缝隙不得超过0.69mm，内网最大缝隙不得超过0.53mm；

4.3.8.7 内筒里各加固环无脱落，无明显变形；

4.3.8.8 各热偶套管应固定到位，无错位；

4.3.8.9 内、外网之间的隔离网无开裂、堵塞及脱焊现象；

4.3.8.10 一、二次烧焦区的环形通道内无明显催化剂、粉尘或其他杂物；

4.3.8.11 内、外筒外表面应平滑，如需进行焊接修补，则焊缝处应打磨平滑；

4.3.8.12 内、外约翰逊网区修理时封死面积不应大于50mm×50mm，采用焊接修补时，应选用直径较小的焊丝和焊条，且采用较小的电流焊接，防止焊接时将约翰逊网烧穿；

4.3.8.13 所有与催化剂相接触的表面均应光滑，无毛刺、尖角。

4.3.9 再生器氯化区

4.3.9.1 氯化区催化剂导流板无明显变形及减薄；

4.3.9.2 氯化区活动的催化剂导流板应能自由插拔，不得卡死；

4.3.9.3 氯化区内、外圆筒之间的定位块无脱焊、脱落，定位块与外筒之间应有 3mm 的冷态间隙；

4.3.9.4 氯化区内筒外壁与外筒内壁之间的径向间隙误差不大于 13mm。

4.3.10 再生器干燥区

4.3.10.1 干燥区环形通道应畅通无阻，四根通气管内应清理干净；

4.3.10.2 干燥区下部圆筒与再生器壳体之间的定位块无脱焊、脱落，定位块与壳体之间应有 3mm 的冷态间隙；

4.3.10.3 干燥区下部圆筒外壁与再生器壳体内壁之间的径向间隙误差不大于 13mm。

4.3.11 再生器冷却区

4.3.11.1 冷却区各内圆筒应无明显变形、偏心，最底部的内筒与壳体之间的定位块无脱焊、脱落；

4.3.11.2 冷却区各催化剂流量锥无明显变形，支腿无脱焊、脱落；

4.3.11.3 所有与催化剂相接触的表面均应光滑，无毛刺、尖角。

4.4 检修质量标准（采用 LPEC 技术的装置）

4.4.1 受压元件（包括接管、壳体内外表面及焊缝）的检修按 SHS 01004—2019《压力容器维护检修规程》执行；设备内部催化剂流通区域的所有焊缝均应磨平、磨光，其角焊缝应打磨成光滑的圆弧过渡，不得有任何催化剂磨损的焊瘤、尖角、毛刺等存在。

4.4.2 密封面和密封垫

4.4.2.1 密封面和密封垫不得有影响密封的缺陷存在；

4.4.2.2 更换的密封垫应符合相关技术要求。

4.4.3 反应器扇形盖板、龙门架、龙门销与链条

4.4.3.1 反应器扇形盖板在拆装前应每块做好明显安装标记（禁止采用油性类笔），复位时严格按标记复位；

4.4.3.2 反应器扇形盖板应清理干净，不得有污垢及检修留下的各种标记；

4.4.3.3 反应器扇形盖板应平整无变形，不平度不大于 1mm，扇形盖板（“A”形与“B”形）之间、扇形盖板与内、外两圈支撑环板之间应密切贴合，最大缝隙不得超过 1mm；

4.4.3.4 龙门架与扇形盖板间应焊接可靠，无脱焊；

4.4.3.5 链条两端应分别与龙门销及扇形盖板点焊牢固；

4.4.3.6 龙门销在龙门架中插好后，用不锈钢丝穿过龙门销两端小孔后紧固。

4.4.4 反应器内催化剂输送管

4.4.4.1 催化剂输送管均应畅通，催化剂输送管中心圆的两相邻输送管弦长偏差不得大于 ±3mm，任意两输送管的弦长偏差不得大于 ±5mm；

4.4.4.2 输送管各法兰面应密封可靠，螺栓两侧均为双螺母，螺母紧固无松动；

4.4.4.3　输送管套筒与相应密封板的径向间隙均应控制在单边 0.55～0.68mm 的范围内，调整好后，须将密封板四角点焊。

4.4.5　各反应器底封头与中心管底座

4.4.5.1　各反应器底封头处应清理于净，无污垢及检修标记；

4.4.5.2　各反应器中心管底座与中心管底部间隙应为 2.5～2.75mm，它们之间的耐火陶纤绳安装时应用高温黏结剂粘接牢固；

4.4.5.3　各反应器底封头与中心管底座连接螺栓无松动；

4.4.5.4　各反应器中心管底座的 4 颗开孔销应无松动或变形，4 颗定位销应完好无脱落。

4.4.6　反应器扇形筒、密封板、膨胀圈、支撑圈与支撑筋板

4.4.6.1　扇形筒外表面应干净、平滑、无毛刺与污垢，不得有堵网现象，焊缝处不得有脱焊和烧穿现象；

4.4.6.2　扇形筒内不得有催化剂、焦炭及其他任何杂物；

4.4.6.3　扇形筒条筛网应无明显变形，总长度偏差为 ±6mm；

4.4.6.4　扇形筒如需进行焊接修补，应选用直径较小的焊丝和焊条，且采用较小的电流焊接，防止焊接时将约翰逊网烧穿，焊缝处应打磨平滑，禁止任何尖角或毛边的存在；

4.4.6.5　扇形筒与密封板在检修前必须逐件对应做好安装位置标记（禁止采用各种油性类笔），检修完毕后必须将标记清除干净；

4.4.6.6　禁止扇形筒修补工作中的大面积封堵；

4.4.6.7　密封板与支撑环板之间应贴合密切。密封板四角点焊处不得有脱焊现象；

4.4.6.8　扇形筒升气筒与密封板之间的间隙应严格控制在单边（0.6±0.1）mm 范围内；

4.4.6.9　扇形筒上部台阶面与支撑环板下底面之间的间隙应控制在（158±13）mm 范围内；

4.4.6.10　各支撑筋板应焊接牢靠，无脱焊；

4.4.6.11　对于第一、二、三反应器，支撑圈内边与各支撑筋板卡口的侧边间隙应控制在 3mm 左右；对第四反应器，支撑圈两边与各支撑筋板卡口的两侧间隙应调整均匀，都为 3mm 左右；

4.4.6.12　支撑圈顶面应比各支撑筋板顶面要高出 13mm 左右；

4.4.6.13　扇形筒背面应与反应器壳体内壁紧贴；

4.4.6.14　各反应器膨胀圈应连接可靠，除最底部膨胀圈外其余膨胀圈外壁与扇形筒的正面间隙应调整至 2～5mm 之间，调整好后，将膨胀圈上各连接螺母点焊；

4.4.6.15　各反应器最底部膨胀圈外壁与扇形筒的正面间隙应调整至 5～10mm 之间。

4.4.7　反应器中心管、膨胀节与出口管

4.4.7.1　中心管外层约翰逊网区不得有任何堵塞现象；

4.4.7.2　禁止用任何工具大力敲击中心管；

4.4.7.3　中心管外层约翰逊网应无明显变形，中心管所有与催化剂接触的表面均应保证平整和光滑，不得有毛刺。符合 LPEC 专利技术要求；

4.4.7.4　中心管外表面应平滑，如需进行焊接修补，应选用直径较小的焊丝和焊条，且

采用较小的电流焊接，防止焊接时将约翰逊网烧穿，焊缝处应打磨平滑，禁止任何尖角或毛边的存在；

4.4.7.5　中心管约翰逊网区修理时封死面积不应大于 50mm×50mm；

4.4.7.6　中心管内部各支撑筋条无明显变形及无脱焊现象；

4.4.7.7　波纹管膨胀节应无任何破裂现象及明显的变形情况；

4.4.7.8　波纹管膨胀节保护套上各检查孔应畅通；

4.4.7.9　内部出口管及弯头上焊缝不得有任何裂纹。

4.4.8　再生器内外网

4.4.8.1　再生器内网缝隙均值为（0.483±0.051）mm，最大缝宽为 0.635mm（超限条数≤ 5% 内网总缝隙数量），最小缝宽为 0.33mm（超限条数≤ 5% 内网总缝隙数量），外网之间的隔离网无开裂、堵塞及脱焊现象；

4.4.8.2　再生器外网缝隙均值为（0.635±0.051）mm，最大缝宽为 0.89mm（超限条数≤ 5% 内网总缝隙数量），最小缝宽为 0.38mm（超限条数≤ 5% 内网总缝隙数量）；

4.5　反应器、再生器的绝热层维护检修质量标准按 SHS 01033《设备及管道绝热维护检修规程》执行。

4.6　反应器、再生器的防腐涂层维护检修质量标准按 SHS 01034《设备及管道涂层维护检修规程》执行。

5　试验与验收

5.1　试验前准备

5.1.1　确认设备内洁净、无杂物。

5.1.2　拆盲板，连接好阀门、管道，封闭好人孔等。

5.1.3　准备好耐压试验、气密试验所需水源或气源、试压盲板与试压机具等。

5.1.4　内件验收前需准备好图纸、塞尺等；静密封组件验收前需准备好力矩扳手。

5.2　试验

5.2.1　反应器、再生器内部检修完毕，清理干净后对催化剂料腿进行通球试验。

5.2.2　反应器、再生器壳体、接管等主要受压元件如进行了焊接修补处理，则应按照 SHS 01004—2019《压力容器维护检修规程》的相关规定进行耐压试验。

5.2.3　反应器、再生器检修完毕后，在投入运转前，必须先通过气密试验。气密试验的试验压力按照设计文件的规定执行。气密时压力由低到高需进行多层检查，应无泄漏。操作规程有特殊要求的按操作规程要求执行。

5.3　验收

5.3.1　反应器、再生器检修完成后，应组织验收，确认检修任务完成，检修项目质量合格，资料齐全；零部件完整无损，安全附件完好、灵敏、可靠。

5.3.2　试运行一个月后，反应器、再生器等各项指标达到技术要求，并能满足生产要求。

5.3.3　设备达到完好标准。

5.3.4　设备检修完毕后，应提交下列技术资料：

5.3.4.1　设备、材料、加工订货件的质量证明书、有关检验、试验报告；

5.3.4.2　无损检验报告；

5.3.4.3　封闭和隐蔽工程记录；

5.3.4.4　检修记录；

5.3.4.5　设计变更单及材料代用证明文件。

5.3.5　检修验收交工技术文件应符合 SH/T 3503《石油化工工程建设交工技术文件规定》的规定。

6　运行维护与故障处理

6.1　日常维护

6.1.1　定时检查人孔、阀门、法兰等密封点，特别注意升温过程的热紧工作。

6.1.2　定时检查安全、仪表、消防线等附件、设施是否完好、灵活好用。

6.1.3　维持平稳操作，严禁设备超温、超压。

6.1.4　反应器开停工及正常运行中严格控制升温、升压、降温、降压速率，严禁温度及压力突然大幅度变化。

6.1.5　每月对反再系统进行熄灯检查一次。

6.2　常见故障与处理表（见表 1～表 6）

表 1　反应器常见功能故障与处理方法（采用 IFP 技术的装置）

设备功能		功能故障	功能故障模式	故障后果	故障应对策略与检修内容	检修周期
总功能	分项功能					
单台反应器压降不大于设计值；催化剂量无明显减少，能维持反再系统循环；反应器能提供密闭通道	单台反应器压降不大于设计值	单台反应器压降大于设计值	1. 催化剂质量差，催化剂侏儒球堵塞约翰逊网，造成反应器压降增大	装置降量或停工	停工换剂，清理约翰逊网	视情而定
			2. 反应器内件泄漏催化剂，催化剂流至其通道外，堵塞油气通道，导致反应器压降增大	装置停工	停工检修反应器内件	视情而定
			3. 上一反应器中心筒泄漏催化剂流至下一反应器的油气空间，导致下一反应器压降增大	装置停工	停工检修反应器内件	视情而定

表1 反应器常见功能故障与处理方法（采用IFP技术的装置）（续）

设备功能		功能故障	功能故障模式	故障后果	故障应对策略与检修内容	检修周期
总功能	分项功能					
单台反应器压降不大于设计值；催化剂量无明显减少，能维持反再系统循环；反应器能提供密闭通道	催化剂量无明显减少，能维持反再系统循环	催化剂量明显减少，不能维持反再系统循环	1. 四反中心筒或其底部陶纤绳密封部位泄漏催化剂至下游设备，造成催化剂跑损	装置停工	停工检修反应器内件	视情而定
			2. 上一反应器中心筒泄漏催化剂流至下一反应器的油气空间，造成催化剂反再系统无法循环	装置停工	停工检修反应器内件	视情而定
	提供反应的密闭通道	反应的密闭通道泄漏	1. 承压部位焊缝泄漏	着火	在线堵漏或停工检修	视情而定
			2. 承压部位法兰外漏	着火	在线紧固或停工检修	视情而定
			3. 热电偶套管穿孔或密封失效外漏	着火	在线堵漏或停工检修	视情而定

表2 再生器常见功能故障与处理方法（采用IFP技术的装置）

设备功能		功能故障	功能故障模式	故障后果	故障应对策略与检修内容	检修周期
总功能	分项功能					
再生器压降不大于设计值	再生器烧焦段压降不大于设计值	再生器烧焦段压降大于设计值	1. 催化剂质量差，催化剂侏儒球堵塞约翰逊网，造成再生器烧焦段压降增大	再生单元停工	停工换剂，清理约翰逊网	视情而定
			2. 再生器内件配合间隙超标泄漏催化剂，催化剂流至其通道外，堵塞介质通道，导致烧焦段压降增大	再生单元停工	停工检修再生器内件	视情而定
			3. 再生器一段内网破损，泄漏催化剂至二段油气流通空间导致压降增大或二段内网破损泄漏催化剂堵塞烧焦尾气集合管内的约翰逊网，造成烧焦段压降增大	再生单元停工	停工检修再生器内件	视情而定
	再生器焙烧段及氧氯化段压降不大于设计值	再生器焙烧段及氧氯化段压降大于设计值	1. 氧氯化段气体喷嘴约翰逊网损坏，泄漏催化剂堵塞氯化尾气集合管内约翰逊网	再生单元停工	停工检修再生器内件	视情而定
			2. 催化剂质量差，催化剂侏儒球堵塞焙烧段及氧氯化段的约翰逊网	装置停工	停工换剂，清理约翰逊网	视情而定

表 3　反应器常见功能故障与处理方法（采用 UOP 技术的装置）

设备功能		功能故障	功能故障模式	故障后果	故障应对策略与检修内容	检修周期
总功能	分项功能					
单台反应器压降不大于设计值；催化剂量无明显减少，能维持反再系统循环；反应器能提供密闭通道	单台反应器压降不大于设计值	单台反应器压降大于设计值	1. 催化剂质量差，催化剂侏儒球堵塞约翰逊网，造成反应器压降增大	装置降量或停工	停工换剂，清理约翰逊网	视情而定
			2. 反应器内件泄漏催化剂，催化剂流至其通道外，堵塞油气通道，导致反应器压降增大	装置停工	停工检修反应器内件	视情而定
			3. 上一反应器中心筒泄漏催化剂流至下一反应器的油气空间，导致下一反应器压降增大	装置停工	停工检修反应器内件	视情而定
	催化剂量无明显减少，能维持反再系统循环	催化剂量明显减少，不能维持反再系统循环	1. 四反中心筒泄漏催化剂至下游设备，造成催化剂跑损无法维持反再系统循环	装置停工	停工检修反应器内件	视情而定
			2. 上一反应器中心筒泄漏催化剂流至下一反应器的油气空间，造成催化剂明显减少无法维持反再系统循环	装置停工	停工检修反应器内件	视情而定
			3. 油气积炭生成焦块胀破扇形筒或挤压扇形筒，造成扇形筒变形或破损，升气筒与密封板间隙过大泄漏催化剂，流到其他扇形筒内部，造成催化剂减少无法维持反再系统循环	装置停工	停工检修反应器内件	视情而定
	提供反应的密闭通道	反应的密闭通道泄漏	1. 承压部位焊缝泄漏	着火	在线堵漏或停工检修	视情而定
			2. 承压部位法兰外漏	着火	在线紧固或停工检修	视情而定
			3. 热电偶套管穿孔或密封失效外漏	着火	在线堵漏或停工检修	视情而定

表 4　再生器常见功能故障与处理表（采用 UOP 技术的装置）

设备功能		功能故障	功能故障模式	故障后果	故障应对策略与检修内容	检修周期
总功能	分项功能					
循环风机出口流量满足工艺指标要求	循环风机出口流量满足工艺指标要求	循环风机出口流量下降，达不到工艺指标要求	1. 催化剂质量差，催化剂侏儒球堵塞约翰逊网，造成循环风机出口不畅，出口流量下降	再生单元停工	停工换剂，清理约翰逊网	视情而定
			2. 再生器内网损坏泄漏催化剂，催化剂随循环气体流至再生器，堵塞外网与器壁的环形空间，造成循环风机出口不畅，出口流量下降	再生单元停工	停工检修再生器内件	视情而定

表 5　反应器常见功能故障与处理方法（采用 LPEC 技术的装置）

设备功能		功能故障	功能故障模式	故障后果	故障应对策略与检修内容	检修周期
总功能	分项功能					
单台反应器压降不大于设计值；催化剂量无明显减少，能维持反再系统循环；反应器能提供密闭通道	单台反应器压降不大于设计值	单台反应器压降大于设计值	催化剂质量差，催化剂侏儒球堵塞中心管网缝，造成反应器压降增大	装置降量或停工	停工换剂，清理约翰逊网	视情而定
	催化剂量无明显减少，能维持反再系统循环	催化剂量明显减少，不能维持反再系统循环	四反中心管网缝超标或四反中心筒底部耐火陶纤绳密封部位损坏等导致泄漏催化剂至下游设备，造成催化剂跑损无法维持反再系统循环	装置停工	停工检修反应器内件	视情而定
	提供反应的密闭通道	反应的密闭通道泄漏	承压部位焊缝泄漏	着火	在线堵漏或停工检修	视情而定

表 6　再生器常见功能故障与处理方法（采用 LPEC 技术的装置）

设备功能		功能故障	功能故障模式	故障后果	故障应对策略与检修内容	检修周期
总功能	分项功能					
再生气压缩机出口流量满足工艺指标要求	再生气压缩机出口流量满足工艺指标要求	再生气压缩机出口流量下降，达不到工艺指标要求	1. 催化剂质量差，催化剂侏儒球堵塞再生器内网，造成再生气压缩机出口不畅，出口流量下降	再生单元亭工	停工换剂，清理约翰逊网	视情而定
			2. 再生器内网损坏泄漏催化剂，催化剂随再生气流至再生器，堵塞外网与器壁的环形空间，造成再生气压缩机出口不畅，出口流量下降	再生单元停工	停工检修再生器内件	视情而定

附 录 A

（资料性附录）

反应器（采用IFP技术）检修质量控制确认表

序号	检修主要内容		质量标准	控制级别	检查情况	施工单位检查确认人	生产装置检查确认人	设备管理部门检查确认人	日期
1	壳体	外观	外部检查无变形，无锈蚀，保温完好	B					
		焊缝	焊缝完整无开裂，压力容器定期检验中理化检验评定达到3级以上。必要时对焊缝进行着色抽检	B					
		引压管	畅通完好	B					
		热电偶及套管	热电偶无磨损且效验合格，套管完好	B					
		静密封组件	密封面应光滑清洁完好，无沟槽、无杂质、无裂纹等缺陷；垫片光滑完好，尺寸正确，无变形等缺陷；螺栓材质正确，无变形，螺纹完好，尺寸正确，涂抹高温防咬合剂。安装时使用定力矩扳手进行	B					
2	内件	扇形盖板及料腿密封板	扇形盖板及料腿密封板无变形，应清洁，各间隙值符合要求，盖板及料腿有一一对应的编号，料腿与密封板对中符合要求	B					
		中心筒（内网）	中心筒约翰逊网清洁，网缝无催化剂；网缝宽度符合要求，约翰逊网无变形、鼓包、扭曲和开裂等现象；中心筒无倾斜现象，垂直度符合要求；中心筒与底座间隙符合要求，底部固定销和锁紧销完好，无松动无变形等缺陷。约翰逊网区修理时封死面积不应大于50mm×50mm，所有焊缝部位打磨光滑	A					
		外网	外约翰逊网清洁，网缝无催化剂；网缝宽度符合要求，约翰逊网无变形、鼓包、扭曲和开裂等现象；外网底部盲区无开裂现象，底部与支持板连接螺栓完好无松动现象	A					
3	清洁情况	底部料腿	反应器底部料腿应畅通，内部无杂物堵塞	B					
		内部空间	清洁，无杂物、无施工材料、无施工机具等，与催化剂接触部位的焊缝应打磨光滑平整	B					

附 录 B
（资料性附录）
再生器（采用 IFP 技术）检修质量控制确认表

序号	检修主要内容		质量标准	控制级别	检查情况	施工单位检查确认人	生产装置检查确认人	设备管理部门检查确认人	日期
1	壳体	外观	外部检查无变形，无锈蚀，保温完好	B					
		焊缝	焊缝完整无开裂，压力容器定期检验中理化检验评定达到 3 级以上。必要时对焊缝进行着色抽检	B					
		引压管	畅通完好	B					
		热电偶及套管	热电偶无磨损且效验合格，套管完好	B					
		注氯口	畅通完好	B					
		静密封组件	密封面应光滑清洁完好，无沟槽、无杂质、无裂纹等缺陷；垫片光滑完好，尺寸正确，无变形等缺陷；螺栓材质正确，无变形，螺纹完好，尺寸正确，涂抹高温防咬合剂。安装时使用定力矩扳手进行	B					
2	内件	催化剂分布锥	催化剂分布锥无变形，中分面间隙、与支持床间隙符合要求	B					
		一段扇形盖板及料腿密封套筒	扇形盖板无变形，应清洁，盖板各间隙值符合要求，盖板及料腿有一一对应的编号，料腿套筒与扇形板间隙符合要求	B					
		一段中心筒（内网）	中心筒约翰逊网清洁，网缝无催化剂；网缝宽度符合要求，约翰逊网无变形、鼓包、扭曲和开裂等现象；中心筒无倾斜现象，垂直度符合要求；中心筒与底座间隙符合要求，底部固定销和锁紧销完好，无松动、无变形等缺陷	A					
		一段外网	外约翰逊网清洁，网缝无催化剂；网缝宽度符合要求，约翰逊网无变形、鼓包、扭曲和开裂等现象；外网底部盲区无开裂现象，底部与支持板连接螺栓完好无松动现象	B					

再生器（采用IFP技术）检修质量控制确认表（续）

序号	检修主要内容		质量标准	控制级别	检查情况	施工单位检查确认人	生产装置检查确认人	设备管理部门检查确认人	日期
2	内件	二段段扇形盖板及料腿密封套筒	扇形盖板无变形，应清洁，盖板各间隙值符合要求，盖板及料腿有一一对应的编号，料腿套筒与扇形板间隙符合要求	B					
		二段中心筒（内网）	中心筒约翰逊网清洁，网缝无催化剂；网缝宽度符合要求，约翰逊网无变形、鼓包、扭曲和开裂等现象；中心筒无倾斜现象，垂直度符合要求；中心筒与底座间隙符合要求，底部固定销和锁紧销完好，无松动无变形等缺陷	A					
		二段外网	外约翰逊网清洁，网缝无催化剂；网缝宽度符合要求，约翰逊网无变形、鼓包、扭曲和开裂等现象；外网底部盲区无开裂现象，底部与支持板连接螺栓完好无松动现象	B					
		集合管	大、小集合管内应清洁，内部约翰逊网清洁，网缝无催化剂；网缝宽度符合要求，约翰逊网无变形、鼓包、扭曲和开裂等现象	B					
		焙烧弯管	焙烧弯管无松动，焙烧弯管约翰逊网清洁，网缝无催化剂；网缝宽度符合要求，约翰逊网无变形、鼓包、扭曲和开裂等现象	B					
		氧氯化段气相喷嘴	气相喷嘴无断裂倾倒，网清洁，网缝无催化剂；网缝宽度符合要求，约翰逊网无变形、鼓包、扭曲和开裂等现象	B					
3	清洁情况	料腿	再生器内部料腿应畅通，内部无杂物堵塞	B					
		内部空间	清洁，无杂物、无施工材料、无施工机具等，与催化剂接触部位的焊缝应打磨光滑平整	B					

附 录 C
（资料性附录）
反应器（采用 UOP 技术）检修质量控制确认表

序号	检修主要内容		质量标准	控制级别	检查情况	施工单位检查确认人	生产装置检查确认人	设备管理部门检查确认人	日期
1	壳体	外观	外部检查无变形，无锈蚀，保温完好	B					
		焊缝	焊缝完整无开裂，压力容器定期检验中理化检验评定达到 3 级以上。必要时对焊缝进行着色抽检	B					
		引压管	畅通完好	B					
		热电偶及套管	热电偶无磨损且效验合格，套管完好	B					
		静密封组件	密封面应光滑清洁完好，无沟槽、无杂质、无裂纹等缺陷；垫片光滑完好，尺寸正确，无变形等缺陷；螺栓材质正确，无变形，螺纹完好，尺寸正确，涂抹高温防咬合剂。安装时使用定力矩扳手进行	B					
2	内件	盖板、料腿密封板、升气筒密封板、龙门架及楔形销	盖板、料腿密封板、扇形筒密封板无变形，应清洁，各间隙值符合要求，盖板及料腿有一一对应的编号，龙门架及楔形销完好，无脱落现象	B					
		中心筒	中心筒约翰逊网及膨胀节约翰逊网清洁，网缝无催化剂；网缝宽度符合要求，约翰逊网无变形、鼓包、扭曲和开裂等现象；中心筒无倾斜现象，垂直度符合要求；中心筒与支座间隙符合要求，中心筒支座螺栓无松动。约翰逊网区修理时封死面积不应大于 50mm×50mm，所有焊缝部位打磨光滑	A					
		扇形筒与胀圈	扇形筒网清洁，网眼无催化剂；网眼宽度符合要求，无变形、鼓包、扭曲和开裂等现象；扇形筒底网眼畅通无堵塞。各胀圈连接牢固，与扇形筒间隙符合要求，各支持板无脱焊现象，底部支持圈与支持板间隙符合要求	A					
3	清洁情况	底部料腿	反应器底部料腿应畅通，内部无杂物堵塞	B					
		内部空间	清洁，无杂物、无施工材料、无施工机具等，与催化剂接触部位的焊缝应打磨光滑平整	B					

附　录　D
（资料性附录）
再生器（采用 UOP 技术）检修质量控制确认表

序号	检修主要内容		质量标准	控制级别	检查情况	施工单位检查确认人	生产装置检查确认人	设备管理部门检查确认人	日期
1	壳体	外观	外部检查无变形，无锈蚀，保温完好	B					
		焊缝	焊缝完整无开裂，压力容器定期检验中理化检验评定达到 3 级以上。必要时对焊缝进行着色抽检	B					
		引压管	畅通完好	B					
		热电偶及套管	热电偶无磨损且效验合格，套管完好	B					
		静密封组件	密封面应光滑清洁完好，无沟槽、无杂质、无裂纹等缺陷；垫片光滑完好，尺寸正确，无变形等缺陷；螺栓材质正确，无变形，螺纹完好，尺寸正确，涂抹高温防咬合剂。安装时使用定力矩扳手进行	B					
2	内件	头盖料腿	头盖料腿畅通无堵塞，料腿下段约翰逊网完好	B					
		内约翰逊网	内约翰逊网清洁，网缝无催化剂；网缝宽度符合要求，约翰逊网无变形、鼓包、扭曲和开裂等现象；热电偶及其末端定位盒完好。内筒里各加固环无脱落，无明显变形。与催化剂接触部位焊缝应打磨光滑	A					
		外约翰逊网	外约翰逊网清洁，网缝无催化剂；网缝宽度符合要求，约翰逊网无变形、鼓包、扭曲和开裂等现象；外网底部开槽畅通；外网顶部与器壁之间的丝网完好，无破损现象。与催化剂接触部位焊缝应打磨光滑	A					
		催化剂分配器	催化剂分配器底板密封可靠，螺栓无松动	C					

再生器（采用UOP技术）检修质量控制确认表（续）

序号	检修主要内容		质量标准	控制级别	检查情况	施工单位检查确认人	生产装置检查确认人	设备管理部门检查确认人	日期
2	内件	氯化区内件	氯化区内、外圆筒之间的定位块无脱焊、脱落，定位块与外筒之间应有3mm的冷态间隙	C					
		干燥区内件	干燥区环形通道应畅通无阻，四根通气管内应清理干净；干燥区下部圆筒与再生器壳体之间的定位块无脱焊、脱落，定位块与壳体之间应有3mm的冷态间隙	C					
		冷却区内件	冷却区各内圆筒应无明显变形、偏心，最底部的内筒与壳体之间的定位块无脱焊、脱落	C					
3	清洁情况	内部空间	内部清洁，无杂物、无施工材料、无施工机具等，与催化剂接触部位焊缝应打磨光滑	B					

附　录　E
（资料性附录）
反应器（采用 LPEC 技术）检修质量控制确认表

序号	检修主要内容		质量标准	控制级别	检查情况	施工单位检查确认人	生产装置检查确认人	设备管理部门检查确认人	日期
1	壳体	外观	外部检查无变形，无锈蚀，保温完好	B					
		焊缝	焊缝完整无开裂，压力容器定期检验中理化检验评定达到 3 级以上。必要时对焊缝进行着色抽检	B					
		引压管	畅通完好	B					
		热电偶及套管	热电偶无磨损且效验合格，套管完好	B					
		静密封组件	密封面应光滑清洁完好，无沟槽、无杂质、无裂纹等缺陷；垫片光滑完好，尺寸正确，无变形等缺陷；螺栓材质正确，无变形，螺纹完好，尺寸正确，涂抹高温防咬合剂。安装时使用定力矩扳手进行	B					
2	内件	盖板、料腿密封板、升气筒密封板、龙门架及楔形销	盖板、料腿密封板、扇形筒密封板无变形，应清洁，各间隙值符合要求，盖板及料腿有一一对应的编号，龙门架及楔形销完好，无脱落现象	B					
		中心管	中心管约翰逊网清洁，网缝无催化剂；网缝宽度符合要求，约翰逊网无变形、鼓包、扭曲和开裂等现象；中心筒无倾斜现象，垂直度符合要求；中心筒与支座间隙符合要求，中心筒支座螺栓无松动。约翰逊网区修理时封死面积不应大于 50mm×50mm，所有焊缝部位打磨光滑	A					
		扇形筒与胀圈	扇形筒网清洁，网眼无催化剂；网眼宽度符合要求，无变形、鼓包、扭曲和开裂等现象；扇形筒底网眼畅通无堵塞。各胀圈连接牢固，与扇形筒间隙符合要求，各支持板无脱焊现象，底部支持圈与支持板间隙符合要求	A					
		出口膨胀节	出口膨胀节完好，无变形、无开裂等现象	B					
3	清洁情况	底部料腿	反应器底部料腿应畅通，内部无杂物堵塞	B					
		内部空间	清洁，无杂物、无施工材料、无施工机具等，与催化剂接触部位的焊缝应打磨光滑平整	B					

附　录　F
（资料性附录）
再生器（采用 LPEC 技术）检修质量控制确认表

序号	检修主要内容		质量标准	控制级别	检查情况	施工单位检查确认人	生产装置检查确认人	设备管理部门检查确认人	日期
1	壳体	外观	外部检查无变形，无锈蚀，保温完好	B					
		焊缝	焊缝完整无开裂，压力容器定期检验中理化检验评定达到 3 级以上。必要时对焊缝进行着色抽检	B					
		引压管	畅通完好	B					
		热电偶及套管	热电偶无磨损且效验合格，套管完好	B					
		静密封组件	密封面应光滑清洁完好，无沟槽、无杂质、无裂纹等缺陷；垫片光滑完好，尺寸正确，无变形等缺陷；螺栓材质正确，无变形，螺纹完好，尺寸正确，涂抹高温防咬合剂。安装时使用定力矩扳手进行	B					
2	内件	头盖料腿	头盖料腿畅通无堵塞	B					
		内网	筛条网清洁，网缝无催化剂；网缝宽度符合要求，筛条网无变形、鼓包、扭曲和开裂等现象；热电偶及其末端定位盒完好。内筒里各加固环无脱落，无明显变形。与催化剂接触部位焊缝应打磨光滑	A					
		外网	筛条网清洁，网缝无催化剂；网缝宽度符合要求，筛条网无变形、鼓包、扭曲和开裂等现象；外网底部开槽畅通；外网顶部与器壁之间的丝网完好，无破损现象。与催化剂接触部位焊缝应打磨光滑	A					
3	清洁情况	内部空间	内部清洁，无杂物、无施工材料、无施工机具等，与催化剂接触部位焊缝应打磨光滑	B					

注： A 级：施工单位、生产装置、设备管理部门专业人员检查确认后签字。

B 级：施工单位和生产装置专业人员检查确认后签字。

C 级：施工单位专业人员检查确认后签字。

另：如果有监理，监理的职责由甲方授权。

附 录 G

（资料性附录）

连续重整反应器、再生器试验数据记录表

<table>
<tr><td>试验类型</td><td colspan="2"></td><td>□水压 □气压 □气密</td><td>设备名称</td><td></td></tr>
<tr><td>设计压力</td><td colspan="2"></td><td></td><td>设备位号</td><td></td></tr>
<tr><td>设计温度</td><td colspan="2"></td><td>MPa</td><td>操作介质</td><td></td></tr>
<tr><td>压力表
精度等级</td><td colspan="2"></td><td></td><td>压力表量程</td><td>MPa</td></tr>
<tr><td>压力表
检定日期</td><td colspan="2"></td><td></td><td>压力表
表盘直径</td><td>mm</td></tr>
<tr><td>环境温度</td><td colspan="2"></td><td>℃</td><td>试验介质温度</td><td>℃</td></tr>
<tr><td colspan="2"></td><td colspan="2">奥氏体不锈钢设备试验用水氯离子含量</td><td colspan="2">mg/L</td></tr>
<tr><td rowspan="3">耐压
试验</td><td>试验部位</td><td colspan="2"></td><td>试验介质</td><td></td></tr>
<tr><td>试验压力</td><td colspan="2">MPa</td><td>保压时间</td><td>min</td></tr>
<tr><td>试验结论</td><td></td><td>□有渗漏
□有可见异常变形
□有异常响声
□不合格</td><td colspan="2">□无渗漏
□无可见异常变形
□无异常响声
□合格</td></tr>
<tr><td rowspan="3">气密
试验</td><td>试验部位</td><td colspan="2"></td><td>试验介质</td><td></td></tr>
<tr><td>试验压力</td><td colspan="2">MPa</td><td>保压时间</td><td>min</td></tr>
<tr><td>试验结论</td><td></td><td>□有渗漏
□有可见异常变形
□有异常响声
□不合格</td><td colspan="2">□无渗漏
□无可见异常变形
□无异常响声
□合格</td></tr>
<tr><td>补充
试验</td><td colspan="5"></td></tr>
</table>

设备管理部门	监理单位	生产装置	施工单位
专业工程师： 日期： 年 月 日	专业工程师： 日期： 年 月 日	专业工程师： 日期： 年 月 日	专业工程师： 质量检查员： 施工班组长： 日期： 年 月 日

附　录　H
（资料性附录）
反应器验收数据记录表（采用 IFP 技术的装置）

检测内容	要求值 /mm	检修前 /mm	检修数据 /mm	检测结论	记录人
盖板与扇形板缝隙	≤ 0.8				
扇形板与中心筒连接处缝隙	≤ 0.8				
约翰逊网筛条间隙	0.7±0.05				
中心筒约翰逊网直线度	＜ 2mm/m*				
底部支撑圈与外网底板间隙	＜ 0.8				
外约翰逊网导向板与器壁间隙	10				
中心筒底部与底座间隙	2				

注*：中心筒约翰逊网直线度全长不得超过 8mm。

附 录 I

（资料性附录）

再生器验收数据记录表（采用 IFP 技术的装置）

检测内容	要求值 /mm	检修前 /mm	检修数据 /mm	检测结论	记录人
盖板与外网缝隙	≤0.8				
盖板板与中心筒连接处缝隙	≤0.8				
约翰逊网筛条间隙	0.7±0.05				
中心筒、外网垂直度	＜3				
底部支撑圈与外网底板间隙	＜0.8				
外约翰逊网导向板与器壁间隙	10				
一段中心筒底部与底座间隙	1.5～3.5				
一段中心筒底部与底座间隙	1.5～3.5				

附 录 J
（资料性附录）
反应器验收数据记录表（采用 UOP 技术的装置）

检测内容	要求值 /mm	检修前 /mm	检修数据 /mm	检测结论	记录人
扇形盖板缝隙	≤1.0				
输送管套管与密封板径向间隙（单边）	0.55～0.68				
扇形筒冲孔缝隙	≤1.1				
同一方向扇形筒内外变形之和	≯5				
扇形筒升气筒与密封板单边间隙	0.74±0.1				
扇形筒上部台阶面与支撑环板底面间隙	103±13				
中心管垂直度要求	≤19				
中心管约翰逊网缝隙	≤0.66				
中心管底座内壁与中心管外壁间隙	0.5～2.5				
最底部膨胀圈与扇形筒的正面间隙	5～10				
其余膨胀圈外壁与扇形筒的正面间隙	2～5				
第一、二、三反应器支撑圈内边与各支撑筋板卡口的侧边间隙	3				
第四反应器支撑圈两边与各支撑筋板卡口的两侧间隙	3				

附　录　K
（资料性附录）
再生器验收数据记录表（采用 UOP 技术的装置）

检测内容	要求值/mm	检修前/mm	检修数据/mm	检测结论	记录人
外网缝隙	≤0.69				
内网缝隙	≤0.53				
氯化区内外圆筒间定位块与外筒之间冷态间隙	3				
氯化区内筒外壁与外筒内壁间径向间隙误差	≤13				
干燥区下部圆筒与再生器壳体间的定位块与壳体的冷态间隙	3				
干燥区下部圆筒外壁与再生器壳体之间径向间隙误差	≤13				

附 录 L
（资料性附录）
反应器验收数据记录表（采用LPEC技术的装置）

检测内容	要求值/mm	检修前/mm	检修数据/mm	检测结论	记录人
扇形盖板缝隙	≤1.0				
输送管套管与密封板径向间隙（单边）	0.55～0.68				
扇形筒筛条网缝隙	0.61±0.05				
扇形筒升气筒与密封板单边间隙	0.6±0.1				
扇形筒上部台阶面与支撑环板底面间隙	154±13				
中心管筛条网缝隙	0.61±0.05				
中心管底座内壁与中心管外壁间隙	2.5～2.75				
最底部膨胀圈与扇形筒的正面间隙	5～10				
其余膨胀圈外壁与扇形筒的正面间隙	2～5				
第一、二、三反应器支撑圈内边与各支撑筋板卡口的侧边间隙	3				
第四反应器支撑圈两边与各支撑筋板卡口的两侧间隙	3				

附 录 M

（资料性附录）

再生器验收数据记录表（采用 LPEC 技术的装置）

检测内容	要求值 /mm	检修前 /mm	检修数据 /mm	检测结论	记录人
外网缝隙	≤ 0.635				
内网缝隙	≤ 0.483				
氯化区导流筒支撑板与器壁之间冷态间隙	3				
内网内套筒与挡圈间隙	2～3				
内网下部短节与导流板之间距离	45～55				

20. 硫黄燃烧炉维护检修规程

SHS 02027—2019

（代替 SHS 02027—2004）

目　录

前　言

本规程按照GB/T　1.1—2009《标准化工作导则　第1部分：标准的结构和编写》给出的规则修订。

本规程代替SHS 02027—2004《硫黄燃烧炉维护检修规程》，与SHS 02027—2004相比，除了编辑性修改外，主要技术变化如下：

——燃烧器和炉膛衬里分为砖结构和不定形材料两种；

——增加不定形耐火材料施工方法；

——采用RCM故障分析方法；

——新增烘炉原理、速度和曲线。

本规程由中国石油化工集团有限公司、中国石油化工股份有限公司提出。

本规程起草单位：天华化工机械及自动化研究设计院有限公司、中国石油化工股份有限公司镇海炼化分公司。

本规程主要起草人：雷飞、王延军、周松顺。

本规程历次版本发布情况：

——SHS 02027—2004。

硫黄燃烧炉维护检修规程

1 范围

1.1 主题内容

本规程规定了硫黄燃烧炉的检修周期与内容、检修程序与质量标准、试车与验收、维护与故障处理。

1.2 适用范围

本规程适用于硫黄回收装置燃烧炉（含反应燃烧炉、在线燃烧炉和尾气焚烧炉）。

2 规范性引用文件

下列文件对本文件的应用是必不可少的。凡是注日期的引用文件，仅注日期的版本适用于本文件。凡是不注日期的引用文件，其最新版本（包括所有的修改单）适用于本文件。

GB/T 50474 隔热耐磨衬里技术规范
GB/T 50211 工业炉砌筑工程施工及验收规范
GB/T 50309 工业炉砌筑工程质量验收标准
GB/T 50484 石油化工建设工程施工安全技术标准
GB/T 4513 不定型耐火材料
HG/T 20543 化学工业炉砌筑技术条件
SH/T 3113 石油化工管式炉燃烧器工程技术条件
SH/T 3534 石油化工筑炉工程施工质量验收规范
SHS 01011 钢制圆筒形常压容器维护检修规程
SH/T 3115 石油化工管式炉轻质浇注料衬里工程技术条件
JGJ 46 施工现场临时用电安全技术规范

3 检修周期与内容

3.1 检修周期

根据硫黄燃烧炉设备实际运行状态，确定设备检修周期，一般为3～6年，或与装置检修同步。

3.2 检修内容

3.2.1 检查以下部位，根据损坏程度确定修复或更换：
3.2.1.1 壳体及附件；
3.2.1.2 炉膛衬里及膨胀缝；
3.2.1.3 燃烧器及附件；
3.2.1.4 监测设施及仪表控制系统；
3.2.1.5 外防腐、变色漆及防雨罩。
3.2.2 炉膛清扫。
3.2.3 衬里养护及烘炉。

4 检修程序与质量标准

4.1 检修前准备

4.1.1 备齐图纸及有关技术资料，必要时编制施工方案。
4.1.2 备好机具、量具和劳动保护用品。
4.1.3 备齐所需的零、配件及材料，须有生产厂的出厂合格证、检测报告、质量证明文件。
4.1.4 材料及尺寸复核
4.1.4.1 材料到现场后，根据发货清单和检修方案对现场材料进行清点查对；
4.1.4.2 根据图纸对设备尺寸进行复核，如设备长度、直径、椭圆度等，评估施工过程；
4.1.4.3 有锚固件焊接的情况，根据图纸对焊接距离、高度、位置等进行复核；
4.1.4.4 如需预制模板，提前做好准备工作。
4.1.5 切断与炉膛相通的工艺管线，必要时应加盲板，切断电源，保持炉内空气畅通，并符合安全检修条件。
4.1.5.1 炉膛温度降低至40℃以下，测爆及氧含量分析合格。
4.1.6 检查检修施工人员对图纸、施工环境、材料特殊性及质量控制点的熟悉程度，做好项目交底和反交底。

4.2 拆装与检测

4.2.1 壳体及附件

4.2.1.1 检查壳体、接管、法兰和废锅或烟道连接处过热变形、焊缝开裂等情况。
4.2.1.2 检查壳体滑动支座位移是否超标，人孔接管是否腐蚀减薄和损坏，人孔盖是否变形、泄漏等情况。
4.2.1.3 检查壳体外表面是否存在因高温引起的氧化起皮现象。

4.2.2 炉膛

4.2.2.1 检查炉膛不定形材料衬里、膨胀缝填充料的损坏情况及外观情况，内表面的起层、剥落是否超出允许范围，衬里裂缝是否已影响其整体强度。

4.2.2.2 检查炉膛砖结构衬里砖下沉及砖缝间隙是否超标，砖是否有破损。

4.2.2.3 检查衬里表面是否存在高温后成分损失并结合外壳表面温度，分析衬里是否需要更换。

4.2.2.4 检查和判断锚固件的氧化、变形、腐蚀、断裂等损坏情况。

4.2.2.5 检查炉膛内部火墙是否存在倾斜，火墙砖是否有破损。

4.2.2.6 检查炉膛与废热锅炉连接部位衬里是否存在剥落、开裂及外力引起的损伤。

4.2.2.7 检查火焰检测仪、红外线测温仪、热电偶等检测口衬里是否存在变形、移位，是否会影响检测效果。

4.2.3 燃烧器

4.2.3.1 检查燃烧器酸性气烧嘴、燃料气烧嘴、点火器及其枪头、火焰检测器探头、气鼻烧损情况，是否存在烧嘴孔径堵塞现象。

4.2.3.2 检查燃烧器筒体变形、外表面因高温氧化起皮情况。看火孔视镜、旋风器堵塞情况。

4.2.3.3 检查燃烧器衬里的损坏情况，同 4.2.2.1～4.2.2.3。

4.2.3.4 检查燃烧器气鼻所在隔板墙后侧衬里是否存在开裂、起皮和塌陷，前侧钢板是否存在腐蚀、结垢和减薄等现象。

4.2.3.5 检查酸性气、尾气、燃料气、仪表风等管线及阀门的腐蚀、堵塞、泄漏或卡死等情况。检查看火孔引管、火焰检测器引管保护吹扫风是否畅通。

4.2.4 其他

4.2.4.1 检查自动检测仪表，如火焰检测仪、红外线测温仪、热电偶、炉头压差仪等是否准确，灵敏好用。

4.2.4.2 检查炉体外防腐涂料的脱落或变色漆的超温变色情况。

4.2.4.3 检查炉体防雨罩过热变形、损坏脱落情况。

4.2.4.4 检查炉体钢结构的腐蚀和保温、油漆的损坏情况。

4.2.4.5 检查炉体滑动支座螺栓是否已松开，是否存在阻碍炉体热胀冷缩的外力。

4.3 检修与质量标准

4.3.1 壳体

4.3.1.1 壳体的检修按 SHS 01011《钢制圆筒形常压容器维护检修规程》执行。

4.3.1.2 炉体经开工热胀位移量与停工冷收缩量应一致，应做好记录和现场标识。

4.3.1.3 炉体人孔接管是否存在防雨罩水流冲刷，应调整防雨罩角度或改进人孔保温罩结构。

4.3.2 燃烧器

4.3.2.1 燃烧器安装按图纸施工，管口方位符合图纸要求。

4.3.2.2 燃烧器按设计图样规定的要求，安装各烧嘴，保证烧嘴与风筒的中心线不平行度及同心度不大于 1mm，检查上述项目并填写原始记录。

4.3.2.3 燃烧器主要部件的轴线应同心或相互平行，轴线偏差不大于 2mm。

4.3.2.4 各烧嘴喷气孔无堵塞、起皮和结垢。酸性气烧嘴无明显腐蚀、冲刷痕迹，且耐火保护层无缺陷。

4.3.2.5 燃烧器砖结构衬里砌筑时应符合燃烧器设计文件的规定，当燃烧器设计文件对砌筑无规定时，砌筑应符合以下要求：

a）燃烧器内衬砖之间的砖缝不大于 2mm；

b）燃烧器的中心线与燃烧器中心烧嘴的中心线重合，其同轴度偏差不大于 3mm；

c）燃烧器内衬砖在砌筑前进行预组装，需要调整时可以对砖进行磨削，但严禁对砖进行砍削；

d）燃烧器内衬砖砌筑所用泥浆的耐火度和化学成分与所用砖相适应，耐火泥的细度和稠度根据设计规定的砖缝厚度确定；

e）燃烧器内衬砖在砌筑时双面挂浆，不能有空隙，当为双层砖结构时，待第一层砌体泥浆凝固后方可砌筑第二层。

4.3.2.6 燃烧器不定形可塑料衬里捣固施工时，应符合燃烧器设计文件的规定。当燃烧器设计文件对捣固施工无规定时，捣固施工应符合以下要求：

a）炉体内表面与锚固砖端部的间距应≥40mm；

b）从炉底工作面起，高度方向约 400～500mm 处安装一排锚固砖，再每隔 400mm 安装一排，最上一排锚固砖与炉顶工作面的最小间距为≥350mm，锚固砖的水平中心间距为 400mm；

d）衬里拐角处留设 5～10mm 宽的膨胀缝，环向间隔 4～5m 留设一条 3～6mm 宽的贯穿膨胀缝，缝内填耐火陶纤，纵向每隔 1～1.2m 设置一条宽 5mm，深 100～150mm 的不贯穿膨胀缝；

e）可塑料的施工厚度应当比设计厚度高出 5～10mm，以便最后修整；

f）当衬里施工到锚固砖位置时，使用多余的锚固砖作为模砖使用，打后的锚固砖不能使用，当安装模砖时，木楔应该在“C”形钩与模砖的空隙中使用，当模砖移出时，这些木楔也应当一并移出，安装锚固砖时，使用木板在锚固砖上，用气锤再次捣打，使用木板的目的是防止锚固砖被打坏。

4.3.3 砖墙

4.3.3.1 耐火砖表面缺陷及形状允许偏差见表 1，经雨浸的耐火砖不得使用。

4.3.3.2 耐火砖砌筑用的灰浆、品种和理化性能与耐火砖相适应。

表 1　耐火砖表面缺陷及形状允许偏差

mm

尺寸		尺寸		缺角深度	熔洞直径	宽度	宽度	宽度
≤ 100	101～400	≤ 250	250～400			≤ 0.5	0.5～1	＞1
尺寸允许偏差		扭曲				裂纹长度		
±2	±3	2	3	≤ 7	≤ 5	≤ 40	轻质砖＜30，刚玉砖、黏土砖不许有	不许有

4.3.3.3　耐火砖砌筑时，必须对砖进行选分，将同样厚度的砖砌在同一层上。耐火砖如需加工，不准加工其工作面，加工后的长度不得小于原砖尺寸的 1/2。厚度不得小于原厚度的 2/3。

4.3.3.4　灰浆必须保持洁净，不得在配好的灰浆内任意加水。对松动的耐火砖必须刮去旧灰浆重砌。冻过的灰浆不得再使用。

4.3.3.5　砖体砌筑时，应使用木槌或橡胶槌，禁止使用铁锤敲打。不得直接在砌体上砍凿砖，也不得任意砍削异形砖。各种砖砌筑时，相邻层的环缝均必须错缝。

4.3.3.6　砌体砌筑时的砖缝应符合以下要求

a）炉墙砌筑灰缝不得大于 3mm，按此标准在 $5m^2$ 内抽查 10 处，允许砖缝厚度在 3～4.5mm 范围，不应超过 5 处；

b）拱顶的砖缝不得大于 2mm；

c）勾缝前砖缝厚度用宽为 15mm 的塞尺检查，以插入砖缝深度不超过 20mm 为准；

d）所有砌体砖缝的灰浆必须饱满均匀。

4.3.3.7　砖墙内表面不平度值应符合以下要求：轴向用 2m 长靠尺检查，其间隙不大于 5mm；周向用 1m 长弧形样板检查，其间隙不大于 3mm。

4.3.3.8　砖墙的直线度偏差沿长度方向每米长不大于 3mm，全长不大于 15mm。

4.3.3.9　砖层的平面度偏差每米弧长不大于 3mm，在直径方向对应两点之间平面度允许偏差不大于 12mm。

4.3.3.10　圆筒形耐火砌体椭圆度不大于砌体内径的 0.5%，且不得大于 20mm。

4.3.3.11　耐火砖砌体的膨胀缝应严格按设计要求施工，膨胀缝内不得夹有泥浆等杂物，填充的耐火材料应饱满并具有弹性。如无设计规定时，膨胀缝宽度应为 20～25mm。

4.3.3.12　砖墙砌筑时的作业环境温度宜为不低于 5℃。

4.3.4　耐火、隔热衬里

4.3.4.1　衬里表面如有宽度大于 5mm，深度大于衬里厚度 1/2 的裂纹或有贯穿性网状裂纹时应进行修补或更换，经设计单位与施工单位及耐火材料厂家共同研究修补方案，修补合格后方可交付使用。

4.3.4.1.1　衬里维补方法

a）有施工缺陷的地方被轻轻凿成倒楔子形，且至少含有 2 个锚固件的区域（图 1），注意锚固件之间的衬里应当小心清理干净，不要损坏周围其他衬里。

b）新旧衬里结合面应当被彻底润湿，才能进行维修，维修应使用与原来一样的材料。

c）维修衬里的施工方法应按原施工方式进行，如果维修面积大约在600㎜² 范围内，应用手工捣制的方式拍实。

d）对于宽缝的维修应采用耐火灰浆、陶纤等填实。

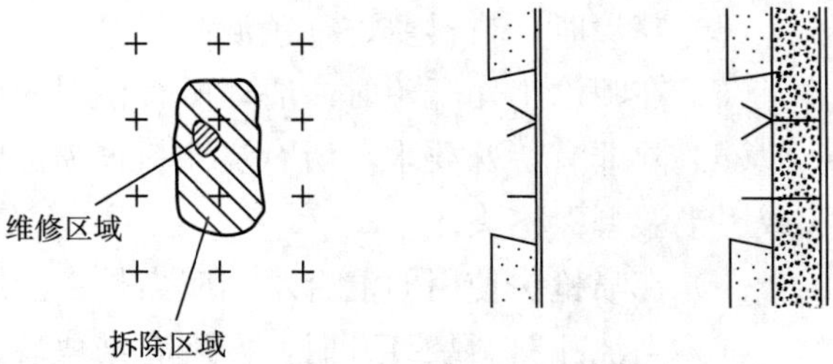

图 1　衬里维修示意图

4.3.4.2　耐火衬里料的包装应采用防潮袋，包装袋上应标明产品名称牌号、生产批号、生产日期、有效期、重量及生产厂名和地址等；耐火衬里结合剂和集料应分开包装，每袋料的重量偏差不得大于 2%。

4.3.4.3　耐磨料的含水率不得大于 1%；隔热耐磨料的含水率不得大于 3%；隔热料的含水率不得大于 5%。

4.3.4.4　耐火衬里料应按名称牌号、生产批号标识，分区存放在干燥、通风处，且防止日晒、雨淋和受潮；储存期不得大于生产厂家提供的有效期，超过有效期的材料必须进行复验，合格后方可使用。

4.3.4.5　衬里料使用前应经过第三方检验确认，检验应在有资质的试验室进行。

4.3.4.6　水泥与集料应搅拌均匀，搅拌好的混合料应在初凝前使用。

4.3.4.7　按产品说明书或相关规范严格控制水质和水灰比。施工用水宜为生活用水。

4.3.4.8　衬里局部修补时，必须将修补部位的衬里凿到坚实面或金属表面，并至少露出 2 个以上锚固钉，结合处应外小内大，并清理干净，用水充分湿润；衬里整体更换时，必须将炉壁内表面的油污、铁锈及其他附着物清理干净。捣制或喷涂必须连续施工。

4.3.4.9　耐火材料施工前，要确认设备、工具就位后，脚手架搭设合理、稳固，才能开始进行衬里施工。

a）耐火材料的喷涂：

（a）喷涂设备的主要配置见图 2；

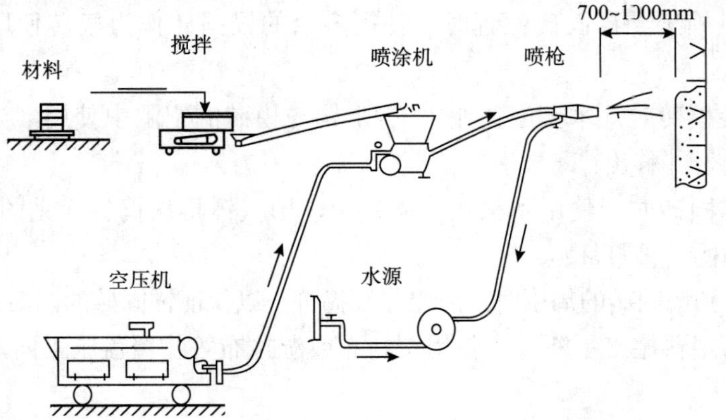

图 2　喷涂设备图

（b）喷涂时，材料要进行预混；

（c）在喷涂工作开始时，清理所有使用的设备；

（d）除非有特殊要求，所有浇注料被喷涂时，应使用在喷枪处混合水的“干型”枪头或“半湿型”枪头；

（e）在喷枪头使用的混合水，应当是生活用水；

（f）当浇注料新袋打开时，发现有结块现象，而且，结块的材料不容易破碎，说明这些材料已发生化学反应，不应使用；

（g）反弹料应当派专人进行清理；

（h）喷枪应当有足够的压力；

（i）空压机和水应当有稳定的压力；

（j）浇注料被传递到喷枪处，应当调节喷枪处的水调节阀，以达到适当的混合效果；

（k）喷涂方向应与容器壁垂直，喷枪嘴与喷涂表面的距离应保持在 700～1000mm；

（l）在喷涂过程中，应用厚度锥检查施工厚度，并用钢抹刀修整施工表面，修成最后所要求的厚度；

（m）没有反弹的材料可以用在已经施工的区域。施工厚度应当一次完成，如果施工中断，下一次施工的结合处应当清理成与施工表面成直角；

（n）隔热层所有衬里硬化后，捣打料才能开始施工。

b）可塑料捣打施工方法

耐磨层材料 PLIRAM #85AB-C，采用捣打的方式进行施工。

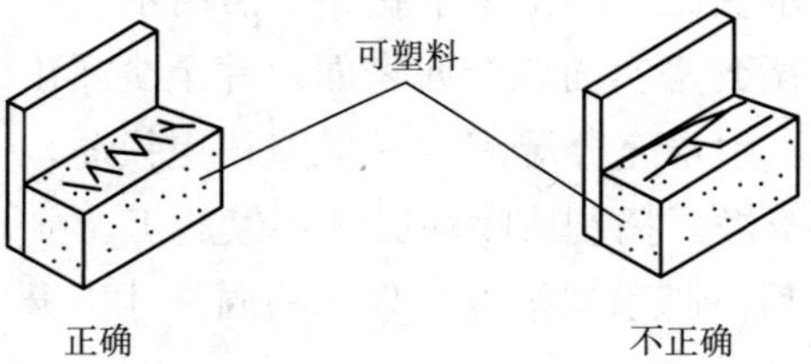

图 3　材料捣打方向

（a）可塑料捣打应使用气锤（D6 型）；

（b）捣打时应当从后向前，从前向后捣打（见图 3），垂直向下被捣打，以保证捣打面总是平的；

（c）第一层可塑料被打完后，应使用刮刀刮毛，表面为粗糙表面，然后在第一层料的基础上，再放一层可塑料，连续进行下去；

（d）可塑料的施工厚度应当比设计厚度高出 5～10mm，以便最后修整；

（e）当衬里施工到锚固砖位置时，使用多余的锚固砖作为模砖使用，打后的锚固砖，不能使用；

（f）当安装模砖时，木楔应该在“C”形钩与模砖的空隙中使用，当模砖移出时，这些木楔也应当一并移出；

（g）安装锚固砖时，使用木板在锚固砖上，用气锤再次捣打（见图 4），使用木板的目的是防止锚固砖被打坏；

（h）当施工到锚固砖的周围时，应当仔细捣打，以保证锚固砖的凹凸被可塑料填实；

（i）如果可塑料施工中断，应使用塑料布或湿抹布等物覆盖施工面，以保持表面的湿度；

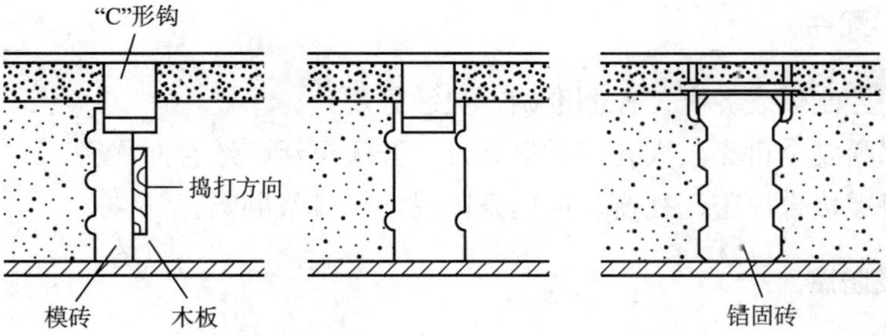

图 4 捣打示意图

（j）当可塑料施工到最后，合门部位施工见图 5；

（k）当捣打施工完成后，将模板移走，休整衬里表面至设计厚度；

（l）衬里表面修整后，应当切割膨胀缝，膨胀缝深为衬里厚度的1/3，宽3～5mm（使用专用工具）；

（m）衬里修整以后，要扎透气孔，以散发材料中的湿气，使用 ϕ3～4mm 的钢丝锥扎成，相邻透气孔的中心间距为 150mm，深度为可塑料厚度的 2/3；

（n）预留孔（见图 6）的施工方法：在孔的位置应使用模具，施工完后，修成设计要求的形状和尺寸。

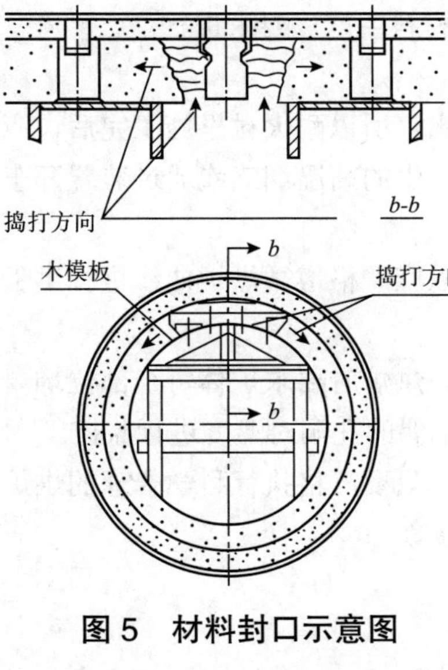

图 5 材料封口示意图

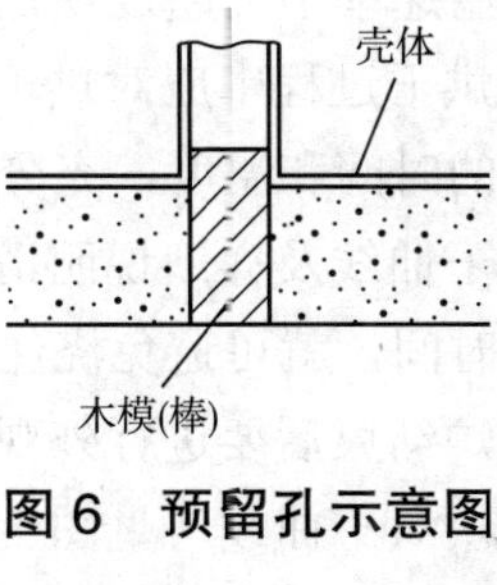

图 6 预留孔示意图

4.3.4.10 捣制或喷涂完的衬里应密实，厚度均匀，无孔洞，表面平整，但不得压光。厚度误差不得大于 5mm。

4.3.4.11 衬里施工时的作业环境温度宜为 5～35℃。当环境温度高于 35℃时，应采取降温措施；当环境温度低于 5℃时，应采取防冻措施。

4.3.4.12 衬里施工完后进行养护，并符合 SH/T 3113《石油化工管式炉轻质浇注料衬里工程技术条件》或设计文件的要求。

4.3.4.13 衬里施工的安全技术、劳动保护应执行 GB 50484 的规定。

4.3.5 附件、配件

4.3.5.1 检测控制仪表齐全，控制准确，灵敏好用。
4.3.5.2 防爆膜安全可靠，人孔门衬里完好，开闭灵活，结合面严密。
4.3.5.3 防雨罩接合严密，视窗、风门开闭灵活，排气顺畅。

4.3.6 油漆及防腐

4.3.6.1 油漆及防腐按设计要求。

4.4 烘炉

4.4.1 衬里在工程中间交接验收后，应及时进行衬里烘炉。如因暂时不开车或其他原因不能烘炉的，应按相关标准要求进行成品保护。
4.4.2 衬里烘炉时，升温、降温速度应严格控制，不得超过规定的速度，降温时不得强制冷却。
4.4.3 在衬里烘炉过程中，如主要设施发生故障而影响止常升温或降温时，应立即进行保温，故障消除后才可继续进行。
4.4.4 衬里烘炉时应做好记录，并绘制烘炉曲线。
4.4.5 具体升温曲线应按设计文件要求或耐火材料生产厂要求进行。
4.4.6 烘炉速度要求
4.4.6.1 耐火材料在搅拌过程中会加入大量的水，所以耐火衬里施工完后，应当至少自然干燥 24h 以上，然后使用热风炉，利用炉子产生的高温烟气或通过装置开车控制升温速率来进行烘干。
4.4.6.2 烘炉主要是排除游离水和结晶水，所以应严格遵循烘炉曲线进行烘干，衬里任何部位的升温速率不应超过规定的升温速率。
4.4.6.3 在烘干过程中应对烘干温度进行检测。烘炉时要求炉体每个部位均要达到烘炉曲线所要求的时间和温度，充分利用可插入热电偶的孔洞对温度进行监控。
4.4.6.4 烘干曲线及详细说明请参照烘炉文件。只要严格执行科学合理的烘炉曲线，充分保证烘炉时间，就可避免浇注料剥落、爆裂现象。
4.4.6.5 烘炉结束后要进行外观检查。
4.4.6.6 首次烘干曲线（见图 7）

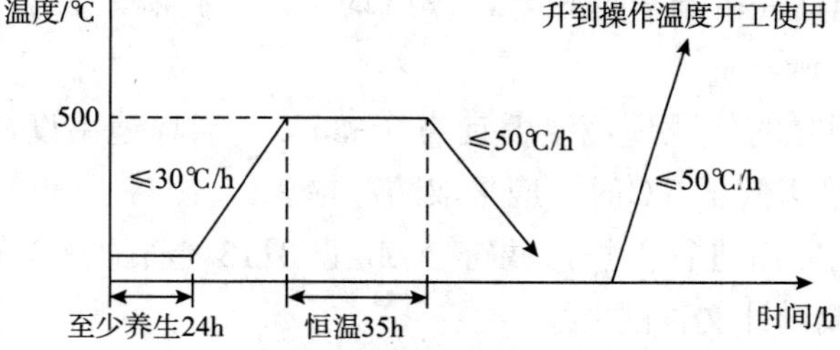

图 7 首次烘干曲线

a）衬里施工完成后，至少养生 24h。

b）以≤ 30℃ /h 的速度升温至 T=500℃，恒温 35h。

c）以≤ 50℃ /h 的速度降温，直至烘炉结束。

4.4.6.7　开、停车曲线（见图 8）

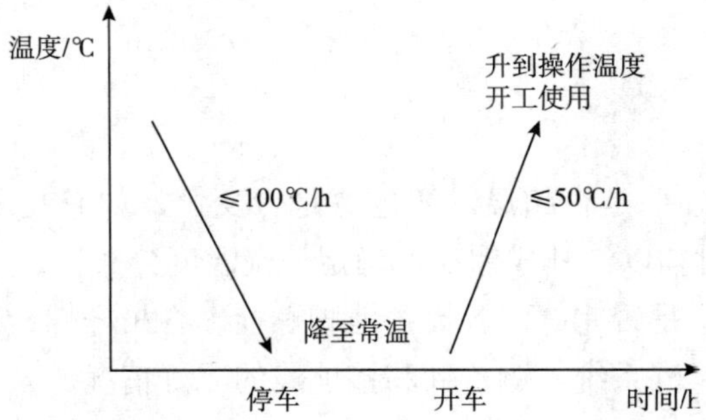

图 8　开、停车曲线

a）以≤ 100℃ /h 的速度降至常温，停车使用。

b）以≤ 50℃ /h 的速度升温至操作温度，开工使用。

5　试验与验收

检修完毕后，以下项目应符合设计文件和本规程的要求：

5.1　燃烧炉本体金属结构完好，无变形、倾斜、烧损现象。

5.2　炉墙衬里完好，表面无起层、剥落等缺陷，并用小锤轻轻敲打，声音清脆表示优良。衬里无宽度大于 3mm 的裂纹或直径大于 50mm、深度大于 10mm 的空洞。

5.2.1　硫黄燃烧炉的验收标准见表 2。

表 2　硫黄燃烧炉验收标准

项目	允许偏差 /mm	检查方法
隔热层半径	±6	半径规检查
耐磨层半径	±5	半径规检查
衬里厚度偏差	＜±5	尺量
对接口预留尺寸	±2	尺量
衬里开孔孔径	+1.5	尺量

5.3　炉膛不漏风，炉壁不超温，燃烧器燃烧良好，油漆完好，检修现场清理符合要求，满足设备整体性能等。

5.4　红外测温仪、热电偶及其他监测控制仪表（包括计算机）等投用正常。

5.5　硫黄燃烧炉检修完毕提交下列技术资料，资料齐全准确。

5.5.1　设计变更及材料代用通知单，材料、材质和零配件合格证，以及材料复验报告；

5.5.2　内、外部检查情况记录；

5.5.3　隐蔽工程记录；

5.5.4　炉墙检修记录；

5.5.5　实际烘炉曲线、执行情况及结果记录。

6　维护与故障处理

6.1　日常维护

6.1.1　严密监视炉体外壁是否超温，变色漆是否变色，如有超温或变色，应及时采取相应处理措施。必要时辅以红外成像仪，确定外壁温度分布。

6.1.2　检查各连接部位是否完好，各设备地脚螺栓、各吊杆螺栓有无松动。

6.1.3　定期检查灭火蒸汽系统、避雷针和接地线的完好情况。

6.1.4　每1～2h检查一次炉进、出料系统，包括流控、分流支控、压控及流量、压力、温度的一次指示是否正常。

6.1.5　检查炉体联锁报警系统是否正常投用，不得随意将其切除。

6.1.6　定期检查炉体及废热锅炉滑动支座位移情况。开工升温阶段，密切关注相连管线管托移位及变形情况。

6.1.7　严格遵守操作规程，禁止超温、超压和超负荷。

6.1.8　加强炉膛空气、瓦斯、酸性气流量的调节，保证燃烧完全。

6.1.9　严密监视进入炉膛温度、压力、流量等指示，遇有异常情况必须查明工艺或设备原因，及时加以调整。

6.1.10　仪表及仪表控制系统（包括计算机）应定期检查，保证处于完好状态。

6.1.11　经常性观察火焰情况，发现火焰变白及时调整操作，防止炉膛超温。

6.1.12　经常性测量炉头燃烧噪声，防止因高频声振荡而损坏衬里。

6.1.13　定期使用红外点温仪，监测外表面温度是否超出设计温度范围。

6.2　常见故障与处理方法

硫黄燃烧炉设备常见功能故障与处理见表3。

表3　硫黄燃烧炉设备常见功能故障与处理

设备功能	功能故障	功能故障模式	故障后果	故障应对策略与检修内容	检修周期
保持反应炉膛温度不超出设计值1400℃	炉膛温度超出设计值1400℃	配风不恰当、硫化氢浓度增大	尾气排放不达标，装置降量	调整气风比	视情而定
		酸性气带气态烃	尾气排放不达标，装置降量	调整气风比	视情而定
		进入的酸性气和空气温度高	尾气排放不达标，装置降量	调整气风比	视情而定

表 3　硫黄燃烧炉设备常见功能故障与处理（续）

设备功能	功能故障	功能故障模式	故障后果	故障应对策略与检修内容	检修周期
尾气焚烧炉提供足够温度，使硫化物完全燃烧	硫化物不能完全燃烧	炉膛温度不足、瓦斯组分波动	尾气排放不达标，装置降量	调整气风比	视情而定
		尾气温度过低、尾气流量增大	尾气排放不达标，装置降量	调整气风比	视情而定
		尾气带水、炉膛内回流比不足	尾气排放不达标，装置降量	调整气风比	视情而定
燃烧器内酸性气与空气预混合，并预反应，放出热量	酸性气与空气预混合不均匀	预混器失效、气鼻损坏	尾气排放不达标，装置降量或停工	停工检修燃烧器	视情而定
		烧嘴损坏	尾气排放不达标，装置降量或停工	停工检修燃烧器	视情而定
		酸性气组分发生变化	尾气排放不达标，装置降量	停工检修燃烧器	视情而定
提供硫化氢与氧气反应所需密闭空间，确保1/3硫化氢参与反应，维持反应所需时间	不能确保1/3硫化氢参与反应，不能维持反应所需时间	配风不恰当，燃烧异常，炉膛内流速过大	尾气排放不达标，装置降量	调整气风比、调整装置压差	视情而定
		硫化氢与空气混合不均匀	尾气排放不达标，装置降量或停工	停工检修燃烧器	视情而定
		炉膛内温度分布不均匀	尾气排放不达标，装置降量或停工	停工检修燃烧器	视情而定
		炉膛内回流比不足	尾气排放不达标，装置降量或停工	停工检修燃烧器和衬里	视情而定

附 录 A
（资料性附录）
硫黄燃烧炉检修质量控制确认表

位号	名称	规格	设计条件		操作条件		
			温度 /℃	压力 / MPa	温度 /℃	压力 / MPa	介质
	硫黄燃烧炉						

序号	检修主要内容	质量标准	控制级别	检查情况	施工单位检查确认人	生产装置检查确认人	设备管理部门检查确认人	日期
1	壳体及附件 检查壳体滑动支座位移符合标准，人孔接管无腐蚀减薄和损坏，人孔盖无变形、泄漏等情况； 检查壳体外表面不存在因高温引起的氧化起皮现象	检查壳体、接管、法兰和废锅或烟道连接处无过热变形、焊缝开裂等情况	B					
		B						
		B						
2	炉膛 锚固件无氧化、变形等损坏情况； 耐火砖无断裂、损坏情况	衬里、膨胀缝填充料无损坏情况	B					
		B						
		B						
3	燃烧器 燃烧器衬里无损坏情况； 检查酸性气、尾气、燃料气、仪表风等管线及阀门的无腐蚀、堵塞、泄漏或卡死等情况；检查看火孔引管、火焰检测器引管保护吹扫风畅通	酸性气烧嘴、燃料气烧嘴、点火器及枪头等无烧损情况	A					
		A						
		A						
4	防雨罩	无过热变形、损坏脱落	B					
5	滑动支座	地脚螺栓紧固，不存在阻碍炉体热胀冷缩的外力	B					

注： A 级：施工单位、生产装置、设备管理部门专业人员检查确认后签字。

B 级：施工单位和生产装置专业人员检查确认后签字。

C 级：施工单位专业人员检查确认后签字。

另：如果有监理，监理的职责由甲方授权。

21. 硫黄成型机维护检修规程

SHS 02028—2019

（代替 SHS 02028—2004）

目　录

前　言

本规程按照GB/T 1.1—2009《标准化工作导则　第1部分：标准的结构和编写》给出的规则修订。

本规程代替SHS 02028—2004《硫黄成型机维护检修规程》，与SHS 02028—2004相比，除了编辑性修改外，主要技术变化如下：

——检修周期的修改，取消小修、大修的区分，统一为检修；

——增加了拆卸与安装过程中步骤的具体描述、注意事项和技术要求；

——在维护与故障处理章节中，采用了RCM的分析方法根据实际重新进行了编写。

本规程由中国石油化工集团有限公司、中国石油化工股份有限公司提出。

本规程起草单位：天华化工机械及自动化研究设计院有限公司。

本规程主要起草人：刘世平、韩江。

本规程历次版本发布情况：

——SHS 02028—1992、SHS 02028—2004。

硫黄成型机维护检修规程

1　范围

1.1　主题内容

本规程规定了硫黄成型机检修周期与内容、检修与质量标准、试验与验收、运行维护与故障处理。

1.2　适用范围

本规程适用于石油化工常用回转带式冷凝硫黄造粒机及片状硫黄成型机的维护与检修。

2　规范性引用文件

下列文件对本文件的应用是必不可少的。凡是注日期的引用文件，仅注日期的版本适用于本文件。凡是不注日期的引用文件，其最新版本（包括所有的修改单）适用于本文件。

GB 14711　中小型旋转电机通用安全要求

GB/T 308.1　滚动轴承　第1部分：钢球

GB/T 1800.1　产品几何技术规范（GPS）极限与配合　第1部分：公差、偏差和配合的基础

GB 50058　爆炸危险环境电力装置设计规范

GB 12476.1　可燃性粉尘环境用电气设备　第1部分：通用要求

GB 4208　外壳防护等级（IP代码）

SHS 01013　离心泵维护检修规程

SHS 01022　离心式风机维护检修规程

3　检修周期与内容

3.1　检修周期

根据对硫黄成型机功能故障及其影响分析结果、有无备用设备并结合生产装置运行周期确定检修周期，一般为12～24个月。

3.2 检修内容

3.2.1 检修大主动轮传动机构；
3.2.2 检修下料成型传动机构；
3.2.3 检查机架两端大轮的轴承；
3.2.4 检查钢带焊缝并进行着色探伤；
3.2.5 检查进料系统及密封情况；
3.2.6 检查钢带导向胶条情况；
3.2.7 检修风冷及水冷系统。

4 检修与质量标准

4.1 拆卸前准备

4.1.1 掌握硫黄成型机运行状况、结构及相关的图纸资料，制定施工方案，备齐必要的图纸和资料。

4.1.2 组织施工人员进行技术交底，熟悉施工方案、施工图纸、技术要求及有关资料，并掌握施工质量标准。

4.1.3 备齐检修工具、量具、配件及材料。

4.1.4 办理有关作业票，切断电源、停料、停汽，放净残余的硫黄，并达到安全检修的要求。

4.1.5 维护及修理只能由受过培训的专业人员操作，专业人员应熟知专业的知识以及安全事故防范规范。在维护及维修设备之前，应该切断电源。另外需要驱动的装置，必须醒目标示。

4.1.6 当维修难以触及或者难以看到的死角时，应该铺垫保护衬垫，防止产生对设备的推挤和刮伤，产生对设备的推挤和刮伤。

4.1.7 机油、润滑油等辅助剂含有化学物质，接触到产品进入生产阶段，则可能会产生易燃、有毒的物质。另外，以上物质经过混合，可能会产生对健康有害的物质，因此，在检修前应该了解产品生产所用到的辅助剂的相关信息。

4.2 拆卸与检测

4.2.1 拆卸与机组有关的附件，包括进、出料装置、管道、电气线路以及支承等。

4.2.2 放松钢带呈波浪形。

4.2.3 拆卸主动大轮的链条、轮盘及减速机构，并检查磨损情况。

4.2.3.1 检查链条节距的变化应小于 3‰。

4.2.3.2 测量轮盘与主动大轮的配合应为 H7/h6，检查减速机输出轴的配合情况。

4.2.3.3 检查主动轮盘与从动轮盘是否在同一平面，偏差允许值见表 1。

4.2.3.4 检查减速机的齿轮、轴承等内部组件的磨损情况。

4.2.4 拆下料滚筒的传动系统的链条、轮盘及减速机构。

4.2.4.1 检查链条节距的变化应小于3‰。

4.2.4.2 检查主动轮盘的圆柱度及磨损情况，圆柱度偏差≤1.5mm。

4.2.4.3 检查主动轮盘和从动轮盘是否在同一平面，偏差允许值见表1。

4.2.4.4 检查减速机的齿轮、轴承等内部组件的磨损情况。

4.2.5 检查脱膜剂滚筒的轴承及脱膜轮的磨损情况。

4.2.6 拆机架两端大轮的轴承并检查。

4.2.7 拆钢带的扫条系统，检查毛扫。

4.2.8 拆下料滚筒、密封、轴承、喷条及喷头。

4.2.8.1 检查下料滚筒表面有无凹凸现象。

4.2.8.2 检查密封的动、静环，密封圈，弹簧。

4.2.8.3 检查轴承的磨损及润滑。

4.2.8.4 检查喷条是否紧凑完好，且孔、眼畅通。

4.2.8.5 检查喷头是否齐全、堵塞。

4.2.9 检查钢带的两边护胶，对钢带的焊缝进行着色探伤。

4.2.10 拆下出料铲板并检查铲口。

4.2.11 拆伴热蒸汽管，清洗检查伴热槽及蒸汽管。

4.2.12 拆滚筒的进料筒体两边端盖，检查清扫进料筒体。

4.2.13 拆下所有托滚并检查轴承。

4.3 回装与质量标准

4.3.1 整个机架应水平无变形，各紧固件应无松动、锈蚀。

4.3.2 机架两端大轮轴向位移尺寸，按照图1所示，测量尺寸控制在表1范围之内。

表1 轴向位移

冷却段数量	3	4	5	6	7
轴向最大位移 δ/mm	2	3	4	5	6

4.3.3 冷却水槽无滴漏，各喷头的出水角度应在45°～90°。水槽上口边缘与钢带轮顶部应在同一水平面上，其误差为±2mm。

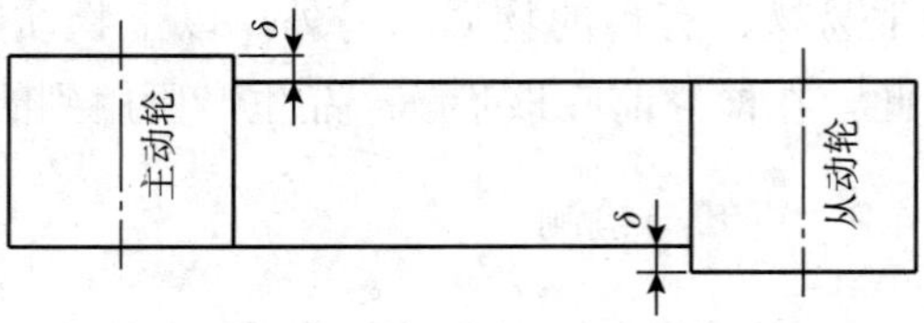

图1 轴向位移测量图

4.3.4 链条应配合紧凑，每节活动自如，无严重磨损，节距变化应小于3‰。

4.3.5 减速机组装后应盘车轻松，无轻重、无杂音。

4.3.6 钢带传动电机链轮盘端面与主动大轮链轮盘端面在同一平面内，链条张紧，传动中无窜动，按照图2所示及拉直线的测量方法测量。链轮齿厚度磨损达到30%时应更换。

4.3.7 与主动大轮配合的链轮应采用H7/h6配合。

4.3.8 铲板口应无波浪形磨损且无缺口。

4.3.9 机架两端大轮的轴承装配应采用H7/k6配合。

4.3.10 调紧钢带，经调试应传动平稳，传动中钢带单边位移量≤6mm，观察钢带边有无刮磨下料滚筒法兰面，空车运行30min，机架两端大轮与钢带旁胶最少要有1～5mm间隙，钢带旁胶与水槽边缘间隙为（10±2）mm。

4.3.11 装配脱膜剂滚筒时应与钢带底面均匀贴合，且有适当的压紧力。

4.3.12 回装清扫组件毛扫要紧贴钢带，且有足够弹性。

4.3.13 每组托滚应转动轻松，调心轴承有足够的润滑，装上机架后的托轮应顶到钢带。

4.3.14 减速机链轮要通过上紧输出轴上压板的螺栓，将压板压紧，再把链轮固定在输出轴上，准确轴向定位。减速机链轮的轮盘与下料滚筒的轮盘外端面必须在同一平面内，链条张紧，传动中无蹿动，按照图3所示及拉直线的测量方法测量。

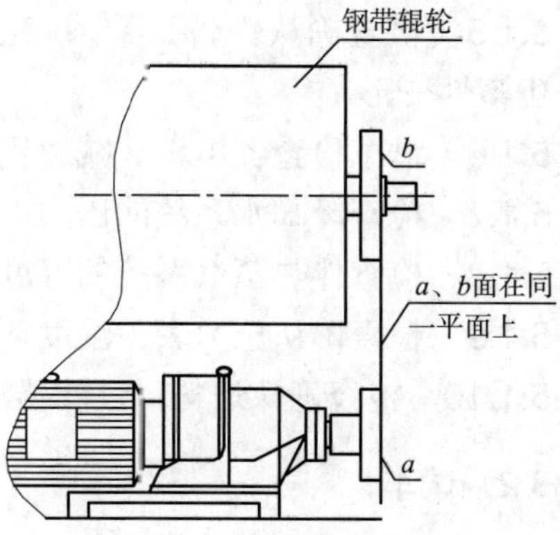

图2 端面测量图

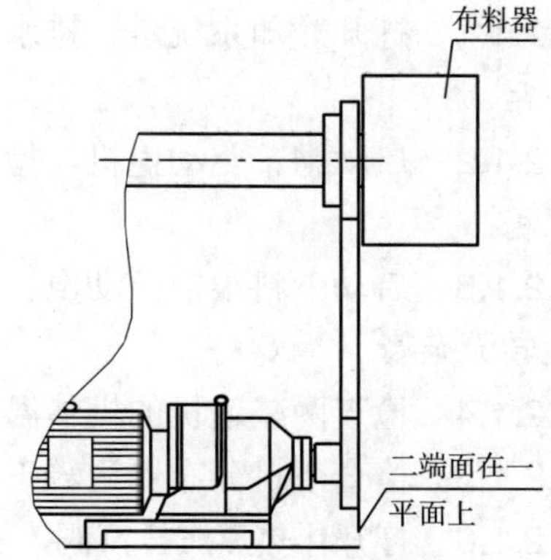

图3 端面测量图

4.3.15 下料滚筒两端密封总成件

4.3.15.1 密封端面完好无损，径向、轴向O形胶圈应有足够弹性且密封性能良好，静环弹性良好。

4.3.15.2 轴承的滚珠跑道无锈蚀，无花点。

4.3.15.3 总成件组装后，机械密封的压缩量为3～4mm，手盘转动体应无轻重感，同时必须加足耐高温润滑脂。

4.3.15.4 传动销钉应有足够的传递力，磨损达到1/3直径后要进行更换。

4.3.15.5 调整下料滚筒水平度并保持与钢带平行，同时将距钲带面高度控制在4～8mm。

4.3.16 刮水胶应有弹力，加力弹簧应无锈蚀。装配后有适当的压紧力。

4.3.17 冷却系统

4.3.17.1 冷、热循环水泵的检修标准参见SHS 01013《离心泵维护检修规程》。

4.3.17.2 抽风机的检修标准参见SHS 01022《离心式风机维护检修规程》。

5 试车与验收

5.1 试车前准备

5.1.1 检查检修记录，确认检修项目完成，数据正确。

5.1.2 检查确认钢带内、外表面，钢带清扫器以及各传动及转动部分表面清洁、无异物。

5.1.3 检查各润滑点，注意下料滚筒轴承是否加耐高温润滑脂。

5.1.4 检查确认所有螺栓连接机构紧固可靠。

5.1.5 检查确认钢带张紧系统已达到备用状态。切不可使钢带绷得过紧，以防钢带产生塑性变形。

5.1.6 盘车检查各电机、减速机。

5.1.7 检查冷却水系统的压力，确认系统畅通。

5.1.8 检查伴热蒸汽系统的温度、压力，确认系统畅通。

5.1.9 检查确认压力表、温度计等监控仪表准确好用。

5.1.10 检查确认进料口过滤器清洁、无杂物。

5.2 试车

5.2.1 空负荷试车

5.2.1.1 打开冷却系统进、排水阀，启动冷、热循环水泵，然后检查冷却水温度、压力正常。

5.2.1.2 启动钢带驱动电机，检查转向正确，链条与链轮无卡咬现象及异响，钢带转动平稳。

5.2.1.3 启动下料滚筒驱动电机，检查转向正确，链条与链轮无卡咬现象及异响，滚筒运转无杂音。

5.2.1.4 检查两减速机的机体温度及振动值。

5.2.1.5 检查下料分布器运转正常，无杂音。

5.2.1.6 打开伴热蒸汽排汽阀、进汽阀，启动伴热系统后检查蒸汽温度、压力是否正常。

5.2.1.7 检查确认脱膜剂上钢带及刮水胶刮水正常。

5.2.1.8 一般空负荷运转 2h，正常后可进行负荷试车。

5.2.2 负荷试车

5.2.2.1 按空负荷试车的要求进行开车，使成型机处于正常备用状态。

5.2.2.2 伴热温度达 135℃以上后，全开液硫进料阀，再缓慢打开微调阀，将液硫引进分布器内进行下料。

5.2.2.3 检查下料量及造粒成型情况，通过调节滚筒与钢带间距来得到理想粒料。

5.2.2.4 检查确认下料滚筒两端密封完好，轴承运转正常，无杂音。

5.2.2.5 检查调整刮水板的刮水力度。

5.2.2.6 检查确认刮料板刮料以及硫黄脱膜正常。

5.3 验收

5.3.1 连续运行 24h 后，各项技术指标达到设计要求或能满足生产需要。

5.3.2 达到完好标准。

5.3.3 设备检修记录齐全、准确，按规定办理验收手续。

6 维护与故障处理

6.1 日常维护

6.1.1 定时巡检，并做好操作记录。

6.1.2 定期对润滑部位加油，检查各密封部位有无滴漏。

6.1.3 定时检查钢带运行是否平稳，有无跑偏现象，钢带是否变形，边缘有无起伏，焊接口有无裂缝等其他损害。

6.1.4 定期检查清理钢带清扫器、刮水胶内表面的硫黄颗粒和粉尘。

6.1.5 定期检查刮水胶、刮料板等易损件的使用情况。

6.1.6 定时检查脱膜剂滚筒的使用情况及脱膜剂上钢带情况。

6.1.7 定时检查冷却水喷嘴的使用情况，喷嘴应无堵塞且雾化良好。

6.1.8 定时检查钢带托辊、下料滚筒的运行情况及硫黄成型效果。

6.1.9 定时检查过滤器及温度计、压力表等监控仪表的使用情况。

6.1.10 定期检查各辅助设备的运行情况。

6.2 常见故障与处理

硫黄成型机常见功能故障与处理见表 2。

表 2 硫黄成型机常见功能故障与处理方法

序号	功能	功能故障	故障模式	故障后果	故障应对策略与检修内容	检修周期 / 月
1	保证下料滚筒密封性能	密封失效	1. 密封面磨损 2. 辅助密封圈失效 3. 弹簧堵塞	硫黄泄漏，环境污染，非计划停工	1. 更换动、静环 2. 更换辅助密封圈 3. 清理弹簧	12～24
2	保证机组连续运行	下料滚筒卡死	1. 拌热温度低 2. 链条过长与固定体楔死 3. 轴承损坏 4. 传动销断裂	硫黄泄漏，环境污染，非计划停工	1. 升高拌热温度 2. 缩短链条或更换压链器 3. 更换轴承 4. 修复传动销	12～24
3	保证成型性能	造粒不理想	1. 喷头堵塞 2. 喷条均布孔堵 3. 入口滤网堵 4. 滚筒刮胶磨损严重 5. 滚筒高度不佳	生产率下降，质量不合格率上升，产量下降	1. 清理喷头 2. 用 135℃以上的油清洗 3. 清洗入口滤网 4. 更换刮胶 5. 调整适当的高度	视情而定
4	保证连续进料	进料不足	1. 没有进料 2. 操作温度太低 3. 过滤器堵塞	生产率下降	1. 检查进料泵和阀门 2. 调节正确的操作温度 3. 清洗过滤器	视情而定

表 2　硫黄成型机常见功能故障与处理方法（续）

序号	功能	功能故障	故障模式	故障后果	故障应对策略与检修内容	检修周期/月
5	保证适当进料	进料过多	1. 再进料条的滑动器丢失了或坏了 2. 再进料条滑动器没有与旋转壳接触 3. 旋转壳太冷	产品累积	1. 插入或更换滑动器 2. 正确调节再进料条 3. 增加旋转成型器的温度	视情而定
6	保证钢带冷却性能	钢带冷却效果差	在钢带宽度方向上有大的温差或温度不能降低	在整个冷却带宽度上产品不成型	1. 检查冷却水温度 2. 检查冷却水喷嘴，清洗或更换喷嘴 3. 清洗冷却水进口过滤器	视情而定
7	保证刮料性能	刮料效果差	1. 刮料板板口成波浪形磨损或有缺口 2. 压力系统失效 3. 脱膜剂浓度低	布料不均匀，钢带返回带料过多，硫黄颗粒撒落多	1. 更换刮料板 2. 修理调整螺栓或更换弹簧 3. 适当加入脱膜剂	视情而定
8	保证刮水性能	刮水效果差	1. 弹簧失效 2. 钢带从动轮偏移 3. 紧固螺丝松动 4. 刮水胶板磨损或变形严重	钢带返回带水过多，钢带打滑	1. 更换弹簧 2. 调整钢带从动轮 3. 上紧螺丝 4. 更换刮水胶板	视情而定
9	保证传动系统正常	传动系统不正常	1. 操作温度太低 2. 过载离合器没有正确调节 3. 旋转成型机机械堵塞 4. 在轴承箱中有杂物	生产率下降，质量不合格率上升，产量下降	1. 调节正确的操作温度 2. 按照制造厂说明调节正确的扭矩 3. 清洗旋转成型器 4. 拆开轴承箱并清理	6～12
10	保证钢带运行平稳	钢带运行不水平	1. 钢带在直线方向上运动不正确 2. 钢带底侧附有异物 3. 张紧不合适	成型不理想，钢带跑偏、跳动、表面翘曲	1. 检查钢带的运动，重新调节钢带并试运行 2. 检查钢带底侧并除去异物	视情而定

附　录　A

（资料性附录）

硫黄成型机质量控制确认表

项目	主要控制内容				等级	施工单位	生产装置	设备管理部门	备注
	标准值		部位	现场记录					
拆卸中检测									
链条的节距	变化应小于 3‰		传动		B	★	★		
主动轮盘的圆柱度	圆柱度偏差≤ 1.5mm		传动		B	★	★		
下料滚筒	密封泄漏量	小于 1mL/h	滚筒与中心轴		A	★	★	★	
	进料量	按设计要求	滚筒		A	★	★	★	
	成型率	按设计要求	滚筒		A	★	★	★	
传动系统	电流值变化	按设计要求	所有传动部件		A	★	★	★	
钢带	钢带运行平稳性	无跑偏、跳动、表面翘曲	钢带运行方向		B	★	★		
刮料板	刮料效果	良好，无回返料	钢带与刮料板		B	★	★		
刮水板	刮水效果	良好，无回返水	钢带与刮水板		B	★	★		
回装时检测									
下料滚筒	密封泄漏量	小于 1mL/h	滚筒与中心轴		A	★	★	★	
	进料量	按设计要求	滚筒		A	★	★	★	
	成型率	按设计要求	滚筒		A	★	★	★	
传动系统	电流值变化	按设计要求	所有传动部件		A	★	★	★	
钢带	钢带运行平稳性	无跑偏、跳动、表面翘曲	钢带运行方向		B	★	★		
刮料板	刮料效果	良好，无回返料	钢带与刮料板		B	★	★		
刮水板	刮水效果	良好，无回返水	钢带与刮水板		B	★	★		

注： A 级：施工单位、生产装置、设备管理部门专业人员检查确认后签字。

B 级：施工单位和生产装置专业人员检查确认后签字。

C 级：施工单位专业人员检查确认后签字。

另：如果有监理，监理的职责由甲方授权。

22. 催化裂化装置油浆泵维护检修规程

SHS 02029—2019

目　录

前　言

本规程按照GB/T 1.1—2009《标准化工作导则　第1部分：标准的结构和编写》给出的规则修订。

本规程由中国石油化工集团有限公司、中国石油化工股份有限公司提出。

本规程起草单位：中国石油化工股份有限公司金陵分公司。

本规程主要起草人：毛文华、原栋文。

本规程为2019年首次发布。

催化裂化装置油浆泵维护检修规程

1 范围

1.1 主题内容

本规程规定了ZPY型油浆泵的检修周期与内容、检修与质量标准、试车与验收、维护与故障处理，其他型号油浆泵可参照此规程执行。

1.2 适用范围

本规程适用于催化裂化装置油浆泵的维护与检修。

2 规范性引用文件

下列文件对本文件的应用是必不可少的。凡是注日期的引用文件，仅注日期的版本适用于本文件。凡是不注日期的引用文件，其最新版本（包括所有的修改单）适用于本文件。

API 610 石油、重化学和天然气工业用离心泵
GB/T 3215 石油、石化和天然气工业用离心泵
SHS 01013 离心泵维护检修规程
SHS 01003 石油化工旋转机械振动标准
ISO 1940 动平衡标准

3 检修周期与内容

3.1 检修周期

3.1.1 原则上检修周期为24～36个月。
3.1.2 根据状态监测结果及设备运行状况，可以适当调整检修周期。

3.2 检修内容

3.2.1 联轴器
3.2.1.1 检查联轴器或更换联轴器螺栓和锁紧螺母，对联轴器螺栓进行无损检测。
3.2.1.2 检查联轴器轴间距。
3.2.1.3 复核驱动机与泵对中数据。

3.2.2 转子

3.2.2.1 检查轴的直线度，必要时校正或更换。

3.2.2.2 测量转子的各部分圆柱度，必要时做动平衡校检。

3.2.3 轴承箱

3.2.3.1 检查油位看窗、补偿油杯，要求完好、清晰。

3.2.3.2 检查挡油环、挡水环、油封等损坏情况，不符要求更换。

3.2.3.3 检查或更换轴承，测量轴承的配合间隙。

3.2.3.4 测量并调整转子的轴向窜动量。

3.2.3.5 检查、清理水夹套。

3.2.4 泵体

3.2.4.1 检查泵轴、叶轮、内衬等过流部件的磨损、腐蚀、开裂和冲蚀情况，必要时进行无损探伤。

3.2.4.2 测量叶轮背面运转间隙、喉部间隙。

3.2.4.3 检查或更换机械密封。

3.2.5 其他

3.2.5.1 检查泵体基础开裂、地脚螺栓松动情况。

3.2.5.2 检查泵进、出口法兰附加应力情况，防止超标应力施加于泵体。

3.2.5.3 检查、清理冷却水、润滑油、封油、机械密封辅助系统。

3.2.5.4 消除机泵漏点。

4 检修与质量标准

随机资料上有的按随机资料上要求执行，随机资料上没有的按此规程执行。

4.1 检修前准备

4.1.1 方案准备：备齐必要的图纸和资料（包括随机资料和历次检修情况），根据泵组的运行状态、泄漏情况以及上次检修情况分析故障原因和部位，制定详尽的检修施工方案。

4.1.2 工器具准备：备齐检修工具（包括专用工具）、量具、起重机具、清洗工具，见表1，落实环境布置，对转子、泵体大盖、密封等部件堆放位置进行明确，放置工具架子并视情况在现场铺设橡胶垫并做好隔离，不允许将其直接放在水泥地或地面上，同样不得将各部件叠放在一块。

4.1.3 材料准备：落实检修所需材料和相关备品、配件，见表2。

4.1.4 人员准备：落实检修团队（包括施工技术人员、质量管理人员、安全、主修、辅修等），组织检修人员熟悉检修施工方案。

表 1　拆装必要工具

工具和测量仪器	使用范围
开启扳手	用于螺栓
活动扳手	用于螺栓
内六角扳手	用于内六角紧定螺钉
螺钉起子	用于开槽紧定螺钉
管路扳手	用于辅助管路
游标卡尺	用于非集装勾套式机械密封安装
百分表或激光对中仪	用于校定中心
专用工具	用于叶轮螺母、轴承螺母等
套筒扳手	用于叶轮螺母
轴承扳手	用于轴承螺母

表 2　检修物料准备

名称	单位	数量	备注
叶轮	只	1	订货周期长
诱导轮	只	1	订货周期长
泵体衬里	件	1	订货周期长
泵体大盖衬里	件	1	订货周期长
迷宫轴套	件	1	易损件
机械密封	套	1	易损件
前轴承	件	2	易损件
后轴承	件	1	易损件
缠绕不锈钢垫片	件	1	易损件
丁腈橡胶 O 形密封圈	件	4	易损件
松动剂	瓶	1	消耗品
清洗剂	瓶	1	消耗品

4.2　检修前条件确认

4.2.1　各项准备工作应符合安全、环保、质量等方面的要求，对检修过程进行危害识别及风险评估、环境因素识别和影响评价，并办理相关票证。

4.2.2　切断电源、气源（电机、阀门电动头、气动头）。

4.2.3　确认泵进、出口与系统管线已完全隔断、吹扫置换干净并加装盲板（如需要），同时切断冷却水、氮气密封线。

4.2.4　确认泵温度降到可以检修施工条件。

4.3 拆卸与检测

4.3.1 拆卸连接管路

4.3.1.1 拆卸与泵体相连的冷却水管线、封油管线、机械密封辅助管线、管件；
4.3.1.2 拆卸仪表管件，仪表测振、测温探头；
4.3.1.3 对拆卸管线、管件、仪表探头分别做好记号，并用塑料薄膜封好管口；
4.3.1.4 检查并清扫冷却水、封油、机械密封辅助管线。

4.3.2 拆卸联轴器

4.3.2.1 拆卸联轴器护罩螺栓，移走护罩；
4.3.2.2 拆卸联轴器螺栓，做好联轴器定位标记，移走联轴器中间节；
4.3.2.3 检查联轴器，联轴器拆装、检查参见 SHS 01071《联轴器维护检修规程》；
4.3.2.4 测量驱动机与泵的对中、联轴器两端面轴间距、转子的轴向窜动量，测量方法见图 1。

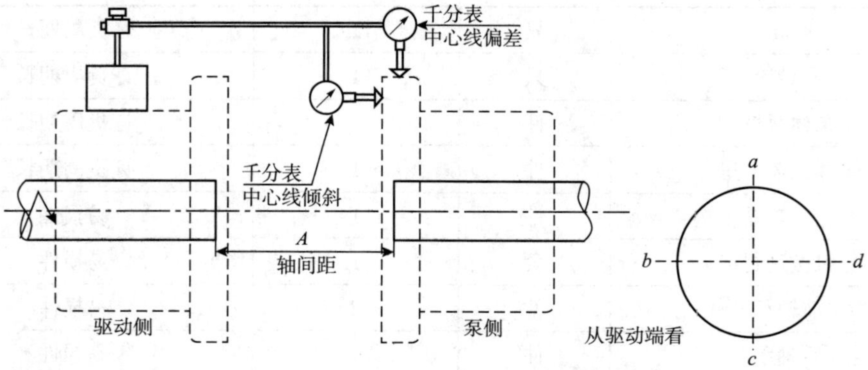

图 1 驱动机与泵的对中、联轴器两端面轴间距

4.3.3 拆卸泵体大盖

4.3.3.1 拆卸泵体和泵体大盖连接螺栓和螺母，用顶丝顶开泵体大盖；
4.3.3.2 将轴承箱、泵体大盖和转子部件用专用拆装工具拆卸；
4.3.3.3 检查泵体内各零部件的磨损、腐蚀、开裂和冲蚀情况；
4.3.3.4 测量叶轮跳动、叶轮背面运转间隙、喉部间隙，测量位置参见图 2。

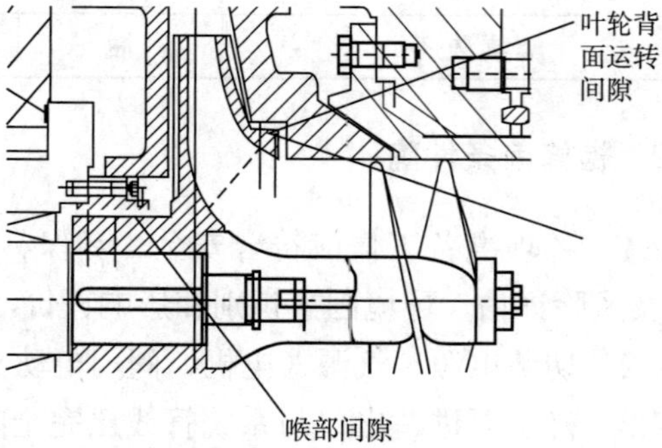

图 2 测量叶轮跳动、叶轮和泵体衬里的间隙

4.3.4 拆卸叶轮

4.3.4.1 拆卸叶轮螺母处的内六角螺栓（如有）、叶轮螺母，卸下诱导轮、叶轮、叶轮键；

注：由于内六角螺栓是左旋螺栓，拆卸时拧松方向与泵转向相反，而叶轮螺母拧松方向与泵转向一致。

4.3.4.2 检查叶轮、键槽、螺纹情况，测量键槽的过盈量；

4.3.4.3 叶轮着色检查。

4.3.5 拆卸泵衬里

4.3.5.1 拆卸泵体内衬里固紧螺栓的防松不锈钢丝，拆卸螺栓，将泵体衬里取出；

4.3.5.2 拆卸泵体大盖衬里螺栓，取下泵体大盖衬里；

4.3.5.3 检查泵体、泵体大盖衬里及接合面情况；

4.3.5.4 泵体、泵体大盖、内衬里着色检查。

注：对于采用抗磨铸铁材质的零件（包括叶轮、泵体衬里、泵体大盖衬里）较脆容易断裂，在拆卸时不能用锤子敲打和用力过猛。

4.3.6 拆卸机械密封

4.3.6.1 逐个拆卸连接泵体大盖与机械密封压盖以及轴承箱与泵体大盖的螺栓、螺母，如机械密封为集装式结构，则在松动螺栓、螺母前须将机械密封轴套上的紧定螺钉松开，往轴承方向移动机械密封压盖约 5mm；

4.3.6.2 从轴上拆卸泵体大盖，不要损坏主轴上的螺纹；

4.3.6.3 从轴上将机械密封压盖和机械密封连同轴套一起拆卸；

4.3.6.4 检查迷宫衬套磨损情况，测量轴与迷宫衬套间隙；

4.3.6.5 机械密封的拆卸、检查与回装参照 SHS 01052《机械密封维护检修规程》。

4.3.7 检查主轴的圆柱度

4.3.7.1 清理转子组件；

4.3.7.2 检查转子主轴轴径有无划痕、腐蚀等损伤；

4.3.7.3 检查主轴与轴承箱法兰面的跳动，测量方法、位置见图 3。

4.3.8 拆卸轴承箱

4.3.8.1 从主轴上将联轴器连同联轴器螺母一同拆卸；

4.3.8.2 松开防尘盘螺栓，从主轴上将防尘盘拆卸（图 4）；

4.3.8.3 松开前、后轴承压盖；

4.3.8.4 测量轴承外圈侧向与轴承定距套轴向间隙；

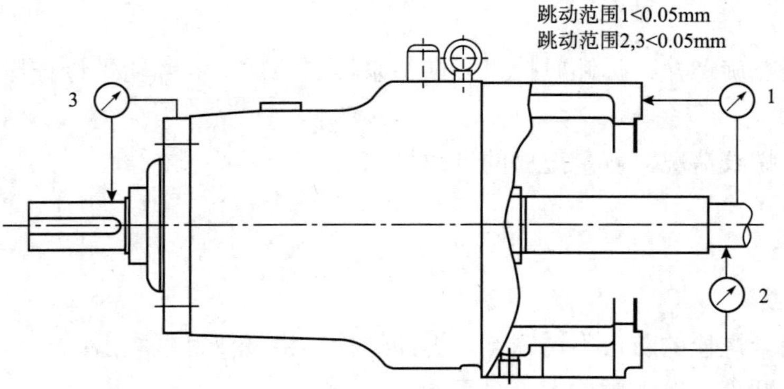

图 3　转子主轴与轴承箱法兰面跳动检查

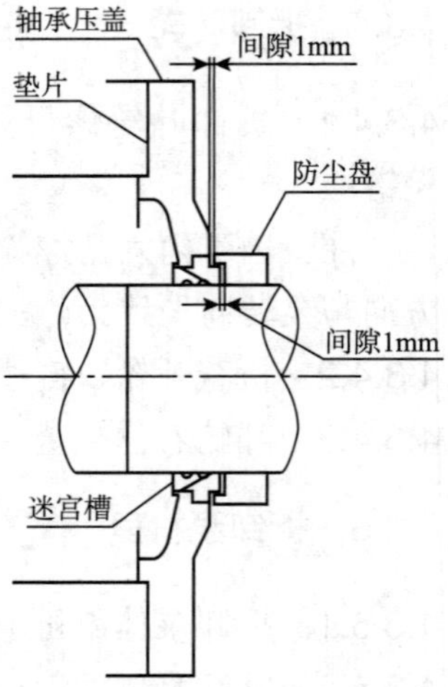

图 4　轴承箱拆装

4.3.8.5　从驱动端将轴与轴承作为一个整体从轴承箱拉出；

4.3.8.6　拆卸轴上圆螺母，卸下轴承；

4.3.8.7　检查主轴圆柱度和表面损伤情况。

注：长期运转后主轴上的零件与主轴可能发生咬合现象，如果联轴器、叶轮、轴套拆起来比较麻烦，此时不得使用锤子敲打，否则，可能会损坏主轴。在这种情况下，先除锈，然后涂润滑剂，如还不能拆卸，则需利用火枪或焊接用火炬均匀加热各部件，注意不得使主轴变热。

4.4　回装与质量标准

4.4.1　所有零部件应按要求清洗和吹扫干净。

4.4.2　机组所有零部件的缺陷已消除或更换。

4.4.3　所有零部件的质量得到确认，尺寸要求符合本规程。

4.4.4　轴承箱

4.4.4.1　复查主轴颈圆周柱度、表面粗糙度、轴的径向圆跳动；

4.4.4.2　在主轴两侧（驱动端与非驱动端）装上轴承，轴承采用热装，温度控制在80～100℃；

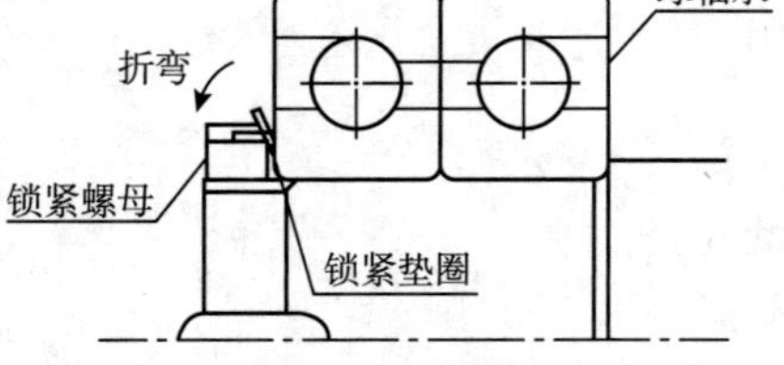

图 5　轴承安装

4.4.4.3　用轴承螺母固定好轴承，然后通过折弯锁紧垫圈的止动耳来紧固螺母，见图 5；

注：在叶轮螺母与轴、轴和叶轮的接触表面涂上一层防咬剂以防止其相互咬合；

4.4.4.4　将组装好的主轴部件从驱动端推入轴承箱内，见图 6；

4.4.4.5　复核轴承外圈与轴承定距套轴向间隙；

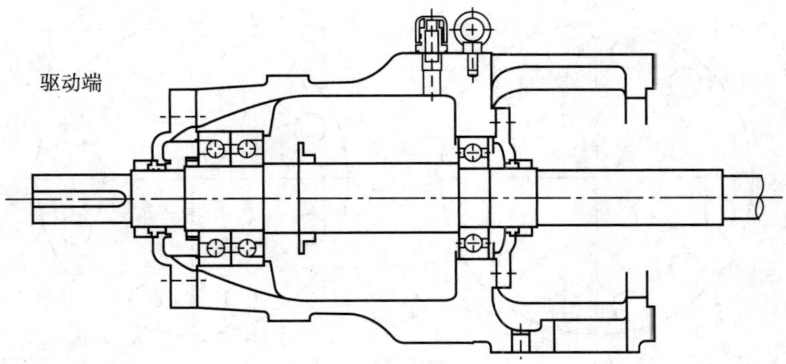

图 6　主轴安装

4.4.4.6　安装轴承压盖及轴承压盖垫片；

4.4.4.7　检查主轴或轴承箱法兰面的跳动，测量方法、位置见图 3。

4.4.5　机械密封

4.4.5.1　机械密封安装参见 SHS 01052《机械密封维护检修规程》；

4.4.5.2　将轴承箱吊入泵体大盖；

4.4.5.3　紧固轴承箱与泵体大盖的固紧螺母；

4.4.5.4　紧固密封轴套与轴紧定螺钉；

4.4.5.5　紧固密封端盖上的固紧螺母；

4.4.5.6　复测轴套处喉部间隙（有迷宫衬套，复测与迷宫衬套间隙）。

4.4.6　泵衬里

4.4.6.1　泵体大盖衬里就位，紧固泵体大盖衬里螺栓；

4.4.6.2　将泵体衬里就位，紧固螺栓，穿好泵体衬里固紧螺栓的防松不锈钢丝；

4.4.6.3　复测叶轮背面运转间隙。

4.4.7　叶轮

4.4.7.1　放好叶轮键，装好叶轮、诱导轮；

4.4.7.2　紧固诱导轮螺母，拧紧叶轮螺母处的内六角螺栓（如有）；

4.4.7.3　复测叶轮（口环）跳动。

4.4.8　安装泵体大盖

4.4.8.1　用专用工具将轴承箱、泵体大盖和转子部件推入泵体内；

4.4.8.2　紧固泵体大盖和法兰上的紧固件；

注：轴对称紧固 2 个螺栓，然后紧固与其垂直角度的另外 2 个螺栓；用同样的方法（轮流）紧固其余螺栓，当螺栓数目为 8 颗或 12 颗，紧固方法如图 7 所示；

4.4.8.3　组装完成后，手动盘车确保转子转动顺畅，确认转动部件与静止部件无接触。

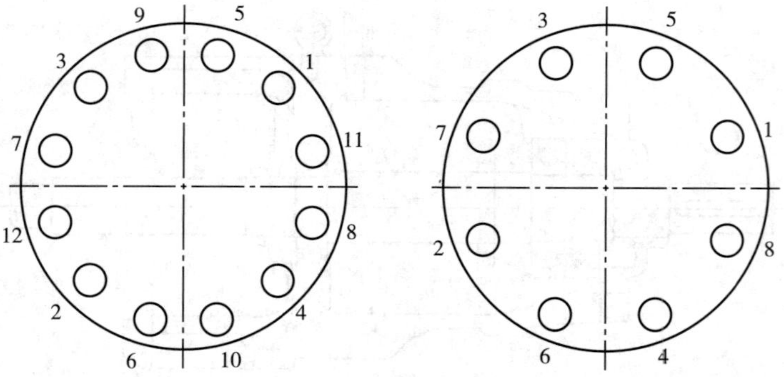

图 7 泵体大盖螺栓紧固方法

4.4.9 安装联轴器

4.4.9.1 安装对轮；

4.4.9.2 测量驱动机与泵的对中，联轴器两端面轴间距，复核转子的轴向窜动量；

4.4.9.3 按照拆卸标记装上联轴器中间节，紧固联轴器螺栓、螺母，安装上联轴器护罩，紧固护罩螺栓。

注：检查联轴器，联轴器拆装、检查参见 SHS 01052《联轴器维护检修规程》。

4.4.10 安装连接管路

4.4.10.1 连接冷却水管路；

4.4.10.2 连接封油管路；

4.4.10.3 连接机械密封辅助管路。

4.4.11 质量标准

4.4.11.1 主轴颈圆柱度为轴径的 0.25‰，最大值不超过 0.025mm，且表面应无伤痕；

4.4.11.2 以两轴颈为基准，找联轴节和轴中段，轴的径向圆跳动≤ 0.05mm；

4.4.11.3 安装叶轮、轴套、联轴器处表面粗糙度 R_a1.6，装配滚动轴承处表面粗糙度 R_a0.8；

4.4.11.4 轴套与轴配合为 H7/h6；

4.4.11.5 叶轮与轴的配合为 H7/js6；

4.4.11.6 承受轴向和径向载荷的滚动轴承与轴配合为 H7/js6；

4.4.11.7 仅承受径向载荷的滚动轴承与轴配合为 H7/k6；

4.4.11.8 滚动轴承外圈与轴承箱内壁配合为 js7/h6；

4.4.11.9 复核轴承外圈与轴承定距套轴向间隙 0.02～0.06mm；

4.4.11.10 半联轴器与轴配合为 H7/js6；

4.4.11.11 联轴器对中检查时，应符合表 3 要求，调整垫片每组不得超过 4 块；

表 3　联轴器对中要求表　mm

联轴器形式	径向允差	端面允差
刚性	0.06	0.04
弹性圈柱销式	0.08	0.06
齿式		
叠片式	0.15	0.08

4.4.11.12　键与键槽应配合紧密，不允许加垫片，键与轴键槽的过盈量应符合表 4 的要求，叶轮与轴装配时，键顶部应留有 0.10～0.40 mm 间隙；

表 4　键槽的过盈量　mm

轴径	40～70	＞70～100	＞100～230
过盈量	0.009～0.012	0.011～0.015	0.012～0.017

4.4.11.13　更换的叶轮、诱导轮应做静平衡 G6.3 级，外径上允许剩余不平衡量不得大于表 5 的要求。必要时转子做动平衡校验，动平衡精度要求达到 G2.5 级，平衡校验一般情况在叶轮上去重，但切去厚度不得大于叶轮壁厚的 1/3；

表 5　叶轮静平衡允许剩余不平衡量表

叶轮外径 /mm	≤ 200	＞200～300	＞300～400	＞400～500
不平衡重 /g	3	5	8	10

4.4.11.14　单级离心泵转子跳动应符合表 6 要求；

表 6　单级离心泵转子跳动表　mm

测量部位直径	径向圆跳动		叶轮端面
	叶轮口环	轴套	
≤ 50	0.05	0.04	0.20
＞ 50～120	0.06	0.05	
＞ 120～260	0.07	0.06	
＞ 260	0.08	0.07	

4.4.11.15　叶轮口环处运转、喉部间隙（分两种结构）应符合表 7 的要求；

表 7　喉部间隙和叶轮背面运转间隙（均为直径方向间隙）　mm

泵入口管嘴规格		≤ *DN*200	＞ *DN*200	
喉部间隙	有迷宫衬套	2	2	
	无迷宫衬套	1	1.5	
泵入口管嘴规格		＜ *DN*200	*DN*200～*DN*250	＞ *DN*250
叶轮背面运转间隙	有背叶片	1.5	1.5	1.5
	无背叶片	0.8	1.0	1.5

4.4.11.16　泵预热升到正常温度后，应校核联轴器再对中。

5　试车与验收

5.1　试车前准备

5.1.1　检修项目完成，记录齐全，检修数据正确、合格。
5.1.2　单试电机合格，确认转向正确。
5.1.3　加注轴承润滑油到指定的油位，投用冷却水系统。
5.1.4　盘车无卡涩和异常声响，轴封渗漏符合要求。
5.1.5　四周施工杂物清除干净，符合试车要求。
5.1.6　灌泵。
5.1.6.1　打开泵上的排气阀门（如有），或拆卸泵出口压力表排气。
5.1.6.2　投用泵封油系统、机械密封辅助系统，慢慢地引入封油，直至从排气阀门完全排出泵中的空气和其他气体。
5.1.6.3　然后缓慢打开泵入口阀，直至完全打开。
5.1.6.4　灌泵完毕后，再一次手动盘车，确定转子无卡涩、轻重。
5.1.6.5　暖泵温升要求如下：

a）温升限制　　在 2℃ /min 以内
b）瞬时温升　　在 50℃ /min 以内
c）泵体表面上、下部温差　　在 20～30℃以内

5.1.6.6　暖泵完毕后，进行热态找正，并手动盘车，确定转子无卡涩、轻重。

5.2　试车

5.2.1　应按操作规程进行负荷试车。
5.2.2　泵运行平稳后，检查泵及电机各个部位的运转情况，无杂音、碰擦。
5.2.3　泵出、入口压力、流量平稳，达到技术要求。
5.2.4　电机电流值平稳，在额定电流范围内。
5.2.5　泵轴承温度符合表 8、表 9 要求。

表 8　非水冷轴承托架温度要求　　℃

轴承温度	允许温升	最大允许温度
环境温度＞20	环境温度 +40	80
环境温度≤ 20	环境温度 +50	80

表 9　水冷轴承托架温度要求　　℃

允许温升	最大允许温度
环境温度或冷却水 +40	80

5.2.6 润滑油：油位、油温、油质正常。

5.2.7 振动：测振位置参照图 8，如果按 SHS 01003《石油化工旋转机械振动标准》振动值超过“B”区，应停车并检测。

5.2.8 泵及附属管路无泄漏。

5.2.9 轴封、机械密封无泄漏。

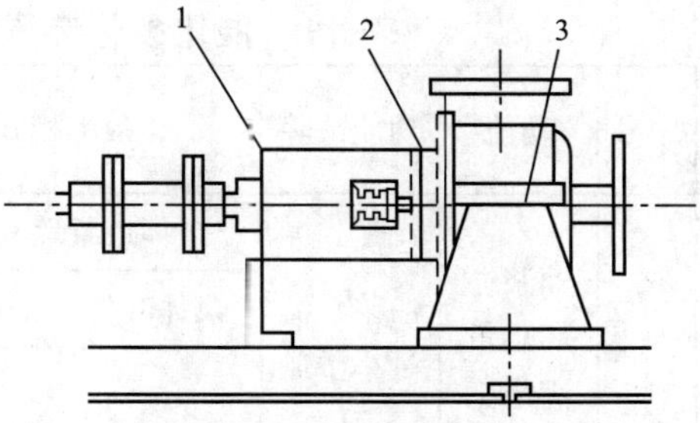

图 8 测振位置

5.3 验收

5.3.1 连续运转 72h 后，各项技术指标均达到设计要求。

5.3.2 达到设备完好标准。

5.3.3 检修记录齐全、准确，按规定办理验收手续。

6 维护与故障处理

6.1 日常维护

6.1.1 检查电机电流是否稳定在允许范围内；

6.1.2 检查泵出口压力、流量是否稳定在允许范围内；

6.1.3 检查泵各部件声音是否正常，有无泄漏点；

6.1.4 检查泵机械密封冲洗辅助系统压力、温度、液位及流量是否在允许范围内；

6.1.5 检查润滑油温度、油位、油质等，并作好记录，初次运行 300h 后，应更换润滑油，之后每 4000h 更换一次润滑油（油雾润滑按油雾润滑规定执行）；

6.1.6 检查封油压力是否正常；

6.1.7 检查轴承振动、温度是否超标；

6.1.8 检查冷却水是否畅通，各冷却部位有无过热，回水温度是否合适；

6.1.9 搞好设备及地面卫生，保持泵体及附属设备的清洁；

6.1.10 检查备用泵热备状态是否正常，要做到随时可以起运；

6.1.11 频繁的开、停车可能会损坏泵或电机，开、停车频率参见表 10。

表 10 泵的启动次数

输入功率	启动频率
≤7.5kW	≤6 次 /h
11～22kW	≤4 次 /h
≥26kW	≤3 次 /h

6.2 常见故障与处理

催化裂化装置油浆泵常见功能故障与处理方法见表 11。

表 11　催化裂化装置油浆泵常见功能故障与处理方法表

序号	功能	功能故障	故障模式	故障后果	故障应对策略	检修周期 / 月
1	油浆循环总量满足工艺需求	油浆泵流量小于额定值	泵体或管路有堵塞	装置负荷降低	检查清理	视情而定
			泵体叶轮、口环磨损		修理或替换	24～36
			油浆固含超标	1. 装置负荷降低 2. 磨损、泄漏、火灾、环境污染	及时调整，降低固含	视情而定
2	保证油浆密闭生产	机械密封泄漏	机械密封密封面磨损	火灾、环境污染	检查更换	24～36
			机械密封安装不当			视情而定
			机械密封质量不合格			
			泵对中不好或轴弯曲		重新校正	
			泵密封油工作不正常		及时调整	
			泵振动异常		消除泵异常振动因素	
		静密封泄漏	出入口法兰安装不当或垫片失效	火灾、环境污染	换垫片重新安装	
			泵体大盖安装不当或垫片失效			
			泵体砂眼或裂纹		修补	
3	保证机泵连续运转	振动增大	流量过小或过大发生汽蚀	密封泄漏、轴承损坏	调节出口阀门使用达到泵规定值	视情而定
			泵轴与原动机对中不好或轴弯曲		重新找正	
			轴承箱内油过少、过多或太脏		定期巡检，按规定加换油	
			轴承磨损严重或安装不正确		更换轴承	24～36
			转子动不平衡		重新校正	视情而定
			地脚螺栓松动或基础不牢		紧固螺栓或加固基础	
			转子零部件松动或内部摩擦		停机紧固松动部件或更换	
			泵抽空		定期巡检，调整工艺操作	

表 11　催化裂化装置油浆泵常见功能故障与处理方法表（续）

序号	功能	功能故障	故障模式	故障后果	故障应对策略	检修周期/月
3	保证机泵连续运转	电机超电流	泵体口环磨损	机泵跳停，影响生产	修理或替换	24～36
			动、静摩擦		检查、修理	视情而定
			油浆固含超标		及时调整	
		轴承过热	振动异常	轴承烧坏，影响生产	消除泵异常振动因素	视情而定
			轴承安装不当		重新安装	
			轴向推力异常		检查吸入压力并调整至正常值	
			润滑油变质		更换润滑油	定期更换
			冷却水量不足		清扫冷却水系统	定期清理

附　录　A
（资料性附录）
催化裂化装置油浆泵质量控制确认表

项目	主要控制内容			等级	施工单位	生产车间	设备管理部门	备注
	标准值 /mm	部位	现场记录					
拆卸时检测								
轴间距“*A*”	随机资料	见图 1		C	√			
联轴器对中（偏差）	见表 3	径向		B	√	√		
	见表 3	端面		B	√	√		
轴承定距套间隙	0.02～0.06	轴承外圈轴向		B	√	√		
叶轮背面运转间隙 *A-B*	见表 7	见图 2		B	√	√		
喉部间隙 *C-D*	见表 7	见图 2		B	√	√		
主轴和轴承箱法兰面跳动	0.05	见图 3 部位 1		C	√			
		见图 3 部位 2		C	√			
		见图 3 部位 3		C	√			
转子跳动	见表 6	轴套径向		B	√	√		
	见表 6	叶轮口环径向		B	√	√		
	见表 6	叶轮端面		B	√	√		
键槽的过盈量	见表 4	叶轮、联轴器		C	√			
回装时检测								
轴间距“*A*”	随机资料	见图 1		C	√			
联轴器对中（偏差）	见表 3	径向		B	√	√		
	见表 3	端面		B	√	√		
轴承定距套间隙	0.02～0.06	轴承外圈轴向		B	√	√		
叶轮背面运转间隙 *A-B*	见表 7	见图 2		B	√	√		
喉部间隙 *C-D*	见表 7	见图 2		B	√	√		
主轴和轴承箱法兰面跳动	0.05	见图 3 部位 1		C	√			
		见图 3 部位 2		C	√			
		见图 3 部位 3		C	√			
转子跳动	见表 6	轴套径向		B	√	√		
	见表 6	叶轮口环径向		B	√	√		
	见表 6	叶轮端面		B	√	√		
键槽的过盈量	见表 4	叶轮、联轴器		C	√			

控制级别说明：A：分部机动处专业人员、车间设备员 / 设备主任、施工单位检查人员。

B：车间质量管理人员、施工单位检查人员。

C：施工单位检查人员。

另：如果有监理，监理的职责由甲方授权。

质量控制指标以泵的随机资料为准，随机资料上没有给出的参照本规程。

附 录 B
（资料性附录）
催化裂化装置油浆泵试车与验收数据记录表

机泵名称		试运时间	
测量项目	实测值	测量项目	实测值
轴承水平振动 1	mm/s	轴承水平振动 2	mm/s
轴承垂直振动 1	mm/s	轴承垂直振动 2	mm/s
轴承轴向振动 1	mm/s	轴承轴向振动 2	mm/s
轴承水平振动 3	mm/s	电机后轴承外壳体温度	℃
轴承垂直振动 3	mm/s	泵轴承外壳体温度 2	℃
轴承轴向振动 3	mm/s	泵轴承外壳体温度 2	℃
电机 电流	A	环境温度	℃
出口流量	m^3/h	出口压力	MPa
结论： 合格标准： 1. 轴承温度不大于环境温度或冷却水 +40℃ 或 80℃； 2. 轴承振动标准见 SHS 01003《石油化工旋转机械振动标准》和随机资料； 3. 其他参数符合泵技术要求。			
检修单位			
使用单位			
管理部门			

23. 除焦水泵维护检修规程

SHS 02031—2019

目　次

前　言

本规程按照GB/T 1.1—2009《标准化工作导则　第1部分：标准的结构和编写》给出的规则起草。

本规程由中国石油化工集团有限公司、中国石油化工股份有限公司提出。

本规程起草单位：中国石油化工股份有限公司武汉分公司。

本规程主要起草人：杨书毅。

本规程为2019年首次发布。

除焦水泵维护检修规程

1 范围

1.1 本规程规定了除焦水泵的检修周期和内容、检修与质量标准、试车与验收、维护与故障处理。

1.2 本规程适用于符合 API 610《石油、重化学及天然气工业用离心泵》所标示的 BB5 型延迟焦化装置高压除焦水泵，其他 BB5 泵参照此检修规程执行。

2 规范性引用文件

下列文件对本文件的应用是必不可少的。凡是注日期的引月文件，仅注日期的版本适用于本文件。凡是不注日期的引用文件，其最新版本（包括所有的修改单）适用于本文件。

API 610 石油、重化学和天然气工业用离心泵

API 614 用润滑、轴密封和控制油系统及辅助设备

API 682 离心泵与转子泵用轴封系统

SH/T 3139 石油化工重载荷离心泵工程技术规范

GB/T 3215 石油、石化和天然气工业用离心泵

GB/T 16907 离心泵技术条件（Ⅰ类）

SH/T 3156 石油化工离心泵和转子泵用轴封系统工程技术规范

SHS 01003 石油化工旋转机械振动标准

3 检修周期与内容

3.1 检修周期

根据设备状态监测结果及运行状况，以可靠性分析为基础，结合设备故障模式和风险等级判定，确定设备维修类型、维修内容和维修间隔周期，一般为实际运行 36～60 个月。

3.2 检修项目

3.2.1 机泵检修

3.2.1.1 检查联轴器，更换联轴器易损件，复核驱动机与泵的对中情况；

3.2.1.2 检查清理轴承、油封等，测量、调整轴瓦、油封、叶轮口环、级间衬套等间隙；

3.2.1.3 检查修理机械密封；

3.2.1.4 拆出泵芯并将泵芯解体；

3.2.1.5 检查测量转子的各部圆跳动和间隙值，必要时做动平衡校验。

3.2.1.6 解体检查过流部件的磨损、腐蚀和冲蚀情况，泵轴、叶轮、平衡鼓、推力盘必要时进行无损探伤；

3.2.1.7 检查、测量机械密封轴套、叶轮、级间衬套、平衡盘、联轴器与轴的配合尺寸；

3.2.1.8 检查测量轴的弯曲度；

3.2.1.9 测量并调整转子的总窜量和前后窜量；

3.2.1.10 处理运行中的一般缺陷；

3.2.1.11 检查清理冷却水、封油和润滑等系统；

3.2.1.12 检查泵体、基础、地脚螺栓及进、出口法兰的错位情况。

3.2.2 电机检修

驱动电机和润滑油泵电机检修按 SHS 06001.3《旋转电机维护检修规程 第 3 部分：三相异步电动机》执行。

3.2.3 变速机检修

变速机检修按 SHS 01028《变速机维护检修规程》执行。

3.2.4 仪表系统检修

3.2.4.1 仪表系统包括机组所用的振动、温度探头、传感器、控制系统、调节阀等所有仪表部件或系统。

3.2.4.2 仪表检修按照 SHS 07001、SHS 07002、SHS 07003、SHS 07005、SHS 07007 等仪表维护检修规程执行。

3.2.5 润滑系统检修

3.2.5.1 润滑油主辅油泵检修

a）齿轮泵按照 SHS 01017《齿轮泵维护检修规程》执行。

b）螺杆泵按照 SHS 01016《螺杆泵维护检修规程》执行。

3.2.5.2 清洗油箱和高位油箱。

3.2.5.3 油冷器检查清洗试压。

油冷却器检修按照 SHS 01009《管壳式换热器维护检修规程》或 SHS 01048《板式换热器维护检修规程》执行。

3.2.5.4　检查润滑油过滤器，更换油过滤器滤芯。
3.2.5.5　检查油气分离器。

4　检修与质量标准

4.1　检修前准备

4.1.1　制定详尽的检修施工方案（如检修拆装方案、起重吊装方案等）掌握泵的运转情况，并备齐图纸和资料。
4.1.2　备齐检修工具、量具、起重机具（见表1）。
4.1.3　相关配件及材料准备齐全（见表2）。
4.1.4　人员准备，落实检修团队（包括施工技术人员、质量管理人员、安全、主修、辅修），组织检修人员熟悉检修施工方案。

表1　检修必要工具

工具和测量仪器	使用范围
开启扳手	用于螺栓
活动扳手	用于螺栓
内六角扳手	用于内六角紧定螺钉
螺钉起子	用于开槽紧定螺钉
管路扳手	用于辅助管路
游标卡尺	用于非集装勾套式机械密封安装
百分表或激光对中仪	用于校定中心
专用工具	用于叶轮螺母、轴承螺母等
套筒扳手	用于叶轮螺母
轴承扳手	用于轴承螺母

表2　检修物料准备

名称	单位	数量	备注
迷宫轴套	套	1	易损件
机械密封	套	1	易损件
前轴承	套	1	易损件
后轴承	套	1	易损件
缠绕不锈钢垫片	套	1	易损件
O形密封圈	套	1	易损件
松动剂	瓶	1	消耗品
清洗剂	瓶	1	消耗品

4.1.5　检修前条件确认

4.1.5.1　主电机电源及润滑油系统电源已切断。

4.1.5.2　所有仪表电源已切断。

4.1.5.3　泵组的进、出口阀已关闭。

4.1.5.4　冷却水源已切断。

4.1.5.5　打开筒体排凝，放净筒体内介质，确认泵壳体已无压力。

4.2　拆卸与检测

4.2.1　拆卸附属管线与仪表探头，并检查清扫。所有探头做好标记并包好，以便恢复。

4.2.2　拆卸联轴器安全罩，检查联轴器对中，设定联轴器的定位标记，然后拆除联轴器。联轴器具体检修标准详见 SHS 01073《一般机泵用联轴器检修及质量标准》。

4.2.3　拆卸传动端径向轴承

4.2.3.1　复核径向轴承间隙。拆下轴承体和轴承盖间螺柱上的紧固螺母，并卸下定位销。

4.2.3.2　拆下轴承盖。

4.2.3.3　拆下上半部轴瓦，顶起轴，将下半部轴瓦转上来并拆下。

注意：轴瓦的上、下两部分都不能互换，为了组装时易于辨别，应将下半部和上半部明显地做好记号。

4.2.3.4　检查轴瓦和轴颈部位有无损坏和磨损现象，并检查轴承密封环是否磨损或损坏，必要时更换新的。

4.2.4　拆卸自由端推力轴承和径向轴承

4.2.4.1　复核推力间隙及径向轴承间隙并做好记录。

4.2.4.2　拆下止推轴承座。

4.2.4.3　拆下小圆螺母，拆下推力盘、推力支座组件。

4.2.4.4　拆下推力轴承壳体和推力轴承盖间螺柱上的紧固螺母，并卸下定位销。

4.2.4.5　拆下上半部径向瓦。

4.2.4.6　顶起轴，将下半部轴瓦转上来并拆下。

4.2.4.7　检查径向轴瓦、轴颈部位、推力瓦块、推力盘、对分轴承密封环及挡油盘是否损坏和磨损。

注意：

a）在正常运行状态下，止推块上除了巴氏合金钝暗面以外，不应有其他可观察到的磨损。建议当巴氏合金钝暗面超过合金面积的 50% 时，更换新的瓦块。

b）最后组装前，应给轴颈、推力盘、轴承止推块表面稍涂一层润滑油。

c）不要在止推块和推力盘间插塞尺来检查轴向间隙，这样测量不准确，且可能损坏轴瓦的巴氏合金面。

4.2.5　拆卸机械密封，并参考 SHS 01052《机械密封检维修规程》。测量转子轴向窜量。

4.2.5.1　转子轴向窜量（推力块和平衡鼓未装时）应符合图 1 的要求，其他参照产品说明书。

4.2.5.2　安装推力瓦块后，推力轴承间隙应为（0.5±0.1）mm。

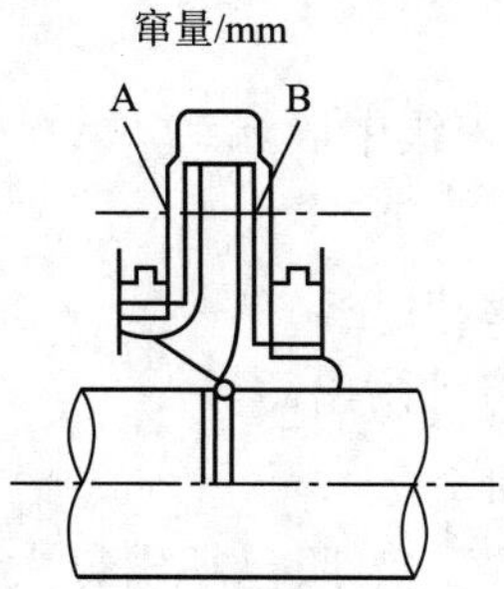

总移动量	7±1
CP侧(A)	4±1
TH侧(B)	3±1

图 1　转子轴向窜量

4.2.6　按图 2 所示方法，利用专用工具抽出泵芯。

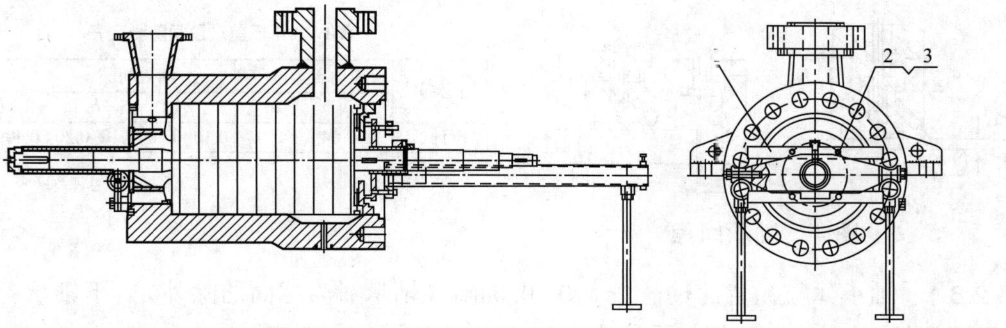

图 2　抽芯示意图

4.2.7　泵芯解体

4.2.7.1　首先将大泵盖拆下。

4.2.7.2　在泵芯由行车起吊工具吊着的情况下，在现场布置好拆装工具。

4.2.7.3　将泵芯水平放置在拆装工具上，装上泵芯支架使其紧贴在首级中段端面上，用两根带有螺纹的拉杆压在筒体大端面上，将螺柱紧固于另一端支架上，紧固螺母拧紧在拉杆上。

4.2.7.4　吊起泵芯至垂直位置放置到支架上，该支架的有效高度必须允许在泵轴端的下方能放置一个千斤顶；在首级中端和支架之间放置一组等高的支承垫铁（最小厚度 100mm），这些垫铁安装位置应避开中段固定的螺孔（见图3）。

注意：泵芯的重量任何时候都不能让泵轴来支承。

4.2.7.5　拆下末级导叶紧固于末级中段上的螺钉，拆下末级导叶。

4.2.7.6　拆下末级叶轮，拆下并保存好键，做

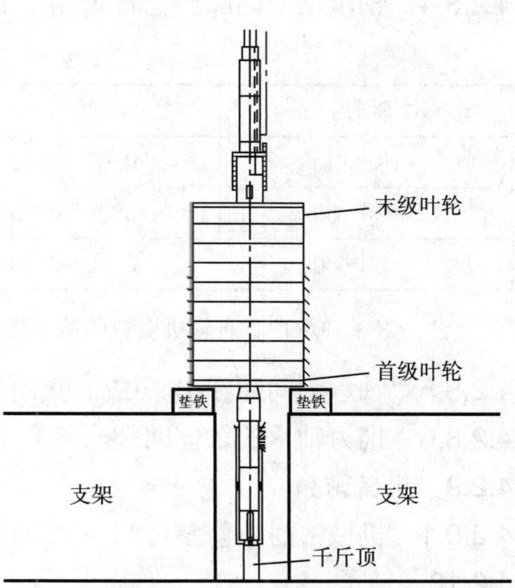

图 3　泵芯放置于支架上

好标记。

4.2.7.7　拆下末级中段上的紧固螺钉，拆下末级中段。

4.2.7.8　拆下级间轴套和末级叶轮。

4.2.7.9　重复以上步骤，直到轴上只剩下首级叶轮。

4.2.7.10　轴的自由端放入起吊环，小心地将轴吊出。

4.2.7.11　将轴水平支承，拆下首级叶轮、键。

4.2.7.12　用千分尺测量所有部件的径向间隙，对照已超出最大允许间隙或下次大修前可能达到最大允许间隙的，则应更换该部件。

4.2.8　轴承（见图 4 与表 3）

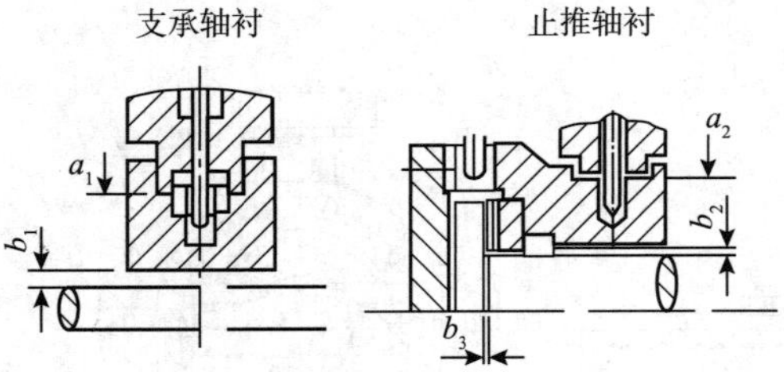

图 4　轴承间隙

表3　轴承压盖过盈间隙测定表　　mm

测定部位	轴承压盖过盈		轴衬间隙		
	a_1	a_2	b_1	b_2	b_3
设计值	0~0.04	0~0.04	0.10~0.20	0.10~0.20	0.40~0.60

4.2.8.1　轴承体与瓦背的过盈量为 0～0.04mm（轴承衬为球面的除外），下轴承衬与轴承座接触应均匀，一般接触面积达 60%～85%，轴承衬不许加垫片。

4.2.8.2　更换轴承时，轴颈与下轴承接触角为 60°～90°，接触面积应均匀，接触点 ≥2～3 点 /cm^2。

4.2.8.3　轴承合金层与轴承衬应结合牢固，合金层表面不得有气孔、夹渣、裂纹、剥离等缺陷。

4.2.8.4　轴承顶部间隙应符合表 4 要求。

表 4　轴承顶部间隙表　　mm

轴径	间隙	轴径	间隙
18～30	0.07～0.12	＞80～120	0.14～0.22
＞30～50	0.08～0.15	＞120～180	0.16～0.26
＞50～80	0.10～0.18		

注：对于轴承顶隙有随机资料的按随机资料执行，没有的参照此质量标准。

4.2.8.5　轴承侧间隙在水平中分面上的数值为顶部间隙的 1/2。

4.2.8.6　推力轴承的轴向间隙应符合厂家设计标准要求。

4.2.9　机械密封

4.2.9.1　机械密封检修参考 SHS 01052。

4.2.10　转子

4.2.10.1　转子的跳动见图 5。转子的跳动应符合表 5 的要求。

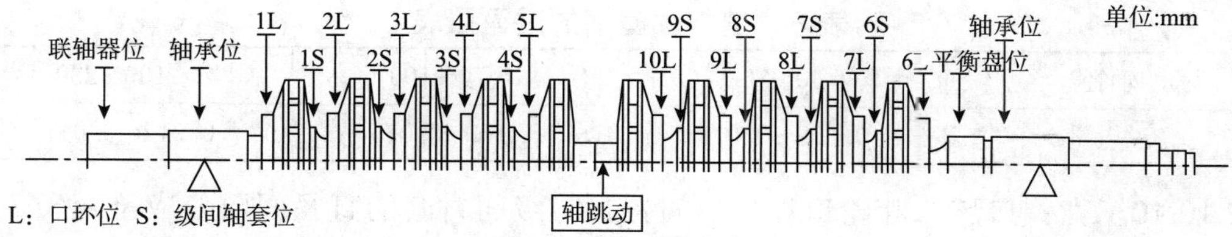

图 5　转子跳动位

表 5　除焦水泵转子跳动表　　mm

测量部位直径	径向圆跳动		端面圆跳动	
	叶轮口环	轴套、平衡盘	叶轮端面	平衡盘
≤50	0.06	0.03	0.20	0.04
＞50～120	0.08	0.04		
＞120～260	0.10	0.05		
＞260	0.12	0.06		

4.2.10.2　轴套与轴配合为 H7/h6，表面粗糙度为 R_a0.8。

4.2.10.3　平衡盘与轴配合为 H7/js6。

4.2.10.4　推力轴承的轴向间隙以及平衡盘与平衡座的轴向间隙均应符合厂家设计要求。

4.2.10.5　根据运行情况，必要时转子应进行动平衡校验，其要求应符合相关技术要求。一般情况下动平衡精度要达到 G2.5。

4.2.10.6　转子组装时，其轴套、叶轮、平衡盘端面跳动应达到表 3 的技术要求，必要时研磨修刮配合端面。组装后各部件之间的相对位置应做好标记，然后进行动平衡校验，校验合格后转子解体，各部件按标记进行回装。

4.2.10.7　转子与泵体组装后，测定转子总轴向窜量，转子定中心时应取总窜量的 1/2。转子的总窜量以及转子定中心后的窜量应符合厂家设计要求。

4.2.10.8　叶轮

a）叶轮与轴的配合为 H7/js6。

b）平衡校验，一般情况在叶轮上去重，但切去厚度不得大于叶轮壁厚的 1/3。

4.2.10.9　主轴

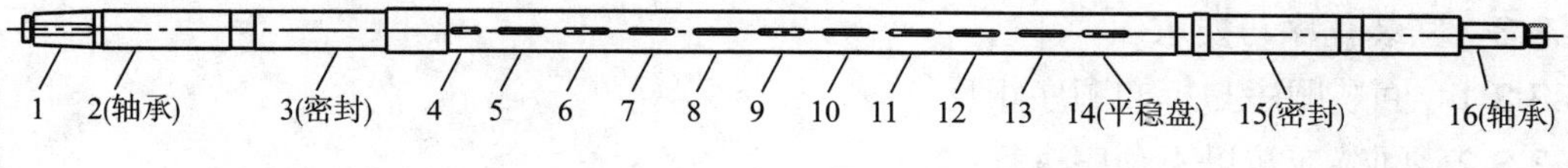

a）主轴颈圆柱度为轴颈的 0.25‰，最大值不超过 0.025mm，且表面应无拉痕，表面粗糙度 R_a0.8。

b）以两轴颈为基准，找联轴节和轴中段的径向圆跳动公差值为 0.04mm。

c）键与键槽应配合紧密，不允许加垫片，键与轴键槽的过盈量应符合表 6 的要求。

表 6　键与轴键槽的过盈量表　mm

轴径	40～70	＞70～100	＞100～230
过盈量	0.009～0.012	0.011～0.015	0.012～0.017

4.2.10.10　壳体口环与叶轮口环、中间托瓦与级间衬套的直径间隙值应符合表 7 的要求。

表 7　口环、托瓦、轴套配合间隙表　mm

口环直径	壳体口环与叶轮口环间隙	中间托瓦与级间衬套间隙
＜100	0.40～0.60	0.30～0.40
≥100	0.60～0.70	0.40～0.50

注：对于轴承顶隙有随机资料的按随机资料执行，没有的参照此质量标准。

4.2.11　油箱和高位油箱

4.2.11.1　每次检修都应清扫油箱。清扫前，应先把油箱内设备，如滤网、油位指示器、浮筒等拆下来，然后清扫，确保箱内无砂粒、油泥、污垢和纤维杂质。

4.2.11.2　过滤网应无穿孔破损，清洗干净。

4.2.11.3　油箱和高位油箱应无渗漏。油位指示正常。

4.2.12　油过滤器

4.2.12.1　油过滤器内壁无油泥、污垢。过滤网（芯）清洁，无破损变形。

4.2.12.2　过滤器组装过程中应确保过滤器端盖与过滤芯端面的密封，严禁滤油不经过滤网走短路，过滤精度一般控制在 15～30μm。

4.2.12.3　过滤器切换阀灵活，无渗漏，指示标记明确无误。

4.1.13　油气分离器

4.2.13.1　油气分离器壳体内无油泥、污垢，各管道清洁畅通。

4.2.13.2　油气分离器的浮球无破损，活动灵活无卡涩，阀门严密无泄漏。用差压计控制液面，差压计应灵活好用。

4.3　回装与质量标准

4.3.1　制定中间质量检查质控点清单。

4.3.2　检查检修记录，确认检修数据填写正确并在要求范围内。

4.3.3　回装程序与要求

4.3.3.1　回装顺序与拆卸顺序相反。

4.3.3.2　回装应按以下顺序进行：

a）将各级叶轮、级间轴套、隔板组装成为泵芯；

b）利用专用工具，将泵芯按拆卸的相反顺序回装入筒体；

c）回装机械密封；

d）回装轴承座及轴承；

e）回装联轴器及护罩；

f）回装附属管线及仪表探头。

4.3.3.3 回装要求

a）回装前机组所有零部件的磨损和损坏等缺陷已经全部消除或更换，并符合本规程要求；

b）回装前所有零部件应按要求清洗和吹扫干净；

c）各部间隙调整、检查、测量均已达到本规程要求，检修前、后的数据有详细记录，并具备有关质检手续；

d）回装轴承箱，加合格的润滑油，盘动转子检查，转动灵活。

5 试车与验收

5.1 试车前准备

5.1.1 检查检修记录，确认检修数据正确。

5.1.2 单试电机合格，确认转向正确。

5.1.3 机组联锁校验合格，仪表系统工作正常。

5.1.4 润滑油系统冲洗完成，润滑油化验合格。

5.1.5 润滑油、机械密封冲洗等系统投用正常，零附件齐全好用。

5.1.6 盘车无卡涩现象和异常声响，轴封渗漏符合要求。

5.2 试车

5.2.1 严禁空负荷试车，应按审批后的操作规程进行负荷试车.

5.2.2 保持运转平稳，无杂音，润滑油系统、机械密封冲洗系统工作正常，泵及附属管路无泄漏。

5.2.3 控制流量、压力和电流在规定范围以内。

5.3 验收

5.3.1 机组连续正常运转72h。

5.3.2 各项技术指标均达到设计要求或能满足生产需要。

5.3.3 轴承振动在SHS 01003《石油化工旋转机械振动标准》规定的标准内。

5.3.4 轴承温度及润滑油温升符合厂家要求。若厂家无要求，则按下列要求执行：对于强制润滑系统，轴承油的温升不应超过28℃，轴承金属的温度应小于93℃；对于油环润滑或飞溅润滑系统，油池的温升不应超过39℃，油池温度应低于82℃。

5.3.5 检修记录齐全、准确，按规定办理验收手续。

6 维护与故障处理

6.1 日常维护

6.1.1 运行检查

6.1.1.1 出口压力、电机电流稳定且在要求范围内。

6.1.1.2 振动、轴承温度等均在标准范围内。

6.1.1.3 机械密封无泄漏。

6.1.1.4 泵附属管线畅通，无泄漏。

6.1.1.5 各螺栓紧固良好，无松动。

6.1.2 备用维护

6.1.2.1 定期盘车，转子无卡涩。

6.1.2.2 互为备用的设备定期交替启动运行，确保完好备用。

6.1.2.3 仪表系统按规定定期校验。

6.2 常见故障与处理

除焦水泵常见功能故障与处理见表 8。

表 8 除焦水泵常见功能故障与处理方法表

<table>
<tr><th rowspan="2">功能</th><th rowspan="2">功能故障</th><th rowspan="2">故障模式</th><th rowspan="2">故障后果</th><th rowspan="2">故障应对策略与检修内容</th><th>检修</th></tr>
<tr><th>周期 / 月</th></tr>
<tr><td rowspan="11">泵流量和压力满足除焦需求</td><td rowspan="7">泵流量不足</td><td rowspan="7">输出降低 / 性能降低</td><td rowspan="7">流量不足或没有流量</td><td>重新灌泵，保证介质灌满泵壳</td><td>视情而定</td></tr>
<tr><td>清洗、检查过滤器，更换滤芯</td><td>视情而定</td></tr>
<tr><td>检查入口罐液位，保证液位且满足汽蚀余量要求</td><td>视情而定</td></tr>
<tr><td>检查介质温度，控制在设计范围内</td><td>视情而定</td></tr>
<tr><td>检查泵是否反转，调整转向</td><td>视情而定</td></tr>
<tr><td>检查转子是否损坏或堵塞，更换或清洗转子</td><td>视情而定</td></tr>
<tr><td>检查泵体密封环间隙是否过大，调整间隙在标准内</td><td>视情而定</td></tr>
<tr><td rowspan="4">泵无法运行</td><td rowspan="4">超电流</td><td rowspan="4">轴功率过高或跳机</td><td>检查电机是否超速，调整到设计转速</td><td>视情而定</td></tr>
<tr><td>检查泵流量是否过大，控制在额定流量内</td><td>视情而定</td></tr>
<tr><td>检查介质密度是否增大，控制在设计范围内</td><td>视情而定</td></tr>
<tr><td>检查转子是否有碰磨，解体检修</td><td>视情而定</td></tr>
</table>

表 8　除焦水泵常见功能故障与处理方法表（续）

功能	功能故障	故障模式	故障后果	故障应对策略与检修内容	检修周期／月
泵流量和压力满足除焦需求	机械密封损坏	低风险外部泄漏	机械密封泄漏	检查泵送介质和密封冲洗介质是否洁净	视情而定
				泵汽蚀或振动过大	视情而定
				检查密封是否安装不当或损坏，重新安装或更换密封	视情而定
				检查密封腔压力是否波动，解体检查，控制好密封腔压力	视情而定
	泵运行机械状态差	振动／噪声	泵振动或噪声大，泵机械损坏	检查是否存在汽蚀	视情而定
				检查吸入是否通畅，疏通入口，保证入口罐液位正常，入口管路通畅	视情而定
				检查是否小流量运行，调整流量	视情而定
				检查对中是否标准，调整在标准范围内	视情而定
				检查转子是否损坏，解体检修，若损坏更换转子	视情而定
				检查轴承润滑是否良好，润滑油质是否合格。调整润滑油压，保证油路畅通，注入正常；更换润滑油	视情而定
				检查轴承选用是否合适，更换合适的轴承	视情而定

附 录 A

（资料性附录）

除焦水泵检修质量控制确认表

项目		主要控制内容				等级	施工单位	生产车间	设备管理部门	备注
		标准值/mm	部位		现场记录					
拆卸时检测										
轴承	顶间隙	0.10～0.20	前			A	★	★	★	
			后							
	止推间隙	0.40～0.60				A	★	★	★	
	紧力	0～0.04	前			B	★	★		
			后							
窜量		6～9	总窜量			A	★	★	★	
		3～5	驱动端							
		2～4	非驱动端							
联轴器对中		0～0.07	开口	水平方向		C	★			
				垂直方向		C	★			
		0～0.15	偏离	水平方向		C	★			
				垂直方向		C	★			
回装时检测										
轴承	顶间隙	0.10～0.20	前			A	★	★	★	
			后							
	止推间隙	0.40～0.60				A	★	★	★	
	紧力	0～0.04	前			B	★	★		
			后							
窜量		6～9	总窜量			A	★	★	★	
		3～5	驱动端							
		2～4	非驱动端							
叶轮密封环直径间隙		0.60～0.70	一级			B	★	★		
		0.60～0.70	二级			B	★	★		
		0.60～0.70	三级			B	★	★		
		0.60～0.70	四级			B	★	★		

除焦水泵检修质量控制确认表（续）

<table>
<tr><th rowspan="2">项目</th><th colspan="4">主要控制内容</th><th rowspan="2">等级</th><th rowspan="2">施工单位</th><th rowspan="2">生产车间</th><th rowspan="2">设备管理部门</th><th rowspan="2">备注</th></tr>
<tr><th>标准值 /mm</th><th colspan="2">部位</th><th>现场记录</th></tr>
<tr><td rowspan="2">叶轮密封环直径间隙</td><td>0.60～0.70</td><td colspan="2">五级</td><td></td><td>B</td><td>★</td><td>★</td><td></td><td></td></tr>
<tr><td>0.60～0.70</td><td colspan="2">六级</td><td></td><td>B</td><td>★</td><td>★</td><td></td><td></td></tr>
<tr><td rowspan="6">中间托瓦与级间衬套间隙</td><td>0.40～0.50</td><td colspan="2">一级</td><td></td><td>B</td><td>★</td><td>★</td><td></td><td></td></tr>
<tr><td>0.40～0.50</td><td colspan="2">二级</td><td></td><td>B</td><td>★</td><td>★</td><td></td><td></td></tr>
<tr><td>0.40～0.50</td><td colspan="2">三级</td><td></td><td>B</td><td>★</td><td>★</td><td></td><td></td></tr>
<tr><td>0.40～0.50</td><td colspan="2">四级</td><td></td><td>B</td><td>★</td><td>★</td><td></td><td></td></tr>
<tr><td>0.40～0.50</td><td colspan="2">五级</td><td></td><td>B</td><td>★</td><td>★</td><td></td><td></td></tr>
<tr><td>0.40～0.50</td><td colspan="2">六级</td><td></td><td>B</td><td>★</td><td>★</td><td></td><td></td></tr>
<tr><td rowspan="5">转子跳动</td><td>＜0.12</td><td rowspan="3">径向</td><td>叶轮口环</td><td></td><td>B</td><td>★</td><td>★</td><td></td><td></td></tr>
<tr><td>＜0.06</td><td>轴套</td><td></td><td>B</td><td>★</td><td>★</td><td></td><td></td></tr>
<tr><td>＜0.06</td><td>平衡盘</td><td></td><td>B</td><td>★</td><td>★</td><td></td><td></td></tr>
<tr><td>＜0.20</td><td rowspan="2">端面</td><td>叶轮端面</td><td></td><td>B</td><td>★</td><td>★</td><td></td><td></td></tr>
<tr><td>＜0.04</td><td>平衡盘端面</td><td></td><td>B</td><td>★</td><td>★</td><td></td><td></td></tr>
<tr><td rowspan="4">联轴器对中</td><td rowspan="2">0～0.07</td><td rowspan="2">开口</td><td>水平方向</td><td></td><td>C</td><td>★</td><td></td><td></td><td></td></tr>
<tr><td>垂直方向</td><td></td><td>C</td><td>★</td><td></td><td></td><td></td></tr>
<tr><td rowspan="2">0～0.15</td><td rowspan="2">偏离</td><td>水平方向</td><td></td><td>C</td><td>★</td><td></td><td></td><td></td></tr>
<tr><td>垂直方向</td><td></td><td>C</td><td>★</td><td></td><td></td><td></td></tr>
</table>

控制级别说明： A：分部机动处专业人员、车间设备员 / 设备主任、施工单位检查人员。

B：车间质量管理人员、施工单位检查人员。

C：施工单位检查人员。

另：如果有监理，监理的职责由甲方授权。

附 录 B
（资料性附录）
除焦水泵试车记录

<table>
<tr><td colspan="5">试车记录</td><td colspan="7">工单编号：
设备描述：</td></tr>
<tr><td colspan="3">试车时间</td><td colspan="5">＿＿＿＿＿年＿＿月＿＿日</td><td>＿＿日</td><td>＿＿日</td><td>＿＿日</td><td>＿＿日</td></tr>
<tr><td colspan="3" rowspan="2"></td><td colspan="5">试车后 2h</td><td rowspan="2"></td><td rowspan="2">试车后
24h</td><td rowspan="2"></td><td rowspan="2">试车后
48h</td></tr>
<tr><td>启动
时刻</td><td>试车后
30min</td><td>试车后
1h</td><td>试车后
1.5h</td><td>试车后
2h</td></tr>
<tr><td colspan="3">运行时刻</td><td></td><td></td><td></td><td></td><td></td><td></td><td></td><td></td><td></td></tr>
<tr><td colspan="3">出口压力 /MPa</td><td></td><td></td><td></td><td></td><td></td><td></td><td></td><td></td><td></td></tr>
<tr><td colspan="3">密封泄漏量
正常“√”，微量“△”</td><td></td><td></td><td></td><td></td><td></td><td></td><td></td><td></td><td></td></tr>
<tr><td rowspan="2">轴承温度 /
℃</td><td colspan="2">前端</td><td></td><td></td><td></td><td></td><td></td><td></td><td></td><td></td><td></td></tr>
<tr><td colspan="2">后端</td><td></td><td></td><td></td><td></td><td></td><td></td><td></td><td></td><td></td></tr>
<tr><td rowspan="6">振动值 /
（mm/s）</td><td rowspan="3">前
端</td><td>轴向</td><td></td><td></td><td></td><td></td><td></td><td></td><td></td><td></td><td></td></tr>
<tr><td>水平</td><td></td><td></td><td></td><td></td><td></td><td></td><td></td><td></td><td></td></tr>
<tr><td>垂直</td><td></td><td></td><td></td><td></td><td></td><td></td><td></td><td></td><td></td></tr>
<tr><td rowspan="3">后
端</td><td>轴向</td><td></td><td></td><td></td><td></td><td></td><td></td><td></td><td></td><td></td></tr>
<tr><td>水平</td><td></td><td></td><td></td><td></td><td></td><td></td><td></td><td></td><td></td></tr>
<tr><td>垂直</td><td></td><td></td><td></td><td></td><td></td><td></td><td></td><td></td><td></td></tr>
<tr><td rowspan="2">轴承
L 值</td><td colspan="2">前端</td><td></td><td></td><td></td><td></td><td></td><td></td><td></td><td></td><td></td></tr>
<tr><td colspan="2">后端</td><td></td><td></td><td></td><td></td><td></td><td></td><td></td><td></td><td></td></tr>
<tr><td colspan="12">试车其他情况说明：</td></tr>
</table>

24. 焦化辐射进料泵检修规程

SHS 02032—2019

目　次

前　言

本规程按照GB/T 1.1—2009《标准化工作导则　第1部分：标准的结构和编写》给出的规则起草。

本规程由中国石油化工集团有限公司、中国石油化工股份有限公司提出。

本规程起草单位：中国石油化工股份有限公司武汉分公司。

本规程主要起草人：杨书毅。

本规程为2019年首次发布。

焦化辐射进料泵检修规程

1 范围

1.1 主题内容

本规程规定了焦化辐射进料泵的检修周期与内容、检修与质量标准、试车与验收、维护与故障处理。

1.2 适用范围

本规程适用于符合 API 610《石油、重化学及天然气工业用离心泵》所标示的 BB2 型焦化辐射进料泵。

2 规范性引用文件

下列文件对本文件的应用是必不可少的。凡是注日期的引用文件，仅注日期的版本适用于本文件。凡是不注日期的引用文件，其最新版本（包括所有的修改单）适用于本文件。

API 610 石油、重化学和天然气工业用离心泵

API 614 润滑、轴密封和控制油系统及辅助设备

API 682 离心泵与转子泵用轴封系统

SH/T 3139 石油化工重载荷离心泵工程技术规范

GB/T 3215 石油、化工和天然气工业用离心泵

GB/T 16907 离心泵技术条件（Ⅰ类）

SH/T 3156 石油化工离心泵和转子泵用轴封系统工程技术规范

SHS 01003 石油化工旋转机械振动标准

3 检修周期与内容

3.1 检修周期

根据设备状态监测结果及运行状况，以可靠性分析为基础，结合设备故障模式和风险等级判定，确定设备维修类型、维修内容和维修间隔周期，一般为实际运行 36～60 个月。

3.2 泵检修检查内容

3.2.1 检查清理冷却水、密封系统和润滑系统。
3.2.2 检查修理护罩、联轴器，复核驱动机与泵的对中情况。
3.2.3 检查清洗轴承箱、挡油环、挡水环、油杯、防尘盘等。
3.2.4 检查修理轴承。
3.2.5 检查修理机械密封。
3.2.6 打开泵大盖，抽出机泵转子并解体。
3.2.7 检查各零部件的磨损、腐蚀和冲蚀情况。
3.2.8 叶轮静平衡。泵轴、叶轮必要时进行无损探伤。
3.2.9 检查耐磨环间隙、喉部衬套间隙。
3.2.10 检查清理平衡管。
3.2.11 检查测量转子的各部圆跳动和间隙，必要时做动平衡校验。
3.2.12 检查并校正轴的直线度。
3.2.13 测量并调整转子的轴向窜动量。
3.2.14 检查清理轴承、油封等，测量、调整轴承油封间隙。
3.2.15 检查泵体，基础，地角螺栓及进、出口法兰的错位情况，防止将附加应力施加于泵体，必要时重新配管。

4 检修与质量标准

4.1 检修前准备

4.1.1 各项准备工作应符合安全、环保、质量等方面的要求，按照Q/SHS 0001.3《炼油化工企业安全、环境与健康（HSE）管理规范》（试行）的规定，对检修过程进行危害识别及风险评估、环境因素识别和影响评价。
4.1.2 制定详尽的检修施工方案（如检修拆装方案、起重吊装方案等）掌握泵的运转情况，并备齐图纸和资料。
4.1.3 备齐检修工具、量具、起重机具（表1）。
4.1.4 相关配件及材料齐全（表2）。
4.1.5 人员准备，落实检修团队（包括施工技术人员、质量管理人员、安全、主修、辅修），组织检修人员熟悉检修施工方案。
4.1.6 检修前条件确认
4.1.6.1 主电机电源已切断。
4.1.6.2 所有仪表电源已切断。
4.1.6.3 泵的进、出口阀已关闭。
4.1.6.4 冷却水源已切断。

4.1.6.5 打开泵体排凝和进、出口管线排凝阀排空泵内存液，确认泵壳体已无压力。

4.1.6.6 关闭进、出口排凝阀。

表 1 拆装必要工具

工具和测量仪器	使用范围
开启扳手	用于螺栓
活动扳手	用于螺栓
内六角扳手	用于内六角紧定螺钉
螺钉起子	用于开槽紧定螺钉
管路扳手	用于辅助管路
游标卡尺	用于非集装勾套式机械密封安装
百分表或激光对中仪	用于校定中心
专用工具	用于叶轮螺母、轴承螺母等
套筒扳手	用于叶轮螺母
轴承扳手	用于轴承螺母

表 2 检修物料准备

名称	单位	数量	备注
迷宫轴套	套	1	易损件
机械密封	套	1	易损件
前轴承	套	1	易损件
后轴承	套	1	易损件
缠绕不锈钢垫片	套	1	易损件
O 形密封圈	套	1	易损件
松动剂	瓶	1	消耗品
清洗剂	瓶	1	消耗品

4.2 拆卸与检测

4.2.1 拆卸附属系统管线与仪表探头，并检查清扫。所有探头做好标记并包好，以便恢复。

4.2.2 拆卸联轴器安全罩，检查联轴器对中，设定联轴器的定位标记，然后拆除联轴器。联轴器检修标准详见 SHS 01073《一般机泵用联轴器检修及质量标准》。

4.2.3 拆卸两侧分半托架上半部分，检查轴承磨损情况。

4.2.4 拆除下半部分托架及轴承，检查止口或定位销使用情况，必要时可以修复止口或者重新加工销孔。

4.2.5 拆卸检查滚动轴承

4.2.5.1 承受轴向和径向载荷的滚动轴承与配合为 H7/js6。

4.2.5.2 仅承受径向载荷的滚动轴承与轴配合为 H7/k6。

4.2.5.3 滚动轴承外圈与轴承箱内壁配合为 JS7/h6。

4.2.5.4 凡轴向止推采用滚动轴承的泵，其滚动轴承外圈的轴线间隙应保留 0.02～0.06mm。

4.2.5.5 滚动轴承拆装时，采用热装的温度不超过 120℃，严禁直接用火焰加热。

4.2.5.6 滚动轴承的滚动体与滚道表面应无腐蚀、坑疤与斑点，接触平滑，无杂音，保持架完好。

4.2.6 拆卸机械密封，并参考 SHS 01052《机械密封维护检修规程》。

4.2.7 测量转子的轴向总窜动量。

4.2.8 拆卸泵前、后端大盖。

4.2.9 拆卸隔板固定顶丝（若有）。

4.2.10 抽出转子。

4.2.11 测量转子各部圆柱度和间隙（见图 1 和表 3）。

4.2.12 拆卸转子，测量主轴的径向圆跳动。

4.2.13 检查叶轮、流道部分是否有冲刷、磨损、腐蚀、结垢等情况。

4.2.14 转子

4.2.14.1 转子的跳动

a）辐射泵的转子跳动应符合表 4 要求。

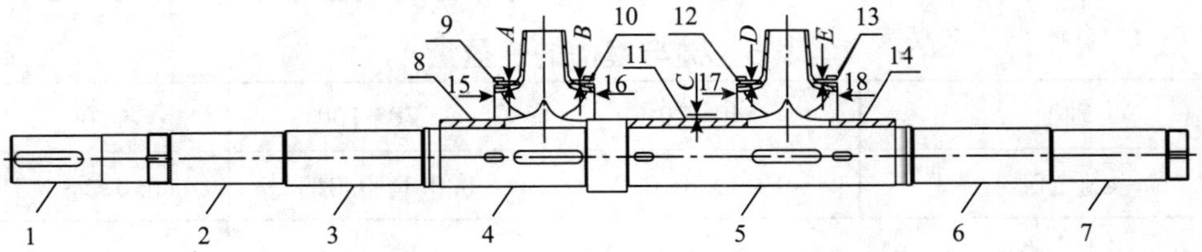

图 1 转子检查测量部位

表 3 转子检查、测量记录表

检测部位编号	1	2	3	4	5	6	7	8	9
允许值 /mm	0.04	0.02	0.04	0.02	0.02	0.02	0.04	0.04	0.06
检查值 /mm									
实测值 /mm									
检测部位编号	10	11	12	13	14	15	16	17	18
允许值 /mm	0.06	0.04	0.06	0.06	0.04	0.2	0.2	0.2	0.2
检查值 /mm									
实测值 /mm									

表 4　转子跳动表

mm

测量直径	径向圆跳动		端面圆跳动
	叶轮密封环	轴套	叶轮端面
≤ 50	0.05	0.02	0.2
＞ 50～120	0.06	0.04	
＞ 120～260	0.08	0.05	
＞ 260	0.1	0.06	

4.2.14.2　轴套与轴配合为 H7/h6，表面粗糙度 R_a1.6。

4.2.14.3　叶轮

a）叶轮与轴的配合为 H7/js6。

b）动平衡校验，精度要求 G2.5，一般情况在叶轮上去重，但切去打磨厚度不得大于叶轮壁厚的 1/3。

c）叶轮与轴装配时，键顶部应有 0.10～0.40mm 间隙，叶轮与前、后隔板的轴向间隙≥1～2mm。

4.2.14.4　主轴

a）主轴颈圆柱度为轴径的 0.25‰，最大值≤0.025mm，且表面无伤痕，表面粗糙度 R_a1.6。

b）以两轴承位为基准，找联轴节和轴中段的径向圆跳动公差值为 0.04mm。

c）键与键槽应配合紧密，不允许加垫片，键与键槽的过盈量应符合表 5 要求。

表 5　键与键槽的过盈量

mm

轴径	40～70	＞ 70～100	＞ 100～230
过盈量	0.009～0.012	0.011～0.015	0.012～0.017

4.2.15　口环、滑动轴承与平衡鼓的直径间隙值应符合表 6 要求。

表 6　口环、托瓦、轴套配合间隙

mm

泵类	口环直径	壳体口环与叶轮口环间隙	中间托瓦与中间轴套间隙
辐射泵	＜ 100	0.60～0.80	0.40～0.6
	≥100	0.80～1.00	0.60～0.70

4.2.16　组装顺序

4.2.16.1　重新组装的程序与拆卸时相反。转子与泵组装后，测定转子总轴向窜量，转子定中心时，入口的轴向间隙应比出口的轴向间隙大 0.5～1.00mm。

4.2.16.2　所有转动零部件配合面，装配时都应抹润滑油。

4.2.16.3　装配完毕后，应检查旋转是否灵活。

4.3 中间质量检查

4.3.1 制定中间质量检查质控点清单。

4.3.2 检查检修记录，确认检修数据填写正确并在要求范围内。

4.4 回装与质量标准

4.4.1 组装

4.4.1.1 组装顺序与拆卸顺序相反。

4.4.2 组装要求

4.4.2.1 组装前机组所有零部件的磨损和损坏等缺陷已经全部消除或更换，并符合本规程要求。

4.4.2.2 组装前所有零部件应按要求清洗和吹扫干净。

4.4.2.3 各部间隙调整、检查、测量均已达到本规程要求。检修前、后的数据有详细记录，并具备有关质检手续。

4.4.2.4 轴承、油封及转子的组装。

4.4.2.5 安装机械密封，并参考SHS 01052《机械密封维护检修规程》。

4.4.2.6 组装轴承箱，加合格的润滑油。盘动转子检查，转动灵活。

4.4.2.7 组装冷却水、封油、辅助密封系统和润滑系统。

5 试车与验收

5.1 试车前准备

5.1.1 检查检修记录，确认检修数据在标准范围内。

5.1.2 单试电机合格，确认转向正确。

5.1.3 润滑油、封油、冷却水等系统投用正常，附件齐全好用。

5.1.4 启动前灌泵、暖泵，预热速度不得超过50℃/h，每0.5h盘车180°，预热温度与介质温度相差＜60℃。

5.1.5 盘车无卡涩现象和异常声响，轴封渗漏符合要求。

5.1.6 密封辅助系统检查、试验与调整。

5.2 试车

5.2.1 严禁空负荷试车，应按审批后的操作规程进行负荷试车，试车时间为72h。

5.2.2 保持运转平稳，无杂音，润滑油系统、机械密封冲洗系统工作正常，泵及附属管路无泄漏。

5.2.3 机械密封不允许泄漏。

5.2.4 轴承振动标准达到 SHS 01003《石油化工旋转机械振动标准》规定的标准范围。

5.2.5 控制流量、压力和电流在规定范围以内。

5.3 验收

5.3.1 试车时间为 72h，各项技术指标均达到设计要求或能满足生产需要。

5.3.2 达到 SHS 01001《石油化工设备完好标准》规定的完好标准。

5.3.3 轴承振动在 SHS 01003《石油化工旋转机械振动标准》规定的标准内。

5.3.4 轴承温度及润滑油温升符合厂家要求。若厂家无要求，则按下列要求执行：对于强制润滑系统，轴承油的温升不应超过 28℃（滚动轴承、滑动轴承参照厂家说明书），轴承金属的温度应小于 93℃；对于油环润滑或飞溅润滑系统，油池的温升不应超过 39℃，油池温度应低于 82℃。

5.3.5 检修记录齐全、准确，按规定办理验收手续。

6 维护与故障处理

6.1 运行泵日常维护

6.1.1 严格执行润滑管理制度，做到定期加油和换油。

6.1.2 确保封油正常注入，保持压力比密封腔压力大 0.1～0.2MPa。

6.1.3 定时检查出口压力、电机电流大小，稳定且在要求范围内。

6.1.4 定时检查设备振动、轴承温度、密封泄漏等情况，发现问题应及时处理。

6.1.5 定期检查冷却水系统、平衡管线是否畅通。

6.1.6 定期检查、紧固各部位螺栓是否松动。

6.1.7 定期检查机械密封及密封辅助系统运行是否正常。

6.2 备用泵日常维护

6.2.1 严格执行润滑管理制度。

6.2.2 确保处于预热状态，泵体温度均匀，与介质温差＜ 60℃。

6.2.3 预热时，避免泵反转。

6.2.4 确保封油持续正常注入。

6.2.5 控制好封油量以避免运行泵抽空。

6.2.6 确保冷却水系统投用。

6.2.7 定期盘车，转子无卡涩。

6.3 常见故障与处理

BB2 型焦化辐射进料泵常见功能故障与处理见表 7。

表 7 BB2 型焦化辐射进料泵常见功能故障与处理方法表

功能	功能故障	故障模式	故障后果	故障应对策略与检修内容	检修周期 / 月
泵流量和压力满足除焦需求	泵流量不足	输出降低 / 性能降低	流量不足或没有流量	重新灌泵，保证介质灌满泵壳	视情而定
				清洗检查过滤器，更换滤芯	视情而定
				检查入口罐液位，保证液位且满足汽蚀余量要求	视情而定
				检查介质温度，控制在设计范围内	视情而定
				检查泵是否反转，调整转向	视情而定
				检查转子是否损坏或堵塞，更换或清洗转子	视情而定
				检查泵体密封环间隙是否过大，调整间隙在标准内	视情而定
	泵无法运行	超电流	轴功率过高或跳机	检查电机是否超速，调整到设计转速	视情而定
				检查泵流量是否过大，控制在额定流量内	视情而定
				检查介质比重是否增大，控制在设计范围内	视情而定
				检查转子是否有碰磨，解体检修	视情而定
	机械密封损坏	低风险外部泄漏	机械密封泄漏	检查泵送介质和密封冲洗介质是否洁净	视情而定
				泵汽蚀或振动过大	视情而定
				检查密封是否安装不当或损坏，重新安装或更换密封	视情而定
				检查密封腔压力是否波动，解体检查，控制好密封腔压力	视情而定
	泵运行机械状态差	振动 / 噪声	泵振动或噪声大，泵机械损坏	检查是否存在汽蚀	视情而定
				检查吸入是否通畅，疏通入口，保证入口罐液位正常，入口管路通畅	视情而定
				检查是否小流量运行，调整流量	视情而定
				检查对中是否标准，若不标准调整在标准范围内	视情而定
				检查转子是否损坏，解体检修，若损坏更换转子	视情而定
				检查轴承润滑是否良好，润滑油质是否合格。调整润滑油压，保证油路畅通，注入正常；更换润滑油	视情而定
				检查轴承选用是否合适，更换合适的轴承	视情而定

附 录 A
（资料性附录）
BB2 型焦化辐射进料泵检修质量确认表
（标准值参考随机资料）

<table>
<tr><th rowspan="2">项目</th><th colspan="3">主要控制内容</th><th rowspan="2">等级</th><th rowspan="2">施工单位</th><th rowspan="2">生产装置</th><th rowspan="2">设备管理部门</th><th rowspan="2">备注</th></tr>
<tr><th>标准值</th><th>部位</th><th>现场记录</th></tr>
<tr><td colspan="9">拆卸中检测</td></tr>
<tr><td>轴跳动量 /mm</td><td>轴颈≤ 0.02，其余≤ 0.04</td><td></td><td></td><td>C</td><td>★</td><td></td><td></td><td></td></tr>
<tr><td rowspan="3">转子晃动量</td><td>径向叶轮密封环处</td><td></td><td></td><td>C</td><td>★</td><td></td><td></td><td></td></tr>
<tr><td>径向轴套处</td><td></td><td></td><td>C</td><td>★</td><td></td><td></td><td></td></tr>
<tr><td>轴向</td><td></td><td></td><td>C</td><td>★</td><td></td><td></td><td></td></tr>
<tr><td rowspan="3">口环间隙</td><td>口环直径</td><td></td><td></td><td>C</td><td>★</td><td></td><td></td><td></td></tr>
<tr><td>壳体口环与叶轮口环间隙</td><td></td><td></td><td>C</td><td>★</td><td></td><td></td><td></td></tr>
<tr><td>中间托瓦与中间轴套间隙</td><td></td><td></td><td>C</td><td>★</td><td></td><td></td><td></td></tr>
<tr><td rowspan="3">叶轮对流道中心</td><td>前窜量</td><td></td><td></td><td>C</td><td>★</td><td></td><td></td><td></td></tr>
<tr><td>后窜量</td><td></td><td></td><td>C</td><td>★</td><td></td><td></td><td></td></tr>
<tr><td>总窜量</td><td></td><td></td><td>C</td><td>★</td><td></td><td></td><td></td></tr>
<tr><td colspan="9">回装时检测</td></tr>
<tr><td rowspan="5">轴承配合</td><td>箱体尺寸</td><td></td><td></td><td>B</td><td>★</td><td>★</td><td></td><td></td></tr>
<tr><td>轴承外径</td><td></td><td></td><td>B</td><td>★</td><td>★</td><td></td><td></td></tr>
<tr><td>轴尺寸</td><td></td><td></td><td>B</td><td>★</td><td>★</td><td></td><td></td></tr>
<tr><td>轴承内径</td><td></td><td></td><td>B</td><td>★</td><td>★</td><td></td><td></td></tr>
<tr><td>轴向间隙</td><td></td><td></td><td>B</td><td>★</td><td>★</td><td></td><td></td></tr>
<tr><td rowspan="3">机械密封</td><td>压缩量</td><td></td><td></td><td>C</td><td>★</td><td></td><td></td><td></td></tr>
<tr><td>喉部衬套间隙</td><td></td><td></td><td>C</td><td>★</td><td></td><td></td><td></td></tr>
<tr><td>泄漏量</td><td></td><td></td><td>C</td><td>★</td><td></td><td></td><td></td></tr>
<tr><td rowspan="3">口环间隙</td><td>口环直径</td><td></td><td></td><td>C</td><td>★</td><td></td><td></td><td></td></tr>
<tr><td>壳体口环与叶轮口环间隙</td><td></td><td></td><td>C</td><td>★</td><td></td><td></td><td></td></tr>
<tr><td>中间托瓦与中间轴套间隙</td><td></td><td></td><td>C</td><td>★</td><td></td><td></td><td></td></tr>
</table>

BB2 型焦化辐射进料泵检修质量确认表（续）

项目	主要控制内容			等级	施工单位	生产装置	设备管理部门	备注
	标准值	部位	现场记录					
叶轮对流道中心	转子自由方向窜动量			C	★			
	转子总窜量			C	★			
轴对中	径向位移			B	★	★		
	轴向倾斜			B	★	★		
	端面间隙			B	★	★		

控制级别说明： A 级：施工单位、生产装置、设备管理部门专业人员检查确认后签字。

B 级：施工单位和生产装置专业人员检查确认后签字。

C 级：施工单位专业人员检查确认后签字。

另：如果有监理，监理的职责由甲方授权。

附　录　B

（资料性附录）

BB2 型焦化辐射进料泵试车记录

（参考件）

<table>
<tr><td colspan="3">试车记录</td><td colspan="9">工程名称：
单元名称：</td></tr>
<tr><td colspan="3" rowspan="3">试车时间</td><td colspan="5">______年____月___日</td><td>日</td><td>日</td><td>日</td><td>日</td></tr>
<tr><td colspan="5">试车 2h 内</td><td rowspan="2">试车后
24h</td><td rowspan="2">试车后
48h</td><td rowspan="2">试车后
72h</td><td rowspan="2"></td></tr>
<tr><td>启动
时刻</td><td>试车后
30min</td><td>试车后
1h</td><td>试车后
1.5h</td><td>试车后
2h</td></tr>
<tr><td colspan="3">运行时刻</td><td></td><td></td><td></td><td></td><td></td><td></td><td></td><td></td><td></td></tr>
<tr><td colspan="3">出口压力（MPa）</td><td></td><td></td><td></td><td></td><td></td><td></td><td></td><td></td><td></td></tr>
<tr><td colspan="3">密封泄漏量
正常“√”，微量“△”</td><td></td><td></td><td></td><td></td><td></td><td></td><td></td><td></td><td></td></tr>
<tr><td rowspan="2">轴承温度 / ℃</td><td colspan="2">前端</td><td></td><td></td><td></td><td></td><td></td><td></td><td></td><td></td><td></td></tr>
<tr><td colspan="2">后端</td><td></td><td></td><td></td><td></td><td></td><td></td><td></td><td></td><td></td></tr>
<tr><td rowspan="6">振动值 /（mm/s）</td><td rowspan="3">前端</td><td>轴向</td><td></td><td></td><td></td><td></td><td></td><td></td><td></td><td></td><td></td></tr>
<tr><td>水平</td><td></td><td></td><td></td><td></td><td></td><td></td><td></td><td></td><td></td></tr>
<tr><td>垂直</td><td></td><td></td><td></td><td></td><td></td><td></td><td></td><td></td><td></td></tr>
<tr><td rowspan="3">后端</td><td>轴向</td><td></td><td></td><td></td><td></td><td></td><td></td><td></td><td></td><td></td></tr>
<tr><td>水平</td><td></td><td></td><td></td><td></td><td></td><td></td><td></td><td></td><td></td></tr>
<tr><td>垂直</td><td></td><td></td><td></td><td></td><td></td><td></td><td></td><td></td><td></td></tr>
<tr><td rowspan="2">轴承 L 值</td><td colspan="2">前端</td><td></td><td></td><td></td><td></td><td></td><td></td><td></td><td></td><td></td></tr>
<tr><td colspan="2">后端</td><td></td><td></td><td></td><td></td><td></td><td></td><td></td><td></td><td></td></tr>
<tr><td colspan="12">试车其他情况说明：</td></tr>
</table>

25. 加氢进料泵维护检修规程

SHS 02033—2019

目　次

前　言

本规程按照GB/T 1.1—2009《标准化工作导则　第1部分：标准的结构和编写》给出的规则修订。

本规程由中国石油化工集团有限公司、中国石油化工股份有限公司提出。

本规程起草单位：中国石油化工股份有限公司扬子石化有限公司。

本规程主要起草人：罗利玮、王道祥、张雪枫、姜渊。

本规程为2019年首次发布。

加氢进料泵维护检修规程

1 范围

1.1 主题内容

本规程规定了加氢裂化装置进料泵的检修周期与内容、检修与质量标准、试车与验收、维护与故障处理。

1.2 适用范围

本规程适用于加氢裂化装置BB5型反应系统进料多级高压离心泵维护与检修。

2 规范性引用文件

下列文件对本文件的应用是必不可少的。凡是注日期的引用文件，仅注日期的版本适用于本文件。凡是不注日期的引用文件，其最新版本（包括所有的修改单）适用于本文件。

API 610　石油、重化学和天然气工业用离心泵

API 614　润滑、轴密封和控制油系统及辅助设备

API 682　离心泵与转子泵用轴封系统

SH/T 3139　石油化工重载荷离心泵工程技术规范

GB/T 3215　石油、化工和天然气工业用离心泵

GB/T 16907　离心泵技术条件（Ⅰ类）

SH/T 3156　石油化工离心泵和转子泵用轴封系统工程技术规范

SHS 01003　石油化工旋转机械振动标准

3 检修周期与内容

3.1 检修周期

根据对设备功能故障及其影响分析的结果、有无备用设备并结合生产装置运行周期，确定设备检修周期，一般为36～60个月。

根据状态监测结果及设备运行状况，可以适当调整检修周期。

3.2 检修项目

3.2.1 检查清洗推力轴承、径向轴承、油封，调整轴承间隙。
3.2.2 更换两端轴封，蓄能器皮囊压力检查；干气密封控制系统检查、清洗、疏通与维护。
3.2.3 转子抽芯，解体检查各零部件的磨损、腐蚀和冲蚀情况。轴、叶轮必要时进行无损探伤。
3.2.4 平衡盘、平衡套、平衡鼓检查，视情况更换。
3.2.5 检查测量转子各部圆跳动和间隙，必要时转子做动平衡校验。
3.2.6 转子和中间隔板重新组装。
3.2.7 测量并调整转子的轴向窜动量。
3.2.8 检查修理联轴器，检查泵与驱动机的对中情况。
3.2.9 检查泵体、基础、地脚螺栓，进、出口法兰无应力检查。
3.2.10 检查清理密封、润滑及冷却等辅助系统：清理油箱、高位油槽，更换过滤芯及润滑油，清理水冷器及过滤器，检查出、入口阀门、单向阀等。

4 检修与质量标准

4.1 检修前准备

4.1.1 掌握设备运行情况，备齐设备图纸及技术资料，通过设备运行状态监测数据评估检修内容和重点，编制检修方案。
4.1.2 备齐检修所需的配件和材料。
4.1.3 备齐检修工具和经检验合格的量具。
4.1.4 对吊装设施检查，应符合安全规定。
4.1.5 备齐零部件存放设施，落实安保。
4.1.6 备好检修记录表。
4.1.7 切断主机电源，关闭泵进、出口阀门并挂禁动牌，待泵冷却至常温后，停润滑油系统。打开泵体排污并确认泵内介质已完全排尽。关闭并倒空机组密封油、循环水、汽、风，达到安全检修条件。
4.1.8 办好检修作业票。
4.1.9 材料工具准备齐全（表1、表2）。

表1 拆装必要工具

工具和测量仪器	使用范围
开启扳手	用于螺栓
活动扳手	用于螺栓
内六角扳手	用于内六角紧定螺钉

表 1 拆装必要工具（续）

工具和测量仪器	使用范围
螺钉起子	用于开槽紧定螺钉
管路扳手	用于辅助管路
游标卡尺	用于非集装勾套式机械密封安装
百分表或激光对中仪	用于校定中心
专用工具	用于叶轮螺母、轴承螺母等
套筒扳手	用于叶轮螺母
轴承扳手	用于轴承螺母

表 2 检修物料准备

名称	单位	数量	备注
迷宫轴套	套	1	易损件
机械密封	套	1	易损件
前轴承	套	1	易损件
后轴承	套	1	易损件
缠绕不锈钢垫片	套	1	易损件
O 形密封圈	套	1	易损件
松动剂	瓶	1	消耗品
清洗剂	瓶	1	消耗品

4.2 拆卸与检测

FLOWSERVE 制造的加氢进料泵 6×10.25 HDO 8-stg 设备结构见图 1。

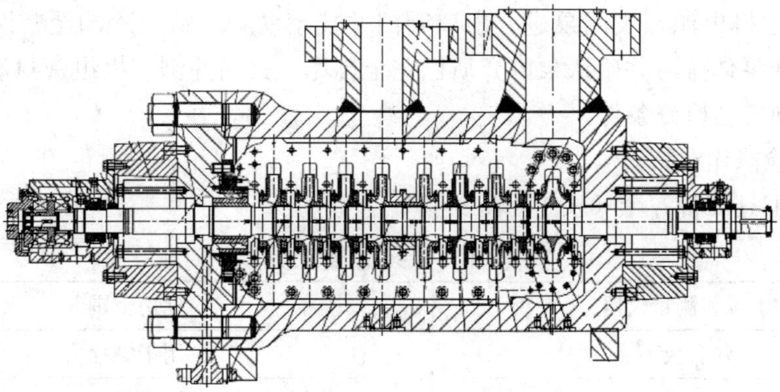

图 1 6×10.25 HDO 8-stg 加氢进料泵设备结构图

4.2.1 标记、拆除相应的油、气、仪表等管线，检查、清扫、封口并妥善保管。

4.2.2 设备上裸露的管口用干净塑料薄膜包扎好。

4.2.3 拆卸联轴器护罩，联轴器对中检查，联轴器做定位标记。

4.2.4 拆卸联轴器中间隔轴及泵联轴器轮毂，拆卸中间隔轴前用专用螺钉收紧膜片，检查膜片。

4.2.5 轴端架百分表测量推力轴承轴向间隙。拆卸轴承座上盖，拆卸水平剖分式径向轴承上半，用压铅法测量轴承顶间隙及轴承座紧力。

4.2.6 拆卸推力轴承及轴端锁母，使用专用工具拆下推力盘。

4.2.7 用抬轴器将轴抬起 0.05mm，旋出下半径向轴承。

4.2.8 拆卸下半轴承座和两端轴封。

4.2.9 测量转子总串量（对于平衡鼓盘结构，先拆卸平衡盘）。

4.2.10 用液压扳手拆卸大盖螺栓，左右对称安装 2 个导向杆，移动、吊出泵体大盖。

4.2.11 用专用抽芯工具拉出泵芯包。

4.2.12 对于 BB5 型径向剖分式内蜗壳泵，芯包拆卸方法：

a）将芯包水平放置在专用托架上，用磨光机磨除上、下蜗壳中分面紧固螺栓定位点焊的焊点，将螺栓的锁键取出；

b）拆卸剖分面紧固螺栓及端面定位盘螺栓；

c）吊出上半内蜗壳；

d）水平吊出转子并放置在支架上；

e）将转子放置在 V 形块上，拆卸中间剖分式定位套，采用加热法（约 300～400℃）拆下平衡鼓，自转子两端开始逐级卸下叶轮、键、定位环、内蜗壳口环（整体式）。

4.2.13 对于 BB5 型节段式内壳泵，芯包拆卸方法：

将转子水平放置在 V 形块上，采用加热法（约 300～400℃）拆下平衡鼓，自首级开始逐级卸下叶轮、键、定位环、各级中段和导叶、密封环等。

4.2.14 清洗转子各零部件。测量泵轴各部径向跳动和间隙。

4.2.15 检查转子各部零件是否有汽蚀冲刷、磨损、腐蚀结垢等情况，必要时进行无损检测。

4.2.16 转子组装，测量转子各部圆跳动和间隙。

4.2.17 转子做动平衡校验，精度 G2.5。

4.2.18 清洗泵盖、筒体。

4.3 回装与检修质量标准

4.3.1 联轴器的检修执行 SHS 01073《一般机泵用联轴器检修及质量标准》，蒸汽透平的检修执 SHS 01025《小型工业汽轮机维护检修规程》，增速箱的检修执行 SHS 01028《变速机维护检修规程》，润滑油泵的检修执行 SHS 01017《齿轮泵维护检修规程》和

SHS 01016《螺杆泵维护检修规程》，换热器的检修执行 SHS 01009《管壳式换热器维护检修规程》。

4.3.2 进料泵具体检修质量标准按设备制造厂要求执行，本规程仅规定部分通用情况。

4.3.3 回装按上述解体步骤的相反程序进行。

4.3.4 联轴器

4.3.4.1 叠片式联轴器

a）联轴器与轴的配合为 H7/js6。

b）检查联轴器螺栓有无损伤，检查叠片组件是否完好。

c）联轴器预拉量符合要求。测量联轴器预拉量时，将两端转子各推至其止推轴承工作面，测量两轴端距离，计算联轴器预拉量。

d）测量半联轴器在主轴上安装的相对位置（回装时作参考），用拉马拆除半联轴器（视情况加热），检查联轴器轮毂内孔表面应无拉毛、损伤，接触面积应达 75% 以上，无接触硬点或整块不接触区。注意：为了防止轴承或轴中心孔螺纹的损坏，要使用合适的拉马，并且必需采用垫片来保护中心孔螺纹，防止轴承承受任何外力压力和振动。

4.3.4.2 齿式联轴器

a）联轴器无积垢，齿表面应无损伤、腐蚀、剥落机裂纹。

b）半联轴器的径向及端面圆跳动为 0.02mm。

c）齿轮啮合的接触齿数≥75%，齿侧间隙应符合规定要求。

d）联轴器标记清晰，安装位置正确。

e）齿式联轴器套筒和内齿套的轴向窜动量为 2mm。

f）联轴器螺栓无损检测应无裂纹，表面无磨损痕迹。

g）联轴器螺栓拧紧力矩应符合设计要求。

4.3.5 联轴器的对中

联轴器的对中要求值应符合表 3 要求。

表 3　联轴器对中要求　　mm

联轴器形式	径向允差	端面允差
叠片式	0.15	0.08
齿式	0.08	0.06

4.3.5.1 联轴器对中检查时，调整垫片要求严整，无毛刺，而且每组最多不得超过 4 块。

4.3.5.2 联轴器对中测量四点各为 90°，对称两点的连线必须垂直。

4.3.5.3 对中测量时，盘车方向应与工作转向一致，如果转过测量点，切忌回转。

4.3.5.4 泵预热升温正常后，应校核联轴器对中。

4.3.6 轴承

4.3.6.1 径向轴承

a）轴承与轴承压盖的过盈量为 0～0.04mm，下轴承衬与轴承座接触应均匀，接触面积达 60% 以上，轴承衬不许加垫片。

b）轴承合金层与轴承衬应结合牢固，合金层表面不得有气孔、夹渣、裂纹、剥离、偏磨等缺陷。

c）更换轴承时，轴颈与下轴承接触角为60°～90°，接触面积均匀，接触点≥2～3点/cm²。

d）径向轴承间隙值应符合表4要求。

表4　径向轴承间隙

mm

轴径	间隙	轴径	间隙
18～30	0.07～0.12	＞80～120	0.14～0.22
＞30～50	0.08～0.15	＞120～180	0.16～0.26
＞50～80	0.10～0.18		

e）轴承侧间隙在水平中分面上的值为顶部间隙的50%。

f）取出下半径向瓦后，不允许盘动转子。

g）若需更换径向轴承时，应成套进行更换。

4.3.6.2　推力轴承

a）推力瓦块合金层与轴承衬应结合牢固，合金层表面不得有气孔、夹渣、裂纹、剥离、偏磨等缺陷。

b）同一组瓦块厚度差不得大于0.01mm。单片瓦块与推力接触面积应＞70%。

c）瓦块背部承力面光滑平整，瓦块装配后要求摆动自由。

d）推力盘要求盘面光滑平整，表面粗糙度在R_a0.8以上，其平行度允差小于0.01mm，推力盘轴向跳动不得大于0.02mm。

e）安装推力轴承瓦块时，应按其上面标记的顺序进行安装，安装止推轴承的支承环时，也应按箭头所指的旋转方向进行安装。

f）推力轴承间隙应符合设计要求。

4.3.7　机械密封

4.3.7.1　PLAN53B型密封。

a）密封旋向应与转子转向一致。

b）新密封总成安装前应进行密封性能压力试验，试验介质为洁净白油或柴油，试验压力不低于0.2MPa。

c）安装密封部位的轴应清洗干净，表面不得有锈斑、裂纹等缺陷，表面粗糙度R_a1.6。

d）推力轴承间隙调整测量合格后，方可锁紧两端机封轴套定位螺钉，并拆除密封定位卡板。

e）按照密封设计要求，蓄能器皮囊充氮气至规定压力值。

f）连接密封的密封油系统设备管线应进行密封性检查，不得有任何渗漏现象。

g）密封油采用白油或符合要求的普通泵轴承箱用润滑油，务必排尽密封油系统内的气体，密封油压力按照密封设计要求确定，加压后密封油系统应做保压试验，记录保压时间及密封油压力变化曲线。

h）在泵进物料前，必须先投用密封油系统，PLAN53B 密封油压力符合设计要求（一般密封腔压力大于平衡室压力 0.14～0.41MPa）。

i）泵运行后应确认密封泵送环、密封油冷却循环系统工作正常。

4.3.7.2 PLAN74+72+75 型干气密封

a）密封旋向应与转子转向一致。

b）安装密封部位的轴应清洗干净，表面不得有锈斑、裂纹等缺陷，表面粗糙度 R_a1.6μm。

c）推力轴承间隙调整测量合格后，方可锁紧两端机封轴套定位螺钉，并拆除密封定位卡板。

d）连接干气密封的系统管线应氮气吹扫干净，排火炬系统畅通。

e）连接干气密封的系统设备管线应进行密封性检查，不得有任何渗漏现象。

f）一级密封气采用氢气，二级密封采用氮气，并按照密封设计要求，调整密封气压力值和一、二级密封气流量。

g）在泵进物料前，必须先投用干气密封系统，并确保一、二级密封气压力及流量符合设计要求。

h）泵运行后，密封气应定期检查排液，关注排火炬集液罐液位并及时排液。

4.3.8 转子

4.3.8.1 主轴

a）主轴颈圆柱度为轴径的 0.25‰，最大值不超过 0.025mm，且表面应无伤痕，表面粗糙度 R_a1.6。

b）以两轴颈为基准，用百分表检查轴的跳动，径向跳动不超过 0.04mm。

c）键与键槽应配合紧密，不得加垫片，键与键槽的过盈量应符合表 5 要求。

表 5 键与轴键槽的配合过盈量 mm

轴颈	40～70	＞70～100	＞100～230
过盈量	0.009～0.012	0.011～0.015	0.012～0.017

4.3.8.2 转子跳动应符合表 6 要求。

表 6 多级离心泵转子跳动值 mm

测量部位直径	径向圆跳动		端面圆跳动	
	叶轮密封环	轴套、平衡盘	叶轮端面	平衡盘
≤50	0.06	0.03	0.20	0.04
＞50～120	0.08	0.04		
＞120～260	0.10	0.05		
＞260	0.12	0.06		

4.3.8.3 轴套与轴配合为 H7/h6，表面粗糙度 R_a1.6。

4.3.8.4　平衡盘与轴配合为 H7/js6。

4.3.8.5　转子各部件进行全面检查，主要是叶轮口环有无磨损、叶轮本体有无损坏，导叶口环、隔板口环有无磨损，导叶、隔板本身有无损坏，转子轴颈、轴封处有无磨损及损伤等。

4.3.8.6　根据实际运行情况，必要时转子应进行动平衡校验，其要求应符合相关技术要求，一般动平衡精度要达到 G1 级。动平衡校验时应把跟主轴一起转动的零件装到轴上做动平衡，其中叶轮、叶轮定位环、平衡鼓、推力盘要热装到轴上，转子组装时其级间轴套、叶轮、平衡盘端面跳动值须达到表 6 的技术要求，必要时研磨修刮配合端面，组装后各部件之间的相对位置须做好标记，然后进行动平衡校验。

4.3.8.7　转子动平衡校验合格后转子解体，各部件按标记进行回装。

4.3.8.8　叶轮

a）叶轮轴与叶轮过盈配合，过盈量为 0.03～0.05mm。

b）若更换叶轮，叶轮更换密封环或进行了修整，则需重新对其按 G1 级做动平衡试验。

4.3.8.9　各级叶轮口环级间轴套间隙应符合设备出厂设计值，最大不得超过允许值。

a）转子各级口环间隙符合设备制造要求，表 7 以 6×10.25 HDO 8-stg 型号（见图 2）为例。

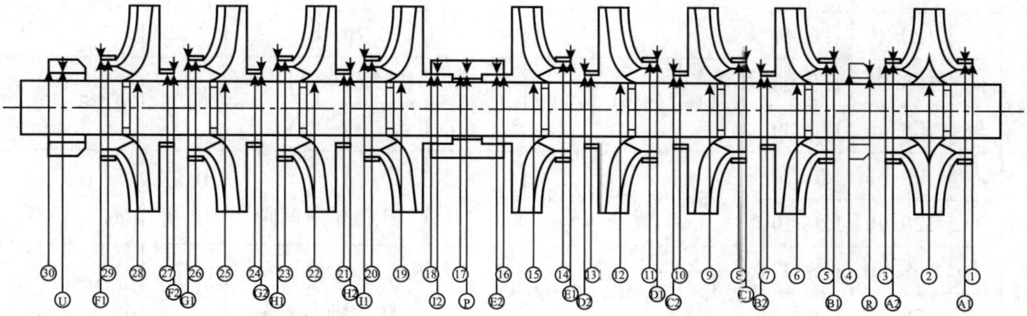

图 2　6×10.25 HDO 8-stg 各级口环结构图

表 7　6×10.25 HDO 8-stg 型转子各级口环间隙　　mm

		直径		径向间隙					直径		径向间隙		
		内径（最小）外径（最大）	实际值	设计值（min）	API（min）	实际值			内径（最小）外径（最大）	实际值	设计值（min）	API（min）	实际值
A1	内	158.90	158.93	0.46	0.46	0.51	F2	内	120.80	120.83	0.41	0.41	0.46
	外	158.45	158.42					外	120.40	120.37			
A2	内	165.25	165.28	0.46	0.46	0.50	G1	内	158.90	158.93	0.46	0.46	0.48
	外	164.80	164.78					外	158.45	158.45			

表 7　6×10.25 HDO 8-stg 型转子各级口环间隙（续）

		直径		径向间隙					直径		径向间隙		
		内径（最小）外径（最大）	实际值	设计值（min）	API（min）	实际值			内径（最小）外径（最大）	实际值	设计值（min）	API（min）	实际值
B2	内	158.90	158.93	0.46	0.46	0.51	G2	内	120.80	120.83	0.41	0.41	0.47
	外	158.45	158.42					外	120.40	120.36			
B2	内	120.80	120.80	0.41	0.41	0.42	H1	内	158.90	158.93	0.46	0.46	0.51
	外	120.40	120.38					外	158.45	158.42			
C1	内	158.90	158.93	0.46	0.46	0.48	H2	内	120.80	120.83	0.41	0.41	0.43
	外	158.45	158.45					外	120.40	120.40			
C2	内	120.80	120.83	0.41	0.41	0.51	R	内	120.80	120.83	0.41	0.41	0.48
	外	120.40	120.32					外	120.40	120.35			
D1	内	158.90	158.93	0.46	0.46	0.48	S	内					
	外	158.45	158.45					外	76.20				
D2	内	120.65	120.70	0.25	0.41	0.30	T	内					
	外	120.40	120.40					外	76.20				
E1	内	158.90	158.93	0.46	0.46	0.53	U	内	111.91	111.91	0.25	0.38	0.28
	外	158.45	158.39					外	111.66	111.63			
E2	内	120.65	120.70	0.25	0.41	0.30	V		止推轴承间隙		0.2/0.3		
	外	120.40	120.40										
F1	内	158.90	158.93	0.46	0.46	0.52	W		转子轴向间隙		9.53		
	外	158.45	158.41										

备注：其他机型的数据参看厂家随机资料。

b）DC 型叶轮口环间隙应符合设备制造要求，表 8 以 150（A）DCS7GM 型号为例。

表 8　150（A）DCS7GM 型转子各级口环间隙

部位	间隙值 /mm
首级叶轮前密封环	0.520～0.569
次级叶轮密封环	0.510～0.549
级间轴套	0.400～0.442

4.3.8.10　转子轴向设置检查

检查蜗壳内的转子。将转子放入上半个蜗壳，并检查转子的端部总间隙。要求至少有 6mm（1/4in）的端部间隙。将轴尽量推向右侧，并在机加工端面平面上划线进行标记。将轴尽量推向左侧，并再次划线进行标记。在上述两个标记的中间位置划线进行标记，并将转子设置在该标记上。进行目测检查，看是否所有叶轮均处在其蜗壳通道的中间位置。把转子放入下半个蜗壳内，并重复上述步骤。将上半个蜗壳装在下半个蜗壳上，并再次重复以上概述的程序。在此情况下，仍要求至少有6㎜(1/4in）的端部间隙。

4.3.8.11　内筒体装配要求

a）将壳体密封垫安放到内壳体的吸入函体止口处，然后将内壳体往外筒体中推，将它推到底。

b）在内壳体和泵盖之间放置一个调整环，确保调整环内孔的倒角要大于泵盖止口倒圆半径。

c）先在相隔 90℃的位置，通过四个螺母将泵盖固定到外筒体上。将螺母预紧一下，以使泵盖能够压紧其后的调整环及内壳体能够压紧吸入函体止口处的壳体密封垫（图 3）。在内壳体被定位好之后，测量泵盖和外筒体间的间隙，该间隙应符合设计值。

d）拆掉泵盖，拆除修正调整环厚度，把修整后的调整环放回原处，然后把泵盖装上。如果内壳体没有改变或被替换，则不需要修整调整环。

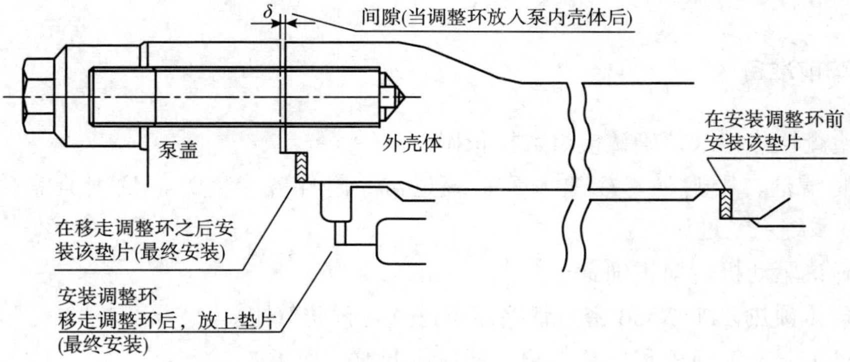

图 3　泵盖调整环装配示意图

e）内筒体回装后检查内筒总长，并与拆卸前的长度接近，否则应查明原因并消除。

4.3.8.12　平衡机构的装配要求

a）在安装平衡机构之前，在轴向，通过移动轴来检测轴的总窜量，总窜量的值应符合设计要求，当转子的总窜量小于设计值时，应重新检查一下装配过程。

b）装配平衡机构（见图 4），调节轴窜动，在吸入端的半窜是总窜的 50%～60%，在排出端的半窜是总窜的 40%～50%，必要时，可通过加工平衡鼓的调节环和平衡鼓来调节窜量。

c）在装配好平衡机构之后，接着装上填料函并均衡地紧固螺拴。

d）将轴向吸入端推动直到平衡套的接触面接触到平衡鼓，接触面要大于整个接触面的 70%。

e）末级叶轮与平衡套间隙 *A*、平衡鼓盘轴向间隙 *B*、止推轴承间隙 *C* 应符合设计要求。表 9 为 150（A）DCS7GM 型 *A*、*B*、*C* 间隙值。

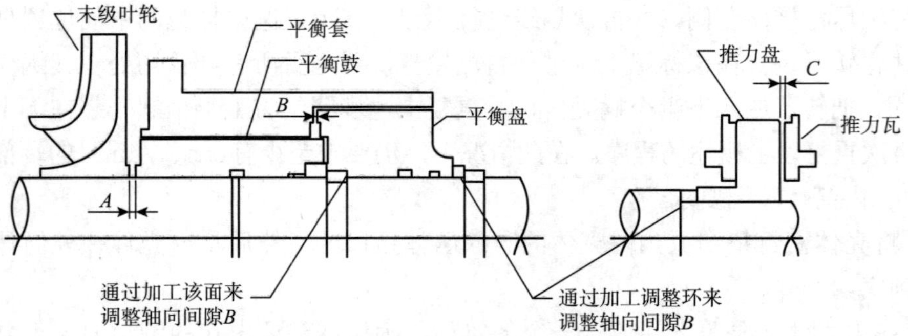

图 4 平衡机构装配示意图

表 9 150（A）DCS7GM 型平衡机构装配间隙 A、B、C 值

设备型号	A/mm	B/mm	C/mm
150（A）DCS7GM	0.15～0.20	0.08～0.10	0.25～0.30

5 试车与验收

5.1 试车前准备

5.1.1 检查检修记录，确认检修数据正确。

5.1.2 润滑油、密封油、冷却水等系统正常，附件齐全完好，仪表监测数据调校正常，电机系统已经过调试。

5.1.3 确认驱动机转向正确。

5.1.4 泵体预热，PLAN53B 密封管路高点排气，预防气阻。

5.1.5 盘车无卡涩现象和异常声响，轴封渗漏符合要求。

5.2 试车

5.2.1 按操作规程进行负荷试车。

5.2.2 对强制润滑系统，轴承油的温升不应超过 28℃，轴承金属的温度应小于 93℃；对于油环润滑或飞溅润滑系统，油池的温升不应超过 39℃，油池温度应低于 82℃。

5.2.3 轴承振动标准参见 SHS 01003《石油化工旋转机械振动标准》。

5.2.4 保持运转平稳，无杂音，封油、冷却水和润滑油系统工作正常，泵及附属管路无泄漏。

5.2.5 控制流量、压力、电流在规定范围内。

5.2.6 密封介质泄漏不得超过下列要求：

5.2.6.1 对于 PLAN53B 密封，运行期间密封油压力不得低于设计值，确保介质无泄漏。

5.2.6.2 对于 PLAN74+72+75 型干气密封，运行期间一级主密封气压力、流量在设计范围内，确保介质无泄漏；二级密封气压力稳定，排火炬管线畅通。

5.2.7 出口流量不小于泵最小流量。

5.3 验收

5.3.1 连续运转 72h 后，各项技术指标均达到设计要求或满足生产需要。
5.3.2 达到完好标准。
5.3.3 检修记录齐全、准确，按规定办理验收手续。

6 维护与故障处理

6.1 日常维护

6.1.1 严格执行润滑管理制度。
6.1.2 检查 PLAN53B 密封油压力、PLAN74+72+75 各级密封气压力及流量在操作设计范围内。
6.1.3 定时检查出口压力、振动、密封泄漏、轴承温度等情况，发现问题及时处理。
6.1.4 定期检查泵附属管线是否畅通。
6.1.5 定期检查泵各部螺栓是否松动。
6.1.6 备用期间应检查泵预热情况，定期盘车。

6.2 常见故障与处理

加氢裂化装置 BB5 型反应系统进料多级高压离心泵常见功能故障与处理见表 10。

表 10 加氢裂化装置 BB5 型反应系统进料多级高压离心泵常见功能故障与处理方法

序号	功能	功能故障	故障模式	故障后果	故障应对策略与检修内容	检修周期／月
1	保证机组平稳连续运转	设备振动增大	转子不平衡	设备振动大	转子重新平衡	36～48
			联轴器对中不良	设备振动大	重新找正	36～48
			轴承磨损严重，间隙过大	振动大、轴承烧损	修理或更换	36～48
			地脚螺检松动或基础不牢固	设备振动大	紧固螺栓或加固基础	视情而定
			转子零部件松动或损坏	设备振动大	紧固松动部件或更换	视情而定
			支架不牢引起管线振动	设备振动大、管线泄漏	管线支架加固	每周检查 1 次
			内部摩擦	异响、振动大	拆检消除摩擦	视情而定
			出口流量过小	设备振动大	保证流量大于泵最小流量	视情而定

表 10　加氢裂化装置 BB5 型反应系统进料多级高压离心泵常见功能故障与处理方法（续）

序号	功能	功能故障	故障模式	故障后果	故障应对策略与检修内容	检修周期／月
1	保证机组平稳连续运转	密封泄漏严重	联轴器对中不良或轴弯曲	火灾、爆炸、环境污染，非计划停工	重新校正	36～48
			轴承或密封环磨损过多形成转子偏心	火灾、爆炸、环境污染，非计划停工	更换并校正轴线	36～48
			密封损坏或安装不当	火灾、爆炸、环境污染，非计划停工	更换检查	36～48
			密封油、密封气压力低	火灾、爆炸、环境污染，非计划停工	调整密封油、密封气压力	视情而定
			操作波动大	火灾、爆炸、环境污染，非计划停工	稳定操作	视情而定
		轴承温度过高	润滑油冷后温度高	轴承烧损	调整油温	视情而定
			轴承安装不正确	轴承烧损	按要求重新装配	36～48
			转子部分平衡被破坏	轴承烧损	检查消除	36～48
			润滑油量不合适，或油变质	轴承烧损	按规定控制油量或换油	24000h 更换 1 次
			轴承磨损或松动	轴承烧损	修理更换或紧固	36～48
			轴承冷却效果不好	轴承烧损	检查调整	36～48
			测温仪表故障	干扰机组正常运转	检查更换	视情而定

附 录 A

（资料性附录）

加氢裂化进料泵检修质量控制确认表

项目		主要控制内容			等级	施工单位	生产车间	二级管理部门	公司管理部门
		标准值	部位	现场记录					
拆卸中检测									
轴承	顶间隙	（）mm	前		A	★	★	★	★
			后						
	止推间隙	（）mm			A	★	★	★	★
	紧力	（）mm	前		B	★	★		
			后						
轴端气封直径间隙		（）mm	低压		A	★	★		
			高压						
油封直径间隙		（）mm	前		C	★			
			后						
联轴器安装推进量		（）mm			B	★	★		
级间气封直径间隙		（）mm			B	★	★		
入口气封直径间隙		（）mm	一级		B	★	★		
		（）mm	二级		B	★	★		
		（）mm	三级		B	★	★		
		（）mm	四级		B	★	★		
		（）mm	五级		B	★	★		
		（）mm	六级		B	★	★		
回装时检测									
轴承	顶间隙	（）mm	前		A	★	★	★	★
			后						
	止推间隙	（）mm			A	★	★	★	★
	紧力	（）mm	前		B	★	★		
			后						

加氢裂化进料泵检修质量控制确认表（续）

<table>
<tr><td rowspan="2">项目</td><td colspan="3">主要控制内容</td><td rowspan="2">等级</td><td rowspan="2">施工单位</td><td rowspan="2">生产车间</td><td rowspan="2">二级管理部门</td><td rowspan="2">公司管理部门</td></tr>
<tr><td>标准值</td><td>部位</td><td>现场记录</td></tr>
<tr><td rowspan="2">轴端气封直径间隙</td><td rowspan="2">（）mm</td><td>低压</td><td></td><td rowspan="2">A</td><td rowspan="2">★</td><td rowspan="2">★</td><td rowspan="2"></td><td rowspan="2"></td></tr>
<tr><td>高压</td><td></td></tr>
<tr><td rowspan="2">油封直径间隙</td><td rowspan="2">（）mm</td><td>前</td><td></td><td rowspan="2">C</td><td rowspan="2">★</td><td rowspan="2"></td><td rowspan="2"></td><td rowspan="2"></td></tr>
<tr><td>后</td><td></td></tr>
<tr><td>联轴器安装推进量</td><td>（）mm</td><td></td><td></td><td>B</td><td>★</td><td>★</td><td></td><td></td></tr>
<tr><td>级间气封直径间隙</td><td>（）mm</td><td></td><td></td><td>B</td><td>★</td><td>★</td><td></td><td></td></tr>
<tr><td rowspan="6">入口气封直径间隙</td><td>（）mm</td><td>一级</td><td></td><td>B</td><td>★</td><td>★</td><td></td><td></td></tr>
<tr><td>（）mm</td><td>二级</td><td></td><td>B</td><td>★</td><td>★</td><td></td><td></td></tr>
<tr><td>（）mm</td><td>三级</td><td></td><td>B</td><td>★</td><td>★</td><td></td><td></td></tr>
<tr><td>（）mm</td><td>四级</td><td></td><td>B</td><td>★</td><td>★</td><td></td><td></td></tr>
<tr><td>（）mm</td><td>五级</td><td></td><td>B</td><td>★</td><td>★</td><td></td><td></td></tr>
<tr><td>（）mm</td><td>六级</td><td></td><td>B</td><td>★</td><td>★</td><td></td><td></td></tr>
</table>

控制级别说明：A：分部机动处专业人员、车间设备员／设备主任、施工单位检查人员。

B：车间质量管理人员、施工单位检查人员。

C：施工单位检查人员。

另：如果有监理，监理的职责由甲方授权。

26. 除焦设备维护检修规程

SHS 02034—2019

目　次

前　言

本规程按照GB/T　1.1—2009《标准化工作导则　第1部分：标准的结构和编写》给出的规则起草。

本规程由中国石油化工集团有限公司、中国石油化工股份有限公司提出。

本规程起草单位：中国石油化工股份有限公司长岭分公司。

本规程主要起草人：付铭光、刘帅、龚颂泉、王龙龙。

本规程为2019年首次发布。

除焦设备维护检修规程

1 范围

1.1 主题内容

本规程规定了焦炭塔除焦设备的检修周期与内容、检修与质量标准、试车与验收、维护与故障处理。

1.2 适用范围

本规程适用于延迟焦化装置除焦设备，包括除焦控制阀、钻杆驱动组件、自动除焦器、水马达、钻机绞车及滑轮组、钻杆的维护与检修。

2 规范性引用文件

下列文件对本文件的应用是必不可少的。凡是注日期的引用文件，仅注日期的版本适用于本文件。凡是不注日期的引用文件，其最新版本（包括所有的修改单）适用于本文件。

GB/T 19830 石油天然气工业 油气井套管或油管用钢管
GB/T 5972 起重机 钢丝绳 保养、维护、检验和报废
SHS 01028 变速机维护检修规程
SHS 06001 旋转电机维护检修规程
Q/LYJG 03 钻杆驱动组件
Q/LYJG 04 ZDQ 型自动除焦器
Q/LYJG 05 DCV/E 型电动除焦控制阀
Q/LYJG 08 SMD 型水马达

3 检修周期与内容

3.1 检修周期

根据除焦设备功能故障及其影响结果、有无备用设备以及装置长周期运行实际情况，确定检修周期。表 1 为水力除焦设备推荐检修周期。

表 1　除焦系统设备推荐检修周期

序号	名称	检修周期 / 月
1	除焦控制阀	24
2	钻杆驱动组件	36
3	自动除焦器	12
4	水马达	12
5	钻机绞车及滑轮组	36
6	钻杆	36

3.2　检修检查内容

3.2.1　除焦控制阀

3.2.1.1　检查阀体腔体内密封面，进、出水口，回流口密封面；
3.2.1.2　检查上、下套筒，重点检查密封沟槽；
3.2.1.3　检查入口套、旁流孔板；
3.2.1.4　检查阀芯表面镀层、密封面；
3.2.1.5　检查阀杆和电动执行机构连接处的铜螺母。

3.2.2　钻杆驱动组件

3.2.2.1　检查冲管组件；
3.2.2.2　检查外置减速机润滑油液位；
3.2.2.3　检查传动链是否存在异响、振动；
3.2.2.4　检查鹅颈管法兰密封面；
3.2.2.5　拆卸检查轴承；
3.2.2.6　拆卸检查齿轮、中心管、齿轮轴。

3.2.3　自动除焦器

3.2.3.1　检查喷嘴内孔；
3.2.3.2　拆卸检查换向阀阀芯、空套齿轮、活塞杆、棘爪、弹簧；
3.2.3.3　拆卸检查上阀套、滑阀、中间阀套、下阀套、下阀座密封面、密封沟槽；
3.2.3.4　检查阀体内孔。

3.2.4　水马达

3.2.4.1　拆卸检查配流环、驱动盘、活塞；
3.2.4.2　拆卸检查导轨、输出轴；

3.2.4.3　拆卸检查轴承。

3.2.5　钻机绞车及滑轮组

3.2.5.1　检查制动器的推动器；
3.2.5.2　更换制动器抱闸闸皮；
3.2.5.3　拆卸检查减速机；
3.2.5.4　检查钢丝绳；
3.2.5.5　检查滑轮组轮槽；
3.2.5.6　检查滑轮转动情况；
3.2.5.7　拆卸检查滑轮轴承。

3.2.6　钻杆

3.2.6.1　检测钻杆直线度；
3.2.6.2　检查钻杆焊缝；
3.2.6.3　检测钻杆杆体壁厚。

4　检修与质量标准

4.1　拆卸前准备

4.1.1　掌握除焦设备运行情况，准备必要的图纸及资料；
4.1.2　组织施工人员进行技术交底，熟悉施工方案、施工图纸、技术要求及相关资料，并掌握质量标准；
4.1.3　备齐检修工具、量具、配件及材料；
4.1.4　切断电源，关闭关联阀门，管道内介质处理干净，符合安全检修条件，办理作业票。

4.2　拆卸与检测

4.2.1　除焦控制阀

设备拆卸及零部件的清洗、除锈、除油、去污。
4.2.1.1　检查阀体内表面，进、出水口，回流口密封面的腐蚀情况，密封面腐蚀严重的重新堆焊，然后按图纸加工到要求尺寸；
4.2.1.2　检查上／下套筒的整体腐蚀情况，重点检查密封沟槽的腐蚀情况，内表面划伤严重应更换上／下套筒，轻微划伤抛光后继续使用；
4.2.1.3　检查入口套、预充孔板冲蚀情况，冲蚀严重的零件则应更换相应零件；
4.2.1.4　检查阀芯表面镀层有无脱落、密封面有无腐蚀凹坑，镀层脱落和密封面腐蚀应更换；

4.2.1.5 检查阀杆和电动执行机构连接处铜螺母的磨损情况，磨损严重或有明显间隙和响声的应更换铜螺母；

4.2.1.6 更换全部密封件。

4.2.2 钻杆驱动组件

设备拆卸及零部件的清洗、除锈、除油、去污。

4.2.2.1 更换冲管组件；

4.2.2.2 清理传动箱后重新注入润滑脂（大减速箱），220# 闭式齿轮油（外置减速机）；

4.2.2.3 整机密封件、轴承、空气滤清器、油杯全部更换；

4.2.2.4 鹅颈管检修各处密封面，完成检修后进行鹅颈管强度试验，并记录试验情况；

4.2.2.5 中心管、支座重新检验零件质量，根据检修情况更换零件；

4.2.2.6 更换全套密封件；

4.2.2.7 设备零部件表面处理、组装，进行动作、密封试验；

4.2.2.8 现场调试，确保设备操作动作到位、可靠；

4.2.2.9 检查操作按钮有无松动、损坏，若有应及时上紧或更换，发现面板指示牌脱落、损坏应及时修理、完善；

4.2.2.10 检查控制柜的接地线是否完好，接地螺钉是否松动，发现问题应及时处理；

4.2.2.11 检查移动电缆及电缆护套是否良好，发现问题及时处理更换。

4.2.3 自动除焦器

自动除焦器需专业厂家出具拆卸、维修方案，进行拆卸。

4.2.3.1 检查喷嘴腐蚀情况，腐蚀严重应更换喷嘴；

4.2.3.2 更换过滤器；

4.2.3.3 检查上、下阀座密封面腐蚀情况，维修或更换上、下阀座；

4.2.3.4 检查滑阀密封面、密封槽腐蚀情况，维修或更换滑阀；

4.2.3.5 检查上阀套、中间阀套、下阀套密封面、密封槽腐蚀情况；

4.2.3.6 检查阀体内腔密封面腐蚀情况，如腐蚀或划伤需修复内腔密封面；

4.2.3.7 拆换向阀，清洗并更换易损件；

4.2.3.8 更换全部密封件。

4.2.4 水马达

水马达需专业厂家出具拆卸、维修方案，进行拆卸。

4.2.4.1 拆卸水马达，检查配流环、驱动盘、推动活塞、轴承、导轨的磨损情况；

4.2.4.2 检查壳体密封沟槽的腐蚀情况；

4.2.4.3 清洗动力水过滤网。

4.2.5 钻机绞车及滑轮组

4.2.5.1 拆卸绞车联轴器，检查电机和蜗轮蜗杆减速机的对中；
4.2.5.2 拆卸减速机，检查蜗轮蜗杆磨损、咬合、腐蚀情况；
4.2.5.3 拆卸制动器，检查电磁铁、制动瓦块、制动臂，检查抱闸闸皮磨损情况；
4.2.5.4 拆卸滚筒，检查轴承的磨损情况；
4.2.5.5 拆卸钢丝绳张紧器，检查张紧器的光电接触器的磨损情况，检查滑动杆和保护套之间的润滑情况；
4.2.5.6 检查钢丝绳张紧器光电接触器导线连接是否牢固；
4.2.5.7 检查钢丝绳是否断丝、死结；
4.2.5.8 检查滑轮组转动是否灵活；
4.2.5.9 检查钢丝绳张紧器信号输出是否准确；
4.2.5.10 检查滑轮轮槽的磨损情况；
4.2.5.11 拆卸塔口扶正器两端的滚轮，检查轴承的磨损情况；
4.2.5.12 拆卸支点轴承两端的滚轮，检查轴承的磨损情况。

4.2.6 钻杆

4.2.6.1 检测钻杆直线度，直线度≤ 3mm/m，整根钻杆直线度不允许> 15mm，否则用热校正，如无法校正建议更换钻杆；
4.2.6.2 对焊缝进行探伤，如存在焊缝缺陷，打磨焊缝后按《钻杆安装焊接使用手册》要求重新紧固螺纹、焊接；
4.2.6.3 检查钻杆杆体壁厚，参照 GB/T 19830《石油天然气工业 油气井套管或油管用钢管》的要求，钻杆壁厚 t 允许使用公差为 -12.5%，若壁厚接近报废值建议更换钻杆。

4.3 回装与质量标准

4.3.1 除焦控制阀

4.3.1.1 各孔板间通水口相互错开，端面紧密贴合；
4.3.1.2 保护筒半圆槽朝向套筒一排 ϕ6.5 孔方向；
4.3.1.3 下阀座底面紧贴阀体无间隙；
4.3.1.4 上套筒端面距阀体上端面（37±0.5）mm；
4.3.1.5 上阀座端面略低于套筒端面 0～0.2mm；
4.3.1.6 M36 螺母锁紧力矩为 1720N·m；
4.3.1.7 端盖与阀体端面有 2～4mm 间隙；
4.3.1.8 阀杆在全行程范围内动作无卡阻现象；

4.3.1.9 进水孔和回流孔法兰密封处无渗漏，全开口渗漏量不大于 20mm³/s；

4.3.1.10 进水孔和全开口法兰密封处无渗漏，回流口渗漏量不大于 20mm³/s。

4.3.2 钻杆驱动组件

4.3.2.1 绞车电机检修执行 SHS 06001《旋转电机及调速励磁装置维护检修规程》；

4.3.2.2 61944 轴承与中心管下端 220 尺寸配合间隙：-0.07～0.044mm；

4.3.2.3 29336 轴承外圈与支座的配合间隙：0～0.06mm；

4.3.2.4 上盖与支座的配合间隙：-0.028～0.08mm；

4.3.2.5 61944 轴承外圈与壳体的间隙：0～0.06mm；

4.3.2.6 轴承盖 2 止口端面与 61944 轴承外圈端面的间隙：0.07～0.12mm；

4.3.2.7 挡油环与中心管为过渡配合间隙：-0.013～0.053mm；

4.3.2.8 61944 轴承外圈与支座的配合间隙：0～0.06mm；

4.3.2.9 鹅颈管法兰与支座止口的间隙：0.02～0.12mm；

4.3.2.10 齿轮齿面点蚀，磨损严重时更换齿轮；

4.3.2.11 组装完成后（见图 1），检测中心管与鹅颈管法兰的同心度，同心度小于 ϕ0.15mm 为合格；

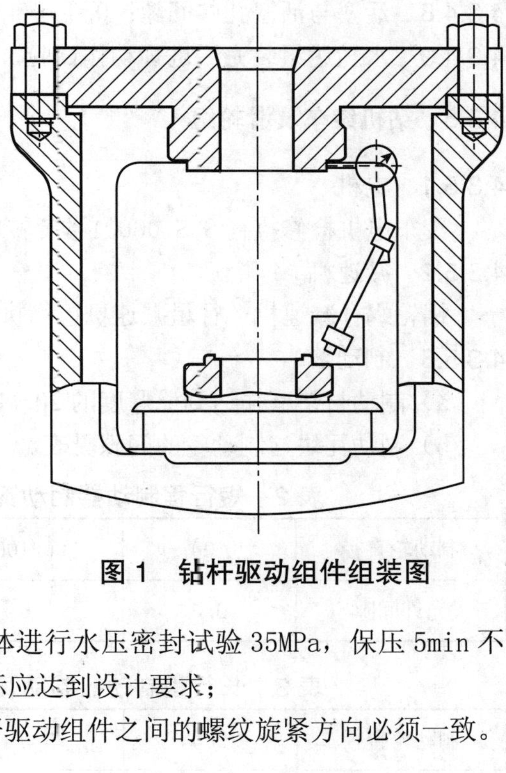

图 1 钻杆驱动组件组装图

4.3.2.12 组装完成后进行整机出厂检验，整体进行水压密封试验 35MPa，保压 5min 不得渗漏，带压空载运行 3h 其各项技术性能指标应达到设计要求；

4.3.2.13 钻杆驱动组件运行方向和钻杆与钻杆驱动组件之间的螺纹旋紧方向必须一致。

4.3.3 自动除焦器

4.3.3.1 过滤器过滤精度为 20μm；

4.3.3.2 每组喷嘴直径差不得大于 0.03mm；

4.3.3.3 上阀套、中间阀套、下阀套与阀体的间隙：0.043～0.146mm；

4.3.3.4 滑阀与下阀套的间隙：0.156～0.278mm；

4.3.3.5 上阀套与滑阀的间隙：0.036～0.125mm；

4.3.3.6 气动试验，滑阀动作灵活、无卡阻；

4.3.3.7 换向阀动作试验，换向阀换向灵活、无卡阻；

4.3.4 水马达

4.3.4.1 动力水入口过滤器过滤精度为20μm；
4.3.4.2 配流环和驱动盘配合面划伤、磨损，应更换配流环、驱动盘；
4.3.4.3 活塞有沟痕、磨损，必须更换；
4.3.4.4 钢球磨损，圆度误差超过0.05mm，必须更换；
4.3.4.5 导轨磨损深度大于2.5mm，应更换导轨；
4.3.4.6 密封圈有划伤、磨损、压痕，必须更换；
4.3.4.7 下壳体与输出轴径向跳动≤0.02mm；
4.3.4.8 活塞与活塞孔的间隙：0.04~0.07mm；
4.3.4.9 水马达组装完后进行动作试验，保证输出扭矩和转速达到设计值。

4.3.5 钻机绞车及滑轮组

4.3.5.1 电机

绞车电机检修执行SHS 06001《旋转电机维护检修规程》。

4.3.5.2 减速机

蜗轮蜗杆减速机/行星减速机检修执行SHS 01028《变速机维护检修规程》。

4.3.5.3 制动器

a）制动衬垫磨损达到原厚度的20%时，需更换；
b）制动瓦块与制动轮的间隙见表2、表3。

表2 短行程制动器制动瓦块与制动轮的允许间隙（单侧） mm

制动轮直径	100	200/100	200	300/200	300
允许间隙	0.6	0.6	0.8	1	1

表3 长行程制动器制动瓦块与制动轮的允许间隙（单侧） mm

制动轮直径	200	300	400	500	600
允许间隙	0.7	0.7	0.8	0.8	0.8

4.3.5.4 卷筒

卷筒出现裂纹或筒壁磨损达到原壁厚的20%时，需更换。

4.3.5.5 钢丝绳

钢丝绳报废标准执行GB/T 5972《起重机 钢丝绳 保养、维护、检验和报废》

a）钢丝绳断了一股；
b）钢丝绳的表面钢丝被腐蚀、磨损达到钢丝直径的40%以上；
c）受过死角拧扭，部分受压变形；
d）钢丝绳在一个捻距内的断丝数达到表4所列数值；

表 4　钢丝绳在一个捻距内的最大允许断丝数

安全系数	钢丝绳类型			
	交互捻制		同向捻制	
	6×19＋1	6×37＋1	6×19＋1	6×37＋1
＜6	12	22	6	11
6～7	14	26	7	13
＞7	16	30	8	15

e）局部钢丝绳伸长呈“笼”形。

4.3.5.6　滑轮组

滑轮出现下列情况应更换：

a）裂纹；

b）轮槽不均匀磨损达 3mm；

c）轮槽壁厚磨损达原壁厚的 20%；

d）轮槽底部直径减小量达钢丝绳直径的 50%。

4.3.5.7　钢丝绳张紧器

滑轮部分参照滑轮组的检测要求；张紧松弛信号进行校核．如 4～20mA 电流信号超出除焦控制系统要求，进行传感器更换。

a）塔口扶正器和钻杆之间的同轴度为 5mm；

b）塔口扶正器两端滚动轮的端部和导轨槽表面之间的间隙不大于 8mm。

4.3.6　钻杆

a）焊接标准按《钻杆焊接指导书》要求进行焊接；

b）钻杆最低使用性能应满足 GB/T 19830《石油天然气工业　油气井套管式油管用钢管》标准。

5　试车与验收

5.1　试车前准备

5.1.1　检查检修记录，确认检修记录准确合格。

5.1.2　彻底清扫各油箱，加入足量合格齿轮油或液压油。

5.1.3　检查系统各点接线情况，送电。

5.1.4　除焦控制阀装配完成后，重新设置接近开关的位置，校正全开、全关和预充三种状态下的位置信号，确保 3 个位置的准确性。

5.1.5　焦炭塔顶、底封头全部开启，高压泵系统准备正常。

5.1.6　检查除焦器换向阀阀芯位置，阀芯凹槽“一”字指向“钻”位。

5.2 试车

5.2.1 接通电源，实行“开－闭”状态下启动各系统电机，检查钻机绞车行进方向是否与控制系统标牌一致；检查绞车变频控制旋钮的转向是否正确。否则改变接线。

5.2.2 启动钻机绞车，分别按上行、下行按钮行车，运动无卡轨现象，制动器刹车可靠，电控系统准确。

5.2.3 钻机绞车／钻杆驱动组件在空塔范围内，联锁投用的情况下高速、低速各运行2次，检查各部分无干涉，塔阀开启正确，上、下极限位灵敏、准确。

5.2.4 在联锁解除的情况下，绞车、钻杆驱动组件低速（20Hz）运行2次，检查各部运行情况。

5.2.5 试验塔顶张紧器的运行情况。顶部试压堵盖回装，钻杆下降缓慢，此时切焦器顶在塔顶堵盖上；钢丝绳缓慢下降，张紧器指示灯熄灭，钻机绞车下降断电；上升，指示灯又亮，系统恢复正常。否则调整电气部分或可编程序控制器（PLC）。

5.2.6 在高压泵不启动的情况下，试用钻杆驱动组件，看钻杆旋转方向是否和钻杆螺纹旋紧方向一致，检查变频控制旋钮的转向是否正确。否则改变接线，观察钻杆驱动组件运行是否正常，在带负荷的情况下再启动钻杆驱动组件，观察运行情况是否正常。

5.2.7 除焦控制阀试车验收合格必须达到以下几个条件：

a）当除焦控制阀处于全关位时，高压泵能顺利启动，不超电流、振动不报警，回水压力＜0.5MPa；

b）密封条件：无泄漏；

c）当除焦控制阀处于预充位时，塔顶上水管线压力达到预充完成设定的压力；

d）当除焦控制阀处于全开位时，回流管线的流量≤1.2L/min；

e）除焦控制阀的全关、预充和全开3个位置定位准确且信号反馈无异常。

5.2.8 在启动高压泵的条件下试运水马达，此时达到3个条件。

a）密封条件：无泄漏；

b）转动条件：能够正常运行，转速为8.5～11.5r/min；

c）转动方向符合设计要求。

5.2.9 在启动高压泵的条件下试运除焦器，此时达到3个条件。

a）密封条件：无泄漏，塔顶水压符合工作压力要求；

b）切换条件：切焦器压力回零，阀位切换正常；

c）切焦器和水马达之间的连结牢固。

5.2.10 在启动高压泵的条件下试运行钻杆，此时达到2个条件：

a）密封条件：无泄漏；

b）顶驱在正常运行时钻杆无摆动。

5.2.11 钻杆在运行过程中和塔口扶正器之间，以及塔口扶正器和导轨之间无卡阻现象。

5.2.12 焦炭塔试压完成，设备密封性能达标。

5.3 验收

5.3.1 经试车各项技术指标都达到设计要求并能满足生产需要。
5.3.2 设备达到完好标准。
5.3.3 检修记录齐全、准确，按规定办理验收手续。

6 维护与故障处理

6.1 日常维护

6.1.1 除焦控制阀

6.1.1.1 检查除焦控制阀从全关→预充→全开，再从全开→预充→全关，整个过程是否有异响、振动和泄漏；
6.1.1.2 检查除焦控制阀在回流、预充、全开 3 个工作位置下泵出口的压力和流量；
6.1.1.3 检查除焦控制阀接近开关的工作位置是否准确可靠。

6.1.2 钻杆驱动组件

6.1.2.1 检查钻杆驱动组件的冲管组件是否有泄漏；
6.1.2.2 每 3 个月对钻杆驱动组件的冲管组件加注润滑脂；
6.1.2.3 每 3 个月检查钻杆驱动组件外置减速机油位，及时补油或更换齿轮油；
6.1.2.4 每 3 个月对轴承座加油孔加注润滑脂，检测轴承座位置温度，判断轴承温升是否正常。

6.1.3 自动除焦器

6.1.3.1 每次下钻前检查换向阀阀位的位置，阀芯凹槽“一”字应指向“钻”位；
6.1.3.2 每 3 个月检查喷嘴内腐蚀情况，若腐蚀严重则更换相应喷嘴。

6.1.4 水马达

手动转动水马达输出轴，观察是否转动灵活。

6.1.5 钻机绞车及滑轮组

6.1.5.1 检查钻机绞车在工作时是否有异常响声或振动；
6.1.5.2 每 3 个月检查钻机绞车制动闸片的磨损情况；
6.1.5.3 每半年检查钻机绞车蜗轮箱油位，及时补充或更换齿轮油；
6.1.5.4 检查钢丝绳使用情况；

6.1.5.5 每半年检查滑轮组转动情况，观察是否有异响或异常磨损。

6.1.6 钻杆

每半年检查焊缝是否有损伤，观察杆体腐蚀情况。

6.2 常见故障与处理

除焦设备常见功能故障与处理方法见表 5。

表 5 除焦设备常见功能故障与处理方法表

设备名称	功能	功能故障	故障模式	故障后果	故障应对策略与检修内容	检修周期／月
除焦控制阀	1. 保护水管道，防止水锤；控制自动除焦器换向	1.1 除焦控制阀阀芯无法密封	1.1.1 密封件损坏	无法实现除焦操作，无法清除焦炭	定期更换除焦控制阀密封件	12
			1.1.2 阀座损伤		定期检查阀座密封面，若密封面腐蚀、划伤，进行修复或更换	12
钻杆驱动组件	2. 提供除焦水通道；驱动钻具	2.1 不能正常提供除焦水通道	2.1.1 密封盘根损坏		1. 定期给冲管组件加注润滑脂； 2. 更换冲管组件	3
		2.2 不能正常驱动钻具	2.2.1 轴承卡死		1. 定期给轴承支座注油口加注润滑脂； 2. 拆卸检查轴承磨损情况，更换轴承	3
			2.2.2 电机故障		定期检查电机	12
钻机绞车	3. 提供钻具上下移动的动力	3.1 钻具无法上下移动	3.1.1 制动器故障		1. 制动器液压油缸叶片脱落或电气故障； 2. 更换制动器或检查电气故障	36
除焦器	4. 清除焦炭塔内焦炭	4.1 钻孔、切焦工位无法切换	4.1.1 换向阀故障		定期使用专用扳手转动换向阀阀芯，判断阀芯转动是否灵活	3
			4.1.2 喷嘴堵塞		停泵将除焦器提出焦炭塔外检查喷嘴是否堵塞	

表 5　除焦设备常见功能故障与处理方法表（续）

设备名称	功能	功能故障	故障模式	故障后果	故障应对策略与检修内容	检修周期／月
除焦器	4. 清除焦炭塔内焦炭	4.2 除焦器摆动	4.2.1 喷嘴腐蚀	无法实现除焦操作无法清除焦炭	停泵将除焦器提出焦炭塔更换喷嘴，定期检查除焦器喷嘴腐蚀情况	3
			4.2.2 整流器损坏		1. 停泵将除焦器提出焦炭塔外检查并更换整流器； 2. 定期检查整流器是否有损伤	3
			4.2.3 每组喷嘴内径差大于 0.03mm		1. 停泵将除焦器提出焦炭塔外检查并更换喷嘴； 2. 定期测量喷嘴内径	12
水马达	5. 驱动除焦器转动	5.1 无法正常除焦	5.1.1 水马达转速低		配流不、驱动盘、导轨、话塞磨损严重，维修或更换损坏的零部件	6
钻杆	6. 传递扭矩，提供除焦水通道	6.1 无法正常传递扭矩	6.1.1 钻杆弯曲		定期检查钻杆直线度，若发现钻杆弯曲进行热脚趾	6
		6.2 无法提供除焦水通道	6.2.1 焊缝裂纹		定期检查钻杆接口焊缝，焊缝若损伤及时进行修复	6

附 录 A
（资料性附录）
除焦设备检修质量控制确认表

项目	主要控制内容			等级	施工单位	生产装置	设备管理部门	备注
	标准值	部位	现场记录					
拆卸中检测								
阀体密封面是否腐蚀、凹坑	密封面应无腐蚀、凹坑、麻点			C	★			除焦控制阀
阀体八角槽密封面	密封面应无腐蚀、凹坑、麻点			C	★			除焦控制阀
阀芯镀层是否脱落	阀芯镀层应完好			C	★			除焦控制阀
上套筒端面距阀体上端面的距离	（37±0.5）mm			C	★			除焦控制阀
上阀座端面略低于套筒端面的数值	0～0.2mm			C	★			除焦控制阀
端盖与阀体端面间隙	2～4mm			C	★			除焦控制阀
上盖与支座的配合间隙	-0.028～0.08mm			C	★			钻杆驱动组件
轴承盖 2 止口端面与 61944 轴承外圈端面的间隙	0.07～0.12mm			C	★			钻杆驱动组件
挡油环与中心管为过渡配间隙	-0.013～0.053mm			C	★			钻杆驱动组件
鹅颈管法兰与支座止口的间隙	0.02～0.12mm			C	★			钻杆驱动组件
每组喷嘴直径差	≤ 0.03mm			C	★			自动除焦器
喷嘴内孔腐蚀程度	无腐蚀、无凹坑			B	★	★		自动除焦器
上阀套、中间阀套、下阀套内孔密封面腐蚀程度	无腐蚀、无凹坑			B	★	★		自动除焦器
滑阀密封面	无腐蚀、无凹坑			B	★	★		自动除焦器
阀座密封面	无腐蚀、无凹坑			B	★	★		自动除焦器
阀体内孔密封面腐蚀情况	密封带无腐蚀、无凹坑			B	★	★		自动除焦器
钢球磨损，圆度误差超过	＜ 0.05mm			B	★	★		水马达
导轨磨损深度	＜ 2mm			B	★	★		水马达
制动衬垫磨损情况	小于原厚度的 20%			B	★	★		钻机绞车
筒壁磨损情况	小于原壁厚的 20%			B	★	★		钻机绞车

除焦设备检修质量控制确认表（续）

项目	主要控制内容			等级	施工单位	生产装置	设备管理部门	备注
	标准值	部位	现场记录					
轮槽壁厚磨损达原壁厚的	小于原壁厚的 20%			B	★	★		滑轮组
钢丝绳的表面钢丝被腐蚀、磨损数值	小于直径的 40%			B	★	★		钢丝绳
整根钻杆直线度	＜15mm			B	★	★		钻杆
杆体壁厚	大于原壁厚的 87.5%			B	★	★		钻杆
回装时检测								
清洗、检查情况	设备各零部件完好、清洁			B	★	★		
阀体密封面是否腐蚀、凹坑	密封面应完好无损伤			B	★	★		除焦控制阀
阀体八角槽密封面	密封面应完好无损伤			B	★	★		除焦控制阀
阀芯镀层是否脱落	阀芯镀层应完好			B	★	★		除焦控制阀
上套筒端面距阀体上端面的距离	（37±0.5）mm			B	★	★		除焦控制阀
上阀座端面略低于套筒端面的数值	0～0.2mm			B	★	★		除焦控制阀
端盖与阀体端面间隙	2～4mm			B	★	★		除焦控制阀
全开口渗漏量	进水孔和回流孔法兰密封处无渗漏，全开口渗漏量不大于 20mm³/s			A	★	★	★	除焦控制阀
回流口渗漏量	进水孔和全开口法兰密封处无渗漏，回流口渗漏量不大于 20mm³/s			A	★	★	★	除焦控制阀
上盖与支座的配合间隙	-0.028～0.08mm			B	★	★		钻杆驱动组件
轴承盖 2 止口端面与 61944 轴承外圈端面的间隙	0.07～0.12mm			B	★	★		钻杆驱动组件
挡油环与中心管为过渡配间隙	-0.013～0.053mm			B	★	★		钻杆驱动组件
鹅颈管法兰与支座止口的间隙	0.02～0.12mm			B	★	★		钻杆驱动组件

除焦设备检修质量控制确认表（续）

项目	主要控制内容			等级	施工单位	生产装置	设备管理部门	备注
	标准值	部位	现场记录					
检测中心管与鹅颈管法兰的同心度	＜ϕ0.15mm			B	★	★		钻杆驱动组件
带压空载试验无渗漏	无渗漏			A	★	★	★	钻杆驱动组件
各密封面	完好无损伤、无缺陷			B	★	★		自动除焦器
每组喷嘴直径差	≤0.03mm			B	★	★		自动除焦器
上阀套、中间阀套、下阀套与阀体间隙	0.043～0.146mm			B	★	★		自动除焦器
滑阀与下阀套的间隙	0.156～0.278mm			B	★	★		自动除焦器
上阀套与滑阀的间隙	0.036～0.125mm			B	★	★		自动除焦器
滑阀动作	动作灵活无卡阻			A	★	★	★	自动除焦器
换向阀动作试验	切换灵活无卡阻			A	★	★	★	自动除焦器
钢球磨损，圆度误差超过	＜0.05mm			B	★	★		水马达
导轨磨损深度	＜2mm			B	★	★		水马达
下壳体与输出轴径向跳动	≤0.02mm			B	★	★		水马达
活塞与活塞孔的间隙	0.04～0.07mm			B	★	★		水马达
空载试验转速	9～12r/min			A	★	★	★	水马达
加载试验转速	8.5～11.5r/min			A	★	★	★	水马达
制动衬垫磨损情况	小于原厚度的20%			B	★	★		钻机绞车
筒壁磨损情况	小于原壁厚的20%			B	★	★		钻机绞车
轮槽壁厚磨损达原壁厚的	小于原壁厚的20%			B	★	★		滑轮组
钢丝绳的表面钢丝被腐蚀、磨损数值	小于直径的40%			B	★	★		钢丝绳
整根钻杆直线度	＜15mm			B	★	★		钻杆
杆体壁厚	大于原壁厚的87.5%			B	★	★		钻杆

注：A级：施工单位、生产装置、设备管理部门专业人员检查确认后签字。

B级：施工单位和生产装置专业人员检查确认后签字。

C级：施工单位专业人员检查确认后签字。

另：如果有监理，监理的职责由甲方授权。

附　录　B

（资料性附录）

除焦设备试车与验收数据记录表

表 B.1　除焦控制阀、自动除焦器、水马达、钻杆、滑轮组试车与验收数据记录表

装置：　　　　　　　　　　设备名称：　　　　　　　　　　　位号：

试车参数记录			质量判定	
记录名称	工作情况	标准	合格	不合格
除焦控制阀				
阀外表面有无泄漏		无泄漏		
阀位与回讯		阀位与回讯对应正确		
全关位回流口压力		≤ 0.5MPa		
全关位上水管线流量		≤ 1.2L/min		
全开位回流口流量		≤ 1.2L/min		
预充位时上水管线压力		达到设定值（根据用户确定）		
运行工况		无明显振动、异响		
水马达				
密封情况		密封处无泄漏		
转动方向		与设计方向相同		
转速		8～11.5r/min		
自动除焦器				
密封条件		密封处无泄漏		
换向阀转动情况		手动切换换向阀阀芯状态，转动灵活无卡阻		
除焦器状态切换情况		上水管线压力回零，除焦器状态切换正常		
钻杆				
钻杆直线度		整根≤ 15mm		
旋转方向		旋转方向与螺纹紧固方向一致		
滑轮组				
滑轮转动情况		滑轮转动灵活、无异响		
验收确认	施工单位：	管理单位：	使用单位：	
备注：①三方签字验收后交付生产使用。②大修后 15 个工作日内，将试车记录及验收表扫描录入设备管理系统。				

表 B.2　钻杆驱动组件试车与验收数据记录表

装置：　　　　　　　　　　设备名称：　　　　　　　　　　位号：

试车参数记录			质量判定	
记录名称	工作情况	标准	合格	不合格
钻杆驱动组件旋转方向		旋转方向与钻杆螺纹紧固方向一致		
工频转速		15r/min		
变频转速		8～15r/min		
启动高压水泵后钻杆驱动试车数据				
冲管组件		无泄漏		
推力轴承温度		温升不超过 40℃		
减速机温度		温升不超过 40℃		
电机温度				
电机电流				
验收确认	施工单位：	管理单位：	使用单位：	
备注：①三方签字验收后交付生产使用。②大修后 15 个工作日内，将试车记录及验收表扫描录入设备管理系统。				

表 B.3　钻机绞车试车与验收数据记录表

装置：　　　　　　　　　　设备名称：　　　　　　　　　　位号：

试车参数记录			质量判定	
记录名称	工作情况	标准	合格	不合格
钻机绞车运行方向		与标牌指示运行方向一致		
控制钻车正反转		运行无卡阻		
运行情况		无异响，无杂音		
制动效果		制动可靠，无溜车情况		
轴承座温度		温升不超过 40℃		
减速机温度		温升不超过 40℃		
电机运行电流				
电机温度				
验收确认	施工单位：	管理单位：	使用单位：	
备注：①三方签字验收后交付生产使用。②大修后 15 个工作日内，将试车记录及验收表扫描录入设备管理系统。				

27. 焦炭塔平板式底盖机维护检修规程

SHS 02035—2019

目　次

前　言

本规程按照GB/T 1.1—2009《标准化工作导则　第1部分：标准的结构和编写》给出的规则起草。

本规程由中国石油化工集团有限公司、中国石油化工股份有限公司提出。

本规程起草单位：中国石油化工股份有限公司长岭分公司。

本规程主要起草人：付铭光、刘帅、龚颂泉、王龙龙。

本规程为2019年首次发布。

焦炭塔平板式底盖机维护检修规程

1 范围

1.1 主题内容

本规程规定了焦炭塔平板式底盖机的检修周期与内容、检修与质量标准、试车与验收、维护与故障处理。

1.2 适用范围

本规程适用于石油焦化焦炭塔承压腔和非承压腔类平板式底盖机的维护与检修。

2 规范性引用文件

下列文件对本文件的应用是必不可少的。凡是注日期的引用文件，仅注日期的版本适用于本文件。凡是不注日期的引用文件，其最新版本（包括所有的修改单）适用于本文件。

GB/T 1972 碟形弹簧

SHS 06001 旋转电机维护检修规程

Q/LYJG 07 BU 型平板式底盖机

平板式底盖机安装、维护、使用手册

3 检修周期与内容

3.1 检修周期

根据平板式底盖机现场功能故障及其影响的结果、有无备用设备并结合生产装置运行周期，确定平板底盖机检修周期，一般为 36 个月。

建议从第 2 个检修周期起，每个检修周期平板式底盖机返厂检修。

3.2 检修检查内容

平板式底盖机主要由平板闸阀、弹性托架小车、出焦护筒、弹簧支架、液压站和防爆电控操作柜组成，设备结构见图 1。

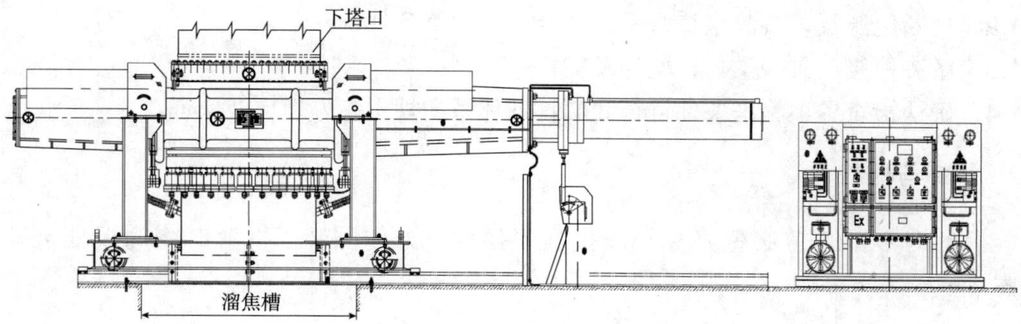

图 1　平板式底盖机结构

3.2.1　设备主体部分

3.2.1.1　非承压类底盖机对液压螺栓全部检修，更换弹性元件及密封件等；
3.2.1.2　承压类底盖机对内置弹性元件进行全部更换；
3.2.1.3　平板底盖机密封面检查及修复；
3.2.1.4　高温螺栓的更换；
3.2.1.5　主油缸检查及修复；
3.2.1.6　护筒部分检查及修复；
3.2.1.7　塔口法兰用密封垫、挡圈（如有）的更换。

3.2.2　液压站部分

3.2.2.1　清洗液压油箱，更换液压油；
3.2.2.2　检查液压站，更换状态差的电磁阀和液压阀；
3.2.2.3　更换回油过滤器滤芯和空气过滤器；
3.2.2.4　给液压站上电，启动溢流阀，检测液压站能否达到原先设计的最高压力22MPa，最低不得低于20MPa，否则需更换液压泵。

3.2.3　电气控制部分

3.2.3.1　开关按钮及指示灯检查并更换故障件；
3.2.3.2　查看所有阀位回讯器的位置是否发生了位移，即回讯器与磁信号发生器之间的距离如大于5mm，应及时调整；
3.2.3.3　检查操作按钮有无松动、损坏，若有应及时上紧或更换，发现面板指示牌脱落、损坏应及时修理、完善。

4　检修与质量标准

4.1　拆卸前准备

4.1.1　掌握运行情况，准备必要的图纸及方案资料；

4.1.2 切断电源及设备与系统联系，符合安全检修条件；

4.1.3 备齐检修工具、量具、配件及辅料；

4.1.4 确认检查各项施工条件符合 HSE 管理体系的规定，办理作业票证。

4.2 拆卸与检测

拆解时零部件务必做好标记，按顺序摆放，方便回装。拆解时将阀板处于开阀状态。

4.2.1 平板底盖机密封面拆卸与检测

拆卸进料短节下法兰（*DN*1500）处与设备连接的紧固件，将底盖机沿导轨移出。吊出底盖机，清除阀座与阀板密封面表面结焦。检验密封面质量，执行标准如下：

4.2.1.1 密封面损伤检验要求：

a）查阀板密封面是否有划伤，如果阀板密封面有贯穿性划伤（深度≥0.5mm），则需对阀板进行维修修复；

b）检查阀座密封面是否有划伤，如果阀座密封面有贯穿性划伤（深度≥0.5mm），则需对阀座进行维修修复。

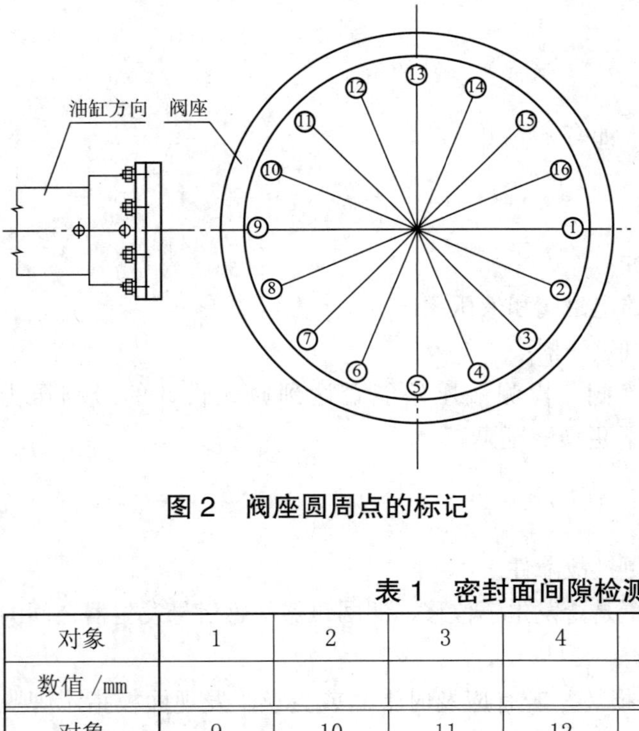

图 2 阀座圆周点的标记

4.2.1.2 密封面平面度检验要求：

a）将阀座放置在底盖机阀体内，密封面与阀板面接触；保证密封面清洁；

b）在阀座圆周均匀标记 16 个点，见图 2；

c）用塞尺从阀座内腔测量标记位置处的密封面间隙，并记录结果（见表 1）；

表 1 密封面间隙检测记录

对象	1	2	3	4	5	6	7	8
数值 /mm								
对象	9	10	11	12	13	14	15	16
数值 /mm								

d）根据检验结果数据，阀座与阀板自由状态下，密封面间隙＞0.1mm，密封面变形量超标，建议维修阀板及阀座。

4.2.2 清理 *DN*1500 处八角槽，更换八角垫、紧固件。

4.2.3 更换进料口法兰用八角垫、紧固件。

4.2.4 检查*DN*1800/*DN*1600（与焦炭塔下法兰一致）法兰处挡圈（如有），如破损，更换*DN*1800/*DN*1600八角垫、紧固件及挡圈。

4.2.5 弹性组件的拆卸与检测

4.2.5.1 承压类底盖机进行弹性元件的更换

根据现场底盖机的运行情况，弹性元件（弹簧或碟簧）一直处于压缩做功的状态下，设备厂家据长期以来的使用经验制定的企业标准，推荐的使用寿命为2a，最长不得超过3a。为防止底盖机密封出现失效情况，造成设备泄漏，需对底盖机弹性元件进行更换。

4.2.5.2 非承压类底盖机进行液压螺栓拆卸与检测

根据现场检查底盖机液压螺栓使用的情况，每个生焦和除焦周期碟簧所受负荷交变2次，根据国标GB/T 1972《碟形弹簧》交变负荷下碟簧的疲劳寿命计算，以及设备厂家据长期以来的使用经验制定的企业标准，推荐碟簧的使用寿命为2年，最长不得超过3年。为防止液压螺栓碟簧出现失效情况，造成设备泄漏，需对液压螺栓进行拆卸并返厂检测维修。返厂检修内容如下：

a）液压螺栓组件进行拆解，更换碟簧、密封件及紧固件；

b）组装完成按照试验条件进行打压试验，检查在不同压力下（5MPa、10MPa、15MPa、20MPa）液压螺栓的伸长量变化，变化量在1.5～2.2mm为正常，超出范围为不正常，重新更换液压螺栓组件；

c）现场安装，重新调整液压螺栓压力，使液压螺栓提供密封力均匀，保障底盖机密封性能。

4.2.6 驱动油缸拆卸与检测

检查油缸的泄漏情况，如果有泄漏情况进行检查，检测油缸划伤情况及密封泄漏，更换密封件或更换油缸主体。试验项目、方法及要求见表2。

表2 试验项目、方法及要求

序号	试验项目	试验方法	结果要求
1	试运转	被试油缸在空负载工况下全行程往复动5次	运转正常
2	启动压力	空载工况下，被试油缸无杆腔通入液压油，进油压力从零开始逐渐升压观察压力表，记录被试油缸活塞在启动时的瞬间最低压力	启动压力≤0.3MPa
3	内泄漏量	空载工况下，被试油缸活塞分别停留在行程两端，调节进油压力使被试油缸试验腔压力为额定压力，观察另一腔出油口处的泄漏量	内泄漏量不得高于企业标准规定值，3min后油缸内泄漏量见表3
4	耐压试验	空载工况下，将被试油缸活塞分别停留在行程两端，调节溢流阀使被试油缸试验腔压力为耐压压力，保压5min。额定压力＜16MPa，耐压压力为额定压力的1.5倍；额定压力≥16MPa，耐压压力为额定的1.25倍	全部零件均不得有破坏或永久变形等异常现象

表 2　试验项目、方法及要求（续）

序号	试验项目	试验方法	结果要求
5	外泄漏	空载工况下，被试油缸有杆腔的压力为额定压力时，全程换向 10 次，观察活塞杆与各接合面渗油情况	不得有外渗漏
6	全行程检查	空载工况下，使被试油缸的活塞分别停留在行程的两端，测量全行程的长度	行程误差应符合表 4 规定

表 3　3min 后观察油缸内泄漏量

缸径 /mm	内泄漏量 /（mL/min）
320	≤ 1.8

表 4　行程误差（正偏差）

行程 /mm	偏差 /mm
1580	3.5

4.2.7　检查平板底盖机左右腔体、蒸汽管线的结焦情况

对平板底盖机左右腔体进行拆解，进行清焦。查看阀座、左右腔体、进料短节等蒸汽管线是否有堵塞，如有堵塞，进行清焦。

4.2.8　检查出焦护筒和下阀座的贴合情况

此处的螺栓经常由于振动而松开，造成保护筒和下阀体之间的裂缝加大，可以对其进行点焊处理，防止松动。

4.2.9　底盖护筒板处的密封更换，更换硅胶密封件。

4.2.10　拆卸与检查液压站

4.2.10.1　清洗液压油箱，更换液压油；

4.2.10.2　检查液压站，更换状态差的电磁阀和液压阀；

4.2.10.3　更换回油过滤器滤芯和空气过滤器；

4.2.10.4　检查液压站能否达到原先设计的最高压力，否则需更换液压泵。

4.2.11　拆卸与检查电控系统

4.2.11.1　检查操作按钮有无松动、损坏，若有应及时上紧或更换，发现面板指示牌脱落、损坏应及时修理、完善；

4.2.11.2　检查控制柜的接地线是否完好，接地螺钉是否松动，发现问题应及时处理；

4.2.11.3　查看所有阀位回讯器的位置是否发生了位移，即回讯器与磁信号发生器之间的距离如大于 5mm，应及时调整；

4.2.11.4　按照 SHS 06001《旋转电机及调速励磁装置维护检修规程》要求进行液压系统防爆电机的检测。

4.2.12　底盖机检修程序见表 5。

表 5　底盖机检修程序

序号	名称	检修内容	备注
1	底盖机拆卸	1. 拆卸车轮锁紧机构、蒸汽法兰、信号电缆	底盖机处于关盖
		2. 拆卸进料短节下法兰连接螺栓、螺母，更换损坏的紧固件	需更换螺栓螺母
		3. 用 30t 千斤顶降低底盖机高度，确保吊离塔底不干涉	
		4. 用导链、钢丝绳拖动弹性托架小车，将底盖机沿拖出下塔口	
2	拆卸、检查阀座	1. 取出八角垫，清理检测密封面，更换八角垫	需备件八角垫
		2. 用吊带、导链将阀座拉出，注意保护八角垫槽和密封面	
		3. 清理密封面结焦	
		4. 根据上述检测标准，检查密封面质量	提供检验报告
3	清理、检查阀板	1. 阀座拆卸后，清理阀板密封面结焦	
		2. 根据上述检测标准，检查密封面质量	提供检验报告
4	液压螺栓组件拆装	1. 现场液压螺栓组件拆卸，返厂	
		2. 新的液压螺栓组件发货	
		3. 新的液压螺栓组件回装	
5	回装	1. 阀板、阀座回装	
		2. 底盖机回装	
6	主油缸检修	1. 现场液压站打压，观察主油缸是否存在内、外泄漏情况	
		2. 如有泄漏，更换相应的密封件	
7	液压系统检修	1. 液压系统进行动作试验并对各个部件进行检查	
		2. 更换液压油、滤芯	
		3. 更换损坏的电磁阀、液压阀	
		4. 更换损坏的金属软管、密封圈	
		5. 更换蓄能器，蓄能器充氮气	
8	控制系统检修	1. 行程开关、压力传感器、线性位移传感器全部检查	
		2. 更换损坏的行程开关、压力传感器、线性位移传感器	
		3. 行程开关、压力传感器、线性位移传感器安装复位	
9	整机调试	调试、开工运行	

4.3 回装与质量标准

4.3.1 吊车将底盖机主体安放到焦炭塔二层平台导轨上，开度指示器、液压驱动部分各部件吊放到二层平台上；
4.3.2 用导链、钢丝绳拖动弹性托架小车，将底盖机沿道轨拖至下塔口；
4.3.3 用 30t 千斤顶把底盖机升到塔底下法兰；
4.3.4 将焦炭塔下塔口密封面及螺栓孔清理干净，将金属八角垫放置在阀座上的密封槽内；
4.3.5 按要求紧固连接螺栓、螺母；
4.3.6 回装液压驱动部件（主油缸）；
4.3.7 回装开度指示器；
4.3.8 安装托架小车轮锁紧机构、底盖机连接的管线和仪表线等附件。

5 试车与验收

5.1 试车前准备

5.1.1 检查检修记录，确认检修记录准确合格；
5.1.2 动力电源、仪表电源、允许信号供给传输正常；
5.1.3 液压系统加入足够的合格润滑油，启动油泵，将系统压力调整至 20MPa 左右，并检查供油线及回油线的密封情况；
5.1.4 检查塔口法兰、进料法兰螺栓均按要求紧固到位；
5.1.5 平板底盖机密封蒸汽系统供给正常；
5.1.6 液压螺栓预紧力 16MPa，调整到位。

5.2 试车

5.2.1 按照设备的操作规程，进行阀操作；
5.2.2 平板底盖机开、关运行，检查液压管线及阀组，无漏油；
5.2.3 平板底盖机开、关运行，检查液压螺栓，伸长正常；
5.2.4 开、关阀操作，运行无卡阻异常 3 次以上；
5.2.5 平板底盖机开、关运行时间≤ 5min ；
5.2.6 平板底盖机开、关运行压力≤ 10MPa ；
5.2.7 平板底盖机信号连锁及信号反馈正常；
5.2.8 焦炭塔试压完成，设备密封性能达标。

5.3 验收

5.3.1 经试车各项技术指标都达到设计要求并能满足生产需要；
5.3.2 检修记录齐全、准确，按规定办理验收手续。

6 维护与故障处理

6.1 日常维护

平板式底盖机的日常维护见表6。

表6 平板式底盖机的日常维护

序号	维护或巡检内容	频次要求
1	液压系统泄漏及异常检查及故障处理	日常
2	底盖机阀位反馈信号检查及故障处理	日常
3	底盖机与焦炭塔法兰连接处进行泄漏检查，如有泄漏应及时进行连接螺栓的紧固	日常
4	对底盖机辅助密封蒸气进行检查，蒸汽压力要高于焦炭塔底进料压力0.07～0.14MPa	日常
5	打开保护罩蒸汽，进行阀腔、阀板蒸汽吹扫	每周
6	对液压系统及管线运行情况（包括液面、油压等）进行检查	每月
7	紧固压盖螺栓，压紧密封盘根	每月
8	对液压螺栓进行预紧力调整，保障设备密封性能	3个月
9	检测液压螺栓性能，更换故障液压螺栓（液压螺栓备件储备量20%）	3个月
10	保护罩内焦渣检查及清理，排污管疏通	6个月
11	对吊杆及花篮螺母进行防锈涂油防护处理	6个月
12	对液压站液压油进行检测，如乳化、杂质超标，进行更换	6个月
13	检查蓄能器压力，低于8MPa时进行补充氮气，充气压力至10MPa	6个月
14	进行液压系统进油、回油滤芯，吸油过滤器的更换	1年

6.2 常见故障与处理

平板式底盖机常见功能故障与处理方法见表7。

表7 平板式底盖机常见功能故障与处理方法表

功能	功能故障	故障模式	故障后果	故障应对策略与检修内容	检修周期/月
1. 液压站正常工作	无法启泵	1. 安全锁销未拔出 2. 允许信号缺失 3. 选塔操作错误 4. 电源线路故障 5. 电机故障	底盖机无法开、关	1. 检查安全锁销操作 2. 检查允许信号及线路端子 3. 选塔必须与允许信号一致 4. 检查电源线路及开关 5. 检查电机	日常

表 7　平板式底盖机常见功能故障与处理方法表（续）

功能	功能故障	故障模式	故障后果	故障应对策略与检修内容	检修周期／月
2. 液压站正常工作	工作塔无系统压力或＜20MPa	1. 液压站管线漏油 2. 油泵故障 3. 选塔电磁阀卡阻 4. 溢流阀故障	底盖机无法开、关	1. 检查油路，消除泄漏点 2. 检查或更换油泵 3. 更换电磁阀 4. 调整或更换溢流阀	日常
3. 液压站正常工作	工作塔液压螺栓回路无压力或＜20MPa	1. 回路管线漏油 2. 液压螺栓电磁阀卡阻	底盖机无法开、关	1. 检查油路，消除泄漏点 2. 更换电磁阀	日常
4. 液压站正常工作	开、关阀油缸无动作	1. 回路管线漏油 2. 液压螺栓电磁阀卡阻 3. 液压螺栓故障 4. 阀板运行阻力大 5. 阀位联锁故障	底盖机无法开、关	1. 检查油路，消除泄漏点 2. 更换电磁阀 3. 检查更换故障液压螺栓 4. 调高油缸工作压力 5. 检修模式开、关，检查信号联锁	日常
5. 控制系统稳定	文本显示器故障报警	联锁信号、传感器信号故障	底盖机无法开、关	详见说明书《文本显示器的操作说明》	日常
6. 蒸汽供给系统正常	底盖机蒸汽消耗量增大	1. 密封蒸汽压力过高 2. 阀板面结焦 3. 密封性能下降	蒸汽供给系统负荷大	1. 蒸汽压力要高于焦炭塔底进料压力 0.07～0.14MPa 2. 进行阀腔吹扫和密封件刮焦 3. 调整液压螺栓预紧力及制定检维修计划	日常
7. 蒸汽辅助密封要求稳定可靠	底盖机漏油	1. 密封蒸汽缺失 2. 密封蒸汽压力过低 3. 阀板面结焦 4. 密封性能下降	有火灾隐患	1. 检查蒸汽供给系统 2. 蒸汽压力要高于焦炭塔底进料压力 0.07～0.14MPa 3. 进行阀腔吹扫和密封件刮焦 4. 调整液压螺栓预紧力及制定检维修计划	日常

附 录 A
（资料性附录）
平板式底盖机检修质量控制确认表

项目	主要控制内容			等级	施工单位	生产装置	设备管理部门	备注
	标准值	部位	现场记录					
拆卸中检测								
阀座密封面硬度（均布6处）	≥600HV			B	★	★		
固定阀座密封面有贯穿性划伤（≥0.5mm）	0处			A	★	★	★	
阀座与阀板配合间隙（圆周均布16处）	≤0.1mm			B	★	★		
支承座密封面硬度（均布6处）	≥600HV			B	★	★		
支承座密封面有贯穿性划伤（≥0.5mm）	0处			A	★	★	★	
阀板密封面硬度（上下面各均布6处）	≥600HV			B	★	★		
回装时检测								
清洗、检查情况	设备各零部件完好、清洁			B	★	★		
阀座密封面硬度（均布6处）	≥600HV			B	★	★		
固定阀座密封面有贯穿性划伤（≥0.5mm）	0处			A	★	★	★	
阀座与阀板配合间隙（圆周均布4处）	≤0.1mm			B	★	★		
支承座密封面硬度（均布6处）	≥600HV			B	★	★		
支承座密封面有贯穿性划伤（≥0.5mm）	0处			A	★	★	★	
支承座与阀板配合间隙（圆周均布4处）	≤0.1mm			B	★	★		
阀板密封面硬度（上下面各均布6处）	≥600HV			B	★	★		
阀板密封面有贯穿性划伤（≥0.5mm）	0处			A	★	★	★	
4条强制液压螺栓	预紧力12.5MPa			B	★	★		
24条工作液压螺栓	预紧力16MPa			B	★	★		
液压螺栓M33螺母紧固力矩	150N·m			B	★	★		
手动开关盖试验								
开盖	开盖时间≤3.5min，油缸压力≤10MPa			B	★	★		

平板式底盖机检修质量控制确认表（续）

项目	主要控制内容			等级	施工单位	生产装置	设备管理部门	备注
	标准值	部位	现场记录					
关盖	关盖时间≤4min，油缸压力≤10MPa			B	★	★		
自动开关盖试验								
开盖	开盖时间≤3.5min，油缸压力≤10MPa			B	★	★		
关盖	关盖时间≤4min，油缸压力≤10MPa			B	★	★		

注：A 级：施工单位、生产装置、设备管理部门专业人员检查确认后签字。

B 级：施工单位和生产装置专业人员检查确认后签字。

C 级：施工单位专业人员检查确认后签字。

另：如果有监理，监理的职责由甲方授权。

附 录 B
（资料性附录）
平板式底盖机试车与验收数据记录表

装置：　　　　　　　　　　　　设备名称：　　　　　　　　　　　位号：

试车参数记录			质量判定	
记录名称	工作情况	标准	合格	不合格
电气系统				
指示灯显示情况		显示正确		
按钮和旋钮开关控制情况		准确无误		
回讯信号		准确无误		
安全联锁		安全联锁状态正常		
检修模式		正常开关盖		
自动模式		正常开关盖		
文本显示器		无错误报警		
液压系统				
管线及管接头		无泄漏		
电磁阀及液压阀		无卡阻、无泄漏		
电机运行情况		电流稳定，无异响		
液压系统最大工作压力		不低于 20MPa		
底盖机整机				
4 条强制液压螺栓		预紧力 12.5MPa		
24 条工作液压螺栓		预紧力 16MPa		
液压螺栓 M33 螺母紧固力矩		150N·m		
手动开关盖试验				
开盖		开盖时间≤ 3.5min，油缸压力≤ 10MPa		
关盖		关盖时间≤ 4min，油缸压力≤ 10MPa		
自动开关盖试验				
开盖		开盖时间≤ 3.5min，油缸压力≤ 10MPa		
关盖		关盖时间≤ 4min，油缸压力≤ 10MPa		
验收确认	施工单位：	管理单位：	使用单位：	
备注：①三方签字验收后交付生产使用。②大修后 15 个工作日内，将试车记录及验收表扫描录入设备管理系统。				

28. 焦炭塔平板式顶盖机维护检修规程

SHS 02036—2019

目　次

前　言

本规程按照 GB/T 1.1—2009《标准化工作指导　第 1 部分：标准的结构和编写》给出的规则起草。

本本规程由中国石油化工集团有限公司、中国石油化工股份有限公司提出。

本规程起草单位：中国石油化工股份有限公司长岭分公司。

本规程主要起草人：付铭光、刘帅、龚颂泉、王龙龙。

本规程为 2019 年首次发布。

焦炭塔平板式顶盖机维护检修规程

1 范围

1.1 主题内容

本规程规定了焦炭塔平板式顶盖机的检修周期与内容、检修与质量标准、试车与验收、维护与故障处理。

1.2 适用范围

本规程适用于焦炭塔平板式顶盖机的维护与检修。

2 规范性引用文件

下列文件对本文件的应用是必不可少的。凡是注日期的引用文件，仅注日期的版本适用于本文件。凡是不注日期的引用文件，其最新版本（包括所有的修改单）适用于本文件。

SHS 01028 变速机维护检修规程

SHS 06001 旋转电机维护检修规程

Q/LYJG 06 TU 型平板式顶盖机

3 检修周期与内容

3.1 检修周期

根据平板式顶盖机现场功能故障及其影响的结果、有无备用设备并结合生产装置运行周期，确定平板式顶盖机检修周期，一般为 36 个月。

建议从第 2 个检修周期起，每个检修周期平板式顶盖机返厂检修。

3.2 检修检查内容

3.2.1 上、下阀座检修；

3.2.2 阀体的检修；

3.2.3 阀板检修；

3.2.4 高温弹簧更换；

3.2.5 阀杆、丝杠、梯形螺母等传动部件检修；
3.2.6 齿轮箱检修；
3.2.7 电动执行机构检查；
3.2.8 控制系统检查；
3.2.9 整机密封件更换。

4 检修与质量标准

4.1 拆卸前准备

4.1.1 掌握平板式顶盖机现有运行状况，细化专业厂家检修施工方案，准备必要的图纸和资料；
4.1.2 组织施工人员进行技术交底，熟悉施工方案、施工图纸、技术要求及有关资料，并掌握质量标准；
4.1.3 备齐检修工具、量具、配件及材料；
4.1.4 确认检查各项施工条件符合 HSE 管理体系的规定，办理作业票证。

4.2 拆卸与检测

拆解时零部件务必做好标记，按顺序摆放，便于回装。拆卸时阀板处于开阀状态。

4.2.1 导流筒拆卸

拆下导流筒与阀体连接螺柱，吊下导流筒。

4.2.2 电气部分拆卸

拆下设备连接电缆、防爆接线盒及行程开关。

4.2.3 电动执行机构拆卸

拆下电动执行机构与齿轮箱连接螺栓，吊下电动执行机构。

4.2.4 齿轮箱拆卸

拆下丝杠锁紧螺母，拆下齿轮箱与支架连接螺栓，吊下齿轮箱。

4.2.5 支架部分拆卸

拆下支架与大壳体连接螺柱，吊下支架。

4.2.6 阀杆、丝杠等传动组件拆卸

将丝杠从阀杆内部旋出，拆下填料压盖及填料函内部的隔套、石墨环、盘根密封

件，从大壳体人孔盖处拆下分体螺母，将阀杆组件吊出。

4.2.7 大壳体拆卸

拆下大壳体与阀体连接螺柱，将大壳体吊下。

4.2.8 小壳体拆解

拆下小壳体与阀体连接螺柱，将小壳体吊下。

4.2.9 阀体部分拆解

拆下固定法兰与阀体连接螺柱，吊出固定法兰与上阀座组件；从阀体侧面抽出阀板；吊出下阀座；拆除浮动法兰外部盘根，吊出浮动法兰；取出高温弹簧。

平板式顶盖机结构见图 1。

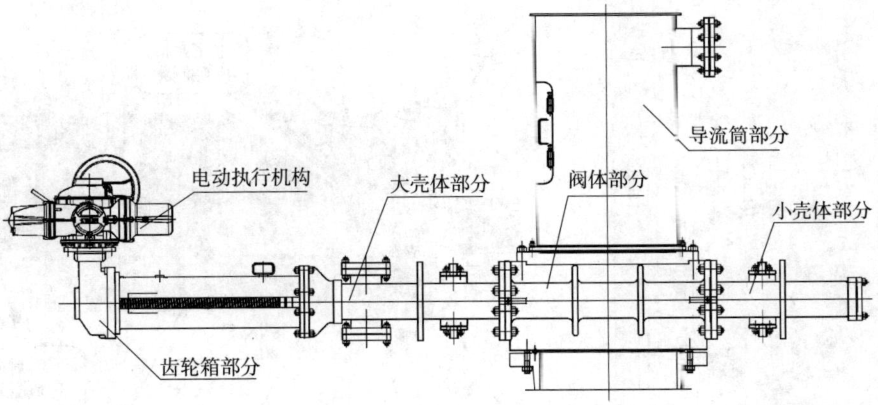

图 1 平板式顶盖机结构

4.2.10 采集拆卸前平板顶盖机力矩数据

接通平板顶盖机电源，开、关阀 3 次，记录电动执行机构力矩至表 1。

表 1 电动执行机构力矩记录表 N·m

	1	2	3	备注
开阀力矩				
关阀力矩				

4.2.11 采集拆卸前法兰八角垫间隙

在图 2 所示位置测量 6 处法兰八角垫间隙，并记录至表 2。

表 2　6 处法兰八角垫间隙记录表

mm

位置	1	2	3	4	5	6	备注
间隙							

4.2.12　采集拆卸前上阀座与阀板密封状态数据

在图 2、图 3 所示位置，用塞尺测量阀座与阀板密封区域处间隙；用深度尺测量固定法兰上面至阀板平面的高度，并记录数据到表 3。

表 3　固定法兰上面至阀板平面高度记录表

mm

方位	1	2	3	4	5	6	备注
上密封面间隙							
下密封面间隙							
阀板高度							

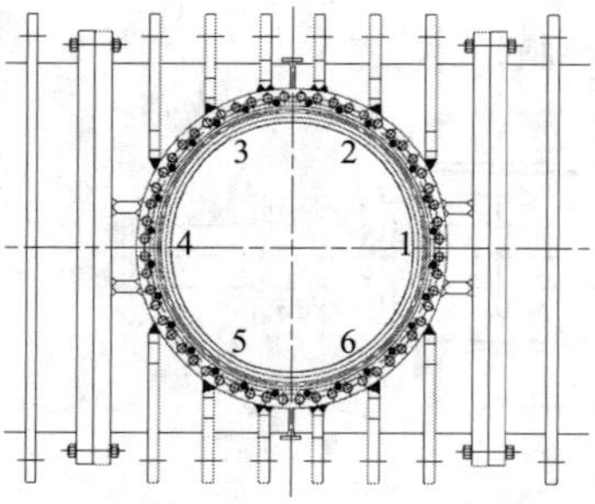

图 2　6 处法兰八角垫间隙测量位置

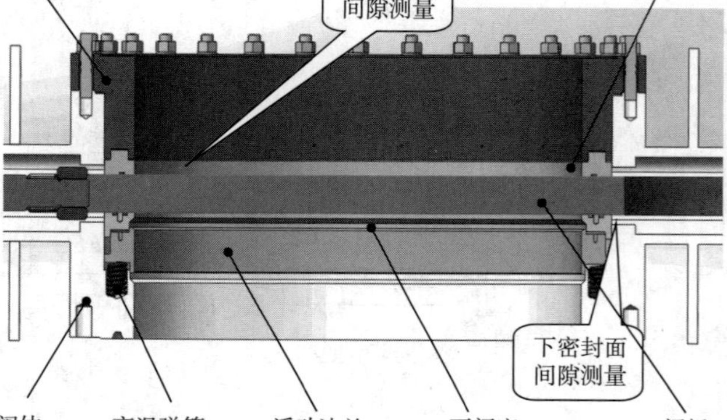

图 3　阀结构图

4.2.13　八角槽密封面检修

4.2.13.1　清理阀体八角槽密封面；

4.2.13.2　检查密封面平面度、圆度等；

4.2.13.3　如果出现点蚀、微量磕碰及变形，重新机械加工修理，如果腐蚀严重、严重磕碰及变形，要求按照返修工艺流程重新堆焊、加工。

4.2.14　上、下阀座检修

4.2.14.1　清理阀座密封面；

4.2.14.2　检查阀座上、下端面平面度，外圆圆度是否满足零件尺寸精度要求；

4.2.14.3　检测密封面硬度，检测阀板与阀座密封面配合间隙，阀座与阀板自由状态下，密封面间隙≤0.1mm，若密封面变形量超标，建议返修阀座；

4.2.14.4 检查密封面是否划伤，如果阀座密封面有贯穿性划伤，并且深度≥0.3mm，则需对阀座进行返修，若划伤长度≥5mm但未贯穿密封面，记录划痕位置及数据，根据实际情况出具方案酌情处理。

4.2.15 阀体的检修

4.2.15.1 清理阀腔及弹簧腔内焦粉、焦油；
4.2.15.2 清理腔体蒸汽法兰、排凝法兰以及管线内的污物；
4.2.15.3 对顶盖机壳体进行清理、去污处理，抛光、喷砂去除锈蚀；
4.2.15.4 拆除阀体与塔口法兰连接螺柱，检查阀体螺纹孔腐蚀情况，如果腐蚀严重，须重新加工螺纹孔；
4.2.15.5 检查阀体各密封面腐蚀污损情况，如果密封面腐蚀严重，不符合零件要求，按返修工艺流程要求重新加工，保证精度要求。

4.2.16 阀板检修

4.2.16.1 彻底清理阀板上、下表面；
4.2.16.2 检测密封面硬度并记录；
4.2.16.3 检测密封面损坏情况及平面度，如果密封面有贯穿性划伤深度≥0.3mm，则需对阀板进行返修，若划伤长度≥5mm且未贯穿密封面，记录划痕位置及数据，根据实际情况出具方案酌情处理。

4.2.17 高温弹簧检修

4.2.17.1 清理高温弹簧上的焦油、焦粉，每组随机挑选6件做性能试验并记录结果；
4.2.17.2 更换全新的高温弹簧，要求整组高温弹簧的高度差在0.2mm以内。

4.2.18 阀杆、丝杠、梯形螺母等传动部件检修

4.2.18.1 清理阀杆、丝杠及梯形螺母；
4.2.18.2 检测丝杠及梯形螺母磨损情况，如果零件磨损，性能参数超出公差要求，进行更换。

4.2.19 齿轮箱的检修

4.2.19.1 对齿轮箱进行拆解，清理油污；
4.2.19.2 按照SHS 01028《变速机维护检修规程》检测轴承、齿轮及输出轴磨损情况，必要时更换减速机。

4.2.20 电动执行机构检查

4.2.20.1 按照SHS 06001《旋转电机维护检修规程》检查电动执行机构电机；

4.2.20.2 检查电动执行机构外观、显示及功能是否正常，正常调试后继续使用，如无法正常使用请返回专业厂家维修或更换。

4.2.21 控制系统检查

4.2.21.1 对顶盖机接线盒、行程开关、电动执行机构接线盒之间的连接线进行全面的线路检查，保证连接点可靠、线路稳定、连接软管牢固；

4.2.21.2 对开关位行程开关进行检查调整；

4.2.21.3 对允许开关位行程开关进行检查调整。

4.2.22 整机密封件更换

4.2.22.1 更换各接触密封面处的密封件；

4.2.22.2 更换填料密封件。

4.3 回装与质量标准

4.3.1 确认各零部件符合技术要求，将阀座与阀板配研后备用。

4.3.2 阀体部分回装

将阀体安装在固定工装上，装入高温弹簧；将浮动法兰装在高温弹簧上方，并用工装预压固定；放入盘根，装入下阀座；从阀体侧面装入阀板，将上阀座与固定法兰安装到阀体上。

4.3.3 壳体部分回装

阀体密封面上涂润滑脂，并将密封垫装到密封槽内，将大、小壳体用螺柱连接到阀体上。

4.3.4 阀杆等传动组件回装

将分装完成后的传动组件用分体螺母（通过大壳体人孔处安装）与阀板安装固定；按顺序装入导套、石墨环、盘根，并用填料压盖压紧；装入丝杠。

4.3.5 支架部分回装

将支架与大壳体用螺柱连接，安装随行托架、行程开关等附件。

4.3.6 齿轮箱回装

将丝杠花键与齿轮箱输出轴花键连接，并将齿轮箱固定在支架上。

4.3.7 电动执行机构回装

将电动执行机构输出端与齿轮箱输入端连接，并用螺栓与齿轮箱连接固定。

4.3.8 控制系统回装

连接电动执行机构与行程开关之间的电缆，电动执行机构动力及控制电缆连接完毕，并按控制要求调试完成。

4.3.9 回装导流筒。

4.3.10 按平板式顶盖机试验规程进行密封试验并记录。

4.3.11 按平板式顶盖机试验规程进行动作试验并记录。

5 试车与验收

5.1 试车前准备

5.1.1 检查检修记录，确认检修记录准确合格；
5.1.2 动力电源、仪表电源、允许信号供给传输正常；
5.1.3 检查塔口法兰螺栓均按要求紧固到位；
5.1.4 顶盖机密封蒸汽系统供给正常。

5.2 试车

5.2.1 按照设备的操作规程，进行操作；
5.2.2 顶盖机开、关运行，检查阀杆填料、阀腔密封无泄漏；
5.2.3 顶盖机开、关运行，减速机运行、丝杠传动平稳无振动异响；
5.2.4 开、关盖操作 3 次以上，运行无卡阻异响，执行元件动作准确；
5.2.5 顶盖机开、关时间≤ 4.5min ；
5.2.6 顶盖机信号联锁及信号反馈正常。

5.3 验收

5.3.1 经试车各项技术指标都达到设计要求并能满足生产需要；
5.3.2 设备达到完好标准；
5.3.3 检修记录齐全、准确，按规定办理验收手续。

6 维护与故障处理

6.1 日常维护

平板式顶盖机日常维护见表 4。

表 4 平板式顶盖机日常维护巡检表

序号	维护或巡检内容	频次要求
1	电动驱动系统异常检查及故障处理，运行扭矩数值	日常
2	检查防爆接线盒、防爆柜紧固螺栓有无缺失和松动	日常
3	检查所有防爆阀位回讯器的位置是否发生了位移，开关指示准确无偏离	日常
4	检查防爆柜面板上操作按钮、指示灯及指示牌有无松动或损坏	日常
5	顶盖机连接法兰连接处进行泄漏检查，如有泄漏应及时进行连接螺栓的紧固	日常

表 4　平板式顶盖机日常维护巡检表（续）

序号	维护或巡检内容	频次要求
6	检查操作各执行机构的动作是否正常，开关异响及振动检查	日常
7	对顶盖机辅助密封蒸汽进行检查，蒸汽压力要高于焦炭塔底进料压力 0.07～0.14MPa	日常
8	阀腔疏水排凝管线是否堵塞	日常
9	阀腔接口密封及阀杆密封填料泄漏情况	日常
10	检查防爆软管及其接头有无松动及脱落	1 个月
11	对减速机、丝杠进行磨损检查和注油润滑	1 个月
12	检查减速机轴承运行情况	3 个月
13	检查电动头运行参数符合设置要求	3 个月

6.2　常见故障与处理

平板式顶盖机常见功能故障与处理方法见表 5。

表 5　平板式顶盖机常见功能故障与处理方法表

功能	功能故障	故障模式	故障后果	故障应对策略与检修内容	检修周期 / 月
1. 保证电动执行机构正常工作	电动执行机构无动作	允许信号联锁未解除	无法开盖，无法除焦；非计划停工	检查信号联锁，排除故障	视情而定
		供电系统故障		检查恢复供电	视情而定
		电动头参数错误		根据电动头操作规程进行排障	视情而定
2. 保证正常顶盖机正常开关	顶盖机运行卡阻，超载报警	丝杠与梯形螺母传动卡阻	无法开盖，无法除焦；非计划停工	检查铜螺母，修复或更换	日常
		减速机故障	无法开盖，无法除焦；非计划停工	拆检维修，更换轴承、输出轴或整体更换减速机	3 个月
		电动头本体故障	无法远程除焦	切换手动模式，转动手轮进行开关盖操作，及时维修电动头	3 个月
3. 保证正常蒸汽耗量	蒸汽泄漏量增加	密封蒸汽压力过高	蒸汽耗量大，能耗增加	检查密封蒸汽压力，调节蒸汽压力要高于焦炭塔底进料压力 0.07～0.14MPa	日常
		顶盖机密封性能下降		提报检维修计划，按期检修顶盖机密封面及高温弹性元件	日常
		阀杆填料函处泄漏		紧固填料压盖紧固件，或更换填料密封件	日常

附　录　A
（资料性附录）
平板式顶盖机检修质量控制确认表

项目	主要控制内容			等级	施工单位	生产装置	设备管理部门	备注
	标准值	部位	现场记录					
拆卸中检测								
固定阀座密封面硬度（均布6处）	≥600HV			B	★	★		
固定阀座密封面贯穿性划伤（深度≥0.3mm）	0处			A	★	★	★	
固定阀座与阀板配合间隙（圆周均布6处）	≤0.1mm			B	★	★		
浮动阀座密封面硬度（均布6处）	≥600HV			A	★	★		
浮动阀座密封面贯穿性划伤（深度≥0.3mm）	0处			A	★	★	★	
浮动阀座与阀板配合间隙（圆周均布6处）	≤0.1mm			B	★	★		
阀板密封面硬度（上下面各均布6处）	≥600HV			B	★	★		
阀板密封面贯穿性划伤（深度≥0.3mm）	0处			A	★	★	★	
空载开关盖力矩	≤50%			B	★	★		
回装时检测								
清洗、检查情况	设备各零部件完好、清洁			B	★	★		
阀板上、下表面分别与上、下阀座配研并做标记；配研后，按标记分别测量阀板两面密封区域与上、下阀座接触面圆周各4点间隙	≤0.07mm			A	★	★	★	
整组高温弹簧高度差	≤0.2mm			A	★	★	★	
丝杠旋入梯形螺母顺畅无卡阻，测轴向窜动量	≤0.2mm			B	★	★		
密封试验压力	0.6MPa			A	★	★	★	
密封试验空气泄漏量	≤6L/min			A	★	★	★	
空载开关盖动作试验次数	≥15次			B	★	★		
空载开关盖力矩	≤40%			B	★			
空载开关盖时间	≤3.5min			C	★			

注： A级：施工单位、生产装置、设备管理部门专业人员检查确认后签字。
B级：施工单位和生产装置专业人员检查确认后签字。
C级：施工单位专业人员检查确认后签字。
另：如果有监理，监理的职责由甲方授权。

附 录 B

（资料性附录）

平板式顶盖机试车与验收数据记录表

装置：　　　　　　　　　　设备名称：　　　　　　　　　　位号：

试车参数记录			质量判定	
记录名称	工作情况	标准	合格	不合格
阀板外观确认		阀板表面无磕碰伤，无任何可见杂物		
丝杠确认		丝杠周边无杂物，丝杠润滑良好		
手动模式		手动模式可正常开关阀		
就地模式		就地模式可正常开关阀		
电动执行机构、减速箱工作状况		无异常声响与振动		
阀位状态指示		电动执行机构阀位显示与阀位指示器一致		
安全联锁		安全联锁状态正常		
回讯信号		回讯信号正常		
顶盖机蒸汽压力		高于塔顶操作压力 0.07～0.14MPa		
顶盖机开阀力矩				
第 1 次		≤ 40%		
第 2 次				
第 3 次				
顶盖机关阀力矩				
第 1 次		≤ 40%		
第 2 次				
第 3 次				
验收确认	施工单位：	管理单位：	使用单位：	
备注：①三方签字验收后交付生产使用。②大修后 15 个工作日内，将试车记录及验收表扫描录入设备管理系统。				

29. 焦炭塔自动顶盖机维护检修规程

SHS 02037—2019

目　次

前　言

本规程按照GB/T　1.1—2009《标准化工作导则　第1部分：标准的结构和编写》给出的规则起草。

本规程由中国石油化工集团有限公司、中国石油化工股份有限公司提出。

本规程起草单位：中国石油化工股份有限公司长岭分公司。

本规程主要起草人：付铭光、刘帅、龚颂泉、王龙龙。

本规程为2019年首次发布。

焦炭塔自动顶盖机维护检修规程

1 范围

1.1 主题内容

本规程规定了焦炭塔自动顶盖机的检修周期与内容、检修与质量标准、试车与验收、维护与故障处理。

1.2 适用范围

本规程适用于焦炭塔自动顶盖机的维护及检修。

2 规范引用文件

下列文件对本文件的应用是必不可少的。凡是注日期的引用文件，仅注日期的版本适用于本文件。凡是不注日期的引用文件，其最新版本（包括所有的修改单）适用于本文件。

SHS 06001 旋转电机维护检修规程

GB/T 1972 碟形弹簧

3 检修周期与内容

3.1 检修周期

根据除焦设备功能故障及其影响结果、有无备用设备以及装置长周期运行实际情况，确定检修周期。检修周期一般为 36 个月。

建议从第 2 个检修周期起，每个检修周期自动顶盖机均返厂检修。

3.2 检修检查内容

自动顶盖机主要由设备主体、液压系统和电控系统三部分组成（见图 1），通过电控系统远程操作，液压系统提供动力，驱动各执行机构有机结合完成设备的开、关盖。

3.2.1 设备主体部分

3.2.1.1 液压螺栓全部检修，更换弹性元件及密封件等；

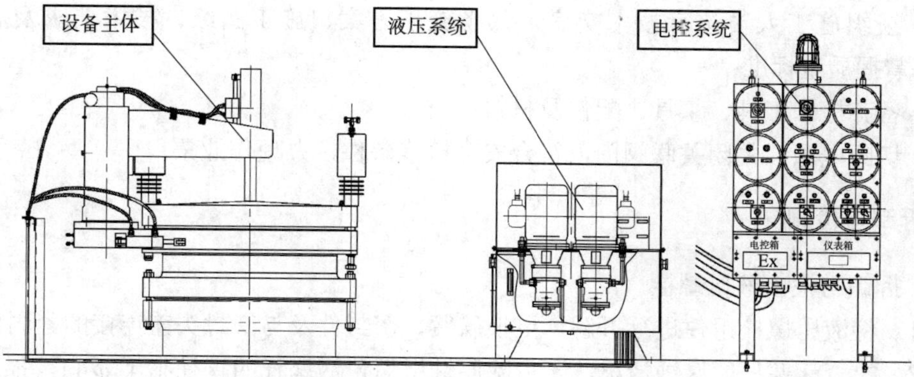

图 1　自动顶盖机结构图

3.2.1.2　连接法兰和头盖法兰密封面检查及修复；

3.2.1.3　头盖法兰封头厚度检查，不得小于 14mm；

3.2.1.4　浮动连接座的检查及修复；

3.2.1.5　升降油缸、锁环油缸、液压转角器等执行机构的主体检查修复及密封圈的更换；

3.2.1.6　塔口连接螺柱、螺母、垫片和弹簧的全部更换。

3.2.2　液压系统部分

3.2.2.1　清洗液压油箱，更换液压油；

3.2.2.2　检查液压站，必要时更换电磁阀和液压阀；

3.2.2.3　更换回油过滤器滤芯和空气过滤器；

3.2.2.4　给液压站上电，启动溢流阀，检测液压站能否达到原先设计的最高压力 25MPa，最低不得低于 23MPa，否则需更换液压泵。

3.2.3　电气和蒸汽部分

3.2.3.1　检查操作按钮有无松动、损坏，若有应及时上紧或更换，发现面板指示牌脱落、损坏应及时修理、完善；

3.2.3.2　查看所有阀位回讯器的位置是否发生了位移，即回讯器与磁信号发生器之间的距离如大于 5mm，应及时调整；

3.2.3.3　检查蒸汽系统接头处是否良好，更换蒸汽法兰缠绕垫。

4　检修与质量标准

4.1　拆卸前准备

4.1.1　掌握除焦设备运行情况，准备必要的图纸及资料；

4.1.2 组织施工人员进行技术交底，熟悉施工方案、施工图纸、技术要求及相关资料，并掌握质量标准；

4.1.3 备齐检修工具、量具、配件及材料；

4.1.4 切断电源，关闭关联阀门，符合安全检修条件，办理作业票。

4.2 拆卸与检测

4.2.1 拆卸与检查液压螺栓

4.2.1.1 将液压螺栓组件进行拆解，更换碟簧、密封件及与密封头盖连接的紧固件；

4.2.1.2 检查活塞杆的腐蚀情况，若去除腐蚀层后，活塞杆的直径小于 $\phi 44$，报废，否则重新镀铬后继续使用；

4.2.1.3 检查缸筒，内表面划伤的报废，外表面磕碰伤的补焊，然后打磨掉镀铬层，重新镀铬；

4.2.1.4 检查散热片，变形严重的报废，一般变形的校平，然后打磨除锈重新镀锌；

4.2.1.5 检查螺柱和锁紧螺母，重新过丝，并修螺柱与锁环的接触面，然后发蓝处理。

4.2.2 拆卸与检查密封头盖

4.2.2.1 检测封头，若封头厚度小于 14mm 需更换封头，若大于 14mm，在其凹面侧重新堆焊不锈钢防腐层；

4.2.2.2 检查密封槽的腐蚀情况，若腐蚀严重，车大后重新堆焊，然后按设计图纸重新加工密封槽，若腐蚀较轻，按设计图纸重新加工即可。

4.2.3 拆卸与检查连接法兰

4.2.3.1 检查密封槽的腐蚀情况，若腐蚀严重，车大后重新堆焊，然后按设计图纸重新加工密封槽，若腐蚀较轻，按设计图纸重新加工即可；

4.2.3.2 检查应急螺栓孔和塔口螺栓孔的腐蚀情况，若腐蚀减薄达到标准牙型高度的 20%，需将螺纹孔加大或堆焊后重新加工螺纹孔。

4.2.4 拆卸与检查液压转角器

4.2.4.1 检查齿条外表面和齿轮箱内表面有无划伤，划伤的报废，然后更换全部密封件，组装后打压试验；

4.2.4.2 在齿轮轴和齿轮箱之间增加铜套和润滑孔，彻底解决转角器卡阻问题。

4.2.5 拆卸与检查提升油缸

提升油缸出现故障难以维修和更换，为解决此问题，提升油缸与封头的连接机构更改为图 2 所示结构，需将连接座重新焊接。

4.2.6 起重臂拆卸与检查

槽内堆积杂物且腐蚀严重，拆检后将其打磨除锈重新喷漆，增加排水孔。

4.2.7 液压钢管和管接头全部更换。

4.2.8 高压金属软管、液压部分的密封件全部更换。

4.2.9 塔口连接螺柱、螺母、垫片和弹簧全部更换。

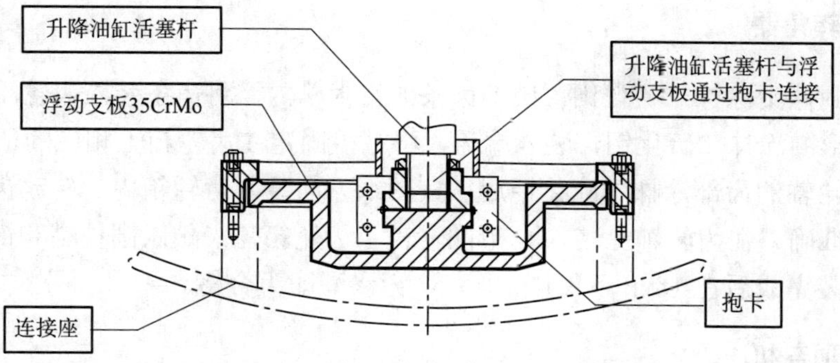

图 2　更改后的连接机构图

4.2.10　拆卸与检查液压站

4.2.10.1　清洗液压油箱，更换液压油；

4.2.10.2　检查液压站，必要时更换电磁阀和液压阀；

4.2.10.3　更换回油过滤器滤芯和空气过滤器；

4.2.10.4　检查液压站能否达到原先设计的最高压力，否则需更换液压泵。

4.2.11　拆卸与检查电控系统

4.2.11.1　检查操作按钮有无松动、损坏，若有应及时上紧或更换，发现面板指示牌脱落、损坏应及时修理、完善；

4.2.11.2　检查控制柜的接地线是否完好，接地螺钉是否松动，发现问题应及时处理；

4.2.11.3　查看所有阀位回讯器的位置是否发生了位移，回讯器与磁信号发生器之间的距离如大于 5mm，应及时调整；

4.2.11.4　按照 SHS 06001《旋转电机维护检修规程》要求进行液压系统防爆电机的检测。

4.2.12　拆卸与检查蒸汽系统

检查蒸汽系统，无堵塞泄漏情况，更换损坏的密封垫。

4.3　回装与质量标准

4.3.1　液压螺栓

4.3.1.1　密封圈上涂抹二硫化钼，装入活塞相应的槽内，然后将活塞装入缸筒内，间隙为 0.1～0.3mm；

4.3.1.2　碟簧表面涂抹二硫化钼，将 3 件碟簧分为 1 组进行叠合，共 4 组，然后 4 组进行对合，装入缸筒内；

4.3.1.3　散热片螺纹涂抹润滑脂，然后将散热片旋入缸筒，散热片旋至低于缸筒端面 0～0.2mm 即可；

4.3.1.4　组装完成后按照试验条件进行打压试验，检查在不同压力下（5MPa、10MPa、15MPa、20MPa）液压螺栓的伸长量变化，变化量在 1.5～2.2mm 为合格，超出范围为不合格。

4.3.2 液压转角器

4.3.2.1 密封圈上涂抹二硫化钼，装入齿条的密封槽内，将齿条装入齿轮箱内；
4.3.2.2 O 形圈涂抹二硫化钼，装入端盖，将端盖固定在齿轮箱上相应的位置；
4.3.2.3 齿轮轴的齿部涂抹二硫化钼后，按图纸方向装入齿轮箱内，转动齿轮轴，使之与齿条啮合准确。在齿轮轴上装入 O 形圈，盖上齿轮箱盖，敲入圆柱销和键；
4.3.2.4 组装完成后在 16MP 下保压 10min，无渗漏即为合格。

4.3.3 回装顶盖机

4.3.3.1 将锁环、拉钩和丝堵按按图纸安装在连接法兰上，然后将连接法兰放至试验台，用 8 条双头螺柱对称均匀连接牢固；
4.3.3.2 将芯轴装入连接法兰 ϕ140 的孔内，并用螺栓紧固；
4.3.3.3 轴承紧圈涂抹黄油装入芯轴下部，并将轴承保持架和滚珠部分装入芯轴；
4.3.3.4 以芯轴定位，将起重臂吊装套入芯轴，且用手转动起重臂，转动灵活；
4.3.3.5 装液压转角器，吊装转角器至芯轴上，用螺栓固定；
4.3.3.6 吊装密封头盖对正八角槽放到连接法兰上；
4.3.3.7 升降油缸活塞杆完全伸出后，螺纹部分旋入抱卡内，缸筒上的法兰与起重臂贴紧，注意油缸的液压管接头应面向起重臂，否则油缸反向旋转使管接头面向起重臂，拧紧锁紧螺母，然后将升降油缸固定；
4.3.3.8 将液压螺栓装在密封头盖上，注意一定要在液压螺栓和密封头盖之间垫 1.5mm 厚隔热石棉垫；
4.3.3.9 将锁环油缸安装到位；
4.3.3.10 将所有液压管路、管接头、金属软管配装到位。

5 试车及验收

5.1 试车前准备

5.1.1 检查检修记录，确认检修记录准确合格。
5.1.2 动力电源、仪表电源、允许信号供给传输正常。
5.1.3 液压系统加入足够的合格液压油。启动油泵，将系统压力调整至 20MPa 左右，并检查供油线及回油线的密封情况。
5.1.4 检查塔口法兰螺栓均按要求紧固到位。
5.1.5 自动顶盖机密封蒸汽系统供给正常。
5.1.6 液压螺栓预紧力 14～15MPa，调整到位。

5.2 试车

5.2.1 按照设备的操作规程，进行操作。

5.2.2 自动顶盖机开、关运行，检查液压管线及阀组，无漏油。
5.2.3 自动顶盖机开、关运行，检查液压螺栓，伸长正常。
5.2.4 开、关盖操作，运行无卡阻异响，执行元件动作准确，3 次以上。
5.2.5 自动顶盖机开、关时间≤ 1.5min。
5.2.6 自动顶盖机信号联锁及信号反馈正常。
5.2.7 焦炭塔试压完成，设备密封性能达标。

5.3 验收

5.3.1 经试车各项技术指标都达到设计要求并能满足生产需要。
5.3.2 检修记录齐全、准确。按规定办理验收手续。

6 维护与故障处理

6.1 日常维护

自动顶盖机日常维护巡检要求见表 1。

表 1 自动顶盖机日常维护巡检要求

序号	维护或巡检内容	频次要求
1	液压系统泄漏及异常检查和故障处理	日常
2	检查防爆接线盒、防爆柜紧固螺栓有无缺失和松动	日常
3	检查所有 STN 防爆阀位回讯器的位置是否发生了位移	日常
4	检查防爆柜面板上操作按钮有无松动或损坏	日常
5	检查控制面板上的指示牌有无脱落或损坏	日常
6	检查防爆柜指示灯工作状况有无异常	日常
7	自动顶盖机连接法兰连接处进行泄漏检查，如有泄漏应及时进行连接螺栓的紧固	日常
8	检查是否有焦炭和焦粒粘到锁环上和锁环腰孔内	日常
9	检查操作各执行机构的动作是否正常	日常
10	对自动顶盖机辅助密封蒸汽进行检查，蒸汽压力要高于焦炭塔底进料压力 0.07～0.14MPa	日常
11	检查电机和泵运转时有无异常噪声或振动，包括带载和空载两种情况	日常
12	检查工作压力 20MPa 时液压螺栓头与锁环表面之间的间隙	1 个周
13	检查防爆软管及其接头有无松动及脱落	1 个周
14	检查液压螺栓活塞杆与密封头盖孔壁之间是否有积炭以及腐蚀情况	1 个周
15	检查空气滤和回油滤是否堵塞	1 个周
16	检查操作各执行机构的动作时，压力表显示是否正常	1 个周
17	检查锁环开关指示牌、液压转角器旋转方向指示牌和铭牌有无破损或腐蚀	1 个月

表 1　自动顶盖机日常维护巡检要求（续）

序号	维护或巡检内容	频次要求
18	对液压系统及管线运行情况（包括液面、油压等）进行检查	1 个月
19	对液压螺栓进行预紧力调整，保障设备密封性能	3 个月
20	检测液压螺栓性能，更换故障液压螺栓（液压螺栓备件储备量 20%）	3 个月
21	对液压站液压油进行检测，如乳化、杂质超标，进行更换	6 个月
22	进行液压系统液压油、回油滤油器滤芯和空气过滤器的更换	1 年

6.2　常见故障与处理

自动顶盖机常见功能故障与处理方法见表 2。

表 2　自动顶盖机常见功能故障与处理方法表

功能	功能故障	故障模式	故障后果	故障应对策略与检修内容	检修周期／月
1. 液压系统压力＞20MPa（或工艺卡片中要求的压力）	液压系统压力＜20MPa 或无压力（或工艺卡片中要求的压力）	压力表损坏	顶盖机无法开盖，无法除焦	更换	视情而定
		压力表开关没打开		打开压力表开关	视情而定
		油液不足		补充油液	视情而定
		电机转向不对		改变电机转向	视情而定
		滤油器堵塞		清洗、更换滤油器	视情而定
		溢流阀卡堵、损坏		清洗、更换	视情而定
		油泵损坏		更换	视情而定
		油缸内泄漏大		检修油缸	视情而定
		油液太脏		彻底清洗油箱并更换油液	12 个月
		初次启动，有空气，油液吸不上来		松开油泵出油口管接头并开机排气	视情而定
2. 声音正常或油缸运行平稳	声音异常尖锐和声音变大，油缸爬行	油泵损坏	顶盖机无法开盖，无法除焦	更换	12 个月
		溢流阀故障，压力不稳	顶盖机操作不畅	清洗或更换	6 个月
		吸油管路进气	液压泵气蚀损坏	紧固或更换密封	视情而定
		泵和电机不同心	震动加剧，损坏联轴器	维修、调整	视情而定
		空气滤清器堵塞	顶盖机无法操作	清洗	12 个月
		油液不足	液压泵吸空损坏	补充油液	视情而定
		滤油器堵塞	回油不畅，顶盖机无法操作	清洗、更换滤油器	12 个月

表 2　自动顶盖机常见功能故障与处理方法表（续）

功能	功能故障	故障模式	故障后果	故障应对策略与检修内容	检修周期／月
3. 油缸换向正常	油缸不能换向	换向阀损坏	顶盖机无法开盖，无法除焦	更换换向阀	视情而定
		换向阀电磁线圈没电	顶盖机无法开盖，无法除焦	检查线路	视情而定
		油缸故障	顶盖机无法开盖，无法除焦	拆解检查或更换	视情而定
4. 油缸正常运行	油缸不动	换向阀电磁线圈没带电	顶盖机无法开盖，无法除焦	检查线路	视情而定
		电磁阀卡死或损坏	顶盖机无法开盖，无法除焦	检修或更换	视情而定
		节流阀关死没打开	顶盖机无法开盖，无法除焦	打开节流阀	视情而定
		机械卡死或不顺	顶盖机无法开盖，无法除焦	检修或更换	视情而定
5. 油缸运行正常，定位准确	油缸自动回油／缸不定位	电信号不稳，时通时不通	顶盖机能开，但不稳定	检查线路	视情而定
		双液控单向阀漏油	密封头盖自动下滑	清洗或更换	视情而定
		油缸内漏	密封头盖自动下滑	检修	视情而定
6. 液压系统失压，短时间能修好	液压系统完全失压，短时无法修好	液压系统故障	顶盖机无法开盖，无法除焦	去掉相连液压管线及提升油缸液压锁并妥善放置	视情而定
				打开液压螺栓头上的备母，旋出液压螺栓头约 5mm	视情而定
				去除锁环油缸和锁环相连销轴，用物件敲动锁环旋转	视情而定
				手动旋转头盖	视情而定

附 录 A
（资料性附录）
自动顶盖机检修质量控制确认表

项目	主要控制内容			等级	施工单位	生产装置	设备管理部门	备注
	标准值	部位	现场记录					
拆卸中检测								
连接法兰密封槽密封面腐蚀情况	密封槽锥面无贯穿伤、凹坑和麻点			B	★	★		
连接法兰螺纹孔牙型腐蚀减薄量	不大于标准牙型高的20%			B	★	★		
密封头盖密封槽密封面腐蚀情况	密封槽锥面无贯穿伤、凹坑和麻点			B	★	★		
密封头盖封头厚度检测	不小于14mm			A	★	★	★	
液压螺栓活塞杆外径腐蚀减薄后直径检测	不小于 ϕ44mm			C	★			
液压螺栓碟簧	使用年限不超过3年			A	★	★	★	
液压螺栓每5MPa压力下的伸长变化量检测	1.5～2.2mm			C	★			
液压站电磁阀及液压阀工况检查	换向灵活、无泄漏			C	★			
液压站电机运行工况检查	电流稳定、无异响			C	★			
液压站最大工作压力检测	不小于23MPa			B	★	★		
回装时检测								
清洗、检查情况	设备各零部件及液压站完好、清洁			B	★	★		
连接法兰密封槽密封面情况	密封面符合设计要求			B	★	★		
密封头盖密封槽密封面情况	密封面符合设计要求			B	★	★		
液压螺栓碟簧	全部更换			B	★	★		
液压螺栓每5MPa压力下的伸长变化量检测	1.5～2.2mm			B	★	★		
液压站电机运行工况检查	电流稳定，无异响			B	★	★		
液压站最大工作压力检测	不小于23MPa			B	★	★		
整机动作试验	动作平稳、到位			A	★	★	★	
密封试验	符合GB 150标准，无泄漏			A	★	★	★	

注： A级：施工单位、生产装置、设备管理部门专业人员检查确认后签字。
B级：施工单位和生产装置专业人员检查确认后签字。
C级：施工单位专业人员检查确认后签字。
另：如果有监理，监理的职责由甲方授权。

附 录 B
（资料性附录）
自动顶盖机试车与验收数据记录表

装置：　　　　　　　　设备名称：　　　　　　　　位号：

试车参数记录			质量判定	
记录名称	工作情况	标准	合格	不合格
电气系统				
指示灯显示情况		显示正确		
按钮和旋钮开关控制情况		准确无误		
回讯信号		准确无误		
液压系统				
管线及管接头		无泄漏		
电磁阀及液压阀		无卡阻、无泄漏		
电机运行情况		电流稳定，无异响		
液压系统最大工作压力		不低于 23MPa		
顶盖机整机				
动作试验		动作平稳、到位		
密封试验		符合 GB 150 标准，无泄漏		
验收确认	施工单位：	管理单位：	使用单位：	
备注：①三方签字验收后交付生产使用。②大修后 15 个工作日内，将试车记录及验收表扫描录入设备管理系统。				

30. 水力除焦程控系统维护检修规程

SHS 02038—2019

目　次

前 言

本规程按照 GB/T 1.1—2009《标准化工作导则 第1部分：标准的结构和编写》给出的规则编写。

本规程由中国石油化工集团有限公司、中国石油化工股份有限公司提出。

本规程起草单位：中国石油化工股份有限公司长岭分公司。

本规程主要起草人：付铭光、刘帅、龚颂泉、王龙龙。

本规程为 2019 年首次发布。

水力除焦程控系统维护检修规程

1　范围

1.1　主题内容

本规程规定了延迟焦化装置中水力除焦程控系统的检修周期与内容、检修与质量标准、试车与验收、维护与故障处理。

1.2　适用范围

本规程适用于延迟焦化装置中水力除焦程控系统的维护和检修，如PLC主控柜、钻机绞车变频柜、钻杆顶部驱动变频柜、上位机操作员站、上位机工程师站、塔顶除焦操作台、井架限位接近开关、钢丝绳在线检测装置（钢丝绳张紧器）的维护和检修。

2　规范性引用文件

下列文件对本文件的应用是必不可少的。凡是注日期的引用文件，仅注日期的版本适用于本文件。凡是不注日期的引用文件，其最新版本（包括所有的修改单）适用于本文件。

SHS 07008.1　过程控制系统维护检修规程　第1部分：可编程控制器（PLC）

3　检修周期与内容

3.1　检修周期

根据水力除焦程控系统的功能故障及其影响结果、有无备用设备并结合生产装置运行周期，确定检修周期。水力除焦程控系统检修周期见表1。

表1　水力除焦程控系统检修周期

序号	名称	检修周期 / 月
1	PLC控制柜	36
2	钻机绞车变频柜	36
3	钻杆顶部驱动变频柜	36
4	上位机	36

表 1　水力除焦程控系统检修周期（续）

序号	名称	检修周期 / 月
5	井架限位接近开关	36
6	钢丝绳在线检测装置	36
7	塔顶除焦操作台	36

3.2　检修检查内容

3.2.1　检查 PLC 控制柜；

3.2.2　检查 PLC 部分；

3.2.3　检查上位机（操作员站、工程师站）；

3.2.4　检查塔顶除焦操作台；

3.2.5　检查系统外部关联信号；

3.2.6　检查视频监控部分。

4　检修与质量标准

4.1　拆卸前准备

4.1.1　掌握除焦控制系统运行情况，细化施工方案，准备必要的图纸和资料。

4.1.2　组织施工人员进行技术交底，熟悉施工方案、施工图纸、技术要求及有关资料，并掌握质量标准。

4.1.3　备齐检修工具、量具、配件及材料。

4.1.4　切断电源，符合安全检修条件，办理作业票。

4.2　拆卸与检测

4.2.1　PLC 控制柜

4.2.1.1　检查机柜环境和柜体

a）环境（温度、湿度、振动、灰尘等）检查，要求：温度、湿度符合机柜间的统一要求，柜体固定牢固，柜体周围无影响柜体的振动源，柜内无明显灰尘堆积。

b）柜内照明灯、风扇、过滤器、门限位检查，要求：柜内照明灯正常点亮，风扇运转良好，过滤器没有堵塞，门开、关限位正常起作用等。

c）电源 / 气源检查，要求：外部供电的电压稳定并且范围为 220V 的 ±10%，直流电源模块工作正常，输出电压为 24VDC，直流电源运行无异响。室内机柜无需气源检查。

d）接地检查，要求柜体接地线接地牢固，接触良好，接地电阻小于 4Ω。

e）元器件固定检查，要求：在停电状态下，检查元器件的固定稳定性，元器件导轨安装固定良好。

f）柜体操作功能、显示功能及报警功能的检查（指示灯和按钮），要求：旋钮操作顺畅到位，指示灯在规定电压下可正常点亮，操作和显示元件的标牌清晰明确。

4.2.1.2　检查PLC部分

系统的PLC硬件包含PLC的CPU模块、电源模块、通讯模块、扩展IO机架、继电器、安全栅等。

a）检修前检测PLC各硬件的工作状态，记录运行情况。

b）在保证无静电的情况下，拆卸PLC模块，使用专用设备进行除尘清灰处理。

c）将各个PLC模块恢复至原来的位置和状态。

d）检查直流电源及电源冗余模块工作状态，要求输出电压为24VDC，直流电源运行无异响。

e）检查CPU的电源供电模块，要求运行正常，无报警信号。

f）对PLC的CPU模块进行状态检测，要求模块无报警信号，并通过STEP7软件查看CPU消息历史记录，查验异常情况。

g）检查CPU与分布式机架之间的通讯连接，要求扩展机架的通讯模块无报警信号。

h）检查机架上IO模块的工作状态，要求模块无报警信号。

i）检查CPU和上位机之间的网络连接及通讯状态，要求上位机能够监控CPU中的数据，并能在组态软件正确显示。

j）检查隔离继电器的工作状态，要求继电器工作稳定，动作顺畅到位，工作无异响。

k）检查端子排、安全栅接线是否牢固，要求接线牢固，安全栅模块供电正常，信号正常，无报警信号。

4.2.2　变频柜（钻机绞车、钻杆顶部驱动装置）

a）环境（温度、湿度、振动、灰尘等）检查，要求：温度、湿度符合机柜间的统一要求，柜体固定牢固，周边无影响柜体的振动源，柜内无明显灰尘堆积。

b）柜内照明灯、风扇、过滤器、门限位检查，要求：柜内照明灯正常点亮，风扇运转良好，过滤器没有堵塞，门开、关限位正常起作用等。

c）电源／气源检查，要求：外部供电的电压稳定并且范围为220V的±10%，直流电源模块工作正常，输出电压为24VDC，直流电源运行无异响。室内机柜无需气源检查。

d）接地检查，要求柜体接地线接地牢固，接触良好，接地电阻小于4Ω。

e）元器件固定检查，要求：在停电情况下，检查元器件的固定稳定性，元器件导轨安装固定良好。

f）柜体操作功能、显示功能及报警功能的检查（指示灯和按钮），要求：旋钮操作顺畅到位，指示灯在规定电压下可正常点亮，操作和显示元件的标牌清晰明确。

g）柜体变频器操作功能检查：面板按钮、旋钮、变频器操作面板。

h）柜体变频器显示功能检查：面板指示灯、电压表、变频器显示面板。

i）柜体变频器报警功能检查：变频器显示屏中有无报警信息，根据变频器的说明手册进行报警信息的判断，采取措施消除报警。

4.2.3 上位机（操作员站、工程师站）

a）环境（温湿度、振动、灰尘等）检查，要求温度适中，散热良好，湿度正常，环境无明显积灰现象。

b）主机硬件逐一检查，含电源、风扇、内存、硬盘等，若出现异常情况，采取措施排除故障。

c）断电后，进行主机内部除尘清理，含风扇、主板、内存、显卡、电源等。

d）重新上电后，检查主机电源，要求工作正常，风扇声音无异响。

e）主机网络连接检查，要求和 CPU 建立正常的网络连接，可实时监控 CPU 中的程序运行状态。

f）组态画面的数据显示检查，要求能够正常显示程序中的数据、数值。

4.2.4 塔顶除焦操作台

a）环境（温度、湿度、振动、灰尘等）检查，要求：温度、湿度符合机柜间的统一要求，柜体固定牢固周边无影响柜体的振动源，柜内无明显灰尘堆积。

b）电源／气源检查，要求：外部供电的电压稳定并且范围为 220V 的 ±10%，直流电源模块工作正常，输出电压为 24VDC，直流电源运行无异响。气源压力小于等于 0.5MPa，进气管线过滤器加湿器减压阀工作正常，正压系统启动正常。

c）接地检查，要求柜体接地线接地牢固接触良好，接地电阻小于 4Ω。

d）元器件固定检查，要求：在停电情况下，检查元器件的固定稳定性，元器件导轨安装固定良好。

e）柜体操作功能、显示功能及报警功能的检查（指示灯和按钮），要求：旋钮操作顺畅到位，指示灯在规定电压下可正常点亮，操作和显示元件的标牌清晰明确。

f）柜体操作功能检查：面板按钮，旋钮，变频器操作面板。

g）柜体显示功能检查：面板指示灯，数显表，显示面板。

h）检测防爆摄像机的工作状态，要求电源供电稳定，摄像机可正常工作，信号清晰的传输至塔顶操作台的监控显示器。

4.2.5 系统外部关联信号

a）井架限位开、关信号检查，检测井架接近开关输入到 PLC 卡件的信号是否正常，限位信号分别为上极限、原点位、进塔位、下极限。

b）钢丝绳张紧器信号检查，检查输入到 PLC 卡件的信号是否正常。

c）计数开、关信号检查，检查输入到 PLC 卡件的信号是否正常。

d）顶盖机的开、关位置回讯信号检查，检查输入到 PLC 卡件的信号是否正常。

e）塔顶隔断阀的开、关位置回讯信号检查，检查输入到PLC卡件的信号是否正常。

f）底盖机的开关、位置信号检查，检查输入到 PLC 卡件的信号是否正常。

g）泵出口隔断阀、除焦控制阀的控制给定和信号反馈检查，检查输入到 PLC 卡件的信号是否正常。

h）高压水管线的流量压力信号检查，检查输入到 PLC 卡件的信号是否正常。

i）高压蓄水罐的液位信号检查，检查输入到 PLC 卡件的信号是否正常。

j）高压水泵（电机、齿轮箱、水泵）、润滑油站的 PLC 信号输入检查，检查输入到 PLC 卡件的信号是否正常。

5 试车与验收

5.1 试车前准备

5.1.1 PLC 控制柜上电，CPU 在运行状态，各模块均无异常报警。

5.1.2 变频柜上电，变频器工作状态，无异常报警。

5.1.3 各设备的默认状态回讯信号均进入 PLC 系统并在上位机上显示。

5.1.4 高压水泵机组（油站、电机、水泵）均无联锁报警。

5.2 试车

5.2.1 各设备动作到位：顶盖机打开，底盖机打开，除焦控制阀操作至回流位置，钻具在上限位位置；

5.2.2 启动钻机绞车，下放钢丝绳，将钻具移动至塔内，直到塔内 5m 以下，即塔内 5m 的井架联锁开关被触发，此时塔顶隔断阀自动打开。

5.2.3 启动高压水泵。

5.2.4 将除焦控制阀操作至预冲位置，等待压力稳定。

5.2.5 将除焦控制阀操作至全开位置，除焦器的工作状态应为钻孔状态，通过钢丝绳拉力检测判断除焦器的工作状态。

5.2.6 启动顶驱，进行钻孔模拟操作。

5.2.7 操作钻机绞车，提升钻具，切换除焦器的工作状态至切焦状态，通过塔壁除焦检测传感器的振动值判断除焦器的工作状态。

5.3 验收

5.3.1 经试车各项技术指标都达到设计要求或能满足生产需要。

5.3.2 达到完好标准。

5.3.3 检修记录齐全、准确。按规定办理验收手续。

6 维护与故障处理

水力除焦程控系统常见功能故障与处理方法见表 2。

表 2 水力除焦程控系统常见功能故障与处理方法表

功能	功能故障	故障模式	故障后果	故障应对策略与检修内容	检修周期／月
1. 保证 PLC 系统的正常运转	系统不正常	卡件故障	系统不正常，无法正常除焦	检查卡件，更换卡件	日常
		通信故障		检查通讯模块及通信线路	
2. 保证钻机绞车正常运转	变频柜不正常	变频器故障	柜体不正常，绞车无法正常动作	检查变频器，消除故障	日常
		接触器及中间继电器故障		检查接触器及中间继电器，更换损坏的元器件	
3. 保证钻杆顶驱正常运转		变频器故障	柜体不正常，钻杆顶部驱动组件无法正常动作	检查变频器，消除故障	日常
		接触器及中间继电器故障		检查接触器及中间继电器，更换损坏的元器件	
4. 保证塔顶除焦操作台正常操作	不能实现除焦操作	面板指示灯不良	无法准确反映实际情况	检查指示灯及数显表，更换文件	日常
		数显表指示不准			
5. 保证视频系统的正常工作	无法监控	摄像机无显示	无法准确监控现场	检查摄像头，通信及摄像头正常	日常
6. 保证焦炭塔的位置检查正常	无法除焦	接近开关无反应	无法开塔阀及除焦	检查井架限位接近开关是否正常，及时更换损坏的开关	日常

附 录 A

（资料性附录）

水力除焦程控系统检修质量控制确认表

项目	主要控制内容			等级	施工单位	生产装置	设备管理部门	备注
	标准值	部位	现场记录					
拆卸中检测								
PLC 模块外观、清洁度情况	外观完整，无可见缺陷，无灰尘			C	★			
安全栅、继电器外观、清洁度情况	外观完整，无可见缺陷，无灰尘			C	★			
上位机主机、显示器外观、清洁度情况	外观完整，无可见缺陷，无灰尘，各功能模块插接牢固，无松动			C	★			
控制机柜外观，电缆进、出口内部清洁度等	电缆进、出口密封完好，无灰尘，无鼠患			C	★			
回装时检测								
PLC 模块，低压元器件	安装牢固，动作良好无卡顿			B	★	★		
上位机主机，显示器功能性检测	各部件运转正常，显示正常，网络正常，键盘鼠标动作正常			B	★	★		
系统通信测试	PLC 与上位机之间的通信正常，PLC 与操作台之间的通信正常，			A	★	★	★	
视频监控系统通信测试	画面清晰，无延时，无色差			A	★	★	★	
线路检查	各元器件之间的线路插接牢固，无明显松动			C	★			

注： A 级：施工单位、生产装置、设备管理部门专业人员检查确认后签字。

B 级：施工单位和生产装置专业人员检查确认后签字。

C 级：施工单位专业人员检查确认后签字。

另：如果有监理，监理的职责由甲方授权。

附 录 B

（资料性附录）

水力除焦程控系统试车与验收数据记录表

装置：　　　　　　　　　　　　设备名称：　　　　　　　　　　　　位号：

试车参数记录			质量判定	
记录名称	工作情况	标准	合格	不合格
绞车上升或下降		加速，减速正常，上升、下降响应正常		
顶驱运行情况		加速，减速正常，顶驱动作正常，无卡顿		
钻具位移		能够准确反映钻杆的实际运行情况，钻具位移误差不超过10%		
上位机通信		上位机画面中各元素，各数据显示能真实反映现场实际工况，变色，数据变化正常		
视频监视		画面清晰，无延时，无色差		
焦炭塔位置检测		各传感器能正常检测钻杆位置，钻杆位置与实际位移相符合		
PLC 系统		无故障，无报警，运行指示正确		
操作台		旋钮动作灵敏，无卡阻；指示灯显示正常，亮度正常		
系统供电		供电电压稳定并且范围为220V的±10%		
验收确认：	施工单位：	管理单位：	使用单位：	
备注：①三方签字验收后交付生产使用。②大修后15个工作日内，将试车记录及验收表扫描录入设备管理系统。				

31. 远程智能除焦控制系统维护检修规程

SHS 02039—2019

目　次

前　言

本规程按照GB/T1.1—2009《标准化工作导则　第1部分：标准的结构和编写》给出的规则编写。

本规程由中国石油化工集团有限公司、中国石油化工股份有限公司提出。

本规程起草单位：中国石油化工股份有限公司长岭分公司。

本规程主要起草人：付铭光、刘帅、龚颂泉、王龙龙。

本规程为2019年首次发布。

远程智能除焦控制系统维护检修规程

1 范围

1.1 主题内容

本规程规定了延迟焦化装置远程智能除焦控制系统的检修周期与内容、检修与质量标准、试车与验收、维护与故障处理。

1.2 适用范围

本规程适用于延迟焦化装置远程智能除焦控制系统的组成部分，如PLC主控柜、钻机绞车变频柜、钻杆顶部驱动变频柜、远程除焦操作台、上位机操作员站、上位机工程师站、塔顶除焦操作台、除焦在线监测组件、井架限位接近开关、钢丝绳在线检测装置（钢丝绳张紧器）、视频监控部分的维护和检修。

2 规范性引用文件

下列文件对本文件的应用是必不可少的。凡是注日期的引用文件，仅注日期的版本适用于本文件。凡是不注日期的引用文件，其最新版本（包括所有的修改单）适用于本文件。

SHS 07008.1 过程控制系统维护检修规程 第1部分：可编程控制器（PLC）

3 检修周期与内容

3.1 检修周期

根据远程智能除焦控制系统功能故障及其影响结果、有无备用设备并结合生产装置运行周期，确定检修周期。远程智能除焦控制系统检修周期见表1。

表1 远程智能除焦控制系统

序号	名称	检修周期/月
1	PLC控制柜	36
2	钻机绞车变频柜	36
3	钻杆顶部驱动变频柜	36

表 1 远程智能除焦控制系统（续）

序号	名称	检修周期 / 月
4	上位机	36
5	除焦在线检测组件	36
6	井架限位接近开关	36
7	钢丝绳在线检测装置	36
8	塔顶除焦操作台	36
9	视频监控部分	36

3.2 检修检查内容

3.2.1 检查 PLC 控制柜；
3.2.2 检查 PLC 部分；
3.2.3 检查上位机（操作员站、工程师站）；
3.2.4 检查塔顶除焦操作台；
3.2.5 检查系统外部关联信号；
3.2.6 检查视频监控部分。

4 检修与质量标准

4.1 拆卸前准备

4.1.1 掌握智能除焦器控制系统运行情况，细化施工方案，准备必要的图纸和资料；
4.1.2 组织施工人员进行技术交底，熟悉施工方案、施工图纸、技术要求及有关资料，并掌握质量标准；
4.1.3 备齐检修工具、量具、配件及材料；
4.1.4 切断电源，符合安全检修条件，办理作业票。

4.2 拆卸与检测

4.2.1 PLC 控制柜

4.2.1.1 检查机柜环境和柜体

a）环境（温度、湿度、振动、灰尘等）检查，要求：温度湿度符合机柜间的统一要求，柜体固定牢固，整体无振动或晃动影响，柜内无明显灰尘堆积。

b）柜内照明灯、风扇、过滤器、门限位检查，要求：柜内照明灯正常点亮，风扇运转良好，过滤器没有堵塞，门开关限位正常起作用等。

c）电源 / 气源检查，要求：外部供电的电压稳定并且范围为 220V 的 ±10%，直流电源模块工作正常，输出电压为24VDC，直流电源运行无异响。室内机柜无需气源检查。

d）接地检查，要求柜体接地线接地牢固，接触良好，接地电阻小于4Ω。

e）元器件固定检查，要求：在停电情况下，检查元器件的固定稳定性，元器件导轨安装固定良好。

f）柜体操作功能、显示功能及报警功能的检查（指示灯和按钮），要求：旋钮操作顺畅到位，指示灯在规定电压下可正常点亮，操作和显示元件的标牌清晰明确。

4.2.1.2 检查PLC部分

系统的PLC硬件包含PLC的CPU模块、电源模块、通讯模块、扩展IO机架、继电器、安全栅等。

a）检修前检测PLC各硬件的工作状态，记录运行情况。

b）确保在无静电的情况下，拆卸PLC模块，使用专用设备进行除尘清灰处理；

c）将各个PLC模块恢复至原来的位置和状态。

d）检查直流电源及电源冗余模块的工作状态，要求输出电压为24VDC，直流电源运行无异响。

e）检查CPU的电源供电模块，要求运行正常，无报警信号。

f）对PLC的CPU模块进行状态检测，要求模块无报警信号，并通过STEP7软件查看CPU消息历史记录，查验异常情况。

g）检查CPU与分布式机架之间的通讯连接，要求扩展机架的通讯模块无报警信号。

h）检查机架上IO模块的工作状态，要求模块无报警信号。

i）检查CPU和上位机之间的网络连接及通讯状态，要求上位机能够监控CPU中的数据，并能在组态软件正确显示。

j）检查隔离继电器的工作状态，要求继电器工作稳定，动作顺畅到位，工作无异响。

k）检查端子排、安全栅接线是否牢固，要求接线牢固，安全栅模块供电正常，信号正常，无报警信号。

4.2.2 变频柜（钻机绞车、钻杆顶部驱动装置）

a）环境（温度、湿度、振动、灰尘等）检查，要求：温度、湿度符合机柜间的统一要求，柜体固定牢固，周边无影响柜体的震动源，柜内无明显灰尘堆积。

b）柜内照明灯、风扇、过滤器、门限位检查，要求：柜内照明灯正常点亮，风扇运转良好，过滤器没有堵塞，门开关限位正常起作用等。

c）电源／气源检查，要求：外部供电的电压稳定并且范围为220V的±10%，直流电源模块工作正常，输出电压为24VDC，直流电源运行无异响。室内机柜无气源检查。

d）接地检查，要求柜体接地线接地牢固，接触良好，接地电阻小于4Ω。

e）元器件固定检查，要求：在停电状态下，检查元器件的固定稳定性，元器件导轨安装固定良好。

f）柜体操作功能、显示功能及报警功能的检查（指示灯和按钮），要求：旋钮操作顺畅到位，指示灯在规定电压下可正常点亮，操作和显示元件的标牌清晰明确。

g）柜体变频器操作功能检查：面板按钮，旋钮，变频器操作面板。

h）柜体变频器显示功能检查：面板指示灯，电压表，变频器显示面板。

i）柜体变频器报警功能检查：变频器显示屏中有误报警信息，根据变频器的说明手册对报警信息进行判断，采取措施消除报警。

4.2.3 上位机（操作员站、工程师站）

a）环境（温湿度、振动、灰尘等）检查，要求温度适中，散热良好，湿度正常，环境无明显积灰现象。

b）主机硬件逐一检查，含电源、风扇、内存、硬盘等，若出现异常情况，采取措施排除故障。

c）断电后，进行主机内部除尘清理，含风扇、主板、内存、显卡，电源等。

d）重新上电后，检查主机电源，要求工作正常，风扇无异响。

e）主机网络连接检查，要求和 CPU 建立正常的网络连接，可实时监控 CPU 中的程序运行状态。

f）组态画面的数据显示检查，要求能够正常显示程序中的数据、数值。

4.2.4 除焦在线检测组件

a）外部传感器检查。

b）检测安装在塔壁上的除焦检测传感器，要求固定牢固，支架无明显变形，不被周围物体干涉和影响。

c）检测安装在支架顶端的振动传感器，要求和支架连接牢固，无松动，以保证振动检测的准确性；

d）检测振动传感器的延长电缆和防爆接线盒之间的接线，要求延长电缆完好，无破损，防爆接线盒内部接线牢固，接触良好。

4.2.5 信号检测模块的检查

检查安装在塔顶防爆操作台内的信号检测模块，要求供电稳定，模块无报警，4～20mA 信号输出可检测。

4.2.6 塔顶除焦操作台

a）环境（温度、湿度、振动、灰尘等）检查，要求：温度湿度符合机柜间的统一要求，柜体固定牢固，周边无影响柜体的振动源，柜内无明显灰尘堆积。

b）电源／气源检查，要求：外部供电的电压稳定并且范围为 220V 的 ±10%，直流电源模块工作正常，输出电压为24VDC，直流电源运行无异响。气源压力小于等于0.5MPa，进气管线过滤器加湿器减压阀工作正常，正压系统启动正常。

c）接地检查，要求柜体接地线接地牢固接触良好，接地电阻小于4Ω。

d）元器件固定检查，要求：在停电状态下，检查元器件的固定稳定性，元器件导轨安装固定良好。

e）柜体操作功能、显示功能及报警功能的检查（指示灯和按钮），要求：旋钮操作顺畅到位，指示灯在规定电压下可正常点亮，操作和显示元件的标牌清晰明确。

f）柜体操作功能检查：面板按钮，旋钮，变频器操作面板。

g）柜体显示功能检查：面板指示灯，数显表，显示面板。

4.2.7 系统外部关联信号

a）井架限位开、关信号检查，检测井架接近开关输入到PLC卡件的信号是否正常。限位信号分别为上极限、原点位、进塔位、下极限。

b）钢丝绳张紧器信号检查，检查输入到PLC卡件的信号是否正常。

c）计数开、关信号检查，检查输入到PLC卡件的信号是否正常。

d）顶盖机的开、关位置回讯信号检查，检查输入到PLC卡件的信号是否正常。

e）塔顶隔断阀的开、关位置回讯信号检查，检查输入到PLC卡件的信号是否正常。

f）底盖机的开、关位置信号检查，检查输入到PLC卡件的信号是否正常。

g）泵出口隔断阀、除焦控制阀的控制给定和信号反馈检查，检查输入到PLC卡件的信号是否正常。

h）高压水管线的流量、压力信号检查，检查输入到PLC卡件的信号是否正常。

i）高压蓄水罐的液位信号检查，检查输入到PLC卡件的信号是否正常。

j）高压水泵（电机、齿轮箱、水泵）、润滑油站的PLC信号输入检查，检查输入到PLC卡件的信号是否正常。

4.2.8 视频监控部分

a）检测防爆摄像机的工作状态，要求电源供电稳定，摄像机可正常工作，信号清晰地传输至塔底的视频监控显示器。

b）检查硬盘录像机的工作状态，要求不同的摄像机可自由切换，带有云台的摄像机可操作移动角度，可调取历史视频资料。

5 试车与验收

5.1 试车前准备

5.1.1 PLC控制柜上电，CPU在运行状态，各模块均无异常报警。

5.1.2 变频柜上电，变频器在工作状态，无异常报警。

5.1.3　摄像机工作正常，可自由观看现场设备的工作情况。
5.1.4　远程操作台无异常报警。
5.1.5　各设备的默认状态回讯信号均进入 PLC 系统并在上位机上显示。
5.1.6　高压水泵机组（油站、电机、水泵）均无联锁报警。

5.2　试车

5.2.1　各设备动作到位：顶盖机打开，底盖机打开，除焦控制阀操作至回流位置，钻具在上限位位置。
5.2.2　启动钻机绞车，下放钢丝绳，将钻具移动至塔内，直到塔内 5m 以下，即塔内 5m 的井架联锁开关被触发，此时塔顶隔断阀自动打开。
5.2.3　启动高压水泵。
5.2.4　将除焦控制阀操作至预冲位置，等待压力稳定。
5.2.5　将除焦控制阀操作至全开位置，除焦器的工作状态应为钻孔状态，通过钢丝绳拉力检测判断除焦器的工作状态。
5.2.6　启动钻杆顶部驱动组件，进行钻孔模拟操作。
5.2.7　操作钻机绞车，提升钻具，切换除焦器的工作状态至切焦状态，通过塔壁除焦检测传感器的振动值判断除焦器的工作状态。

5.3　验收

5.3.1　经试车各项技术指标都达到设计要求或能满足生产需要。
5.3.2　达到完好标准。
5.3.3　检修记录齐全、准确。按规定办理验收手续。

6　维护与故障处理

智能除焦系统常见功能故障与处理方法见表 2。

表 2　智能除焦系统常见功能故障与处理方法表

功能	功能故障	故障模式	故障后果	故障应对策略与检修内容	检修周期/月
1. 保证 PLC 系统的正常运转	系统不正常	卡件故障	系统不正常，无法正常除焦	检查卡件，更换卡件	日常
		通信故障		检查通信模块及通讯线路	
2. 保证钻机绞车正常运转	变频柜不正常	变频器故障	柜体不正常，绞车无法正常动作	检查变频器，消除故障	日常
		接触器及中间继电器故障		检查接触器及中间继电器，更换损坏的元器件	

表 2　智能除焦系统常见功能故障与处理方法表（续）

功能	功能故障	故障模式	故障后果	故障应对策略与检修内容	检修周期/月
3. 保证钻杆顶部驱动组件正常运转	变频柜不正常	变频器故障	柜体不正常，顶驱无法正常动作	检查变频器，消除故障	日常
		接触器及中间继电器故障		检查接触器及中间继电器，更换损坏的元器件	
4. 保证塔顶除焦操作台正常操作	不能实现除焦操作	面板指示灯不良	无法准确反映实际情况	检查指示灯及数显表，更换文件	日常
		数显表指示不准			
5. 保证视频系统的正常工作	无法监控	摄像机无显示	无法准确监控现场	检查摄像头，通信及摄像头正常	日常
6. 保证焦炭塔的位置检查正常	无法除焦	接近开关无反应	无法开塔阀及除焦	检查井架限位接近开关是否正常，及时更换损坏的开关	日常

附　录　A

（资料性附录）

远程智能除焦控制系统检修质量控制确认表

项目	主要控制内容			等级	施工单位	生产装置	设备管理部门	备注
	标准值	部位	现场记录					
拆卸中检测								
PLC 模块外观、清洁度情况	外观完整，无可见缺陷，无灰尘			C	★			
安全栅继电器外观、清洁度情况	外观完整，无可见缺陷，无灰尘			C	★			
上位机主机、显示器外观、清洁度情况	外观完整，无可见缺陷，无灰尘，各功能模块插接牢固，无松动			C	★			
控制机柜外观，电缆进、出口内部清洁度等	电缆进出口密封完好，无灰尘，无鼠患			C	★			
回装时检测								
PLC 模块，低压元器件	安装牢固，动作良好无卡顿			B	★	★		
上位机主机，显示器功能性检测	各部件运转正常，显示正常，网络正常，键盘鼠标动作正常			B	★	★		
系统通信测试	PLC 与上位机之间的通信正常，PLC 与操作台之间的通信正常			A	★	★	★	
视频监控系统通信测试	画面清晰，无延时，无色差			A	★	★	★	
线路检查	各元器件之间的线路插接牢固，无明显松动			C	★			

注： A 级：施工单位、生产装置、设备管理部门专业人员检查确认后签字。

B 级：施工单位和生产装置专业人员检查确认后签字。

C 级：施工单位专业人员检查确认后签字。

另：如果有监理，监理的职责由甲方授权。

附　录　B
（资料性附录）
远程智能除焦控制系统试车与验收数据记录表

装置：　　　　　　　　　　　设备名称：　　　　　　　　　　　位号：

试车参数记录			质量判定	
记录名称	工作情况	标准	合格	不合格
绞车上升或下降		加速，减速正常，上升、下降响应正常		
顶驱运行情况		加速，减速正常，顶驱动作正常，无卡顿		
钻具位移		能够准确反映钻杆的实际运行情况，钻具位移误差不超过 10%		
上位机通信		上位机画面中各元素，各数据显示能真实反映现场实际工况，变色，数据变化正常		
上位机除焦检测画面		能够准确显示焦炭塔除焦过程中焦炭量		
视频监视		画面清晰，无延时，无色差		
焦炭塔位置检测		各传感器能正常检测钻杆位置，钻杆位置与实际位移相符合		
PLC 系统		无故障，无报警，运行指示正确		
远程操作台动作检测		准确控制相应设备的动作，无误动，无延迟		
系统供电		供电的电压稳定并且范围为 220V 的 ±10%		
验收确认	施工单位：	管理单位：	使用单位：	
备注：①三方签字验收后交付生产使用。②大修后 15 个工作日内，将试车记录及验收表扫描录入设备管理系统。				